Handbuch

der

Eisenhüttenkunde

von

Dr. C. J. B. Karsten.

Dritter Theil.

Roheisenerzeugung, Umschmelzung des Roheisens und Gießereibetrieb.

Dritte, ganz umgearbeitete Ausgabe.

Berlin.
Gedruckt und verlegt bei G. Reimer.
1841.

Inhalt
des dritten Bandes.

Vierter Abschnitt. Roheisen.

Erste Abtheilung. Gewinnung und Darstellung des Roheisens aus den Eisenerzen.

Von den Blauöfen.

Von den Hohöfen.

Von den Schmelzräumen und von dem Einfluß ihrer Dimensionen auf den Gang des Ofens.

Von den Schächten, deren Dimensionen und des davon abhängigen Einflüssen auf den Gang der Oefen.

Die Resultate vom Betriebe der Hohöfen.

Von der Anwendung nicht verkohlter Brennmaterialien bei dem Betriebe der Oefen.

Von dem Betriebe der Hohöfen mit erhitzter Luft.

Dritte Abtheilung. Von der Förmerei und Gießerei.

Handbuch

der

Eisenhüttenkunde.

Dritter Theil.

Vierter Abschnitt.

Roheisen.

Erste Abtheilung.

Gewinnung und Darstellung des Roheisens aus den Eisenerzen.

Von den Oefen zur Roheisenerzeugung im Allgemeinen.

§. 619.

Obgleich Stabeisen und Stahl früher bekannt waren als das Roheisen, so befindet sich doch bei den metallurgischen Prozessen das Eisen fast immer erst im Zustande des Roheisens, ehe es als Stabeisen oder Stahl dargestellt wird. Die Ursache, weshalb das Roheisen und dessen Benutzung so lange unbekannt geblieben sind, müssen theils der Unvollkommenheit des Eisenhüttenwesens bis zum funfzehnten Jahrhundert, theils dem Umstande zugeschrieben werden, daß das Roheisen, welches wirklich gewonnen ward, eine spröde und harte Masse bildete, welche zu jeder Anwendung untauglich war. Noch jetzt pflegt man in einigen Gegenden einen Unterschied zwischen Oefen zu Roheisen, und Oefen zu Gußeisen zu machen, je nachdem das erzeugte Roheisen zur Bereitung von Stabeisen und Stahl, oder zu Gußwaaren benutzt, also als Roheisen selbst angewendet werden soll. Dieser Unterschied wird indeß theils durch die Beschaffenheit der Erze, theils durch das Verhältniß der Erze zu den Kohlen, theils auch durch die Art der Zustellung der Oefen, welche bei Roheisen für Gußwaaren enger ist als bei dem zum Verfrischen bestimmten Roheisen, herbeigeführt. Einige Erze, z. B. die Magneteisensteine und die Eisenglanze, so wie auch die reinen Spatheisensteine, (die letzteren wegen ihren Mangangehalts), sind sehr geneigt ein weißes und sprödes Roheisen zu geben, welches sich in den Gießereien nur bei zweckmäßigen Vorkehrungen anwenden läßt. In früheren Zeiten wurden aber diese Erze nur allein verschmolzen, weil sie die leichtflüssigsten und am leichtesten reducirbaren sind: und deshalb blieb die Anwendung des Roheisens so lange unbekannt, bis man das Eisen aus den weniger leichtflüssigen und aus den nicht manganhaltigen Eisenerzen darzustellen lernte.

Die Schmelzung der Eisenerze erfordert, weil sie nur in einer sehr hohen Temperatur erfolgen kann, viel Brennmaterial und einen schnellen Zutritt der Luft, um einen hohen Grad von Hitze durch schnelles Verbrennen hervorzubringen. Die Vorrichtungen zur Eisenerzeugung müssen daher besonders auf Kohlenersparung gerichtet seyn, und der Prozeß, bei welchem (aus einerlei Erzen und Kohlen) die wenigsten Kohlen zu gleichen Quantitäten Eisen von gleich guter Beschaffenheit verbraucht werden, ist der vollkommenste. Warum die Reduktion der Erze am vortheilhaftesten in Schachtöfen, d. h. in Oefen, worin die Erze mit dem Brennmaterial geschichtet niedergeschmolzen werden, und nicht bei Flammenfeuer, mit einem Zusatz von reducirender Kohle, bewerkstelligt wird, ist früher (§§. 152. 395. 460.) schon auseinandergesetzt. In den Heerden, welche noch jetzt zur Darstellung des Stabeisens, unmittelbar aus den Eisenerzen, angewendet werden, wird das schon stark geröstete, und zum größten Theil schon reducirte aber doch noch nicht erweichte Eisenerz der stärksten Hitze plötzlich ausgesetzt; alle Veränderungen des Weichwerdens, Schmelzens und Entkohlens des reducirten Eisens müssen daher in kurzen Zeiträumen auf einander folgen, wogegen die Erze in den Schachtöfen erst nach und nach in einen höheren Grad der Temperatur gebracht, und bei der beständigen Berührung mit glühender Kohle vollständig in Roheisen umgeändert werden, bis sie endlich vor der Form, oder vor dem Punkt, wo die Verbrennung durch die einströmende Luft am heftigsten geschieht, den höchsten Grad der Temperatur erreichen. Deshalb muß das Einströmen der Luft in den Ofen auch immer unten am Boden des Ofens erfolgen, und unter der einströmenden Oeffnung nur so viel Raum bleiben, daß sich die geschmolzene und reducirte Masse ansammeln kann. Diese Luftzuführung bewirkt man durch ununterbrochene und geregelte Windströmung aus den Gebläsen, und nicht durch Oeffnungen in der Sohle des Ofens, durch welche die atmosphärische Luft unregelmäßig zuströmt, obgleich man, selbst in ganz neuen Zeiten, diese Art der Luftzuführung als eine Verbesserung des Schmelzprocesses wieder in Vorschlag gebracht hat.

Nur bei unvollkommenen Prozessen wird das Schmelzen in Schachtöfen durch das Ausbrechen der niedergeschmolzenen Masse unterbrochen und der Ofen nachher von Neuem in Betrieb gesetzt. Bei vollkommenen Prozessen muß das Niedergeschmolzene von Zeit zu Zeit abgelassen oder ausgeschöpft werden, ohne daß der Ofenschacht von geschichtetem Erz und Brennmaterial leer wird. Die Schlacken, welche sich bei der Reduktion der Erze absondern, würden den Raum unter der Form bald zu sehr anfüllen, weshalb auf die Fortschaffung derselben Bedacht genommen werden muß. Man läßt sie entweder von Zeit zu Zeit ab, oder man wendet eine Vorrichtung an, durch welche sie ununterbrochen abfließen können.

§. 620.

Der Schacht eines Ofens ist der durch feuerfeste und möglichst unschmelzbare Steine gebildete innere Raum des Ofens, in welchem die Erze mit dem Brennmaterial geschichtet niedergeschmolzen werden. Man unterscheidet bei jedem Ofenschacht die Gicht, die Formgegend und den Boden. Die Gicht ist die obere Oeffnung des Schachtes, durch welche er mit Schmelzmaterialien angefüllt wird; die Formgegend ist der eigentliche Schmelzraum, welcher nach der geringeren oder größeren Höhe des Ofenschachtes 10 bis 45 Fuß, auch noch wohl näher oder weiter von der Gicht entfernt seyn kann; und der Boden ist der Grund, über welchem der Ofenschacht errichtet ist. Er liegt 10 bis 24 Zoll von der Form entfernt, und man pflegt den Raum des Ofenschachtes zwischen dem Boden und der Form zuweilen wohl den Eisenkasten zu nennen, weil er zur Aufnahme des geschmolzenen Eisens bestimmt ist.

Das durch die unschmelzbaren Steine gebildete Mauerwerk, welches inwendig den Ofenschacht oder den eigentlichen Schachtraum einschließt, nennt man zuweilen wohl ebenfalls den Schacht, richtiger aber den Kernschacht oder das Schachtfutter. Es ist einleuchtend, daß, besonders bei sehr hohen Oefen, dieser Kernschacht für sich allein nicht in die Höhe geführt werden kann, weil er zusammenfallen würde, und daß er daher durch Mauerwerk oder durch eine andere Art der Einfassung zusammengehalten werden muß. Sehr hohe, vorzüglich solche Oefen, in denen feste und schwer zerstörbare Kohlen bei heftigen Gebläsen benutzt werden, erhalten zwei, auch wohl drei Schachtfutter, welche man dann, zum Unterschied von dem eigentlichen Kernschacht, den Rauhschacht oder die Rauhschächte (Fausses parois, contre parois) nennt. Man führt diese Schächte aber nicht unmittelbar neben einander auf, sondern man läßt zwischen zwei solchen Rauhschächten jedesmal einen Zwischenraum von 6 Zoll, der mit Stücken von feuerfesten Ziegeln, auch wohl mit Schlacken, die durch Lehm einige Bindung erhalten, nicht zu fest ausgefüllt wird. Dieser Raum, oder die sogenannte Füllung, hat den doppelten Zweck, die Wärme zusammenzuhalten (weil Luft ein schlechter Wärmeleiter ist), und dem Schachtfutter Gelegenheit zu geben, sich in der großen Hitze ausdehnen zu können, ohne das Mauerwerk des Ofens zu zersprengen, und ohne selbst zu viel Risse zu erhalten. Als Mittel zum Zurückhalten der Wärme würde die Füllung noch bessere Dienste leisten, wenn man den Füllungsraum mit Asche (als dem bekanntesten schlechtesten Wärmeleiter nächst dem Kohlenstaube, welcher aber des Verbrennens wegen als Füllungsmittel nicht angewendet werden kann) ausfüllte. Dieses Füllungmittel ist indeß nur dann anzurathen, wenn man von der Feuerbeständigkeit der zum Schachtfutter genommenen Materiallien vollkommen überzeugt seyn kann, oder wenn die Hitze im Ofen nicht so groß wird, daß man das Wegschmelzen der feuerbeständigsten Steine befürchten darf. Wo man diesem aber ausgesetzt ist, würde die Füllung mit Asche und ähnlichen lockeren Körpern sehr mißlich seyn, weil sie, bei entstehenden Rissen im Schachtfutter, auslaufen, den Schacht anfüllen, und den Betrieb unterbrechen würde. Nur da, wo man mehre Schachtfutter hintereinander aufführen muß, kann allenfalls das zweite vom dritten Futter durch eine Aschen- oder Sandfüllung geschieden werden. Diese Materialien liegen indeß wegen ihres feingetheilten, fast pulverartigen Zustandes, sehr dicht und fest über einander und befördern daher, indem sie die Hitze zusammenhalten, das Zersprengen des Mauerwerks, weshalb sie nicht ohne gleichzeitige Anwendung von Stein- oder Schlackenconglomeraten zu gebrauchen sind. Ein sehr zu empfehlendes Füllungsmittel ist gröblich zerstampfte Hohenofenschlacke, wenn man ihr, wie schon erwähnt, durch starkes Lehmwasser etwas Bindung giebt. Die Schlacken sind als glasartige Körper schlechte Wärmeleiter und daher sehr anwendbar zu diesem Zweck. Etwas Bindung durch Lehm muß man ihnen geben, weil sie sonst, bei einer schadhaften Stelle des Schachtes, oder bei einer Reparatur leicht herausfallen würden. Auch in den Fällen, wenn nur ein einziges Schachtfutter vorhanden ist, wird dieses mit den Umfassungswänden des Ofens nicht unmittelbar verbunden, sondern es bleibt ein Raum von einigen Zollen breit, welcher mit lockeren und nicht zu fest mit einander verbundenen Füllungsmitteln ausgefüllt wird, damit sich das Schachtfutter, welches die stärkste Hitze auszustehen hat, unabhängig von der übrigen Mauer des Ofens ausdehnen kann.

Die äußere Ofenmauer, welche den Kernschacht oder die verschiedenen Schachtfutter umgiebt, heißt der Mantel oder die Rauhmauer des Ofens. Die äußere Gestalt ist gleichgültig, und richtet sich oft nach der Gestalt des Schachtes. Man hat daher Oefen, welche äußerlich eine vier-, sechs-, achteckig-pyramidalische, eine kegelförmige, und eine aus beiden Körpern zusammengesetzte, unten pyramidalische und oben kegelförmige Gestalt haben. Eine prismatische oder eine kubische, oder eine cylindrische äußere Gestalt sind bei sehr hohen Oefen nicht zu empfehlen, weil diese Bauart einen großen Materialienaufwand erfordert, und außerdem einen starken Druck auf das Fundament und auf die unteren Schichten der Mauerung verursachen würde. Deshalb theilt man der Rauhmauer auch in dem Fall eine Verjüngung nach oben zu, wenn der Schacht auf der Gicht eben so weit, oder vielleicht noch weiter wäre, als auf dem Boden. Bei Oefen von keiner beträchtlichen Höhe, wo der Druck auf das Fundament und auf die unteren Schichten der Mauerung nicht sehr bedeutend ist, wird eine prismatische oder kubische äußere Gestalt zuweilen mit Vortheil angewendet, um Raum auf der Gicht für die Ablagerung der Beschickung zu gewinnen und dadurch einen besonderen Raum für das Aufstürzen der Beschickung zu ersparen. Nächstdem wird es, wegen der fortschreitenden allgemeineren Anwendung der

Gichtenflamme, fast nothwendig, sich geräumigere Flächen auf der Gicht zu verschaffen, weil es immer vortheilhafter bleibt, die Gichtengase so viel als möglich unmittelbar auf der Gichtsohle anzuwenden, als sie durch Röhren von der Gicht abwärts und herunter zu leiten. Dieser Umstand würde bei dem Bau der neueren Oefen leicht dazu führen, die Fundamente derselben zu verstärken und dickere Rauhmauern aufzuführen, um Räume auf der Gicht zur Benutzung der Gichtenflamme zu mannigfaltigen Zwecken zu erhalten.

In neueren Zeiten hat man auch angefangen, die äußere Mauerung der Oefen ganz abzuwerfen und die Kernschächte nur mit einem Mantel von gegossenem Eisen zu umgeben (gerade so wie bei den kleinen Oefen, Kupolöfen, in welchen das Roheisen mit Brennmaterial geschichtet, niedergeschmolzen wird), um Zeit beim Aufbauen des Ofens zu gewinnen und um das kostbare und auf die Fundamente stark drückende äußere Gemäuer der Oefen ganz zu entbehren.

§. 621.

Je höher der Ofen und je stärker die Hitze ist, welche in demselben erzeugt werden soll, desto mehr sorgt man dafür, die Rauhmauer mit Abzüchten oder mit Kanälen zur Ableitung der Feuchtigkeit zu versehen, weil die Dämpfe, wenn sie keinen Ausgang finden, durch die starke Elasticität ein Zersprengen des Mauerwerks veranlassen. — Aus demselben Grunde, und weil eine Ausdehnung des Mauerwerks des stark erhitzten Ofens beim Betriebe jederzeit erfolgen muß, sucht man auch die Rauhmauer zu verankern. Bei konischen Oefen bedient man sich geschmiedeter eiserner Reifen, die um den Ofen gelegt werden; bei pyramidalen Oefen werden eiserne Anker locker durch die Mauerung gelegt, und die Köpfe der Anker auswendig mit Splinten oder Bolzen verriegelt oder befestigt. Diese Anker dienen dazu, das Mauerwerk, welches durch das öftere Ausdehnen und wieder Zusammenziehen beim Betriebe und beim Stillstande des Ofens sehr locker wird, zusammenzuhalten. Wenn man indeß bei dem Bau eines Hohenofens wenigstens zwei Füllungen, die eine zwischen dem Kernschacht und dem Rauhschacht, und die zweite zwischen dem Rauhschacht und der Rauhmauer anbringt, und für Abzüge oder Kanäle zur Ableitung der Feuchtigkeit sorgt; so können die Anker um die Rauhmauer wegbleiben. Denn wenn die Füllungen die durch die Hitze hervorgebrachte Wirkung der Ausdehnung der Schächte auf das äußere Mauerwerk nicht verhindern, so können die fest umgelegten Anker (lose umgelegte Anker würden ganz unnütz seyn) der Gewalt nicht widerstehen und müssen springen. Wird aber diese Wirkung der Ausdehnung durch die Füllungen beseitigt, so kann die Rauhmauer nicht leiden und die Anker sind dann überflüssig.

§. 622.

In Schweden sind noch Oefen mit Erdzimmerung vorhanden. Die Rauhmauer besteht bei diesen Oefen nur bis zu einer gewissen Höhe (bis über den Form- und Arbeitsgewölben) aus Steinen; alsdann folgt eine Schrotzimmerung, durch welche und durch den oberen Theil des Schachtfutters sich ein leerer Raum bildet, den man mit einer nicht zu fetten, aber auch nicht zu mageren Erde sorgfältig ausstampft. Bei kleinen Oefen ist diese Methode, wegen ihrer Wohlfeilheit, und weil die Hitze dadurch zurückgehalten wird, wohl zu empfehlen. Die Zimmerung wird entweder durch eiserne Anker, oder auch wohl nur durch hölzerne Zwingen, oder durch umgelegte Balken befestigt. Zur Zimmerung nimmt man trockenes, aber möglichst festes Holz.

§. 623.

Das Fundament des Ofens erfordert um so größere Aufmerksamkeit, je höher der Ofen werden soll, je größer also die Last ist, welche darauf drückt. Wo ein guter Felsengrund vorhanden ist, giebt dieser natürlich das beste Fundament. Sehr häufig ist man aber, wegen der Beschaffenheit des Bodens, genöthigt, ein künstliches Fundament für den darauf zu errichtenden Ofen zu konstruiren. Bei niedrigen Oefen giebt man dem Fundament gewöhnlich die Höhe des Ofens zur Länge und Breite; bei sehr hohen Oefen erhält es ¾ der Höhe zur Länge und Breite. Wie tief es gelegt werden muß, richtet sich nach der Beschaffenheit des Bodens u. s. f. Vor allen Dingen sind aber die Abzüchte im Fundament nicht zu vergessen; höhere Oefen erhalten Röschen oder Gewölbe, und über diesen, so wie unter dem Boden des Ofenschachtes, sind noch mehre Querröschen und niedrigere Abzüchte angebracht, welche theils überwölbt, theils mit eisernen Platten bedeckt seyn können.

Bei einem sandigen Terrain, und in Gegenden, wo das Holz noch wohlfeil ist, setzt man das Fundament des Ofens auf ein hölzernes Pfahlwerk, dessen Pfähle oft 20 bis 30 Fuß tief in die Erde eingerammt sind, belegt das Pfahlwerk mit einem hölzernen Rost, und führt auf diesem Roste erst das Fundament auf. Garnej hält das Pfahlwerk für überflüssig, will aber in einem nicht felsigen Terrain den hölzernen Rost unter dem Fundament noch beibehalten wissen. Die massiven Fundamente verdienen allen hölzernen vorgezogen zu werden, und ihre Tiefe muß sich nach der Höhe des Ofens, so wie nach der Beschaffenheit des Terrains richten.

Das Fundament des Ofens muß in allen Fällen so weit in die Höhe geführt werden, daß der Bodenstein, oder die Sohle des Ofens vollkommen trocken zu liegen kommt. Ein feuchter Boden, durch welchen der Sohle Feuchtigkeit zugeführt wird, welche zur Abkühlung des Ofens Veranlassung giebt, kann niemals einen vortheilhaften Betrieb zur Folge haben. Ueberhaupt muß bei der Anlage eines Ofens darauf gesehen werden, Alles zu vermeiden, was eine schnelle Abkühlung des Mauerwerks bewirken kann, und dagegen alle Mittel anzuwenden, die zum Zusammenhalten der Wärme führen können.

In Schweden legt man ein großes Gewicht darauf, den Boden oder die Sohle des Ofens kalt zu erhalten. Man benutzt dazu entweder Quellen, die unter dem Ofen befindlich sind, oder man leitet auch künstlich Wasser unter den Ofen. Das Wasser muß aber die Roheisenplatten, auf denen eine Sandschicht und dann erst der Bodenstein oder die eigentliche Sohle des Ofens liegt, nicht unmittelbar berühren, sondern einige Zolle von dieser Platte abstehen, so daß nicht das Wasser, sondern nur die Dämpfe an die Platte treffen und dieselbe abkühlen. Zu dem Ende werden unter jenen Platten Züge angelegt, welche mit senkrechten, eisernen, oben offenen Röhren in Verbindung stehen, durch welche von Zeit zu Zeit Wasser hineingegossen wird. — Dies Verfahren hat keinen zureichenden Grund und verdient eher Tadel als Nachahmung.

§. 624.

Unmittelbar auf dem Fundament des Ofens würde nun der ganze Ofenkörper mit den Schachtfuttern und Füllungen bis zur bestimmten Höhe massiv mit der gehörigen Verjüngung oder Dossirung aufgemauert werden können, wenn man nicht unten, zunächst am Boden des Schachtes, zu der Form und zu dem Eisenkasten müßte gelangen können, theils um dem Ofen den Windstrom aus dem Gebläse zuzuführen, theils um die Schlacken und das Eisen, welche sich im Eisenkasten ansammeln, von Zeit zu Zeit abzulassen. Aus diesem Grunde müssen in der Rauhmauer des Ofens Oeffnungen für die Form, oder für die Formen, wenn der Ofen auf zwei, oder auf drei Seiten mit Formen versehen werden soll, und eine Oeffnung zum Ablassen der geschmolzenen Massen angebracht, und es muß auf diese Oeffnungen gleich beim Aufmauern des Ofens Rücksicht genommen werden. Bei kleinen und niedrigen Oefen wird die geschmolzene Masse zuweilen auf derselben Seite abgelassen, von welcher dem Ofen der Wind aus dem Gebläse zugeführt wird, und dann bedarf es nur Einer Oeffnung. Höhere Oefen, besonders Oefen in denen mit Koaks geschmolzen wird, erfordern wenigstens zwei einander gegenüberstehende Formen, weil der Wind von der einen Seite nicht durchdringen würde, und diesen Oefen müssen drei Oeffnungen in der Rauhmauer zugetheilt werden. Man hat aber auch mit großem Vortheil den Wind von drei Seiten in den Ofen geführt, so daß es vier Oeffnungen, nämlich drei für die Windführung und einer für das Ablassen der Schlacke und des Eisens bedarf. In anderen Fällen, bei großen Oefen und bei einer starken Produktion von Eisen in den Oefen, leitet man wohl den Wind durch zwei einander entgegenstehende Formen in den Ofen, hat aber die Vorkehrung getroffen, das Eisen ebenfalls auf zwei entgegengesetzten Seiten aus dem Ofenheerde zu nehmen, so daß dann ebenfalls vier gewölbartige Oeffnungen in der äußeren Mauer des Ofens erfordert werden. Weil sich alle diese Oeffnungen, sowohl zum Einströmen des Windes durch die Formen, als zum Ablassen der geschmolzenen Massen, fast unten auf dem Boden des Ofens befinden, so fangen sie gleich vom Fundament des Ofens an, und werden mindestens so hoch in die Höhe geführt, daß ein Arbeiter darin aufrecht stehen kann. Bei einigen Oefen werden sie gewölbt; bei größeren wendet man mehrentheils gegossene eiserne Balken oder sogenannte Trageisen (marâtres) an, um die Oeffnung oben zu schließen. Die vordere Seite des Ofens, auf welcher Schlacke und Eisen unten abgelassen werden, nennt man die Vorder- oder die Arbeitsseite; die Seite, auf welcher dem Ofen der Wind durch die Form zugeführt wird, und welche sich entweder rechts oder links von der Arbeitsseite befindet, die Formseite; die der Arbeitsseite gegenüberstehende Seite die Rückseite, und die der Formseite gegenüberstehende Seite die Windseite des Ofens.

Hiernach erhalten die oben erwähnten Oeffnungen auch die Namen Arbeitsgewölbe und Form- oder Blasegewölbe. Es giebt aber, wie schon bemerkt ist, Oefen, welche ein Arbeitsgewölbe und zwei oder drei Blasegewölbe, oder zwei Arbeitsgewölbe und zwei Blasegewölbe haben, bei denen also die Windseite ebenfalls Formseite und die Rückseite ebenfalls Arbeitsseite ist; und andere, welche nur mit einem einzigen Gewölbe versehen sind, welches Arbeits- und Blasegewölbe zugleich ist. Bei höheren Oefen bekommen die Gewölbe unten auf dem Fundament ⅔ der Breite des Fundaments zur Breite, und auf der äußeren Seite in der Mitte eine Höhe von 8 bis 16 Fuß, und schließen sich mit abnehmender Verjüngung der Höhe und der Breite an dem Kernschacht an, weshalb sie, wenn sie gewölbt sind, oben die Gestalt eines abgeschnittenen Kegelgewölbes, und wenn sie mit Trageisen geschlossen sind, die Gestalt eines Trapezium haben. Den Theil der Mauer des Kernschachtes, welcher durch das Arbeitsgewölbe zum Vorschein kommt, und der von der Rauhmauer des Ofens gewissermaaßen entblößt wird, nennt man die Ofenbrust.

Da die Form- und Arbeitsgewölbe nur dazu dienen, um durch sie zu dem eigentlichen Schmelzraum im Ofenschacht gelangen zu können, da sie folglich nur als eine Unterbrechung der Rauhmauer des Ofens zu betrachten sind, welche nothwendig ist, um die vor der Form und auf der Arbeitsseite vorkommenden Arbeiten verrichten zu können; so hat man diesen Zweck noch auf eine andere Weise zu erreichen gesucht. Man stellt nämlich das ganze Gemäuer des Ofens auf eisernen Platten, die von eisernen Säulen getragen werden und theilt den Tragesäulen die Höhe zu, daß man unter dem durch die Säulen gebildeten Raum alle Arbeiten bei dem Ofen bequem verrichten kann. Bei dieser Bauart ist der eigentliche Schmelzraum des Ofens überall zugänglich und läßt sich auch leicht erneuern, wie dies von Zeit zu Zeit erforderlich ist. Die Schächte des Ofens und das ganze Mauerwerk sind dadurch von dem Schmelzraum unabhängig gemacht. Eine ausgedehnte

Anwendung hat diese Construction bis jetzt noch nicht gefunden, vielleicht nur aus dem Grunde, weil die Kosten der Anlage, wegen der erforderlichen großen Eisenmassen zum Tragen und Unterstützen der Ofenschächte, sehr bedeutend sind.

Nachdem die Gewölbe geschlossen sind, wird die Rauhmauer in einer eckigen oder runden Gestalt mit der angemessenen Dossirung bis zur Gicht in die Höhe geführt. Es versteht sich von selbst, daß die Axenlinie des Kernschachtes hiebei immer das Anhalten giebt. Man nennt die obere Fläche, welche durch die obersten Schichten des Kernschachtes, der verschiedenen Rauhschächte und der Rauhmauer gebildet wird, ebenfalls die Gicht. Bei hohen Oefen ist dieser Flächenraum, wegen der größeren Dicke der Mauern, größer als bei niedrigen Oefen. Bei den letzteren ist er äußerlich nicht immer mit einer Mauer umgeben, sondern die Rauhmauer hört da auf, wo sie die Gicht erreicht hat; zuweilen wird sie aber in der Gestalt einer Schlotte in die Höhe geführt, um die bei der Gicht herausschlagende Flamme unschädlich zu machen. Bei den Oefen, welche mit solchen Schlotten nicht versehen sind, werden die äußeren Seiten der Rauhmauer 10 bis 12 Fuß höher, als die Höhe der Gicht beträgt, in die Höhe geführt, um die aus der Gicht strömende Flamme gegen den Druck heftiger Winde zu schützen und Feuersgefahr zu verhindern. Man nennt diese Verlängerung der äußeren Rauhmauer die Gichtmauer, den Gichtmantel. In manchen Gegenden ist es gebräuchlich, nicht allein die Rauhmauer nach 10 bis 12 Fuß über der Gichtsohle in die Höhe zu führen, sondern auch dem Kernschacht selbst, von der Gichtmündung an, noch eine Erhöhung zuzutheilen und auf solche Weise zwei parallel neben einander aufsteigende Mauern auf der Ofengicht aufzurichten, welche durch einen Gang, oder Zwischenraum von einander getrennt sind. Der Zweck dieser Einrichtung ist nur der, daß die Arbeiter durch die Hitze der Gichtenflamme weniger leiden. Uebrigens dient sie besonders bei conischen Oefen — fast nur als eine, eben nicht sehr zweckmäßige, Decoration. Nicht zweckmäßig aus dem Grunde, weil dadurch alle Räume auf der Gicht, welche jetzt bei der allgemeiner werdenden Benutzung der Gichtenflamme sehr nothwendig sind, verloren gehen. Die mehrsten Oefen Süddeutschlands sind, statt mit einer um die Gicht aufgeführten Umfassungsmauer, mit einer Art von kegelförmigen, zuweilen sehr hohen Esse versehen, und bei den Schwedischen Oefen erhält der Gichtmantel ein Dach, welches gewöhnlich aus Sturzblech besteht. Die Füllungen werden nicht immer bis zur Gicht, sondern nur bis auf 2 bis 3 Fuß unter derselben mit in die Höhe geführt, um das Eindringen der Feuchtigkeit von oben zu verhüten. Aus demselben Grunde ist es sehr gut, wenn die ganze Gicht bei den Hohöfen, welche nicht unter einer hohen Esse stehen, oder bei denen die Gichtmauer kein Dach erhält, mit eisernen Platten belegt wird. — Wenn dies geschieht, so können die Füllungen auch völlig bis zur Gicht hinaufgeführt werden. Man erreicht dadurch dann noch den großen Vortheil, daß Feuchtigkeit und Dämpfe aus den Füllungen aufsteigen und durch die Fugen der nicht dicht zusammenstoßenden Belegplatten entweichen können.

§. 625.

Das Fundament des Ofens muß immer so hoch liegen, daß der Boden durchaus keiner Nässe, und, bei Wasserwerken, am wenigsten dem Ersaufen der unteren Abzüchte, oder wohl gar des Bodens, ausgesetzt ist. Je trockener das Fundament und der Boden des Ofens liegen, desto besser ist es für den Betrieb, und dem Glauben, daß eine gewisse Feuchtigkeit unter dem Boden des Ofens durchaus erforderlich sei, wird durch die Erfahrung widersprochen. Wenn es die örtlichen Verhältnisse nur irgend gestatten, so sucht man die Oefen am Abhange der Berge aufzuführen, um dadurch leichter zur Gicht, auf welche alle Schmelzmaterialien gebracht werden müssen, zu gelangen.

In diesem Fall muß aber auf trockene Lage des Bodens, nöthigenfalls durch Gräben zur Abführung der Feuchtigkeit, vorzüglich Rücksicht genommen werden. Bei der Anlage eines Hochofens am Abhange eines Berges, ist es nöthig, einen Gang von wenigstens 3 — 4 Fuß Breite zwischen dem Ofen und der Bergmauer zu lassen, damit die Feuchtigkeit des Berges das Gemäuer nicht berühren könne. Wo das Terrain eine solche Anlage nicht gestattet, werden die Schmelzmaterialien durch Menschenhände, oder durch Maschinerie bis zur Gicht geschafft. Dies kann durch schiefe Ebenen (Gichtenbrücken) oder durch senkrechte Gichtenaufzüge geschehen. Auf der schiefen Ebene werden die Schmelzmaterialien bald mit Handkarren und mit Wagen, die durch Menschen gezogen werden, bald mit Wagen, die in Eisenbahnen ihre auf- und niedergehende Bewegung machen, welche ihnen durch Maschinerie mitgetheilt wird, auf die Hohofengicht gebracht. Bei den senkrechten Gichtaufzügen wendet man in der Regel zwei Schaalen an, von denen die eine beladen aufwärts steigt, während die andere nieder geht. Bei niedrigen Holzkohlenöfen wird die Bewegung der Schaalen, welche die auf die Gicht zu bringenden Erze und Kohlen aufnehmen, zuweilen durch Haspel mit Vorgelegen und Schwungrädern, durch Menschenkräfte bewerkstelligt. Bei höheren Oefen, also ohne Ausnahme bei den Koakshohöfen, muß die Bewegung der Gichtenschaalen durch Maschinenkraft erfolgen, besonders wenn in kurzen Zeiträumen große Quantitäten von Schmelzmaterialien auf die Gicht gebracht werden müssen.

Die höheren Oefen ragen mit ihren Vorrichtungen zum Heraufbringen der Schmelzmaterialien auf die Gicht, oft sehr weit über die Dächer des Hüttengebäudes hervor. Das Hüttengebäude darf in dem Fall, wenn das Roheisen nicht zu Gußwaaren benutzt wird, nur klein seyn, und nur so viel Raum enthalten, als nöthig ist, um das jedesmal abzulassende Eisen, ohne zu große Beschwerde für die Arbeiter, aufzunehmen. Das

Gebläse liegt entweder in der Schmelzhütte selbst (wenn es klein ist, und wenn überhaupt ein kleiner Ofen angewendet wird), oder es liegt in einem besonderen Gebäude (Gebläsekammer, Gebläsehaus), welches vorzüglich dann, wenn das Gebläse mit einer Dampfmaschine betrieben wird, nothwendig ist.

§. 626.

Von der Höhe und den Dimensionen des Kernschachtes hängen die Dimensionen des übrigen Mauerwerks unmittelbar ab. Mit Recht hat der Kernschacht, durch welchen der eigentliche Schachtraum gebildet wird, diesen Namen, weil er als ein wirklicher Kern in dem Körper des Ofens steckt, und die Rauhschächte mit den Füllungen, so wie die Rauhmauer mit den Abzüchten, ihm nur zur Unterstützung dienen. Die Achse des Kernschachtes ist diejenige Linie, welche bei der Aufführung des ganzen Hohofens das stete Anhalten geben muß. Der Kernschacht wird zwar zuletzt erst eingesetzt, wenn der Bau des Ofens ganz vollendet ist, allein da die Achse des Kernschachtes zugleich die Achse des ganzen Hochofens ist, so richtet sich das ganze Mauerwerk des Ofens beständig nach dieser Linie. Zur Rauhmauer des Ofens können gute Ziegelsteine, oder auch natürliche, zugehauene Felssteine, wo diese wohlfeiler zu erhalten sind, angewendet werden. Aber zu den Rauhschächten sollten jederzeit nur Ziegel- oder Mauersteine von feuerfestem Thon in Anwendung kommen, und bei dem Kernschacht ist dies eine unerlaßliche Bedingung. Die Schächte werden mit Hülfe einer Chablone, welche die Gestalt erhält, die dem Schacht zugetheilt werden soll, von unten nach oben in die Höhe geführt. Das Einsetzen des Kernschachtes, sey es gleich anfänglich bei dem Bau eines neuen Hohofens, oder bei der Auswechselung eines neuen statt des schadhaft gewordenen alten Kernschachtes, muß mit großer Sorgfalt geschehen. Zugehauene Blöcke von Urgebirgsarten würden zu den Kernschächten zwar sehr zu empfehlen seyn, allein die große Kostbarkeit der Bearbeitung derselben für hohe Schachtöfen, erschwert deren Anwendung. Man wird daher in den mehrsten Fällen auf den Gebrauch der Ziegelsteine aus feuerfestem Thon beschränkt bleiben, welche auch in der Regel jedem anderen Material vorzuziehen sind. Große Feuerbeständigkeit der Thonziegel, welche zur Rast und zu dem Kernschacht angewendet werden, ist ein höchst wichtiges Erforderniß. Die Ziegel müssen, um alle Zwischenräume zu vermeiden, in Formen angefertigt werden, welche dem Schachtdurchschnitt und den Kreisflächen in den verschiedenen Höhen des Schachtes korrespondiren; auch sind alle starken Fugen durchaus zu vermeiden. Als Mörtel darf man bei allen Ofenmauerungen, besonders bei den Kernschächten, niemals Kalk, sondern immer nur Thon anwenden. Alle Ziegel, die zu einer und derselben horizontalen Schicht gehören, müssen auch vollkommen horizontal neben einander liegen und keine Neigung in den Schachtraum erhalten.

Es giebt zwei Abtheilungen, unter welche sich alle Schachtöfen zum Eisenschmelzen bringen lassen: Oefen mit einem abgesonderten Schmelzraum, (Gestell) z. B. Fig. 1. 4. 5. Taf. XVI. und Oefen ohne abgesonderten Schmelzraum, z. B. Fig. 7. Taf. XVI. Die Schmelzbarkeit der Erze und ihre fremdartigen Beimischungen, die Beschaffenheit des Brennmaterials und selbst die Art des Roheisens, welches man erzeugen will, entscheiden über die Wahl des Ofenschachtes mit oder ohne Gestelle.

Die einfachste und wahrscheinlich die älteste Gestalt, welche man den Schächten ertheilte, war die cylindrische oder prismatische, bei welcher die Schächte in gleicher Weite von der Sohle bis zur Gicht in die Höhe geführt wurden. Beobachtungen mogten darauf geführt haben, daß die Schmelzmasse vor der Form zu stark drücke, und dem Winde den Durchgang verhindere: und so zog man den Schacht bei etwas strengflüssigen Erzen unten enger zusammen und gab ihm die Gestalt eines umgekehrten, abgestumpften Kegels oder einer umgekehrten abgestumpften Pyramide. Nach anderen Erfahrungen hielt man es für zweckmäßiger, wenn sich das Schmelzmaterial im unteren Theile des Ofens mehr ausbreiten, und dadurch eine größere Lockerheit erhalten könne: und so entstand aus dem entgegengesetzten Princip, bei leichtflüssigeren Erzen, die der vorigen entgegengesetzte Gestalt des Schachtes, nämlich die eines abgestumpften Kegels oder einer abgestumpften Pyramide. Anderen schien die Erweiterung des Schachtes nach unten zwar zweckmäßig, indeß machte der zu starke Druck der Schmelzmasse auf die Form wieder ein Zusammenziehen des Schachtes in der Gegend der Form nothwendig, und so entstand eine Gestalt, welche, mit mehr oder weniger Abweichungen, der Gestalt aller Ofenschächte zum Eisenschmelzen noch jetzt zum Grunde liegt. Die Erweiterung des Schachtes in der Mitte nennt man den Bauch oder den Kohlensack, und bringt ihn bald in der Mitte der Höhe des Schachtes, bald im ersten Drittel desselben, vom Boden an gerechnet, an. Bei sehr leichtflüssigen Erzen und bei groben festen Kohlen, so wie bei stärkeren Gebläsen, erweiterte man den Bauch; bei strengflüssigen Erzen, bei leichten Kohlen und bei schwachem Gebläse sah man sich genöthigt, den Bauch etwas zusammenzuziehen, um den Schmelzraum mehr zu verengen. Als man bemerkte, daß die zu starke Verengung des Schachtes die Schmelzmasse zu sehr zusammendrücke, legte man den Bauch oder Kohlensack weiter hinunter und verband ihn mit dem eigentlichen Schmelzraum durch eine flache ringförmige und scheibenartige Mauer. Die leichtflüssigen Erze bedürfen der großen Verengung des eigentlichen Schmelzraums nicht; bei strengflüssigen Erzen, und bei der Anwendung von schwer zerstörbaren Brennmaterialien, welche ein heftiges Gebläse erfordern, würde ohne diese Verengung des Schmelzraums keine reine Schmelzung erfolgen. Man nennt diesen Schmelzraum, oder den Theil des Schachtes, in welchem bei strengflüssigen Eisenerzen die Schmelzung geschehen muß, das Gestell des Ofens, und setzt es aus den feuerbeständigsten Materialien zusammen, welche man nur erhalten kann. Die ring- oder scheibenförmige Mauer, welche das Gestell mit dem Schacht verbindet, heißt die Rast (von rasten oder verweilen). Bei den Oefen ohne Gestell sind Schmelzraum und Schachtraum mit einander verbunden, indem sich der Schacht nach unten und der Schmelzraum nach oben erweitern und beide in gleicher Weite zusammenstoßen, so daß das Profil des ganzen Ofens aus zwei abgestumpften Kegeln oder Pyramiden besteht, deren Grundflächen zusammen fallen (z. B. Fig. 12. 13. 27. 29. Taf. XXI.) Aber auch bei den Oefen mit Gestell ist man, bei heftigen Gebläsen und bei schwer zerstörbaren Brennmaterialien, verbunden mit nicht sehr strengflüssigen Erzen, oft genöthigt, die Rast so steil zu machen, daß sie kaum mehr als Rast, sondern nur als eine Verengung des Schachtes vom Kohlensack bis zum Schmelzraum erscheint, und sich dann von den Oefen ohne abgesondertem Schmelzraum nur dadurch unterscheidet, daß bei dieser der Schmelzraum ungleich weiter ist, als bei jenen.

Es läßt sich wohl annehmen, daß die Schächte aller Oefen, wo sich das Eisenhüttenwesen nicht mehr auf der niedrigsten Stufe befindet, von einer gewissen Höhe an eine Verengung erhalten, die bis zu dem eigentlichen Schmelzpunkt, oder bis zu dem Punkt, wo die stärkste Hitze entwickelt wird, nämlich bis zur Form, immer stärker zusammen gezogen wird Diese Zusammenziehung des Schachtes von einer gewissen Höhe bis zur Formgegend, läßt sich auf verschiedene Weise bewirken. Bei den Oefen, welche einen vom Schacht abgesonderten Schmelzraum, oder ein Gestelle erhalten, geschieht es durch die Rast, und es ist dabei einerlei, ob der Schacht von dem höchsten Punkt der Rast cylindrisch in die Höhe geführt wird (Fig. 8. Taf. XXII.), oder ob sich die Rast in den Kohlensack oder in den weitesten Theil des Schachtes verläuft und von dort an bis zur Gicht wieder enger zusammen gezogen wird (Fig. 26. Taf. XXI.) — Bei denjenigen Oefen, welche nicht mit einem eigentlichen Schmelzraum, oder mit einem abgesonderten Gestell versehen, sondern bei welchen der Schacht und der Schmelzraum unmittelbar mit einander verbunden sind, kann die Zusammenziehung des Schachtes nach unten auf die Art geschehen, wie Fig. 12. 27. u. a. Taf. XXII. darstellen, oder der Schacht kann ebenfalls von dort an, wo er die größte Weite erhalten hat, bis zur Gicht cylindrisch in die Höhe geführt seyn. Welche Gestalt man den Schächten von der Gicht bis zu seiner größten Weite, oder bis zum Kohlensack geben müsse, darüber sind die Meinungen sehr getheilt. Bei Schächten, denen man von der Gicht bis zum Punkt, wo die Verengung des Schachts wieder anfängt, eine ganz gleiche Weite zutheilt, und sie cylindrisch oder prismatisch niedergehen läßt, wie bei Fig. 8. Taf. XXII. ist die ganze Höhe des Ofens von der Gicht bis zum Verengerungspunkte des Schachtes als Kohlensack anzusehen. Solche Schächte sind nur bei groben Kohlen und bei locker liegenden Erzen anzuwenden. Bei andern Schächten wählte man die kegelförmige oder pyramidalische Gestalt (Fig. 31. Taf. XXI.), und dies ist ohne Zweifel die natürlichste und dem Zwecke am mehrsten angemessene; noch andere Schächte sind aus den beiden vorigen zusammengesetzt, und können nur dann von Nutzen seyn, wenn die Winkel, welche der Kohlensack mit der oberen Schlachtlinie macht, nicht zu scharf sind. Wenn diese Winkel oder Ecken durch mehre Verkürzung des Kohlensacks immer mehr gebrochen werden, so ergiebt sich daraus zuletzt eine bogenförmige Linie für den Schacht, von der Gicht bis zum Koblensack, wie Fig. 21. 23. 24. Taf. XXI. darstellen. Die Schächte unterscheiden sich von den konischen oder pyramidalen (Fig. 31. u. s. f.) eigentlich sehr wenig, haben aber gegen jene den Nachtheil, daß sie mühsamer aufzumauern sind, und daß sie bei nicht sehr feuerbeständigen Materialien leichter den Einsturz eines Theils des Schachtfutters veranlassen können. Außerdem beschleunigen sie auch, wenn sie sehr enge bei der Gicht zusammen gezogen werden, den Abzug der Flamme, und veranlassen ein unregelmäßiges Niedergehen der Erzgichten, indem die Kohlengichten seitwärts gedrückt werden und ohne Wirkung verbrennen, welches besonders bei hohen Schächten der Fall seyn würde, so daß sich viele Gründe gegen, aber keine für diese Schachtkonstruktion auffinden lassen. Eine Konstruktion des Kohlensacks, wie sie Fig. 8. zeigt, kann nur bei sehr leichtflüssigen Erzen, bei niedrigen Oefen, bei leichten Kohlen und schwachem Gebläse unschädlich seyn. In Schweden legt man einen sehr großen Werth darauf, die Schächte nach einer Curve zu konstruiren (Fig. 2. Taf. XXI.), wobei indeß eben das gilt, was vorhin über die Schachtkonstruktion Fig. 21. erwähnt ist.

Sehr leichtflüssige und dabei gutartige Erze bedürfen keines enge zusammengezogenen Schmelzraums, welcher auch bei dem Betriebe mit Holzkohlen nicht nöthig ist, wenn man nicht die Absicht hat, recht graues Roheisen für den Gießereibetrieb darzustellen. Höher und enger zusammengezogene Schmelzräume (Gestelle) bewirken immer eine Ersparung von Brennmaterial, und man wird sie nicht entbehren können, wo man graues Roheisen darstellen will, oder wo man sich der Koaks statt der Holzkohlen bedienen muß. Arme und strengflüssige Erze machen ebenfalls die Zusammenziehung des Schmelzraums, oder die Anwendung eines Gestelles nöthig. Obgleich nicht zu läugnen ist, daß hohe und enge Schmelzräume Kohlen ersparen und ein reineres Ausbringen aus den Erzen gewähren, so darf man doch nicht übersehen, daß man dadurch häufig zu viel ausrichtet und die Temperatur höher steigert, als es nöthig ist. Bei allen mit Holzkohlen betriebenen Hohenöfen, deren Produkt nicht zur Gießerei benutzt werden soll, sind zu hohe und zu enge Schmelzräume mehr schädlich als nützlich, weil sie die Reduktion der Kieselerde befördern und zur Erzeugung eines viel Silicium enthaltenden Roheisens Veranlassung geben. Daher dürfte es bei solchen Oefen nicht gerathen seyn, den Schmelzraum so sehr zu erhöhen, als bei Oefen, welche mit Koaks betrieben werden, oder deren Produktion zur Gießerei, die in der Regel nur graues Roheisen gebrauchen kann, verwendet werden soll.

Bei den Oefen ohne Gestell kann man den unteren Theil des Schachtes, vom Kohlensack bis zur Form, als eine mit dem Schmelzraum unmittelbar verbundene Rast ansehen; die Eintheilung der Oefen in solche mit und ohne Rast, ist daher um so weniger einleuchtend, als die Oefen mit Gestell oft eine steilere Verflächung vom Kohlensack bis zum Schmelzraum haben können, wie die Oefen ohne Gestell. Das Gestell soll zur Koncentrirung der Hitze, oder zur Hervorbringung einer starken Schmelzhitze dienen; es ist daher bei armen und strengflüssigen Erzen, bei leichten Kohlen und verhältnißmäßig starken Gebläsen, oder bei schwer entzündlichen Kohlen (Koaks) und schwachen Gebläsen, und in allen Fällen, wo man die Darstellung des grauen Roheisens für die Gießerei zu berücksichtigen hat, nothwendig. Je weiter die Gestelle gemacht werden, desto mehr nähern sich die Oefen denen ohne Gestell, und desto mehr nimmt die Schmelzhitze ab. Es geht daraus hervor, daß keine wahre Gränze zwischen den Oefen mit und ohne Gestell gezogen werden kann, indem sich die Oefen mit einem bis zur Form sehr zusammen gezogenen Schacht, als Oefen mit einem sich schnell erweiternden Obergestell betrachten lassen, und umgekehrt.

Obgleich in allen Schächten bei einem gehörigen Gebläse Eisenerz geschmolzen und Eisen daraus gewonnen werden kann, so hat doch die Gestalt des Schachtes auf den vortheilhaften Betrieb, nämlich auf reines Ausbringen aus den Erzen und auf Ersparung des Brennmaterials, einen großen Einfluß. Die Beschaffenheit der Eisenerze und des Brennmaterials sind indeß so abweichend und verschieden, daß es bis jetzt unmöglich gewesen ist, eine allgemeine Regel, oder ein durch Erfahrung bewährtes Gesetz auszumitteln, wornach die Ofenschächte konstruirt werden müssen. Auch läßt sich nicht läugnen, daß bis jetzt nur wenige Erfahrungen mit kritischem Auge und mit richtig prüfendem Sinn gesammelt worden sind. Die Erfolge des Ofenbetriebes sind von so unzähligen Zufälligkeiten abhängig, und sie erfordern so viel Zeit zur genauen Beobachtung und zur richtigen Vergleichung, daß es sehr schwierig ist, Aufschlüsse über einen Gegenstand zu erhalten, welcher einen sehr ruhigen Beobachter und einen unterrichteten denkenden Mann nothwendig erfordert.

Die große Leichtflüssigkeit der Spatheisensteine, der Magneteisensteine, der reinen Roth- und Brauneisensteine, erleichtert ihre Verschmelzung. Man kann beim Verschmelzen dieser Erze das Gegentheil von dem bewirken, was man beim Verschmelzen strengflüssiger, oder mit nachtheiligen Beimengungen für die Beschaffenheit des zu gewinnenden Eisens versehener Eisenerze, mit großer Mühe zu bewerkstelligen suchen muß. Eine gewisse Quantität Brennmaterial kann nur eine gewisse Quantität Eisenerz zum Schmelzen bringen; wird dies Verhältniß überstiegen und das des Eisenerzes vermehrt, so entsteht eine Erhärtung, Verschlackung u. s. f. Wird das des Erzes vermindert, so entsteht ebenfalls eine Verschlackung und ein Zuwachsen des unteren Theils des Schachtes. Diese Erscheinungen finden sich, bei strengflüssigen Erzen und bei der Anwendung von Koaks, in einem weit größeren und nachtheiligeren oder verderblicheren Grade ein, als bei den leichtflüssigen, reinen Eisenerzen. Bei diesen kann das Uebel schon einen hohen Grad erreicht haben, und doch sehr bald, so wie ohne Einfluß auf die Güte des Produkts, gehoben werden; wogegen bei den strengflüssigen Erzen u. s. f. die Gefahr des Erstickens des Ofens weit größer und auf die Güte des Roheisens noch mehre Tage, nachdem das Uebel schon gehoben ist, nachtheilig einwirkend ist. Die große Leichtigkeit, mit welcher sich die reinen Eisenerze verschmelzen lassen, ist aber zugleich die Ursache, weshalb der Schmelzprozeß an sich weniger Aufmerksamkeit nothwendig macht, und warum alle Erfahrungen über die Konstruktion der Ofenschächte, auf einen Betrieb der Oefen mit strengflüssigen oder auch mit schwer reducirbaren Erzen, nicht anwendbar sind. Nur bei dem Betriebe der Oefen mit Koaks und strengflüssigeren Erzen lassen sich die gründlichsten Kenntnisse von der zweckmäßigsten Konstruktion der Oefen und von den beim Betriebe selbst zu ergreifenden Maaßregeln kennen lernen, und alsdann um so leichter auf Holzkohlenöfen und auf die Verschmelzung leichtflüssiger Eisenerze übertragen.

§. 627.

Eine andere Eintheilung der zum Verschmelzen der Eisenerze bestimmten Hohenöfen, als die in Ofenschächten mit und ohne abgesonderten Schmelzraum, wird durch die Beschaffenheit und Konstruktion der Ofenbrust bestimmt. Unter Brust oder Ofenbrust versteht man den unteren Theil des Schachtes, welcher durch das Arbeitsgewölbe entblößt ist und welcher zum Ablassen des Eisens und der Schlacken dient. Bei den Oefen, welche mit einem Gestell versehen sind, bildet der dem Arbeitsraum zugekehrte Theil des Gestelles, und bei den Oefen, welche kein Gestelle haben, der untere Theil der Vorderwand des Kernschachtes die Ofenbrust. Wo man leicht schmelzbare und nicht zu arme Erze verarbeitet, welche sehr häufig ohne alle Zuschläge verschmolzen werden können, oder welche nur wenig und nicht so zähe oder so hitzige Schlacken geben, daß sie zu Versetzungen oder zu Anhäufungen in dem Heerde leicht Anlaß geben, wodurch der Ofen ersticken würde, und welche bei wirklich vorkommenden Versetzungen so leichte Hülfsmittel gestatten, daß es nicht nöthig ist, viel im Heerde des Ofens zu arbeiten; da läßt sich ohne Bedenken die Brust des Ofens durch eine Mauer, nämlich durch die Verlängerung des Kernschachtes schließen, in welcher man nur Oeffnungen zum Ablassen der Schlacke und des Eisens anbringen darf. Bei den Oefen, in denen arme und strengflüssige Erze verschmolzen werden, welche eine zähe

Schlacke geben, die sich leicht festsetzt, und oft, (besonders bei der Anwendung von Koaks) mit Mühe hervorgezogen werden muß, hat man viel im Heerde zu arbeiten, und muß daher mit Werkzeugen bequem zu den niedergeschmolzenen Massen gelangen können. Der Eisenkasten des Ofens ist daher auf der Arbeitsseite, oder unter dem Arbeitsgewölbe verlängert, und ragt unter der Brust des Ofens hervor, so daß man durch diese Oeffnung zu allen Punkten des Gestelles in und nahe über der Formhöhe gelangen kann. Dies Schmelzen mit offener Brust wird durch die vielen nothwendigen Arbeiten im Gestelle erfordert, obgleich nicht zu verkennen ist, daß durch das Schmelzen mit geschlossener Brust weit weniger Wärme verloren geht. Diesen Verlust sucht man dadurch möglichst zu vermindern, daß man den vorderen offenen Theil des Eisenkastens stets mit Schlacke, oder auch mit Gestübbe bedeckt hält.

Die Oefen zum Eisenschmelzen, welche mit offener Brust arbeiten, heißen Hohöfen, so wie die Oefen mit geschlossener Brust Blauöfen, zuweilen auch Stücköfen genannt werden. Dies ist der einzige Unterschied, welche zwischen den verschieden konstruirten Oefen gemacht werden kann. Ob die Oefen mit einem Gestell versehen sind, oder nicht, hängt mit dieser Eintheilung nicht zusammen, indem auch bei den Hohenöfen das (Ober) Gestelle fehlen, und bei den Blauöfen der vordere Theil des Gestelles die Stelle der geschlossenen Ofenbrust vertreten kann. Fast alle Schwedischen Hohöfen sind Hohöfen ohne Gestelle, und auf der Eisenhütte zu Bergen in Bayern befindet sich unter andern ein Blauofen mit Gestell. Mit Unrecht nennt man in einigen Gegenden die Blauöfen, welche einige 20 bis 40 Fuß vom Boden bis zur Gicht hoch sind, Hohöfen; man sollte sie hohe Blauöfen nennen. Benennungen nach so zufälligen Bestimmungen, wie es die Höhe eines Ofens ist, geben zur Verwirrung der Sprache, und zuletzt der Gegenstände, Anlaß. Die Höhe entscheidet nicht über das Wesen des Ofens, und es giebt viele Hohöfen, die weit niedriger sind als manche Blauöfen. — Des Unterschiedes zwischen Blauöfen und Stücköfen ist schon früher (§. 464.) gedacht; auch diese Oefen unterscheiden sich ursprünglich nicht durch die verschiedene Höhe, sondern durch die Weite bei der Form, welche bei den Blauöfen verhältnißmäßig geringer ist als bei den Stücköfen, und durch das Verfahren beim Schmelzen selbst. Die Unvollkommenheit des Stückofenschmelzprozesses ist indeß so groß, daß sich die Beschaffenheit des zu erzeugenden Eisens niemals bestimmen läßt, indem zuweilen, neben dem gefrischten Eisen, mehr, zuweilen weniger Roheisen erhalten wird.

Karsten, metallurgische Reise durch einen Theil von Bayern und durch die süddeutschen Provinzen Oesterreichs. Halle 1821. S. 22.

§. 628.

Je näher dem Schmelzpunkt, desto mehr muß das Schachtfutter von der Hitze angegriffen werden. Bei den Oefen mit Gestell ist die Hitze vor der Form auch dann, wenn sie viel niedriger sind als die Oefen ohne Gestell, größer als bei diesen. Die Höhe der Oefen entscheidet überhaupt nicht über den Grad der Hitze, welchen sie erzeugen, sondern die Stärke des Windes, die Beschaffenheit der Kohlen, und die größere oder geringere Koncentrirung der Schmelzraums. Die Schächte der Oefen ohne Gestell leiden deshalb auch weniger als die der Oefen mit einem Gestell, und vorzüglich ist das Gestell, oder der eigentliche Schmelzraum, dem Ausschmelzen ausgesetzt. Erweitert sich das Gestell zu sehr, so kann die Hitze nicht mehr so koncentrirt werden, als es die strengflüssigen Erze zum Schmelzen erfordern; der Hohofen erhält dann unten mehr die Dimensionen eines Ofens ohne Gestell, ohne aber die regelmäßige Gestalt des Schmelzraums von den Oefen ohne Gestell zu besitzen; Schmelzung und Scheidung sind unvollkommen, und es wird nothwendig, ein neues Gestell zu geben. Der Schacht des Ofens kann dabei vollkommen gut geblieben seyn, und nur der unmittelbar mit dem Gestell zusammenhängende Theil desselben, oder die sogenannte Rast, bedarf zugleich einer Ausbesserung. Auch bei den Oefen ohne Gestell wird der Schacht in der Gegend der Form, weil dort die stärkste Hitze ist, am mehrsten ausgebrannt, weshalb er dort, sobald er sich zu sehr erweitert hat, und die Schmelzung unvollkommen wird, wieder ausgebessert werden muß. Je länger die Schächte und Gestelle aushalten, desto länger können die Oefen im Betriebe erhalten werden, weshalb auf die Feuerbeständigkeit der zu den Schächten und Gestellen anzuwendenden Materialien die größte Sorgfalt zu verwenden ist. Häufig bedient man sich des Sandsteins, der von allen Eisenadern und Klüften frei seyn muß, als Baumaterial für den Kernschacht, und wendet ihn auch zu Gestellen an. Glimmerschiefer, Talkschiefer, Gneuß und Granit werden zuweilen auch wohl zu den Schachtfuttern genommen; indeß muß man überzeugt seyn, daß sie weder leicht schmelzen, noch wegen ihres groben Korns leicht ausbröckeln. Feinkörniger, fester Sandstein, der kein leichtflüssiges Bindungsmittel hat, ist ein sehr gutes Material. Wo der gute Sandstein zu kostbar, und feuerfester Thon leichter zu erhalten ist, macht man die Futterziegeln aus dem möglichst feuerfesten Thon, und brennt sie so stark als möglich, um das Schwinden im Schachte zu verhindern. Um dem Reißen der Thonziegeln beim Brennen vorzubeugen, wird der Thon zuweilen (wenn er sehr fett ist) mit Quarzsand, immer aber (bis zu $\frac{1}{4}$ der Masse dem Volumen nach) mit grob zerstoßenem, vorher schon gebranntem Thon, oder mit bereits im Gebrauch gewesenen und zerkleinerten Thonsteinen versetzt.

Das Einsetzen des Kernschachts erfordert eine große Sorgfalt, theils um alle Fugen der Schachtsteine möglichst unschädlich zu machen, weshalb die Steine gehörig nach der Chablone gearbeitet seyn müssen, theils um das Futter ganz genau, und mit beständiger Rücksicht auf die Axenlinie des Schachts, in die Höhe zu führen. Man bedient sich deshalb beim Einsetzen des Kernschachtes und auch der Rauhschächte, jederzeit einer völlig nach der Form des Schachtes gestalteten Leere, oder einer Chablone, welche genau im Mittelpunkte des Schachtes vollkommen senkrecht aufgerichtet ist, und sich um ihre Axe dreht, so daß sie die Radien aller Schichten, von der Gicht bis zum Punkte angiebt, wo sich die Rast an dem Schacht anschließt. Mörtel muß zwischen den Schichten der Futtersteine niemals dick aufgetragen werden, sondern die Steine müssen zwischen einen dünnen, mit Wasser angerührten Brei von feuerfestem Thon, dem die gehörige Menge Quarzsand zugesetzt ist, um das Schwinden des Thons und die Entstehung von Fugen zu verhindern, gelegt werden. Je größere Sorgfalt man auf den Schacht verwendet, desto mehr kann man eines guten Erfolgs beim Schmelzen versichert seyn. Bei den Stücköfen, welche keine große Hitze auszuhalten haben, wendet man wenig Sorgfalt auf den Schacht, weil man diese kleinen Oefen gewöhnlich zu Ende einer jeden Woche ausbläst; auch bei den Blauöfen und bei den gewöhnlichen Hohöfen wird nicht immer auf einen möglichst feuerbeständigen Schacht Rücksicht genommen; desto mehr würde diese Versäumniß aber bei den mit Koaks betriebenen Hohöfen bestraft werden, weil das Futter bald schmelzen, oder wenn es nicht mit aller Vorsicht eingesetzt ist, sich ausbröckeln, und die Fortsetzung des Ofenbetriebes unmöglich machen würde.

§. 629.

Zwischen dem Betriebe der Oefen mit Gestell und dem der Oefen ohne Gestell findet kein Unterschied weiter statt, als daß die ersteren eine sorgfältigere Wartung erfordern, um das Verhältniß des Erzes zu den Kohlen nicht anhaltend zu geringe, aber noch weniger zu groß werden zu lassen, weil sich die Folgen sogleich in dem Gestell zeigen, und nicht so leicht zu heben sind. Je kleiner die Oefen sind, desto mehr müssen sie den Folgen eines solchen zufälligen Mißverhältnisses, so wie den

Folgen, welche aus rohen, nicht gerösteten Erzen, und aus zu großen Erzstücken entstehen, ausgesetzt seyn; denn eine Abkühlung, welche die Folge der verminderten Hitze des Ofens ist, wird bei einer kleinen Masse bedeutendere Wirkungen haben, als bei einer größeren. Die Stücköfen und überhaupt die niedrigen Oefen würden daher diesen Wirkungen häufig ausgesetzt seyn, wenn die große Leichtflüssigkeit der Erze nicht oft ein Mittel gewährte, die Folgen dieser Wirkungen bald unschädlich zu nachen. Bei allen Schachtöfen zum Eisenschmelzen geschieht die eigentliche Schmelzung, nämlich die Scheidung des Eisens von der Schlacke, erst in einer geringen Höhe über der Form, oder in dem jedesmaligen Schmelzraum des Ofens. Ist der Ofen in großer Hitze, so rückt der Schmelzpunkt höher und befindet sich in einer um so größeren Höhe über der Form, je größer die Hitze des Ofens ist. Der ganze Raum von der Gicht bis zum Schmelzpunkt dient nur dazu, die Schmelzmasse nach und nach in eine größere Hitze zu bringen, und sie allmälig zu erweichen. Die Reduktion des Eisens erfolgt schon ungleich früher, als die Masse zu schmelzen anfängt: bei leichtflüssigen Erzen zwar oft nicht früher, häufig sogar später, als bei strengflüssigen; allein der Schmelzraum muß bei den letzteren durch ein engeres Gestell deshalb koncentrirt werden, weil die Scheidung der Schlacke von dem reducirten Eisen nur in einer höhern Temperatur erfolgen kann. Liegt der Schmelzpunkt im Ofen, durch zu große Hitze (bei zu viel Kohlen gegen das Erz, oder bei zu starkem Gebläse, oder bei zu leichtflüssigen, also auch bei mit nicht gehörigen Verhältnissen von Zuschlägen beschickten Erzen) sehr hoch über der Form; so erfolgt dort schon die Schmelzung, oder die Scheidung des Eisens von der Schlacke. Beide kommen nun in einem tropfbar flüssigen Zustande vor die Form, und werden dort theils verschlackt, theils kalt geblasen, weil die zu flüssige, oder in anderen Fällen die zu steife Schlacke, das Eisen gegen den Windstrom nicht zu schützen vermag. Bei dem hitzigsten Roheisen und der gaarsten Schlacke werden daher bald die Erscheinungen eines zu kalten Ganges eintreten: man erhält scharfe Schlacke neben der gaarsten, ein geringes Ausbringen aus den Erzen, und das gaarste Roheisen; indeß ist der Zustand des Ofens gefährlich, und die Erstickung nahe. Kühlt sich der Ofen dagegen (durch zu reichliches Verhältniß der Erze zu den Kohlen, durch schlecht geröstete und zu große Erzstücken, durch zu schwaches Gebläse u. s. f.) zu sehr ab: so kann die Reduktion nur erst sehr spät erfolgen, und bei aller das Eisen umgebenden Kohle ist die Verschlackung des größten Theils des Eisens unvermeidlich. Zwischen diesen beiden Extremen liegt das, was man eigentlich den guten Gang des Ofens nennt, nämlich eine nicht zu schnell, aber auch nicht zu spät erfolgende Scheidung des Eisens von der Schlacke, verbunden mit einer gehörigen Konsistenz der letzteren. Je strengflüssiger die Erze sind, und ein je stärkeres Gebläse das Brennmaterial zum Verbrennen erfordert, desto mehr hat man sich vor dem zu kalten Gange, und je leichtflüssiger die Erze, je leichter zerstörbar die Kohlen sind, desto mehr vor dem zu hitzigen Gange zu hüten. Die größere Höhe des Ofens trägt zur Bewirkung eines hitzigeren Ganges unmittelbar nichts bei, sondern sie bewirkt nur eine größere Empfänglichkeit für die Hitze, weil die größere Masse mehr Wärme zurückhält als die geringere, weshalb die Abwechselungen der Temperatur bei höheren Oefen leichter übertragen werden, und weniger Einfluß auf den Ofengang haben, wogegen der Schmelzpunkt bei den niedrigen Oefen von den kleinsten Zufälligkeiten abhängig und veränderlich ist. Wenn aber eine Erhöhung des Ofens vorgenommen wird, so muß in demselben Verhältniß auch eine Verstärkung des Gebläses erfolgen, weil sonst der Wind durch den mechanischen Druck der Schmelzmasse zurückgehalten werden würde. Dadurch wird der Schmelzpunkt nothwendig zugleich mit erhöht, und die Erze müssen ein hitzigeres Roheisen geben, als man aus ihnen bei niedrigeren Oefen und bei gleichen Verhältnissen des Erzsatzes zum Kohlensatz erhält, weshalb die höheren Oefen auch immer eine bedeutende Kohlenersparung veranlassen. Früher hat man einen kalten Gang der Oefen bei den Stücköfen oder Wolfsöfen absichtlich gewählt, indem das schon zur Reduktion gelangte Eisen, durch die Einwirkung des in der niedrigen Temperatur noch nicht reducirten oxydirten Eisens im Erz, einen Theil des bei der Reduktion aufgenommenen Kohlenstoffs verlor, und sich dem Zustande der Geschmeidigkeit näherte. Nur die außerordentliche Leichtflüssigkeit der Erze und der Schlacken, so wie der Umstand, daß der Schmelzraum des Ofens nach jedesmaligem Ausbrechen eines Schmelzstücks wieder gereinigt, und von den angesetzten Klumpen befreit wird, machen es erklärbar, daß der Ofen im Fortgange des Betriebes nicht erstickt, und daß man überhaupt bei den leichtflüssigen Erzen (freilich mit Verlust von Kohlen und von Erz) einen Rohgang wählen darf, bei welchem ein schon zum Theil entkohltes Roheisen erfolgt, wogegen man bei strengflüssigen Erzen, vorzüglich wenn dieselben in engen Gestellen verschmolzen werden, sehr bald das Ersticken des Ofens bewirken würde. Weil sich das schon zum Theil entkohlte Roheisen leichter verfrischen läßt, so ziehen die Frischer und Stahlschmiede es natürlich dem an Kohlenstoff reicheren Roheisen vor; indeß kann dadurch die Stückofenwirthschaft und der Betrieb in niedrigen Oefen nicht gerechtfertigt werden, weil sich auch in höheren Oefen durch zweckmäßige Beschickung, und durch Vermeidung eines zu hohen und zu engen Gestelles, weißes oder halbirtes Roheisen von derselben Güte wie in den niedrigen Oefen erzeugen läßt.

Von den Stücköfen.

§. 630.

Der unvollkommenen Stück- oder Wolfsöfen wird hier nur kurz erwähnt werden. Sie haben ihren Namen von

Stück oder Wolf: so nennt man das stabeisen- oder stahlartige Eisen, welches sich bei jedem Schmelzen unten auf dem Boden des Ofens ansetzt und zu einer gewissen Zeit herausgebracht wird. Die Stücköfen liefern das Eisen zum Theil in dem Zustande, daß es unter den Hammer gebracht und ausgeschmiedet werden kann, zum Theil aber auch in einem Zustande, in welchem es noch nicht völlig gaar ist, sondern mit anderem Roheisen zugleich verfrischt wird. Die Stücköfen, welche sonst in Krain, Kärnthen und Steyermark in großer Menge anzutreffen waren, sind wegen des großen Verbrauchs an Brennmaterial ganz abgeschafft und in Blauöfen umgeändert. In Ungarn findet dagegen die slavakische Arbeib mit späthigen Eisensteinen über 10 Fuß hohen Stücköfen noch statt; auch in Deutschland wird der Stückofenbetrieb, wenn gleich nicht in einem bedeutenden Umfange, im Hennebergischen noch jetzt ausgeübt.

Die Höhe der Oefen beträgt 10 bis 16 Fuß. Der Schacht geht zuweilen in gleichmäßig zunehmender Weite von der Gicht bis zum Boden nieder; in den mehrsten Fällen hat er aber in der Mitte einen Bauch oder Kohlensack, und ist entweder rund oder viereckig. Die Zeichnungen Fig. 9, 10 und 11. Taf. XVI. stellen einen Stückofen dar, wie er auf dem Hüttenwerk zu Steinahammer im Hennebergischen im Gebrauch ist. Zum Futter und zum Bodenstein nimmt man bei den Stücköfen Sandstein, Grauwacke u. s. f. Bei der Gicht sind die Oefen enger als bei der Form, wo sie 2 Fuß 6 Zoll bis 3 Fuß, auch wohl 3 Fuß 6 Zoll im Durchmesser haben. Der Heerd- oder Bodenstein hat, nach dem Abstich zu, mehrentheils 2 bis 3 Zoll Neigung, und liegt nicht waagerecht. Zuweilen sind das Arbeits- und das Blasegewölbe mit einander verbunden, zuweilen ist aber auch ein besonderes Blasegewölbe vorhanden; im ersten Fall müssen die Blasebalgen abgerückt werden, wenn das Eisen ausgebrochen werden soll. Zu diesem Zweck befindet sich unten vor der Brust des Ofens eine 2 Fuß weite und eben so hohe Oeffnung, welche beim Gange des Ofens mit Backsteinen und mit Lehm zugemacht ist. Die Form ist selten von Kupfer, mehrentheils wird sie aus Lehm gebildet und hat keine bestimmte Weite. Wenn der Betrieb angehen soll, wird der Ofen voll Kohlen gefüllt, der Abstich zugemacht, und Feuer durch die Form hineingebracht, worauf man das Gebläse langsam anläßt, um die Kohlen zu entzünden, dann wieder stehen läßt, um den Ofen nach und nach zu erwärmen. So wie die Kohlen bis zur Gicht durchgeglüht sind, läßt man das Gebläse wieder an, und giebt auf der Gicht frische Kohlen und Eisenerz, mehrentheils geschichtet, zuweilen (bei niedrigen Oefen) auch wohl unter einander gemengt, auf; von den Erzen anfänglich nur wenig, steigt aber mit dem Satz, bis das rechte Verhältniß getroffen ist, welches sich nach den Erzen und nach den Kohlen richtet. Kohlen und Erze werden dem Maaße nach aufgegeben, wobei aber dieselbe Menge Kohlen immer beibehalten und die Quantität der Erze nach Umständen vermehrt oder vermindert wird. So wie sich das Erz vor der Form zeigt, wird mit der Brechstange ein Auge in den Abstich gestoßen, um die Schlacken abzulassen; das Eisenerz zieht sich durch die flüssige Schlacke auf den Boden und sammelt sich zu einer Masse an, welche man Stück, Wolf, Maß oder Guß nennt. Das Schlackenloch wird jetzt beständig offen erhalten und die Schlacke von Zeit zu Zeit aus der Hütte gebracht, um das zugleich mit ausgelaufene flüssige Roheisen auszuklauben. Hat sich schon viel Eisen im Heerde gesammelt, so müssen sich die Schlacken vor dem Abstich anhäufen, um die Eisenmasse im Ofen zu erwärmen. In einigen Gegenden sticht man zuerst mehr unten im Heerde ein Schlackenloch, und geht mit diesem, so wie auch wohl mit der Formöffnung selbst, immer höher, je nachdem die Eisenmasse im Heerde mehr anwächst. Dadurch, daß der Erzsatz sehr hoch geführt und daß das bereits reducirte und mit Kohle verbundene Roheisen der Einwirkung der Schlacke, welche noch sehr viel Eisenoxydul enthält, Preis gegeben wird, unterscheidet sich die Stückofenarbeit wesentlich von der Arbeit in Blau- und in Hohöfen. Sobald sich durch die Untersuchung durch die Form ergiebt, daß sich eine gehörige Menge Eisen angesammelt hat, läßt man den Ofen entweder niedergehen, oder man setzt einigemal leere Gichten, d. h. bloß Kohlen ohne Erz, und sobald sich die Kohlen vor der Form zeigen, zieht man die Balgen, wenn kein besonderes Blasegewölbe vorhanden ist, zurück, bringt die durch Wasser abgekühlten Schlacken weg, bricht den ganzen Abstich auf, und nimmt den Wolf oder das Maß mit Brechstangen und Haken aus dem Ofen. Die fast hammergaare Eisenmasse ist beständig mit etwas flüssigem Roheisen umgeben, welches man in Steyermark Graglach nannte. Das Maß wird nun unter einem schweren Wasserhammer zu einem 3 bis 4 Zoll dicken Kuchen ausgebreitet, und mit einem Setzeisen in zwei Stücken (Kotlizhe) zerschroten, welche demnächst weiter verarbeitet werden. Während das Gußstück unter dem Hammer bearbeitet wird, sind andere Arbeiter beschäftigt, den Boden oder den Heerdstein zu reinigen, mit Kohlenlösche zu bestreuen, die Brust wieder mit Thon und Backsteinen zuzumachen, die Form von Thon (wo eine solche und keine kupferne angewendet wird) zu machen und einzusetzen, und den Ofen entweder von Neuem mit Kohlen zu füllen, oder wenn man den Ofen nicht niedergehen läßt, den auf der Gicht entstandenen leeren Raum erst mit Kohlen auszufüllen und dann wieder Erz zuzusetzen. Gewöhnlich wird ein solcher Ofen Sonntags Abend mit Kohlen gefüllt, Montags früh angelassen, und Sonnabends früh wieder ausgeblasen. Die Schlacken enthalten, außer der großen Menge des mechanisch in ihnen befindlichen Roheisens, welches durch Klauben und Pochen als Wascheisen (Pogazhe) wieder gewonnen wird, außerordentlich viel (einige 30 Procent) verschlacktes Eisen, und sind daher beständig schwarz, zum Beweis, wie unvollkommen die

Reduktion geschah. Die Unvollkommenheit dieses Prozesses leuchtet von selbst ein.

§. 631.

Von dem eben beschriebenen Verfahren beim Stückofenbetriebe, wie derselbe früher in den süddeutschen österreichischen Provinzen und noch jetzt in Ungarn ausgeübt wird, ist die Verfahrungsart im Hennebergischen im Wesentlichen nicht verschieden. Hier nennt man die Eisenmasse, welche jedesmal ausgebrochen wird, einen Guß, und die Arbeit im Stückofen daher das Güssemachen, obgleich der Ausdruck nicht richtig ist, weil die Eisenmasse im festen und nicht im flüssigen Zustande aus dem Ofen gebracht wird. Besondere Stücköfen sind indeß im Hennebergischen nicht vorhanden, sondern die Blauöfen, welche zur Bereitung des Roheisens (dort Scheibeneisen genannt, weil es in scheibenartiger Gestalt abgelassen wird) dienen, werden auch zum Güssemachen angewendet, und erhalten für diesen Fall nur eine etwas abgeänderte Einrichtung der Vorwand, oder der Ofenbrust. Die Schächte haben die Gestalt von zwei abgekürzten Kegeln, deren Abstumpfungsflächen nach oben und nach unten gekehrt sind und die Gicht und den Boden oder die Sohle des Schachtes bilden. Zuweilen befindet sich zwischen den beiden gegen einander gekehrten Grundflächen der Kegel noch ein cylindrisches Zwischenstück. Der ganze Kernschacht besteht aus Sandstein und ist von der Rauhmauer durch eine lockere Füllung getrennt. Auch der Bodenstein, oder der sogenannte Heerdstein besteht aus Sandstein. Die Oefen haben ein Arbeits- und ein Form-Gewölbe. Der Schmelzraum und der Heerd, nämlich der Raum unter der Form, welche hier von Kupfer ist und durch eine Lehmumgebung gegen das Wegschmelzen geschützt wird, sind nicht aus Sandstein, sondern aus eisernen Ambößen, oder aus anderen starken Eisenmassen zusammengesetzt, weil die Sandsteinmauer durch das Ausbrechen des Gusses zu viel leiden würde. Die Vorwand des Ofens, oder die Ofenbrust, wird durch einen eisernen Balken, oder durch eine Art von Tümpeleisen, durch welches die Vorwand in der Formhöhe geschlossen wird, dergestalt gesichert, daß die ganze Ofenbrust, beim Ausbrechen des Stückes oder des Gusses, von der Heerdsohle an bis zu dem eisernen Balken weggenommen werden kann, indem das Eisen als Träger des übrigen Theils der auf demselben ruhenden Vorwand dient. Jener untere, veränderliche Theil der Ofenbrust, wird nur sehr leicht aus Dachziegeln, oder aus Schlackenplatten, denen man, durch Glühen oder Tempern, Härte und Festigkeit gegeben hat, geschlossen, indem man sie auf der hohen Kante aufstellt und unter einander, so wie mit der Heerdsohle und mit dem eisernen Tragebalken durch Lehm verbindet, auch die etwa bleibenden Zwischenräume zwischen diesen Platten mit Ziegelstücken und Lehm ausfüllt. Bei dieser leichten Konstruktion läßt sich die Ofenbrust schnell einstoßen und eben so schnell wieder einsetzen, auch bedarf es einer größeren Dauerhaftigkeit derselben nicht, weil sich beim Güssemachen keine flüssige Eisenmasse im Heerde befindet, welche gegen die Brust drückt.

Die Form ragt möglichst wenig in den Heerd hinein, damit sie beim Ausbrechen des Gusses nicht leicht aus ihrer Lage gebracht wird. Die Schlacke läuft während der Arbeit ununterbrochen ab, indem in dem Verhältniß, als sich die Eisenmasse im Heerde höher ansammelt und die Schlackenöffnung verstopft, das Schlackenloch in einer größeren Höhe in der Ofenbrust gestoßen wird.

Bei weitem der größte Theil der Beschickung beim Güssemachen besteht aus gaarer Frischschlacke (Hammerlech), zu welcher noch der beim Stabhammer abfallende Schmiedesinter oder Glühspan (dort Flischig genannt) hinzugefügt wird. Wenn man einen Zusatz von Eisenerz anwendet, so ist es gewöhnlich Rotheisenstein; niemals beträgt die Menge des Erzzuschlages aber mehr als den vierten Theil der Beschickung.

Die ersten Gichtsätze werden etwa doppelt so schwer genommen als beim Blauofenbetriebe; demnächst setzt man aber abwechselnd eine schwere und eine gewöhnliche Erzgicht. Die letztere ist so schwer, als sie es beim Roheisenschmelzen seyn würde, und die erstere doppelt so schwer. Die Ofenbrust wird erst geschlossen, wenn sich Eisen auf der Heerdsohle ansetzt. Der Heerd wird vor dem Schließen der Brust sorgfältig gereinigt, welches auch bei der Form sehr häufig geschehen muß, indem dieselbe stets schwarz und dunkel bleibt. Die Schlacke fließt ununterbrochen aus der in der Ofenbrust befindlichen Schlakkenöffnung ab. Sie hat das Ansehen von roher Frischschlacke und ist auch ganz so wie diese zusammengesetzt. Die von mir untersuchte Stückofenschlacke bestand aus:

Kieselerde	29,1
Thonerde	4,3
Kalkerde	2,6
Bittererde . . .	9,2
Eisenoxydul . . .	51,7
Manganoxydul . .	2,9
Kali . . . Spur	
	99,8

Die Stückofenschlacke nähert sich also in ihrer Zusammensetzung fast genau einem Silikat, und es scheint daher, daß die Reduktion der gaaren Frischschlacke (des Hammerlech) bei der Hitze, wie sie im Stückofen vorhanden ist, nicht vollständiger als bis zur Umänderung des Subsilikats in ein Silikat erfolgen kann. Wollte man der Kieselerde eine andere Basis als Eisenoxydul anbieten, also z. B. Kalkerde in die Beschickung bringen, so würde eine noch größere Menge Eisenoxydul verschlackt, folglich das Ausbringen noch geringer werden, weil das Kalkerde-Silikat ungleich strengflüssiger ist als das des Eisenoxyduls, also durch dieses erst flüssig gemacht werden müßte.

Die Beschaffenheit der Schlacke erklärt aber, warum das Eisen in einem fast gefrischten Zustande ausgebracht wird. Die Reduktion erfolgt nämlich unvollständig und das reducirte und mit Kohle verbundene Eisen wird durch das Eisenoxydul der Schlacke selbst wieder zersetzt.

Das Abfließen der Schlacke dauert so lange fort, bis der ganze Heerd mit Eisen gefüllt ist, und das Schlackenloch in der Vorwand nicht höher gestoßen werden kann. Die Eisenmasse, welche sich im Heerd unter der Form angesammelt hat (der Guß), wird nun aus dem Ofen gebracht. Zu dem Ende wird die Ofenbrust bis zu dem vorhin erwähnten eisernen Balken eingerissen, alle flüssige Schlacke rein abgelassen, die Form mit einem Thonpfropf verstopft, der Guß mit Brechstangen gelüftet, und von der Schlacke, durch die er mit den Wänden des Schmelzraums zusammenhängt, befreit, dann mit einer großen Zange gefaßt und mittelst einer, mit dieser Zange verbundenen eisernen Kette, welche über einen Wellbaum geht, mit einem Haspel (einer Erdwinde) herausgezogen, und unter dem Hammer in so viel Stücken (Gußstücken) zerschroten, daß jedes etwa 45 bis 50 Pfund wiegt. Staat der Zange bedient man sich auch wohl einiger an der eisernen Kette befestigten Hacken, welche in den Guß hineingeschlagen werden.

Die Beschaffenheit des Gußstücks ist nicht immer gleich. Man unterscheidet Güsse von heißem und von frischem Gange. Die von heißem Gange sind schon mehr roheisenartig und zerfallen oft schon unter dem Hammer, ohne daß sie zerschroten werden dürfen. Deshalb werden die von frischem Gange lieber gesehen, und man richtet den Satz möglichst darauf ein, daß solche Güsse erfolgen.

Ehe das Ausziehen des Gusses vorgenommen wird, wartet man gewöhnlich das Niedergehen von zwei leeren Kohlengichten ab, und schreitet erst dann zum Ausziehen, sobald diese Gichten vor die Form kommen, die dann beim Ausziehen des

Gusses in den Schmelzraum rücken. Früher ward der Ofen mit jedem Guß niedergeblasen und nach dem jedesmaligen Ausziehen eines Gußstücks von Neuem wieder mit Kohlen gefüllt. Dies letzte Verfahren (die Bereitung einfacher Güsse) ist jetzt ganz abgestellt, und die Gewinnung der Gußstücken (doppelte Güsse) geht ununterbrochen mehre Wochen lang fort, nur daß zur Erleichterung der Arbeit ein paar leere Kohlengichten gesetzt werden, um den Abschnitt zu bezeichnen, wo der Guß ausgebrochen und zur Bereitung eines neuen geschritten werden soll.

Sobald das Stück ausgebrochen und zum Zerschroten unter den Hammer gebracht worden ist, werden der Schmelzraum und die Brust gereinigt, und die letztere wird vom Boden bis zu dem eisernen Balken wieder geschlossen. Alsdann wird der Thonpfropf aus der Form herausgestoßen und das Gebläse wieder angelassen. Während der ganzen Arbeit ist die Form sehr schwarz und muß oft gereinigt werden. Gewöhnlich werden zu einem Guß 16, 20 und mehre Gichten verwendet, je nachdem die Verschlackung geringer oder stärker ist. Nach 5 bis 6 Stunden ist in der Regel ein Guß fertig, dessen Gewicht von 5 bis zu 8 Centnern abweichend ist.

Hacquet, physikalische Erdbeschreibung des Herzogthums Krain. Leipzig 1778. — Jars metallurg. Reisen. I. 64 u. f. — Quanz, über d. Eisen- und Stahlmanipulation in der Herrschaft Schmalkalden, 19 — 25. — v. Marcher, Notizen und Bemerkungen über den Betrieb der Hochöfen und Rennwerke, I. Heft 3. S. 20 u. f. Heft 5. S. 12 u. f. — Karsten, Bemerkungen über den Betrieb der Stücköfen im Hennebergischen. Archiv f. Bergbau VIII. 239 u. f.

§. 632.

Weil beim Verschmelzen der Eisenerze in Stücköfen der größte Theil des Eisengehaltes im Erz zurück bleibt, und weil, theils wegen der öfteren Unterbrechung der Arbeit, theils wegen der unvollkommenen Benutzung der Kohlen, der Aufwand an

Brennmaterial im Verhältniß zu der Menge des dargestellten Eisens, welches bei dem folgenden Frischprozeß nicht viel weniger Kohlen als das gewöhnliche Roheisen zum Verfrischen erfordert, ungemein groß ist; so hat man den Stückofenbetrieb mit Recht fast überall abgeschafft. Dagegen ist es aber nicht zu läugnen, daß dieser, in haushälterischer Hinsicht sehr tadelnswerthe Prozeß, ein vortreffliches Eisen giebt, welches sich durch Festigkeit und Geschmeidigkeit auszeichnet. Der Grund liegt unbezweifelt darin, daß in der niedrigen Temperatur noch keine Erdbasen, und selbst kaum das Manganoxydul zur Reduktion gelangen und das Eisen also nicht verunreinigen können.

Von den Blauöfen.

§. 633.

Die Blauöfen oder die Floßöfen unterscheiden sich von den Stücköfen ursprünglich nicht, weshalb dieselben Oefen als Stücköfen und als Blauöfen benutzt werden können. Wenn sie als Blauöfen in Anwendung kommen, zieht man den Schacht unten bei der Form wohl etwas mehr zusammen, läßt auch dem Eisen die Schlackendecke, um es gegen den Windstrom zu schützen, besonders aber führt man den Erzsatz nicht so hoch, erhöhet dadurch die Hitze, befördert die Reduktion des oxydirten Eisens im Erz und verhindert, daß die Schmelzung und Scheidung nicht zu spät vor der Form erfolgen. Deshalb müssen die Erze mit den Kohlen auch immer geschichtet, und nicht, wie es bei den Stücköfen geschehen konnte, unter einandergemengt, aufgegeben werden. Weil in den Blauöfen bloß Roheisen erzeugt werden soll, so war eine Erhöhung des Schachtes sehr natürlich, indem man schon beim Stückofenbetriebe bemerkt hatte, daß das Eisen um so flüssiger ausfiel, je höher die Oefen gemacht wurden. Dadurch ist die Höhe der Blauöfen nach und nach von 10 bis 35 Fuß und noch höher gestiegen. Die Erhöhung der Blauöfen war mit einer bedeutenden Kohlenersparung verbunden, und die große Leichtflüssigkeit der Erze ließ von den nachtheiligen Folgen eines zu gaaren Ganges bei den strengflüssigen Erzen, um so weniger etwas befürchten, als man das Verhältniß der Erze zu den Kohlen immer sehr reichlich einrichten konnte, ohne eine Versetzung des Ofens durch zu viel Erz befürchten zu dürfen. Trat diese aber auch wirklich ein, so hatte sie nicht die nachtheiligen Folgen, wie bei den strengflüssigen Erzen, sondern man durfte nur das Gebläse etwas schwächen (eine bei strengflüssigen Erzen, und besonders bei Koaks, sehr gefährliche Operation) und einige Schaufeln voll zerstoßenem reinem Quarz durch die Form in den Heerd bringen, wodurch eine sehr hitzige und flüssige Schlacke entstand, welche die im Heerde angewachsene zähe Schlacke und das etwa schon angesetzte Frischeisen auflöste und abweichte. Außerdem suchte man den Gang sogar absichtlich mehr roh als gaar einzurichten, weil das Roheisen bei einem gaaren Gange zu viel Hitze erhielt und zu flüssig vor die Form kam, so daß es (was man unter anderen Umständen mit Mühe zu bewirken sucht) allen Kohlenstoff behielt dessen Abscheidung beim Verfrischen mehr Mühe und Zeit erforderte. Auch hatte der Ofen bei einem gaaren Gange immer stärkere Hitze, wobei der Schacht viel mehr litt, als bei einem weniger gaaren Gange, weshalb man wohl zuweilen schon aus dieser Rücksicht, auch dann wenn man wirklich gaares Eisen (zu Scheibeneisen oder Platteleisen) erzeugen wollte, bald wieder den weniger gaaren Gang eintreten zu lassen genöthigt war. War der Gang aber wirklich einmal gaar, so konnte man leicht den Eisensteinsatz vermehren, und brachte einige Schaufeln voll gepochtem Spatheisenstein durch die Form in den Heerd, um dadurch eine plötzliche Abkühlung zu bewirken. Ein zu gaarer Gang, welcher die Verschlackung des in großer Höhe über der Form schon erzeugten Roheisens bei zu steifer Schlacke zur Folge hatte, kann daher bei den leichtflüssigen Erzen selten zum Vorschein kommen, weil der Erzsatz schon gewöhnlich stärker, als zur Erzeugung des gaaren Roheisens nöthig wäre, eingerichtet wird. Käme er aber vor, so würden eine augenblickliche Schwächung des Gebläses (um den Schmelzpunkt herunterzubringen) und die gewöhnlichen Abkühlungsmittel des Heerdes, den Gang bald wieder verbessern. Daß bei einem solchen zu gaaren Gange immer nur graues Roheisen entstehen muß, aber niemals ein dem Stabeisen sich näherndes Roheisen (wie bei dem zu scharfen Gange) erfolgen kann, leuchtet von selbst ein. Ein zu scharfer Gang würde zuletzt die Erfolge der Stückofenarbeit, aber auch zugleich die Beendigung des Schmelzens herbeiführen, weil Schlacke und Eisen den Heerd anfüllen, und weil die immer nachrückenden Erzgichten, die durch keine leeren Kohlengichten ununterbrochen werden, eine zu starke Abkühlung, folglich zuletzt ein Ersticken des Ofens, verursachen würden.

Da sich übrigens die Blauöfen von den Hohenöfen durchaus nur durch die kaum als wesentlich zu betrachtende Verschiedenheit in der Bildung und Konstruktion des Schmelzraums unterscheiden, so findet auf die Blauöfen alles Anwendung, was später bei den Hohöfen angeführt werden wird. Hier sollen nur einige Eigenthümlichkeiten hervorgehoben werden, die sich theils auf die Konstruktion des Schmelzraums, theils auf den Gang des Betriebes, theils auf die Beschaffenheit der in den Blauöfen erzeugten Produkte beziehen, obgleich die Erzeugung der letzteren eben so gut in den Hochöfen, bei einer solchem Zweck angemessen gewählten Zustellung, erfolgen kann, also ihre Darstellung durchaus nicht durch die Wahl eines Blauofens bedingt wird.

§. 634.

Die Dimensionen eines 14 Fuß hohen Blauofens sind mit einigen mehr oder weniger unbedeutenden Abänderungen folgende. Die Höhe vom Bodenstein bis zum Kohlensack beträgt eben so viel als die vom Kohlensack bis zur Gicht, oder der Bauch ist gerade in der Mitte des Ofens angelegt. Die Weite der Gicht beträgt 2 Fuß; die des Kohlensacks 5 Fuß, und die des Schachtes am Bodenstein 3 Fuß. Einem 30füßigen Blauofen pflegt man eine Weite im Kohlensack von 7 bis 8 Fuß, dem Schachte am Boden eine Weite von 3 Fuß 6 Zoll, und auf der Gicht von 2 Fuß 6 Zoll zu geben. Der Kohlensack liegt zuweilen 15, zuweilen wohl nur 10 Fuß vom Bodenstein entfernt, und ist im ersten Fall in der Mitte, im letzten (gewöhnlicheren) Fall im ersten Drittel der Schachthöhe, vom Boden an gerechnet, angelegt. Die sehr leichtflüssigen Erze lassen sich solche Verschiedenheiten in der Konstruktion ohne besondere nachtheilige Erfolge gefallen. Die Formen liegen bei den niedrigeren sowohl, als bei den höheren Blauöfen, 16 bis 18 Zoll vom Bodenstein, und sind 2½ bis 3 Zoll im Durchmesser weit.

Die Konstruktion der Blauöfen im südlichen Deutschland findet sich angegeben in Karsten's oben (§. 627.) angezeigten Schrift.

§. 635.

Wenn der Schmelzraum für einen Blauofen gebildet werden soll, so wird zuerst der aus Sandstein oder Kalkstein bestehende, 12 bis 15 Zoll dicke Bodenstein auf eine 6 Zoll starke, überall geebnete Lehmsohle gewöhnlich dergestalt gelegt, daß er etwas Neigung gegen den Abstich erhält; alsdann wird dem unteren Theil des Schachtes seine Struktur und Weite zugetheilt, und die Verbindung desselben mit dem oberen stehen gebliebenen Theil des Kernschachts hergestellt. Muß der ganze untere Theil des Schachtes neu gemacht werden, so nennt man diese Arbeit Sumperschlagen, das Ausbessern der ausgebrannten Stellen aber Reifsetzen. Man wendete dazu sonst bloß Thon an, nimmt aber jetzt, besonders bei den höheren Oefen, nach der Chablone bearbeitete Sandsteine, welche schichtenweise aufgesetzt werden, und sich mit den Schachtsteinen des oberen Kernschachtes aufs vollkommenste vereinigen, welches, wenn nicht der ganze Kernschacht neu gemacht wird, ganz besonders zu berücksichtigen ist. Diese Schachtsteine werden, vom Bodenstein an, schichtweise in die Höhe geführt, wobei aber sogleich auf die Oeffnung zur Form, und auf einen 14 bis 15 Zoll breiten und 24 Zoll hohen Schlitz vom Bodenstein an gerechnet, für den Abstich auf der vorderen oder der Arbeitsseite des Ofens (Fig. 7. 8. Taf. XVI.) Rücksicht genommen werden muß. Diese letzte Oeffnung wird demnächst, wenn der ganze Schacht fertig, und die Oeffnung zum Ein- und Auskriechen aus dem Schachte nicht mehr nöthig ist, bis auf 7 Zoll in der Breite durch besonders dazu gearbeitete Steine verengt. Ein anderes Verfahren bei der Zustellung der Blauöfen ist in den Zeichnungen Fig. 1, 2, 3. Taf. XV. dargestellt. Die Brust des Ofens wird hier nicht, — wie bei der so eben angegebenen Zustellung — durch einen Schlitz, sondern durch Löcher zum Abstechen und Schlackenlaufen, welche in einem besondern Schlußstein angebracht sind, geöffnet. Die punktirte kreisrunde Linie Fig. 1. bezeichnet den 18 Zoll starken Bodenstein, welcher aus 2 Stücken zusammengesetzt wird. Vor demselben liegt die untere Schicht von Gestellsteinen, von derselben Stärke wie der Bodenstein. Auf diese unterste werden sodann die andern Schichten gelegt. In dem an der Vorderseite der unteren Gestellsteinschicht liegenden Schlußstein befinden sich die Oeffnungen zum Abstechen des Eisens und zum Ablassen der Schlacke, und in dem Schlußstein der zweiten Gestellsteinschicht ist eine Oeffnung angebracht, welche nur als Spähloch dient, um sich von der Leuchthitze im Schmelzraum zu überzeugen. Vor diesem Spähloch ist die gegossene eiserne Platte b aufgestellt, um das Entweichen der Hitze durch die Fugen der Gestellsteine zu verhindern.

Ein neuer Schacht hält gewöhnlich 2 bis 3 Jahre, ehe er gegen einen anderen ausgewechselt werden darf; in der Formhöhe, brennt er aber am stärksten aus, und muß daher jedesmal nach Beendigung einer Campagne, die 20 bis 30 Wochen dauert, in den schadhaften Stellen ausgebessert, und der ausgebrannte Bodenstein dabei zugleich gegen einen neuen ausgewechselt werden. Nach erfolgter Zustellung wird der Ofen bei fast ganz geschlossener Gicht mit brennendem Holz, welches zuerst vor der Ofenbrust, und dann erst im Schacht selbst angezündet wird, ausgewärmt, und wenn man die Feuchtigkeit ausgetrieben zu haben glaubt, der Ofenschacht gereinigt, die Form (das Eßeisen) eingelegt, der leer gebliebene Raum um die Form vermauert, und der obere Theil der nur noch 7 Zoll breiten Abstichöffnung mit Thonsteinen geschlossen, so daß nur unten eine Oeffnung zum Ablassen des Eisens und der Schlacke bleibt, welche mit schwerem Gestübbe zugemacht und beim jedesmaligen Abstechen durchstoßen wird. Der Schacht wird sodann theilweise oder ganz mit Holzkohlen angefüllt und einige Tage lang ausgeglüht, worauf man endlich anfängt, Erz aufgegeben, das Gebläse langsam anzulassen, und den bei der Gicht entstehenden leeren Raum immer durch neue Schüttungen von Kohlen und von Erz wieder auszufüllen. Die Quantität der Kohlen bleibt stets dieselbe, und nur die der Erze wird größer und nimmt ab, je nachdem die Umstände es nöthig machen. Sobald sich Roheisen und Schlacken im Heerde zeigen, müssen entweder die Schlacken für sich allein, oder mit dem Roheisen zugleich abgestochen werden. Das abgestochene Roheisen läuft entweder auf einen nicht sehr vertieften Heerd von schwerem Gestübbe, oder in eine ebenfalls aus schwerem Gestübbe zubereitete tiefere Grube, worin es demnächst mit Wasser besprengt und in Scheiben oder Platteln gerissen wird, wozu indeß nur das bei einem mehr gaaren Gange erblasene graue Roheisen geeignet ist. Das in die flachen Heerdformen abgelassene Roheisen pflegt man Flossen (und daher den Ofen Floßofen) zu nennen. — Das Steigen und Fallen mit dem Erzsatz richtet sich theils nach der Beschaffenheit der Kohlen, theils nach der Qualität der Erze, theils nach der Art des Roheisens, welches man darstellen will. Härtere, trockene, in nicht sehr großen Stücken vorkommende Kohlen und leichtflüssigere, so wie trocknere und besser geröstete Erze, gestatten einen stärkeren Erzsatz, der sich durch die dünnflüssigen Tropfen vor der hellleuchtenden Form, so wie durch das starke Flammen, ohne sichtbaren Rauch auf der Gicht, zu erkennen giebt. Das Roheisen ist hierbei ungemein flüssig, und die fast ganz ungefärbte Schlacke bekommt beim Begießen mit Wasser ein schaumiges, bimsteinartiges Ansehen. Der zu starke Erzsatz giebt sich durch eine dunkle Form, durch das Ansetzen von Eisen und Schlacke an dem Formrüssel (durch das Nasen), durch mattes Eisen und durch geringe, mehr oder weniger dunkel gefärbte Schlacke zu erkennen; aus der Gicht erhebt sich eine starke Flamme, mit vielem dunklem Rauch begleitet, und wenn diese Erscheinungen mit dem ungleichförmigen Niedergehen der Gichten (Rücken oder Kippen der Gichten) verbunden sind, so wird es nothwendig, Vorkehrungen gegen diesen Gang zu treffen und ihn weniger roh einzurichten. Wenn der Gang des Ofens sonst nichts Nachtheiliges zeigt, die Schlacke aber bei dem besten Ansehen des Eisens und bei den guten Kennzeichen auf der Gicht, schmierig und zähe ist und die Formen verdunkelt; so sind die Erze (durch schlechte Röstung oder durch das Aufgeben in zu großen Stücken) strengflüssiger, weshalb das Gebläse verstärkt werden muß, um den Schmelzgunkt höher zu führen.

Nur bei der Verschmelzung armer, oder solcher Erze die einen Zuschlag erfordern, folglich viel Schlacke geben, oder auch bei unregelmäßigem Gange des Ofens und bei Versetzungen, ist es nothwendig, die Schlacke allein abzulassen. Gewöhnlich sticht man (beim Floßschmelzen) alle 2 bis 3 Stunden Eisen und Schlacke zusammen ab; beim Schmelzen des Platteleisens, nämlich bei einem gaaren Gange, bei welchem graues Roheisen erfolgt, pflegt man das Eisen länger zu halten, um die Grube auszufüllen, aus welcher das Eisen demnächst scheibenweise ausgehoben wird. Der Abstich wird so tief als möglich beim Bodenstein geöffnet, und nach dem erfolgten Ausströmen des Eisens und der Schlacke wieder mit schwerem Gestübbe verschlossen. Die auf dem Eisen schwimmende Schlacke wird durch Begießen mit Wasser zum Erstarren gebracht, mit eisernen Krücken vom Eisen abgezogen, und weil sie noch viel Eisen enthält, ins Pochwerk gebracht. Man kann annehmen, daß die Schlacke 6 Procent von dem ausgebrachten Eisen mechanisch enthalte. Das Eisen wird durch Besprengen mit Wasser so viel als möglich abgeschreckt, weshalb man sich beim Floßschmelzen statt des mühsam bereiteten Gestübbeheerdes auch der eisernen Formen bedienen kann. Die Arbeit im Heerde ist bei den Blauöfen, welche leichtflüssige Erze verschmelzen, sehr leicht, und besteht nur darin, die etwa festgeschmolzenen Massen mit der Brechstange loszustoßen und die Form leuchtend zu erhalten, wozu der Formhaken dient. Zähe Schlacke, die sich an der Form festsetzt, ist ein Zeichen von strengflüssiger Beschickung; findet sich aber auch Frischeisen ein, so deutet dies auf einen zu großen Rohgang. Beim Abstechen wird das Einströmen des Windes in den Ofen gehemmt, und das Gebläse entweder in Stillstand gesetzt, oder die Form mit dem sogenannten Formlöffel versetzt, damit die Flamme nicht aus dem Abstich schlägt und den Bodenstein zu sehr angreift. Bei sehr leichtflüssigen Erzen und bei einem mehr rohen als gaaren Gange des Ofens sticht man das Eisen oft ab, weil die Schlacke (besonders bei der sehr großen Weite des Schmelzraums) leicht zu zäh und zu steif, und das Niedersinken der Roheisenkörner verhindert werden würde, wenn man sie zu lange im Heerde zurück hielte.

§. 636.

Das gaare Roheisen aus späthigen Eisenerzen hat, so wie es aus dem Ofen kommt, eine mehr oder weniger rothe Farbe, fließt sehr hitzig und dünn, und bildet beim Erstarren in den Flossenformen konkave Oberflächen, indem die Ränder schneller erstarren. Es ist fest, nicht spröde, und in einem gewissen Grade dehnbar. Auf dem körnigblättrigen Bruch hat es eine graue Farbe und stimmt in jeder Rücksicht mit dem grauen Roheisen überein, obgleich es immer sehr geneigt bleibt, durch plötzliches Abkühlen weiß zu werden, wovon der Grund in der niedrigen Temperatur zu suchen ist, in welcher das Roheisen, bei dem weiten Schmelzraum, dargestellt wird. Die Schlacke ist sehr flüssig, leicht, besitzt immer helle Farben und ein vollkommen glasiges Ansehen. Man vermeidet die Erzeugung dieses Roheisens, wenn es nicht etwa zu Gußwaaren benutzt werden soll, weil man mit größerem Nutzen grelles Roheisen erzeugen kann, theils weil dieses für den Kohlenverbrauch beim Ofen vortheilhafter ist, theils weil sich das grelle Roheisen besser verfrischen läßt.

Das halbirte Roheisen, welches zwischen dem grauen Roheisen und dem Spiegelfloß in der Mitte steht, fließt zwar auch noch mit rother Farbe aus dem Ofen, allein es erstarrt geschwinder, und deshalb mit einer ganz ebenen Oberfläche. In dem weißen Grunde der Bruchfläche sind hie und da graue Stellen sichtbar, welche gaares Roheisen andeuten. Auf dem Bruch ist es mehr strahlig als blättrig; es ist härter und spröder als das graue Roheisen, und hat auch keinen so dumpfen Klang wie dieses. Die Schlacke ist noch vollkommen glasig, aber dichter und etwas dunkler gefärbt als beim gaaren Roheisen. Auch das halbirte Eisen wird bei den niedrigen Blauöfen niemals und bei den hohen Blauöfen nur zufällig erblasen, sondern man sucht den Gang, aus den erwähnten Gründen, noch roher einzurichten.

Das so genannte neutrale Roheisen, welches in einigen Gegenden Spiegelfloß (Spangeleisen) genannt wird, ist bei einem völlig gaaren Gange des Ofens geblasen, weshalb man es weißgaares Roheisen nennen könnte. Dies Roheisen wird in manchen Provinzen zur Stahlbereitung ganz besonders gesucht und dort alsdann vorzugsweise dargestellt. Es ist völlig mit Kohlenmetall gesättigt. Im südlichen Deutschland pflegt man dies Roheisen dünngrelles zu nennen. Es fließt mit einer lichteren Farbe aus dem Ofen, allein es ist dickflüssig und erstarrt schnell mit Funkensprühen und mit einer rauhen Oberfläche. Auf dem Bruch ist es weiß, stark glänzend, blättrig, und besitzt bei seiner Sprödigkeit eine große Härte, die immer mehr abnimmt, je mehr sich das Eisen der folgenden Abart nähert. Die Schlacke bleibt glasig und stets hell gefärbt, obgleich sie viel Grün und Blau in der Mischung zeigt. Bei strengflüssigen Erzen würde die Erzeugung dieses Roheisens bald eine Versetzung des Ofens bewirken, und es würden Vorkehrungen zur Aenderung des Ganges getroffen werden müssen. Bei den gutartigen leichtflüssigen Erzen hat es bei diesem Gange aber keine Gefahr, und man sucht ihn oft mit großer Sorgfalt und Mühe hervorzubringen und den Ofen in einem Gange zu erhalten, der dieses Roheisen liefert, welches nicht ohne Schwierigkeit ist, weil der Ofengang, besonders bei niedrigen Oefen, durch einige leichtere oder schwerere Erzgichten sehr leicht in einen noch gaareren Gang, bei welchem schon graues Roheisen erfolgt, oder in einen roheren Gang übergeht, bei welchem dies Roheisen keine Spiegelflächen mehr zeigt. Das neutrale Roheisen steht so scharf auf der Gränze des grauen und des nicht mehr spiegligen weißen Roheisens, daß es nicht immer gelingen will, ganz reines Spiegelfloß zu erblasen. Der Gang des Ofens, bei welchem dies Roheisen erfolgt, ist schon deshalb gerne gesehen, weil man den Kohlen dabei den äußersten Erzsatz geben kann, den sie zu tragen vermögen, indem sich die schlimmen Folgen eines zufälligen stärkeren Satzes noch leicht heben lassen. Bei einem mit Erz übersetzten Gange des Ofens erhält man das dickgrelle Roheisen mit dunkler gefärbter

Schlacke, welches man (zum Unterschied vom Hartfloß, worunter man das dünngrelle Roheisen versteht) Weichfloß, oder luckige (löcherige) Flossen nennt. Beim Abstechen wälzt es sich mehr aus dem Ofen, als es eigentlich fließt; es wird schon breiartig, und zeigt beim Austreten aus dem Ofen eine weiße Farbe, wirft viele Funken mit Geräusch um sich her, und erstarrt sehr plötzlich mit einer rauhen, unebenen Oberfläche; Farbe und Glanz sind dem des Silbers gleich; der Bruch ist dicht, voll Blasen und Löcher, und die Sprödigkeit hat sich ganz verloren. Es ist eigentlich ein stahlartiges Roheisen, welches aber beim Verfrischen lieber Eisen als Stahl giebt. Die Schlacke, welche dieses Eisen begleitet, ist stets dickflüssig, sehr dunkel, und mehr erdig als glasig. Hält dieser Gang lange an, so muß der Ofen ersticken, wenn er eine bedeutende Höhe hat. In niedrigen Blauöfen sucht man in einigen Gegenden (Vordernberg in Steyermark) das luckige Floß absichtlich darzustellen, weil es beim Verfrischen vortreffliches Eisen giebt und weil es mit geringem Abgange verfrischt werden kann. Die luckigen Flossen nähern sich schon dem Stückofeneisen.

Den Uebergang von dem Spiegeleisen zum Weichfloß macht das weiße Roheisen mit strahligem Gefüge, oder die blumigen Flossen, wobei der Gang des Ofens schon ungaar wird.

Karsten, in der eben (§. 627.) angezeigten Schrift.

§. 637.

Ist der Ofenschacht durch einen lange fortgesetzten Betrieb von 20 bis 40 Wochen unten bei der Form zu sehr ausgeblasen und ausgeweitet, und ist der Bodenstein so weit weggeschmolzen, daß er 30 bis 36 Zoll von der Form entfernt ist, so muß der Ofen niedergeblasen werden, weil keine reine Scheidung bei dem zu weit gewordenen Schmelzraume mehr erfolgen kann. Daher kommt es, daß man durch die Verminderung des Erzsatzes bei dem zu weiten Schmelzraum nur dann noch gaares Roheisen darzustellen vermag, wenn das Verhältniß des Erzes zu den Kohlen sehr vermindert wird. Der Erfolg ist aber immer ungewiß, und ein Verschlacken von vielem Erz bei dem gaarsten Gange häufig unvermeidlich, also der fernere Betrieb, wenigstens ohne einen sehr großen Aufwand von Brennmaterial, nicht möglich. Daraus geht hervor, wie wichtig es ist, wenigstens den unteren, oder den Schmelzraum begränzenden Theil des Schachtes aus möglichst schwer schmelzbaren Substanzen zusammenzusetzen; so wie auch, daß ein etwas mehr verengter Schmelzraum im Blauofen, oder wenigstens die Anwendung von zwei gegenüber stehenden Formen, vortheilhaftere und mit mehr Kohlenersparung verbundene Resultate geben wird, in so fern die Materialien nur feuerbeständig genug sind, um die größere Hitze, ohne wegzuschmelzen, auszuhalten. Die Versuche mit Verengung des Schmelzraums mußten ungünstig ausfallen, wenn in gleichem Verhältniß nicht auch die Feuerbeständigkeit der Materialien zu den Schachtfuttern erhöhet ward. Uebrigens kann man, bei gleichen Erzen, gleichen Kohlen und gleichem Gebläse, bei den Blauöfen schon einen weiteren Schmelzraum anwenden als bei den Hohöfen, nämlich bei den mit offener Brust und mit einem Vorheerd versehenen Oefen, weil die Hitze bei den Blauöfen in der Mitte des Schmelzraums mehr zusammen gehalten, auch durch das darunter befindliche Eisen noch mehr verstärkt wird. Die Verstärkung des Windes bei dem sich erweiternden Schmelzraum hat ihre Gränzen, und würde, wenn sie auch möglich wäre, bei leichten Kohlen unanwendbar seyn.

Beim Niederblasen der Oefen bleibt gewöhnlich ein stahlartiges Roheisen — der sogenannte Wolf — auf dem Bodenstein zurück, welcher erst ausgebrochen werden muß, worauf man den Ofen durch Legung eines neuen Heerdsteins und durch Ausbesserung des alten, oder Einsetzung eines neuen Schachtes, zu einem neuen Schmelzen vorbereitet. Je weniger der Gang des Ofens wechselt, desto länger kann die Reise oder die Campagne fortgesetzt werden.

v. Marcher's Notizen u. s. w. 1stes Heft, 1. 2. 3. 4. 5. — Quanz Abhandlung über die Eisen- und Stahl-Manipulation in Schmalkalden. 45 — 81. — Jars Reisen. I. 58. u. f. — Klinghammer von den Eisenwerken und Stahlfabriken zu Vorderberg und Eisenerz in Steyermark; im Bergmänn. Journ. 1788. I. 156 — 167 zu Innernberg und St. Gallen. Ebendaselbst. 193 — 234. 303 — 327. — Ueber das Eisen Blau und Hammer Wesen Kleinboden unweit Fügen, im Zillerthal; in v. Moll's Jahrb. d. Hüttenkunde. I. 10 u. f. Ueber das Hammerwerk im Pillersee, ebendas., 31 u. f. Ueber das Hammerwerk zu Kiefersfelden. 68 u. f. — Blumhof und Stünkel im Neuen Bergmännischen Journal. III. S. 224 — 233. — v. Pantz und Atzl Beschreibung der vorzüglichsten Berg- und Hüttenwerke des Herzogthums Steyermark. Wien 1814. — Karsten, über die Blauöfen im Hennebergischen. Archiv VIII. 239 u. f.

Von den Hohöfen.

§. 638.

Die Hohöfen unterscheiden sich von den Blauöfen nicht durch die auch bei dem letzteren sehr wohl ausführbare größere Verengerung des Schmelzraums, sondern lediglich durch die offene Brust. Die Rast ist nur als der unterste Theil des Schachtfutters zu betrachten, welcher sich an dem Gestell anschließt, und man würde ihm, eben so wenig wie bei den Blauöfen, einen eigenen Namen gegeben haben, wenn man ihn nicht deshalb als einen besonderen Theil des Schachtfutters anzusehen pflegt, weil er beim Betriebe der Oefen, als dem Schmelzraume zunächst, gewöhnlich mit wegschmelzt, und daher beim Einsetzen eines neuen Gestelles in der Regel ebenfalls wieder neu eingesetzt werden muß. Dies ist der Grund, warum man ihn vom Schachtfutter, welches mehre Campagnen aushalten muß, unabhängig macht. Ein nicht zugestellter Hohofen, der sein Schachtfutter schon erhalten hat, bildet daher unten einen großen hohlen Raum, welcher theils mit dem Gestell, theils mit der Rast ausgefüllt werden muß. Das Einsetzen eines neuen Gestelles und einer neuen Rast nennt man das Zustellen und das Rastschlagen. Es giebt aber auch Hohöfen, d. h. Oefen mit offener Brust, welche kein Obergestell und daher auch keine Rast haben, sondern bei denen sich der Kernschacht oder der eigentliche Schacht unmittelbar an dem Untergestell oder an dem Schmelzraum bei der Form anschließt. — Es wird nun nöthig seyn, die beiden Haupttheile des Hohofens, den Schmelzraum (das Gestell) und den eigentlichen Schachtraum näher zu untersuchen.

Von den Schmelzräumen und von dem Einfluß ihrer Dimensiomen auf den Gang des Ofens.

§. 639.

Die Gestelldurchschnitte sind gewöhnlich viereckig und nicht rund, weil man sehr feuerbeständige, schwer zu bearbeitende Steine zur Gestellmasse nimmt, welche bei einer eckigen Gestalt leichter so zugerichtet werden können, daß sie aufs vollkommenste an einander schließen, welches bei der runden Gestalt nur mit Schwierigkeiten geschehen könnte. Wo man nicht hinreichend feuerbeständige Gestellsteine in der Nähe hat, aber mit geringeren Kosten zu feuerbeständigem Thon, und zu dem reinsten Quarzsande gelangen kann, setzt man aus diesen beiden Substanzen ein Gemenge zusammen, welches man Masse nennt, und bildet daraus das Gestell, indem man die so wenig als möglich angefeuchtete, aber gehörig durchgearbeitete und gesiebte Masse, vorsichtig nach einer hölzernen Chablone einstampft, welche nach den Maaßen gearbeitet ist, die das Gestell erhalten soll. Solche Massengestelle erhalten dann runde oder halbrunde Durchschnitte, weil sich diese leichter als die viereckigen darstellen lassen. Statt des Quarzsandes kann man sich bei dieser Massenzustellung auch alter feuerfester Ziegelstücken, oder auch wohl des gebrannten Thons selbst, als Zusatz zu dem frischen Thon bedienen, indem man den Thon im gepochten Mehlzustande und die Ziegelstücken, oder den gebrannten Thon, in der Größe von Erbsen, recht sorgfältig durchgemengt, anwendet.

Werden Gestellsteine zur Anfertigung des Gestelles (zur Zustellung) angewendet, so müssen sie vor dem Gebrauch gut abgetrocknet seyn, und wo möglich ein Jahr lang an einem trockenen Ort gelegen haben, weil sie sonst leicht springen und sich abblättern, wenn sie der Hitze ausgesetzt werden. Klüftige oder mit Eisenadern durchzogene Gestellsteine sind unbrauchbar. Der Grad der Schmelzbarkeit läßt sich nur durch Versuche und Erfahrungen bestimmen, indem es an äußeren Kennzeichen fehlt. Steine, die viel Glimmer oder Hornblende enthalten, und denen ein großer Eisengehalt durch die rostbraune Farbe schon äußerlich anzusehen ist, sind für unbrauchbar zu halten. Da sich das Gestell in der Regel, vom Bodenstein bis zum Punkt, wo es an der Rast anschließt, erweitert, so müssen die Gestellsteine mit gut verstählten Werkzeugen nach der ihnen zukommenden Schräge oder Dossirung sorgfältig bearbeitet werden, und möglichst glatte Flächen erhalten, so daß sie vollkommen auf einander passen, und daß auch nicht die geringsten Ungleichheiten bleiben, weil diese zum schnelleren Wegschmelzen der Steine Anlaß geben würden. Bei der Zurichtung der Steine ist dahin zu sehen, daß sie vollkommen horizontal auf einander liegen, und daß die Dossirung nicht durch eine gegen den Horizont geneigte Auflagerung der Steine bewirkt wird. Die Lagerseite der Steine muß daher vollkommen horizontal, und die Seite, mit welcher sie in dem Gestellraume stehen, nach der vorgeschriebenen Dossirung bearbeitet seyn. Die Flächen, welche den inneren Gestellraum bilden, und diejenigen, mit denen die Steine auf oder an einander liegen, müssen mit vorzüglicher Sorgfalt vollkommen glatt bearbeitet seyn. Daß die Lagerseite der Gestellsteine im Gestell stets horizontal zu liegen kommt, ist durchaus nothwendig, denn nach der Lagerseite geht die Schichtung der Steine und sie lassen sich hiernach horizontal spalten. Würden die Steine so gelegt, daß die Schichtung nicht horizontal, sondern senkrecht zu liegen käme, so würde die Lagerseite im Gestellraum gegen den Schmelzraum zu stehen kommen und die Steine würden sich abschälen und schichtenweise sich ablösen.

Die Zahl der zu einem Gestell erforderlichen Steine richtet sich nach der Höhe des Gestelles, und nach der Größe, in welcher die Steine zu erhalten sind. Obgleich es an sich gleichgültig ist, ob man ein Gestell aus 8 oder aus 20 Steinen zusammensetzt, so muß man doch so viel als möglich große Steine zu erhalten suchen, um viele Fugen zu vermeiden. Deshalb stellt man auch niemals zwei Steine neben einander, um die Fläche im Schmelzraum zu bilden, sondern man legt sie über einander, und wenn sie nicht die gehörige Länge haben, so stößt man sie so an einander an, daß die Fugen außer dem Schmelzraum fallen

Man unterscheidet Vorder- und Hinter-, so wie Ober- und Untergestell. Denkt man sich eine Ebene, welche den Gestellraum senkrecht durch die Form oder durch die beiden einander gegenüber stehenden Formen in zwei Theile theilt, so würde die vordere, der Arbeitsseite zugekehrte Hälfte, das Vordergestell, und die entgegenstehende das Hintergestell seyn. Theilt die Ebene den Gestellraum aber horizontal in der Formhöhe, so ist der Theil des Gestelles, der unter der Ebene liegt, das Untergestell, der andere das Obergestell. Den vom Untergestell eingeschlossenen Raum pflegt man den Heerd zu nennen, und belegt den Theil des Heerdes, welcher unter der Brust des Ofens offen hervorragt, mit dem Namen Vorheerd

§. 640.

Auf den Zeichnungen Fig. 4 und 5. Taf. XV. stellt AAAA den untern Theil des Schachtes vor, in welchen das Gestell eingesetzt werden soll. Man legt zuerst den Bodenstein a vollkommen horizontal, auf einer und in eine 18 bis 20 Zoll dicke Schicht von trockenem Sand, mittelt dann die Kern- oder Axenlinie des Schachtes mit der größten Genauigkeit aus, damit die Axenlinie des Schachtes mit der des Gestelles genau zusammenfällt. Alsdann richtet man zuerst den Rückstein b mit der vorgeschriebenen Dossirung auf, und mit der nöthigen Abschrägung von beiden Seiten, gegen welche die auf der Form- und Windseite aufzubauenden Steine gelegt werden. Die vordere Seite des Gestelles nach dem Arbeitsraum bleibt so lange als möglich auf, um die Zustellungsmaterialien mit Bequemlichkeit herbeischaffen zu können. Deshalb werden zuerst die Backenstücken c oder die Steine, welche das Untergestell auf der Form- und Windseite begränzen, aufgestellt und überhaupt das ganze Hintergestell so weit als möglich aufgeführt. Kann man die Backenstücken in der Länge erhalten, daß sie zugleich den vorderen Raum des Untergestelles, also das ganze Untergestell begränzen, so ist es zur Vermeidung der Fugen zwar sehr gut; weil die Backenstücken aber wenigstens um die ganze Dicke des Rücksteins zurückgelegt werden müssen, so würden sie selten in der ganzen Länge des Untergestelles bis zum Vorheerd zu erhalten seyn, weshalb man genöthigt ist, auf jeder Seite zwei Backenstücken neben einander zu legen. Man hat daher bei jeder Zustellung gewöhnlich zwei Hinter- und zwei Vorderbacken. Soll mit Einer Form geblasen werden, so muß wenigstens der Hinterbacken, der dem Formstein d als Unterlage dient, genau die Höhe haben, in welcher die Form vom Bodenstein entfernt seyn soll. In dem Formstein ist die Oeffnung für die Form eingehauen; diese Oeffnung muß so groß seyn, daß die Form mit Bequemlichkeit eingesetzt und gerichtet werden kann, ohne daß der Stein unnöthig zu sehr geschwächt wird. Dem Formstein gegenüber wird auf dem andern Hinterbacken der Windstein w aufgestellt, welcher aber ebenfalls Formstein ist, wenn mit zwei Formen geblasen wird. Der Rückstein ist, wenn er nicht aus einem einzigen Stein bestehen kann, — wie es in dem Fall aus einleuchtenden Gründen nicht möglich ist, wenn die Rückseite auch als dritte Formseite, oder als zweite Arbeitsseite benutzt wird; — vorher durch Aufschichtung mehrer Steine b nach und nach zu der Höhe, welche das Gestell erhalten soll, aufgeführt; auch auf den Form- und Windstein werden dann noch Steine (Gemeinstücke) e gelegt, um auf diesen Seiten die ganze Höhe des Gestelles zu schließen. Die Brust des Ofens ist nun noch ganz offen, und muß in der Formhöhe durch einen Stein, welcher sich gegen den Form- und gegen den Windstein lehnt, und Tümpelstein genannt wird, geschlossen werden. Der Tümpelstein liegt auf den beiden Vorderbacken, welche noch um 12 bis 15 Zoll unter ihm nach außen hervorragen, und den Vorheerd bilden, welcher eigentlich eine Verlängerung des Untergestelles (oder des Eisenkastens) ist, und oben zum Theil durch den Tümpel bedeckt wird. Auf den Tümpel werden ebenfalls ein oder mehre Gemeinstücke g gelegt, bis das Gestell die erforderliche Höhe erreicht hat und die Steine auf allen vier Seiten gleich hoch liegen. Der offene Raum, den die beiden Vorderbacken vor dem Tümpel bilden, wird beim Anblasen des Ofens vorn durch einen Stein h, Wall- oder Dammstein (weil er einen Wall oder Damm gegen die geschmolzene Masse macht), geschlossen, so daß nur oben vor dem Tümpel eine durch die vordersten Seiten der Vorderbacken und durch den Wallstein gebildete Oeffnung bleibt, durch welche man, unter dem Tümpel, zum ganzen Untergestell bis zu Rückstein, gelangen kann. Der Wallstein wird zwischen den beiden Vorderbacken so eingeschoben, daß auf der einen

Seite (gewöhnlich der Windseite) eine Oeffnung in der ganzen Höhe des Untergestelles bleibt, welche beim Betriebe des Ofens mit schwerem Gestübbe ausgefüllt wird, und die Oeffnung zum Stich, nämlich zum Ablassen des Eisens und der Schlacke, bildet. Der Wallstein ist also um $2\frac{1}{2}$ bis $3\frac{1}{2}$ Zoll schmäler als die Weite zwischen den beiden Backen beträgt. Der Tümpel hat von allen Steinen am mehrsten auszuhalten, indem er der Abwechselung der Temperaturen durch den offenen Vorheerd vorzüglich ausgesetzt ist. Um daher das Zerspringen desselben zu verhüten, und ihn gegen die andringende äußere Luft möglichst zu verwahren, versieht man ihn vorn mit einer 2 bis 3 Zoll dicken eisernen Platte, Tümpelblech, i, die auf dem Tümpeleisen k (einem 3 Zoll im Quadrat starken geschmiedeten Eisen, welches vorn am Fuße des Tümpels quer über die beiden Vorderbacken gelegt ist) ruht. Das Tümpeleisen ist gewöhnlich von geschmiedetem Eisen, damit es nicht bald wegschmelzen möge; auch dient es zugleich als Widerlage beim Arbeiten mit Brechstangen im Gestell. Man kann aber auch das Tümpeleisen und das Tümpelblech aus einer einzigen gußeisernen Platte bestehen lassen, welche gegen den Tümpelstein stark mit feuerfestem Thon überzogen wird. Sie reicht bis zur unteren Kante des Tümpelsteins hinunter und ist dort mit einer Verstärkung von etwa 2 Zollen über der vorderen Fläche des Tümpelbleches vorragend versehen. Durch diese Einrichtung wird nicht allein das Wegschmelzen des Tümpelbleches verhindert, sondern dasselbe hält mit diesem vorragenden Ansatz, welcher die Stelle des Tümpeleisens vertritt, auch länger aus als das geschmiedete Tümpeleisen, welches sich in seiner Lage zwischen glühenden Kohlen, sehr leicht wirft, wodurch ein Zwischenraum zwischen dem Tümpelblech und dem Tümpeleisen entsteht, durch welchen die Flamme dringt und das Tümpeleisen zerstört. Die Auswechselung des letzteren erfordert immer viel Mühe, wogegen die mit einem Ansatz versehene, gegossene Tümpelplatte, wenn sie etwa schadhaft wird, leicht abgeworfen und durch eine neue ersetzt werden kann.

Wenn die Gestellsteine auf diese Weise aufgerichtet sind, füllt man die Zwischenräume zwischen den hinteren Seiten der Gestellsteine und zwischen der äußeren Ofenmauer mit Sand, oder mit kleinen Ziegeln, Steinen u. s. f. aus; auf der Form- und Arbeitsseite müssen aber der Form- und Tümpelstein so weit als thunlich vermauert werden, damit sie nach außen eine möglichst geringe Oberfläche behalten. Diese Mauerungen schließen sich unmittelbar an den Blas- und Arbeitsgewölben an, so daß man im Blasegewölbe bequem zur Form, und im Arbeitsgewölbe zum Vorheerd gelangen, und die dort vorkommenden Arbeiten vornehmen kann. — Das durch die Gestellsteine oben gebildete Viereck wird durch die Rast m mit dem stehen gebliebenen Theile des Kernschachtes n in Verbindung gesetzt. Zur Rast nimmt man gewöhnlich feuerbeständige Thonsteine, welche aber sehr scharf gebrannt seyn müssen, damit sie nicht schwinden. Den Wallstein setzt man erst ein, wenn der Ofen abgewärmt und gefüllt ist, und wenn zum Anblasen geschritten werden soll, damit man das Gestell während des Abwärmens durch den ganz offenen Vorheerd bequem reinigen kann.

Eine Zustellung mit doppeltem Abstich, bei welcher die Rückseite ebenfalls zur Arbeitsseite eingerichtet und mit Tümpel, Vorheerd, Wallstein versehen wird, kommt nur selten vor. Vortheilhaft ist eine solche Einrichtung eben nicht zu nennen, weil das Untergestell dadurch noch mehr abgekühlt wird, als es bei dem einen Vorheerde schon der Fall ist. Nur bei großen und weiten Holzkohlenöfen, in welchen, wegen der starken Roheisenerzeugung und der derselben angemessenen großen Windmenge, eine hohe Temperatur hervorgebracht wird, so wie besonders bei den Holzkohlenhohöfen, deren Produktion unmittelbar zu Gußwaaren verwendet werden soll, und bei denen man aus einem Vorheerde das Roheisen mit den Gußkellen nicht schnell genug würde ausschöpfen können, ist eine Zustellung mit zwei Vorheerden, wie sie auf den Zeichnungen Fig. 15. und 16. Taf. XV. angegeben ist, nicht unzweckmäßig. Bei Hohöfen, die mit Koaks betrieben werden, würde ein doppelter Vorheerd nicht anzurathen, vielmehr wird es zweckmäßiger seyn, die Rückwand des Ofengestelles ebenfalls als Formseite, für eine dritte Form anzuwenden.

§. 641.

Wenn die Gestellräume nicht aus Steinen, sondern aus Thon, oder aus sogenannter Masse zusammengesetzt werden, so muß man die einzustampfende Masse aus einem sehr sorgfältig durchgearbeiteten und gesiebten Gemenge von feuerfestem Thon und reinem Quarzsand bilden, welches nicht stärker angefeuchtet wird, als zum Zusammenballen erforderlich ist. Statt des Quarzsandes bedient man sich zweckmäßiger alter feuerfester Ziegelstücken, oder auch des gebrannten Thones selbst, als Zusatz zum frischen Thon, indem man den Thon in gepochtem Zustande als feines Mehl, und die Ziegelstücken oder den gebrannten Thon in der Größe von Erbsen, recht sorgfältig durchgemengt, anwendet. Ein Zusatz von Graphit zu der Masse ist sehr empfehlenswerth, weil die Masse dadurch eine größere Feuerbeständigkeit erhält. Sobald das unbrauchbare alte Gestell ausgebrochen ist, legt man ein Stück Sandstein a, in der Zeichnung Fig. 6. Taf. XV. von 4 bis 5 Fuß Länge, 2 bis 2½ Fuß Breite und 10 bis 14 Zoll Dicke, dergestalt horizontal und parallel mit der vorderen Mauer des Gestelles und den Tragplatten des Arbeitsgewölbes, daß es 6 bis 7 Zoll vor dem Gestell nach außen hervorragt, um darin die gußeisernen Seitenplatten des Gestelles, welche demnächst den Vorheerd begränzen sollen, einhauen zu können. Dieses Stück Sandstein dient nicht sowohl zur Grundlage für den Wallstein, sondern vorzüglich dazu, der Masse aus welcher der übrige Theil des

Bodensteines gestampft wird, einen Widerstand entgegen zu setzen, auch wird dadurch verhindert, daß die Masse beim Anwärmen des Gestelles nicht beschädigt wird. Wenn der Sandstein seine Lage erhalten hat, werden die, zwischen demselben und der Hohenofenmauer, auf beiden Formseiten befindlichen Zwischenräume vollgemauert, um den Stein zu befestigen, und die Masse fester stampfen zu können. Alsdann wird der alte Boden, so weit sich Eisen und Schlacken von der früheren Campagne in denselben hineingezogen hatten, ausgebrochen. Was davon aber noch gut geblieben ist, bleibt liegen und wird mit einer dicken Schlämpe von Thonwasser bestrichen, um dadurch eine Verbindung zwischen der alten zurückbleibenden und der neu einzutragenden Gestellmasse zu bewirken. In die Vertiefung des Bodens wird die bereits zubereitete Masse 3 bis 4 Zoll hoch aufgetragen. Höher als höchstens 4 Zoll darf der Auftrag von frischer Masse durchaus nicht seyn. Schüttet man eine größere Quantität Masse als von 3 bis höchstens 4 Zoll hoch mit einem Mal auf, so bildet sich oben sehr leicht eine feste Lage, ohne daß die untere Fläche in genauer Verbindung mit der früher eingestampften Masse getreten ist. — Die eingetragene Masse wird mit eisernen Stampfkeulen bearbeitet und so fest gestoßen, daß sie keinen Eindruck mehr annimmt und bis sie sich loszuschälen anfängt. Wenn sie sich in diesem Zustande befindet, wird die gestampfte Masse auf der Oberfläche aufgestoßen, wozu man sich einer an dem andern Ende der eisernen Stampfe angebrachten scharfen Kante bedient. Das Aufstoßen ist immer dann nöthig, wenn von Neuem eine Quantität Masse aufgeschüttet wird, welche mit der bereits eingestampften verbunden werden soll. Es wird also wieder eine 3 bis 4 Zoll hohe Schicht frischer Masse aufgetragen, nachdem die Seitenwände des alten Bodens vorher mit Thonwasser angestrichen worden, alsdann in der so eben erwähnten Art fest gestampft, und so fortgefahren, bis nach 3- bis 4maligem Aufschütten und Stampfen, der Boden eine gleiche Höhe mit dem horizontal gelegten Sandstein a erhalten hat. Zuletzt wird der Boden geebnet, mit einem Richtscheit gleich gezogen, die erhabenen Stellen werden mit einem scharfen Eisen abgekratzt und die niedrigen ausgefüllt, um eine ganz glatte Fläche zu erhalten, worauf, wie gewöhnlich, der Mittelpunkt des Gestelles gesucht wird, und die Parallellinien zu den Wänden des Heerdes, oder des Theils vom Gestelle, der sich unter der Form befindet, aufgerissen werden. Um diese Heerdwände zu bilden, werden bei dem Vorheerd (in den Zeichnungen Fig. 8. und 9.) zwei Stücken Sandstein von etwa 18 bis 20 Zoll Länge und von der Höhe des Untergestelles, nach den Parallellinien aufgestellt, und, damit sie sich durch das Einstampfen der Masse nicht verrücken, vorne bei der Vorwand des Gestelles vermauert. Diese Steine, statt deren man sich auch feuerfester Ziegelsteine bedienen kann, welche dem Springen weniger ausgesetzt und den Sandsteinen daher noch vorzuziehen sind, dienen zum Festhalten der Masse, zum Schutz gegen die Beschädigungen beim Abstechen und beim Anwärmen, und um die aufstehenden gußeisernen Seitenplatten darin einhauen und festhalten zu können. Ist dies geschehen, so wird der hölzerne Kasten (Fig. 10. 11.), um welchen das Untergestell gestampft wird, eingesetzt, und zwar nach der auf dem Boden vorgezeichneten Linie. Diese Kasten bestehen, wie aus der Zeichnung hervorgeht, aus zwei Seitenstücken und einer abgerundeten Rückenseite. Den Seitenbrettstücken werden nach innen angenagelte Leisten zugetheilt, um Einschiebestücke darin anzubringen, wodurch das Zusammenstampfen des Kastens verhütet wird. Der Kasten wird nun zwischen den erwähnten beiden Sandsteinen Fig. 8. d eingeschoben, und dann, (nachdem zur Verbindung mit dem Gestellboden die untere Masse aufgestoßen, die alte Mauer aber mit Thonwasser angestrichen worden) wird 3 bis 4 Zoll hoch, rund um den hölzernen Kasten, Masse geschüttet und diese mit eisernen Stampfern dicht und fest gestoßen, womit auf die oben bemerkte Art so lange fortgefahren wird, bis der ganze leere Raum um den gedachten hölzernen Kasten, etwa 10 bis 12 Zoll stark und 24 bis 26 Zoll hoch, vollgefüllt ist. Nach Vollendung dieser Arbeit wird die Masse mit einem eisernen Richtscheit völlig geebnet, und dann wird der zweite Theil des Kastens, welcher von dieser Höhe an, wie das Gestell selbst welches er bilden soll, die Gestalt eines abgestumpften Kegels erhält, etwa 18 Zoll hoch, aufgesetzt. Bei hohen Obergestellen wendet man nämlich, wegen des leichteren Auseinandernehmens, mehre Kasten an und theilt jedem eine Höhe von etwa 18 Zoll zu. Aus demselben Grunde sind diese Kasten, genau in der Mitte, und zwar nach ihrem senkrechten Durchschnitt, in zwei Theile getheilt, und unten und oben mit hölzernen Kreuzen inwendig versehen, die ihnen selbst Haltbarkeit geben, und auch dazu dienen sollen, um die folgenden Kasten mit den vorhergehenden in Verbindung zu setzen. Um die Kasten beim Einstampfen der Masse nicht zusammen zu drücken, werden sie noch mit Schutzleisten versehen. Alsdann werden die Klötze, oder die hölzernen Formen, welche die Formöffnungen bilden sollen, genau in der Mitte des Gestellraums angepaßt und an dem runden hölzernen Kasten von innen her angenagelt, um ebenfalls ein Verstampfen derselben zu verhüten, welches dadurch noch mehr verhindert wird, daß man diese Klötze bis in die gemauerten Formöffnungen, welche beim Einstampfen des Massengestelles stehen bleiben können, hineinreichen läßt, und sie in diesen Oeffnungen ebenfalls feststeift, wie Fig. 8. e zeigt, wo f den konischen hölzernen Kasten darstellt. Nunmehr werden zwei eiserne, unten ganz ebene, aber oben gewölbte Platten g. g. (Fig. 6. 7.) die zu ihrer Länge die obere Breite des Vorheerdes erhalten, und noch etwas darüber hinweg reichen, vorzüglich aber mit zwei Lappen von 2 Zoll Länge versehen sind, mit welchen sie auf den Wänden des Vorheerdes aufliegen, auf den zur Bildung des Untergestelles angewendeten, und neben dem befestigten konischen Kasten, gelegt, um den Tümpel zu bilden; worauf über diesen Platten, (welche nach beendigter Zustellung liegen bleiben, und nicht, wie die hölzernen Kasten, wieder ausgezogen werden) sogleich ein 6 Zoll breites Gewölbe h Fig. 6. von feuerfesten Ziegeln gespannt wird, um die einzustampfende Masse festzuhalten. Gleichzeitig müssen auch die Seitenmauern neben dem Vorheerd (nachdem vorher die Seitenplatten c (Fig. 7.) des Gestelles, welche in dem Sandsteinboden a (Fig. 6.) eingelassen sind und welche sich oben gegen die Tragplatte des Hohofens stützen, aufgestellt worden sind), bis unter dem Tümpeleisen in einer Höhe von 3 Zoll, mit aufgeführt werden. Wo man geschmiedete Tümpeleisen k anwendet, wird dieses (Fig. 6. 7.) 4 Zoll im Quadrat, 6 bis 7 Zoll über die Seitenwände des Vorheerdes überreichend, vorne gegen die feuerfeste Ziegelmauer, (welche in den Steinen ausgehauen ist, um das Tümpeleisen darin aufzunehmen), mit ziemlich steifem Thon angeschmiert, gegen die Mauer angeschoben und mit dem Aufmauern der Seitenwände fortgefahren, bis diese so hoch sind, daß sie mit dem feuerfesten Ziegelgewölbe gleiche Höhe erhalten haben. Jetzt wird nun das gegossene eiserne Tümpelblech m (Fig. 6. 7) welches genau zwischen diesen Seitenmauern paßt, mit derbem feuerfestem Thon inwendig und seitwärts angeschmiert, auf dem Tümpeleisen aufgestellt und noch durch kleine eiserne Keile gegen die Seitenmauern befestigt, auch nach vorne mit hölzernen Steifen versehen, um dasselbe fest zu halten. Ist dies gehörig besorgt, so wird die untere feste Masse wieder aufgestoßen, die alte Ziegelmauer mit Thonwasser angestrichen und alsdann frische Masse in den um den Kasten gebildeten Raum eingeschüttet, auch mit derselben die Platte g. g. (Fig. 6. 7.) bedeckt und fest gestampft. Mit dem Aufführen des die vordere Fläche des Tümpels bildenden Gewölbes, und mit dem der Seitenmauern, wird zugleich fortgefahren, bis der 18 Zoll hohe konische Kasten h ganz mit Masse umstampft ist, welches indeß mit vieler Vorsicht geschehen muß, um die Masse gehörig fest zu erhalten. Besonders muß diese Vorsicht bei den unteren Platten g, g, des Tümpels angewendet werden, damit die Masse beim Betriebe des Ofens hier nicht abbröckelt und dadurch den Tümpelstein schwächt. Hat man endlich, nach Aufstellung des dritten konischen Kastens n, nach dem erfolgten Einstampfen desselben und nach erfolgter Aufmauerung der Seitenmauern, die Höhe des Tümpelbleches von etwa 24 Zoll erreicht; so wird eine zweite Platte o (Fig. 6. 7.), auf die erste Platte, oder auf das Tümpelblech aufgesetzt, welche aber breiter als dieses ist, in die Seitenmauer 5 bis 6 Zoll auf jeder Seite hineinragt und sich oberhalb gegen die Tragplatte des Hohenofens anlehnt, also eine Abdachung nach dem Vorheerde zu bildet und dadurch die Gestellmauerung nach vorne schließt. Neben dieser Platte und auf deren inneren Seite, wird nun die Vermauerung aller Oeffnungen so lange fortgesetzt, bis sie gänzlich geschlossen sind, während welcher Zeit auch der vierte und letzte Kasten p aufgestellt, und, so wie die Vermauerung vorschreitet, auf die schon angezeigte Art mit Masse umstampft wird.

Nach vollendeter Einstampfung und nachdem auch bis über die Tragplatte hinauf, auf der Tümpel- und auf den Formseiten, die Mauer hinter dem Gestell ist aufgeführt worden, wird auf der eingestampften Masse die Aufführung der Rast aus feuerfesten, 18 Zoll langen, vorne nach dem Winkel der Rast abgeschrägten, hinten in der Kreislinie auslaufenden, keilförmigen Ziegeln vorgenommen. Ist die Rast völlig aufgemauert und die Rüstung, die zu diesem Behuf gemacht war, weggenommen; so werden auch die hölzernen Kasten in den einzelnen Theilen, vermittelst eines Seiles, nach oben, nämlich aus der Gicht des Ofens herausgezogen, nachdem vorher die Zusammenkuppelung der Kasten unter einander losgemacht worden ist. Auf solche Art wird endlich auch der untere Kasten, indem die Steifen, welche ihn zusammenhalten, losgeschlagen worden, nebst den beiden Klötzen, welche die Formöffnungen gebildet haben, hervorgezogen, die inneren Flächen des Gestelles nachgeputzt und mit Thonwasser überschlichtet. Gewöhnlich ist man genöthigt, beim Herausziehen der Modelle oder der hölzernen Kasten, die Hälfte derselben Preis zu geben, um nur das Gestell selbst zu schonen und nicht zu beschädigen.

Es versteht sich, daß man auch Gestelle, theilweise aus Masse, theilweise aus Sandsteinen zusammensetzen kann, in welchem Fall man gerne zum Tümpel einen Stein anwendet, weil dessen Bildung von Masse am schwierigsten ist.

§. 642.

Die Höhe des Gestelles richtet sich nach der Höhe des Ofens; sie ist zwischen 4 und 6½ Fuß abweichend. Niedrige, 16- bis 20füßige Hohöfen erhalten wohl ein 4füßiges Gestell; bei 24- und 30füßigen Oefen pflegt man es 5 und 5½ Fuß hoch zu machen. Noch höheren Oefen giebt man ein 6 Fuß hohes Gestell, und bei Koaköfen pflegt es oft 6½ Fuß hoch zu seyn. Da das Gestell den eigentlichen Schmelzraum bildet, so ist es einleuchtend, daß die Hitze um so größer ist, je mehr sie zusammengehalten wird, oder je höher und enger das Gestell gewählt wird. Ueberhaupt müssen aber die Dimensionen des Gestelles nach der Größe der Oefen gewählt werden, indem ein im Verhältniß des Ofens zu hohes Gestell leicht ein Zusammenschmelzen des engen Schachtfutters zur Folge haben, die erzeugte Hitze bei dem niedrigen und engen Ofen auch nicht vortheilhaft benutzt werden würde. Dagegen dürften Gestelle von 4 bis 5 Fuß Höhe, bei 35 Fuß und darüber hohen Hohöfen, in denen absichtlich, z. B. für den Gießereibetrieb, graues Roheisen erzeugt werden soll, zu niedrig seyn. Höhere Gestelle bewirken immer ein reineres Schmelzen, eine größere Hitze, liefern ein graueres Eisen und gewähren eine größere Kohlenersparung. Deshalb erfordern strengflüssige Erze und schwächere Gebläse eine höhere und engere Zustellung; auch sollte das Gestell billig um so höher und enger seyn, je leichter die Kohlen sind. Bei hohen und engen Gestellen ist es kaum möglich, ein anderes weißes Eisen als das von einem rohen, oder wirklich mit Erz übersetzten Gange zu erzeugen, weil die Hitze, wenn die Beschickung nicht sehr leichtflüssig ist und das schon über dem Gestell geschmolzene Eisen sehr rasch durch die flüssige Schlacke sinkt, fast immer groß genug bleibt, um die Umwandlung des weißen Roheisens in graues zu bewirken; auch können in hohen Gestellen, bei einem heftigen Winde, die Kohlen nicht mechanisch weggedrückt und die Erze ungeschmolzen vor die Form gebracht werden.

Nur solche Oefen, die gutartige und zugleich leichtflüssige Erze verschmelzen, bei denen es auf die Erzeugung von grauem Roheisen nicht so sehr ankommt, können mit niedrigen und weniger engen Gestellen versehen werden. Alle Oefen hingegen, in denen Erze verschmolzen werden, welche man, aus irgend einer Absicht, auf graues Roheisen benutzen will, so wie alle Hohöfen, die mit Koaks betrieben werden, müssen hohe und enge Gestelle erhalten, wenn das Roheisen mit der größten Kohlenersparung dargestellt werden soll. Um das Einrücken der Gichten ins Gestell zu erleichtern, und um dem Nachstürzen der Rast beim Wegschmelzen des Gestelles nicht ausgesetzt zu seyn, ertheilt man demselben eine Dossirung, oder macht es oben, wo es sich an die Rast anschließt, weiter als unten auf dem Boden. Gewöhnlich ist das Gestell oben $\frac{1}{3}$ weiter als unten, so daß es oben 24 Zoll breit ist, wenn es unten die Weite von 16 Zoll besitzt. Bei Gestellen, welche nicht 6 Fuß hoch sind, wählt man auch wohl ein etwas geringeres Verhältniß für die Dossirung. Eine zu starke Dossirung würde den Zweck der Zustellung mit einem Gestell vereiteln; indem der Schmelzraum dadurch eine zu große Weite erhält und die

Zustellung ganz mit derjenigen übereinstimmen würde, bei welcher die Oefen kein Obergestell erhalten. Je geringer die Dossirung, also je enger das Gestell, desto höher wird die Temperatur des Schmelzraums, und desto grauer wird, bei gleichen Verhältnissen des Erzes zu den Kohlen, das Roheisen ausfallen. Eine sehr enge Zustellung und ein hohes Gestell können sogar bei einem so großen Mißverhältniß des Erzes zu den Kohlen, daß keine vollständige Reduktion mehr erfolgt, zur Entstehung von grauem Roheisen Anlaß geben; welcher Erfolg nur ein neuer Beweis von der Erfahrung ist, daß eine vollständige Reduktion des Erzes mit der Bildung von grauem Roheisen nicht im unmittelbaren Zusammenhange steht, sondern daß die Umänderung des weißen in graues Roheisen, lediglich von einem hohen Hitzgrade abhängt, der bei engeren und hohen Zustellungen zufällig im Gestell, oder wenigstens vor der Form vorhanden seyn kann, während die Temperatur über dem Gestell schon so gesunken ist, daß eine vollständige Reduktion des Erzes nicht mehr statt findet. Bei weiten Gestellen und nicht gehörig durchgreifendem Winde, besonders bei stark ausgeblasenen Gestellen und bei der Anwendung von nur Einer Form, tritt nicht selten die Erscheinung ein, daß auf der Formseite graues Roheisen entsteht, während auf der Windseite weißes gebildet wird. Je weiter die Gestelle sind, und je schneller sie sich nach oben erweitern, desto weniger hat man von Versetzungen zu fürchten, desto weniger wird man aber im Stande seyn, das Roheisen einer so concentrirten Hitze auszusetzen, daß es nach dem Erstarren grau bleibt. Wo mit zwei, oder mit drei, (jedoch nicht neben einander liegenden) Formen geblasen wird, da sind weitere und schneller sich erweiternde Zustellungen ganz besonders anzuwenden.

Die ängstliche Sorgfalt, welche man nicht selten bei der Befolgung gewisser, oft fortgeerbter Gestelldimensionen anwenden sieht, mag in den nicht ungünstigen Erfolgen des geführten Betriebes ihren Grund haben; wenn man aber erwägt, daß das Gestell schon in den ersten Wochen des Betriebes eines Ofens, wesentliche Veränderungen in den Dimensionen der Weite erlitten hat, und daß diese Zeitperiode des Betriebes gewöhnlich die weniger günstigen Schmelzresultate gewährt, selbst wenn der Einfluß der Wärmeabsorption durch die Ofenwände in den ersten Betriebswochen nicht unberücksichtigt bleibt; so darf man nicht mehr hoffen, in den gewählten Gestelldimensionen allein den Grund zu dem günstigen Erfolge des geführten Betriebes zu finden. So wahr es ist, daß die engste Zustellung bei kaltem Winde deshalb die vortheilhafteste bleibt, weil das Brennmaterial dabei am mehrsten zusammengehalten wird; eben so wahr ist es auch, daß die Erzeugung eines gehörigen, einem jeden Brennmaterial angemessenen Grades der Hitze, besonders aber die, durch eine zweckmäßige Konstruktion des ganzen Ofenraumes von der Form bis zur Gicht herbeigeführte vollständige Benutzung der entwickelten Hitze, so wie das allmälige Niedergehen der Schmelzschichten in immer stärker erhitzte Räume, die eigentlichen und wahren Bedingungen zu einem günstigen Gange des Ofens sind. Man wird daher im Voraus schon ein gerechtes Mißtrauen gegen die Zweckmäßigkeit aller derjenigen Schacht- und Gestell-Konstruktionen haben müssen, bei welchen eine Abweichung von der regelmäßigen Gestalt statt findet, sey es dadurch, daß die Achsenlinien des Schachtes und des Gestelles nicht zusammen fallen, oder dadurch, daß man den Neigungswinkeln der Flächen, welche das Ober- oder auch Unter-Gestell mit dem Kernschacht verbinden, an den verschiedenen Seiten des Gestelles eine verschiedene Größe zutheilt; oder dadurch, daß man sich überhaupt von der regelmäßigen Gestalt der horizontalen Querschnittsflächen des Schachtes und des Gestelles entfernt.

Bei den Bestimmungen der Höhe und der Weite der Gestelle, wird man sich daher vorzüglich nach der Beschaffenheit des Brennmaterials, nach der Quantität und Pressung des Windes, nach der Anzahl der Formen, durch welche derselbe in den Ofen geführt wird, und nach der Beschaffenheit des Roheisens richten müssen, welches man darstellen will. Holzkohlen aus weichen Holzarten, besonders aus überständigem, raupenfräßigem, und durch lange dauerndes Verflößen stark ausgelaugtem weichem Holz, die nur geringe Hitze entwickeln, so wie sehr schwer entzündbare Koaks aus Sand- und Sinterkohlen, und endlich anthracitartige Steinkohlen, erfordern nothwendig engere und höhere Zustellungen, welche bei großen Windquantitäten, und bei zwei, noch besser bei drei Formen, weiter und niedriger gewählt werden können. Holzkohlen aus festen und harten Holzarten, und Koaks aus guten Sinterkohlen, die in Backkohlen übergehen, machen eine weitere und niedrigere Zustellung zuläßig.

Weißes, gaares, oder bei vollständiger Reduktion des Erzes erzeugtes Roheisen, läßt sich bei sehr engen und hohen Gestellen kaum darstellen. Eben so wenig wird es aber gelingen, graues Roheisen bei sehr weiten und niedrigen Zustellungen zu erzeugen, wenn auch die Reduktion des Erzes vollständig statt finden mag, vorausgesetzt, daß man von den Kohlen die volle Wirkung erwartet, die sie, bei der ihrer Beschaffenheit angemessenen Zustellung, hervorbringen würden. Der gaare Gang eines Ofens, mit welchem stets die vollständige Reduktion des Eisens aus dem Erz verbunden ist, ist von den Dimensionen des Gestelles allein, nicht abhängig, sondern er wird durch die Temperatur überhaupt, welche im Ofen vorhanden ist, bestimmt werden, also vorzüglich durch das Verhältniß der Beschickung zu den Kohlen. Nicht minder üben dabei die Höhe und Weite des Schachtes, das Verhältniß beider Dimensionen zu einander, die Menge des zugeführten Windes und die bei der Windzuführung getroffenen Maaßregeln, einen wesentlichen Einfluß aus. Wären nun Höhe und Weite des Schachtes und Quantität des Windes, in einem so richtigen Verhältniß zu einander, daß dadurch die größte Wirkung vom Brennmaterial erwartet werden kann; so wird der Einfluß der im Gestell entwickelten Hitze vorzüglich nur auf das schon gebildete, aber von der Schlacke noch nicht geschiedene Roheisen gerichtet seyn. Wenn die Reduktion des Erzes, in dem Augenblick wo die Schichten in den Schmelzraum treten, noch nicht vollständig erfolgt, so wird sie auch im Gestell selbst nur sehr wenig und unvollkommen fortgesetzt werden. Es werden sich in der schnell erfolgenden hohen Temperatur nämlich Silikate bilden und es wird in einem noch höheren Grade ein Verhältniß eintreten, welches bei den leichtflüssigen Eisenerzen überhaupt statt findet. Die unvollständig reducirten und nicht gehörig vorbereiteten Erze werden sich nämlich, durch die Schmelzung zu Silikaten, der Reduktion entziehen. Die höheren Gestelle werden daher bei einem Rohgange, nämlich bei einer niedrigen Temperatur im Ofen, bei welcher die Reduktion nicht vollständig erfolgt, vor den niedrigen Gestellen keinen Vorzug haben; sie werden vielmehr ein Kaltblasen, nämlich ein Erstarren und Ansetzen der halbgeschmolzenen Massen, eben so leicht als die niedrigen Gestelle herbeiführen. Anders ist das Verhalten, wenn die Reduktion des Erzes, ehe es den Schmelzraum erreicht, vollständig statt gefunden hat. Hier erfolgt dann zuerst die Scheidung des Roheisens von der Schlacke, durch den Uebergang in den flüssigen Zustand. Verweilen Schlacke und Eisen nicht lange in der concentrirten Schmelzhitze, so kann das Roheisen seinen ganzen Kohlengehalt behalten, weil keine Einwirkung auf die Schlacke statt findet. Das Resultat wird gaares weißes (spiegelartiges), oder graues Roheisen mit dem größten Kohlegehalt seyn, je nachdem das Gestell weiter oder enger gewählt, je nachdem die Beschickung mehr oder weniger vollständig vorbereitet in den Schmelzraum getreten, und je nachdem durch die angewendete Beschickung eine leicht- oder strengflüssigere Schlacke gebildet ist. Wird die geschmolzene Masse aber bei hohen Gestellen lange in concentrirter Hitze erhalten, so findet eine Einwirkung des Eisens auf die Schlacke statt und der Erfolg wird immer ein sehr graues, weniger Kohle, aber viel Silicium und Mangan enthaltendes Roheisen seyn, welches nur für die Gußwaarenbereitung, vorzüglich wenn es zum Umschmelzen bestimmt ist, vorgezogen zu werden verdient. Hohen Obergestellen kann man also nur alsdann den Vorzug vor den niedrigen einräumen, wenn es die Absicht ist, strengflüssiges graues Roheisen mit geringem Kohlengehalt darzustellen. Dagegen wird eine enge Zustellung vor der Form, verbunden mit einem niedrigen, oder vielmehr mit einem sich allmälig in die Rast verlaufenden, nicht engen Obergestell, jederzeit zu empfehlen seyn, wenn das Roheisen zum Verfrischen bestimmt ist, weil sie die vollkommenste Benutzung der aus dem Brennmaterial entwickelten Hitze gestattet. Bei den Oefen ohne Obergestell soll der, an das Untergestell sich anschließende Kernschacht, nicht allein die Stelle des Obergestelles, sondern auch die Stelle der Rast vertreten. Der eigentliche Schmelzraum, nämlich der Raum, in welchem die Scheidung des mit Kohle verbundenen Eisens von der Schlacke erfolgen soll, ist daher bei den Oefen ohne Obergestell sehr beschränkt und man wird, um das Erz nicht ungeschieden vor die Form kommen zu lassen, genöthigt seyn, den Erzsatz etwas schwächer einzurichten, als es unter gleichen Umständen bei den Oefen mit Obergestell der Fall seyn würde. Diese Verminderung des Erzsatzes wird dann am bedeutendsten seyn, wenn graues Roheisen erblasen werden soll, damit das von der Schlacke schon geschiedene Eisen einige Zeit in der koncentrirten Hitze, durch welche die Umwandlung des weißen Roheisens in graues nur allein erfolgen kann, verweile. Die Oefen mit einem Obergestell werden daher für die Darstellung des grauen Roheisens einen etwas vortheilhafteren Betrieb gestatten, als die Oefen ohne Obergestell, obgleich die letzteren die Arbeiten im Schmelzraum erleichtern.

Gewähren die Obergestelle den Vortheil, daß die Schmelzmasse durch sie längere Zeit in koncentrirter Hitze erhalten und daß dadurch die Umwandlung des weißen Roheisens in graues befördert wird; so muß doch auch der Einfluß des längeren Verweilens der Schmelzmasse in der koncentrirten Hitze auf die Beschaffenheit des auszubringenden Roheisens berücksichtigt werden. Die Analysen von verschiedenen Roheisenarten haben ergeben, daß das graue Roheisen aus demselben Erz und von derselben Beschickung, mehr Mangan und mehr Silicium enthält, als das weiße. Das Roheisen wird also, wenn es längere Zeit, in einer starken Hitze, mit der Schlackenmasse in Verbindung bleibt, Bestandtheile aus der Schlacke reduciren und in sich aufnehmen, welche auf seine Beschaffenheit ungünstig einwirken. Ein solcher Erfolg tritt immer bei der Erzeugung des grauen Roheisens ein und man würde daher die Vorkehrungen so zu treffen haben, daß das von der Schlacke geschiedene Eisen, der Einwirkung einer starken Hitze möglichst bald entzogen wird. Dieser Zweck wird bei den Oefen ohne Obergestell vollständiger erreicht, als bei den mit einem Obergestell versehenen Oefen, und deshalb werden hohe Obergestelle (bei kaltem Winde) zwar eine vollkommnere Benutzung des Brennmaterials gestatten, aber Veranlassung geben, daß das Roheisen mehr fremdartige Bestandtheile aufnimmt, als in Oefen mit niedrigen Obergestellen, oder ohne Obergestell geschehen kann. Bei denjenigen Prozessen, bei welchen das Eisen am unvollkommensten aus seinen Erzen ausgebracht wird, bei dem Stücköfenbetriebe und bei der Luppenfrischarbeit, erfolgt nach aller Erfahrung das beste Eisen. Die Ursache ist die niedrige Temperatur, in welcher kaum das Manganoxydul, und die Kieselerde noch gar nicht, zur Reduktion gelangen. Aus demselben Grunde ist das luckige Floß reiner als die blumigen Flossen und als das Spiegelfloß, und diese enthalten wieder weniger Silicium als das graue Roheisen, bei welchem der Siliciumgehalt zunimmt und der Kohle (Graphit) Gehalt in demselben Verhältniß abnimmt, als das graue Roheisen nach erfolgter Bildung länger mit der Schlackenmasse in einer koncentrirten Hitze verweilt. Die hohen Obergestelle wirken also in so fern nachtheilig auf die Beschaffenheit des Roheisens, als sie Veranlassung zur Reduktion der Erden in der Schlacke geben und den Gehalt des Roheisens an Erdbasen vermehren. Zur Anwendung des Roheisens für Gußwaaren ist der größere Siliciumgehalt oft ziemlich gleichgültig und man wünscht vorzüglich nur recht gaar und grau erblasenes Roheisen zu erhalten, welches sich in hohen Obergestellen am leichtesten darstellen läßt. Auf die Schmelzbarkeit des Roheisens hat der größere oder geringere Kohlengehalt indeß einen wesentlichen Einfluß, weshalb das graue, an Kohlenstoff ärmere Roheisen, bei hohen Obergestellen erblasen, sich bedeutend strengflüssiger verhält, als das graue Roheisen, welches bei niedrigen Obergestellen, oder in Oefen ohne Obergestell, erzeugt ist.

§. 643.

Die Entfernung des Formsteins vom Windstein nennt man die Breite, und die Entfernung des Rücksteins vom Tümpelstein die Länge des Gestelles. Man pflegt das Gestell etwas länger als breit zu machen, zu welchem Verfahren kein anderer Grund zu seyn scheint, als um den Tümpel mehr zu schonen. Durch diese Verschiedenheit in den Dimensionen der Länge und Breite entstehen aber verschiedene Neigungswinkel der Rast, welche bei der Rück- und Tümpelseite größer werden, als bei der Form- und Windseite, wenn die Rast sich in gleicher Höhe an den Kernschacht anschließen soll, wovon ein unregelmäßiger Gichtengang die Folge seyn würde, weil die Gichten durch eine flachere Rast stärker getragen werden (also lockerer liegen) als durch eine steilere Rast. Besser ist es daher, dem Gestell gleiche Länge und Breite zuzutheilen, und den Tümpel in der Formhöhe weiter aus der Mitte des Schachtes und des Gestelles zurückzulegen, so daß die Entfernung vom Rückstein bis zum Gestell- oder Schachtmittel geringer wird, als die von der eben genannten Mitte bis zum Tümpel. Um hierdurch aber oben in der Ausmündung des Gestelles keine Verschiedenheit in der Entfernung von der Schachtmitte zu bewirken, muß der Tümpel keine Dossirung erhalten, sondern im rechten Winkel bearbeitet seyn. Er wird daher aus der Mitte des Gestelles um so viel zurückgelegt, als die Dossirung in der ganzen Höhe des Tümpels betragen haben würde, und die über ihm liegenden Gemeinstücke erhalten dann dieselbe Dossirung wie auf den anderen drei Seiten, wodurch das Gestell oben genau wieder in die Mitte des Schachtes kommt, und doch zugleich der Zweck erreicht ist, den Tümpel weiter aus der Gestellmitte zu rücken, dem Stein selbst aber noch mehr Masse zu lassen, und ihn gegen das Abstoßen und Abschmelzen bei der Arbeit im Gestelle mehr zu schützen. Die Zeichnung Fig. 4. Taf. XV. erläutert dies Verhalten.

§. 644.

Der Wind wird dem Ofen durch die Form zugeführt, welche im Formstein liegt. Man wendet Formen von Thon, von Eisen und von Kupfer an. Die thönernen sind die unvollkommensten, und werden nur bei niedrigen Oefen und leichtflüssigen Erzen gebraucht; ihre Anwendung macht alle Regelmäßigkeit bei der Windführung unmöglich. Die eisernen Formen sind ebenfalls nur von beschränkter Anwendung, weil sie sich nicht gut behandeln, nämlich nicht verengen und erweitern lassen, welches bei den kupfernen Formen der Fall ist, die man an ihrer Mündung zusammenziehen und ausdehnen kann. Man unterscheidet bei der Form das Blatt, den Busen und den Rüssel. Das Blatt heißt die Grundfläche, auf welcher die Form liegt, und welche gewöhnlich platt geschlagen ist, damit die Düsen besser darauf ruhen können. Der Busen ist die obere Wölbung der Form, und der Rüssel der vordere Theil derselben, den man ⅜ bis ½ Zoll dick macht, um ihn gegen das Wegbrennen zu schützen. Die Oeffnung im Rüssel, durch welche der Wind in den Ofen strömt, heißt die Mündung, das Auge, die Formöffnung. Man hat dieser Oeffnung sehr verschiedene Gestalten gegeben, und sie kreisrund, viereckig, halbrund u. s. f. eingerichtet, aus dieser Figur oft ein großes Geheimniß gemacht, und den guten oder schlechten Erfolg der Arbeit aus der Gestalt des Auges hergeleitet. Es ist einleuchtend, daß die Formöffnung die Gestalt der Düsenöffnung haben muß, und wo man noch mit zwei oder drei Düsen bläset, ist die Gestalt des Auges sehr gleichgültig; nur muß sie immer so eingerichtet seyn, daß nicht zu viel Luft zwischen den Düsen- und den Formöffnungen verloren geht. — Eine im Verhältniß zu den Düsenöffnungen zu weite Form, schmelzt durch die starke Erhitzung des durch den Wind nicht gehörig abgekühlten Rüssels leicht ab, besonders wenn der Gang nicht vollkommen gaar ist, und wenn die Schmelzmaterialien zum Theil noch ungeschieden in den Heerd kommen. Der Wind verliert alsdann auch an seiner Geschwindigkeit, und es kann dadurch bei gaarem Gange weißes Eisen entstehen, so daß es unter solchen Umständen oft möglich ist, durch die bloße Verengung der Form (nicht der Düsen) graues Roheisen darzustellen. Eine zu enge Form wird dagegen zu stark abgekühlt, und veranlaßt dadurch ein starkes Ansetzen des Frischeisens, auch wohl der Schlacken (wodurch im letzteren Falle das sogenante Nasen der Form ohne alle weitere Ursache entstehen kann); außerdem geht dabei auch zu viel Wind verloren, und der Gichtenwechsel wird vermindert Bei schwachen Gebläsen, welche die Form nicht sehr abkühlen, ist es daher rathsam, eine etwas engere Form, als die Düsenöffnung ist, und bei starken Gebläsen eine etwas weitere zu wählen. Bei der Anwendung des stark erhitzten Windes ist man genöthigt, die Formen durch Wasser abzukühlen, wie im vorigen Abschnitt gezeigt worden.

§. 645.

Die Entfernung vom Bodenstein bis zur Form, oder die Formhöhe, richtet sich nach der Höhe des Gestelles. Bei höheren Gestellen, in denen eine größere Hitze erzeugt werden kann, legt man die Formen 18 Zoll, bei den Koaköfen, welche im Gestell eine große Hitze erzeugen, 22 bis 23 Zoll vom Boden entfernt. Bei niedrigen Gestellen beträgt die Formhöhe oft nur 12 bis 14 Zoll. In solchen Gestellen kann dann auch nur wenig Eisen gehalten werden. Holzkohlenöfen müssen immer eine 4 bis 5 Zoll niedriger liegende Form erhalten, weil das Eisen weniger stark erhitzt ist als das bei Koaks erblasene Roheisen, also bei längerer Ansammlung früher matt werden würde, und weil der Druck der Schmelzmasse und die Heftigkeit des Gebläses nicht so groß sind, folglich das Eisen nicht so sehr nach dem Vorheerd getrieben wird, und nicht so leicht eine Entblößung des Eisens von der Schlacke zu befürchten ist, auch der Wind überhaupt, bei der geringeren Dichtigkeit und Schwere der Schmelzsäule, nicht so sehr im Gestelle eingeengt ist. Eine sehr niedrig liegende Form bewirkt leicht ein Kochen und Schäumen der Schlacke, bei sonst gutem Gange des Ofens.

Wo nur mit Einer Form geblasen wird, sollte sie immer in der Kernlinie des Gestelles und des Schachtes liegen, damit sich der Wind nach allen Seiten im Gestell gleich vertheilen kann. Der Tümpel wird schon durch das Zurücklegen nach dem Vorheerde (§. 643.) weiter von der Form entfernt als der Rückstein, und leidet daher weniger von der Hitze. Weil der Wind immer da einen Ausweg suchen wird, wo er den geringsten Widerstand findet, so pflegt der Luftstrom mehr nach dem Tümpel als nach dem Rückstein gerichtet zu seyn, weshalb man die Form (besonders bei dem heftigen Winde, den die Koaks zum Verbrennen erfordern) um 1 bis 2 Zoll aus der

Mittellinie des Schachtes und Gestelles, nach dem Rückstein zurücklegt, sie auch wohl mit einer horizontalen Abweichung von 5 bis 8 Grad nach dem Rücksteine dirigirt, um dadurch den Luftstrom gleichmäßiger im Gestell zu vertheilen. Diese Abweichung des Hauptwindstroms aus der Mittellinie darf jedoch nicht zu groß seyn, weil sonst die Schmelzung auf der Tümpelseite unvollkommen erfolgt. Es ist daher besser, mit der Form so wenig als möglich aus der Mitte des Gestelles zu rücken und ihre Richtung nach dem Rückstein nur in dringenden Fällen (wenn der Tümpel sehr weggeschmolzen ist) stattfinden zu lassen. Eine Abweichung in der senkrechten Richtung, oder eine nach oben oder nach unten gerichtete Neigung der Form, ist ganz zwecklos. Indeß kommen Fälle vor, wo man durch eine in den Heerd geneigte, oder durch eine stechende Form, einen besonderen Zweck zu erreichen beabsichtigt, nämlich das im Heerde befindliche graue Roheisen in weißes umzuändern, wozu man sich zuweilen auch zweier über einander liegender Formen bedient.

Könnte die Zustellung eng genug seyn, z. B. nur 12 Zoll betragen, so würde die Einlegung mehrer Formen überflüssig seyn, weil sich der Wind aus der einen Form gleichförmig nach allen Ecken des Gestelles würde verbreiten können. Weil die Schmelzbarkeit der Zustellungsmaterialien solche enge Zustellungen aber nicht gestattet, so ist es vorzuziehen, den Wind mit der angemessenen Pressung durch zwei einander entgegengesetzte Formen in den Ofen zu bringen, als seine Geschwindigkeit unverhältnißmäßig zu verstärken, wozu man bei der Anwendung von Einer Form genöthigt sein würde, um das Durchdringen des Windes nach der Windseite zu bewirken, und zu verhindern, daß dort nicht zu viel Kohlen ohne Wirkung verglimmen und das Gestell zu kalt lassen. Zwei neben einander liegende Formen würden den Formstein unnöthig schwächen. Hohofenzustellungen mit drei Formen im Formstein, Windstein und Rückstein, sind bei langen und großen Gestellen und bei hinlänglicher Windmasse ganz vorzüglich zu empfehlen.

Wenn sich im Fortgange des Ofenbetriebes das Gestell sehr erweitert hat, so kann die Form wohl in Gefahr kommen, wegzubrennen. Dann ist man gezwungen, sie herauszunehmen und etwas zurückzulegen. Es ist einleuchtend, daß dies nur mit großem Nachtheil für den Betrieb des Ofens geschehen kann. Wird man veranlaßt, eine weitere oder engere Form einzusetzen, so muß man mit der neuen Form niemals zurückgehen, sondern wenn man nicht vorgehen kann, wenigstens auf demselben Punkt zu bleiben suchen. Man giebt der Form eine künstliche Decke von Lehm, und sucht durch die möglichste Abkühlung es dahin zu bringen, daß sich über der Form Frischeisen ansetzt, welches dieselbe gegen das Wegbrennen schützt. Beim Umformen wird das angesetzte Frischeisen jedesmal zerstört, und es gelingt nicht immer, eine solche Decke wieder hervorzubringen. Wenn das Gestell schon sehr ausgeblasen ist, so darf die Form auch beim stärksten Winde nicht weiter als die Düse seyn, damit sie abgekühlt werden kann und nicht angegriffen wird.

Die Düse liegt etwa 3 Zoll in der Form zurück; bei schwachen Gebläsen darf das Zurückliegen der Düsen nicht so groß seyn, weil der Windstrom bei dem wenig gepreßten Winde sonst nicht zusammen gehalten werden würde. Wo man noch mit mehr als Einer Düse schmelzt, suchen die Hohofenmeister in der Lage und Richtung der Düsen in der Form, oft das Geheimniß des Hohofenbetriebes zu ergründen; die Hauptsache ist, sie so zu legen, daß möglichst wenig Wind zwischen den Düsen und der Formöffnung verloren geht.

§. 646.

Bei großen Gestellen muß der Bodenstein, wenn man ihn nicht zweckmäßiger aus Masse anfertigt, aus mehren Stücken bestehen, welche so genau an einander gepaßt werden, daß die

Fugen kaum sichtbar sind. Er muß eine vollkommen horizontale Lage haben, indem eine Neigung nach dem Wallstein, oder nach dem Abstich, zwar das reinere Ausfließen des Eisens beim Ablassen bewirkt, aber den Boden im Vorheerde nach dem Abstich zu kalt läßt. Eine Neigung nach dem Rückstein ist ganz zu verwerfen, weil es oft Fälle geben kann, wo es nothwendig ist, das Eisen rein abzulassen, damit es nicht erstarrt, wodurch das demnächst niederschmelzende Eisen dann noch mehr abkühlt.

In einigen Gegenden, namentlich in Schweden, macht man die Gestelle unten beim Rücken um 1 bis 2 Zoll enger als beim Tümpel; in Rußland findet zum Theil die entgegengesetzte Einrichtung statt, indem sich das Gestell von hinten nach vorn um einige Zoll erweitert. Die Unregelmäßigkeit ist ganz zwecklos, sogar nachtheilig, theils weil der Wind die entfernteren Ecken noch weniger durchdringen kann, theils weil durch die schiefen Seiten, welche die Gestellkiste oben bildet, eine ungleiche Neigung der Rast oder des die Rast vertretenden Kernschachtes veranlaßt wird. In anderen Gegenden macht man die Rück- und Windseite länger als die Form und Tümpelseite, und erhält dadurch eine sogenannte lange Ecke. Weil der Winkel der Rück- und Windseite gerade am wenigsten vom Winde erreicht werden kann, so ist die absichtliche Verlängerung desselben höchst unzweckmäßig. Eben so kann auch das Ueberhängen des Formsteins und die mit dieser überhängenden Fläche parallel laufende Fläche des Windsteins, wodurch der Gestelldurchschnitt das Ansehen eines schiefwinklichten Trapezii erhält, und wobei die Rast auf der Windseite viel steiler als auf der Formseite wird, nur bei der Verschmelzung leichtflüssiger Erze einen mittelmäßigen Betrieb gewähren. Einige Hohofenmeister verlangen, daß der Tümpel nicht parallel mit dem Rückstein liege, sondern daß er auf der Abstichseite 1 bis 2 Zoll weiter als auf der andern Seite entfernt sey, weil das Gebläse in den dadurch gebildeten Winkel mit größerer Kraft eindringen soll. Auch dies Verfahren kann nur Nachtheile, niemals Vortheile gewähren. Ueberhaupt muß jede Abweichung von der regelmäßigen Gestalt des Gestelles, besonders solche, wodurch die Rast ungleiche Neigungswinkel erhält, durchaus verworfen werden (§. 642.).

Ueber die Höhe, in welcher der Tümpel vom Bodenstein liegen soll, hat man ebenfalls verschiedene Ansichten. Einige legen ihn in seiner unteren Fläche in der Formhöhe, Andere 1 bis 2 Zoll höher, noch Andere um so viel tiefer. Das Tieferlegen kann nur da geschehen, wo die Erze leichtflüssig sind und wenige und dünnflüssige Schlacke geben, welche die Form nicht so leicht versetzt, oder zum Nasen Anlaß giebt. Das Höherlegen ist ein tadelnswerthes Verfahren, weil dem Winde dadurch noch mehr Gelegenheit gegeben wird, sich beim Tümpel einen Ausweg zu suchen, und weil das Gestell durch diese höhere Lage des Tümpels unnöthig abgekühlt wird. Am besten ist es, den Tümpel so hoch zu legen, als die Formhöhe es bestimmt; nur bei leicht reducirbaren und wenig Schlacke gebenden Erzen kann man ihn etwas mehr senken und die Brust dadurch mehr schließen.

Weil durch die Dicke des Tümpels und des Tümpeleisens die Länge des Untergestelles oder des Vorheerdes mit bestimmt wird, so scheint wohl ein Verhältniß der Stärke des Tümpels zu den übrigen Dimensionen des Gestelles stattzufinden. Die größere oder geringere Dicke dürfte sich indeß vorzüglich nach der Hitzkraft des Ofens, nämlich nach der Beschaffenheit und nach der Quantität der Kohlen, welche in einer gewissen Zeit verbrannt werden, richten müssen. Je stärker die Hitze ist, desto stärker kann der Tümpel seyn, weil die Hitze im Gestell dann noch hinreicht, Eisen und Schlacke im Vordergestell flüssig zu erhalten. Je stärker aber der Tümpel seyn kann, desto besser ist es, weil das Wegschmelzen desselben dann um so weniger zu befürchten ist. Bei kleinen Gestellen hat der Tümpel oft nur 20 Zoll, bei größeren aber 28 bis 30 Zoll Stärke.

§. 647.

Die Höhe des Wallsteins richtet sich nach der Form. Wo die Formen niedrig liegen, also kein starker Druck der Schmelzmasse und des Windes auf die Schlackendecke stattfindet, und wo die Erze und Brennmaterialien keine zähe, schmierige Schlacke geben, kann der Wallstein die Entfernung der Form vom Bodenstein zur Höhe erhalten. Wo aber eine zähe Schlacke zu erfolgen pflegt, da muß man zum besseren Abfließen derselben, und um beim unregelmäßigen Gange (wobei sich die Form immer verdunkelt) im Stande zu seyn, vom Vorheerde aus mit Brechstangen zur Form zu gelangen, den Wallstein 1 bis 1½ Zoll niedriger legen, als die Formhöhe beträgt. Soll die Schlacke von selbst abfließen, so muß der Wallstein immer etwas niedriger liegen als die Formen.

Die Seite des Wallsteins, mit welcher er in den Vorheerd steht, pflegt man wohl bogenförmig abzurunden. Dies ist aber wegen des Arbeitens mit der Schaufel im Gestell nachtheilig, und hat überhaupt keinen Nutzen, weil sich beim Abstechen unten am Bodenstein immer Schlacke ansetzt. Besser ist es, den Wallstein mit einer ganz graden schrägen Fläche in den Heerd hinein reichen zu lassen (Fig. 4. Taf. XV.) Bei großen und hohen Gestellen beträgt die Entfernung vom Tümpelstein bis zur oberen Kante des Wallsteins 12 bis 14 Zoll, bei kleineren 8 bis 10 Zoll. Je mehr die Abkühlung des Vordergestelles und des Vorheerdes durch unreine und schwer entzündliche Koaks zu befürchten ist, desto mehr muß der Boden des Vorheerdes, welcher sich am schwersten erhitzen läßt, beschränkt werden. Dies geschieht am besten dadurch, daß man die in den Vorheerd gerichtete Seite des Wallsteins sehr verlängert und so den Vorheerd einengt. Dadurch wird nicht allein die bessere Erwärmung des Vorheerdes befördert, sondern der Heerd läßt sich auch nach dem Abstechen leichter aufbrechen, um die angesetzten Schlackenmassen u. s. f. abzulösen. Auch läßt sich die Stichöffnung an der Seite des Wallsteins, durch Hineindrücken von Kohlenlösche besser schließen, und das Durchbrechen des flüssigen Eisens im Heerde leichter verhindern.

Die äußere, nach der Hütte gekehrte Seite des Wallsteins wird mit einer gegossenen eisernen Platte — Schlackenblech r Fig. 4. Taf. XV. — belegt, in welcher sich oben eine Ausrundung zum Ablaufen der Schlacke, und in der nach dem Abstich gekehrten Seite einige Löcher und Leisten zum Einsetzen des Leistenbleches s befinden. Zwischen diesem Leistenblech und der Pfeilermauer des Arbeitsgewölbes wird der sogenannte Leisten (Masselgraben) oder ein aus Sand geformtes Gerinne zubereitet, welches mit dem tiefsten Punkt der Abstichöffnung in Verbindung steht und das abzulassende Eisen in die Sandformen u. s. f. leitet. Die Zeichnungen Fig. 2. Taf. XVII. und Fig. 3. Taf. XVIII. zeigen die vordere Ansicht eines mit Wallstein und Leistenblech bereits versehenen Ofens.

Der, nach vollendeter Zustellung des Hohofens, offen bleibende Raum zwischen der vorderen Fläche des Tümpelsteins und der oberen Kante des Wallsteins, ist es, von welchem die Zustellungsart den Namen der Zustellung mit offener Brust erhalten hat. Denkt man sich den Tümpelstein bis zur Sohle des Gestelles hinabreichend, so würde daraus eine Zustellung mit geschlossener Brust hervorgehen, wie sie bei den Blauöfen statt findet. Der Unterschied ist daher zwar sehr unbedeutend, aber dennoch ganz wesentlich, indem die offene Brust, bei Oefen, welche wegen der Beschaffenheit der Schmelzmaterialien ein häufiges Arbeiten im Gestellraum erfordern, nicht zu entbehren ist. Bei Hohöfen, die mit Holzkohlen betrieben werden und deren Produktion größtentheils zur Gußwaarenbereitung bestimmt ist, hat der Zwischenraum zwischen dem Tümpel- und dem Dammstein noch einen andern Zweck zu erfüllen. Er soll nämlich dazu dienen, das geschmolzene und im Untergestell angesammelte Roheisen mittelst Gießkellen aus dem Vorherd zu nehmen und zu den Formen zu bringen. Weil dies Verfahren niemals ohne einen nicht unbeträchtlichen Verlust an Eisen ausgeführt werden kann; so hat man andere Methoden in Anwendung gebracht, um die Schlackendecke über dem geschmolzenen Roheisen nicht entfernen zu dürfen.

Ein sehr einfaches Verfahren besteht darin, den Vorheerd nicht mit einem Wallstein, sondern mit einer senkrechten Wand zu schließen, welche mit Oeffnungen zum Ablassen des Eisens, die sich in verschiedenen Höhen anbringen lassen, versehen ist. Man ertheilt dieser Wand eine größere Stabilität durch eiserne Verankerungen und dadurch, daß man die Abstichöffnung außerhalb mit einer gegossenen eisernen Platte verbindet. Die scharfen Ecken im Vorheerde, welche die Vorwand mit den beiden Vorderbacken (§. 640.) des Gestelles bilden würde, werden mit feuerfestem Thon ausgedämmt, theils um das Ansetzen von Schlacken, theils um das Mattwerden und Erstarren des Roheisens im Heerde zu verhindern. Die ganz einfache Zustellungsmethode ergiebt sich aus den Zeichnungen Fig 7, 8, 9. Taf. XVII.

Ein anderes, dem vorigen sehr ähnliches Verfahren, wird durch die Zeichnungen Fig. 4 — 8 Taf. XX. vollständig erläutert. Bei beiden Verfahrungsarten wird das Roheisen aus dem Vorheerd durch Abstichöffnungen abgelassen.

Man hat aber noch eine andere Methode zum Herausnehmen des flüssigen Roheisens aus dem Vordergestell mit Erfolg angewendet, welche darin besteht, den Vorheerd durch eine am Boden desselben angebrachte communicirende Oeffnung mit einem Tiegel, oder Schöpfheerd, in Verbindung zu setzen. Diese Einrichtung ist aus den Zeichnungen Fig. 13, 14 Taf. XV. zu ersehen. In dem Tiegel steigt das flüssige Roheisen in demselben Verhältniß in die Höhe, in welchem es sich im Vorheerd ansammelt, so daß man den Vorheerd ganz ungestört lassen kann, wenn Roheisen zum Guß aus dem Ofen genommen werden soll. Es ist bei dieser Einrichtung besonders nur zu berücksichtigen, daß der Tiegel, aus welchem das Roheisen mittelst Gußkellen ausgeschöpft wird, nicht zu weit zurück, auch nicht zu weit nach vorne gelegt wird. Im ersten Fall wird der Vorheerd zu sehr beschränkt; rückt man ihn zu weit heraus, so ist die Verbindungsröhre zwischen dem Vorheerd und dem Schöpfheerd nicht offen zu erhalten, indem erstarrendes Roheisen sehr bald die Verbindung zwischen beiden Heerden aufhebt. Der Schöpfheerd kann aus feuerfesten Ziegeln ausgemauert werden, besser ist es, ihn aus einem hinlänglich geräumigem feuerfestem Thontiegel bestehen zu lassen.

Wachler, über die Schöpfheerde bei den Eisen-Hohöfen, Archiv für Geogn., Mineral., Bergb. und Hüttenwesen IV. 419. VII. 191. Lossen, über die Einführung von Stichheerden bei den Eisenhohöfen, behufs des Gießereibetriebes. Ebendas. XIV. 126.

Von den Schächten, deren Dimensionen und den davon abhängigen Einflüssen auf den Gang der Oefen.

§. 648.

Die Bestimmung der Höhe, der Weite und der Gestalt des Schachtes, sind Gegenstände von nicht geringer Wichtigkeit für den Metallurgen. Obgleich diejenige chemische Zusammensetzung der Beschickung die richtigste seyn muß, bei welcher die Absonderung des Roheisens von der Schlacke in der niedrigsten Temperatur erfolgt, weil bei dieser Zusammensetzung das größte Verhältniß der Beschickung zum Brennmaterial möglich ist, bei welchem sich noch diejenige Temperatur hervorbringen läßt, die der Zweck der Operation erfordert; so zeigt doch die Erfahrung, daß der Aufwand an Brennmaterial, nämlich das Verhältniß desselben zur Beschickung, von der chemischen Zusammensetzung der letzteren ganz allein nicht abhängig ist, sondern daß noch andere Umstände eintreten, welche jenes Verhältniß bestimmen. Verhielte es sich nicht so, so würde, bei gleich bleibender chemischer Zusammensetzung der Beschickung und bei gleichbleibender Beschaffenheit des Brennmaterials, in jedem Schachtofen ohne Unterschied, dasselbe Verhältniß der Kohle zur Beschickung erforderlich seyn, um denselben Erfolg hervorzubringen. Dies ist aber so wenig der Fall, daß man in verschiedenartig construirten Oefen, bei einerlei Beschaffenheit der zu verschmelzenden Beschickung und der Kohle, das Verhältniß beider zu einander abzuändern genöthigt ist, wenn man dieselbe Wirkung hervorbringen, nämlich den Ofen in einerlei Temperatur erhalten will. Der Reduktions- und Schmelzprozeß wird in Schachtöfen auf die Weise unterhalten, daß abwechselnde Schichten von Brennmaterial und Beschickung nach und nach vor der Form niedersinken. Dort ist der höchste Grad der Temperatur im Ofen, die sich in stets abnehmendem Verhältniß bis zur Gicht des Ofens vermindert, obgleich die Gichthöhe selbst, wegen der Berührung mit der Atmosphäre, die dort den Prozeß des Verbrennens unterhält, nicht der kälteste Theil im Schacht ist. Man sieht leicht ein, daß es nothwendig ist, das Brennmaterial und die Beschickung schichtenweise, und nicht mit einander gemengt, im Ofenschacht niedergehen zu lassen. Durch das Vermengen würde sich die Hitze sehr unregelmäßig verbreiten und diese Verbreitung würde von dem zufälligen Umstande abhängen, ob sich an den einzelnen Punkten mehr Kohle oder mehr Beschickung anhäuft, wogegen bei einer regelmäßigen Schichtung die Erhitzung und Reduktion bis zum beginnenden Schmelzen oberhalb der Form, stufenweise fortschreiten. Es ist zwar behauptet worden, daß in solchen Fällen, wo nicht bloß eine Schmelzung, sondern auch eine Reduktion statt finden soll, die letztere durch eine vollständigere Berührung des Erzes mit der Kohle befördert werde, weshalb man auch das Vermengen der Beschickung mit der Kohle angerathen hat; allein es ist bekannt, daß die Reduktion nur auf der Oberfläche eines Körpers eingeleitet werden darf, um sich bis in das Innere desselben fortzupflanzen, ohne daß dort eine unmittelbare Berührung mit dem reducirenden Körper nothwendig ist. Das Niedersinken des Brennmaterials mit dem Erz in abgesonderten Schichten verzögert also die Reduktion nicht, trägt aber zur gleichmäßigen Verbreitung der Hitze von unten nach oben, ganz wesentlich bei. Diese regelmäßige Zunahme der Temperatur von der Gicht bis zur Form ist es eigentlich, die das gleichmäßige Niedersinken der Schichten, welches man einen guten Gang des Ofens nennt, herbeiführt. Verbreitet sich die Hitze, durch irgend eine Veranlassung, unregelmäßig, so entsteht der Erfolg, den man das Hängenbleiben oder das Kippen der Schichten (Gichten) genannt hat. Es kann sich dabei an einzelnen Stellen eine sehr starke Hitze entwickeln, die aber nur für die Wände des Ofens nachtheilig wird und nicht hinreicht, die zusammengehäuften Massen der Beschickung in Fluß zu bringen. Mit der größeren Höhe und mit dem größeren räumlichen Inhalt des Schachtes wächst die Gefahr des Erstickens, indem die nicht hinreichend zu erhitzenden Massen, weil sie schlechte Wärmeleiter sind, zu erstarren anfangen und das regelmäßige Niedergehen des Brennmaterials in den Schmelzraum, folglich die Entwickelung der Hitze und deren Verbreitung, verhindern. Will man annehmen, und nichts widerspricht dieser Annahme, daß die ganze Quantität des Sauerstoffs der atmosphärischen Luft, welche durch die Form in den Ofen strömt, durch diejenige Kohlengicht absorbirt wird, welche sich gerade im Schmelzraum vor der Form befindet; so würden die nächst folgenden Gichten nur durch die glühenden Gasarten, welche sich als das Resultat des Verbrennungsprozesses entwickeln und zuletzt aus der Gicht des Schachtes ausströmen, erhitzt werden. Es hängt dann von dem Grade der Temperatur vor der Form ab, ob das glühende Gas so viel Hitze absetzen kann, daß sich die Reduktion in den über dem Schmelzraum befindlichen Schichten, mehr oder weniger vollständig einleitet. Je niedriger die Temperatur seyn kann, in welcher die Reduktion des Erzes zu Metall erfolgt, desto weniger ist eine starke Hitzentwickelung vor der Form erforderlich, um jene Wirkung hervorzubringen, oder desto mehr kann das Verhältniß der Erzgicht zur Kohlengicht erhöhet werden. Eben so verhält es sich auch mit den Beschickungen, bei welchen keine Reduktion, sondern nur eine Schmelzung bewirkt werden soll. Es sind also die glühenden Gasarten, die sich im Schmelzraum entwickeln, welche, indem sie ihre Wärme an die Schichten von Kohle und Erz, durch die sie sich einen Weg bahnen müssen, absetzen, die Reduction der Erze herbeiführen und die Schmelzung der Beschickung vorbereiten. Die Reduktion muß schon vollendet seyn, ehe die Beschickung den Schmelzraum erreicht, damit nicht ein Theil des Erzes unreducirt in die Schlacke übergeht (§. 642.).

§. 649.

Aus diesem Verhalten der im Ofenschacht niedergehenden Schichten wird sich eine Anwendung auf die Gestalt und Größe der Ofenschächte machen lassen. Die glühenden Gasarten werden diejenige Quantität Brennmaterial ersetzen müssen, welche beim Verbrennungsprozeß so viel Hitze entwickelt, als die Gasarten an die Erz- und Kohlengichten abgeben. Die vollständigere Benutzung der Hitze der glühenden Gasarten wird also von der Höhe der Schächte abhängen, indem das Gas seine Wärme um so vollkommener abgiebt, je höher die Säule ist, welche es durchströmen muß, ehe es die Gicht erreicht. Die Erfahrung bestätigt auch vollkommen, daß in höheren Oefen das Verhältniß des Erzes zur Kohle größer seyn kann, als in niedrigen Oefen, um in beiden Fällen einen ganz gleichen Erfolg zu bewirken. Abgesehen von den mit der größeren Höhe der Schächte zunehmenden Schwierigkeiten, die Erze und das Brennmaterial auf die Gicht zu bringen, würde aus jener Betrachtung der Schluß gezogen werden müssen, daß der Schacht eine unbegränzte Höhe haben, also unendlich hoch seyn müsse, wenn das Brennmaterial in dem kleinsten Verhältniß zum Erz angewendet werden soll. Die Theorie kann die Richtigkeit einer solchen Annahme nicht bezweifeln, allein die Erfahrung lehrt, daß eine sehr hohe Schmelzsäule im Ofenschacht einen so starken Druck hervorbringt, daß dadurch das Ausströmen der Gasarten verzögert wird. Der Erfolg dieses verzögerten Ausströmens ist aber der, daß die Hitze sich im unteren Theil des Ofens ansammelt, und daß der obere Theil desselben so wenig erhitzt wird, daß dadurch der Vortheil, den die größere Höhe gewähren würde, ganz wieder verloren geht. Die vortheilhafteste Höhe, welche einem Ofenschacht zuzutheilen ist, wird daher diejenige seyn, bei welcher der Schacht in einem gleichmäßig zunehmenden Grade von der Gicht bis zur Form erhitzt wird, und bei welcher die durch den Verbrennungsprozeß erzeugten Gasarten noch einen ungehinderten Ausweg aus der Gicht finden. Es ist nicht allein jene unregelmäßige Abnahme der Temperatur, welche durch den großen Druck der Schmelzsäule hervorgebracht wird; sondern dieser wirkt auch dadurch nachtheilig, daß die Gasarten zu lange im Schmelzraum verweilen, den Verbrennungsprozeß verzögern und dadurch Veranlassung geben, daß ein Theil des Windes unbenutzt bleibt, — sich verschlägt, — so daß ein solcher starker Druck eine Verminderung der Temperatur im Schmelzraum, ungeachtet eines reichlichen Verhältnisses der Kohle zum Erz, zur Folge hat.

Eine zu große Höhe der Schächte wird aus diesem Grunde also nicht allein überflüssig seyn, sondern sogar größere Nachtheile herbeiführen als Vortheile gewähren können. Welche Höhe der Schächte aber die zweckmäßigste ist, darüber läßt sich ein allgemein gültiges Urtheil nicht fällen. Nur so viel ist mit Zuverlässigkeit anzunehmen, daß die Benutzung der Hitze in demselben Grade unvollkommen, also das Verhältniß der Beschickung zum Brennmaterial in demselben Verhältniß vermindert werden muß, in welchem dem Schacht, wegen des Druckes der Schmelzsäule, eine geringere Höhe zuzutheilen seyn würde. Diese nothwendige Verminderung der Höhe ist aber von vielen Umständen abhängig. Zuerst und vorzüglich von der Quantität des Windes, die in den Ofen strömt; ferner von der Geschwindigkeit desselben; sodann von der Vertheilung des Windstroms im Schmelzraum durch eine oder mehre Formen, von den Dimensionen des Schmelzraums, von der Größe und Festigkeit des Brennmaterials und endlich von dem Aggregatzustande der zu verschmelzenden Beschickung Es ist daher ein vergebliches Bemühen, wenn man gesucht hat, entweder die Höhe des Schachtes aus der Menge des Windes, welche ein Gebläse liefert, oder umgekehrt diese aus jener und überhaupt aus dem kubischen Inhalt des Schachtes, bestimmen zu wollen, ohne dabei alle die übrigen Umstände zu berücksichtigen, welche nicht minder auf jene Bestimmung einen Einfluß haben. Eine größere Quantität Wind, durch welche der Verbrennungsprozeß mehr, als durch ein geringeres Zuströmen von atmosphärischer Luft beschleunigt wird, hat die Entwickelung einer größeren Menge von glühenden Gasarten zur Folge, und die größere Höhe der Oefen, welche in diesem Fall durchaus vortheilhaft wirkt, würde allerdings in dem entgegengesetzten Fall wenigstens überflüssig, vielleicht sogar nachtheilig seyn. Aber durch diesen Erfolg allein, läßt sich die vortheilhafteste Höhe des Schachtes noch nicht bestimmen. Bei gleichen Quantitäten Wind wird man die Höhe mit dem glücklichsten Erfolge vergrößern, wenn die Kohlen fest genug sind, um durch den Druck der Schmelzsäule nicht zertrümmert zu werden, und wenn die Beschickung, ehe sie in den flüssigen Zustand gelangt, der Masse einen solchen Grad von Lockerheit ertheilt, daß die Gasarten, nachdem sie den größten Theil der Wärme abgesetzt haben, aus der Gicht entweichen können. Man wird dem Schacht aber, bei gleichen Windmengen, eine geringere Höhe zuzutheilen genöthigt seyn, wenn man kleinere, oder leicht zerdrückbare Kohlen anwenden, und Erze, die sich im erdartigen Zustande, oder auch im Zustande der Schliche befinden, verschmelzen soll. Bei diesem Aggregatzustande ist die Schmelzmasse so dicht, daß dadurch derselbe Erfolg wie durch einen zu starken Druck der Schmelzsäule hervorgebracht wird.

In Beziehung auf die Höhe des Schachtes kann die Geschwindigkeit des Windes, die Menge der Luft ersetzen, die dem Ofen zugeführt wird. Man wird also die Schächte erhöhen, folglich die Kohlen vortheilhafter benutzen können, wenn man bei gleich bleibender Quantität Wind von atmosphärischer Dichtigkeit, die Geschwindigkeit desselben vergrößert. Die Erfahrung bestätigt diese Annahme, indem, bei gleich bleibender Höhe der Schächte, das Verhältniß des Erzes zu den Kohlen vergrößert werden kann, obgleich größere Düsen, oder ein weniger stark gepreßter Wind, eine schnellere Schmelzung, oder einen häufigeren Gichtenwechsel, jedoch mit geringerer Benutzung des Brennmaterials, herbeiführen. Die Ursache dieses Erfolges liegt darin, daß bei einem dichteren Winde die Verbrennung lebhafter erfolgt, daß also die sich entwickelnden Gasarten in eine höhere Glühhitze versetzt werden und diese wieder an die Schmelzsäule, bis zu ihrem Austritt aus der Gicht, abgeben können. Bei einem weniger gepreßten Winde rollen die Kohlen zum Theil unter den Windstrom, wo sie ohne eine starke Hitzentwickelung verglühen, und die Kohlen, welche vom Strom des Windes selbst ergriffen werden, verbrennen mit einer geringeren Lebhaftigkeit, werden folglich das Gas weniger stark erhitzen, so daß dieses wieder eine geringere Menge von Wärme an die Schmelzsäule absetzt. Daher wird, bei einem schwach gepreßten Winde, selbst bei einer großen Quantität desselben, die Höhe des Schachtes niemals mit dem Vortheil, wie bei einem Winde von stärkerer Pressung, selbst bei einer geringeren Menge, wenn diese auf Luft von atmosphärischer Dichtigkeit reducirt wird, benutzt werden können. Hat man daher ein Brennmaterial anzuwenden, dessen Beschaffenheit es schon an sich erfordert, einen stärkeren Wind anwenden zu müssen, so wird man den Vortheil von der Anwendung desselben nur theilweise erfahren, wenn man nicht zugleich höhere Schächte wählt. Die durch die bisherigen Erfahrungen ausgemittelten Pressungen des Windes, bei welchen die verschiedenen leichteren und schwereren Kohlen in den Schachtöfen verbrennen müssen (§. 473.) sind sicher nur die Minima der Dichtigkeit der Luft, bei welchen man noch einen günstigen Erfolg erhalten hat. Man begnügt sich in der Praxis sehr gern mit diesen Minimis, weil eine stärkere Windpressung einen bedeutend größeren Aufwand an bewegender Kraft erfordert, welche man, wenn sie vorhanden ist, oder geschafft werden kann, lieber dazu verwendet, die Masse des Windes zu vermehren, um dadurch den Gichtenwechsel zu befördern, besonders weil durch das Verbrennen großer Quantitäten von Brennmaterial mehr Hitze entwickelt wird, wodurch die höhere Temperatur bei einer lebhafteren Verbrennung geringerer Quantitäten von Brennstoff wieder ersetzt wird.

Da die höchste Temperatur in Schachtöfen jederzeit vor der Form hervorgebracht wird, weil dort die Verbrennung mit der größten Lebhaftigkeit erfolgt; so hat der Windstrom nur einen bestimmten Wirkungskreis, über welchen hinaus die Verbrennung mit geringerer Lebhaftigkeit statt findet und sich zuletzt so vermindert, daß die erzeugte Hitze nicht mehr hinreicht, die verlangte Wirkung hervorzubringen. Darin liegt der Grund, weshalb weite Schmelzräume einen größeren Kohlenaufwand als enge Gestelle herbeiführen. Daraus ergiebt sich aber auch, daß man bei engeren Zustellungen die Höhe des Schachtes mit günstigerem Erfolge vergrößern kann, als bei weiten Schmelzräumen. Bei diesen wird die Erhöhung der Schächte oft mehr nachtheilig als gleichgültig seyn, weil sich die Hitze schon vom Schmelzraum aus sehr ungleich in der Höhe des Schachtes vertheilt und ein Hohlblasen veranlassen kann, von welchem ein Hängenbleiben und sodann ein Kippen der Gichten die Folge ist. Eine Verminderung des Erzsatzes, also eine noch unvortheilhaftere Benutzung der Kohle, kann dieses unregelmäßige Niedergehen der Gichten nicht verhindern, weil die Ursache fortdauert, durch welche das Uebel herbeigeführt ward. Aber ein vortreffliches Mittel, dies ungleiche Niedersinken der Gichten zu verhindern, welches zugleich mit einer vortheilhafteren Benutzung des Brennmaterials verbunden ist, folglich die Anwendung von höheren Schächten zulässig macht, besteht darin, daß man den in den Schmelzraum zu leitenden Windstrom vertheilt und ihn nicht durch eine einzige Form in den Ofen bringt. Unter übrigens gleichen Umständen und bei gleichen Windquantitäten und Windpressungen, wird man also mit Erfolg höhere Schächte anwenden können, wenn man den Betrieb mit zwei oder drei Formen führt und den Wind nicht durch eine Form in den Schmelzraum leitet.

§. 650.

Eine angemessene Weite des Schachtes ist ein zweckmäßiges Mittel, die größere Höhe desselben, wenn diese wegen des Druckes der Schmelzsäule, oder wegen der Beschaffenheit der Kohlen und des Aggregatzustandes der Erze nicht zulässig ist, zu ersetzen. Sie wird nämlich dazu dienen können, daß den glühenden Gasarten die Hitze entzogen wird, ohne diesen Erfolg durch eine Erhöhung der Schmelzsäule herbeiführen zu dürfen. Man wird dabei die Einrichtung zweckmäßig nur auf solche Art treffen, daß sich der Schacht, von der Form ab, erweitert, so daß die Formhöhe selbst immer der eigentliche Schmelzpunkt bleibt, bis zu welchem die Gichten nach und nach, in stets zunehmender Temperatur niedersinken, obgleich es in manchen Fällen nothwendig bleibt, den Schmelzraum durch das Obergestell, nämlich dadurch zu vergrößern, daß man ihn noch bis zu einer gewissen Höhe, mit wenig größeren Dimensionen der Länge und Breite wie vor der Form selbst, in die Höhe führt. Je kleiner der Aggregatzustand der zu verschmelzenden Erze, je mehr ein Zerdrücken der Kohlen zu befürchten ist, und je geringere Windpressungen und Windquantitäten zu Gebote stehen, desto nothwendiger ist es, die Höhe des Ofens durch eine größere Weite zu ersetzen. Der Kohlensack, oder der weiteste Theil des Schachtes muß, um die Glühhitze der aus dem Schmelzraum aufsteigenden Gase vortheilhaft zu benutzen, dem Gestell oder überhaupt dem Schmelzraum so nahe als möglich und als es aus anderen Gründen nur geschehen kann, angebracht werden. Die Verbindung des Kohlensacks mit dem Schmelzraum wird durch die geneigte Fläche bewirkt, welche man die Rast zu nennen pflegt. Durch den Neigungswinkel der Rast gegen den Horizont, wird also die Entfernung des Kohlensacks vom Schmelzraum größtentheils bestimmt. Je flacher die Rast ist, desto näher rückt der Kohlensack an den Schmelzraum. Flache Rasten geben leicht Gelegenheit zum Ansetzen halbgeschmolzener Massen, welche einen unregelmäßigen Gichtengang veranlassen und durch plötzliches Losweichen den Schmelzraum in Gefahr bringen. Zu steile Rasten setzen dem Aufsteigen der Gase aus dem Schmelzraum ein Hinderniß entgegen und drücken den Wind in das Gestell, weil die Schmelzsäule nicht gehörig getragen wird. Ein Neigungswinkel der Rasten von 55 bis 60 Graden für Holzkohlenöfen, und von 66 Graden für die Koakshohöfen, scheint die zweckmäßigste Neigung zu seyn. Sehr flache Rasten haben einen größeren Aufwand an Brennmaterial zur Folge, weil die Kohlen auf den schwach geneigten Flächen der Rast, besonders in der Nähe des Kernschachtes, ohne Effekt verglimmen.

Die Weite des Kohlensackes kann, bei niedrigen Schächten ohne Nachtheil $\frac{2}{5}$, und bei hohen Schächten $\frac{1}{4}$ bis $\frac{1}{5}$ der Höhe des Schachtes betragen.

Eine besondere Berücksichtigung erfordert das Verhältniß

der Weite des Kohlensacks zur Weite der Gichtöffnung. Je mehr sich diese Verhältnisse einander nähern, je weniger also die Gichtöffnung von dem Durchmesser des Kohlensacks abweicht, desto stärker wird der Druck der Schmelzsäule, weil die schwereren Erzgichten die leichteren Kohlengichten nicht seitwärts drücken und den Gasarten keine Gelegenheit darbieten können, in der Nähe der Peripherie des Kernschachtes in die Höhe zu steigen. Weite Gichten werden also für die vortheilhaftere Benutzung des Brennmaterials geeigneter seyn, als engere Gichten, weil die Schichten der Schmelzsäule gleichmäßiger von den aufsteigenden glühenden Gasen durchdrungen werden, und weil weniger Kohlen seitwärts gedrückt und wirkungslos verbrannt werden. Aber eben dieser stärkere Druck der Schmelzsäule ist es auch, welcher die Anwendung weiter Gichten nur in solchen Fällen gestattet, wo schwere, feste und grobe Kohlen, locker liegende Erze und ein starkes Gebläse zur Anwendung kommen. Bei leichten Kohlen, dicht liegenden mulmigen und erdigen Erzen und bei schwachen Gebläsen, muß das Verhältniß der Gichtöffnung zur Weite des Kohlensacks geringer seyn und es lassen sich die Nachtheile der engen Gichten, nämlich der dadurch veranlaßte größere Aufwand an Brennmaterial, nicht vermeiden. Die zusammengezogenen und engen Gichten müssen in diesem Fall als Essen wirken, um den Abzug der Gase aus der Gicht zu befördern, welches aber nur dadurch geschehen kann, daß die schweren, dicht liegenden Erze die leichten Kohlen seitwärts drücken und den Gasen dadurch einen Weg zur Gicht- bahnen. Hohe Schächte mit schwachen Gebläsen erfordern aus demselben Grunde enge Gichten, selbst wenn locker liegende Erze bei festen und groben Kohlen verschmolzen werden. Ein gewisses mittleres Verhältniß zwischen der Weite des Kohlensacks und der der Gichtöffnung, mögte für alle Fälle zu empfehlen seyn. Ein solches Verhältniß ist das der Gichtweite zur Weite des

Kohlensacks von 5 : 12 bei hohen, und von 4 : 7 bei niedrigen Schächten.

Scharfe Winkel, welche die Rast mit dem Kernschacht bildet, müssen sorgfältig vermieden und die Winkel durch ein allmäliges Verlaufen der begränzenden Flächen ausgeglichen werden, damit die Gichten beim Niedergehen keinen Widerstand finden. Die Stelle im Kernschacht, wo dieser aufhört und die Rast den Anfang nimmt, muß dem Auge nicht bemerkbar seyn.

Ueber die Gestalt des Schachtes in den horizontalen Durchschnitten, in allen Höhen bis zur Gichtöffnung, bedarf es kaum noch der Bemerkung, daß kein Grund vorhanden ist, von der regelmäßigen Gestalt der Durchschnittsflächen abzugehen. Die Kreisfläche entspricht den Bedingungen einer gleichen Vertheilung des im Schacht aufsteigenden Luftstroms am vollständigsten; sie bietet zugleich die größte Fläche dar, und vereinigt mit diesen Vorzügen noch den Vortheil, daß sich runde Kernschächte mit den geringsten Schwierigkeiten und mit der größten Dauerhaftigkeit einsetzen lassen.

§. 651.

Wenn man die hier entwickelten Grundsätze über die Konstruktion der Schacht- und Gestellräume, mit den in den verschiedenen Europäischen Staaten wirklich in Anwendung kommenden Schachtöfen zum Verschmelzen der Eisenerze vergleicht; so ergeben sich mehr oder minder bedeutende Abweichungen. Diese Abweichungen haben ihren Grund, theils in der Beschaffenheit der Erze und des Brennmaterials; theils in dem Umfang oder in der Ausdehnung, die der Betrieb erhält, wodurch nicht selten die Größe der Oefen bestimmt wird; theils in dem Zweck, zu welchem das in den Oefen erzeugte Produkt bestimmt ist; theils aber auch in fortgeerbten Einrichtungen, welche einer vorurtheilsfreien Prüfung nicht immer unterworfen werden. In einigen Gegenden würde man den Blauofen gegen den Hohofen nicht vertauschen, wogegen man in anderen Gegenden der

Meinung ist, in dem Blauofen kein gutes Produkt gewinnen zu können. Hier hat man angefangen dem Blauofen ein Obergestell zu geben, dort würde man die schlimmsten Folgen für die Beschaffenheit des Roheisens erwarten, wenn man dem Hohofen ein Obergestell zutheilte. Im südlichen Deutschland und in Schweden geht man von fast gleichen Grundsätzen bei der Schachtkonstruktion aus; man verwirft das Obergestell und schmelzt, dort mit geschlossener Brust, in Blauöfen, hier mit offener Brust, in Hohöfen. Im nördlichen und westlichen Deutschland und in Frankreich gehören die Oefen ohne Obergestelle, sey es mit geschlossener oder mit offener Brust, zu den Seltenheiten, und auch in England kommen Hohöfen ohne Obergestelle nur in einigen Grafschaften vor. Bei allen Oefen ohne Obergestelle ist die Konstruktion des Schachtes ziemlich übereinstimmend und die Abweichungen sind sehr unwesentlich. Man versieht die Schächte überall mit einem Kohlensack, obgleich man denselben nicht immer in einerlei Höhe anbringt, sondern den Theil des Kernschachtes, der an dem Untergestell angeschlossen ist, bald mehr bald weniger zusammen zieht, also den Kohlensack bald in einer größeren, bald in einer geringeren Höhe über dem Boden, oder über der Form anbringt, folglich die Curve, nach welcher der Schacht konstruirt ist, — in so fern man dem Schacht nicht bloß die Gestalt von zwei abgekürzten Kegeln giebt, — auf mancherlei Weise abändert. Diese Abänderungen treffen auch die Höhe der Oefen, indem man einige nicht über 18 bis 20 Fuß hoch macht, weil man bei einer größeren Höhe schon ein schlechtes Produkt darzustellen fürchtet; anderen dagegen eine Höhe von 35 bis 40 Fuß zutheilt, um das Brennmaterial vortheilhafter zu benutzen. In anderen Gegenden pflegt man die Höhe von 28 bis 30 Fuß stillschweigend für die Normalhöhe eines mit Holzkohlen betriebenen Ofens ohne Obergestell anzusehen. Bei den mit einem Obergestell versehenen Hohöfen sind die Abweichungen noch bedeutender, indem auch die verschiedenen Dimensionen der Gestelle, und die Neigungswinkel der Rast in Betrachtung kommen. Die Meinungen über die Höhe der Oefen, so wie über die Weite und die Lage des Kohlensacks, sind hier eben so verschieden; auch hat man das Gestell vermittelst der Rast mit dem Kernschacht verbunden und diesen ganz senkrecht bis zur Gicht in die Höhe geführt. Die Oefen, welche mit Koaks betrieben werden, pflegen ziemlich allgemein ein Obergestell zu erhalten, obgleich Koakshohöfen ohne Obergestell ebenfalls schon vorkommen.

Hohen und weiten Oefen, in deren Schmelz- und Schachträumen eine große Hitze entwickelt wird, pflegt man 2, auch wohl 3 Futterschächte zuzutheilen, und diese mit Füllungen in Verbindung zu setzen, um das Ausstrahlen der Wärme und die Wärmeleitung zu vermindern. Die Ofenkörper, in welchen der Kernschacht und die Futterschächte eingesetzt sind, werden gewöhnlich aus Ziegelmauerung aufgeführt, obgleich auch als Seltenheit eiserne gegossene Mäntel vorkommen. Die Schwedischen Oefen mit Erdzimmerung gewähren zwar keine Eleganz, aber sie sind für Holzkohlenöfen von mittlerer Höhe zweckmäßig und wohlfeil in der Ausführung. Auf den Erfolg der Schmelzarbeit ist es an sich gerade nicht von wesentlichem Einfluß, ob der Schacht durch steinerne oder durch eiserne Umgebungen die erforderliche Stabilität erhält; wesentlich aber ist der Einfluß, den die Höhe, Weite und Gestalt des Schachtes und des Schmelzraums auf jenen Erfolg ausüben. Der Querdurchschnitt der Schächte ist jetzt wohl allgemein ein Kreis und nur sehr selten werden noch vier- sechs- achteckige u. s. f. Schächte angetroffen. Die Gestalt der horizontalen Durchschnittsfläche scheint, wenn sie von einer regelmäßigen Figur nicht abweicht, ziemlich gleichgültig zu seyn; obgleich kein Grund vorhanden ist, irgend einer Figur den Vorzug vor der Kreisfläche zu geben. Unwesentlich ist es, ob die Oefen mit offener oder mit geschlossener Brust zugestellt sind: man würde indeß der Blauofenzustellung den Vorzug geben müssen, wenn es die Beschaffenheit der Schmelzmaterialien und die Benutzungsart des im Untergestell angesammelten Roheisens nur zulässig machte, die Zustellung mit geschlossener Brust jederzeit zu wählen. Wesentlich sind dagegen die Höhe und Weite des Schachtes und des Schmelzraums, die Weite der Gicht, die Lage des Kohlensacks und die Verhältnisse, in welchen alle diese Dimensionen zu einander stehen.

Fig. 7. Taf XXI. ist das Profil von dem Hohofen zu Gittelde, welches zugleich eine Vorstellung von der Gestalt der Schächte giebt, wie man sie allgemein auf dem Harz anwendet. Der Ofen ist 25½ Fuß Preuß. hoch. Sehr flache Rasten, also ein ganz nahe am Schmelzraum liegender Kohlensack, enge und hohe Gestelle und verhältnißmäßig weite Gichten, sind das Eigenthümliche der Harzer Hohöfen, welche fast sämmtlich mit offener Brust zugestellt sind. Die Konstruktion des Schachtes ist für harte und grobe, so wie für weiche und leichtzerdrückbare Kohlen, für locker und nicht dicht liegende Erze eingerichtet.

Fig. 1. und 2. sind die Längenprofile von dem Hohofen zu Finspång, von denen das eine durch die (offene) Vorwand und Rückseite und das andere durch die Form- und Windseite genommen ist. Diese Profile zeigen zugleich die Gestalt der Schächte, wie sie, mit unbedeutenden Abweichungen, in ganz Schweden eingeführt sind. Der Ofen zu Fingspång gehört zu den höchsten, welche in Schweden angetroffen werden. Er ist vom Boden bis zur Gicht 28 Fuß 5 Zoll Preuß. hoch. Der Kohlensack ist 7 Fuß 1 Zoll im Durchmesser weit und liegt 13½ Fuß vom Boden entfernt. Die Gichtöffnung hat eine Weite von 4½ Fuß im Durchmesser. Das Längenprofil wird vom Kohlensack bis zur Gicht durch ganz gerade Linien gebildet, aber mit dem Schmelzraum, in der Höhe der Form, verbindet man den Kohlensack durch eine Curve, deren Krümmung nicht auf allen Seiten des Ofens gleich groß ist, und auf deren Gestalt man einen großen Werth legt. Auch wird der Kohlensack bald etwas mehr, bald etwas weniger vom Bodenstein entfernt. Die Form liegt 18 bis 19 Zoll vom Boden. Die Anwendung von mehren Formen ist in Schweden noch nicht eingeführt. Man giebt aber der Form fast immer eine geringe Neigung in den Heerd, welche am höchsten (bis zu 5 Graden) steigt, wenn das Roheisen zum Geschützguß bestimmt ist. Das Untergestell erhält von der Formhöhe bis zum Boden eine kleine, obgleich unbedeutende Dossirung, so daß die Weite des Untergestelles von der Form- zur Rückseite, auf dem Boden 23 Zoll und in der Formhöhe 24 Zoll beträgt. Ein Obergestell ist nur auf der Formseite vorhanden, und dort etwa 12 Zoll hoch.

Fig. 11. ist der Längendurchschnitt des 27 Fuß hohen Ofens zu Malapane in Oberschlesien, welcher mit 2 Formen betrieben wird und in welchem mulmige und thonige Brauneisensteine mit wenigen Sphärosideriten verschmolzen werden. Das Profil ist durch die beiden Formseiten genommen. Das Gestell hat eine Höhe von 5 Fuß 4 Zoll, mit einer Weite von 16 Zoll am Boden, und von 26 Zoll oben bei der Rast. Der Ofen soll graues Roheisen für die Gießerei liefern. Der 8½ Fuß weite Kohlensack liegt nur 9 Fuß 2 Zoll vom Boden und 17 Fuß 10 Zoll von der 3½ Fuß im Durchmesser weiten Gicht entfernt, mit welcher er durch gerade Linien verbunden ist. Weil die Entfernung der Formen vom Boden nur 15 Zoll beträgt, so hat das Obergestell eine bedeutende Höhe. Eine größere Weite des Obergestelles würde ungleich zweckmäßiger seyn, wenn das Roheisen nicht vorzugsweise für die Gießerei bestimmt wäre. Der Ofen arbeitet mit offener Brust.

Fig. 8. ist das Längenprofil des 28 Fuß 3 Zoll hohen Ofens zu Vietz in der Neumark, in welchem dort Raaseneisensteine bei Holzkohlen verschmolzen werden. Das Roheisen ist zur Gießerei bestimmt, woraus sich die sehr enge und hohe Zustellung erklärt. Die Höhe des Gestelles beträgt 5½ Fuß; unten ist es 16 Zoll, oben nur 20 Zoll weit. Die Form liegt 17 Zoll vom Boden entfernt. Der Ofen arbeitet mit offener Brust. Der 6½ Fuß weite Kohlensack befindet sich in einer Höhe von 5 Fuß über dem Gestell und in einer Entfernung von 18 Fuß von der 3 Fuß 2 Zoll weiten Gicht, die 2½ Fuß tief cylindrisch niedergeht, dann aber durch eine Curvenlinie mit dem Kohlensack verbunden ist. Die Schachtkonstruktion ist nicht zu empfehlen.

Eine andere Schachtkonstruktion für einen 23 Fuß 7 Zoll hohen Ofen, in welchem ebenfalls Raaseneisensteine verschmolzen werden, zeigt Fig. 5. im Längenprofil durch die Form. Das Roheisen ist für Gießerei bestimmt.

In dem Hohofen auf der Saynerhütte bei Ehrenbreitstein werden Brauneisensteine bei Holzkohlen verschmolzen. Das Roheisen ist größtentheils für Gießerei bestimmt. Der 34 Fuß hohe Ofen wird mit 2 Formen betrieben. Das Längenprofil durch beide Formen stellt die Zeichnung Fig. 16. dar. Die Weite des Gestelles beträgt am Boden 24 Zoll und oben 30 Zoll, bei einer Höhe von 5 Fuß, von welcher dem Untergestell 18 Zoll zukommen. Die 4 Fuß weite Gicht ist 24½ Fuß von dem 8½ Fuß weiten Kohlensack entfernt, so daß sich dieser in einer Höhe von 4½ Fuß über dem Obergestell befindet. Der Kohlensack verengt sich in der senkrechten Höhe von 1½ Fuß, von 8½ bis zu einer Weite von 8¼ Fuß, worauf er durch eine gerade Linie mit der Gicht verbunden ist.

Zu Mariazell in Steyermark werden Braunerze und Spatheisenstein in Oefen mit offener Brust und hohen Obergestellen verschmolzen. Das Roheisen wird grau erblasen und ist vorzugsweise für die Gießerei bestimmt. Den Längendurchschnitt durch die Form- und Windseite zeigt die Zeichnung Fig. 9. Der Ofen ist 28 Fuß hoch, bei einer Gestellhöhe von 5 Fuß. Der 5 Fuß weite Kohlensack befindet sich in einer Entfernung von 19 Fuß von der $2\frac{1}{4}$ Fuß weiten Gicht. Das Gestell ist unten am Boden 18 Zoll, oben 26 Zoll weit und die Höhe des Untergestells beträgt 17 Zoll.

Der Ofen zu Bergen in Bayern verschmelzt größtentheils Sphärosiderite aus der Juraformation. Er ist $32\frac{1}{2}$ Fuß hoch, mit 2 Formen versehen, und arbeitet als Blauofen, oder mit geschlossener Brust. Das Roheisen wird größtentheils grau erblasen, weil es zu Gußwaaren benutzt wird. Das Längenprofil durch beide Formen zeigt die Zeichnung Fig. 25. Das Gestell ist 7 Fuß hoch, unten 22 und oben 44 Zoll weit. Der $8\frac{1}{4}$ Fuß weite Kohlensack liegt $22\frac{1}{2}$ Fuß von der 45 Zoll weiten Gicht, und 3 Fuß von dem obern Rande des sehr hohen Obergestelles entfernt. Er ist mit der Gicht, welche bis zu einer Tiefe von $4\frac{1}{2}$ Fuß cylindrisch niedergeht, durch gerade Linien verbunden.

In der Eiffel sind überall die viereckigen Schächte gebräuchlich, welche vom Kohlensack bis zur Gicht die Gestalt einer abgekürzten Pyramide erhalten. In der Zeichnung Fig. 4. ist die Gestalt des Ofens zu Eiserfey angegeben. Der Ofen, welcher mit offener Brust arbeitet, hat eine Höhe von $19\frac{1}{4}$ Fuß. Die Gichtöffnung wird durch ein Rechteck gebildet, dessen Seiten 3 Fuß lang und 1 Fuß breit sind. Der 14 Fuß von der Gicht entfernte Kohlensack hat eine Weite von 4 Fuß 7 Zoll im Quadrat. Das $3\frac{1}{4}$ Fuß hohe Gestell ist unten am Boden 12 Zoll und oben 20 Zoll weit. Die Ränder des Obergestells befinden sich in 2 Fuß senkrechter Entfernung vom Kohlensack. Das Untergestell ist nur 9 Zoll hoch, und die Form erhält zu gewissen Zeiten (bei der Läuterungsarbeit) eine starke Neigung in den Heerd.

Eine, wegen ihrer Eigenthümlichkeit, aber nicht wegen ihrer Zweckmäßigkeit auffallende Konstruktion haben die Schächte der, mit offener Brust arbeitenden Oefen in der Grafschaft Sayn Altenkirchen. Der Schacht bildet im Querschnitt ein geschobenes Viereck (die sogenannte lange Ecke) und die Achsenlinie des Gestells fällt mit der des Schachtes nicht zusammen. Aus der Zeichnung Fig. 6. geht die wunderliche Gestalt der Schächte näher hervor. Sie stellt den Grünebacher Ofen im im Amte Freusburg dar. Der Ofen ist 20¾ Fuß hoch. Die Gichtöffnung wird durch ein geschobenes Viereck gebildet, dessen Seiten 26 und 24 Zoll lang sind. Der Kohlensack, welcher von der Form- bis zur Windseite des Ofens etwas gegen den Horizont geneigt ist, wird durch ein Viereck gebildet, dessen anliegende Seiten eine Länge von 7 und von 8 Fuß haben. Der Schacht erhält also die Gestalt einer unregelmäßigen abgekürzten Pyramide, deren Grundfläche nicht in der Horizontalebene liegt. Das 4 Fuß hohe Gestell ist bis zur Formhöhe durch senkrechte Flächen begränzt, jedoch so, daß die Achse des Untergestelles, der Form, in dem Verhältniß von 10 zu 4, näher liegt, als die Achse des Schachtes. Das Obergestell neigt sich dagegen gegen die Achse des Schachtes und ist mittelst einer gekrümmten Fläche mit dem Kohlensack verbunden.

Die Zeichnung Fig. 12. ist ein Längenprofil von dem Schacht des Ruprecht Ofens zu Eisenerz in Steyermark, des ersten Ofens von größerer Höhe, der in Steyermark eingeführt ward. Das Profil ist durch die Seite der beiden einander entgegenstehenden Formen genommen. Der Ofen ist 29 Fuß hoch. Der 7½ Fuß weite Kohlensack liegt 17 Fuß von der 24 Zoll weiten Gicht und 12 Fuß vom Boden entfernt, und ist die gemeinschaftliche Grundfläche der beiden abgekürzten Kegel, welche den Schacht bilden. Der Ofen arbeitet mit geschlossener Brust. Das Untergestell hat am Bodenstein einen Durchmesser von 50 Zoll und ist 18 Zoll hoch.

Uebereinstimmend mit dieser Konstruktion, nur mit anderen Dimensionen der Höhe und Weite der Schächte, der Lage und Entfernung des Kohlensackes von der Gichtöffnung und vom

Bodenstein, und abweichend in der Anzahl der Formen, sind die Schachtprofile:

Fig. 29. von dem Blauofen zu Treibach in Kärnthen, welcher mit drei, — 17, 18 und 19 Zoll vom Bodenstein entfernten — Formen betrieben wird.

Fig. 27. von dem Blauofen zu Neuberg in Steyermark, dessen zwei einander gegenüberstehende Formen sich in einer Entfernung von 18 Zoll vom Bodenstein befinden.

Fig. 10. von dem Blauofen zu St. Salvator in Kärnthen, mit einem 12 Zoll hohen Untergestell.

Fig. 14. von den Blauöfen wie sie zu Vordernberg in Steyermark angewendet werden, mit einer Höhe des Obergestelles von 14 Zollen.

Fig. 15. uud 17. von den Blauöfen bei Suhl und im Hennebergischen, von denen der erste schon mit einem niedrigen (10 Zoll hohen) Obergestell versehen ist.

Fig. 18. von dem Blauofen zu Jauerburg in Krayn, welcher ein noch niedrigeres Obergestell erhalten hat.

Fig. 20. ist das Längenprofil des Ofenschachtes zu Flachau im Salzburgischen. Das 18 Zoll hohe Untergestell dieses Blauofens ist cylindrisch; ein Obergestell ist nicht vorhanden.

Fig. 3. ist der Längendurchschnitt des 26 Fuß hohen Blauofens zu Neuwerk im Hennebergischen mit einem 6 Fuß hohen Gestell. Das Untergestell hat eine Höhe von 1 Fuß 6 Zoll und das Obergestell ist 4 Fuß 6 Zoll hoch. Die Weite des Gestelles beträgt sowohl unten am Boden als oben bei der Rast, 1 Fuß 4 Zoll. Der Ofen ist nur 5½ Fuß in dem 4 Fuß von Gestell entfernten Kohlensack weit Die Konstruktion ist nicht lobenswerth.

Die jetzt folgenden Schachtdurchschnitte beziehen sich auf Oefen, die mit Koaks betrieben werden, indem bei allen vorher erwähnten Oefen Holzkohlen angewendet wurden. Die häufigen Arbeiten im Schmelzraum gestatten es, wie es scheint, nicht, bei den Koakshohöfen eine Zustellung mit geschlossener Brust anzuwenden, obgleich sie sonst wohl zu empfehlen wäre. Die Hohöfen in Südwalis und Monmouthshire zeichnen sich durch weite Gichten, noch mehr aber dadurch aus, daß sie großentheils mit Obergestellen nicht versehen sind. Diese Konstruktion dürfte für alle Koakshohöfen, welche nicht etwa Roheisen für Gießereien liefern sollen, sehr zu empfehlen seyn, aus Gründen, die früher entwickelt sind.

Wegen der großen Windmasse, welche den Koakhohöfen in der Regel zugeführt werden muß, müssen sie auch größere Dimensionen als die Holzkohlenöfen erhalten.

Der Ofen, dessen Schachtprofil die Zeichnung Fig. 31 darstellt, gehört zu einem von den Hohöfen zu Dudley in Staffordshire. Er ist von der Gicht bis zum Boden 44 Fuß 8 Zoll Preuß. hoch und im Kohlensack 14 Fuß 9 Zoll weit. Der Kohlensack liegt 15 Fuß 10 Zoll vom Bodenstein und 28 Fuß 10 Zoll von der 3 Fuß 10⅞ Zoll im Durchmesser weiten Gichtöffnung entfernt. Das Gestell hat eine Höhe von 5 Fuß 11 Zoll, bei einer Weite von 29 Zoll am Boden und von 35 Zoll oben bei der Rast. Die beiden Formen liegen, die eine 21, und die zweite, der ersteren gegenüberstehende, 22 Zoll vom Bodenstein entfernt.

Das Profil in der Zeichnung Fig. 21. stellt den Schacht eines anderen Ofens zu Dudley dar, welcher mit drei Formen betrieben wird. Dieser Ofen, so wie der vorige, erzeugen Roheisen für die Frischöfen. Der Ofen ist 40 Fuß 9 Zoll Preuß. hoch und 13 Fuß 7 Zoll im Kohlensack weit, welcher 14 Fuß 7 Zoll vom Bodenstein entfernt ist. Der Schachtdurchschnitt vom Kohlensack bis zur 3 Fuß 4⅞ Zoll weiten Gichtöffnung bildet keine gerade Linie, wie bei dem vorigen Ofen, sondern eine Curve. Das Gestell ist ebenfalls 5 Fuß 11 Zoll hoch, aber unten und oben gleich weit (3 Fuß 5 Zoll). Die 3 Formen liegen 21, 22 und 23 Zoll vom Boden entfernt.

Alle Oefen in Staffordshire und viele Oefen in England und Schottland sind, außer mit der gewöhnlichen Gichtmauer, welche den Raum oben auf der Gicht des Ofens begränzt und welche die Fortsetzung der äußeren Rauhmauer bildet, noch mit einem 11 bis 12 Fuß hohen essenartigen Gichtkranz versehen, welcher dieselbe Weite im Lichten hat, wie die Gichtöffnung. In diesem Gichtkranz befindet sich die zur Gicht des Ofens führende Oeffnung, durch welche man zur Gicht gelangt, um die Schmelzmaterialien in den Schacht zu bringen. Dieses Einfüllen oder Aufgeben muß bei weiten Gichten an 2 oder 3 Punkten geschehen, um die Gichten gleichmäßig eintragen zu können und und dann erhält die Gichtenmauer natürlich eben so viel Oeffnungen, als Punkte zum Aufgeben der Schmelzmaterialien vorhanden sind. — Die Construktion der Ofenschächte Fig. 21. und 31. ist wegen der engen Gichten, und die von 21. wegen der Curvenlinie des Schachtes, nicht besonders empfehlenswerth.

Der Schachtdurchschnitt in der Zeichnung Fig. 8. Taf. XXI. gehört zu einem der Hohöfen von Dowles bei Merthyrtydwil. Die Ofen ist 46 Fuß 7½ Zoll Preuß. hoch, und geht mit einer Weite von 16 Fuß ½ Zoll, von der Gicht 34 Fuß tief ganz cylindrisch nieder. Dann verbindet er sich mittelst der Rast, deren senkrechte Höhe 6 Fuß 3½ Zoll beträgt, mit dem oberen Rande des Obergestells. Das Gestell ist sechs Fuß 4 Zoll hoch, unten am Bodenstein 32 Zoll und oben bei der Rastfläche 48 Zoll weit. Der Ofen wird mit 2 Formen und mit offener Brust betrieben Die vortrefflichen, festen und doch gut aufgeschlossenen Koaks, die locker liegenden Sphärosiderite und die großen Windmassen, welche der Ofen erhält, machen die Konstruktion des Schachtes ganz zweckmäßig. Auch für Oefen, welche sogenannte Anthracite verarbeiten, ist diese Konstruktion zu empfehlen, wenn nicht etwa die mulmige, lettige und ockrige Beschaffenheit der Erze eine Zusammenziehung des Schachtes in der Gichthöhe rathsam machen sollte.

In dem Schachtdurchschnitt Fig. 22. Taf. XXI. ist die Konstruktion eines Hohofens auf der Königshütte in Oberschlesien dargestellt. Die Gicht des 43 Fuß 11 Zoll hohen Schachtes ist durch gerade Linien mit dem 11 Fuß 2 Zoll weiten und 28 Fuß 3 Zoll von der Gichtöffnung entfernten Kohlensack verbunden. Von den drei Formen liegen zwei 24 und die dritte 25 Zoll vom Boden entfernt. Das Gestell hat zwar eine Höhe von 6 Fuß 2 Zoll, allein es erweitert sich, wie aus der Zeichnung hervorgeht, sehr schnell und bildet eigentlich die Verlängerung der Rast, so daß ein eng zusammengezogenes Obergestell eigentlich nicht vorhanden ist. Die geringe Weite der Gicht von 4 Fuß wird durch die dicht liegenden, lettigen Erze, welche verschmolzen werden müssen, entschuldigt. Der Ofen liefert Roheisen für die Frischhütte, wobei die Beschickung möglichst leichtflüssig eingerichtet ist.

Ganz ohne Obergestell ist der Schacht konstruirt, dessen Profil die Zeichnung Fig. 13. darstellt. Er gehört zu einem Ofen bei Lowmoor in Yorkshire und wird nur mit einer einzigen, 4 Zoll im Durchmesser weiten Form, bei einer Windpressung von 2 Pfunden auf dem Quadratzoll, betrieben. Diese Windführung ist gerade nicht zu loben. Der Ofen hat eine Höhe von 43 Fuß $8\frac{1}{2}$ Zoll. Die Gichtenöffnung ist 7 Fuß $3\frac{1}{2}$ Zoll weit. Der 12 Fuß $2\frac{5}{8}$ Zoll weite Kohlensack liegt 32 Fuß $\frac{1}{2}$ Zoll von der Gicht und 11 Fuß 8 Zoll vom Boden entfernt. Die Form liegt 22 Zoll über dem Boden.

Eine davon verschiedene Konstruktion hat der Schacht eines Ofens von Dowles bei Merthyrtydwil, welchen die Zeichnung Fig. 23. darstellt, und welcher mit 3 Formen betrieben wird. Er ist 50 Fuß $6\frac{1}{4}$ Zoll Preuß. hoch und hat ein 4 Fuß $10\frac{1}{4}$ Zoll hohes, ganz senkrecht in die Höhe geführtes Gestell. Die Formen liegen 21, 22 und 23 Zoll vom Boden, so daß die Höhe des Obergestells nicht völlig 3 Fuß beträgt. Die Zustellung ist die mit offener Brust. Der Kohlensack beginnt in einer Entfernung von 23 Fuß 4 Zoll von der 11 Fuß 8 Zoll weiten Gichtöffnung und behält seine Weite von 19½ Fuß, in einer senkrechten Höhe von 9 Fuß 8½ Zoll bei, so daß der Schacht hier einen wirklichen Cylinder bildet. Dann zieht sich der Schacht, in einer Höhe von 17 Fuß 5¾ Zoll vom Boden, enger zusammen, und ist durch eine ganz gradelinige Rast mit dem oberen Rande des Obergestelles in Verbindung gesetzt. Dieser Ofen erhält in der Minute etwa 3500 Kubikfuß Wind und liefert wöchentlich 2000 Centner Roheisen.

Tiefer als bei den vorigen liegt der Kohlensack bei einem Hochofen zu Cyfarthfa, welchen die Zeichnung Fig. 24. darstellt. Er ist 48 Fuß 3 Zoll hoch und wird ebenfalls mit 3 Formen betrieben. Die Gicht ist enger, 8 Fuß 3 Zoll weit, auch erweitert sich das 6 Fuß 4 Zoll hohe Gestell von 3 Fuß 10⅔ Zoll am Boden bis zu 6 Fuß 4 Zoll, mit welcher Weite es an der schwach bogenförmig gekrümmten, 6⅓ Fuß senkrecht hohen, Rast anschließt, welche bei ihrer Vereinigung mit dem Schacht den 15 Fuß 6 Zoll weiten Kohlensack bildet. Die vielen bogenförmigen Krümmungen im Profil des Schachtes und der Rast veranlassen nicht geringe Schwierigkeit beim Einsetzen des Kernschachtes mit der Rast, und gewähren keinen Nutzen.

Ein Ofen zu Pontypool in Wales, dessen Schacht die Zeichnung Fig. 26. im Längendurchschnjtt zeigt, hat eine sehr hohe Zustellung. Der 43 Fuß 6¾ Zoll hohe Schacht hat eine Gichtöffnung von 8 Fuß 8¾ Zoll im Durchmesser und einen 14 Fuß 6⅔ Zoll weiten Kohlensack, der 27 Fuß 2 Zoll unter der Gicht liegt. Der Kohlensack ist durch eine geradlinige Rast mit dem Obergestell verbunden. Dieses ist 7 Fuß 8 Zoll hoch, unten 2 Fuß 3½ Zoll und oben 3 Fuß 4¾ Zoll weit. Der Ofen wird mit 3 Formen betrieben, die 19, 20 und 21 Zoll vom Boden entfernt sind.

Den Schacht eines 60 Fuß hohen Ofens, welcher zu

Neath-Abbey in Glamorganshire Roheisen für die Gießerei liefert, stellt die Zeichnung Fig. 28. im Längendurchschnitt dar. Die Gicht hat eine Weite von 4 Fuß 4½ Zoll und ist durch gerade Linien mit dem 10 Fuß 8 Zoll weiten Kohlensack in Verbindung gesetzt, welcher in einer Entfernung von 46½ Fuß und in einer Entfernung von nur 13½ Fuß vom Boden angebracht ist. Der Ofen wird mit 3 Formen betrieben, welche in einer Höhe von 24 und 25 Zoll über dem Boden liegen. Das Gestell ist 6 Fuß 9 Zoll hoch, unten 3 Fuß 4¼ Zoll und oben nur 3 Fuß 10⅜ Zoll weit. Mit dem Kohlensack ist das Obergestell durch eine ganz geradelinige Rast von 6¾ Fuß senkrechter Höhe verbunden. Die wöchentliche Roheisenerzeugung dieses Ofens beträgt nur etwa 600 Centner.

Den Schachtdurchschnitt eines Schottischen Ofens bei Glasgow stellt die Zeichnung Fig. 30. dar Er ist 42 Fuß 1⅞ Zoll hoch. Die Gichtweite beträgt 9 Fuß 4 Zoll, indeß zieht sich die Gichtöffnung in einer senkrechten Höhe von 2 Fuß 3 Zoll zuerst bis zu einer Weite von 8 Fuß 4 Zoll zusammen. Dann erweitert sich der Schacht, bei 18 Fuß 11¾ Zoll über dem Boden, bis zu dem 14 Fuß 6⅜ Zoll weiten Kohlensack, der diese Weite in einer senkrechten Höhe von 4 Fuß beibehält. Eine ganz geradlinige Rast von 7 Fuß 8 Zoll senkrechter Höhe, vereinigt den Kohlensack mit dem Obergestell. Das Gestell ist 7 Fuß 3⅜ Zoll hoch, unten 2 Fuß 3¼ Zoll, und oben 3 Fuß 3⅜ Zoll weit. Die beiden Formen, mit welchen der Ofen betrieben wird, liegen in einer Entfernung von 23 und 24 Zoll vom Boden.

Fig. 19. ist der Schachtdurchschnitt eines anderen Schottischen Hohofens bei Glasgow von 38 Fuß 8¼ Zoll Höhe, welcher mit einem 7 Fuß 8 Zoll hohen Gestell versehen ist. Die Zustellung ist sehr enge, indem die Weite des Gestelles unten 23 Zoll und oben bei der Rast nur 35 beträgt. Die beiden Formen liegen 22 und 23 Zoll vom Boden entfernt.

Die Gicht hat eine Weite von 3 Fuß 10½ Zoll. Der Kohlensack ist 9 Fuß 8½ Zoll im Durchmesser weit, liegt 24 Fuß 3½ Zoll unter der Gichtöffnung und 6 Fuß 9 Zoll über dem Obergestell. Gerade Linien verbinden den Kohlensack mit der Gicht sowohl als mit den Kanten des Obergestells.

Aus diesen Beispielen ergiebt sich genügend die große Verschiedenheit in der Gestalt der Ofenschächte. Eine Beurtheilung ihrer Zweckmäßigkeit würde nur statt finden können, wenn alle Verhältnisse genau bekannt wären, welche auf die gewählte Konstruktion von Einfluß waren. Nur bei wenigen von den hier aufgeführten Schächten würde man einräumen können, daß ihre Konstruktion dem geringsten Verbrauch an Brennmaterial entsprechend sey.

§. 652.

Zur Erläuterung der früheren (§§. 619 — 650.) über den Bau und die Konstruktion der Oefen zum Verschmelzen der Eisenerze gemachten Mittheilungen, dienen die Zeichnungen von verschiedenen Oefen, bei welchen theils Holzkohlen theils Koaks als Brennmaterial angewendet werden.

Die Zeichnungen Fig. 7, 8. Taf. XVI. stellen einen von den höheren Steyermärkischen Oefen (der Wrbna Ofen zu Eisenerz) im Längenprofil und im Horizontaldurchschnitt im Niveau der Formen dar. Diese Zeichnungen geben im Allgemeinen einen Begriff von der Bauart der Oefen mit geschlossener Brust (Blauöfen), wie sie in Süddeutschland angetroffen werden. Bei den niedrigeren Oefen bedient man sich nicht der Sandsteine, aus welchen der Schmelzraum zusammengesetzt ist, sondern wendet dazu Thon an, oder Thonsteine, die möglichst feuerfest seyn müssen. Außer dem Kernschacht ist zuweilen noch ein zweites Schachtfutter (Rauhschacht) vorhanden, welches bei niedrigeren Blauöfen häufig fehlt. Von der Rauhmauer des Ofens wird der Rauhschacht, und von diesem der Kernschacht durch Füllungen getrennt, welche eine Stärke von etwa 6 Zoll erhalten und gewöhnlich mit zerschlagenen Ziegelsteinen ausgefüllt werden. Zwei Formen pflegt man auch nur bei den höheren Oefen anzuwenden. In der Ofenbrust, welche sich 36 Zoll über dem Bodenstein erhebt, befindet sich die 12 Zoll breite Stichöffnung zum Ablassen der Schlacke und des Eisens. Der Schacht des Wrbna Ofens ist rund und vom Boden bis zur Gicht 36 Fuß hoch. Die Gichtöffnung hat nur einen Durchmesser von 26 Zoll; der Kohlensack aber von 8½ Fuß. Der Schacht besteht aus zwei abgekürzten Kegeln, von denen der obere 24, der untere 12 Fuß hoch und deren gemeinschaftliche Grundfläche der Kohlensack ist. Ein Obergestell ist nicht vorhanden, denn der untere Theil des Schachtes, vom Kohlensack bis zur Form, vertritt die Stelle der Rast und des Obergestelles. Die Formen sind 18 und 20 Zoll vom Bodenstein entfernt und haben, in ihrer Richtung gegen den Mittelpunkt des Schmelzraums, die im Grundriß angedeutete Abweichung; man giebt ihnen zuweilen eine Neigung gegen den Bodenstein bis zu 3 und 5 Graden. Wie alle Süddeutsche Oefen, ist auch der Wrbna Ofen oben auf der Gicht mit einer sehr hohen Schlotte oder Windmauer versehen, in welcher sich nur in der Gichthöhe eine Oeffnung befindet, durch welche man zur Gicht gelangt. Der Ofen verschmelzt leichtflüssige und leicht reducirbare Braunerze und erzeugt Spiegelfloß und blumige Flossen; die ersteren nur ausnahmsweise. Zum Bodenstein wird zuweilen Marmor angewendet. Die Abzüge für die Feuchtigkeit befinden sich sowohl im Fundament, als auch in der Rauhmauer des Ofens. Der Verankerungen bedarf es nicht. Die Arbeits- und Form-Gewölbe sind wirkliche massive Gewölbe.

Die Zeichnungen Fig. 1 — 4. Taf. XVI. stellen den 28½ Fuß hohen Ofen mit offener Brust dar, welcher auf der Creutzburger Hütte in Oberschlesien zum Verschmelzen von theils festen Sphärosideriten, theils sehr lettigen und ockrigen Brauneisensteinen angewendet wird. Aehnlich wie dieser Ofen sind die mehrsten Norddeutschen Hohöfen eingerichtet, nur daß Schachtkonstruktion, Windführung, Zustellung, Einrichtung des Arbeits- und Blasegewölbes u. s. f. auf verschiedene Weise abgeändert seyn können. Zum Fundament des Ofens dient eine dichte Pilotage von Holz, weil der Boden dort wenig fest ist. Auf dem hölzernen Pfahlwerk ist ein starkes massives Fundament errichtet, worin sich ein Kreuzgewölbe unter dem Ofen befindet, welches theils zur Ableitung der Feuchtigkeit dient, theils die Windleitungsröhren aufnimmt durch welche der Wind aus dem Gebläse den beiden Formen zugeführt wird. Eine Verankerung der Rauhmauer ist zwar vorhanden, sie scheint indeß überflüssig zu seyn. Das Arbeits- und die Formgewölbe sind bei diesem Ofen nicht gewölbt, sondern sie werden durch eiserne Trageeisen gebildet. Die Abzüge für die Feuchtigkeit in der Rauhmauer sind aus der Zeichnung ersichtlich. Die Windmauern auf der Gicht sind senkrecht in die Höhe geführt, und erreichen, im Vergleich zu den Süddeutschen Oefen, nur eine geringe Höhe.

Auf den Zeichnungen Fig. 5. und 6. Taf. XVI. ist der Hohofen zu Peitz dargestellt, in welchem Raaseneisenstein verschmolzen wird. Auch diesem Ofen hat ein hölzerner Rost, oder ein Pfahlwerk, als Grundlage für das massive Fundament zugetheilt werden müssen. Die Abzugskanäle für die Feuchtigkeit im Fundament sowohl als in der Rauhmauer, ergeben sich aus der Zeichnung. Der Ofen hat ein Schachtfutter, welches ohne Füllung mit dem Kernschacht in lockerer Verbindung steht; von der Rauhmauer ist es durch eine Füllung getrennt. Der Ofen wird nur mit einer Form betrieben. Das Arbeits- und das Formgewölbe werden theils durch Trageeisen unterstützt, theils aber durch die massive Wölbung gebildet. Auch bei diesem Ofen scheint die vorhandene Verankerung der Rauhmauer entbehrlich zu seyn.

Die Zeichnungen Fig. 5. und 6. Taf. XVII. stellen den

Körper eines Hohofens dar, welcher den Rauhschacht, den Kernschacht und das Gestell noch erst erhalten soll. Obgleich der Rauhschacht, oder die Rauhschächte, bei der Erbauung eines neuen Ofens, in demselben Verhältniß mit in die Höhe geführt werden, in welchem die Rauhmauer vorschreitet; so ereignet es sich doch nicht selten, daß beim Einsetzen eines neuen Kernschachtes auch zugleich ein neuer Rauhschacht eingesetzt werden muß. Die durch den längeren Gebrauch schadhaft gewordenen Schächte mit ihren Füllungen werden dann von der Gicht bis zu den Trageeisen abgetragen und von unten bis zur Gicht wieder in die Höhe geführt. Es ist dazu eine genaue Ermittelung der Achse des künftigen Kernschachtes nothwendig, deren Endpunkte sowohl oben auf der Gicht, als auch (durch Ablothen von jenem auf der Gicht ausgemittelten Punkt bis zum Fundament des Ofens) unten auf der Sohle des Ofens bestimmt werden. Die gefundenen beiden Endpunkte der Achse dienen zur Aufstellung einer hinreichend stabilen Spindel, um welche sich die Chablonen kreisförmig bewegen, an welchen die Halbmesser der Schachtweite für die verschiedenen Schächte und Füllungen, das Anhalten beim Aufmauern der Schächte geben sollen. Erst wenn die Schächte mit ihren Füllungen bis zur Gicht aufgeführt worden sind, wird zum Zustellen des Ofens geschritten und zuletzt die Rast an dem Kernschacht und an den oberen Kanten des Gestelles angeschlossen, wie dies aus dem Durchschnitt eines schon fertig zugestellten Schachtes, z. B. auf der Zeichnung Fig. 1. Taf. XVII. zu ersehen ist.

Auf den Zeichnungen Fig. 5. und 6. Taf XVIII. ist ein kleiner Hohofen mit offener Brust, mit Massenzustellung; aber mit einem Bodenstein, Tümpel und Wallstein von Sandstein, dargestellt, welcher zur Bereitung von Rohstahleisen aus Spatheisenstein dient. Einer Verankerung bedarf dieser Ofen nicht, indem für den Abzug der Feuchtigkeit, sowohl im Fundament, als unter dem Boden und in der Rauhmauer des Ofens hinreichend gesorgt ist. Der Ofen ist mit zwei Formen versehen, indeß ist auch auf der Rückseite noch ein Gewölbe vorhanden, welches als Formgewölbe dienen kann, wenn es rathsam gefunden werden sollte, mit drei Formen zu blasen.

Die Zeichnungen Fig. 5. und 6. Taf. XIX. stellen einen Schwedischen Ofen mit Erdfüllung dar, die durch eine Verzimmerung von Holz zusammen gehalten wird. Die Rauhmauer des Ofens besteht bis zur Höhe des Arbeits- und des Blasegewölbes aus Quadersteinen, deren vorderste Schicht durch eiserne Anker zusammengehalten werden.

Auf Taf. XIX. stellen die Zeichnungen Fig. 1 — 4 einen Hohofen zu Hayange bei Metz dar, bei welchem die Rauhmauer und die Schächte von gegossenen eisernen Kränzen getragen werden, welche auf eisernen Säulen ruhen (§. 624.). Die Konstruktion des Schachtes und des Gestelles sind sehr zweckmäßig gewählt, indem als Brennmaterial gewöhnlich ein Gemenge von Koaks und von Holzkohlen angewendet wird. Der Ofen wird zwar nur mit zwei Formen betrieben, indeß würde die dritte Form auf der Rückseite sehr leicht in Anwendung gebracht werden können, weil die eigenthümliche Bauart des Ofens einen freien Zutritt zum Gestellraum von allen Seiten gestattet, wodurch auch eine neue Zustellung des Ofens sehr erleichtert wird. Bei allen Vorzügen, welche diese Bauart gewährt, ist sie doch kostbar und giebt Veranlassung, daß dem Ofen, bei einem lange dauernden Betriebe, mehr Wärme entzogen wird, als es durch eine gewöhnliche massive Rauhmauer, die bis zum Fundament des Ofens fortgeführt wird und welche dann ungleich stärker ausfallen kann, geschehen würde.

Die Zeichnungen Fig. 1. — 4. Taf. XVIII. stellen den 40 Fuß hohen Hohofen auf der Eisengießerei zu Gleiwitz in Oberschlesien dar, welcher mit Koaks betrieben wird. In dem massiven Fundament des Ofens befinden sich geräumige Gewölbe, welche die Feuchtigkeit entfernen und welche sehr gut zu

Regulatoren von unveränderlichem Inhalt angewendet werden könnten (§. 595.). Der Ofen wird nur mit zwei Formen betrieben und liefert Roheisen für die Gießerei. Mit Ausnahme des Tümpelsteins, der Vorderbacken und des Wallsteins, ist das Gestell aus Masse gebildet. Die beiden Form- oder Blasegewölbe und das Arbeitsgewölbe werden durch Trageeisen unterstützt. Der Ofen hat zwei lose neben einander aufgeführte Schächte von feuerfesten Ziegeln und der Rauhschacht wird durch eine Füllung von der Rauhmauer getrennt. Diese hat eine pyramidale Gestalt und ist mit Oeffnungen versehen, welche theils als Abzüge für die Feuchtigkeit, theils als Lager für die gegossenen eisernen (eigentlich überflüssigen) Anker der Rauhmauer dienen. Die Windmauer auf der Gicht hat nur eine geringe Höhe. Der Gichtkranz ist nicht, wie bei vielen Hohöfen in England und bei einigen in Frankreich, noch höher als die Windmauer in die Höhe geführt, sondern fast der Gichtsohle selbst gleich.

Auf den Zeichnungen Fig. 1. — 4. Taf. XVII. ist einer von den vier Hohöfen auf der Königshütte in Oberschlesien dargestellt. Dort werden ockrige Brauneisensteine bei Koaks und Sinterkohlen verschmolzen, um Roheisen für die Frischhütten zu liefern. Die Rauhmauer des Ofens ist bis über die Höhe der Form- und Arbeitsgewölbe pyramidal, aber mit abgedachten Flächen, wodurch die Mauer eine achtkantige äußere Gestalt erhält, in die Höhe geführt. Von dort bis zur Gichthöhe, oder bis zu Ende der Windmauer, hat sie die Gestalt eines abgestumpften Kegels. Die Oefen haben einen Kernschacht und zwei Rauhschächte, die durch Füllungen von einander und von der Rauhmauer getrennt sind. Der untere Theil der Rauhmauer hat gegossene, durchgelegte eiserne Anker (wie der Gleiwitzer Ofen) erhalten und der konische Theil des Ofenkörpers wird durch umgelegte geschmiedete eiserne Ringe verankert.

Statt den Kernschacht und die Schachtfutter (Rauhschächte)

mit einer massiven Mauer zu umgeben, hat man hier und dort auch eiserne Mäntel angewendet, in welche die Schächte eingesetzt werden. Einen Hohofen, bei welchem der Mantel aus Gußeisen statt des Rauhgemäuers besteht, stellen die Zeichnungen Fig. 7 — 10. Taf. XVIII. dar. Auf das mit Abzügen für die Feuchtigkeit versehene Fundament des Ofens, wird eine ringförmige, gußeiserne Fußplatte gelegt, welche im Ganzen oder aus Theilen gegossen seyn kann, aber mit einem aufstehenden Rande versehen ist. Auf dieser Fußplatte stehen, im Innern des Randes, bogenförmig gegossene Platten, welche unter einander und mit ähnlich gestalteten kleineren Platten unter den Form- und Arbeits-Oeffnungen mittelst Bolzen und Keilen befestigt sind. Diese Platten müssen, wegen des erforderlichen Raumes zur Einbringung des zu erneuernden Gestelles, zu jeder Zeit wegzunehmen und wieder aufzustellen seyn. Der übrige Theil des Mantels, welcher den Schacht umgiebt, besteht aus gegossenen eisernen Ringen, von 3 — 4 Zoll Stärke. Die Ringe können im Ganzen gegossen seyn, oder aus zusammen verbundenen Bogenstücken angefertigt werden. Für kleine Oefen können sie schwächer, für große Koakshohöfen aber müssen sie etwas stärker seyn. Jeder Ring ist etwa einen Fuß hoch, und mit übereinander greifenden Falzen versehen. Die Falzen der Ringe dürfen eben so wenig ganz dicht in einander schließen, wie die Platten des unteren Ofentheils im Rande der Fußplatte dicht anschließen dürfen, damit kleine ungleiche Ausdehnungen nicht eine nachtheilige Spannung der Theile verursachen können. Sämmtliche Theile des Ofenmantels werden aber bei der Zusammensetzung, in den Fugen und Falzen, mit gutem, recht weich bereitetem Lehm versehen. Der unterste Ring des oberen Ofentheils, welcher (wenigstens beim Betriebe mit Holzkohlen) keinen gemauerten Kernschacht mehr nothwendig hat, erhält einen Fuß, welcher bis an die Ringstärke mit etwa 12 bis 15 Zoll von einander abstehenden eingegossenen Einschnitten und angegossenen Stützen versehen ist, damit bei der Ausdehnung des Ringes der Fuß auf keine nachtheilige Weise gespannt und zersprengt werden kann, und der obere Ofentheil sicher unterstützt ist. — Nach Verhältniß der Stärke einer in Mauerung zu setzenden Gichtsohle, wird entweder der zweite oder der dritte Ring, von oben an gezählt, mit angegossenen Kranzträgern versehen, auf welchen der Tragkranz zur Unterstützung der eisernen Gichtsohlenplatten ruht, welche an den unteren Flächen, entweder mit angegossenen Tragrippen, oder mit zwischen gelegten und untergreifenden eisernen Tragbalken versehen sind. Die äußeren Enden der Gichtsohlenplatten, oder die Tragbalken und Platten, können auf beliebige Weise, entweder durch einige um den Ofen zu stellende Pfeiler und darauf ruhende Gewölbebögen u. s. f., oder durch das Hüttengebäude selbst, oder auch durch einige gegossene eiserne Stützen, oder auf irgend eine andere Weise getragen werden. — Bei Koaksöfen ist es besser, den ganzen Ofen bis zur Gichthöhe mit einem gemauerten Kernschacht zu versehen, welches dann in ähnlicher Art wie bei dem unteren Theil des Schachtes geschieht. Nach Beschaffenheit der Güte der zum Kernschacht zu nehmenden feuerfesten Steine, und nach der Größe des Ofens, kann man die Stärke des Kernschachtes 9 bis 18 Zoll (bei guten Steinen höchstens 18 Zoll für Koaksöfen) annehmen. Der unterste Theil des Schachtes, welcher gegen die stärkste Hitze durch das Gestell und durch die Rast geschützt ist, kann von schlechteren Steinen aufgeführt, und zwischen dem ganzen Kernschacht und dem gußeisernen Mantel muß, nach Verhältniß der Größe des Ofens, eine gute, 2 bis 4 Zoll starke, nicht zu dichte Füllung angebracht werden. Auch darf man das Gestell unter der Rast, wie auch die, über die Arbeitsöffnung und die beiden Formöffnungen zu legenden Trageisen, nicht fest zwischen den Gestellsteinen und dem gußeisernen Mantel vermauern, oder einklemmen, sondern muß sie ebenfalls mit einer, nicht zu dichten Füllungsmasse umgeben, damit die durch die Hitze verursachte Ausdehnung des Gestelles, den gußeisernen Mantel nicht auseinander treiben kann. — Ein in dieser Art construirter Hohofen befindet sich auf der Rüblinghauser Eisenhütte bei Olpe im ehemaligen Herzogthum Westphalen und ist dort schon seit mehren Jahren im Betriebe.

Eine einfache Konstruktion hat einer von den Hohöfen zu Dowles bei Merthyrtidwil in Wallis erhalten, wie aus den Zeichnungen Fig. 8 — 11. Taf. XXII. hervorgeht. Dieser Ofen ist an einen Felsen gelehnt, von welchem man durch eine Gichtbrücke zur Gicht gelangt. Die Gicht hat die außerordentliche Weite von 16½ Fuß im Durchmesser, so daß die Koaks und die Erze an fünf verschiedenen Punkten im Umkreise der Gichtöffnung aufgegeben werden müssen, wozu man sich einer den Gichtmantel oder die Windmauer umgebenden eisernen Gallerie bedient. Der 48 Fuß hohe Schacht geht cylindrisch bis zur Rast nieder. Wöchentlich werden in diesem Ofen 105 Tonnen (2100 Centner) Roheisen erblasen. Der Ofen besteht, wie der vorige, nur aus einem einzigen Kernschacht, welcher aus 18 Zoll langen feuerfesten Thonziegeln aufgeführt ist. Dieser Schacht wird durch ½ Zoll starke und 4 Zoll hohe gewalzte eiserne Reifen zusammen gehalten, durch welche er nur allein seine Stabilität erhält. Bis zur Gestellhöhe ist der Ofen eine cylindrische massive Mauerung, in welcher die beiden Formgewölbe und das Arbeitsgewölbe ausgespaart sind, und welche in der Höhe dieser Gewölbe mit eisernen Kränzen bedeckt ist, auf welchen der Kernschacht mit seinen Verankerungen ganz frei aufgeführt ist. So leicht die Bauart des Ofens ist, so soll doch, ungeachtet der großen Windmenge, welche durch zwei Formen in das Gestell geführt wird, ein Springen der Reißen, oder ein Ausweichen der Anker, kaum vorkommeu.

Noch eine andere, ebenfalls sehr einfache Konstruktion eines Hohofens mit eisernem Mantel, ergiebt sich aus den Zeichnungen Fig. 1 — 7. Taf. XXII. Sie stellen einen Hohofen zu Swansea dar, nach welchem jetzt schon mehre Hohöfen in England ausgeführt sind und betrieben werden. Die schwache Kernschachtmauer ruht auf eisernen Ständern und auf mit diesen Tragständern verbundenen Kränzen. Umgeben und zusammen gehalten wird der Kernschacht von gewalzten eisernen Reifen, wie aus Fig. 2. ersichtlich ist, und deren Verbindung aus Fig. 5. und 7. näher hervorgeht. Der durch die Trageständer gebildete Raum, dient zur Einbringung des Gestelles und der Rast, welche letztere sich über den Kränzen, mit welchen die Trageständer zusammen gehalten, an dem Kernschacht anschließt. Der Ofen wird mit drei Formen betrieben und ist 47 Fuß hoch, mit Einschluß der 7 Fuß hoch cylindrisch aufgeführten Gichtmauer. Der eigentliche Ofenschacht hat also eine Höhe von 47 Fuß, eine Gichtweite von 4 Fuß und eine Weite des Kohlensacks von 9 Fuß.

Das Abwerfen der Rauhmauer und das Aufführen eines bloßen Kernschachtes aus feuerfesten Thonziegeln, welcher durch eiserne Mäntel, oder durch eiserne Reifen eingeschlossen und zusammen gehalten wird, bietet zwar ein Mittel dar, einen Ofen schnell zu erbauen und in Betrieb zu setzen, also günstige Conjunkturen für den Eisenhandel bestens zu benutzen; indeß dürfte die gewöhnliche Bauart doch eine größere Dauerhaftigkeit gewähren und die Abkühlung des Ofens, wegen der ungleich geringeren Wärmeleitung durch die starke Mauerung als durch den einfachen und mit Eisen umgebenen Kernschacht, in einem weit höheren Grade verhindern, weshalb sie wohl den Vorzug behalten wird, wenn es darauf ankommt, Hohöfen zu erbauen, deren Existenz mindestens auf ein halbes Jahrhundert gesichert ist.

Ueber die Konstruktion der Hohofenschächte und Gestelle sind folgende Schriften nachzusehen: — Balke, Entwurf einiger aus der Erfahrung genommenen Anmerkungen über Erzeugung des

Roheisens und der für die Eisensteine passenden Struktur der Hofofenschächte; in Tölle's und Gärtner's Eisenhütten-Magazin. Beil. S. 241. u. f. — v. Courtivron und Bouchu, Abhandlung v. d. Eisenhämmern und Hohöfen; im ersten Bande v. Justi's Schauplatz der Künste und Handwerke. — Gerhard; in Jars metallurg. Reisen, II. 656. u. f. — Jennings Beschreibung eines Hohofens, der 1755. ist angelegt worden; in den Schwedischen Abhandl. XVIII. 176 u. f. — Garnej, vom Bau u. Betrieb der Hohöfen, B. I. S. 206 u. f. B. II. Drei Abhandl. über die Preisfrage: Worin besteht der Unterschied zwischen Roheisen und Stabeisen, von Lampadius, Hermann und Schindler, S. 79 u. f. — Hermann, Konstruktion einiger Hohöfen und Hohofengestelle in Sibirien; in dessen Beschreib. des Uralischen Erzgebirges, I. 240. 328. 416. u. f. f. — Hermann, über die Höhe und Konstruktion der Schächte und Gestelle bei den Hohöfen; in v. Crell's Beitr. zu d. chem. Ann. V. 276 u. f. — Konstruktion der Gestelle bei einigen Westphälischen Hohöfen; Eversmann, Uebersicht d. Eisen- und Stahlerzeugung auf Wasserwerken in den Ländern zwischen Lahn und Lippe, 104. 141. Zustellung der Hohöfen in Norwegen; Hausmann's Reise durch Skandinavien, II. 300. — v. Marcher's Beiträge zur Eisenhüttenkunde, I. St. 1. 2. 3. 4. (bezieht sich aber mehr auf Blauöfen) und I. St. 12. — Observations sur les hauts-fourneaux en général et sur les différentes espèces de fonte qu'ils produisent avec une nouvelle méthode de disposer les étalages pour obtenir une plus grande quantité de métal à chaque fondage; in den Annales des arts et manufactures, V. 225—237. — Sur les étalages des hauts-fourneaux, et sur une nouvelle forme à donner aux tuyères des machines soufflantes; Ebendaselbst, IX. 125 — 131. — Sur les ouvrages de hauts-fourneaux, avec la déscription d'un ouvrage à trois tuyères, adapté à un vieux fourneau; Ebend. X. 113 — 137. — Haut-Fourneau à double coulée; Ebend. XXIV. 113 — 116. — Dobson, forme à donner aux fourneaux; Ebendaselbst, XLI. 225 — 268. — Zusammenstellungen und Zeichnungen von allen möglichen Hohofenschächten und Gestellen findet man in Hassenfratz Sidérotechnie, I. 179 -- 261, auch ist wegen der Windführung II. 177 — 188. nachzusehen. — **Althans**, Beschreibung einer neuen Konstruktion eines Eisen-Hohofens von Gußeisen. Archiv für Bergbau u. s. f. XII. 259. u. f.

Von den mechanischen Arbeiten bei dem Betriebe der Oefen und von den Erz- und Kohlengichten.

§. 653.

Nach erfolgter Zustellung muß der Ofen zuerst abgewärmt werden, ehe der Betrieb beginnen kann. Dies Abwärmen muß vorzüglich dann, wenn ein neuer Kernschacht eingesetzt worden ist, mit großer Vorsicht geschehen, um ein Springen und Aufreißen der Schachtmauerung und der Gestellmassen zu verhüten. Oefen mit hohen und engen Gestellen erfordern besonders eine sorgsame Behandlung. Man überzieht die Gestellwände wohl mit einem leichtflüssigen Gemenge von fein gepulvertem Kalk, Hohofenschlacke und Frischschlacke, woraus man mit Wasser einen dünnen Brei macht, und diesen mit einem Pinsel, ein paar Linien stark, aufträgt. Das Gestell erhält dadurch beim Abwärmen einen glasartigen Ueberzug, wodurch die Steine (wenn diese angewendet werden) gegen das Zerspringen und Ablösen von Schalen gesichert werden. — Die für die Formen bestimmten Oeffnungen in den Formsteinen werden mit Lehm verschlossen, um starken Luftzug zu verhindern; das Gestell (an welchem nur noch der Wallstein fehlt, welcher erst später vorgebracht wird) wird von allen Steinscherben und Mörtel, oder anderem zufälligem Schmutz abgekehrt und gereinigt, und zuerst ein schwaches Holzfeuer vor dem Vorheerd angemacht, welches nach und nach verstärkt wird, aber ununterbrochen und gleichmäßig erhalten werden muß. Erst wenn das Gestell und der Schacht völlig abgetrocknet sind, darf man glühende Kohlen in das Gestell selbst bringen, dann aber auch den Zug, welcher durch den essenartig wirkenden Schacht veranlaßt wird, dadurch vermindern, daß man größere Massen von Kohlen der Entzündung aussetzt. Mit dem Nachschütten der frischen Kohlen ist so lange zu warten, bis die Kohlen bis oben durchgeglühet sind. Die Quantität der nachzuschüttenden Kohlen ist gleichgültig; je weniger auf einmal genommen werden, desto öfter ist das Nachschütten zu wiederholen. Soll der Ofen langsam angewärmt werden, so muß man den Zug unter dem Tümpel, durch Versetzung der Oeffnung des Vorheerdes mit Ziegeln, vermindern; ist der Schacht aber schon einmal gebraucht, also gehörig trocken, so kann das Füllen, oder das Nachschütten der Kohlen, durch schnelleres Durchbrennen bei größerem Luftzuge, beschleunigt werden. Das Nachschütten wird so lange fortgesetzt, bis die Kohlen die Gicht erreicht haben; nur bei großen Oefen, welche auf schon gebrauchten und trockenen Schächten wieder angeblasen werden, pflegt man die Füllung nur bis zur Hälfte oder ¾ der Höhe geschehen zu lassen, um Kohlen zu ersparen. Sollte ein neu eingesetzter Schacht zufällig sehr naß seyn, so muß die Füllung nicht bloß bis zur Gicht fortgesetzt, sondern der Zug unter dem Tümpel auch möglichst geschwächt und die Gicht mit Roheisenplatten bedeckt werden, in welchem Zustande der gefüllte Ofen mit den glühenden Kohlen 8 bis 14 Tage lang stehen bleibt, und die wenigen verbrennenden Kohlen von Zeit zu Zeit durch neue ersetzt werden, so daß der Ofen immer voll Kohlen bleibt. Sobald die Füllung beendigt ist, wird etwas beschicktes Erz aufgesetzt, welches man niedergehen läßt, bis der Ofen auf der Gicht wieder so leer geworden ist, daß eine neue Gicht — nämlich ein für jeden Ofen bestimmtes Volumen von Kohlen — Raum findet. Auf jede Kohlengicht wird etwas Erz gebracht; indeß muß die Beschickung zuerst sehr leichtflüssig eingerichtet und nur wenig Erz in steigendem Verhältniß genommen werden, weil sich erst beim Betriebe selbst, die Quantität Erz bestimmen läßt, welche eine Kohlengicht zu tragen vermag. Man pflegt zu den ersten 4 bis 6 Gichten bloß Kalk und kein Erz zu nehmen, um dadurch, wenn er sich unten im Gestell zeigt, eine Anzeige zu erhalten, daß zum Vorbau des Vorheerdes die Anstalt zu treffen und Alles zum Anblasen in Bereitschaft zu setzen ist. Die Erzgichten, welche auf diese Art ohne Gebläse niedergehen, nennt man stille Gichten, so wie die Kohlengichten ohne Erzsatz leere Gichten genannt werden. Wenn sich die ersten Spuren des niederkommenden Kalkes oder Erzes im Gestell zeigen, wird der Boden gereinigt, der Wallstein vorgebracht, die Abstichöffnung mit schwerem Gestübbe geschlossen, die Form eingesetzt, die Düse vorgelegt und das Gebläse erst langsam angelassen, um bei dem schwachen Erzsatz keine große Hitze zu erzeugen, wodurch ein Wegschmelzen der Rast- und Gestellsteine bewirkt werden könnte. Erst wenn nach und nach stärkere Erzsätze niedergehen, verstärkt man das Gebläse, bis der Wind nach 3 bis 6 Tagen die für das Brennmaterial nothwendige Geschwindigkeit erhalten hat.

Beim Abwärmen eines Koakhohofens sind oft größere Vorsichtsmaaßregeln nothwendig. Das vor dem Gestell anzufachende Steinkohlenfeuer muß dem Vorheerde langsam genähert, aber ununterbrochen und gleichmäßig unterhalten werden. Oft kann man erst nach 14 Tagen Feuer ins Gestell bringen, welches dann nicht mehr mit Steinkohlen, sondern mit Koaks unterhalten wird, worauf die Füllung eben so wie bei Holzkohlen vorgenommen wird. Beim Abwärmen muß das Gestell oft — gewöhnlich alle 6 Stunden — von der sich ansammelnden Lösche, Steinkohlenasche und zum Theil auch von dem niedergeschmolzenen Mörtel, dadurch gereinigt werden, daß man ein Paar Brechstangen unmittelbar unter dem Tümpel bis zum Rückstein stößt, sie auf einer quer vor dem Tümpel auf den beiden Vorderbacken lagernden Querstange ruhen läßt, und durch angehängte Gewichte in dieser Lage erhält, dann eine eiserne Platte über diese Brechstangen schiebt, welche das Untergestell vom Obergestell trennt, und dadurch theils den Luftzug hemmt, theils aber auch gestattet, daß man das Untergestell reinigt, ohne daß die über der Platte liegenden Koaks nachfallen. So oft das Reinigen des Gestelles geschehen soll, wird diese Vorrichtung vorgebracht und dann wieder weggenommen, worauf sich das Untergestell mit glühenden Koaks anfüllt. Das Abwärmen und Füllen der Koakhohöfen erfordert eine längere Zeit als das der Holzkohlenöfen, weil die Koaks langsamer durchbrennen. Das gute Abwärmen gehört indeß wesentlich zu einem guten Betriebe, weil ein zu schnell in Betrieb gesetzter Ofen zum Reißen und Springen des Schachtfutters, folglich zum Herausfallen von Schachtsteinen, Anlaß geben kann, und weil durch die Sprünge des Ofens viel Hitze verloren geht. Wenn kein neuer Schacht eingesetzt ist, gehen die Koaks schon ohnedies schneller nieder, weil der Schacht trocken und noch von dem vorigen Schmelzen warm ist; man kann den Gichtengang dann aber durch häufigeres Ausschüren oder Reinigen des Gestelles, und durch stärkeren Zug unter dem Tümpel befördern, welches jedoch, um das Springen der Gestellmassen zu verhüten, so viel als möglich vermieden werden muß. Ein neu eingesetzter Schacht macht es außerdem nothwendig, daß der Zug unter dem Tümpel durch lose aufgestellte Ziegel vermindert wird. Ist die Füllung beendigt, so wird zuerst zum Setzen einiger Gichten mit Kalk und dann zum eigentlichen Erzsatz geschritten. Die ersten sehr schwachen und stillen Erzgichten erhalten einen starken Kalkzusatz, um die strengflüssige Steinkohlenasche aufzulösen. Ueberhaupt ist dahin zu trachten, zuerst ein leicht schmelzbares Gemisch zu erhalten, damit es sich bald im Heerde zeigt, um das Gebläse noch vor dem Eintritt der Erzgichten anlassen zu können, welches bei der strengflüssigen Steinkohlenasche, die eine zähe Schlacke giebt, nothwendig ist, um nicht gleich zu Anfange des Betriebes zu Versinterungen im Schacht und Gestell Anlaß zu geben. Deshalb ist es auch gut, die ersten Erzgichten mit vieler reiner und gut geflossener Hohofenschlacke zu beschicken und deren Quantität für jede Gicht nach und nach zu vermindern, den Erzsatz aber zu verstärken. Wenn sich die ersten Spuren des Kalksteins zeigen, wird das Gestell gereinigt, der Wallstein vorgebracht u. s. f., und das Gebläse zuerst langsam angelassen, dann aber immer mehr und mehr verstärkt, bis der Wind nach 8 Tagen die erforderliche Pressung erhalten hat.

Ein anderes Verfahren beim Abwärmen, welches mit einigen Modifikationen in Schweden angewendet wird und welches bei den Oefen, die mit Holzkohlen betrieben werden, den Vorzug vor dem vorhin beschriebenen verdient, ist das folgende. Nachdem die Zustellung ganz vollendet und auch der Wallstein vorgebracht, jedoch die Form (von Kupfer) noch nicht eingelegt ist, indem diese bei einer starken Hitze ohne Gebläse leiden würde, überzieht man das Gestell mit der vorhin angegebenen leichtflüssigen Mischung. Außer diesem Ueberzug kann man, zur mehren Sicherung der Gestellsteine, das Gestell auch inwendig noch mit einer Ueberkleidung von einem Zoll dicken Mauerziegeln aussetzen, wodurch die glühenden Kohlen von der Gestellsteinmasse abgehalten werden. Nach dem Anlassen des Gebläses schmelzen diese Mauerziegeln zusammen und fallen in den Heerd, aus welchem man sie leicht mit einem eisernen Haken herausziehen kann. Ist das Gestell auf diese Art gesichert, so werden Gestell und Schacht ganz mit Kohlen gefüllt und in den Vorheerd einige Schaufeln voll glühender Kohlen gebracht. Sobald sich das Feuer dadurch so weit verbreitet hat, daß man kein Verlöschen mehr befürchten darf, werden die Form- und Abstich-Oeffnungen verschlossen, der Vorheerd mit einer eisernen Platte bedeckt und alle Fugen mit Lehm verstrichen, die Gicht aber bleibt offen. Langsam entzünden sich nun die Kohlen im Gestell und im Schacht immer mehr und treiben alle Feuchtigkeit und Dämpfe zur Gicht hinaus, bis auch die Kohlen in dem Gichtraum in Gluth gerathen, welches bei einem, nur 24 Fuß hohen Ofen, zuweilen schon in 48 Stunden geschieht. Sollte das Durchbrennen der Kohlen bis zur Gicht bei ganz verschlossenem Vorheerd zu lange dauern, wie es der Fall ist wenn sich sehr viele Feuchtigkeit im Ofen befindet, so kann man durch ein Flintenrohr, welches man unter dem Tümpel mitten in den Heerd einführt, die Entzündung befördern. Das Flintenrohr leitet die einströmende Luft mitten in die Kohlen und verhindert, daß die Flächen des Gestelles nicht davon berührt werden. In dem Verhältniß, wie die Kohlen niederbrennen, werden sie auf der Gicht nachgeschüttet, wobei der Ofen unten geschlossen bleibt, der Vorheerd aber täglich durch Wegnahme der darauf liegenden Eisenplatte, um die im Heerde angesammelten Schlacken und Asche herauszunehmen, geöffnet wird. Mit einem eisernen Haken werden so viel glühende Kohlen aus dem Gestell in den Vorheerd gezogen, bis dieser ganz angefüllt ist, die Platte dann wieder aufgedeckt und mit Lehm verstrichen, damit sie wieder fest schließt. Wenn das Gestell durch den Ueberzug und durch die Mauerziegel geschützt ist, so ist dies periodische Oeffnen des Vorheerdes, welches außerdem so schnell als möglich geschehen muß, nicht nachtheilig. Auf diese Art fährt man mit dem Nachfüllen von leeren Gichten, und mit dem Abwärmen so lange fort, als man es nöthig findet. So lange aus den Zügen, und vorzüglich aus denen unter dem Bodenstein, noch Dämpfe und Feuchtigkeit entweichen, muß mit dem Setzen der leeren und stillen Gichten fortgefahren werden. Sind Schacht und Gestell hinreichend erwärmt und findet man, daß die Züge um den Kernschacht und das Rauhgemäuer noch so viele Feuchtigkeit enthalten, daß das Anblasen des Ofens noch nicht rathsam ist, und das Abwärmen mehre Wochen lang fortgesetzt werden muß, so kann man die Gicht mit einer eisernen Platte zudecken, wodurch sich die Wärme mehr in das Gemäuer des Ofens verbreitet, das Abwärmen beschleunigt und das Nachfüllen der Gichten, so wie der Kohlenverbrand sehr vermindert werden. Die Asche und die Schlacke, welche sich bei dieser Art des Anwärmens, im Gestell und vorzüglich auf dem Boden desselben ansetzen, lösen sich in den ersten Tagen des Betriebes durch die Hitze des flüssigen Eisens wieder auf, wobei man nur dahin zu sehen hat, daß in den ersten 8 Tagen der Heerd so voll Eisen gehalten wird, als möglich, wodurch er sich am schnellsten erhitzt und reinigt.

Man wendet in einigen Gegenden beim Abwärmen der Oefen die Methode an, daß man den Ofen voll Kohlen füllt und diese oben auf der Gicht anzündet, so daß sich das Feuer herunterziehen muß. Der Zug wird durch den mit Stein- oder Eisenplatten verschlossenen Vorheerd sogleich gehemmt, sobald die Kohlen sich entzündet haben. Auch die Gicht ist mit Roheisenplatten belegt, und der Luftzug wird dem Ofen durch einige Löcher in den Gichtplatten, und durch die von Zeit zu Zeit erfolgende Oeffnung der Platten, mit denen der Vorheerd belegt ist, mitgetheilt. Bei dieser Methode geschieht das Anwärmen zwar langsam, allein das Gestell wird dadurch mit zäher Schlacke und mit verschlackter Asche überladen, so daß oft mehre Wochen erforderlich sind, um es rein zu erhalten. Die niederbrennenden Kohlen werden von Zeit zu Zeit durch neue ersetzt; es muß aber dafür gesorgt werden, daß das Feuer wegen Mangel an Zug nicht verlösche. Bei neuen Schächten ist man oft genöthigt, das Anzünden des sich entwickelnden Rauches oben auf der Gicht öfter vorzunehmen, wobei jedesmal eine kleine Explosion von der Gicht bis zum Gestell stattfindet. Diese Methode, die Oefen abzuwärmen, hat den Nachtheil, daß sich beim Anzünden von oben die ganze Feuchtigkeit des Ofens herunterzieht.

§. 654.

Nach dem Anlassen des Gebläses oder nach dem erfolgten A n b l a s e n des Hohofens ist besonders dahin zu sehen, die Massen im Vorheerd und im ganzen Untergestell locker zu erhalten, damit sich die geschmolzene Beschickung gut lagert und den Raum des Untergestelles ausfüllt. So lange sich noch nicht Schlacke genug im Untergestell angesammelt hat, muß der offene Vorheerd zwischen dem Wallstein und dem Tümpel sorgfältig mit leichtem und schwerem Gestübbe, bei starkem Gebläse auch wohl mit Lehm verstopft werden, damit möglichst wenig Hitze verloren geht. Wo der Wallstein so hoch liegt, daß die Schlacke nicht von selbst über ihm ablaufen kann, ist es nothwendig, die Schlacke abzuwerfen, sobald sie die Formhöhe erreicht hat. Der Vorheerd wird mit Brechstangen gelüftet, die obere Masse mit der Krücke oder mit der Ofengabel oder Schlakkengabel abgehoben, und die flüssige Schlacke mit dem Schlakkenhaken, oder mit der Schaufel, oder mit der Kratze aus dem Hintergestell vorgezogen und weggeschafft. Die am Tümpel oder an den Backenstücken angeschmolzenen Massen werden sorgfältig abgestoßen, und das Gestell überhaupt bis zum Rückstein mit der Brechstange untersucht, ob sich irgendwo angeschmolzene Massen, oder Klumpen von heruntergefallenen Gestell-, Rast- oder Schachtsteinen, oder von ungeschmolzenem Erz, im Gestell befinden. Diese Arbeit muß möglichst schnell verrichtet werden, um den Vorheerd nicht abzukühlen. Dieser wird dann wieder mit Gestübbe bedeckt, und das Arbeiten im Gestell bleibt so lange ausgesetzt, bis die Schlacke wieder aufgestiegen ist. Wo die Schlacke aber vonselbst über den Wallstein abfließen soll, muß der Vorheerd zuerst etwas fester zugemacht werden, um die Schlacke länger im Heerde zurückzuhalten und sie flüssiger zu machen, worauf man, sobald sie bis zur Form angestiegen ist, vorn bei der Schlackenspur im Wallstein, mit der Brechstange ein Loch in die Lehmdecke des Vorderheerds stößt und sie zum Abfließen veranlaßt. Dieses Verfahren ist dem Abwerfen der Schlacke vorzuziehen, theils weil durch den dichteren Vorheerd weniger Hitze verloren geht, theils weil die Schlacke durch das längere Stehen im Ofen hitziger und flüssiger wird und die sich abscheidenden Eisenkörnchen besser durchfallen läßt, wogegen eine zähe Schlacke immer viel Eisenkörner mechanisch zurückhält. Bei großen Gestellen, also auch bei großen Vordergestellen, darf man den Wind nicht ganz vom Vorheerd abhalten, weil dieser sonst zu kalt bleiben und zum Erstarren des Eisens und der Schlacke Anlaß geben würde. Es ist dann vorzüglich auf die Lockerheit des Vorheerdes zu sehen, und man muß den Wind jedesmal, vor dem Verstopfen des Vorheerdes mit Lehm, durch den Vorheerd blasen lassen, um ihn recht zu erhitzen.

§. 655.

Bei Holzkohlenöfen, welche bei einem guten Gange keine strengflüssige Schlacke geben, ist das Abwerfen oder Laufenlassen der Schlacke und das Reinigen des Gestelles keine schwere Arbeit. Bei den mit Koaks betriebenen Oefen wird das Reinigen des Gestelles aber durch die Lösche der Kohlen und durch die steife Schlacke oft ungemein erschwert. Vorzüglich macht es die Lösche (Faserkohle, zuweilen auch nur pulverartig zertrümmerte Koaks) nothwendig, die Gestelle von Zeit zu Zeit genau und gründlich zu reinigen, weil die Lösche sich sonst sehr anhäufen, sich in die Schlacke einwickeln, und diese so zähe machen würde, daß sie mit der größten Mühe nicht mehr aus dem Gestell würde gebracht werden können. Man nennt das Reinigen der Gestelle in Schlesien das Ausarbeiten, und nimmt es bei den Koaköfen — um die Arbeiter zu einer gewissen Ordnung anzuhalten — regelmäßig alle 6 Stunden, also in 24 Stunden viermal, vor. Je mehr Schiefertheile die Koaks enthalten, und daher eine strengflüssige Schlacke geben, besonders aber, je mehr Lösche sie geben, desto nothwendiger wird es, das Ausarbeiten mit aller Sorgfalt vorzunehmen, vorzüglich wenn beim längeren Verlauf des Hohofenbetriebes die Gestelle schon etwas weit geworden sind und der Wind den Schmelzraum nicht durchdringen und zum vollkommenen Fluß der Schlacke beitragen kann.

Wenn zum Ausarbeiten geschritten werden soll, reinigt man die Form mit dem Formhaken, stellt sie mit dem Formvorsetzer zu und bricht die Schlackenmasse im Vorheerd vor dem Tümpel mit der Brechstange auf. Hier pflegen sich oft die Schlackenklumpen an den Vorderbacken, am Tümpeleisen und am Wallstein sehr fest zu setzen, so daß sie nur mit Mühe losgeschlagen werden können. Zu diesem Zweck sucht ein Arbeiter die flüssige Schlacke mit der Schlackenkratze über den Wallstein zu ziehen, während ein zweiter, seitwärts von ihm stehender, die an den Seiten der Vorderbacken angesetzten Schlakkenmassen mit einer kleinen Brechstange abzustoßen bemüht ist. Die abgelöste und über den Wallstein gezogene Schlacke wird, nachdem sie durch Begießen mit Wasser etwas abgekühlt worden ist, mit dem Schlackenhaken fortgeschafft und aus der Hütte gebracht. Nach erfolgter Reinigung des Vorheerdes wird zur Reinigung des Hintergestelles geschritten, zu welchem Ende zwei große Brechstangen auf beiden Seiten des Gestelles, oder längs den Backensteinen, bis zum Rückstein gestoßen, vorn gegen das Tümpeleisen niedergedrückt, und, mit convergirender Richtung ihrer im Gestelle befindlichen Enden, mit großer Anstrengung der Arbeiter aus dem Gestell gezogen werden, um die im Hintergestell befindliche zähe Schlacke, in welcher sich die Lösche eingewickelt hat, bis zum Vorheerd vorzuschieben. Die vorgezogene Schlacke wird mit der Schaufel aus dem Vorheerde genommen, wobei ein Arbeiter immer mit einer Brechstange behülflich ist, um die Masse aufzulockern. Nur wenn die vorgeholte Schlacke sehr flüssig sein sollte, kann man sich der Krücke statt der Schaufel bedienen. Das Ziehen muß um so öfter wiederholt werden, je mehr Unreinigkeiten man im Heerde vermuthet, je weiter das Gestell ist, und je mehr Schlacke beim jedesmaligen Ziehen noch vorgebracht wird. Wenn die Schlacke steif, oder wenn nicht Schlacke genug im Ofen ist, so muß das Arbeiten mit der Krücke ganz unterbleiben, weil dadurch zu viel Koaks mit hervorgeholt werden. Das Ausarbeiten ist um so beschwerlicher, je weniger Eisen sich im Heerde befindet, weil durch das Eisen die ganze Masse mehr getragen und flüssiger erhalten wird. Wenn die Reinigung des Gestelles, welches immer vor dem jedesmaligen Abstechen des Eisens vorgenommen wird, erfolgt ist und wenn nicht abgestochen werden soll, nimmt man den Formvorsetzer wieder weg, läßt das Gebläse 1 bis 2 Minuten lang durch den Vorheerd gehen, theils um ihn zu erwärmen, theils um die noch im Gestelle befindliche Lösche ausblasen zu lassen, welche sich wie ein glühender Regen in dem Arbeitsgewölbe verbreitet, stellt dann die Form wieder zu, macht mit einer Brechstange den Vorheerd möglichst locker, zieht mit dem Kohlenhaken frische glühende Koaks aus dem Hintergestell nach vorn, beschüttet den Vorheerd mit schwerem Gestübbe, stampft noch etwas Lehm oben auf, und öffnet nun die Form, um den Wind wieder in den Schmelzraum zu leiten. Wenn aber nach erfolgter Reinigungsarbeit das Roheisen abgelassen werden soll, so geschieht das Ausblasen in demselben Augenblick, wenn der Stich geöffnet ist, und wird so lange fortgesetzt, bis alles Eisen ausgelaufen ist, worauf die Form wieder versetzt, der Stich gereinigt und geschlossen, dann der Vorheerd in Ordnung gebracht wird u. s. f. Bei einem schlechten Gange des Ofens, wobei sich das Gestell mit dünnflüssiger Schlacke anfüllt, die durch den Wind leicht kalt geblasen wird, und welche das Gestell theils angreift, theils versetzt, muß öfter, vielleicht alle 2 Stunden, ausgearbeitet werden. Dies muß alsdann aber sehr schnell geschehen, damit der Heerd möglichst wenig abgekühlt wird.

§. 656.

Der erste Abstich nach dem Anblasen erfolgt, nach der Größe des Gestelles, nach 1 bis 3 Tagen. Nicht selten pflegt das Eisen, vorzüglich bei den Koakshohenöfen, obgleich es bei dem reichlichsten Verhältniß der Kohlen zum Erz erblasen ist, bei dem ersten und zweiten, und wenn der Ofen nicht gut abgewärmt ist und einen neuen Schacht erhalten hat, auch noch bei einigen folgenden Abstichen, weißes Eisen zu geben, welches indeß bei den Holzkohlenöfen so leicht nicht vorkommt, wenn das Abwärmen mit Vorsicht geschehen ist. Die Ofenmauerung absorbirt nämlich in den ersten Tagen des Betriebes viel Hitze, und ein großer Theil Wärme muß noch zur Verflüchtigung von Feuchtigkeiten, welche beim Abwärmen zurückgeblieben sind, verwendet werden, weshalb der Schmelzraum nicht den Grad der Hitze enthält, der zur Umwandlung des weißen Roheisens in graues nothwendig ist. Deshalb kann der Ofen auch oft erst nach mehren Wochen zum vollen Satz gelangen, und man hat zu Anfange des Betriebes vorzüglich dahin zu sehen, daß die Kohlen nicht mit Erz überladen werden, um Versinterungen der Schmelzmasse vorzubeugen, deren Fortschaffung abermals die Abkühlung des kaum erwärmten Ofens veranlassen würde. In den ersten 14 Tagen des Betriebes muß daher mit dem Erzsatz vorsichtig und langsam gestiegen, und nur dann das Verhältniß des Erzes zu den Kohlen erhöhet werden, wenn sich ein völlig gaarer Gang einstellt, bis man zuletzt zu dem stärksten Erzsatz gelangt, den die Kohlen zu tragen vermögen, und welchen man beibehält, bis Umstände eine Verminderung desselben nothwendig machen. Wenn die Ofenmauerung im Verlauf eines gut geführten Betriebes so stark erhitzt ist, daß sie nicht mehr Wärme absorbirt, als durch die Wärmeleitung unvermeidlich verloren geht, so kann ein zufällig zu starker Erzsatz auf den Gang weniger nachtheilig wirken, weil der Schacht einen Theil der Hitze wieder abgiebt, und das Gleichgewicht wieder herstellt, in so fern nur nicht zu viele übersetzte (scharfe) Gichten hinter einander folgen, durch welche eine Verminderung der Hitze im Ofen unvermeidlich herbeigeführt wird. Ist die Rauhmauer des Ofens sehr dick und mit guten Füllungen und Abzüchten versehen, so erfordert sie zuerst allerdings mehr Wärme, oder der Ofen kann später zum vollen Erzsatz gelangen; allein der Gang wird gleichartiger, und einzelne scharfe Gichten zeigen einen weniger nachtheiligen Einfluß, als bei schwachen und mit Füllungen nicht versehenen Ofenkörpern. Es ist daher auch nicht unwichtig, daß die Oefen frei und isolirt stehen, um die erhaltene Wärme nur an der Luft abzusetzen; ein Ofen, dessen Schacht in einen Felsen eingehauen wäre, würde niemals zum vollen Erzsatz gelangen, weil der ganze Felsen zugleich mit erhitzt werden müßte.

§. 657.

Die Arbeiten bei den Schachtöfen mit offener und geschlossener Brust sind ganz übereinstimmend, nur daß sie bei diesem mit einer geringeren Sorgfalt ungestraft ausgeführt werden, weil man sich der Blauofenzustellung nur bei leichtflüssigen Beschickungen bedient und sie beim ungleich schwierigeren Betriebe der Hohöfen mit Koaks niemals anwendet. Nächst den Arbeiten, welche die Reinigung der Schmelzräume veranlaßt, bestehen die übrigen Arbeiten bei den Schmelzöfen besonders darin, den auf der Gichtöffnung durch das Niedersinken der Schichten entstehenden Raum, wieder mit neuen Kohlen- und Erzgichten anzufüllen. Beim Eintragen und Nachfüllen (Aufgeben) der Gichten ist es nöthig, die Vorsicht anzuwenden, daß die Beschickung nicht tiefer in den Schacht rückt, als der Raum beträgt, den die für jeden Ofen übliche Kohlen- und Erzgicht zusammen einnehmen. An einigen Orten ist das sogenannte Gichtmaaß (eine im rechten Winkel gebogene Eisenstange) üblich, welches die Tiefe anzeigt, bis zu welcher die Gichten niedersinken können, ehe eine neue Gicht aufgegeben wird. Läßt man die Gichten tiefer als das Volumen einer beschickten Gicht beträgt, niedergehen, und füllt man den Ofen dann mit mehren Gichten auf einmal an, so ist eine starke Abkühlung des Schachtes nicht zu vermeiden. Nur bei sehr großen Oefen mit starken Gebläsen, die einen sehr schnellen Gichtenwechsel veranlassen, läßt sich ein so sorgfältiges Verfahren beim Aufgeben nicht anwenden, sondern man giebt die Schmelzmaterialien an den 4 oder 5 verschiedenen Seiten der Gichtöffnung wechselsweise auf, um nur dahin zu gelangen, daß der Ofen voll erhalten wird.

Die Kohlen müssen im möglichst trocknen Zustande angewendet werden, weshalb sie (besonders im Winter) aus Schuppen zu nehmen sind. Wo die Brennmaterialien nach dem Maaß, und nicht nach dem Gewicht aufgegeben werden, da ist vorzüglich darauf zu sehen, daß das Maaß jederzeit gleich bleibe. Am besten erreicht man den Zweck durch eiserne Fässer (Gichtfässer), welche aus starkem Eisenblech zusammengesetzt sind, auf vier niedrigen gegossenen eisernen Rädern laufen, einen beweglichen, durch einen einfachen Mechanismus zum Oeffnen und Schließen eingerichteten Boden haben, mittelst eiserner Straßschienen über die Gicht des Ofens gefahren, und dort durch Oeffnung des Bodens ihres Inhalts entledigt werden. Ein solcher Gichtenwagen ist auf den Zeichnungen Fig. 11. a — d Taf. XX. dargestellt. Bei der Anwendung von Koaks ist diese Einrichtung vorzüglich nothwendig, weil eine geringere Abweichung in der Quantität, für jede Gicht von größeren Folgen ist, als bei Holzkohlen; sie ist aber auch leichter zu treffen, weil die Koakgichten, wegen des größeren specifischen Gewichtes der Koaks, kleiner sind als die Holzkohlengichten, folglich auch nur kleinere Füllfässer nöthig machen. Wo so große Gichten üblich sind, daß das Gichtfaß wegen der erforderlichen Größe und Schwere unanwendbar wird, wendet man geaichte hölzerne Kohlenkarren an. Solcher Karren bedient man sich auch, um eine Quantität abgemessener Kohlengichten im Vorrath zu haben, indem der Inhalt einer jeden Karre jedesmal in das eiserne Gichtfaß geschüttet wird, wenn eine Kohlengicht aufgegeben werden soll, weil man die hölzernen Karren der Wirkung der Gichtflamme nicht aussetzen kann und die Anschaffung einer großen Anzahl von eisernen Fässern mit ihren Gestellwagen zu kostbar seyn würde, es gleichwohl nöthig ist, die Arbeit des Aufgebens zu beschleunigen. Es muß daher auch für Räume gesorgt werden, um eine Anzahl von solchen gefüllten hölzernen Kohlenkarren in der Nähe der Gicht unterzubringen. Diese Vorsicht ist besonders nöthig, wenn die Verkoakungsplätze entfernt sind, auch um die Arbeiten des Aufgebens zur Nachtzeit ungestört fortgehen lassen zu können. — Die Menge der Holzkohlen zu jeder Gicht nach der Anzahl der Schwingen (von Holzspänen geflochtenen Körben) zu bestimmen, ist sehr unvollkommen, theils weil die Schwingen stets einen verschiedenen räumlichen Inhalt haben, theils weil der Arbeiter nicht im Stande ist, eine Schwinge eben so voll als die andere einzuziehen.

Bei dem Eintragen (Aufgeben) der Gichten wird auf allen Hüttenwerken, wo die Größe der Kohlengicht nicht nach dem Gewicht, sondern nach dem Volumen bestimmt worden ist, stets dieselbe Quantität Holzkohlen oder Koaks zu einer Gicht beibehalten, der Erzsatz aber schwerer oder leichter eingerichtet, wie es die Umstände erfordern. Wenn man immer gleiche Kohlen und Erze zu verarbeiten hat, so sollte das Erzquantum, welches man, bei der nach und nach erfolgten Erhöhung des Erzsatzes, zuletzt als das größte, welches die Kohlen bei einem völlig erwärmten Ofen zu tragen vermögen, aufgefunden hat, beständig unabgeändert beibehalten werden können. Der veränderliche Feuchtigkeitsgehalt der Kohlen und der Erze, besonders aber die nach und nach erfolgenden Erweiterungen des Schmelzraums, schadhafte Stellen in den Schacht- oder Rastmauerungen, der ungleiche Effekt der Gebläse bei verschiedenen Feuchtigkeitszuständen und Temperaturen der Atmosphäre, Nachlässigkeiten der Arbeiter und andere zufällige Umstände machen es indeß nicht selten nothwendig, den Erzsatz zu vermindern, um stets Roheisen von einerlei Beschaffenheit zu erzeugen, den Ofen in gleicher Hitze zu erhalten und Versetzungen im Schmelz- und Schachtraum zu vermeiden. Häufig sind die Umstände, welche eine Verminderung des Erzsatzes nothwendig machen, nur vorübergehend, und dann läßt sich das Verhältniß des Erzes zu den Kohlen mit Vorsicht wieder erhöhen. Bei großen Oefen findet dies Fallen und Steigen des Erzsatzes seltener statt; kleinere Oefen sind diesen Veränderungen aber mehr ausgesetzt, weshalb auch das Roheisen in niedrigen Oefen ungleichartiger ausfällt. Diese Veränderlichkeit des Verhältnisses der Erz- zu den Kohlengichten wird sich daher niemals vermeiden lassen, und es ist nur zu untersuchen, ob es zweckmäßiger ist, die Erzgicht oder die Kohlengicht unverändert beizubehalten, und jene oder diese als die veränderliche und von dem Gange des Ofens abhängige Größe zu behandeln. Die Größe der Kohlengichten nach dem Volumen zu bestimmen, ist dort wohl zu entschuldigen, wo Holzkohlen oder Koaks von ziemlich gleich bleibender Beschaffenheit verarbeitet werden, und dann ist es unbezweifelt vorzuziehen, die Größe der Erzgicht nach den Verhältnissen des Ofenganges abzuändern, weil die atmosphärischen Einflüsse weniger das Volumen als das Gewicht des Brennmaterials verändern und weil von diesen Gewichtsveränderungen die Beschickungen in einem ungleich geringeren Grade als die Kohlen betroffen werden. Wird die Größe der Kohlengicht nach dem Gewicht bestimmt, so pflegt man zuweilen das Kohlengewicht für die Gichten den Umständen gemäß abzuändern und die Erzgichten unverändert zu lassen. Allerdings sollte man glauben, daß das Gewicht, eben so wie bei der Beschickung auch bei dem Brennmaterial, ein zuverläßigeres Mittel zur Bestimmung der für jede Gicht anzuwendenden Quantität abgeben werde, als das Volumen, weil das wahre Volumen nicht bloß von der Art des Messens, sondern auch sogar von der Größe und äußeren Gestalt des Brennmaterials abhängig ist, und in der

That würde es schwierig seyn, zu entscheiden, ob bei Bestimmung der Größe der Kohlengichten nach dem Volumen oder nach dem Gewicht, eine größere Unzuverlässigkeit statt findet. In dem einen wie in dem andern Fall wird eine völlige Gleichwerthigkeit der Kohlengichten niemals zu erlangen seyn. Dennoch dürfte die Bestimmung der Kohlengicht nach dem Gewicht und nicht nach dem Volumen, wohl mehr Gründe für sich haben. Nothwendig sollte man aber für jede Kohlengicht ein bestimmtes Gewicht und nicht ein bestimmtes Maaß in dem Fall anwenden, wenn gemischte Kohlen d. h. Kohlen von hartem und weichem Holz, oder Koaks, die aus verschiedenen Arten von Steinkohlen, oder auch bei einer und derselben Steinkohle durch einen verschiedenartigen Verkoakungsprozeß dargestellt sind, verarbeitet werden. Werden aber auch die Kohlengichten nach dem Gewicht und nicht nach dem Maaß normirt, so dürfte es immer vorzuziehen seyn, die Kohlengicht als die unveränderliche Größe beim Aufgeben der Gichten zu behandeln und den Erzsatz zu steigern oder zu verkleinern, je nachdem der Gang des Ofens es erfordert.

Auch die Größe der Kohlen ist nicht gleichgültig. Große Kohlen veranlassen viel Zwischenräume, und bewirken sehr leicht ein Durchlaufen der Erze; zu kleine Kohlen (Gestübbe) sind nicht allein immer mit vielem Sande verunreinigt, sondern sie erschweren das Aufsteigen der Gase und verglimmen ohne Wirkung. Die kleinen Gruskohlen müssen daher mit einem Rechen ausgehalten, und das Gestübbe zum Erzrösten, zum Bestreuen des Vorheerds u. s. f. benutzt werden. Sehr große Kohlen müssen zerschlagen werden, wobei noch außerdem darauf zu sehen ist, daß sie beim Aufgeben unten, die kleineren aber oben zu liegen kommen. Sehr zerkleinerte Koaks sind besonders höchst nachtheilig, indem sie, wenn sie sich im Schmelzraum anhäufen, zu Versinterungen und Versetzungen des Gestelles und auf der Rast Veranlassung geben.

§. 658.

Unmittelbar nachdem die Kohlengicht eingetragen ist, wird auch die Erzgicht aufgegeben. Dies geschieht (bei kleinen Oefen) entweder mit Schaufeln oder mit Trögen (oder Kästchen), oder auch (bei größeren Oefen) mit Laufkarren, welche ein gewisses Maaß oder Gewicht halten, so daß zu jeder Gicht eine bestimmte Anzahl von Schaufeln oder Kästchen angewendet wird. Besser ist es, die für jede Gicht abgewogene Quantität Erz in ein eisernes Gichtfaß zu bringen, und dasselbe über der Gicht auszuleeren (§. 657.). Das Aufgeben der Erzsätze nach dem Volum, oder nach einer gewissen Anzahl von Schaufeln und Trögen, ist sehr verwerflich, theils weil die Schaufeln niemals eine ganz gleiche Quantität Erz enthalten, theils weil dabei auf den Feuchtigkeitszustand der Erze nicht Rücksicht genommen werden kann. Je kleiner der Inhalt der Gefäße ist, je mehr davon also zu einer Gicht angewendet werden, desto mehr häuft sich die aus dem Aufgeben nach dem Volumen entspringende Mangelhaftigkeit. Wo die Vorrichtungen nicht so getroffen sind, die zu jeder Gicht genau abgewogene Quantität Erz und Zuschläge in ein Gichtfaß zu schütten und den ganzen Satz mit Einemmal aufzugeben, müssen wenigstens die Gefäße, in welche der Erzsatz gebracht wird, genau abgewogen, und der jedesmalige Erzsatz alsdann in die Kästchen hineingewogen werden. An manchen Orten, wo das Aufgeben mit Lauf- oder Aufgebekarren verrichtet wird, hat man die zweckmäßige Einrichtung getroffen, die tarirte und mit Erz angefüllte Karre vor dem Aufgeben auf einer Schnellwage abzuwiegen und nach dem Ergebniß des Abwiegens mehr Erz hinzuthun, oder so viel Erz wegzunehmen, als sich zufällig zu viel in der Karre befindet.

Je niedriger und kleiner die Oefen sind, desto nachtheiliger ist die Wirkung, welche grob gepochte oder schlecht geröstete Eisenerze, oder sehr nasse Erze, auf den Gang des Ofens äußern, theils weil die Erze nicht hinreichend vorbereitet werden können, ehe sie in den Schmelzraum gelangen und dann unvollständig reducirt werden, theils weil sie den Ofen sehr abkühlen, indem die zur Verdampfung der Feuchtigkeit erforderliche Hitze nicht so leicht als in einem höheren Ofen ersetzt wird. Strengflüssige, oder auch schlecht geröstete und in zu großen Stücken aufgegebene Erze können daher, bei einem reichlichen Verhältniß der Kohlen zum Erz, einen übersetzten Gang und scharfe Schlacke veranlassen, wohl gar verschlackt und halbgeschmolzen aus dem Gestell ausgearbeitet werden. Ein solcher Gang des Ofens hat einen großen Materialienaufwand, die Entstehung von sehr ungleichartigem Roheisen und sehr oft auch Versetzungen im Heerde und Kaltblasen der Schlacke zur Folge. Nasse Erze kühlen den Ofen außerordentlich ab, und man wird bei nassen Erzen oft genöthigt, beträchtlich am Satz abzubrechen, um den Ofen in Hitze zu erhalten. Ockrige und mulmige Erze, welche die Feuchtigkeit hartnäckig zurückhalten und die sich nur schwer trocknen lassen, erfordern besonders große Aufmerksamkeit. Sind die feuchten Erze zugleich sehr lettig, so ballen sie wohl gar zusammen und geben dann zur Entstehung von sogenannten Klumpen im Heerde Anlaß. Diese Klumpen bestehen aus einem Gemenge von zäher Schlacke und halb reducirten Erzen, welche das Gestell versetzen, wenn sie nicht mit Sorgfalt fortgeschafft werden. Ereignet sich dieser Zufall bei Koakhohöfen, und sind die Koaks, welche man anwendet sehr unrein, oder erzeugen sie viel Lösche im Heerde, so wird die Gefahr noch größer, und der Ofen kühlt sich theils durch die nassen Erze, theils durch das nothwendige häufige Ausarbeiten im Heerde zuletzt so ab, daß ihm die verlorene Hitze, ungeachtet der Verminderung der Erzsätze, nur schwer wieder mitzutheilen ist.

Die Erze werden entweder für sich verschmolzen, oder sie werden gattirt und beschickt. Im ersten Fall sind sie von Natur leichtflüssig und oft in dem Grade, daß sich kaum graues Roheisen daraus darstellen läßt. Deshalb erhält man aus manchen sehr leichtflüssigen und reichen Erzen, auch bei dem reichlichsten Verhältniß der Kohlen zum Erz, kein ganz graues Roheisen, und zwar um so weniger, je mehr das Gebläse verstärkt und der Schmelzpunkt erhöhet wird. Soll aus solchen Erzen graues Roheisen erzeugt werden, so muß die Schmelzung bei schwachem Winde geschehen, wobei die Kohlen nicht ihre volle Wirksamkeit äußern, und auch nur wenig Eisen gewonnen wird, weshalb sie zweckmäßig nur in Oefen mit niedrigen Obergestellen verschmolzen werden, wobei wegen der geringeren Hitze eine spätere Schmelzung erfolgt. Sollen sie aber z. B. wegen des Gießereibetriebes, auf graues Roheisen benutzt werden, so müssen sie durch eine zweckmäßige Beschickung strengflüssiger gemacht und in Oefen mit hohem Obergestell verschmolzen werden. Ueberhaupt ist die Verschmelzung reicher und leichtflüssiger Erze in Hohöfen nur dann besonders vortheilhaft, wenn man sie mit ärmeren gattiren kann, weil das aus ihnen dargestellte Roheisen, wegen Mangel an Schlacke, nicht gegen die Wirkungen der Gebläseluft geschützt werden kann.

Bei der Gattirung der Erze beabsichtigt man entweder die reicheren mit den ärmeren, oder die leichtflüssigeren mit den strengflüssigeren zu verschmelzen, oder ein nicht gutartiges Erz in geringen Quantitäten mit durchzusetzen; oder man hat keine andere Absicht, als die Benutzung der vorhandenen verschiedenen Erze. Die Beschickung oder die Art der Zuschläge richtet sich nach der Beschaffenheit der Erze. Die Quantität des Zuschlags kann nur durch Versuche und Erfahrungen bestimmt werden. Ein nicht gut gewähltes Verhältniß des Zuschlags giebt sich bald durch eine zähe Schlacke bei sonst gaarem Gange; eine zu große Flüssigkeit der Beschickung, durch eine sehr dünnflüssige aber rohe Schlacke, mit welcher beim gaarsten Gange die Erzeugung von weißem Roheisen verbunden ist, zu erkennen. Im Allgemeinen ist dasjenige Verhältniß des Zuschlages, bei welchem die Kohlen unter gleichen Umständen, d. h. bei gleich bleibender Erzgattirung und bei einerlei Graden der Temperatur des Ofens, den höchsten Erzsatz vertragen und dabei eine vollständige Scheidung des Eisens von der Schlacke bewirken, das richtigste und zweckmäßigste.

Die zu verschmelzenden Erze werden im Gichthause oder auf dem Gichtboden ausgebreitet und Schichtenweise mit anderen Erzen, mit denen sie gattirt werden sollen, so wie mit dem anzuwendenden Zuschlage, in den durch die Erfahrung u. s. w. vorgeschriebenen Verhältnissen und Quantitäten gleichförmig vermengt, so daß von der beschickten Masse zu jeder Gicht die nöthige Quantität abgenommen wird. Dies geschieht indeß nur da, wo die Erze nicht abgewogen, sondern dem Maaß nach aufgegeben werden. Der Ort, wo die Beschickung vorgenommen wird, heißt an mehren Orten der Möllerboden, die fertige Beschickung selbst die Möllerung, und der räumliche Umfang derselben das Möllerbette. Wo die Erze aber dem Gewicht nach aufgegeben werden, kann zwar auch eine Schichtung der verschiedenen zu gattirenden Erze stattfinden; allein der Zuschlag wird immer, und oft auch jede Erzgattung, für sich allein abgewogen. Niemals sollte die zu einer Gicht erforderliche Erzmenge nach dem Volum, sondern jederzeit nach dem Gewicht bestimmt werden.

Die Erzgichten müssen, eben sowohl als die Kohlengichten, auf der Gicht gerade gezogen und völlig eben ausgebreitet werden. Nur bei sehr kleinen Kohlen, bei dicht liegenden okrigen Erzen und bei hohen, oben auf der Gicht nicht stark zusammen gezogenen Oefen, wenn man das Sticken des Luftstroms zu befürchten Ursache hat, wird das Erz in der Mitte des Gichtraums auf einen Haufen geschüttet, damit die Flamme an den Schachtwänden leichter in die Höhe steigen kann. Die Erzgicht auf eine Seite der Gicht zu bringen, um bei einer

Fehlerhaftigkeit der Rast oder des Schachtes, oder bei ungleichen Neigungswinkeln der Rast, dem Luftstrom auf der entgegengesetzten Seite einen Ausweg zu verschaffen, ist ein nicht zu empfehlendes, auch ganz unwirksames Mittel, wodurch häufig nur Versetzungen, Kippen und Hängenbleiben der Gichten herbeigeführt werden.

Wo eine förmliche Möllerung stattfindet, da ist der Zuschlag schon mit den Erzen geschichtet oder gemengt. In den meisten Fällen werden aber die Erzgichten und die für dieselben bestimmten Zuschläge besonders abgewogen und dann muß die Mengung erst auf der Gicht selbst, nämlich beim Aufgeben der Beschickung geschehen, wobei dann auf die möglichst gleichmäßige Vertheilung des Flusses zu sehen und derselbe gleichförmig über die Erzgicht auszubreiten ist.

Bei der Anlage eines Hohofens müssen die Räume berücksichtigt werden, welche erforderlich sind, entweder um die Gattirung and Beschickung (Möllerung) der Erze vorzunehmen, oder die zu verschmelzenden Erze und Zuschläge zum Abwägen für jede Gicht in Bereitschaft zu haben. Diese Räume müssen der Gicht, oder auch dem Punkt im Gichtenhause, von welchem die Schmelzmaterialien der Gicht zugeführt werden, möglichst nahe seyn.

§. 659.

Das Volumen, oder die Menge von Kohlen, welche man zu einer Gicht anwendet, wird besonders von der Weite des Ofens und von dem Verhältniß des Durchmessers der Gichtöffnung zum Durchmesser des Kohlensacks abhängig seyn. Sehr große Kohlengichten haben den Nachtheil, daß der obere Theil des Schachts, vorzüglich bei engen Gichten, sehr abgekühlt wird, welches besonders bei dem Verschmelzen zinkischer Eisenerze schädlich ist, weil durch die Abkühlung das Ansetzen des Ofenbruchs befördert wird. Sehr kleine Gichten verursachen dagegen das Durchlaufen der Erze, und können ein Rücken und

Kippen der Gichten bewirken. Auch sollte man glauben, daß eine kleine Kohlenmasse durch den Erzsatz leichter an die Seite gedrückt, und daß dadurch eher ein ungleichartiger Gang des Ofens veranlaßt würde, als bei größeren Kohlenmassen. Diese Betrachtung scheint indeß nicht ganz richtig, weil die Erz- und Kohlensätze immer in einem bestimmten Verhältniß zu einander stehen und ein schwererer Erzsatz bei größeren Kohlengichten daher leichter die Kohlen seitwärts drücken wird. Je mehr sich dagegen die Kohlengicht von der Gicht bis zum Kohlensack ausbreiten soll, desto größer muß sie seyn, um das Durchrollen der Erze zu verhindern. Leichte und leicht zerreibliche oder zerdrückbare Kohlen erfordern größere Kohlengichten als feste Kohlen. Auch müssen die Kohlengichten größer seyn, wenn sich der Schacht von der Gicht bis zum Kohlensack schneller erweitert, als wenn die Erweiterung des Schachtes allmälig erfolgt. Größere Kohlengichten befördern im Allgemeinen das schnellere Ausströmen der Gase aus der Gicht, aber jederzeit auf Unkosten des Brennmaterials, und zwar aus demselben Grunde, aus welchem enge Gichtöffnungen nachtheilig auf den Verbrauch des Brennmaterials wirken, obgleich sich dies üble Verhältniß, bei leichten Kohlen und bei sehr dicht liegenden, ockrigen und mulmigen, besonders aber bei lettigen Erzen, nicht vermeiden läßt.

Die Kohlengicht soll die Erzgicht ganz eigentlich tragen und sie zum Schmelzen vorbereiten. Je größer die Kohlenmasse ist, welche über einander liegt, desto mehr sollte dieser Zweck erreicht werden können, wenn ein ganz regelmäßiges Niedergehen der Schichten statt finden könnte, und wenn das schwere Erz die Kohlenschicht nicht seitwärts schöbe oder durchdrückte.

Bei 30 bis 40 Fuß hohen und 6 bis 8 Fuß im Kohlensack weiten Hohöfen, werden, bei Holzkohlen, Kohlengichten von 28 bis 30 Kubikf. Preuß. angewendet. Sind entweder die Gichtöffnungen weit, oder ist überhaupt das Verhältniß des Durchmessers des Kohlensacks zur Gichtöffnung geringe, so wird man mit Vortheil kleinere Kohlengichten anwenden, weil das Seitwärtsschieben der Kohlen weniger zu besorgen ist. Große Kohlengichten können überhaupt nur den Vortheil gewähren, daß sie den Luftzug und daher auch das schnellere Niedergehen der Gichten befördern; weil dies aber immer nur auf Unkosten des Brennmaterials geschehen kann, so sollte die Kohlengicht niemals größer seyn, als es der Druck der Schmelzsäule im Ofenschacht nothwendig erfordert. Kleinere Kohlengichten werden daher zur Ersparung an Brennmaterial führen, obgleich sie den Gichtenwechsel, also die Quantität der Roheisenerzeugung in einer gewissen Zeit vermindern. Bei guten und festen Holzkohlen und bei locker liegenden Erzen, werden sich, mit bedeutendem Gewinn an Kohlen, kleine Kohlengichten von 15 bis 20 Kubikfuß anwenden lassen, und die Erfahrung scheint es allgemein zu bestätigen, daß große Kohlengichten einen größeren Kohlenverbrauch zur Folge haben. In Schweden und Norwegen werden 50 Kubikf. bei 30füßigen Oefen genommen, und am Ural sind Kohlengichten von 80Kubikf. bei einer Höhe der Schächte von 40 Fuß, und bei einer Weite im Kohlensack von 8 Fuß, nicht ungewöhnlich. Erwägt man, daß ein großer Theil der Kohlen in dem Augenblick, wenn die Gicht aus dem Kohlensack in die Rast tritt, schon verzehrt, und daß die Beschickung durch das Weichwerden schon sehr zusammengerückt ist; so mögte es wohl vortheilhaft seyn, wenn die Kohlen noch eine hinreichend dichte Lage bilden, um die erweichte Masse der Beschickung nicht durchfallen zu lassen. Bei einem 8 Fuß im Kohlensack weiten Schacht, welcher über 50 Quadratfuß Flächeninhalt hat, würde die Kohlengicht von 50 Kubikf. nur 12 Zoll hoch liegen, wenn sie bis dahin nicht theils durch das Glühen, theils durch den mechanischen Druck noch weit mehr zusammengedrängt würde. Die Gichten von 50 Kubikfuß würden daher nicht zu groß erscheinen, wenn nicht zu berücksichtigen wäre, daß die Schichten vom Kohlensack bis an das Gestell schnell und sehr bedeutend wieder zusammengezogen werden.

Bei der Anwendung von Koaks werden, bei 40 Fuß hohen und 10 bis 12 Fuß im Kohlensack weiten Schächten, Koaksgichten von 12 Kubikfuß räumlichem Inhalt genügen. Bei größerer Weite der Schächte kann der Kubikinhalt der Koakgicht bis 20 Kubikfuß steigen, welches jedoch auch nur in dem Fall nöthig zu seyn scheint, wenn man wegen der mulmigen und lettigen Beschaffenheit der Erze, enge Gichten im Verhältniß der Weite des Kohlensacks anzuwenden genöthigt ist.

§. 660.

Die Anzahl der Gichten, welche in 24 Stunden durchgesetzt (niedergeschmolzen) wird, richtet sich vorzüglich nach der Quantität des Windes, die dem Ofen zugeführt wird, und ist, wie sich von selbst versteht, von der Größe der Kohlengichten unmittelbar abhängig. Aber auch bei einem gleichbleibenden Effekt des Gebläses gehen bei gutem Gange des Ofens, und wenn derselbe in guter Hitze ist, mehr Gichten, als bei einem abgekühlten Ofen. Deshalb ist der Gichtengang in den ersten Wochen des Betriebes immer schwächer als in der Folge. Nasse Kohlen und nasse Erze verzögern den Gichtenwechsel aus demselben Grunde. Eine große Anhäufung der Schlacke im Heerde vermindert den Gichtenwechsel ebenfalls, weil der Wind zu großen Widerstand findet, und weil der Windstrom zu sehr gebrochen und von der unmittelbaren Einwirkung auf die Kohlen abgehalten wird. Dies ist vorzüglich bei der zähen Schlacke der Koaköfen der Fall, weshalb bei einem gut gereinigten Schmelzraum immer einige Gichten in einer gewissen Zeit mehr niedergehen, als bei einem durch Lösche und Schlacke verunreinigten Gestell. Schlacke, die bei einem sehr heißen und gaaren Ofengange steif wird und wenig Flüssigkeit zeigt, vermindert den Gichtengang. Eine große Windmasse, die der Ofen erhält, trägt nicht allein zu einem rascheren Gichtenwechsel, sondern auch zu einer vortheilhafteren Benutzung der Kohlen bei, indem die Kohlengichten stärkere Erzsätze tragen, als bei einer geringeren Windmenge, mit derselben Geschwindigkeit in den Schmelzraum geleitet. Besonders vortheilhaft für die Kohlenbenutzung ist aber die möglichste Vertheilung des Windstroms im Schmelzraum, nämlich die Anwendung von drei Formen, welche den Wind zu beiden Seiten der Ofenbrust, und derselben gegenüber, in den Schmelzraum leiten.

Bei kleinen Oefen mit schwachen Gebläsen können drei Arbeiter, der Schmelzer und zwei Arbeiter, welche die Gichten aufgeben, und die Kohlen so wie die Erze anrücken, vollkommen mit der Arbeit fertig werden. Bei größeren Oefen finden außer dem Schmelzer, noch vier Aufgeber, Gichtmacher und Erz- und Kohlenanrücker hinreichende Beschäftigung. Gewöhnlich bleiben diese Arbeiter 12 Stunden lang ununterbrochen in der Arbeit, und werden dann von anderen Arbeitern abgelößt, so daß kleine Oefen 2 Schmelzer und 4 Aufgeber und Gichtmacher, größere Oefen aber 2 Schmelzer und 6 bis 8 Gichtmacher, Aufgeber und Vorläufer beschäftigen. Unmittelbar zum Betriebe des Ofens sind nur die Schmelzer und Aufgeber nothwendig; die Einrichtungen bei der Gicht und örtliche Verhältnisse können eine größere Anzahl von Arbeiten, zur Herbeischaffung der Schmelzmaterialien und zum Hinaufbringen derselben auf die Gicht, erforderlich machen.

§. 661.

Wenn so viele Gichten niedergegangen sind, daß sich das Untergestell mit flüssigem Roheisen angefüllt hat, und daß nur noch wenig Raum zwischen der Oberfläche des Roheisens und zwischen der Form, für die Schlacke übrig bleibt, muß zum Abstich geschritten werden. Ehe dies geschieht, muß die Reinigung des Gestelles von allen angeschmolzenen Massen vorgenommen und die Form von der angesetzten Schlacke durch den Formhaken befreit werden. (§. 655.) Zuerst wird der Ablaßgraben fertig gemacht, welcher die Abstichöffnung mit dem Heerde, auf welchem das Roheisen sich ausbreiten soll, oder mit den Formen verbindet, in welche das flüssige Roheisen geleitet wird. Der Sandheerd wird nämlich mit der Schaufel aufgelockert, nöthigenfalls noch frischer Sand mit etwas Kohlenstaub aufgestreut, und in dem Sande eine Rinne gebildet, welche da, wo das Leistenblech des Vorheerdes aufhört, eine Erweiterung erhält, in der sich das Eisen ansammelt, und aus welcher es in die verschiedenen Formen vertheilt wird. Weil die Abstichöffnung schnell wieder verstopft werden muß, um den Vorheerd nicht erkalten zu lassen und den Stich selbst zu versetzen, so würde sich das ausströmende Roheisen zu schnell ausbreiten, und nicht in die Formen geleitet werden können, wenn der Ablaßgraben, bei dem starken Gefälle, das er nothwendig haben muß um das Eisen schnell aus dem Ofen fließen zu lassen, nicht mit einem solchen Reservoir versehen wäre. Gewöhnlich wird das Reservoir vorn durch eine eiserne Platte geschlossen, in welcher sich eine Oeffnung zum Durchlassen des Eisens befindet, die mit einer (mit Lehm überzogenen und dann getrockneten) eisernen Vorsetzschaufel mehr oder weniger geöffnet werden muß, so daß das Roheisen schneller oder langsamer in die Formen geleitet werden kann. Wenn der Ablaßgraben fertig ist, schreitet man zum Oeffnen des Stiches, indem zuerst der heiße Sand mit der Schaufel weggenommen, und dann die Stichöffnung, sobald sie sich mit einer rothglühenden Farbe deutlich zu erkennen giebt, mit einer Brechstange durchstoßen wird. Dies muß so tief als möglich geschehen, damit kein Eisen im Heerde stehen bleibt, weshalb die Stichöffnung auch immer im Niveau des Bodensteins liegen muß. Bei allen Arbeiten vor und kurz nach dem Abstich wird entweder die Form mit einem Vorsetzeisen geschlossen, oder das Gebläse in Stillstand gesetzt.

Zuweilen ist der Stich sehr versetzt und, besonders bei

einem kalten und rohen Gange, das zum Zumachen des Stichs angewendete Gestübbe mit erkalteter Frischeisen- und Schlackenmasse so sehr durchwachsen, daß es große Anstrengungen erfordert, um die Brechstange durchzuführen. Zuweilen erreichen diese Versetzungen einen so hohen Grad, daß der Stich völlig aufgehauen werden muß. Diese Arbeit ist nicht allein mühsam, sondern auch für den Ofen sehr nachtheilig, weil der Heerd dabei stark erkaltet und der Boden leidet. Deshalb ist es besonders erforderlich, den Stich in gutem Zustande zu erhalten, ihn nach dem Abstich sorgfältig zu reinigen, von allen angesetzten Eisen- und Schlackenmassen zu befreien, und ihn nicht mit Lehm oder mit Sand, sondern mit schwerem Gestübbe wieder zu verschließen. Ist der Stich nicht gehörig, sondern zu locker zugemacht, so kann, bei hitzigem Eisen im Gestell, und wenn der Druck desselben gegen die Seitenwände sehr groß wird, wohl der Fall eintreten, daß sich das Eisen selbst einen Ausweg sucht, oder daß der Stich ausreißt, welches sich indeß bei einiger Vorsicht leicht vermeiden läßt. — Ein gutes Mittel, eine stark versetzte Stichöffnung frei zu machen, ohne zu dem höchst beschwerlichen und dem Ofen unzuträglichen Aufhauen zu schreiten, besteht darin, daß man etwa eine Stunde vor dem Abstechen, in einer geringen Entfernung von der Stichöffnung, eine Schmiedeform mit eingelegtem bleiernen Windleitungsrohr, mit einer starken Neigung nach der Oeffnung des Stiches, einhängt, zwischen dem Stichloch und der Form Koaks schüttet und diese in Gluth setzt. Dabei muß aber der obere, nicht verwachsene Theil des Stiches mit einem Gemenge von Lehm und Sand außerhalb verschmiert werden, um das Durchbrennen des Gestübbes und das Ausbrechen des Eisens hier zu verhüten. Es bedarf nach erfolgtem Aufweichen des Stiches nur einer geringen Nachhülfe, um denselben unten frei zu bekommen, welches sonst, besonders wenn der Boden des Heerdes durch mattes Eisen auch schon aufgewachsen seyn sollte, mit großen Schwierigkeiten verbunden ist.

Sobald der Abstich erfolgt, und die Stichöffnung wieder geschlossen ist, muß der Ofen zugemacht, oder der Vorheerd, nachdem er vorher aufgelockert und mit glühenden Kohlen aus dem Hintergestell angefüllt ist, mit schwerem Gestübbe bedeckt werden. Dies Zumachen erfordert große Achtsamkeit, weil bei dem von Schlacke ganz leeren Gestell, der Tümpel außerordentlich leidet, wenn die Oeffnung unter dem Tümpeleisen nicht fest verstopft wird. Alsdann wird die Form wieder geöffnet.

Wenn das Roheisen nur zum Verfrischen bestimmt ist, so wird, um die Arbeiter zu einer gewissen Ordnung anzuhalten, regelmäßig alle 12, 18 oder 24 Stunden abgestochen, je nachdem mehr oder weniger Gichten gehen, das Gestell weniger oder mehr Eisen fassen kann, die Erze mehr oder weniger reichhaltig sind u. s. f. Wo aber das Roheisen zur Gußwaarenbereitung ganz oder theilweise benutzt wird, muß man sich mit dem Abstich oft nach den Arbeiten in der Förmerei richten und zum Abstich schreiten, wenn die Formen fertig sind. Kleine Oefen würden durch dies unregelmäßige Abstechen oft sehr im Gange gestört werden; auch würde das Eisen in manche Formen nicht füglich unmittelbar geleitet werden können, weshalb dann das Eisen gar nicht abgestochen, sondern mit eisernen (und mit Lehm überzogenen) Gießkellen aus dem Vorheerde des Ofens genommen wird. Um hierbei die Schlacke zurückzuhalten, welche aus dem Hintergestell unter dem Tümpel immer vordringen, das Eisen bedecken und das Ausschöpfen desselben verhindern würde, macht man aus der reinsten Schlacke, die beim Reinigen des Gestelles erhalten wird, einen cylindrischen Pfropf, welcher die Breite des Gestelles zur Länge hat, und der etwa 8 bis 10 Zoll im Durchmesser stark ist. Dieser Propf wird, sobald er erkaltet ist, in den Vorheerd gebracht, in die geschmolzene Masse niedergedrückt, und unter den Tümpel geschoben, woselbst er von dem Eisen in die Höhe gehoben und gegen den Tümpel gepreßt wird. Dadurch wird die Verbindung des Hintergestelles mit dem Vordergestell gewissermaaßen, wenigstens so weit aufgehoben, daß das Andringen der Schlacke in den Vorheerd verhindert wird. Alsdann wird die Oberfläche des Eisens im Vorheerd von der Schlacke gereinigt und das Eisen ausgeschöpft Ein Theil Eisen bleibt hierbei immer im Heerde zurück, weil sich die Schlacke nicht ganz, und zwar um so weniger abhalten läßt, je tiefer das Gestell ausgeschöpft ist, und je weniger die Stopfschlacke folglich noch gegen die untere Fläche des Tümpels gedrückt wird. Sobald das Ausschöpfen erfolgt ist, wird die Stopfschlacke wieder aus dem Heerd geworfen, das Hintergestell mit Brechstangen von der angesetzten und angehäuften zähen Schlackenmasse und die Form mit dem Formhaken gereinigt, der Vorheerd mit glühenden Kohlen aus dem Hintergestell bedeckt, mit Gestübbe geschlossen, und das Gebläse wieder angelassen. Statt dieses unreinlichen und mit nicht unbedeutendem Verlust an Eisen verbundenen Verfahrens, hat man mit Erfolg besondere Vorrichtungen zum Abstechen des Eisens in Gießkellen, oder auch abgesonderte Schöpfheerde gewählt, deren oben schon gedacht worden ist. (§. 647.)

Wenn die Förmerei nicht ein unregelmäßiges Entleeren des Gestelles nothwendig macht, so setzt man den Zeitpunkt des regelmäßigen Abstichs gewöhnlich so fest, daß sich der Heerd in dieser Zeit mehrentheils mit Eisen angefüllt hat. Nach der Größe des Gestelles kann jeder Abstich 12 bis 50 und mehre Centner Roheisen liefern. Bei einem Holzkohlenofen ist es weniger nachtheilig, wenn das Eisen länger im Heerde stehen bleibt, weil der Wind die dünne Schlackenmasse über dem Eisen nicht so stark forttreibt, als bei einem Koakhohofen, bei welchem immer eine starke Pressung des Windes nothwendig ist. Niemals ist mit dem Abstich so lange zu warten, bis die

Schlacke (bei schwachem Winde) in die Form zu treten droht, oder (bei starkem Winde) vor der Form kalt geblasen wird. Bei Koaköfen ist es überhaupt nicht gut, wenn das Eisen höher im Heerde gehalten wird, als bis derselbe etwa $\frac{3}{4}$ angefüllt ist, weil das Eisen zu sehr nach dem Vorheerd getrieben und über den Wallstein geworfen wird, zum Theil auch erkaltet und matt wird. Das Abstechen in zu schnell hinter einander folgenden Zeiträumen, wenn sich der Heerd etwa erst bis zur Hälfte angefüllt hat, ist aber ebenfalls nachtheilig, weil das Eisen zur Erhitzung des Heerdes und zur größeren Flüssigkeit der Schlacke sehr wesentlich beiträgt und den Gichtengang so wie das reinere Ausbringen des Eisens aus den Erzen befördert. Bei dem ersten Abstich nach dem Anblasen muß man oft auf die Beschaffenheit des Eisens im Gestell Rücksicht nehmen. Ist das Eisen durch unvollständiges Abwärmen des Ofens matt geblieben, so daß ein Erstarren im Heerde zu befürchten ist; so ist es vorzuziehen, den Abstich vorzunehmen, wenn das Gestell auch nur zur Hälfte mit Eisen angefüllt ist, um das später einrückende Eisen nicht ebenfalls abzukühlen.

Wird das Eisen lange im Heerde gehalten, so daß es nur eine dünne Schlackendecke behält, so wird es gewöhnlich matter und weniger grau, als wenn es den Heerd in geringerer Höhe anfüllt. Wahrscheinlich erleidet es hierbei eine Entkohlung; denn obgleich es durch die Abkühlung matt geworden ist, so ist es doch fester, und hält heftigere Schläge unter dem Hammer aus, als das Eisen, welches von gleichem Gange, aber bei niedrigem Stande im Gestell entstanden ist. Bei Koaköfen ist indeß durch einen hohen Stand des Eisens im Gestell leicht eine Versetzung des Hintergestelles durch steife Schlacke zu befürchten: auch ist die Schlacke, weil sie durch das Gebläse sehr abgekühlt wird, nicht so geeignet, die Lösche aufzunehmen, und die vollständige Absonderung des Eisens von der Schlacke zu befördern, weshalb oft die Erscheinungen eines scharfen Ganges eintreten können, ohne daß derselbe vorhanden ist.

Bei den Oefen mit geschlossener Brust, deren Untergestell einen geringen räumlichen Inhalt hat, sticht man zuweilen alle 2 bis 3 Stunden ab (§. 635.). Ist das Eisen, — wie es oft der Fall ist, — bei einem absichtlich übersetzten Gange des Ofens erhalten, so ist es beim Abstechen schon wenig flüssig und wird mehrentheils im Arbeitsgewölbe selbst, in Gestalt von unförmlichen flachen Massen erhalten, die nach dem Erkalten zerschlagen werden. Erfolgt das Eisen von einem gaaren Gange, so leitet man es häufig in Gruben, besprengt es mit Wasser und hebt es in Gestalt von einzelnen Scheiben nach und nach aus der Grube. (Scheibeneisen, Blattl- oder Plattleisen).

Von den Kennzeichen zur Beurtheilung des Ofenganges, und von der Wartung der Oefen.

§. 662

Ohne Rücksicht auf zufällige Umstände, durch welche (bei einer und derselben Windmenge und Windführung, bei einer und derselben Konstruktion des Schmelzraums und des Schachtes, so wie bei gleichbleibendem Verhältniß der Erzsätze zu den Kohlengichten) die Temperatur des Ofens zuweilen etwas erhöhet oder vermindert werden kann; ist die Beschaffenheit des darzustellenden Roheisens nur allein von dem Verhältniß des Erzes zur Kohle abhängig, weil durch dies Verhältniß die Temperatur im Schmelzraum und im Schacht des Ofens vorzugsweise bestimmt wird.

Den Schmelzgang, bei welchem durch einen reichlichen Erzsatz, oder durch ein großes Verhältniß des Erzes zur Kohle, eine vollständige Reduktion des Eisens aus dem Erz nicht erfolgt, sondern ein ansehnlicher Theil des Eisengehaltes in der Schlacke verbleibt, nennt man einen *scharfen*, *rohen*, *übersetzten* Gang des Ofens. Bei diesem Gange entsteht immer eine dunkel gefärbte Schlacke, deren Farbe sich um so mehr der schwarzen nähert, je unvollständiger die Reduktion des Eisens statt gefunden hat. Diese Schlacke ist sehr dünnflüssig und scheint eine hohe Temperatur zu besitzen; allein sie erstarrt um so schneller, je mehr Eisenoxydul sie enthält. Mit diesem Gange des Ofens und mit dieser Schlackenbildung ist jederzeit die Entstehung von weißem Roheisen mit geringem Kohlengehalt verbunden. Man kann sagen, daß der Kohlengehalt des Eisens im umgekehrten Verhältniß zu der Färbung der Schlacke steht, indem er um so mehr abnimmt, je dunkler die Schlacke gefärbt ist.

Einen gaaren Gang des Ofens nennt man denjenigen, bei welchem eine vollständige Reduktion des Eisens aus dem Erz statt findet. Von diesem Gange giebt es verschiedene Abstufungen, die theils von der Temperatur des Ofens überhaupt, theils von der gewählten Zustellungsart abhängig sind. Aus der Beschaffenheit des Roheisens läßt sich nicht immer mit Zuverlässigkeit beurtheilen, ob es bei einem gaaren Ofengange erzeugt worden ist Das eigentliche und wahre Kennzeichen für den gaaren Gang bietet die Schlacke dar, deren Flüssigkeitszustand beim Ausfließen oder Herausnehmen aus dem Schmelzraum, und deren Farbe nach dem Erkalten, auf den Grad des Gaarganges deuten, bei welchem sie gebildet ward. Eine gaare Hohofenschlacke ist niemals dünnflüssig, sondern nur teigartig, und niemals zeigt eine gaare Schlacke dunkle Farben, die durch unreducirtes Eisenoxydul veranlaßt wären. Der gaare Gang, bei welchem das Spiegeleisen entsteht, und bei welchem sich (bei einer nicht zu leichtflüssigen Beschickung, so wie bei engen Schmelzräumen) das graue Roheisen mit einem großen Graphitgehalt leicht darstellen läßt; ist wesentlich von dem Gaargange verschieden, der durch strengflüssige Beschickungen, verbunden mit hohen und engen Gestellen herbeigeführt wird. Von beiden weicht der gaare Gang wieder wesentlich ab, bei welchem das Eisenoxyd im Erz vollständig reducirt, also eine gaare Schlacke gebildet hat, aber dennoch weißes Roheisen mit einem geringen Kohlengehalt dargestellt wird, welches im äußeren Ansehen nur schwer von dem weißen Roheisen von einem übersetzten Gange zu unterscheiden ist. Nur bei strengflüssigen Beschickungen und in engen Schmelzräumen ist das dunkelgraue, fast schwarzgraue gaare Roheisen darzustellen, welches unter allen grauen Roheisenarten am wenigsten Graphit enthält und dabei sehr strengflüssig ist.

Es scheint daher eine leicht zu lösende Aufgabe zu seyn, Roheisen von jeder gewünschten Beschaffenheit beim Betriebe der Oefen darzustellen, weil es nur darauf ankommt, das Verhältniß der Erzgichten zu den Kohlengichten so festzustellen, daß diejenige Temperatur hervorgebracht wird, welche eine mehr oder weniger vollständige Reduktion der Erze zur Folge hat. Aber es ist nicht das Verhältniß des Erzes zur Kohle allein, welches die Beschaffenheit des darzustellenden Roheisens bestimmt, sondern die Temperatur des Ofens ist auch von der Gestalt und verhältnißmäßigen Größe der Schacht- und Schmelzräume, von der Quantität und Geschwindigkeit des Windes und von der Beschaffenheit der Beschickung abhängig. Oekonomische Rücksichten erfordern die vortheilhafteste Benutzung des Brennmaterials und es ist daher nicht gleichgültig, ob die Temperatur des Ofens durch das Verhältniß des Erzes zu den Kohlen allein, oder auch durch andere, die Erhöhung der Temperatur begünstigende Verhältnisse, hervorgebracht wird. Außerdem sind noch andere Umstände zu berücksichtigen, welche es nothwendig machen, die Temperatur des Ofens nicht zu sehr zu erhöhen, oder nicht zu tief sinken zu lassen, um in jenem Fall die Bildung des grauen, und in diesem Fall die Entstehung des weißen Roheisens zu erzwingen. Die Feuerbeständigkeit der Materialien, aus welchen die Schächte und Schmelzräume zusammengesetzt werden, hat eine bestimmte Gränze, die sich nicht überschreiten läßt, ohne diese Räume zu zerstören, wie es der Fall seyn würde, wenn die Beschickung so strengflüssig wäre, daß die Scheidung des Eisens nur durch ein sehr vermindertes Verhältniß der Erze zu den Kohlen erreicht werden könnte. Sehr niedrige Temperaturen, herbeigeführt durch ein absichtlich gewähltes großes Verhältniß der Erze zu den Kohlen, um weißes Roheisen mit geringem Kohlengehalt darzustellen, würden Versinterungen und Schlackenansätze in den Schacht- und Schmelzräumen zur Folge haben, die den regelmäßigen Fortgang des Betriebes unterbrechen. Nur in ganz niedrigen Oefen, bei leichtflüssigen Beschickungen und weiten Schmelzräumen, wird man es wagen können, den Erzsatz fortdauernd so hoch zu führen, daß das leicht erstarrende weiße Roheisen mit der dünnflüssigen, schnell erkaltenden Schlacke entsteht. Man wird, bei hohen Oefen und bei gleichzeitig statt findenden engeren Schmelzräumen, genöthigt seyn, das Verhältniß des Erzes zu den Kohlen so zu wählen, daß sich das weiße grelle Roheisen, welches man darzustellen beabsichtigt, dem weißen Roheisen von einem gaaren Gange mindestens nähert, weil man sonst die Versetzungen im Schacht- und Gestellraum, welche die Einstellung des Betriebes zur Folge haben könnten, zu beseitigen und unschädlich zu machen, nicht im Stande seyn würde. Ist es die Absicht, gaares weißes Roheisen mit Spiegelflächen darzustellen, so genügt es nicht, das Verhältniß des Erzes zu den Kohlen so auszumitteln, daß das oxydirte Eisen im Erz vollständig reducirt wird, sondern es müssen gleichzeitig andere Bedingungen erfüllt werden, die sich auf den Flüssigkeitszustand der gaaren Schlacke beziehen, mit welcher sich das Roheisen im Kontakt befindet. Soll graues Roheisen mit großem Kohlengehalt erblasen werden, so müssen andere Verhältnisse eintreten, als wenn graues Roheisen mit geringem Kohlengehalt verlangt wird, und es ist nicht zureichend, wenn in beiden Fällen das Verhältniß des Erzes zur Kohle so gewählt wird, daß ein gaarer Gang des Hohofens entsteht. Wenn es also auch nur der Grad der Temperatur ist, durch welchen die Beschaffenheit des Produktes vom Ofenbetriebe bestimmt wird, so wird es doch nothwendig seyn, die Erscheinungen zu kennen, welche theils zu der Beurtheilung der Umstände führen müssen, durch welche das gefundene richtige Verhältniß des Erzes zur Kohle gestört worden ist, theils den Aufschluß darüber geben sollen, ob es überhaupt möglich ist, durch eine Veränderung des Verhältnisses des Erzes zur Kohle auch eine solche Veränderung in der Temperatur des Ofens hervorzubringen, daß dadurch der Einfluß anderer Umstände, durch welche die Beschaffenheit des Ofenproduktes modificirt wird, beseitigt werden kann.

§. 663.

Vorzüglich ist es die Schlacke, nämlich ihr Verhalten im Ofen, so wie ihre Beschaffenheit nachdem sie den Schmelzraum verlassen hat, welche zur Beurtheilung des Ganges des Ofens führen muß. Eine, durch die Beschickung oder durch die Natur der Erze sehr dünnflüssige Schlacke, gestattet, bei einem gaaren Ofengange, leicht die Scheidung des Eisens von der Schlacke, veranlaßt aber auch daß das Eisen der koncentrirten Hitze sehr bald entzogen wird. Unter solchen Umständen erzeugt sich das neutrale weiße und gaare Eisen, d. h. das Roheisen mit Spiegelflächen. Das körnige weiße Eisen von gaarem Gange, dessen Kohlegehalt nicht größer ist, als der des weißen Roheisens von scharfem Gange, kann bei einer leichtflüssigen Beschickung nicht leicht entstehen. Vollkommen graues Roheisen läßt sich bei leichtflüssigen Beschickungen nur schwer, und fast immer nur durch Anwendung von engen Schmelzräumen und bei schwachem Winde erzeugen. Versetzungen durch zu reichlichen Erzsatz sind bei leichtflüssigen Beschickungen minder gefährlich.

Strengflüssige Beschickungen geben, bei einem Gaargange des Ofens, immer sehr hitziges, graues Roheisen; aber die Erzeugung des Spiegeleisens ist dabei kaum möglich Bei gaarem Gange und bei Abnahme der Hitze im Schacht oder im Gestell, geben dagegen strengflüssige Beschickungen leicht Veranlassung zur Entstehung des körnigen und gaaren weißen Eisens. Weil die strengflüssige Beschickung eine höhere Temperatur, also einen größeren Kohlenaufwand erfordert, um die Schlacke flüssig genug zu erhalten, so zieht sie bei entstehenden Abkühlungen des Schachtes leichter Versetzungen und einen rohen Gang des Ofens nach sich, als eine leichtflüssige Beschickung.

Die Farbe der Schlacken an sich giebt kein bestimmtes Kennzeichen für den Gang des Ofens, weil die verschiedenen Eisenerze verschieden gefärbte Schlacken liefern. Grau, bläulichweiß und grünlichweiß sind die Hauptfarben, mit denen die gaaren Eisenschlacken erscheinen. Bleiische Eisenerze, bei Koaks geschmolzen, geben gelbe Schlacken; bei Holzkohlen wird die Farbe dunkler oder lichter grau. Bei allen diesen Farben finden unendliche Nuancirungen in Rücksicht der Höhe der Farbe statt. Je gaarer der Gang des Ofens ist, und je reiner das Eisen aus dem Erz ausgebracht wird, desto heller und lichter sind die Schlacken gefärbt; je mehr sich der Gang dem Rohgange nähert, desto dunkler wird die Farbe; es mischt sich immer mehr Braun und Schwarz in die Farbe, und zuletzt, bei einem wirklichen Rohgange, erscheinen die Schlacken vollkommen schwarz. Die schwächere oder stärkere Färbung der Schlacken ist ein zuverlässiges Kennzeichen des mehr oder weniger gaaren Ganges.

Wenn die Schlacken sehr bunt sind, und nicht bloß in einer Farbe, sondern von einer Farbe in die andere nuanciren, so deutet dies auf einen nicht ganz regelmäßigen Gichtengang, oder auf eine nicht gleichförmige Vermischung der Erze und der Zuschläge. Der Ofen kann sich dabei in gutem Gange befinden, und dann ist entweder beim Abwägen oder Abmessen der Beschickung für eine Reihe von Gichten ein Versehen vorgefallen, oder die Beschaffenheit der Kohlen oder des Erzes, mindestens hinsichtlich des Feuchtigkeitsgehaltes, hat eine Aenderung erlitten; — oder es ist zu besorgen, daß Rast-, Schacht- oder Gestellsteinstücken sich abgelößt haben und in den Heerd rücken und Versetzungen befürchten lassen; — oder die Zuschläge sind in einem zu grob gepochten Zustande in Anwendung gekommen.

Schlacken von gaarem Gange blähen sich beim Begießen mit Wasser auf, und bilden eine weiße zellige bimsteinartige Masse, die beim Anhauchen knistert und gewöhnlich einen Geruch nach Schwefelwasserstoffgas verbreitet.

Die vom Betriebe der Holzkohlenöfen fallenden Schlacken sind fast immer glasig, wenn sie nicht einer äußerst hohen Temperatur im Gestell ausgesetzt gewesen sind. So lange sich die Schlacke noch in einem vollkommen glasartigen Zustande befindet, ist von einem zu hitzigen oder zu rohen Gange noch nichts zu befürchten, und die hellere oder dunklere Farbe entscheidet über das Verhältniß des Erzes zu den Kohlen. Wenn die Schlacke aber, bei einer dunklen Farbe, die glasartige Beschaffenheit verliert, wenn der Glasglanz mehr und mehr abnimmt, und wenn die Schlacke matt, blasig und erdig wird; so hat der rohe Gang einen hohen Grad erreicht. Dann wird es nothwendig, das Gestell oft zu reinigen und die Temperatur durch leichte Gichten so bald als möglich zu erhöhen. In einigen Gegenden wirft man in solchen Fällen Flußspath, auch Kupfer, durch die Form in den Heerd, um durch die entstehende hitzige Schlacke die angeschmolzenen Massen wegschmelzen zu lassen. Durch solche Mittel leiden die Gestelle wegen der entstehenden hitzigen Schlacke, ohne daß die Versetzungen über der Form dadurch fortgebracht werden können. Die an und unter der Form befindlichen, welche nur allein dadurch entfernt werden könnten, lassen sich auf eine einfachere und weniger nachtheilige Weise mit Brechstangen abschlagen und abstoßen. Ist das Gestell mit halbgeschmolzenen Massen zugewachsen, so daß fast gar keine Luft mehr durchströmt, sondern das Gebläse die Massen nur noch mehr kalt bläset, so bleibt nur noch der Versuch übrig, den Tümpel wegzubrechen, die angeschmolzene Masse los zu machen, einen neuen Tümpel einzusetzen, und den Betrieb von Neuem zu beginnen, nachdem vorher schon der Erzsatz bedeutend vermindert worden ist. Dies Mittel ist um so ungewisser im Erfolge, je stärker die Versetzung war, und je größer der Ofen ist, je mehr also die Gichten durch ein unregelmäßiges Herunterziehen zum Kippen veranlaßt werden. Wenn sich das Gestell nicht schon zu sehr erweitert hat, so können so starke Versetzungen ohne große Vernachlässigung nicht vorkommen, sondern dem Rohgange des Ofens konnte schon früher durch Verminderung des Erzsatzes abgeholfen werden.

Wenn die Schlacken durch die geringe Färbung zwar den gaaren Gang des Ofens andeuten, aber weder glasartig noch eigentlich steinig, sondern mehr erdig und halbgeschmolzen sind, und dabei keine im Bruch zusammenhängende, sondern durch viele Höhlungen und Blasen unterbrochene Masse bilden, so ist die Scheidung des Eisens von der Schlacke wegen mangelnder Hitze unvollkommen. Ist das Eisen dabei matt, körnig und weiß, so finden die Gase keinen freien Abzug aus der Gicht und man muß den Schmelzpunkt durch Vermehrung oder durch Verstärkung des Windes zu erhöhen bemüht seyn, damit die Erze mehr vorbereitet in den Schmelzraum gelangen. Bei weiten Gestellen und bei schwachen Gebläsen tritt dieser Gang häufiger ein, als im Anfange der Kampagne und bei zureichender Windpressung.

Sind die Schlacken in Rücksicht ihrer Färbung vollkommen gaar, haben sie aber kein glasartiges, sondern ein emailleartiges, steiniges und derbes Ansehen, so ist die Temperatur im Ofen sehr groß, und man kann den Erzsatz erhöhen, damit der Schacht nicht zu viel leidet, und damit nicht durch zu große Hitze im Gestell eine zähe Schlacke entsteht. Dieser Zusatz von Erz muß aber unterbleiben, wenn das Eisen dabei nicht sehr grau und gaar ist, weil der Ofen sonst die Hitze verliert; statt der Erhöhung des Erzsatzes ist unter solchen Umständen die Verminderung der Quantität, aber die Vermehrung der Geschwindigkeit des Windes, durch Einlegung engerer Düsen, anzurathen.

Bei den mit Koaks betriebenen Hohöfen besitzen die Schlacken selten und nur bei leichtflüssigen Beschickungen und bei einem nicht sehr heißen Gange, die Durchsichtigkeit der Schlacken von den Holzkohlenöfen. Bei den Holzkohlenöfen müssen die gaaren Schlacken halb durchsichtig, und die bei halbirtem Gange entstehenden Schlacken wenigstens an den Kanten durchscheinend seyn; die Schlacken von Koaköfen sind dagegen fast immer undurchsichtig, wenigstens stellen sich Durchsichtigkeit und Durchscheinenheit nur dann ein, wenn die Hitze im Gestell nicht groß, der Gang aber dabei gaar und die Schlacke recht flüssig ist. Bei zunehmender Hitze im Gestell bekommt die Schlacke, mit zunehmender Undurchsichtigkeit einen vollkommenen Glasglanz, einen großmuschligen Bruch, und ganz das Ansehen vollkommener, wenig gefärbter, aber undurchsichtiger Gläser. Schlacken von Koaköfen können oft stark grün und blau tingirt, und doch bei einem völlig gaaren Gange des Ofens erblasen seyn; nur dann erst, wenn eine bräunliche Färbung mit in die Mischung tritt, stellt sich ein beginnender Rohgang ein. Je mehr die braune Farbe zunimmt, desto mehr verliert sich der Glasglanz und die glatte Fläche; die Schlacken werden matter und poröser, fangen endlich an schwarz zu werden, und dann ist der Ofen schon in völligem Rohgange. Es ist daher eine große Aufmerksamkeit beim Aufgeben der Gichten erforderlich, sobald sich die ersten Spuren einer bräunlichen Färbung der Schlacke zeigen, um den Ofen nicht in Gefahr zu bringen.

Glasige Schlacke, die in der Mitte einen steinigen Kern hat, deutet bei Koakhohöfen immer auf eine gute Temperatur im Ofen. Wird die Schlacke ganz steinig, und ist das Eisen dabei sehr grau, so muß der Erzsatz mit Vorsicht erhöhet werden. — Porzellanartige Schlacke, oder Schlacke, die das Ansehen von Reaumürschem Glase hat, und welche weder glasartig noch steinig ist, zeigt bei Koaköfen zwar einen gaaren Gang, aber eine unvollkommene Scheidung nnd Mangel an Hitze im Schacht an, dem sich in der Regel durch Verstärkung des Windes abhelfen läßt.

Schlacke von einer strengflüssigen Beschickung kann bei einem sehr heißen gaaren Gange zwar wenig gefärbt seyn, allein sie ist unvollkommen geflossen, voll Blasen und Löcher, und hat mehrentheils ein porzellanartiges Ansehen. Ein solcher Zustand der Schlacke macht eine Veränderung in der Beschickung nothwendig, indem eine Verminderung des Erzsatzes das Uebel erhöhen, eine Verstärkung des Erzsatzes aber eine große Verminderung der Temperatur im Ofen herbeiführen und einen Rohgang veranlassen wird.

Die Konsistenz der Schlacke im Heerde und beim Abfließen über den Wallstein ist besonders zu berücksichtigen. Eine sehr flüssige Schlacke, die aber bald ohne Schäumen und Kochen und mit sehr lichten Farben erstarrt, ist bei einem gaaren Gange und bei einer sehr leichtflüssigen Beschickung erblasen. Das Eisen ist dabei entweder weiß, nämlich neutrales weißes Roheisen Spiegelfloß), oder im grauen Zustande, doch sehr geneigt, durch plötzliches Abkühlen weiß zu werden. Bei einem mehr verzögerten Erstarren pflegt es Graphit in reichlicher Menge auszustoßen. — Ist die Schlacke hingegen zwar sehr flüssig, erstarrt sie aber schnell und nimmt dabei eine dunkle, braune oder schwarze Farbe an, so ist sie entweder bei einem wirklich übersetzten Gange, oder bei zu starker Pressung des Windes, wobei die Erze zu wenig vorbereitet in koncentrirte Hitze gekommen sind, erblasen. In beiden Fällen entsteht zwar weißes Roheisen von einem übersetzten Gange, allein nur im ersten Fall wird es nothwendig, das Verhältniß des Erzes zu den Kohlen zu vermindern; im letzten Fall wird eine Verminderung der

Windmenge das Mittel seyn, den guten Gang wieder herzustellen, in so ferne man überzeugt seyn kann, daß das Uebel nicht durch einen zu starken Druck der Schmelzsäule veranlaßt wird, dem sich nur durch schwache Erzsätze oder durch Verminderung der Weite der Gichtöffnung, oder durch Anwendung von lockerer liegenden Schmelzmaterialien, — wenn diese zu Gebot stehen, — abhelfen lassen würde.

Wird die Schlacke zu steif, so ist die Beschickung entweder zu strengflüssig, oder die Temperatur nicht hoch genug, um einen größeren Grad von Flüssigkeit zu bewirken. Auch bei einem sehr gaaren Gange wird die Schlacke leicht steif und hart, oder erhält die Konsistenz eines dicken, zähen Breies, weil sie eisenfrei und daher im höchsten Grade strengflüssig ist, also auch leichter kalt geblasen wird. Die Ursache einer zu zähen Schlacke, welche nicht abfließen will, und sich stark am Gezähe anhängt, ist fast immer in der unrichtig gewählten Beschickung zu suchen; ist man aber vom Gegentheil überzeugt, so ist eine Erhöhung des Erzsatzes unbedenklich, wenn neben der steifen Schlacke zugleich ein sehr gaares Roheisen erfolgt.

Bei einem solchen Gange des Ofens, bei welchem sich das neutrale weiße Roheisen so eben in graues umändert, hat die Schlacke im Gestell die Konsistenz eines dünnen Bäckerteiges, ist also weder schnellflüssig, noch so zähe, daß sie nicht fließt, sondern sie schiebt sich beim Abfließen als eine zusammenhängende Masse fort, die sich in Fäden ausziehen läßt und welche die Formen ausfüllt, in welche man sie laufen läßt (Schlakkenziegel). Wird sie dünnflüssiger, so schäumt und kocht sie vor der Form, und gewährt dem Eisen keinen Schutz gegen den Wind; wird sie dicker, so erhärtet sie im Gestell, erschwert das Nachrücken der Gichten und giebt zu Versetzungen Anlaß. Die dünnflüssige Schlacke von der leichtflüssigen Beschickung wird bei aller Dünnflüssigkeit leicht kalt geblasen, und veranlaßt dann Erhärtungen und Versetzungen im Gestell, welche indeß bei einem mit der Bildung von weißem gaarem Roheisen verbundenen gaaren Gange wenig Besorgniß erregen.

Den Abfluß der Schlacke durch zu häufiges Abwerfen oder durch zu öfteres Hervorholen derselben aus dem Hintergestell mit der Brechstange zu befördern, ist nachtheilig, weil dadurch zum Erkalten des Heerdes Veranlassung gegeben wird und die Schlacke an Flüssigkeit verliert. Wird die Anhäufung der Schlacke im Heerde aber durch zu langes Verweilen im Gestell zu sehr befördert, so sind Versetzungen im Schmelzraum durch das Kaltblasen zu befürchten.

So nothwendig es also ist, diese Schlacke weder zu kurze Zeit noch zu lange im Gestell zurück zu halten, um ihr den angemessenen Grad der Flüssigkeit zu ertheilen, eben so nothwendig ist es, das Gestell von Zeit zu Zeit von den angesetzten Schlackenmassen zu reinigen. Vorzüglich ist dies bei den Koaköfen erforderlich, weil die Lösche sich mit der zähen Schlacke einwickelt, und Versetzungen im Hintergestell verursacht, weil man dorthin am wenigsten gelangen kann. Wenn das Gestell zu Anfange der Kampagne noch eng ist, und der Wind die Schlacken noch in den Vorheerd zu treiben vermag, ist es nicht nöthig, die Schlacken aus dem Hintergestell zu holen, sondern man legt etwa eine Stunde vor dem Reinigen des Heerdes, oder vor dem Ausarbeiten, schwere Massen auf den festgestampften Vorheerd, damit die Schlacke Widerstand findet, dadurch länger im Heerde bleibt, flüssiger wird, und sich im Gestell höher anhäuft, die angesetzten Massen von Schlacken und von Frischeisen losweicht, und sich dadurch zugleich besser ausarbeiten läßt. Das Auflegen schwerer Massen ist auch dann anzurathen, wenn die Schlacke im Vorheerd sehr wogt und über denselben wegdrängt, welches durch den Druck der Schmelzsäule, oder durch angehäufte Schlackenmassen im Hintergestell, wodurch der Wind nach dem Tümpel zu drücken genöthigt wird, veranlaßt werden kann. — Wenn aber das Gebläse die

Schlacke bei weiten Gestellen nicht mehr vortreiben kann, so muß sie mit großen Brechstangen geholt werden, damit sie sich im Hintergestell nicht festgesetzt. Die auf solche Art geholte Schlacke hat immer das Ansehen, als wäre sie bei einem etwas scharfen Gange erblasen, während die von selbst abfließende ein völlig gaares Ansehen hat. Wenn viel Lösche im Gestell ist, so muß die Schlacke auch nach dem Abstich noch sorgfältig aus dem Hintergestell weggebrochen werden. Will die Schlacke nicht abfließen, so ist dies, besonders wenn sich viel Eisen im Gestell befindet, welches dann durch den Wind in den Vorheerd gedrückt wird, ein ziemlich sicherer Beweis, daß im Hintergestell Schlackenversetzungen statt finden. Deshalb muß die Schlacke sogleich geholt werden, damit sie nicht erstarrt und vor der Form kalt geblasen wird. Diese Schlacke ist immer sehr flüssig und hat das Ansehen von einem scharfen oder rohen Gange, weil sie viel Lösche aufnimmt. Ein zu lange fortgesetztes Verstopfen des Vorheerdes muß jedoch vermieden werden, weil die Schlacke dadurch zu sehr in das Hintergestell gedrängt wird, sich dort aufhäuft, und oft sogar verursacht, daß Eisen statt der Schlacke über den Wallstein abfließt. Dadurch wird auch das Vordergestell sehr trocken, weshalb die Schlacke sogleich geholt werden muß, wobei die Brechstange nicht schnell, sondern langsam und unter beständigem Drehen zurückgezogen wird. Die Schlacke pflegt sich dann in starken Strömen einzufinden, und im Vorheerd sogar aufzukochen, welches nicht zu lange anhalten darf, sondern durch Beschütten mit schwerem Gestübbe und Feststampfen desselben gehindert werden muß. Ist die Schlacke nicht durch solche künstliche und gezwungene Mittel, sondern durch ihre natürliche Beschaffenheit am Abfließen gehindert, so daß Eisen statt der Schlacke über den Vorheerd läuft, so muß sie nicht allein oft geholt, sondern auch durch Schließung des Vorheerds und durch stärkeren Wind flüssiger gemacht werden, in so fern sie nicht durch zu große Hitze im

Schacht entsteht, wobei das Gestell nicht sorgfältig genug gereinigt und von den angesetzten Massen befreit werden kann.

Wenn die Schlacke etwas steif ist, oder sich zu sehr im Hintergestell anhäuft, und beim Ausarbeiten nicht gehörig in den Vorheerd gezogen wird, so läuft sie beim Abstechen mit ab, und verunreinigt das Eisen, welches besonders nachtheilig ist, wenn das Eisen in Gußformen geleitet werden soll. Noch nachtheiliger wirkt eine zu steife Schlacke dadurch, daß sie die Lösche nicht in sich aufnimmt. Bei dem Abstechen sinkt die Lösche bei einer solchen Beschaffenheit der Schlacke auf den Bodenstein nieder, bedeckt ihn und kühlt das Gestell ab: ein Uebel, welches sich nur durch hitzige Schlacke heben läßt. Ist der Schacht durch kleine Kohlen, durch dicht liegende Erze, durch zu steile Rast sehr versetzt, so drängt die Flamme mit Gewalt aus dem Vorheerd und kann nur mit Mühe zurückgehalten werden. Dann wird es nothwendig, die Schlacke im Vorheerd mit Lehm zu bewerfen und diesen stark zu belasten, weil sie sonst von dem Winde mit großem Toben und Geprassel durchbrochen werden würde.

Die angegebenen einfachen Mittel sind ganz zureichend, den Abfluß der Schlacke zu befördern oder zu erschweren. Eine gute und flüssige Schlacke erhöht die Hitze im Ofen, befördert das Niedersinken des abgeschiedenen Eisens, bewirkt eine leichtere Auflösung des noch ungeschmolzen vor den Wind kommenden Erzes, verhindert die unmittelbare Berührung des Eisens mit den Koaks bei den Koakhohöfen, und nimmt die Lösche in sich auf, welche bei einer steifen Schlacke Klumpen im Heerde bildet und sich ansetzt. Deshalb muß die Schlacke, so lange sie von selbst abfließt, niemals mit Gewalt geholt, sondern so lange als möglich im Gestelle zurückgehalten werden.

§. 664.

Auch nach der Art, wie die Gichten nieder sinken und in den Schmelzraum rücken, läßt sich der Gang des Ofens beurtheilen. Wenn die Gichten gleichförmig niedergehen, und wenn beim vollen Betriebe des Ofens in gleichen Zeiten ziemlich gleich viel Gichten erfolgen, so ist dies ein Beweis von einem regelmäßigen Gange, und es finden dabei keine Versetzungen im Schacht, auf der Rast, oder im Gestell statt. Wenn aber in kurzer Zeit viele Gichten gehen, nachdem sie vorher gestockt haben, oder wenn die Gichten plötzlich niederrücken, wenn sie vorher hängen geblieben sind; so hat man gegründete Ursache Versetzungen zu vermuthen, und es wird dann nothwendig, auf den Gang des Ofens zu achten, um die nöthigen Gegenmittel anwenden zu können. Mit dem Rücken der Gichten ist immer ein ungleiches Ausbringen von Roheisen aus den Erzen verbunden; gewöhnlich erhält man zuerst mehr (aber immer weißes) Roheisen, als die Erze der Berechnung nach geben können, und dann bleibt das Ausbringen wieder sehr zurück, weil bei dem Rücken der Gichten gleichzeitig ein Hohlblasen stattfindet. Sehr bald stellen sich dann auch die gewöhnlichen Anzeigen eines übersetzten Ganges ein. Die Gichtenflamme wird schwach, es dampft stark aus dem Vorheerd, und die Form will nicht leuchten. Sobald ein wiederholtes Rücken der Gichten bemerkt wird, muß sogleich vom Erzsatz abgebrochen werden, um den Ofen in Hitze zu erhalten. Es wird nämlich bald ein häufiges Ausarbeiten nothwendig, um die in den Heerd eingehenden Massen abzustoßen, zu zerschlagen und aus dem Heerde zu bringen, wobei sich der Ofen so abkühlt, daß, wenn auch das Rücken der Gichten beseitigt ist, der frühere Erzsatz nicht sogleich wieder zuläßig ist. Das Ausarbeiten muß möglichst schnell geschehen, und zum Ablassen des Eisens nur dann geschritten werden, wenn der Heerd so kalt wird, daß man befürchten muß, es werde darin erstarren.

Nach dem jedesmaligen Ausarbeiten ist der Vorheerd möglichst aufzulockern, damit sich die Schlacke herunterzieht; auch darf er nicht sogleich nach dem Ausarbeiten geschlossen werden, sondern der Wind muß erst einige Minuten unter dem Tümpel durch die offene Brust des Ofens blasen, damit die Flamme vorn herausschlägt und den Vorheerd erhitzt. Erst dann wird er sorgfältig mit Lehm geschlossen. Wenn die Formen nach dem Ausarbeiten nicht leuchten, sondern wenn es vor denselben zu kochen scheint, so ist dies ein Zeichen daß sich die Schlacke nicht in den Heerd begeben will, sondern zuletzt wohl gar mit dem Eisen in die Form steigt. Dann ist der Heerd von kleinen Kohlen und von Lösche dicht angefüllt und besitzt nicht mehr hinlängliche Lockerheit und Hitze, um die geschmolzene Masse aufzunehmen. Deshalb muß auch zum Ablassen des Eisens, welches das Untergestell erhitzt, so spät als möglich geschritten werden. Die Kohlen sind dann zugleich mit schmieriger Schlacke verwebt, und es bleibt bei einem solchen üblen Zustande des Ofens nichts übrig, als den Vorheerd nach dem Ausarbeiten möglichst dicht geschlossen zu halten, um die Schlacke dadurch flüssiger und zum Herunterziehen geneigter zu machen.

Zwar sind die Versetzungen im Gestell nicht immer mit dem Rücken der Gichten verbunden, aber so oft das Rücken eintritt, kann man sicher auf Versetzungen schließen, deren Folgen sich bald im Gestell zeigen werden, weil die Gichten dabei jedesmal kippen, oder weil die Erzgichten die Kohlengichten nur auf einer Seite wegdrängen. Die Versetzungen im Gestell mögen mit oder ohne Rücken und Kippen der Gichten eintreten, so bleibt die Behandlung des Ofens dieselbe, und eine Verminderung des Erzsatzes wird in jedem Fall nothwendig. Erfolgt aus den Erzen mehr oder weniger Eisen, als aus der Anzahl der niedergegangenen Gichten zu erwarten war, und zeigt sich wenig Schlacke im Gestell; so ist, auch bei dem anscheinend besten Gange des Ofens, große Aufmerksamkeit erforderlich, weil sich gewöhnlich bald die Anzeigen eines schlechten Ganges einstellen. War der Ofen dabei nicht im vollen Gaargange, so sind die Folgen der Versetzungen, besonders wenn sie mit Rücken und Kippen der Gichten verbunden sind, um so gefährlicher. Die gewöhnlichen Ursachen der Versetzungen, welche sich am häufigsten durch Hängenbleiben und durch Rücken und Kippen der Gichten zu erkennen geben, sind folgende:

1. Nasse und mulmige, lettige Erze. Wenn das Gestell schon weit geworden ist, und wenn sich der Schacht durch nasse Erze sehr abgekühlt hat, so kommen diese mit dem strengflüssigen Letten als Klumpen in das Gestell, und bewirken mit der Lösche eine Versetzung und ein Kaltblasen der Schlacke, welche einen stets zunehmenden Grad von Zähigkeit oder Steifheit erhält. Schnelles Ausarbeiten und verstärkte Windpressung sind die besten Gegenmittel. Gleichzeitig muß aber auch das Verhältniß des Erzes zu den Kohlen vermindert werden, um die Temperatur im Ofen zu erhöhen.

2. Ein großer Löschegehalt der Koaks. Beim gaarsten Gange des Ofens sammelt sich dann die Lösche im Gestell so sehr an, daß dadurch, besonders bei weiten Gestellen und bei einer strengflüssigen Beschickung, leicht Schlackenklumpen im Heerde gebildet werden. Schlacke, Eisen und Schmelzmaterialien werden durch die Lösche oft so umwickelt, daß keine Abscheidung erfolgen kann, und sich bloß Klumpen bilden, die sehr vorsichtig aus dem Gestelle gebracht werden müssen, um sich nicht anzuhäufen und den Ofen zu verstopfen.

3. Zu weites Gestell und nicht gehörig durchgreifender Wind. Verstärkung des Gebläses ist nur bis zu einem gewissen Grade anwendbar; das Verhältniß der Erze zu den Kohlen muß dann sehr vermindert werden; der große Aufwand an Kohlen macht es unter solchen Umständen gewöhnlich rathsam, den Betrieb des Ofens einzustellen.

4. Heftiger Wind bei weiten Gestellen. Der Wind bläßt die Kohlen weg, bringt ein zu schnelles Verbrennen auf der einen Seite hervor, und bewirkt dadurch das Kippen der Erzgichten, wobei dann die gewöhnlichen Folgen des Rohganges

unvermeidlich sind. Die Verminderung der Windpressung kann bei weiten Gestellen keine Hülfe gewähren und die Beendigung des Betriebes wird kaum zu vermeiden seyn. Das beste Gegenmittel ist in der Anwendung von 2 oder 3 Formen zu finden.

5. Zu kleine Kohlengichten bei einem geringen Verhältniß der Gichtöffnung zur Weite des Kohlensacks. Sie bewirken ein Durchlaufen und Kippen der Erzgichten.

6. Unregelmäßiges und oft unterbrochenes Gebläse, wodurch der Schmelzpunkt häufig verändert wird. Wird der Wind plötzlich zu sehr verstärkt, so geht der Schmelzpunkt mehr in die Höhe, und bewirkt bei weiten Gestellen leicht ein Rücken der Gichten; bei engen Gestellen werden ohne Zweifel die beim vorherigen schächeren Blasen angesinterten Massen erweicht und ins Gestell gebracht. Schwächerer Wind nach vorhergegangenem stärkerem Blasen, also Schwächung der Hitze, bewirkt Erstarrungen, und giebt dadurch zu Versetzungen und zum Kippen der Gichten Anlaß. Das lange Stehen des Gebläses (wegen Reparaturen u. s. f.) ist sehr nachtheilig, weil die halbflüssige Masse im unteren Theil der Rast erstarrt, und wenigstens einen lange Zeit anhaltenden schwächeren Gichtenwechsel verursacht, wenn auch ein Rücken und Kippen der Gichten nicht jedesmal erfolgen sollte.

7. Eine zu flache Rast. Die Schmelzsäule findet auf der Rastfläche einen Ruhepunkt, wodurch Versinterungen entstehen, welche bei starken Gebläsen jedesmal und unvermeidlich ein Kippen der Gichten nach sich ziehen, vorzüglich wenn die Koaks viel Lösche enthalten.

8. Eine Rast mit ungleichen Neigungswinkeln. Die Schmelzmasse wird dadurch in einem ungleichen Zustande der Lockerheit erhalten, steift sich gegen den steileren Theil der Rast, so daß der Wind da, wo er den geringsten Widerstand findet, einen Ausweg sucht, wodurch leicht ein Kippen der Gichten veranlaßt wird. Die Uebel 7. und 8. liegen also in der Konstruktion des Ofens.

9. Ausgeschmolzene und hängen gebliebene Schacht-, Rast- und Gestellsteine. Die Gichten gehen dadurch zuerst hohl nieder, und kippen sich zuletzt. Am günstigsten ist es unter solchen Umständen zu nennen, wenn die Steine gleich mit ins Gestell niedergehen, indem sie alsdann herausgenommen werden können. Folgen aber mehre Steine hinter einander, so ist eine starke Versetzung des Gestelles zu befürchten, wobei der Ofen sogar erstikken kann. Möglichst feuerfeste Materialien, welche mit großer Sorgfalt einzusetzen sind, gewähren das einzige Gegenmittel.

10. Ungleiches Ausschmelzen des Schachts, der Rast oder des Gestelles, wodurch eine ungleichmäßige Ausbreitung der Gichten, folglich ein Kippen derselben veranlaßt wird. Ein gleicher Erfolg ist zu erwarten, wenn das Gestell nicht im Mittel des Schachtes, sondern mehr nach einer Seite gerückt ist. Dadurch wird der Druck der Schmelzmasse ungleich, und der Wind sucht einen Ausweg, wo er ihn am leichtesten findet. Hierdurch wird der Schacht ungleich erwärmt, die Kohlen werden auf der einen Seite stärker verzehrt als auf der anderen, und das Kippen der Gichten ist dann häufig die Folge.

11. Zu geringe Hitze im Schacht oder im Gestell durch eine vorhergegangene Abkühlung; also eigentlich eine Wiederholung des alten Uebels, weil auf eine beseitigte Versetzung, sobald die Temperatur im Ofen dabei stark gesunken ist, bald eine zweite folgen kann, wenn nicht schon Gichten mit leichteren Erzsätzen vor die Form gekommen sind.

Die durch die Konstruktion des Ofens herbeigeführten Versetzungen und das daher rührende Kippen der Gichten lassen sich, so lange die Kampagne fortdauert, nicht heben, weshalb man sogar genöthigt seyn kann, den Ofen niederzublasen.

§. 665.

Das Verhalten der Schmelzmassen im Gestell, wie es sich vor den Formen zu erkennen giebt, gewährt, in Verbindung mit der Beschaffenheit der Schlacke, ebenfalls ein Mittel zur Beurtheilung des Ganges des Ofens. So lange die Form hell ist, und ein so starkes Licht verbreitet, daß man anfänglich nichts im Gestell erkennen und unterscheiden kann, ist der Gang des Ofens unbezweifelt sehr gaar, und es kann, wenn das Verhalten des Roheisens und der Schlacke dazu auffordern, eine Erhöhung des Erzsatzes statt finden. Wenn sich bei völligem Leuchten der Form oft trockene Schlacke ansetzt, die mit dem Formhaken abgestoßen werden muß, um die Form nicht zuwachsen zu lassen, so deutet dieser Erfolg auf eine strengflüssige Beschickung, und es muß mehr Wind gegeben, oder die Beschickung nöthigenfalls leichtflüssiger eingerichtet werden. Die Schlacke ist dabei zäher, als sie bei einem guten Gange seyn muß. Je mehr das Leuchten der Form abnimmt, je mehr eine dunkelrothe Färbung des Lichtes eintritt, und je mehr sich durch die Form beim ersten Hineinsehen sogleich Erze und Kohlen unterscheiden lassen, desto roher ist der Gang des Ofens. Die Schlacke vor der Form wird bei zunehmendem Rohgange zuerst immer flüssiger im Heerd, kocht dann auf und fängt nun an die Form zu verdunkeln, welche bei einem hohen Grade des Rohganges, trotz des sorgfältigsten Reinigens, nicht offen zu erhalten ist. Solche Schlacke läuft zwar zuerst sehr flüssig aus dem Vorheerd, aber sie hat keine Hitze und erstarrt schnell; dies geschieht auch endlich sogar im Gestell selbst, wodurch die nachfolgenden Erzgichten abgehalten werden in den Schmelzraum einzutreten. Zuletzt wird auch das Eisen kalt geblasen und setzt sich als eine halbgefrischte Eisenmasse im Gestell an, so daß es nur durch häufiges und schnelles Ausarbeiten oder Reinigen des Gestelles, und durch Abstoßen und Zerschlagen der angesetzten Massen fortgeschaft werden kann. Wenn diese Erscheinungen eintreten, muß sogleich beträchtlich vom Erzsatz abgebrochen werden, um dem Ofen eine höhere Temperatur mitzutheilen. Die Anwendung eines schwächeren Gebläses ist nur bei noch engen Gestellen und bei leichten Kohlen anzurathen; bei weniger leicht zerstörbaren Kohlen muß die denselben angemessene Geschwindigkeit des Windes nicht vermindert werden, weil die Hitze dadurch noch mehr abnehmen würde. Zuweilen entsteht das Kochen vor der Form nur durch eine große Anhäufung der Schlacke im Heerd, und dann ist dem Uebel bald abgeholfen. Zuweilen wird es auch durch eine leichtflüssige Beschickung bewirkt. Dann wird die Form zwar auch verdunkelt, oder es naset stark, allein eine Versetzung ist wenig zu befürchten, wenn der Ofen in voller Hitze ist, weshalb die Form unter diesen Umständen auch periodenweise wieder ein helles Licht verbreitet. Die an der Form sich ansetzende Masse, oder die so genannte Nase muß stets weggeschafft, das Gestell gereinigt, das Gebläse anfänglich etwas geschwächt und die Beschickung etwas strengflüssiger gewählt werden. Die Schlacke ist zwar auch kurz und unzusammenhängend und erstarrt bald; allein sie verhält sich im Gestell doch gutartiger, und gestattet in einem höheren Grade das Niedersinken der folgenden Erzgichten, als die flüssige und kochende Schlacke vom übersetzten Gange. Will die Form bei einem übrigens guten Gange des Ofens nicht leuchten, sondern setzt sich von Zeit zu Zeit eine zähe Schlacke an; so kann oft nur schlecht geröstetes oder in zu großen Stücken aufgegebenes Erz, oder zu grob gepochter Zuschlag die Ursache dieser Erscheinung seyn. Hat die ablaufende Schlacke alle Zeichen des Gaarganges, und leuchtet die Form dabei nicht gehörig; so ist die Hitze im Schacht zu geringe, weshalb man entweder größere Düsen einlegen und die Masse des Windes vermehren, oder bei denselben Düsen die Windpressung verstärken muß: ersteres, wenn der Wind die dem Brennmaterial angemessene Geschwindigkeit besitzt; letzteres, wenn das nicht der Fall seyn sollte. Wenn bei diesem Gange die Schlacke ein überaus gaares Ansehen hat, das Eisen aber nicht grau wird, sondern weiß bleibt, so sind eine Vergrößerung der Windmenge und eine stärkere Windpressung durchaus erforderlich. Wenn dagegen bei einer völlig gaaren Schlacke das Eisen sehr grau ausfällt und bei diesem Gange ein starkes Nasen der Form eintritt; so muß die Windmenge sogleich vermindert und das Gestell fleißig ausgearbeitet werden, weil die im Schmelzraum entwickelten Gase am Austreten aus der Gicht gehindert werden Die Schlacke wird dabei so steif im Heerde, daß das Roheisen, welches die Schlackendecke nicht durchdringen kann, durch den Windstrom gefrischt wird, und das Gestell zuletzt so stark versetzt, daß der Ofen ersticken würde, wenn die steifen Schlackenmassen nicht fortgeschafft werden.

Bei einem guten Gange des Ofens kann das eintretende Nasen vor der Form auch nur eine Folge von sehr feuchter Luft seyn. Ist die Beschickung nicht strengflüssig und die Schlacke von guter Consistenz und nicht zähe, so entsteht bei großer Feuchtigkeit der Luft zwar kein Nasen, aber die Hitze im Gestell nimmt doch in dem Grade ab, daß das ganz gaare, graue Eisen bald in neutrales weißes, oder auch in halbirtes übergeht, wenn der Erzsatz nicht frühe genug vermindert wird. Besonders ist es bei der Anwendung der Wasserregulatoren von Wichtigkeit, dahin zu sehen, daß das Wasser nicht in zu starker Bewegung geräth und durch die Gebläseluft mit fortgerissen wird. Das Eisen verliert dann bald seine gaare Beschaffenheit, die Schlacke wird zäher, erstarrt bald, das Licht der Form vermindert sich und es tritt ein Nasen der Form ein. Dann muß der Erzsatz sofort vermindert und die Windpressung, bis zum Eintreten der leichteren Sätze, geschwächt werden.

Es kann als eine allgemeine Regel gelten, daß in allen den Fällen, wo viel im Gestell zu arbeiten ist, um die fest geschmolzenen oder die im Gestell selbst zusammengesinterten Massen zu zerstoßen und aus dem Vorheerd zu schaffen, auch zugleich der Erzsatz, nach Umständen um den vierten oder um den dritten Theil, vermindert werden muß, selbst dann, wenn sich der Ofen vorher in einem außerordentlichen Gaargange befand. Durch das öftere Ausarbeiten, oder durch das häufige Zustellen oder

Schließen der Form und durch die unter dem Tümpel einströmende kalte Luft, werden nämlich Schacht und Heerd so abgekühlt, daß der Ofen erst wieder eine höhere Temperatur durch leichte Erzsätze erhalten muß, damit die Kohlen nach und nach den früheren Erzsatz tragen. — Wenn daher bei sich erweiternden Gestellen der gewöhnliche Erzsatz nicht mehr den gewöhnlichen Ofengang zur Folge hat, so ist es nothwendig, das Verhältniß des Erzes zu den Kohlen nach und nach zu vermindern und nicht so lange mit der Verminderung des Erzsatzes zu warten, bis ein übersetzter Gang eintritt, mit welchem häufig Versetzungen, beständig aber Verminderung der Temperatur des Ofens verbunden sind.

Das Nasen der Form — oder das Formen, wie man es auch zu nennen pflegt — entsteht also nicht allein bei einem sehr gaaren, sondern auch bei einem übersetzten Gange, und ist fast jederzeit mit dem Frischen, oder mit der Anhäufung von gefrischtem Eisen über der Form verbunden. Wahrscheinlich bilden sich in beiden Fällen durch die steife Schlacke, welche durch den auf sie strömenden Wind erhärtet, Höhlungen vor und über der Form, wodurch nur eine partielle Reduktion, oder auch eine Entkohlung des schon gebildeten Roheisens beim Gaargange bewirkt wird. Nur bei dem durch leichtflüssige Beschickung entstehenden Nasen der Form hat man selten vom Frischeisen etwas zu fürchten. Das Fortschaffen des Frischeisens, durch Schlagen und Hauen bei der Form, ist eine sehr beschwerliche Arbeit, welche den Ofen und das Gestell sehr abkühlt, aber nothwendig geschehen muß, wenn der Wind nicht eine einseitige Richtung nehmen, und wenn sich nicht noch mehr Höhlungen bilden sollen, welche das Zuwachsen des Gestelles zur Folge haben. Bei Erweiterungen des Gestelles ist das Ansetzen des Frischeisens noch gefährlicher, obgleich man die Form gern mit einem Dach von Frischeisen bedeckt sieht, und deshalb die Erzeugung desselben, durch möglichste Abkühlung der Form bei einem gaaren

Gange des Ofens, zu befördern sucht, um das Wegschmelzen der Form zu verhüten.

§. 666.

Auch das Verhalten der Flamme auf der Gicht darf bei der Beurtheilung des Ofenganges nicht unberücksichtigt bleiben. Wenn die Gichtenflamme nur schwach ist und nicht mit gleicher Stärke im Umkreise der Gichtöffnung zum Vorschein kommt, so wird der Wind zu sehr im Gestell zurückgehalten und steigt nicht ungehindert in die Höhe. Der Schacht bleibt dann kalt und die Erze können nicht gehörig vorbereitet ins Gestell rücken. Die Ursachen dieses Hindernisses können entweder zu steile Rast, oder zu kleine Kohlen und zu dicht liegende Erze, oder ein zu schwacher Wind seyn. Hat der Wind die dem Brennmaterial angemessene Geschwindigkeit, so muß die Quantität durch Einlegung größerer Düsen vermehrt werden. Eine in ungleicher Stärke hervorbrechende Gichtenflamme deutet immer auf Versetzungen im Schacht, auf ungleiche Neigungswinkel der Rast, und hat gewöhnlich ein Kippen der Gichten zur Folge. Die Gichtenflamme muß sich mit einer gewissen Geschwindigkeit und mit einem dumpfen Brausen aus der Gicht erheben, wenn der Wind gehörig durchdringen und den Schacht erhitzen soll. Schleicht die Flamme aber träge aus der Gicht, so verglimmen die Kohlen ohne Wirkung.

Hat die Gichtenflamme eine sehr dunkle (oder bei zinkischen Erzen eine sehr blasse) Farbe, und ist sie mit einem sichtbar aufsteigenden grauen Rauch begleitet; so fehlt es dem Ofen an Hitze, und er ist mit Erz übersetzt. Ist die Flamme aber lebhaft und ohne sichtbaren Rauch, so befindet sich der Ofen in einer guten Temperatur. Bei zinkischen Erzen dampft der Ofen bei übersetztem Gange ungleich stärker, und die Gichtenflamme hat mehr das Ansehn von brennendem Zink, als bei einem in voller Hitze befindlichen Ofen, weil sich die Dämpfe in größerer Menge auf der Gicht niederschlagen, indem sie weniger erhitzt sind. Bei einem kalten Gange und bei niedrigen Oefen setzt sich daher mehr Ofenbruch auf der Gicht an, als bei höheren Oefen und bei starker Hitze. Der Ofenbruch muß von Zeit zu Zeit gebrochen werden, weil er die Gicht verengt. Außerdem veranlaßt er, indem er einen trichterförmigen Kranz bildet, ein Verdrängen der Kohlen durch die Erzsätze, als Folge der durch ihn noch stärker verengten Gichtöffnung, und wenn diese Seitenverschiebung der Kohlen durch ungleich starke Ansätze an den verschiedenen Seiten der Gicht herbeigeführt wird, so ist sogar ein Rücken und Kippen der Gichten zu besorgen, indem Höhlungen und schiefe Flächen entstehen, auf denen die schweren Erze herabgleiten, die leichteren Kohlen aber erst später und ungleich nachsinken. Beim Ausbrechen des Ofenbruchs ist dahin zu sehen, daß nichts von dem Ofenbruch im Gichtraum liegen bleibt, sondern sorgfältig herausgenommen wird, weil zur Verflüchtigung des daraus sich reducirenden Zinkes Wärme erforderlich ist, die dem Ofen entzogen wird, und weil die größeren Stücken Ofenbruch unzerlegt ins Gestell kommen und vor dem Winde ein Aufkochen der Schlacke, oft sogar Versetzungen veranlassen.

Wenn der Wind wenig auf der Gicht auswirft, so besitzt er nicht hinreichende Pressung um die Schmelzsäule zu durchdringen. Viel Gichtsand ist daher immer ein Beweis von gehörig durchgreifendem Winde.

Die Flamme welche vor dem Tümpel, oder aus der offenen Brust, nämlich aus dem Vorheerd des Ofens austritt, darf nicht unberücksichtigt bleiben. Wenn sie stark hervorbricht, bläulich gefärbt ist und sehr dampft, so ist der Ofen entweder übersetzt, oder der Wind will sich im Schacht nicht in die Höhe begeben und das freie Austreten der Gasarten aus der Gicht ist gehindert. Brennt sie bei zinkischen und bleiischen Erzen mit Flammen die auf Zink oder auf Blei hindeuten, so fehlt es dem Schmelzraum an Hitze, oder der Ofen befindet sich im Rohgange. Bei einem guten Gange, und wenn die Schlacke die gehörige Konsistenz besitzt, darf keine Flamme vor dem Tümpel zum Vorschein kommen, indem sich der Wind sogleich aus dem Gestell ungehindert in die Höhe begeben muß. Nur wenn das Gestell, nach dem Reinigen oder Ausarbeiten, von Schlacke leer ist, wird der Wind absichtlich einige Minuten lang durch den Vorheerd gelassen, um denselben zu erwärmen. Diese mit Geräusch hervorbrechende Flamme darf aber nicht dampfen, sondern nur einen weißen leichten Anflug auf dem Trageisen oder auf dem Tümpelbleche absetzen. Dieser Anflug besteht aus kohlensaurem und schwefelsaurem Kali, aus Kieselerde, Eisenoxydul und aus einer geringen Quantität Thonerde und Kalkerde.

§. 667.

Nicht allein die Farbe und das Verhalten des Roheisens nach dem Erkalten, sondern, und mit noch größerer Zuverlässigkeit, der Flüssigkeitszustand desselben beim Ablassen aus dem Schmelzraum und die Art des Erstarrens, lassen auf den Gang des Ofens schließen, bei welchem es erblasen ward, besonders wenn die übrigen Erscheinungen welche bei dem Ofenbetriebe vorkommen, mit zu Hülfe genommen werden.

Das bei Holzkohlen und bei einem gaaren Gange des Ofens erblasene graue Roheisen fließt beim Abstechen ruhig, mit einer blendend weißen Farbe, die kein Gelb in ihrer Mischung zeigt, und mit vollkommener Flüssigkeit, welche es auch noch lange behält, ehe es völlig erstarrt. Dies geschieht immer mit scharfen Kanten und mit geraden Flächen. War das Roheisen bei einer strengflüssigen Beschickung, aber dabei sehr gaar und hitzig erblasen, so ist das Eisen von sehr grauer Farbe und metallischem Glanz, ohne dabei Graphit in bedeutender Menge auszustoßen. Wird der Ofen bei einer leichtflüssigen Beschickung in einem gaaren und hitzigen Gange erhalten, so sondert das graue Roheisen beim Erkalten viel Graphit auf der Oberfläche ab. Das graue Eisen von strengflüssiger Beschickung behält in den dünnsten Stücken, nach dem Erkalten, auf dem Bruch noch eine graue Farbe, und füllt alle Formen aufs vollkommenste aus. Beim Fließen zeigt es sich auf der Oberfläche ganz gleichartig, und scheint wie mit einer matten, nicht metallischen Haut überzogen zu seyn. Das graue Eisen von leichtflüssiger Beschickung verhält sich zwar im flüssigen Zustande eben so; aber es ist sehr geneigt, beim plötzlichen Erstarren, besonders an den Rändern, weiß zu werden, wobei es Graphit in mehr oder weniger bedeutender Menge absondert.

Je mehr die Hitze im Ofen abnimmt, desto mehr verändert sich die lebhafte weiße Farbe in eine röthliche, und desto lebhafter tritt der Glanz der Oberfläche des fließenden Eisens hervor. Die Oberfläche scheint mit großen matten Flecken bedeckt zu seyn, welche um so größer sind, je mehr sich das Eisen dem gaaren nähert, und die um so mehr abnehmen und den glänzenderen Stellen Platz machen, je greller das Eisen wird. Das halbirte Eisen, so wie das neutrale weiße Eisen (Spiegeleisen), fließen beide noch ruhig, ohne Funken zu sprühen, erstarren aber schneller, und zwar theils mit glatten, theils mit konkaven Flächen. Die Oberfläche des erstarrten Eisens fängt schon an, kleine Blasen aufzuwerfen, welche das Eisen oft wie Blattern bedecken.

Das weiße oder das grelle Eisen fließt mit einer scheinbar großen Hitze aus dem Abstich, wirft dabei viele Funken, und scheint an dünnem Fluß das gaare Eisen zu übertreffen; allein es wird bald dickflüssig und erstarrt sehr schnell. Das Eisen hat beim Fließen eine rothe Farbe, die Oberfläche ist metallisch glänzend, und die Erstarrung erfolgt sehr bald, mit völlig stumpfen Kanten und mit konkaven Oberflächen. Im Heerd hängt sich das grelle Eisen stark an das eiserne Gezäh an, wodurch sich das gaare Roheisen von dem bei einem übersetzten Gange erblasenen weißen, schon allein unterscheiden läßt. Der Schwefelgehalt des Roheisens giebt sich beim Abstechen durch einen deutlichen Geruch nach schwefligter Säure zu erkennen. Solches Eisen muß immer bei einer leichtflüssigen Beschickung gaar erblasen werden, und zeigt beim Fließen eine ins Gelbe fallende Farbe. Beim Erstarren schwindet es nicht allein nicht, sondern dehnt sich oft sogar noch aus, besonders wenn es bei einem übersetzten Gange entstanden ist. Dann wirft es viele Funken, und erstarrt sehr bald, so wie es überhaupt dickflüssiger ist als alles andere Eisen. Das aus Phosphorsäure haltenden Erzen erblasene Roheisen, zeigt beim Fließen und Erstarren kein von dem guten Eisen abweichendes Verhalten, nur scheint es mehr zu schwinden.

Ziemlich verschieden von dem bei Holzkohlen gewonnenen, zeigt sich das bei Koaks erblasene Roheisen. Ueberhaupt erstarrt das Koakroheisen, wegen des Schwefelgehalts und wegen des größeren Gehalts an Silicium, wovon das in der größten Hitze und bei einer strengflüssigen Beschickung erblasene graue Roheisen am mehrsten enthält, schneller als das Holzkohlenroheisen, und oxydirt sich dabei auf der Oberfläche um so stärker, je mehr Schwefel und Erdbasen es enthält. Das bei strengflüssiger Beschickung sehr gaar erblasene graue Roheisen, hat beim Fließen eine blendend weiße Farbe mit einem etwas röthlichen Licht; auf der Oberfläche bewegen sich Sternchen mit einer großen Geschwindigkeit, und diese Bewegung dauert bis zum gänzlichen Erstarren der Oberfläche fort. Das Eisen fließt sehr hitzig, ist dabei sehr dünnflüssig und füllt die Formen vollkommen aus. Auch das bei einer leichtflüssigen Beschickung erhaltene graue Roheisen mit größerem Kohlengehalt verhält sich beim Fließen und Erstarren wie jenes erstere, aber es füllt die Formen weniger scharf aus und ist sehr geneigt bei der plötzlichen Abkühlung in nassem Sande u. s. f. weiße Ränder zu erhalten. Nähert sich das graue Roheisen dem neutralen weißen, oder geht es in halbirtes Eisen über, so sprüht es ungemein lebhaft Funken um sich her. Je mehr die röthliche Farbe abnimmt, und je mehr die weiße Farbe eine gelbliche Beimischung erhält, desto mehr vermindert sich die Dünnflüssigkeit und desto schneller erstarrt das Eisen mit stumpfen Kanten und mit konkaven Flächen, welche mit Blattern übersäet sind. Das grelle Eisen ist so dickflüssig, daß es nicht weit fortfließen kann, sondern sehr bald erstarrt. Eine Bewegung ist auf der Oberfläche dieses fließenden Eisens kaum zu bemerken, und es fließt überhaupt mit einer matten rothen Farbe, bei welcher wenig weißes Licht warzunehmen ist.

Wenn die Koaks viel Lösche enthalten, und wenn sie zugleich viel Asche hinterlassen, so entwickeln sie in der Regel nur eine geringe Hitze und deshalb läßt sich bei solchen Koaks, auch bei dem hitzigsten Gange, kein völlig metallisch graues Roheisen erzeugen. Das Eisen fließt beim Abstechen matt, oxydirt sich bald, wobei es oft viele Flämmchen ausstößt, und hat auf dem Bruch kein dunkles, sondern immer ein lichtes Ansehen und eine schuppige Textur mit metallischem Glanz, der aber stets matter ist, als der Glanz des völlig gaaren, grauen Roheisens. Wird dies Roheisen im Flammenofen umgeschmolzen, so stößt es einen Theil der Erdbasen als Erden aus.

Das beim gaaren, aber kalten Gange des Ofens erzeugte weiße körnige Roheisen, ist beim Betriebe mit Holzkohlen sehr ungewöhnlich, obgleich das sogenannte Aschenrandeisen wohl ein solches Roheisen seyn mögte; bei den Koaköfen kommt es vor, wenn in heißen und schwülen Sommertagen der Ofenbetrieb mit Luft von atmosphärischer Temperatur statt findet, oder wenn die Gestelle zu weit werden.

§. 668.

Es kann nicht genug hervorgehoben werden, daß die Unregelmäßigkeiten welche sich beim Betriebe der Oefen einstellen und welche die Nothwendigkeit einer sorgfältigen Wartung derselben herbeiführen, zum größten Theil durch den Lockerheitszustand der Eisenerze veranlaßt werden. Befindet man sich in dem glücklichen Fall, recht locker liegende Eisenerze zu verschmelzen, so wird man kaum einen Begriff von den Schwierigkeiten erhalten mit welchen der Betrieb mit dicht liegenden, ockrigen und lettigen Erzen verbunden ist. In den mehrsten Fällen wird das Unterbrechen des regelmäßigen Ofenganges dadurch herbeigeführt, daß die Schmelzmassen auf der Rast oder im Schmelzraum versintern, daß dadurch ein Rücken und Kippen der Gichten veranlaßt, vorzüglich aber daß dem Winde, oder den aus dem Gestell sich erhebenden Gasarten, der Durchgang durch die darüber liegenden Schichten bis zur Gichtöffnung erschwert wird. Die engen Gichten werden dadurch ein nothwendiges Uebel, und eben so nothwendig wird es, bei einer solchen Beschaffenheit der Erze, den Gang des Ofens gaar einzurichten, weil bei einem frischen Gange des Ofens die Gefahr des Versinterns des Schmelzraums und des Erkaltens des Ofenschachtes noch größer wird. Wenn aber steinige, locker liegende und viele Zwischenräume gewährende Erze verschmolzen werden, so läßt sich nicht allein durch Vergrößerung der Gichtöffnung, sondern auch durch einen frischeren, weniger gaaren Gang des Ofens, — in so fern dieser nicht ausdrücklich verlangt wird, um graues Roheisen für die Gießerei zu liefern, — eine vortheilhaftere Anwendung von dem Brennmaterial machten, ohne die nachtheiligen Wirkungen des Druckes der Schmelzsäule auf die im Schmelzraum sich entbindenden Gase, besorgen zu dürfen. Man wird dann auch der enge zusammengezogenen Obergestelle nicht bedürfen und durch weite, oder ganz fehlende Obergestelle den Versetzungen im Schmelzraum, selbst bei einem frischen Gange des Ofens entgehen.

Wesentliche Erleichterungen bei der Wartung der Oefen, hat die Anwendung des erhitzten Windes hervorgebracht. Die Wirkungen dieses Mittels sind so auffallend, daß selbst bei der Verschmelzung dicht liegender Erze, Versetzungen im Schmelzraum kaum mehr Besorgnisse über die Störung des Ofenganges veranlassen. Diese Wirkungen beziehen sich auf die Entwickelung einer ungleich höheren Temperatur vor den Formen, als bei der Anwendung des kalten Windes, welche die Bildung von versinternden Schlackenmassen im Gestell kaum mehr aufkommen läßt. Da mit der Anwendung des erhitzten Windes zugleich die auffallende Erscheinung verbunden ist, daß der obere Theil des Schachtes eine geringere Temperatur erhält als bei dem kalten Winde; so liegt die Folgerung sehr nahe, daß der ganze Sauerstoffgehalt der Luft, bei heißem Winde im Schmelzraum consumirt wird, und daß bei kaltem Winde ein Theil des Sauerstoffgehaltes erst in größerer Höhe über der Form an das Brennmaterial tritt. Die Bedingungen zur Bildung von halbgeschmolzenen und sich versinternden Massen sind daher bei heißem Winde weniger vorhanden und die etwa entstehenden strengflüssigen Bildungen werden durch die größere Wärmeentwickelung vor der Form, bei heißem Winde leichter wieder aufgelöst. Dagegen dürften weite Gichtöffnungen, bei lettigen und dicht liegenden Erzen, für die Anwendung des heißen Windes noch nachtheiliger als für den kalten Wind werden können, weil der nach der Gicht gerichtete Luftzug, indem er durch die Schmelzsäule zurückgehalten wird, seine Wirkung in einem um so höheren Grade auf die Gestellräume äußern muß, und weniger durch Versetzungen im Gestell, als durch das schnelle Wegschmelzen und Erweitern desselben nachtheilig wird. Der heiße Wind ist deshalb aber auch zugleich ein vortrefflicher Ersatz für die hohen und engen Obergestelle, welche bei der Anwendung des erhitzten Windes je länger desto mehr verschwinden werden, indem der Zweck welcher durch sie erreicht werden soll, auf eine einfachere, erfolgreichere und vollkommenere Weise durch den heißen Wind bewirkt werden kann.

Nähere Untersuchung der Umstände unter welchen weißes und graues Roheisen bei dem Betriebe der Oefen gebildet werden.

§. 669.

Unter einem richtigen oder guten Gang eines Ofens versteht man denjenigen, bei welchem Roheisen dargestellt wird, welches die verlangten Eigenschaften besitzt. Soll luckiges Floß gewonnen werden, so würde der Gang des Ofens, bei welchem blumige Flossen entstehen, ein unrichtiger Gang seyn, und sehr schlecht würde man ihn nennen, wenn Spiegelfloß, oder wenn sogar graues Roheisen erfolgt. Man verlangt aber Roheisen von sehr verschiedenartiger Beschaffenheit, die sich häufig nach den Methoden richtet, welche zur weiteren Verarbeitung desselben zu geschmeidigem Eisen gebräuchlich sind. Bei einer von diesen Methoden läßt sich nur weißes, roh erblasenes, bei einer andern nur weißes gaar erblasenes, bei einem dritten nur graues und möglichst gaares Roheisen anwenden. Endlich erfordert die Anwendung des Roheisens zu Gußwaaren, daß dasselbe die Eigenschaft besitzt, fest und weich zu seyn, indem nur in einzelnen Fällen, und als Ausnahme, eine große Härte des Roheisens verlangt wird. Ein festes und weiches Roheisen ist aber das weiße Roheisen niemals, weshalb man nur graues Roheisen darstellen darf, wenn dasselbe zu Gußwaaren verwendet werden soll. Ein Gang des Ofens, bei welchem weißes Roheisen erfolgt, würde also, wenn graues dargestellt werden soll, einen fehlerhaften und schlechten Gang der Schmelzarbeit bezeichnen.

Bei niedrigen Oefen mit weiten Schmelzräumen darf man es wohl wagen, den Ofen fortdauerd in einem mit Erz überladenen Zustande zu erhalten, wenn leicht reducirbare und leichtflüssige Erze vorhanden sind und wenn man Holzkohlen als Brennmaterial anwendet. Luckige Flossen, und selbst weißes Roheisen bei einem scharfen Gange des Ofens gewonnen, würden in hohen Hohöfen, besonders in solchen, die mit Koaks genährt werden, ohne Störung und Unterbrechung des Betriebes, nicht dargestellt werden dürfen. Man wird genöthigt seyn, solche Oefen mehr oder weniger auf einen Gaargang einzurichten und von der Beschaffenheit des Roheisens die weiteren Verfahrungsarten zur Verarbeitung zu geschmeidigem Eisen abhängig zu machen; statt daß umgekehrt, bei dem Betriebe der Oefen mit Holzkohlen, durch die üblichen und einmal eingeführten Methoden bei dem Verfrischen des Roheisens, gewöhnlich die Art des Roheisens bestimmt wird, welche im Hohofen dargestellt werden soll. Da die Temperatur des Ofens und des Schmelzraums über die Beschaffenheit des Roheisens entscheidet, und da dieselbe im Allgemeinen von dem Verhältniß des Erzes zum Brennmaterial abhängig ist; so veranlaßt der Betrieb der Hohöfen mit Holzkohlen und mit leicht reducirbaren, leicht flüssigen Erzen, welche die Darstellung von weißem Roheisen zulassen, nur geringe Schwierigkeit. Anders ist es bei den Hohöfen, welche Koaks und strengflüssige Erze verarbeiten müssen, besonders wenn sie mit engen Zustellungen versehen sind, deren man — wenigstens bei der Anwendung der nicht erhitzten Gebläseluft — nothwendig bedarf, um ein sehr gaares graues Roheisen für die Gießerei gewinnen zu können. Das Verhältniß der Erze zu dem Brennmaterial ist unter solchen Verhältnissen so scharf bestimmt, daß eine geringe Ueberschreitung schon einen nachtheiligen Einfluß auf den Gang des Ofens ausübt, und daß man genöthigt ist, genau auf die Kennzeichen zu achten, welche eine eintretende Veränderung des Ofenganges erwarten lassen, um die Vorkehrungen zur Abhülfe früher treffen zu können, als sich das Uebel wirklich einstellt. Bei solchen Oefen ist derjenige Gang, bei welchem weißes Roheisen durch zu reichliche Erzsätze, folglich verbunden mit der Bildung einer dunkel gefärbten Schlacke, dargestellt wird, jederzeit ein fehlerhafter Gang, weil er die ungestörte Fortdauer des Betriebes des Ofens in Gefahr setzt. Es wird daher besonders nöthig seyn, die Umstände näher zu betrachten, welche die Entstehung des weißen Roheisens veranlassen.

§. 670.

Das weiße Roheisen entsteht bei dem Betriebe der Hohöfen:

1. bei leichtflüssigen, oder durch das Verhältniß des Zuschlags leichtflüssig gemachten Erzen, leichten Kohlen, aber sonst gutem Gange;
2. bei einem großen Verhältniß des Erzes zu den Kohlen, also bei rohem Gange;
3. bei steilen Rasten und zu starkem Winde im Verhältniß zum Brennmaterial, bei sonst gutem Gange;
4. bei geringer Hitze des Ofens, aber sonst gaarem Gange;
5. bei unregelmäßigem Gange des Ofens, der nicht durch ein zu geringes Verhältniß der Kohlen zum Erz herbeigeführt ist, nämlich bei dem Durchlaufen des Erzes, bei dem Rücken und Kippen der Gichten;
6 bei einem starken Zusammenpressen (besonders bei dicht liegenden, ockrigen und lettigen Erzen) der Schmelzmasse im Schacht, wobei sich der Wind nicht genug nach oben verbreitet; also bei weiten, der Beschaffenheit der Erze und der Kohlen nicht angemessenen Gichtöffnungen;
7. bei allen Versetzungen, die auf der Rast oder im Schmelzraum, bei einem sonst richtigen Verhältniß des Erzes zu den Kohlen, durch unangemessene Windführung entstehen (§. 664.).
8. bei weiten Schmelzräumen, welche der Wind nicht durchdringen kann;
9. bei großer Abkühlung der Schächte und des Schmelzraums durch hinzutretende Feuchtigkeit, oder durch Wasdämpfe;
10. bei einem sehr großen Aschengehalt der Koaks, oder wenn

dieselbe viel Lösche (Faserkohle) enthalten, oder wenn die Koaks von stark backenden Kohlen leicht durch die schweren Erzsätze zertrümmert und zu Staub zerdrückt werden, weil sich der Schmelzraum dann nicht erwärmen kann. Der strengflüssigen, durch einen großen Aschengehalt der Koaks veranlaßten Beschaffenheit der Schlacke läßt sich durch eine zweckmäßige Beschickung zwar entgegenwirken, allein der Erzsatz muß dann immer niedrig geführt werden, um den Ofen durch die sehr gaare steife Schlacke bei der Erzeugung des grauen Roheisens nicht in Gefahr zu bringen.

Ohne eine hohe Temperatur im Schacht und Schmelzraum läßt sich auch bei dem reichlichsten Verhältniß der Kohlen zum Erz kein graues Roheisen erzeugen. Der Erzsatz muß daher, wenn graues Roheisen dargestellt werden soll, immer so eingerichtet seyn, daß die Kohlen einen noch etwas stärkeren Erzsatz vertragen können, damit der Ofen durch zufällige Ereignisse, durch nasse Erze, durch schwache Kohlen, durch Nachlässigkeiten der Arbeiter, durch viele Lösche, welche die Koaks bei sich führen, durch Herabfallen von Schacht- und Raststeinen ins Gestell, oder auch durch große Feuchtigkeit der Luft, nicht sogleich aus der Hitze kommt. Ein Ofen, der durch einen vorhergegangenen scharfen Gang sehr abgekühlt ist, giebt daher nicht sogleich graues Eisen, wenn sich auch eine gaare Schlacke schon eingestellt hat, sondern es vergehen oft noch einige Tage, ehe das Eisen wieder grau wird. Umgekehrt kann aber ein Ofen, der schon völlig mit Erz übersetzt ist, wenn er sich vorher in starker Hitze befand, noch mehre Stunden lang graues Eisen bei einem ganz rohen Gange liefern. Daß bei den ersten Abstichen nach dem Anblasen zuweilen weißes Eisen bei dem größten Uebermaaß von Kohlen entsteht, liegt nur darin, daß der obere Theil des Schachtes noch zu wenig erhitzt ist, das Erz also nicht vorbereitet vor die Form kommt, sondern sich größtentheils erst vor dem Winde von der Schlacke scheidet. Auch dann, wenn der Boden des Gestelles sehr abgekühlt ist, kann durch Mangel an Hitze weißes Roheisen bei dem gaarsten Gange entstehen. Aus demselben Grunde bildet sich auch weißes Roheisen, wenn der Wind, bei steilen Rasten, bei dichtliegenden lettigen Erzen, oder bei kleinen Kohlen nicht ungehindert zur Gichtöffnung aufströmt.

Wird die Entstehung des weißen Roheisens nicht durch die zu große Leicht- und Dünnflüssigkeit der Erze bewirkt, sondern hat die Schlacke die gehörige Farbe und Konsistenz, und giebt sich dadurch die Richtigkeit der gewählten Beschickung, so wie kein zu großes Verhältniß der Erze zu den Kohlen zu erkennen; so liegt der Grund nicht in der Beschaffenheit der Erze, oder der gewählten Beschickung, sondern entweder in der Konstruktion des Ofens, besonders des Schmelzraums, oder in dem Mißverhältniß des Windes zu den Kohlen, oder in beiden. Wenn der Wind im Verhältniß zu den Kohlen zu stark ist, die Kohlen aber sehr leicht zerstörbar sind, so zieht sich der Schmelzpunkt zu sehr in die Höhe, und die Hitze nimmt vom Schmelzpunkte bis zur Form nicht in dem Verhältniß zu, daß sie die Umwandlung des weißen Roheisens in graues bewirken könnte. Je leichter, oder je leicht entzündlicher und je leichter zerstörbar die Kohlen sind, desto eher ist mit der zu großen Verstärkung des Windes, bei einem sonst gehörigen Verhältniß der Erze zu den Kohlen, die Entstehung des weißen Roheisens verbunden. Es kann der Fall eintreten, daß bei aller Verminderung des Erzsatzes kein graues Roheisen entsteht, weil eine zu schnell zerstörbare Kohle nicht Hitze genug giebt, die Umwandlung des weißen Roheisens in graues zu bewirken. Je mehr der Wind verstärkt wird, desto mehr verbrennen die schwachen Kohlen schon über der Form ohne Wirkung. Ein zweckmäßiges Mittel ist dann die Anwendung engerer Düsen, oder eines stärker gepreßten Windes, wodurch die Wirksamkeit des

Brennmaterials mehr auf einen bestimmten Raum beschränkt wird. Dies ist der Grund, warum bei wenig Wind und leichten Holzkohlen, unter denselben Umständen wenig, aber graues Roheisen entstehen kann, wenn bei vielem Winde viel, aber weißes Roheisen erfolgt. Je schwerer entzündlich das Brennmaterial ist, desto weniger ist die Entstehung des weißen Eisens aus diesem Grunde zu erwarten, vielmehr wird es dann nothwendig seyn, die Quantität des Windes zu vergrößern. Wenn nämlich das Brennmaterial mit geringer Lebhaftigkeit verbrennt, so kann der Schmelzpunkt zu tief hinunter gerückt werden, und es wird dann, ungeachtet des richtigen Verhältnisses des Erzes zum Brennmaterial, dennoch weißes Roheisen entstehen. Bei leicht verbrennlichen Holzkohlen kann dieser Fall bei großer Erweiterung des Schmelzraums, oder wenn das Gestell zu weit ausgeblasen ist, also die Hitze nicht mehr zusammengehalten wird, seltener durch schwachen Wind bei zu weiten Düsen, vorkommen. Bei den schwerer zerstörbaren Koaks ereignet sich die Entstehung des weißen Roheisens aber auch bei enger Zustellung, bei einer zu geringen Geschwindigkeit des Windes. Dann muß das Gebläse nach Möglichkeit verstärkt werden, weil die Verminderung des Erzsatzes ohne Erfolg seyn würde, indem die Ursache der Entstehung des weißen Roheisens nicht darin liegt, daß der Schmelzpunkt zu tief herunter gerückt ist, sondern darin, daß es dem Schacht an Hitze fehlt.

Auch bei richtigem Verhältniß des Erzes zum Brennmaterial kann weißes Roheisen bei gaarer Schlacke dann entstehen, wenn der Schmelzpunkt durch große Strengflüssigkeit der Erze, oder durch große Abkühlung des oberen Schachtes, oder durch gehemmte Circulation des Windes, zu tief liegt. Sind die Erze von Natur strengflüssig, so muß der Schmelzraum oder das Gestell möglichst verengt und erhöhet werden; auch darf die Rast dann nicht zu flach seyn. Rührt die Strengflüssigkeit von fehlerhafter Beschickung, oder von schlecht gerösteten Erzen, oder von zu großen Erzstücken her, so muß dem Uebel durch Vermeidung des Fehlers abgeholfen, augenblickliche Hülfe aber durch Schwächung des Gebläses, um das Erz der koncentrirten Hitze im Schmelzraum nicht zu schnell zu entziehen, geschafft werden. Zuweilen tritt aber der Fall ein, daß bei der größten Hitze im Gestell weißes Eisen entsteht, wenn der Wind sich nicht in die Höhe begeben will, sondern im Gestell wühlt und oft Schlacke und Eisen aus dem Vorheerd treibt. Dies ist bei sehr steilen Rasten und weiten Gichten in dem Fall zu besorgen, wenn dicht liegende Erze und kleine Kohlen verarbeitet werden; oder bei Koaks, die sehr viele Lösche bei sich führen, wodurch der Durchgang des Windes erschwert, und das Gestell wie ein Tiegel mit Kohlenstaub ausgefüttert wird. Deshalb sind auch sehr backende Steinkohlen, welche sich leicht zu Staub zerkleinern, beim Betriebe der Koaköfen wenig anwendbar.

Bei einem richtigen Verhältniß des Erzes zum Brennmaterial kann das graue Roheisen aus dem weißen nicht entstehen, wenn das geschmolzene Roheisen wegen seiner Dünnflüssigkeit, oder weil es dem Ofen überhaupt an Hitze fehlt, nicht lange genug vor oder unmittelbar über der Form verweilt. Es kann nicht entstehen, wenn das Gestell durch leichte Kohlen bei starkem Winde nicht genug erhitzt wird; wenn Schacht und Gestell durch zu geringe Lebhaftigkeit beim Verbrennen der Kohlen zu kalt bleiben, wenn das Erz zu schnell und unvorbereitet in den Schmelzraum gelangt, und wenn sich dieser so erweitert, daß die Wärme nicht mehr concentrirt bleibt.

§. 671.

Die Erfahrung, daß das weiße Roheisen, welches bei einem kalten aber sonst völligen Gaargange des Ofens erhalten wird, in den mehrsten Fällen mehr, wenigstens aber niemals weniger Kohle enthält, als das aus denselben Erzen erblasene graue Roheisen, verbunden mit der Beobachtung, daß das graue Roheisen immer nur bei sehr hohen Temperaturen dargestellt werden kann, und daß es, auch bei dem reichlichsten Verhältniß der Kohle zum Erz, bei einem kalten Gange des Ofens nicht entsteht, berechtigen zu dem Schluß, daß alles graue Roheisen aus dem weißen entstanden ist, und daß das weiße Roheisen, schon vollkommen gebildet, nur einer großen Hitze bedarf, um sich in graues umzuändern. Das weiße Roheisen von nicht übersetztem Gange wird folglich bei dem Betriebe der Hohöfen dann entstehen, wenn der Schmelzpunkt, entweder wegen Mangel an Hitze im Schacht, oder wegen eines zu weiten Schmelzraums, zu tief heruntergerückt ist. Es wird aber auch dann entstehen, wenn bei einem im Verhältniß zum Brennmaterial zu starken Winde, der Schmelzpunkt sich zwar hoch genug über der Form befindet, die Schmelzmasse aber dabei so leichtflüssig ist, daß das Roheisen nicht lange genug in koncentrirter Hitze verweilt. Der erste Fall tritt, bei Oefen die mit Koaks betrieben werden, zuweilen bei sehr heißer Witterung ein. Ein solches weißes Roheisen, welches bei gaarem Gange, wegen Mangel an Hitze im Schmelzraum entsteht, hat das Ansehen des weißen Roheisens vom rohen Gange, weil es wirklich schon einen Theil seines Kohlengehaltes an die Schlacke abgetreten, einige Bestandtheile aus derselben reducirt und sich mit Mangan und mit Erdbasen verbunden hat. Das weiße Roheisen, welches bei übersetztem Gange des Ofens, oder bei einem zu großen Verhältniß des Erzes zum Brennmaterial entsteht, wobei es dem Ofen überhaupt an Hitze fehlt, um eine vollständige Reduktion des Erzes zu bewirken, muß folglich von dem weißen Roheisen unterschieden werden, welches bei einem gaaren Gange des Ofens, bei vollständiger Reduktion des Erzes, also bei dem gehörigen Verhältniß des Brennmaterials zum Erz, erzeugt wird. Dies weiße, dichte und körnige Roheisen unterscheidet sich von dem weißen Eisen von einem übersetzten Gang des Ofens sehr wesentlich dadurch, daß es fester und haltbarer ist als dieses, und daß es stets mit gaarer Schlacke verbunden ist. Bei Holzkohlenöfen entsteht es selten, oder nur bei einer strengflüssigen Beschickung. Nur bei weiten Gestellen und bei starkem Gebläse würde es bei einem sonst gaaren Gange, selbst bei einer nicht fehlerhaften, aber strengflüssigen Beschickung, zum Vorschein kommen können. Dagegen kann es bei Koaköfen bei weiten Gestellen durch zu heftigen Wind entstehen, weil die Scheidung des Eisens von der Schlacke schon hoch über der Form erfolgt, und der im Verhältniß gegen die Kohlen zu starke Wind das Gestell wieder abkühlt, folglich eine Zunahme der Temperatur nicht stattfinden kann. Hat sich das Gestell schon sehr erweitert, und kann der Wind dasselbe nicht mehr durchdringen, so rücken rohe Erze und ungeschiedene Massen mit ins Gestell, woraus dann ein wirklicher Rohgang des Ofens entstehen kann. Schwächung des Gebläses, oder Einlegung größerer Düsen, um die Pressung zu vermindern, ist dann ein nothwendiges, aber bei weiten Gestellen zugleich gefährliches Mittel. Auch durch eine zu geringe Quantität Wind, die den Koakhohöfen zugeführt wird, kann das weiße Roheisen bei gaarem Gange entstehen, weil der Schacht nicht gehörig erhitzt und der Wind durch die Schmelzsäule im Gestell zurückgehalten wird. Bei noch engen Gestellen ist das Uebel weniger gefährlich; bei weiten Gestellen kommt aber unvorbereitetes Erz in den Schmelzraum, und dann ist eine Versetzung des Gestelles die gewöhnliche Folge, wenn das Gebläse nicht stark genug ist, den Wind mit stärkerer Pressung in den Ofen zu bringen.

Es hat also auch diesem, bei einem Gaargange des Ofens sich bildenden weißen Roheisen, eben so wie dem Roheisen von übersetztem Gange, an Hitze gefehlt, um sich in graues umzuändern; allein es unterscheidet sich von dem grellen weißen Roheisen durch eine geringere Sprödigkeit und Härte, weil es mit der Schlacke schon in chemischer Wechselwirkung gestanden hat, welches bei dem weißen Roheisen von übersetztem Gange nicht der Fall ist. Je mehr Kohle es an die Schlacken, durch Re=

duktion der in die Schlacke übergegangenen Oxyde, abgetreten hat, desto unreiner wird es und läßt sich dann, durch den Mangel an Glanz auf der Bruchfläche und durch das fast aschgraue Ansehen, leicht von dem weißen Roheisen vom übersetzten Gange unterscheiden. Zum Verfrischen ist dies Roheisen, wegen seines großen Siliciumgehaltes, fast unbrauchbar, und zur Förmerei ist es gar nicht anzuwenden, weil es sehr dick fließt und plötzlich erstarrt.

Man hat diesem weißen Roheisen die Aufmerksamkeit bisher nicht gewidmet, die es erfordert, es auch für übereinstimmend mit dem weißen Roheisen vom übersetzten Gange gehalten, weil beide nur durch Mangel an Hitze im Ofen entstehen, also ihre Bildung aus einerlei Gründen bewirkt zu seyn scheint. Das weiße Roheisen vom gaaren Gange erleidet eine Entkohlung, obgleich es mit Kohle überall umgeben ist; die Scheidung des Eisens von der Schlacke erfolgt über der Form, wie beim gaaren Roheisen; allein es ist die Temperatur nicht vorhanden, um die Umwandlung des weißen Roheisens in graues zu bewirken. Die übrigen Verhältnisse bei der Bildung dieses Roheisens stimmen aber mit denjenigen überein, unter welchen das graue Roheisen entsteht. Es findet nämlich bei jenem Roheisen eben so wie bei diesem eine chemische Einwirkung auf die Schlacke statt, durch welche dem Eisen ein Theil Kohle, der Schlacke aber Manganoxydul, Kieselerde u. s. f. entzogen und eine Verbindung des Eisens mit viel Silicium zu Stande gebracht wird, wodurch das Roheisen eine mehr oder weniger körnige Textur und eine mehr oder weniger graue Farbe erhält. Diese körnige Textur und die graue Farbe, verbunden mit dem gaaren Ansehen der Schlacke, haben Veranlassung gegeben, das Produkt für graues Roheisen zu halten, obgleich es in der That nur weißes Roheisen ist, welches einen Theil seines Kohlenstoffs verloren hat. — Sehr verschieden sind die Bedingungen, unter welchen das weiße Roheisen von übersetztem Gange gebildet wird. Dies scheidet sich erst unmittelbar vor der Form, zuweilen wohl erst unter derselben, von der Schlacke. Beide Eisenarten können zufällig gleiche Quantitäten Kohle enthalten und dadurch vielleicht im äußeren Ansehen ein ziemlich übereinstimmendes Ansehen bekommen; allein das weiße Roheisen vom übersetzten Gange wird viel reiner seyn, als das weiße körnige Roheisen vom Gaargange des Ofens, welches lange Zeit im Gestellraum verweilte und mit seinem großen, anfänglich dem neutralen Roheisen entsprechenden Kohlegehalt, reducirend auf die an Eisenoxydul ganz arme Schlacke, und diese dagegen wieder entkohlend auf das Eisen einwirkte. Das weiße Eisen vom scharfen Gange hatte dagegen die zur Sättigung erforderliche Quantität Kohle noch nicht einmal aufnehmen können, und von dem wirklich aufgenommenen Antheil ward ihm durch die Schlacke, — aber durch den am leichtesten reducirbaren Bestandtheil derselben, nämlich durch das Eisenoxydul, — wieder ein Theil entzogen. Das weiße körnige Eisen vom gaaren Gange enthält daher stets weniger Kohle als das Spiegeleisen. Koaks, welche wegen ihres großen Aschengehalts, oder wegen vieler Lösche wenig Hitze geben, verursachen sehr leicht die Entstehung von solchem mattem körnigem Eisen, welches ungeachtet aller Verminderung des Erzsatzes niemals ein reines, metallisch glänzend körniges, sondern bei dem gaarsten Gange nur ein schuppiges Gefüge bekommt. Bei mattem weißen Roheisen, welches bei reichlichem Verhältniß der Kohlen zum Erz in weiten Gestellen mit schwachem oder wenigem Winde erblasen ist, findet gewöhnlich, wenigstens sehr häufig, gleichzeitig, oder als eine Folge jenes kalten Ganges, ein wirklicher Rohgang statt, weil der schwache Wind das weite Gestell nicht durchdringt, so daß zuletzt rohe Massen ins Gestell rücken. Eben dies geschieht auch bei zu starker Pressung des Windes, wenn die Kohlen mechanisch weggeworfen werden, und dadurch ein unregelmäßiges Einrücken der Erzgicht, oder das

Kippen der Gichten bewirkt wird. Dadurch kann es dann kommen, daß neben dem weißen Roheisen von einem matten gaaren Gange, auch zugleich weißes Roheisen von einem wirklich übersetzten Gange entsteht.

Bei den Holzkohlenöfen und bei sehr veränderlicher Beschaffenheit der Kohlen und der Erze, besonders bei niedrigen Oefen, wird die Entstehung des weißen Roheisens gewöhnlich nur durch den zu reichlichen Erzsatz veranlaßt. Die Folgen dieses Ganges des Ofens sind ein großer Aufwand an Kohlen und Erz, die Erzeugung von scheinbar sehr hitzigem, aber schnell erstarrendem Roheisen, welches niemals eine Spur von Graphit, aber auch niemals eine graue körnige Textur mit mattem Glanz, und niemals ein silberweißes blättriges Gefüge mit starkem Metallglanz zeigt, so wie die Entstehung von hitziger Schlacke, welche das Gestell angreift, durch den Wind leicht kalt geblasen wird, wodurch Verstopfungen der Form und Versetzungen des Gestelles entstehen, und welche bei dem Ablassen aus dem Gestell schnell erstarrt. Ein zu reichliches Verhältniß des Erzes ist daher zu vermeiden, wenn es die Absicht ist, graues Roheisen zu erzeugen, oder wenn man enge Schmelzräume anwendet, weil ein anhaltend scharfer Gang des Ofens Versetzungen veranlassen würde, die um so leichter sich einstellen, je enger das Gestell, je höher der Ofen und je strengflüssiger die Beschickung ist.

§. 672.

Man sollte erwarten, daß aus einem und demselben Erz, und bei derselben Beschickung, in höheren Oefen dasselbe Produkt wie in niedrigen Oefen, und zwar mit Gewinn an Brennmaterial; und, bei gleich bleibender Höhe der Oefen, bei einer strengflüssigeren Beschickung dasselbe Produkt, wenn gleich mit Verlust an Brennmaterial, wie aus einer leichtflüssigeren Beschickung dargestellt werden könne. Die Erfahrung bestätigt einen solchen Erfolg aber keinesweges. Sie zeigt vielmehr, daß das in höheren Oefen, oder auch das bei einer strengflüssigeren Beschickung erblasene Eisen, weniger Kohle und mehr Mangan und Silicium enthält, als das Roheisen, welches aus denselben Erzen in niedrigeren Oefen, oder auch bei einer leichtflüssigeren Beschickung erzeugt wird. Der Verbindungszustand der Kohle mit dem Eisen bleibt dabei stets von der Temperatur abhängig und der Unterschied des in niedrigeren Oefen, oder des bei einer leichtflüssigeren Beschickung dargestellten Roheisens besteht darin, daß es weniger fremde Beimengungen aufgenommen und mehr Kohle zurück behalten hat, als das bei gleicher Temperatur in höheren Oefen, oder das aus einer strengflüssigeren Beschickung erblasene Roheisen. Der Grund dieses Erfolges ist in den Umständen zu suchen, unter welchen der Reductions- und Schmelzprozeß erfolgen. In den höheren Ofenschächten verweilt das Eisenerz zwar länger und ist daher auch länger der Einwirkung der Kohle ausgesetzt, ehe es bis in den Schmelzraum gelangt, wo die Scheidung des Metalles von der Schlacke erfolgt; aber es bleibt auch, mit der Schlacke länger in Berührung, und diese wechselseitige Einwirkung der Schlacke und des Roheisens, bei einem gaaren Gange des Ofens, ist es, durch welche der Gehalt des Roheisens an Kohle und anderen regulinischen Beimischungen bestimmt wird. Ist die Schlacke leichtflüssig, so wird das Roheisen schnell darin niedersinken und es wird ein Austausch der Bestandtheile in einem ungleich geringeren Grade statt finden, als bei einer strengflüssigen und zähen Schlacke, die jedes einzelne Roheisenkörnchen umhüllt, ehe es in den Heerd gelangt. Daraus erklärt sich der sehr große Siliciumgehalt des bei einem gaaren Gange des Ofens dargestellten weißen, körnigen Roheisens, bei welchem Reduktion und Aufnahme der Kohle sehr früh eintraten, die Scheidung des reducirten Metalles von der zähen Schlacke aber erst spät erfolgte.

Das neutrale Roheisen, oder das spiegelflächige Eisen mit dem größten Kohlegehalt steht genau auf der Gränze des gaaren und des rohen Ganges des Ofens. Eine Erhöhung der Temperatur bewirkt schon eine theilweise Ausscheidung der Kohle als Graphit, und das sogenannte halbirte Roheisen macht daher den Uebergang des gaaren weißen Eisens mit Spiegelflächen zu dem grauen Roheisen. Eine nicht sehr bedeutende Verminderung der Temperatur hat hingegen den Erfolg, daß das reducirte Eisen sich nicht vollständig mit Kohle sättigt und bei einem noch stärkeren Sinken der Temperatur, daß die Reduktion nicht mehr vollständig erfolgt. Bei leichtflüssigen Beschickungen läßt sich der Ofen leichter auf dieser Gränze des Gaar- und Rohganges erhalten, weshalb sich auch nur dann das Spiegeleisen anhaltend darstellen läßt. Dies ist der Gang des Ofens, bei welchem die vollkommenste Benutzung des Brennmaterials statt findet, indem bei der Darstellung des grauen Roheisens ein Theil der Hitzkraft der Kohle dazu verwendet werden muß, die Umänderung des weißen Roheisens in graues zu bewirken, bei einem minder gaaren Gange aber ein Theil des Eisens durch die Gebläseluft wieder oxydirt wird, oder gar nicht zur Reduktion gelangt.

Die Bildung des weißen Spiegeleisens erfolgt unter Umständen, welche kein langes Verweilen des von der Schlacke geschiedenen Roheisens in koncentrirter Hitze zuläßig macht. Fände ein solches statt, so würde entweder graues Roheisen, oder weißes, körniges Roheisen von einem gaaren aber matten Gange entstehen, je nachdem die Hitze hinreichend stark war, die Umänderung des Spiegeleisens in graues Roheisen zu bewirken, oder nicht. Deshalb wird das Spiegeleisen niemals bei einer zähen Schlacke, folglich auch niemals bei einer strengflüssigen Beschikkung entstehen können. Diese Bildungsweise des Spiegeleisens erklärt es, warum dasselbe an Silicium, und überhaupt an fremden Beimischungen viel reiner ist, als das aus denselben Erzen, bei derselben Beschickung und in denselben Oefen in einer höheren Temperatur erzeugte graue Roheisen, oder als das weiße, körnige Roheisen von einem gaaren, aber matten Gange, welches beim Sinken der Temperatur des Ofens bei strengflüssigen Beschickungen sogleich gebildet wird.

§. 673.

Wenn ein wirklicher Rohgang des Ofens eintritt, so wird ein Theil des oxydirten Eisens im Erz gar nicht zur Reduktion gelangen und noch weniger werden das Manganoxyd, die Kieselerde u. s. f. die reducirende Einwirkung der Kohle erfahren. Das weiße Roheisen vom übersetzten Gange muß also bei einer solchen Entstehungsweise noch reiner seyn als das Spiegelfloß, es muß nicht allein weniger Kohle, sondern auch weniger Silicium, Mangan u. s. f. enthalten. So ist es auch wirklich, und man würde daher, wenn Roheisen zum Verfrischen dargestellt werden soll, auf die vortheilhafteste Benutzung des Brennmaterials im Ofen Verzicht leisten müssen, um ein Produkt zu gewinnen, welches eine schnellere Frischarbeit zuläßt und ein besseres Stabeisen erwarten läßt. Bei sehr leichtflüssigen und gutartigen Erzen und bei der Anwendung der Holzkohlen zum Ofenbetrieb, befolgt man auch in der That, bis zu einer gewissen Gränze, mit Vortheil ein solches Verfahren; allein es treten andere Umstände ein, welche dasselbe nicht überall zulässig machen. Das weiße Roheisen von einem übersetzten Gange ist nämlich wenn es nicht etwa aus ganz reinen Eisenoxyden (Spatheisenstein, Eisenglanz, Magnet-, Braun- und Rotheisenstein), sondern aus Erzen erfolgt, in welchen sich das Eisenoxyd entweder in innigem Gemenge mit Kieselthon, oder gar in chemischer Verbindung mit Kieselerde befindet, niemals von Silicium, Phosphor und Schwefel ganz frei. Es besitzt aber nicht die Eigenschaft, bei der Temperatur in welcher der Frischprozeß statt findet beim Schmelzen dünnflüssig zu werden, sondern es bildet eine mehr breiartige Flüssigkeit, die bald in den gefrischten Zustand übergeht. Das graue Roheisen wird dagegen tropfbar flüssig und läßt sich dann länger vor dem Winde und mit Kohlen bearbeiten, ehe es in den gefrischten Zustand übergeht, und mit dieser längeren Bearbeitung ist dann, wenigstens für gewisse Frischmethoden, eine reinere Abscheidung der aufgenommenen fremden Bestandtheile verbunden. — Daß aber Oefen, die mit Koaks betrieben werden, einen wirklichen anhaltenden Rohgang nicht zulassen, ist schon früher bemerkt und es bleibt hier nur noch hinzuzufügen, daß ein Theil der Koaks erst im Schmelzraum selbst verbrennt und strengflüssige Asche hinterläßt, welche sogleich Versetzungen veranlassen würde, wenn die Temperatur, wie es immer bei dem Rohgange der Fall ist, sehr niedrig wird. Deshalb wird man sich beim Betriebe der Oefen mit Koaks auch nicht die Vortheile aneignen können, welche aus einem roheren Gange für die Beschaffenheit des darzustellenden Roheisens, bei reinen Erzen, entspringen können.

Aber auch dann wird man den Rohgang des Ofens zu vermeiden haben, wenn die Erze Schwefelsäure oder Schwefel enthalten. Dieser verbindet sich leicht und schon in der niedrigen Temperatur, in welcher die Reduktion des oxydirten Eisens eintritt, mit dem Eisen und würde demnächst dem Eisen die Eigenschaft des Rothbruches mittheilen. Die Abscheidung des Schwefels erfolgt erst in einer hohen Temperatur, wenn das Eisen mit Erden oder mit anderen oxydirten Basen in Berührung ist, welche bei jener Temperatur unter Mitwirkung der Kohle zur Reduktion gelangen. Ein solcher Erfolg setzt eine ziemlich anhaltende Berührung mit einer nicht zu flüssigen Schlacke voraus und diese wird nur in hohen Temperaturen, in welchen sich das weiße Roheisen schon in graues umändert, gebildet. Die niedrige Temperatur bei einem rohen Gange, kann die Abscheidung des Schwefels vom Eisen nach aller Erfahrung nicht bewirken, und bei dem gaaren Gange, bei welchem Spiegeleisen, oder die Art des grauen Roheisens entsteht, die beim plötzlichen Erkalten leicht weiß wird, bleibt das Eisen der chemischen Einwirkung der

Schlacke nicht lange genug ausgesetzt. Erze, die durch Schwefel rothbrüchiges Eisen zu geben geneigt sind, müssen daher bei einem heißen Gange des Ofens, bei welchem sehr graues Eisen erfolgt, verschmolzen werden.

Bei den mit Phosphorsäure verbundenen Eisenerzen würde der Gaargang des Ofens nicht dazu führen, den aus der Säure reducirten Phosphor vom Eisen zu entfernen. Das phosporsaure und basischphosphorsaure Eisenoxyd und Eisenoxydul reduciren sich schon in derselben niedrigen Temperatur zu Phosphoreisen, in welcher das oxydirte Eisen selbst durch Kohle reducirt wird. Die Kalkerde, oder irgend eine andere Basis (Manganoxydul, Bittererde u. s. f.) äußern aber auf das Phosphoreisen in der stark erhöheten Temperatur nicht die Wirkung wie auf das Schwefeleisen, sondern der Phosphor bleibt bei dem Eisen zurück nud jede Spur von Phosphorsäure, welche sich in der Beschickung befand, tritt zu Phosphor reducirt an das Eisen. Deshalb enthält die Schlacke, welche beim Verschmelzen der Schwefel oder Schwefelsäure haltenden Erze erzeugt wird, mehr oder weniger Schwefel in Verbindung mit Kalcium oder Magnium, je nachdem sie von einem mehr oder weniger gaaren Gange erfolgte; allein in derjenigen Schlacke, welche beim Verschmelzen von Phosphorsäure haltenden Erzen gewonnen wird, ist keine Spur von Phosphor aufzufinden, selbst wenn sie bei dem gaarsten Gange gefallen ist. Nach den Erfahrungen einiger Metallurgen soll die Phosphorsäure, wenn sie nicht mit dem oxydirten Eisen in dem Eisenerz verbunden ist, sondern wenn sie sich als phosphorsaure Kalkerde (Apatit) mit dem Eisenerz nur gemengt in der Beschickung befindet, bei ihrer Reduktion zu Phosphor nicht an das Eisen treten, sondern als Phosphorkalcium in die Schlacke geführt werden. Dieser Erfolg ist indeß wenig wahrscheinlich. Dennoch wird man, bei Phosphorsäure haltenden Eisenerzen, den Rohgang vermeiden müssen, um nicht ein zu leicht frischendes Eisen darzustellen, wenn auch das gaare und das vom übersetzten Gange gefallene Roheisen gleiche Quantitäten Phosphor enthalten.

Karsten, über den Einfluß der Temperatur auf die Beschaffenheit der Produkte, welche beim Verschmelzen der Eisenerze in Hohöfen erhalten werden. Archiv XIII. 211 u. f. — Derselbe, über das Verschmelzen der Phosphorsäure haltenden Eisenerze; Ebendas. XV. u. f. — Stengel, Erfahrungen über die Bildung des weißen Rohstahleisens mit Spiegelflächen; Ebendas. IX. 215 u. f. — Derselbe, über die Erzeugung des weißen Roheisens mit Spiegelflächen und über die Graphitbildung beim Betriebe der Hohöfen; Ebend. XIII. 234 u. f. — Derselbe, über die Bildung des Graphits im Hohofen; Ebend. XV. 177 u. f.

§. 674.

Die vollkommenste Benutzung des Brennmaterials beim Betriebe der Oefen findet unbezweifelt bei demjenigen Gange statt, bei welchem entweder Spiegeleisen, oder ein demselben ganz nahe stehendes graues Roheisen, welches bei plötzlichem Erstarren in dünnen Stücken weiß zu werden geneigt ist, oder wenn halbirtes Roheisen erblasen wird. Es giebt eine Art von halbirtem Eisen, welche bei einem unregelmäßigen Betriebe, nämlich bei einem Gange des Ofens erfolgt, der gaar und roh zugleich ist. Ein solcher Gang tritt bei niedrigen Oefen leicht ein, bei Erzen von verschiedener Beschaffenheit in der Reducirbarkeit und Schmelzbarkeit, bei weiten Schmelzräumen, bei unregelmäßig niedergehenden Gichten, bei Erzen die theils gar nicht, theils zu stark geröstet sind und gleichzeitig verschmolzen werden u. s. f. Er giebt sich dadurch zu erkennen, daß die Schlacke gleichzeitig gaar und roh ausfällt; aber von einem solchen durch einen unregelmäßigen Ofengang entstehenden halbirten Eisen ist hier nicht die Rede, sondern von dem halbirten Eisen, welches den Uebergang vom Spiegeleisen zum grauen Roheisen macht, folglich bei einem gaaren Gange des Ofens erblasen ist.

Das weiße Roheisen mit Spiegelflächen, so wie das ihm

nahe stehende halbirte und graue, zum Weißwerden sehr geneigte Eisen, welche sämmtlich bei gehöriger Hitze des Ofens und bei flüssiger Schlacke erblasen sind, enthalten, wie schon erwähnt, weniger Silicium u. s. f. als das graue Roheisen, welches bei einer strengflüssigen Beschickung in sehr starker Hitze des Ofens dargestellt wird. Ein solches graues Roheisen sollte daher für die Stabeisenbereitung vermieden werden, weil es im Hohenofen einen großen Kohlenverbrauch veranlaßt und außerdem mit Erdbasen stark verunreinigt ist. Für die Gießereien ist es indeß nicht zu entbehren und deshalb wird dies graue Roheisen (in Koakhohöfen) auch vorzüglich zum Zweck der Gußwaarenfabrikation dargestellt. Die Darstellung muß zwar durch ein großes Verhältniß der Kohle zum Erz bewirkt, aber gleichzeitig muß auch die Beschickung strengflüssiger eingerichtet werden, um eine Einwirkung des schon gebildeten Roheisens auf die zähe Schlacke statt finden zu lassen. Dies graue Roheisen von strengflüssiger Beschickung und von heißem Gange des Ofens hat eine fast noch dunklere, jedoch schon mehr ins Bläuliche spielende Farbe, schreckt sich auch bei schnellem Abkühlen nur sehr wenig ab, ist also zum Weißwerden nicht sehr geneigt, stößt aber auch nur sehr wenig Graphit aus und zeigt bei der Analyse einen geringeren Gehalt an Graphit und an Kohle überhaupt, aber einen größeren Gehalt an Silicium, als das graue Roheisen von einer leichtflüssigeren Beschickung und bei niedrigeren Obergestellen. Jenes hitzig graue Roheisen mit dem geringsten Kohle- und Graphitgehalt, erfordert eine bedeutend größere Hitze beim Umschmelzen, wird dabei äußerst flüssig und behält auch bei mehrmaligem Umschmelzen die Eigenschaften des grauen Roheisens, welche das bei einer flüssigen Beschickung erblasene nach dem Umschmelzen sehr leicht verliert. Beide graue Roheisenarten sind in Hinsicht des Kohle= (Graphit=) Gehaltes und des Gehaltes an fremdartigen Bestandtheilen, fast eben so sehr von einander verschieden, als das gaare weiße Eisen mit Spiegelflächen von dem gaaren weißen Roheisen, welches bei einem matten Gange des Ofens fällt, nur daß bei diesem die Abnahme des Kohle- und die Zunahme des Siliciumgehaltes, durch langes Verweilen in der Schlackenumgebung bei einer unzureichenden Hitze, bei dem hitzig grauen Roheisen aber durch langes Verweilen u. s. f. in einer sehr großen Hitze, bewirkt worden ist.

Das hitzig graue Roheisen kann sich zuweilen mit Silicium sehr stark überladen. Beim Umschmelzen in Flammenöfen setzt es einen Theil Kieselerde ab und scheidet häufig noch Kieselerde aus, wenn es in Formen geleitet wird, indem der flüssige Eisenstrahl Luft mit sich fortreißt, die beim Erfüllen der Form bei Seite gedrückt wird und zuweilen zur Entstehung von Luftblasen Anlaß giebt, welche oxydirend auf das Silicium im Eisen wirken. Deshalb findet man in diesen Blasen oft Ausscheidungen von Kieselerde, welche aber auch wohl an den Oberflächen des Gußstücks zum Vorschein kommt. Ein solches graues Roheisen deutet immer auf eine strengflüssige Beschickung und kann mehrentheils nur bei hohen Obergestellen entstehen.

So nothwendig es ist, den Ofen, wenn graues Roheisen, besonders aber graues Roheisen aus strengflüssigen Beschickungen für die Gießereien, dargestellt werden soll, durch ein mäßiges Verhältniß der Erz- zu den Kohlengichten in starker Hitze zu erhalten; eben so sehr ist es zu berücksichtigen, daß ein zu gaarer Gang des Ofens sehr nachtheilig werden kann und jederzeit mit großem Eisenverlust verbunden ist. Es entsteht eine zähe Schlacke, welche das Ersticken des Ofens um so leichter veranlaßt, je weiter das Gestell bereits ausgeblasen ist, weil der Wind dann nicht mehr durchgreifen und die angesetzten Schlakken und verschlackten Eisenmassen nicht mehr erweichen kann. Bei engeren Gestellen ist zwar leichter eine Hülfe möglich; indeß führen die anzuwendenden Mittel immer nur zu einer starken Abkühlung des Ofens, also zu einer gänzlichen Störung des Betriebes. Sobald sich bei großer Hitze und trockner gaarer Schlacke die Formen zu verdunkeln anfangen, muß sogleich das Gebläse geschwächt und die angesetzten Massen müssen aus dem Heerde gebracht werden. — Bei Holzkohlenöfen ist die Gefahr weniger groß, indeß ist augenblickliche Schwächung des Gebläses zur Verminderung der Hitze höchst nothwendig; auch pflegt man wohl sehr lockeren Gichtsand aufzugeben, welcher schnell durchrollt, und in einigen Fällen mit Erfolg Sand in den Heerd zu werfen, um die angesetzten Massen aufzulösen: Mittel, zu denen man nur im Nothfall schreiten muß. Ein besseres und erfolgreicheres Mittel ist die Anwendung von klein gepochter Frischschlacke für mehre hinter einander folgende Gichten.

Von dem Einfluß der Beschickung auf die Beschaffenheit und das Verhalten des Roheisens und der Schlacken.

§. 675.

Daß viele Erze beim Verschmelzen eines Zusatzes von Erden bedürfen um sie leichtflüssiger zu machen, und um zu verhüten daß nicht ein Theil des darin befindlichen Eisens verschlackt wird, ist eine uralte Erfahrung. Weil diese Zusätze (Zuschläge) in der Regel nicht eisenhaltig sind, so könnte es scheinen, daß sie nur, indem sie die zu verschmelzende Masse vermehren, zu einem größeren Verbrauch an Brennmaterial Anlaß geben müßten, weil ein Theil seiner Brennkraft dazu verwendet werden muß, um sie in den flüssigen Zustand zu versetzen. Die Erfahrung lehrt aber, daß das Brennmaterial ungleich vortheilhafter benutzt wird, oder daß das Verhältniß der zu verschmelzenden Masse zum Brennmaterial bedeutend vergrößert werden kann, wenn das Erz mit einem angemessenen Zuschlag beschickt wird. Es wird dadurch nämlich ein neuer, leichtflüssigerer Körper gebildet, welcher weniger von dem Auflösungsmittel absorbirt, welches hier die aus dem Brennmaterial entwickelte Wärme ist. Es findet hier also dasselbe Verhalten statt, welches die

Salze bei ihrer Auflösung in Wasser befolgen, indem ein Salz immer die Auflöslichkeit des anderen, oft in einem erstaunlichen Verhältniß, erhöhet. Wenn auch diese Vergleichung nicht ganz passend seyn mögte, so dient sie wenigstens zur Erläuterung der Erscheinung, daß bei derselben Quantität Brennmaterial mehr Erz verschmolzen werden kann, wenn dasselbe einen Zusatz erhält, als wenn derselbe nicht gegeben wird, obgleich dieser Zuschlag außerdem noch geschmolzen werden muß.

Wenn die verschiedenen oxydirten Körper, woraus die Gemengtheile der Erze bestehen, oder welche den Eisenerzen als Zuschläge beigegeben werden, nicht sehr verschiedene Grade der Temperatur zur Reduktion zu Metallen bedürften, so würde es vielleicht nicht möglich seyn, das Eisen von den anderen, im Erz oder in den Zuschlägen befindlichen Metallen, so wie von den Erdbasen zu trennen. Die Erfahrung lehrt indeß, daß die Temperatur unserer Schmelzöfen noch nicht hinreicht, die Reduktion der Erden vermittelst der Kohle, zu bewerkstelligen. Die geringen Quantitäten Silicium, welche in den höchsten Temperaturgraden gebildet werden und mit dem Eisen in Verbindung treten, können fast nur als eine Ausnahme betrachtet werden, und von dem Aluminium, Calcium und Magnesium haben sich nur unbedeutende Spuren im Roheisen auffinden lassen. Es ist ferner bekannt, daß die Reduktion des reinen oxydirten Eisens durch Kohle, in einer ungleich niedrigeren Temperatur bewerkstelligt werden kann, als wenn das Oxyd mit anderen oxydirten Körpern verbunden ist. Die chemische Verbindung mit anderen Oxyden, wirkt dem Einfluß der Kohle auf den Sauerstoff des Eisenoxyds oft in dem Grade entgegen, daß die Reduktion auch in den höchsten Temperaturen nur unvollständig erfolgt, indem ein bedeutender Theil des oxydirten Eisens immer noch mit in die Schlacke geführt wird. Die Reduktion des Eisenoxyds aus seiner Verbindung mit anderen, weniger leicht reducirbaren Oxyden, vermittelst der Kohle, läßt sich auf zweierlei

Weise befördern. Entweder dadurch, daß die Temperatur in demselben Verhältniß erhöhet wird, in welchem das mit anderen Oxyden verbundene Eisenoxyd der Einwirkung der Kohle kräftiger widerstrebt; oder dadurch, daß die ursprüngliche Verbindung des Eisenoxyds durch den Zusatz eines anderen oxydirten Körpers zerstört wird, welcher die Stelle des Eisenoxyds in jener Verbindung vertreten, oder ersetzen kann. Das erste Mittel würde wohl in Tiegeln, aber nicht in unseren gewöhnlichen Schmelzöfen anwendbar seyn, weil hier die Einrichtung so getroffen ist, daß ununterbrochen Schichten von Erz und Kohle in den Schmelzraum rücken und durch andere ersetzt werden. Die geschmolzene Masse würde also nicht lange genug in der concentrirten Hitze verweilen können, um die vollständige Reduktion des Eisenoxyds zu bewirken. Wäre dieselbe also überhaupt bloß durch eine außerordentliche Erhöhung der Temperatur zu bewerkstelligen, so würden andere Vorrichtungen (Tiegel, Flammenöfen) erforderlich seyn, in so fern dabei ein so hoher Grad der Temperatur wirklich hervorgebracht werden könnte. Das zweite Mittel gewährt dagegen die größten ökonomischen Vortheile und ist in der Praxis nur das allein ausführbare.

§. 676.

Man hat das Verhalten der Verbindungen, welche das Eisenoxyd und die Erden, so wie diejenigen, welche die Erden, unter einander, in höheren Temperaturen bilden, näher zu erforschen gesucht. Von mehren dieser Verbindungen weiß man, daß sie sehr verschiedene Grade der Temperatur zu ihrer Bildung bedürfen (§. 420. f.) und daß einige Erden, in gewissen Verhältnissen, eine so geringe Verbindungsfähigkeit zeigen, daß es in den höchsten Graden der Temperatur, die sich in unseren Oefen erzeugen läßt, nicht möglich ist, sie zu einer homogenen Masse mit einander zu vereinigen. Eine solche Gleichartigkeit der Masse kann erst entstehen, wenn die Oxyde wirklich zu Gläfern oder Schlacken geschmolzen sind. Obgleich auch die einfachen Erden zu Gläsern schmelzen, so erfolgt das Flüssigwerden doch erst in einer Temperatur, die sich in den Schmelzöfen nicht hervorbringen läßt. Verschiedene Gemenge von Erden geben ebenfalls nur gefrittete Gemenge und schmelzen erst in Temperaturen, welche sich in unseren Oefen nicht erzeugen lassen. Werden sie aber in anderen Verhältnissen angewendet, oder fügt man dem Gemenge zuweilen noch eine andere Erdart hinzu, so bilden sie schon in niedrigeren Temperaturen mehr oder weniger schmelzbare Gemische. Das oxydirte Eisen ist viel leichtflüssiger als die Erden und besitzt die Eigenschaft, die Schmelzung der Erden zu befördern. Dieses Streben des oxydirten Eisens, sich mit den Erden zu Gläsern oder Schlacken zu vereinigen, wirkt seiner Reduktion durch die Kohle entgegen. Es muß daher eine Erdart, oder ein anderes, schwerer reducirbares aber leichtflüssige Schlacken mit den Erden bildendes Metalloxyd (Manganoxyd) angewendet werden, um die vollständige Reduktion des oxydirten Eisens im Erz zu befördern. Aus diesem Verhalten ergiebt sich, daß die Reduktion in höheren Graden der Temperatur stets vollständiger als in den niedrigeren Temperaturen erfolgen wird, aber auch, daß der Eisengehalt einer in den höchsten Graden der Temperatur erzeugten Hohofenschlacke, nothwendig auf eine ganz fehlerhafte Beschickung hindeuten würde. Zeigt sich die in einer hohen Temperatur dargestellte Hohofenschlacke frei vom Eisen, so geht daraus zwar hervor, daß die Temperatur zur vollständigen Reduktion des oxydirten Eisens hinreichte, aber noch nicht, daß sie der zweckmäßigsten Beschickung ihre Entstehung verdankt.

Das Eisenoxyd in den Erzen ist zwar in den mehrsten Fällen nur mechanisch mit den Erden gemengt; allein die Neigung zur Verbindung desselben mit den Erden, wirkt doch schon in derjenigen Temperatur, bei welcher die Reduktion beendigt wird, der Wirkung der Kohle auf den Sauerstoff entgegen, und befördert die Verschlackung um so mehr, je mehr das Oxyd nothwendig ist, um bei der im Ofen vorhandenen Temperatur, die Verschlackung der Erden möglich zu machen. Je strengflüssiger die aus dieser Erdenverbindung entstehende Schlacke ist, desto mehr wird von dem Oxyd verwendet werden müssen, um die Schlacke bei der vorhandenen Temperatur in den flüssigen Zustand zu versetzen, desto weniger Eisenoxyd wird daher reducirt werden. Die strengflüssige Beschaffenheit des Erzes wird also, dem Erfolge nach, eben so wirken, als eine niedrigere Temperatur bei einem solchen Verhältniß der Erden, bei welchem sie eine leichtflüssige Schlacke bilden. Wird die Wirkung der Kohle, welche eine Folge der Erhöhung der Temperatur ist, durch den Zusatz eines oxydirten Körpers unterstützt, welcher die Vereinigung der Erden in dieser Temperatur möglich macht, so wird der Erfolg eine vollständige Reduktion des Oxydes seyn. Die Reduktion wird bei solchen zweckmäßig gewählten Zusätzen in einer niedrigeren Temperatur statt finden können, oder — was im Erfolge dasselbe ist, — man wird das Verhältniß des Erzes zu den Kohlen beträchtlich erhöhen können, weil die Erden zur Verschlackung der höheren Temperatur nicht mehr bedürfen, so daß das oxydirte Eisen als in einem freien und ungebundenen Zustande vorhanden zu betrachten ist. Zweckmäßig gewählte Zuschläge sind also ein kräftiges Mittel zu einer vortheilhafteren Benutzung des Brennmaterials, und die eigentliche Aufgabe, welche bei der Wahl der Zuschläge zu lösen ist, besteht darin, die Beschickung so einzurichten, daß die Reduktion des oxydirten Eisens zu dem Roheisen von verlangter Beschaffenheit, in der möglichst niedrigsten Temperatur statt findet.

§. 677.

Obgleich durch das Verhältniß des Erzsatzes zur Kohlengicht die Temperatur im Ofen, und dadurch dann wieder die

Beschaffenheit des Roheisens bestimmt wird, und obgleich es daher — wenigstens bis zu einem gewissen Grade — möglich ist, jede Art des Roheisens aus dem zu verschmelzenden Erz darzustellen, indem nur das Verhältniß des Erzes zu den Kohlen so abgeändert werden darf, wie es zur Hervorbringung der Temperaturen erforderlich ist, in welcher die verschiedenen Roheisenarten gebildet werden; so kann dies Verhältniß des Erzes zu den Kohlen doch nur für eine bestimmte Beschaffenheit der Beschickung, die erwartete Wirkung hervorbringen. Aendert man, selbst bei gleich bleibendem Eisengehalt, die Beschikkung, so wird sie entweder leichtflüssiger oder strengflüssiger werden als vorher, und es werden dann andere Verhältnisse des Erzes zu den Kohlen eintreten müssen, um dieselbe Roheisenart zu erhalten. Schon früher ward bemerkt, daß es bei leicht reducirbaren Erzen, aber bei einer nicht leichtflüssigen Beschickung, fast nicht möglich ist, weißes Roheisen mit Spiegelflächen, oder bei leicht reducirbaren Erzen und leichtflüssigen Beschickungen vollkommen graues Roheisen zu gewinnen. Eben so wird, bei strengflüssigen Beschickungen, zwar die Erzeugung des weißen Roheisens von übersetztem Gange, wiewohl nicht ohne Gefahr für den Ofen, aber nicht die Darstellung des weißen Spiegeleisens geschehen können; wogegen bei leichtflüssigen Beschickungen die Erzeugung des weißen spiegelflächigen und neutralen Roheisens, und die des weißen Roheisens vom übersetzten Gange mit eisenreicherSchlacke, ganz allein von der Temperatur im Ofen, nämlich von dem Verhältniß des Erzes zu den Kohlen abhängig zu seyn scheint. Zur Gewinnung des grauen Roheisens ist jederzeit eine strengflüssige Beschickung erforderlich, und nur bei engen und hohen Zustellungen, so wie bei einer sehr unvortheilhaften Benutzung der Heizkraft des Brennmaterials, ist die Darstellung derjenigen Art des grauen Roheisens möglich, welche unter allen gaaren Roheisenarten die wenigste Kohle enthält, den höchsten Grad der Strengflüssigkeit besitzt, und nach der erfolgten Schmelzung vollkommen dünnflüssig wird.

Unter gleichen Umständen des Gaarganges und in einerlei Oefen, wird eine leichtflüssigere Beschickung immer ein an Kohle reicheres und weniger Mangan Silicium u. s. f. enthaltendes Roheisen liefern, als eine strengflüssige Beschickung. Unter leichtflüssiger Beschickung darf jedoch nicht das eigenthümliche Verhalten solcher Eisenerze verstanden werden, die wegen der Verbindung des oxydirten Eisens mit Kieselerde geneigt sind, in einer sehr niedrigen Temperatur in Fluß zu kommen. Dahin gehören die in der Natur vorkommende Silikate des oxydirten Eisens, ferner die künstlichen Silikatverbindungen des Eisenoxyduls mit Kieselerde (die Frischschlacken) und die zu stark gerösteten Erze, die beim Rösten geschmolzen und dadurch zu Silikaten umgeändert sind. Diese Erze schmelzen sehr leicht, oder vielmehr sie reduciren sich zum Theil erst nach dem Schmelzen, weshalb es schwierig ist, den Eisengehalt derselben darzustellen. Bei dem reichlichsten Verhältniß der Kohlen zum Erz kann eine vollständige Reduktion kaum erfolgen und diese Erze würden sich, ohne zweckmäßige Zuschläge, wenigstens nicht auf graues Roheisen benutzen lassen, sondern das Eisen und die Schlacke werden immer das Ansehen des Roheisens und der Schlacke von einem rohen Gange behalten. Die Schmelzbarkeit ist bei den Frischschlacken so groß und steht mit der Reducirbarkeit in einem solchen Verhältniß, daß sie durch Zuschläge nur schwer vermindert werden kann.

Eben so wenig darf unter einer leichtflüssigen Beschickung das Verhalten der ganz reichen Erze, nämlich der fast reinen natürlichen Eisenoxyde, des Magneteisensteins, des Eisenglanzes, des reinen Braun- und Rotheisensteins verstanden werden. Auch diese Erze lassen sich auf graues Roheisen nicht benutzen, weil das reducirte und mit Kohle verbundene Eisen wegen der mangelnden Schlacke keinen Schutz gegen den Windstrom findet, so daß ein Theil des Eisens gefrischt, ein anderer Theil oxydirt wird, und bei dem gaarsten Gange, bei welchem der Ofen durch Frischeisen zu ersticken in Gefahr ist, alle Anzeigen eines rohen Ganges sich einstellen. Diese Erze, welche sich also auf eine ganz entgegengesetzte Weise wie die Silikate verhalten, müssen entweder mit ärmeren gattirt, oder es muß ihnen ein unhaltiger, leichtflüssiger Zuschlag (am besten reine Ofenschlacke selbst) gegeben werden.

Besteht eine Gattirung aus Eisenerzen, die ein sehr verschiedenes Verhalten in der Reducirbarkeit und Schmelzbarkeit zeigen, so kann ein gaarer und ein roher Gang gleichzeitig eintreten. Niedrige Oefen, die sehr empfindlich gegen jede Veränderung des Verhältnisses des Erzes zu den Kohlen sind, lassen schon den Einfluß erkennen, den gehörig geröstete und schlecht geröstete, nasse und trockene, besonders aber auch zu stark geröstete und zu Silikaten geschmolzene Eisenerze, auf den Gang des Ofens äußern.

Die größere oder geringere Leichtflüssigkeit einer Beschickung läßt sich bei einem rohen Gange des Ofens nicht beurtheilen, weil dabei ein großer Theil des oxydirten Eisens im Erz entweder noch nicht zur Reduktion, oder wenigstens das reducirte Eisen noch nicht zur Sättigung mit Kohle gelangt ist, weshalb auch die Scheidung des Metalles von der Schlacke zu spät vor, oder erst unter der Form erfolgt. Das noch nicht reducirte oder das durch Oxydation des reducirten Eisens wieder entstandene Oxydul, muß in diesem Fall das Schmelzen der Schlacke befördern. Man darf dabei indeß nicht die Vorstellung hegen, daß die Schlacke von einem rohen Gange, in so fern sie nicht etwa bloß aus Kieselerde und Eisenoxydul bestände, deshalb Eisenoxydul aufnehme, weil die Kieselerde in zu großer Menge vorhanden war, um die Basen, welche die Schlacke bilden, zu sättigen. Wäre dies der wahre Grund des Erfolges, so würde sich bei einer solchen fehlerhaften Beschikkung kein gaarer Gang des Ofens erreichen, d. h. kein gaares Eisen mit gaarer, von Eisenoxydul freier Schlacke darstellen lassen. Aber es erfolgt von derselben Beschickung ein ganz graues Eisen und eine völlig eisenfreie Schlacke, wenn die Temperatur des Ofens erhöhet wird. Es ist folglich nur die Temperatur, durch welche der gaare Gang des Ofens bestimmt wird; aber um den Ofen in dieser Temperatur zu erhalten, werden, bei verschiedenen Beschickungen eines und desselben Erzes, verschiedene Verhältnisse des Erzsatzes zum Kohlensatz erforderlich seyn. Diejenige Beschickung wird aber für die zweckmäßigste anerkannt werden müssen, bei welcher dieses Verhältniß das größte seyn kann, um den Ofen in der Temperatur des Gaarganges zu erhalten (§. 658.). Eine solche Beschikkung wird zugleich diejenige seyn, welche sich in jener Temperatur als die leichtflüssigste verhält; denn wäre sie es nicht, so würde es noch eine andere Beschickung geben müssen, welche ein noch größeres Verhältniß des Erzsatzes gegen den Kohlensatz gestattet, welches immer nur die schon gefundene seyn könnte. Die aufgefundene Beschickung kann sich jedoch nur auf den Gaargang des Ofens beziehen, indem für jede niedrigere Ofentemperatur, in welcher die Reduktion des Erzes nicht vollständig erfolgt, allerdings eine noch leichtflüssigere Beschickung statt finden wird. Aber die unter der angegebenen Bedingung für ein gegebenes Eisenerz aufgefundene Beschickung, kann auch nur für einen bestimmten Ofen und bei einer bestimmten Windmenge gültig seyn und das Verhältniß des Zuschlags wird sich für andere Ofendimensionen oder für andere Windquantitäten ebenfalls ändern müssen.

Stengel, in den oben (§. 673.) angeführten Abhandl. — Ström, über die Zugutmachung der Frischschlacken in Hohöfen. Archiv VII. 274. u. f.

§. 678.

Für ein bestimmtes Eisenerz, für einen bestimmten Ofen und für eine bestimmte Windführung, hat man ein recht gutes empirisches Mittel, diejenige Beschickung zu finden, bei welcher die Kohlen den stärksten Erzsatz, bei einem gaaren Gange des Ofens, zu tragen vermögen. Dies Mittel besteht darin, mit dem Zusatz des Zuschlages (in so fern das Maximum nicht etwa schon erreicht ist) so lange zu steigen, als man den Erzsatz noch verstärken kann, um ein vollkommen gaares Roheisen, nämlich ein in graues Roheisen übergehendes Spiegelroheisen zu erhalten. Eine zu große Verstärkung des Zuschlages würde sich bald durch die Abnahme der Temperatur und durch die eintretenden Zeichen eines rohen Ganges zu erkennen geben. Hat man aber das Maximum des Zuschlages, oder diejenige Beschickung, welche für jedes gegebene Erz die leichtflüssigste ist, durch einen solchen Versuch im Großen ausgemittelt, so wird man das Verhältniß der Beschickung zur Kohle etwas vermindern, wenn es die Absicht ist, ein für den Frischprozeß unter allen grauen Roheisenarten, die sich aus dem zu verschmelzenden Erz darstellen lassen, am mehrsten geeignetes Roheisen zu gewinnen. Dies graue Roheisen ist dann nämlich bei der leichtflüssigsten Beschickung erblasen und wird mit Silicium u. s. f. weniger als alles andere graue Roheisen überladen seyn. Soll dagegen graues Roheisen für die Gießereien dargestellt werden, so wird das Verhältniß des Zuschlages vermindert oder vergrößert werden müssen, um eine strengflüssigere Beschikkung zu erhalten, wobei dann aber auch zugleich eine Verminderung des Erzsatzes erforderlich ist.

Bei solchem Probeschmelzen wird jedoch vorausgesetzt, daß die Art des Zuschlags, dessen das Erz am zweckmäßigsten bedarf, bereits bekannt sey, und daß es nur darauf ankomme, die Quantität, nämlich das Verhältniß zum Erz zu bestimmen. Bei dem Verschmelzen von Eisenerzen, welche immer eine und dieselbe Zusammensetzung behalten, hat man die Menge des Zuschlages durch vieljährige Erfahrung ziemlich genau kennen gelernt. Dagegen würde bei Erzen, deren Verhalten beim Verschmelzen im Großen noch nicht bekannt ist, die Art und Menge des Zuschlags durch Versuche auszumitteln bleiben. Vorläufig kann eine solche Ausmittelung durch Beschickungsproben, nämlich durch Tiegelproben geschehen, bei welchen das Erz, nach Anleitung der früher (§. 420.) mitgetheilten Resultate, mit Zuschlägen, welche nach der Beschaffenheit des Erzes als die zweckmäßigsten erkannt werden (gewöhnlich nur Kalkerde, oder Thon oder beide) gemengt und in Kohlentiegeln unter einer Decke von Kohlenstaub geschmolzen wird. Diejenige Probe, welche am vollkommensten geflossen, und bei welcher zugleich am mehrsten Roheisen erfolgt ist, wird das zweckmäßigste Verhältniß des Zuschlags angeben, und aus diesem Verhältniß wird man die Beschickung anfänglich bestehen lassen können. Sobald sich der Ofen aber nach einigen Wochen in völliger Hitze befindet, wird zur Ausmittelung desjenigen Zuschlagsverhältnisses, bei welchem die Beschickung am leichtflüssigsten ist, geschritten werden können. Die Beschickungsproben können die Verhältnisse des Zuschlags nur annähernd kennen lehren.

§. 679.

Seitdem man über die Natur derjenigen Schlackenverbindungen, welche sich bei den Schmelzprozessen bilden, richtigere Ansichten erhalten hat, scheint man in der Anwendung der Theorie der Schlackenbildung weiter gegangen zu seyn, als die Erfahrungen reichen. Ob das in der Beschickung befindliche Eisenoxyd mehr oder weniger vollständig reducirt wird, hängt nur allein von dem Grade der Temperatur ab, welche zur Reduktion angewendet wird, und daher kann, bei einer durchaus nicht nach stöchiometrischen Gesetzen zusammengesetzten Beschickung eine vollständige Reduktion erfolgen, wenn ein angemessener Grad der Temperatur vorhanden ist. Es ist also die Temperatur, welche über den Erfolg der Reduktion entscheidet, und diese wird gleich vollständig bei der einen und bei der andern Beschickung statt finden können, wenn jede dieser Beschickungen bis zu dem ihrer Beschaffenheit angemessenen Grade der Temperatur erhitzt wird. Ob aber gerade diejenigen Beschickungen, bei welchen sich Schlacken von bestimmten Mischungsverhältnissen bilden, die leichtflüssigsten sind, hat man bis jetzt noch nicht erwiesen, und theoretisch ist kein Grund zu einer solchen Voraussetzung vorhanden. Die Natur selbst liefert Beispiele von Verbindungen der Kieselerde mit anderen oxydirten Körpern in ganz unbestimmten und in den mannigfaltigsten Verhältnissen; zum Beweise, daß solche Verbindungen in allen Verhältnissen statt finden können. Sollte aber auch die Annahme gegründet seyn, daß diejenigen Schlacken, bei welchen bestimmte Mischungsverhältnisse der Kieselerde zu den Basen statt finden, die leichtflüssigsten sind; so würde man sich dadurch noch immer nicht im Besitz eines Mittels befinden, die Zweckmäßigkeit der gewählten Beschickung zu beurtheilen, weil die Zusammensetzung der Schlacke den stöchiometrischen Gesetzen vollkommen entsprechen und dieselbe doch bei einer Beschickung entstanden seyn kann, welche der Absicht des Schmelzprozesses nicht angemessen ist. Wohl aber hat das Verhalten der Kieselerde zu den Erden und Metalloxyden einen tiefern Blick in die Theorie der Schlackenbildung überhaupt thun lassen. Es ist dadurch einleuchtend geworden, daß und warum nur diejenigen Schlacken, welche Kieselerde oder Kiesel- und Thonerde enthalten, bei den Graden der Temperatur, welche sich in unseren Oefen hervorbringen lassen, schmelzbar sind; man weiß nun, daß und warum sich ein gewisses Verhältniß Kieselerde weder überschreiten noch vermindern läßt, wenn die Schlacken nicht zu strengflüssig ausfallen sollen. Die Erfahrung hatte schon längst gezeigt, daß Erden und Metalloxyde, ohne Kieselerde, ungemein strengflüssig, zum Theil in den künstlichen Feuern ganz unschmelzbar sind;

sie hatte längst gezeigt, daß einige Silikate strengflüssiger sind als andere, daß die Silikate der Erden mit einer Erdbase zu den strengflüssigsten gehören, daß die Silikate, in welchen die Kieselerde mit vielen Basen vereinigt ist, in der Regel die leichtflüssigsten sind; allein das eigenthümliche Verhältniß, in welchem man sich die Kieselerde bei allen diesen Verbindungen zu den übrigen Oxyden vorstellen kann, hat erst einen Aufschluß über die Natur dieser Verbindungen und zugleich eine brauchbare Anleitung für den praktischen Metallurgen gegeben, welchem man mit Vertrauen folgen kann, um die Zweckmäßigkeit der Zusammensetzung der Schlacke überhaupt zu beurtheilen.

Von Verbindungen der Schwefelmetalle mit Metalloxyden kommen mehre Beispiele in der Natur vor. Auch bei den Schlacken hat man Verbindungen von Silikaten mit Schwefelmetallen aufgefunden. Es ist recht merkwürdig, daß sich die Erden, wenn sie mit Schwefelsäure verbunden sind, in der erhöheten Temperatur, wenn Kohle zugegen ist, ungemein leicht zu Metallen reduciren, welche mit dem Schwefel aus der Schwefelsäure, — wenigstens mit dem größten Theil desselben, — verbunden bleiben und sich in diesem Zustande dann mit den oxydirten Verbindungen verschlacken.

Man hält zwar gewöhnlich dafür, daß die Schlacken vom Verschmelzen der Eisenerze in Schachtöfen, sich in ihrer Zusammensetzung den Bisilikaten am mehrsten nähern; allein theils sind bis jetzt nur erst wenig zuverlässige Schlackenanalysen angestellt, theils ist man von den Umständen, unter welchen die analysirten Schlacken gebildet wurden, so wenig unterrichtet, daß die Analysen eigentlich ohne alles Interesse sind, weil sie nicht darüber Aufschluß geben können, ob die Schlacken von einer zweckmäßig gewählten Beschickung gefallen sind, indem fast bei einer jeden Beschickung gaares Roheisen erfolgen kann, wenn das Verhältniß des Erzsatzes zum Kohlensatz so eingerichtet wird, daß der Ofen die zur Bildung des gaaren Roheisens erforderliche Temperatur erhält. Dergleichen Analysen können daher nur ein ganz lokales und specielles Interesse für ein bestimmtes Erz, für einen bestimmten Ofen, für eine bestimmte Windführung, und für eine bestimmte Roheisenart haben, die für den einzelnen Fall dargestellt werden soll. Uebrigens zeigen die Resultate von mehren Schlackenanalysen, daß die Zusammensetzung der Schlacken von einer guten leichtflüssigen Beschickung, bei einem gaaren Ofengange, weit von der eines Bisilikats entfernt sind, obgleich in andern Fällen eine dem Bisilikat sich nähernde Zusammensetzung allerdings statt finden kann. Nur alsdann können die Analysen von Hohofenschlacken ein allgemeines Interesse gewähren, wenn sie die Veränderungen zeigen, welche die Zusammensetzung der Schlacken, bei ganz unveränderter Beschickung, in demselben Ofen und bei derselben Windführung, durch eine Veränderung des Erzsatzes erleidet; oder wenn sie die veränderte Zusammensetzung darthun, bei gleich bleibendem Erzsatz, Schacht- und Gestell-Konstruktion, aber bei veränderter Beschickung; — also überhaupt die Veränderungen in der Zusammensetzung der Schlacke, welche eine Folge, oder vielmehr der gleichzeitige Erfolg der veränderten Beschaffenheit des dargestellten Roheisens sind, sobald die Ursache dieser Veränderung bekannt ist.

Mitscherlich, über die Schlackenbildung beim Schmelzprozeß überhaupt, und beim Kupferschmelzprozeß insbesondere; Archiv VII. 235. u. f. — Bredberg Versuch, die chemische Zusammensetzung der bei einigen Schmelzprozessen im Großen sich bildenden Schlacken zu bestimmen. Ebend. 248. u. f. — Hausmann, über die Benutzung metallurgischer Erfahrungen bei geologischen Forschungen. Göttingen 1836.

§. 680.

Ob sich die Lehre von den bestimmten Mischungsverhältnissen mit aller Schärfe auf die Bildung der Schlacken, d. h. auf die Bildung glasartiger Körper, deren Zusammensetzung dann die beste ist, wenn sie in einer gewissen Temperatur am flüssigsten sind, anwenden läßt, mögte zweifelhaft, sogar sehr unwahrscheinlich seyn. Es dürfte sich vielleicht ergeben, daß diejenigen beim Hohofenprozeß fallenden Schlacken, welche am mehrsten geneigt sind, eine krystallische Textur anzunehmen und welche eben dadurch zu erkennen geben, daß sie der Zusammensetzung nach bestimmten Verhältnissen am nächsten kommen, — daß diese Schlacken gerade für den Zweck des Roheisenerzeugungs-Prozesses am wenigsten richtig zusammengesetzt sind, weil sie sich strengflüssiger verhalten als die glasigen. Ueberhaupt darf man nicht übersehen, daß sich in vielen Schlacken, durch ein sehr verzögertes Erstarren, ja selbst durch anhaltendes Glühen nach bereits erfolgtem Erstarren, krystallinische Verbindungen nach bestimmten Verhältnissen ausbilden können, so daß man durch die Analyse solcher Schlacken zu irrigen Schlüssen über die Zusammensetzung der Schlacken überhaupt, und über die Wahl der zweckmäßigsten Beschickung insbesondere, geleitet werden kann.

Ich habe auf der Königshütte in Oberschlesien, wo mulmige Brauneisensteine, gattirt mit Sphärosideriten oder so genannten Thoneisensteinen, bei Koaks in 45 Fuß hohen Hohöfen verschmolzen werden, mehre Probeschmelzen (bei kaltem Winde) ausführen lassen, welche die Ausmittelung des richtigsten Verhältnisses des Zuschlages (dort reine kohlensaure Kalkerde) zu den Eisenerzen bezweckten. Der Anfang ward mit dem dort bisher üblichen Zusatz von 17 bis 19 Prozent Kalkstein gemacht und der Erzsatz so geführt, daß ein hitziges, grobkörniges, graues Roheisen mit völligem Metallglanz erfolgte. Die Schlackenmasse im Heerde war dabei zähe, aber gut, indem sich keine erhärtete Schlackenmasse an den Wänden des Gestelles ansetzte. Das Roheisen war sehr hitzig im Fluß, blieb auch lange flüssig, stieß keinen Graphit aus, war durchaus nicht geneigt, beim plötzlichen Erstarren weiß zu werden und besaß alle Eigenschaften des beim hitzigsten Gange erblasenen grauen Roheisens. Es enthielt 2,259 Prozent Silicium und 3,33 Prozent Graphit. Die dabei gefallene Schlacke war zwar vollkommen glasartig, aber ganz undurchsichtig und kaum an den Kanten durchscheinend, von lauchgrüner Farbe. Das eben so gefärbte Pulver lösete sich vollständig in Salzsäure auf und gab eine ungefärbte Auflösung, neben der Kieselerdengelatina, wobei sich ein starker Geruch nach Schwefelwasserstoffgas entwickelte. Die Schlacke bestand in 100 Theilen aus:

Kieselerde	54,10.	Darin Sauerstoff	27,5
Thonerde	6,70	. . 3,13	
Kalkerde	26,90	. . 7,56	. . 13,28
Manganoxydul . .	11,60	. . 2,59	
Eisenoxydul . . .	0,20		
Schwefel und Verlust	0,50		
	100		

Das Manganoxydul enthielt noch Spuren von Bittererde. Die Schlacke nähert sich daher in ihrer Zusammensetzung der eines Bisilikates. Daß sie dennoch in Säuren auflöslich ist, rührt wahrscheinlich von dem großen Gehalt an Kalkerde-Silikat her. Weil die Zusammensetzung dieser Schlacke mit den chemischen Proportionsverhältnissen ziemlich genau übereinstimmt und weil sie außerdem ein Bisilikat ist, welches man bei den mehrsten Hohofenschlacken voraussetzt, endlich weil diese Schlacke in Begleitung des hitzigsten und grauesten Eisens gefallen war; so würde man, nach der Lehre von den bestimmten Mischungsverhältnissen, keine besser zusammengesetzte Schlacke erwarten können.

Eine Erhöhung des Kalksteinzusatzes bis 26 Prozent, hatte die Folge, daß der Erzsatz um 5 bis 6 Prozent des zeitherigen Satzes verstärkt werden konnte, um den Ofen in einem nicht zu hitzigen gaaren Gange zu erhalten. Bei dieser veränderten Beschickung und bei dem gleichzeitig erhöheten Erzsatz, entstand ein etwas flüssigerer Gang im Ofen und eine leichtere Arbeit im Heerde. Das Eisen war in dicken Stücken dunkelgrau, aber sehr geneigt, durch schnelles Abkühlen weiß zu werden, stieß viel Graphit aus und verhielt sich in dünneren Stücken wie Spiegeleisen, gemengt mit grauem Roheisen. Beim Fließen zeigte es eine dunkle röthliche Farbe und erstarrte schneller als das bei weniger Kalkzuschlag erblasene graue Roheisen. Es enthielt 1,302 Prozent Silicium, 3,62 Prozent Graphit und viel mehr gebundene Kohle als das vorige.

Die Schlacke war vollkommen glasig, stark durchscheinend und in dünnen Scheiben sogar durchsichtig. Sie hatte die Farbe des Kolophonium, gab aber beim Zerreiben ein fast ungefärbtes Pulver. — An eizelnen Stellen war die Schlacke bläulichgelb gestreift und bei der Erhöhung der Temperatur im Ofen, sey es durch zufällige Umstände bei einzelnen Gichten, oder durch absichtlich schwächer geführte Erzsätze, ward sie nach dem Erkalten ganz steinartig, von lichter lavendelblauer Farbe. Aber auch die glasartige kolophoniumfarbene Schlacke bekommt, bei einem sehr langsamen Erkalten und durch anhaltendes Glühen, sehr leicht einen solchen bläulichen, steinartigen Kern.

Die glasige und durchsichtige Schlacke löste sich im gepulverten Zustande sehr leicht und bald, gelatinirend und unter Entwickelung von Schwefelwasserstoffgas in Salzsäure auf. Sie enthielt in 100 Theilen, nebst einer Spur von Bittererde bei dem Manganoxydul:

Kieselerde	45,85,	darin Sauerstoff	22,98
Thonerde	4,00 . .	1,87	
Kalkerde	41,95 . .	11,79	15,29
Manganoxydul . .	7,25	1,63	
Eisenoxydul . . .	0,10		
Schwefel und Verlust	0,85		
	100		

Die lichte lavendelblaue, steinartige Schlacke, die sehr schwer zersprengbar ist und sich nur schwierig zu einem lavendelblauen Pulver zerreiben ließ, löste sich nur sehr schwer ganz vollständig in Salzsäure auf, indem dazu anhaltend Digerirwärme angewendet werden mußte. Sie bestand in 100 Theilen, ebenfalls mit Einschluß der Spur von Bittererde beim Manganoxydul, aus:

Kieselerde	39,60,	darin Sauerstoff	19,85
Thonerde	12,60,	. 5,89	
Kalkerde	42,85,	. 12,04	. 18,88
Manganoxydul . .	4,30,	. 0,95	
Eisenoxydul . . .	Spur		
Schwefel und Verlust	0,65,		
	100		

Die glasige, kolophoniumfarbene Schlacke, welche bei einem ganz vorzüglichen Gange des Hohofens erhalten ward, zeigte durchaus keine Zusammensetzung nach bestimmten Verhältnissen. Die steinartige Schlacke nähert sich hingegen der Zusammensetzung eines Silikates. Wie sehr würde man irren, wenn man nach der Lehre von den bestimmten Mischungsverhältnissen die Zweckmäßigkeit der Beschickung aus den Bestandtheilen dieser beiden Schlacken beurtheilen wollte.

Bei der Erhöhung des Kalksteinzuschlages bis 38 Prozent, stellte sich ein starkes Nasen vor den Formen ein, zum Beweise daß die Schlacke durch zu starken Kalkzuschlag zu strengflüssig geworden war. Weil der Ofen sich in guter Hitze befand, so blieb das Eisen zwar noch grau und gaar, allein die Abnahme der Hitze war so bedeutend, daß sogleich zur Verminderung des Kalkzuschlages geschritten werden mußte. Wäre der Versuch länger fortgesetzt worden, so würde, wenn nicht vom Erzsatz bedeutend abgebrochen worden wäre, ein Rohgang des Ofens eingetreten seyn. Das Eisen verhielt sich fast eben so, wie das, welches bei einem Kalksteinzusatz von 26 Prozent erblasen war, weil die hohe Temperatur, in welcher sich der Ofen befand, die strengflüssiger gewordene Beschickung noch zum Schmelzen bringen konnte. Die Schlacke war theils glasig, durchsichtig, kolophoniumfarben, und von der glasigen Schlacke des vorigen Versuchschmelzens sehr wenig zu unterscheiden, theils war sie vollkommen steinig und dabei von lichtgrüner Farbe. Beim Auflösen in Säuren verhielten sich beide Schlacken wie die vom vorigen Versuch, indem sich die glasige ebenfalls leichter und schneller als die steinige in Salzsäure auflöste. Die glasige, kolophoniumfarbene Schlacke bestand aus:

Kieselerde	42,40,	darin Sauerstoff	21,3
Thonerde	4,75	. 2,12	
Kalkerde	42,45	. 11,93	. 16,18
Manganoxydul . .	9,45	. 2,13	
Eisenoxydul . . .	0,25		
Schwefel und Verlust	0,70		
	100		

Die grüne, undurchsichtige, steinartige Schlacke enthielt:

Kieselerde	41,35,	darin Sauerstoff	20,8
Thonerde	6,15	. 2,88	
Kalkerde	44,55	. 12,42	. 16,98
Manganoxydul . .	7,50	. 1,68	
Eisenoxydul . . .	0,15		
Schwefel und Verlust	0,30		
	100		

Die zweckmäßigste Beschickung, d. h. diejenige, bei welcher die Kohlen den stärksten Erzsatz tragen können, würde also für die bestimmte Erz-Gattung, zwischen den Gränzen von 26 bis 30 Prozent des Kalkzuschlages zu suchen seyn, und dies Verhältniß würde mit einer veränderten Gattirung ebenfalls eine Veränderung erleiden. Zugleich geht aus dem hier mitgetheilten Beispiel die große Verschiedenheit im Verhalten und in der Zusammensetzung des grauen Roheisens von einer strengflüssigen und von einer leichtflüssigen Beschickung hervor. Bei einer strengflüssigen Beschickung geht der Gang des Ofens, bei einer eintretenden Temperaturveränderung, fast augenblicklich aus dem gaaren in den rohen über, wogegen er sich bei einer sehr leichtflüssigen Beschickung lange auf der Gränze von beiden erhalten kann.

Die Silikate des Manganoxyduls sind sämmtlich zu einem sehr dünnen Fluß geneigt, und dies ist die Ursache warum die Erze welche viel Manganoxydul enthalten, sehr leicht weißes Eisen geben und lange auf der Gränze des rohen und gaaren Ganges erhalten werden können.

§. 681.

Um einen Begriff von der Zusammensetzung verschiedener Hohofenschlacken zu geben, theile ich die Resultate folgender Analysen mit, welche unter der großen Anzahl der vorhandenen, die zuverlässigeren zu seyn scheinen.

	Kieselerde	Kalkerde	Bittererde	Thonerde	Eisenoxydul	Manganoxydul	Schwefel	Verlust
	A. Vom Betriebe mit Holzkohlen							
1	44,4	28,4	1,6	17,0	4,4	2,0	—	2,2
2	45,4	27,4	2,4	18,2	4,5	—	—	2,1
3	50,0	26,4	2,0	18,6	2,4	—	—	0,6
4	55,2	19,2	1,4	19,2	3,4	1,4	—	0,2
5	39	19,6	2,4	26	5,0	—	—	2
6	50,2	35,4	0,6	12,6	0,8	—	—	0,4
7	60	20,6	7,2	7,4	3,0	3,6	—	—
8	70,12	19,71	0,7	6,25	1,45	1,4	—	0,37
9	49,57	—	15,15	9,0	0,04	25,84	0,08	0,22
10	48,39	—	10,22	6,66	0,06	33,96	—	0,63
11	37,8	—	8,6	2,1	21,5	29,2	0,02	0,76
12	56,0	13,0	9,3	6,5	5,0	9,5	—	0,7
13	53,0	15,0	8,0	1,0	10,0	10,0	—	3
14	71,0	7,2	5,2	2,5	5,0	6,5	—	2,6
15	52,0	30,2	5,2	5,0	1,6	4,7	Spur	1,3
16	47,0	20,6	—	23,9	4,0	3,0	—	1,9
17	40,4	27,2	1,2	16,8	21,0	0,8	—	2,6
18	52,8	5,6	9,0	3,4	1,4	26,2	—	1,6
19	57,0	5,6	13,8	10,6	6,8	5,4	—	0,8
20	45,4	4,2	8,6	4,6	1,8	33,4	0,7	1,3

	Kiesel- erde	Kalk- erde	Bitter- erde	Thon- erde	Eisen- oxydul	Man- gan- oxydul	Schwe- fel	Ver- lust
	B. Vom Betriebe bei Koaks							
21	40,6	32,2	—	16,8	10,4	—	—	—
22	43,2	35,2	4,0	12,0	4,2	—	—	1,4
23	35,4	38,4	1,5	16,2	1,2	2,6	1,4	3,3
24	36,6	35,8	4,8	18,4	2,0	—	1,0	1,4
25	38,8	37,0	3,2	15,2	4,4	—	0,8	0,6
26	46,6	28,3	—	18,8	1,8	2,6	1,2	0,7
27	33,5	43,0	1,0	19,0	1,0	1,0	1,0	0,5
28	45,0	34,0	0,3	13,0	2,0	3,5	0,84	1,36
29	44,6	30,8	3,8	15,8	3,1	—	0,11	1,89
30	40,0	28,1	—	14,0	Spur	1,0	1,9	2,0

1. Schlacken von Grossouvre (Depart. du Cher) wo Bohnen- und Linsenerze verschmolzen werden. Eine dichte, glasige, grünlichgraue, vollkommen geflossene Schlacke. Analyse von Hrn. Berthier..

2. Von Bienville (Depart. Ober-Marne). Aus sehr thonigen Bohnenerzen. Als Zuschlag wird Kalkstein und Quarzsand angewendet. Eine dichte, etwas blasige, glasartige, durchscheinende, olivengrüne, gut geflossene Schlacke. Analyse von Hrn. Berthier. Der Sauerstoffgehalt der Kieselerde verhält sich zu dem der Basen, in den Schlacken 1 und 2, wie 4 zu 3.

3. Von Hohöfen aus dem Depart. Dordogne, wo Thoneisenstein verschmolzen wird. Glasig, durchscheinend, hell olivengrün. Von Hrn. Berthier. Die Sauerstoffverhältnisse fast wie bei den vorigen beiden Schlacken.

4. Vom Hohofen Charbonière bei Nevers, im Depart. Nièvre. Eine steinige, graue Schlacke. Analyse von Hrn. Berthier. Fast ein Bisilikat.

5. Von Bruniquel, im Depart. Tarn und Garonne, wo Bohnenerze und Thoneisenstein verschmolzen werden. Dicht, grünlichgrau, nicht vollständig geflossen. Fast ein einfaches Silikat. Analyse von Hrn. Berthier.

6. Von Ancy-le-France im Yonne-Departement, wo Bohnenerze verschmolzen werden. Eine dichte, gut verglaste, grünlichgraue, gut geflossene Schlacke. Analyse von Hrn. Berthier. Fast ein Bisilikat.

7. Von Framont im Vogesen-Departement, wo Roth- und Brauneisenstein mit einem Zuschlag von Kalkstein und mit einem Zusatz von Eisenfrischschlacken verschmolzen werden. Eine dichte, gut verglaste, blasige, bläulichgraue, blau gestreifte Schlacke. Analyse von Hrn. Berthier. Der Sauerstoffgehalt der Kieselerde ist größer als zu einem Bisilikat erforderlich wäre.

8. Von Peitz, wo Raaseneisenstein verschmolzen wird. Die Analyse von mir. Die Schlacke ist bei einem gaaren Gange des Hohofens gefallen; bläulichweiß, glasig, an den Kanten durchscheinend. Die Kieselerde enthält mehr als noch einmal so viel Sauerstoff wie die Basen.

9. 10. 11. Drei Schlacken von der Eisenhütte zu Hamm im Siegenschen Bergdistrikt, aus einer Gattirung von Brauneisenstein und Spatheisenstein erblasen. Die Analysen sind von mir. Alle drei Schlacken sind von einer und derselben Gattirung und Beschickung, aber 9. bei dem heißesten Gange, nämlich bei dem geringsten Verhältniß des Erzes zu den Kohlen, bei welchem graues Roheisen entstand, 10. bei einem Gange, bei welchem vollkommenes Spiegeleisen gebildet ward, und 11. bei einem mit Erz übersetzten Gange des Ofens, bei welchem weißes Roheisen mit geringem Kohlegehalt gewonnen ward, erblasen (§. 322.). Alle Verhältnisse des Betriebes des Ofens waren unverändert und nur allein das Verhältniß des Erzes zu den Kohlen verschieden. Die Analyse wurde in der Absicht angestellt, um zu zeigen, daß sich der Mangangehalt in der Schlacke vermindert und an das Eisen tritt, wenn der Gaargang des Ofens zunimmt. Die Verhältnisse des Sauerstoffgehaltes der Kieselerde zu denen der Basen, sind bei diesen drei Schlacken eben so verschieden, als die Verhältnisse der Basen zu einander

selbst. Die Schlacke bei welcher graues Roheisen erfolgt, enthält so viel Kieselerde, daß der Sauerstoffgehalt derselben zu dem der Basen sich fast wie 3 zu 2 verhält; bei der Schlacke mit der Spiegeleisenbildung ist das Verhältniß etwa wie 24 zu 21, und bei der vom übersetzten Gange weicht das Verhältniß wenig von dem eines einfachen Silikates ab. Diese Verhältnisse werden sich natürlich bei anderen Basen anders gestalten, besonders wenn die Erze weniger Manganoxydul enthalten, welches sehr leichtflüssige Silikate liefert.

12 Von Allevard im Isère-Departement. Von Hrn. Berthier analysirt. Bei Spatheisenstein gefallen. Blasig, grünlich und bläulichgrau und mit ungeschmolzenen Quarztheilen vermengt, welche für die Analyse ausgehalten wurden. Das Verhältniß des Sauerstoff und der Kieselerde zu dem in der Basis ist noch größer als zu einem Bisilikat erforderlich ist.

13. Von St Helena in Savoyen, aus Spatheisenstein. Analyse von Hrn. Berthier. Schwarze, blasige, sehr leichte Schlacke vom übersetzten Gange des Ofens. Der Sauerstoffgehalt der Kieselerde ist größer als der eines Bisilikates.

14. Eben daher. Schmutzig gelblichgrau, poröse und nicht völlig verglast. Stückchen von Quarz und Roheisenkörner sind häufig in der Schlacke. Ohne Zweifel rührt sie von einem sehr heißen Gaargange her, bei welchem graues Roheisen erfolgt. Die Schlacke würde fast ein Quadrisilikat seyn, es scheint daß sie von einem ganz unregelmäßigen Hohofengange herrührt.

15. Von Pinsot bei Allevard im Isère-Departement. Aus Spatheisenstein. Von Hrn. Berthier analysirt. Gleichartige, hellolivengrüne, steinige, krystallinische Masse. Die Schlacke hat nicht völlig die Zusammensetzung eines Bisilikates.

16. Von Bouttancourt im Ardennen-Depart. Aus Spatheisenstein. Analyse von Hrn. Berthier. Theils glasig, theils steinig; grünlichgrau. Zeichnet sich durch den großen Ge-

halt an Thonerde aus. Enthält etwas mehr Kieselerde als ein einfaches Silikat.

17. Von einem Hohofen aus der Normandie. Von Hrn. Berthier analysirt. Aus Spatheisenstein. Theils glasig, theils steinig, aufgeblasen, erbsengelb. Von einem übersetzten Gange des Ofens. Die Schlacke nähert sich der Zusammensetzung eines Silikats.

18. 19. 20. Von Müsen im Siegenschen. Die Analyse von Hrn. Berthier. Aus Spatheisenstein. 18. Theils steinig, theils glasig, gut geschmolzen; von einem Ofengange bei welchem Spiegeleisen erfolgt. 19. Bouteillengrün, von einem etwas übersetzten Gange, und 20. von einem Gaargange des Ofens. Die Schlacken müssen von verschiedenen Erzbeschickungen gefallen seyn.

21 Von Dudley, bei Birmingham. Von gutem Gange des Ofens. Dicht, grünlichgrau. Fast Silikatzusammensetzung. Die Analyse von Hrn. Berthier, so wie die folgenden.

22. Von Dowles bei Merthyrtidvil. Steinig, blasig und in diesen Blasenräumen krystallinischer Bildungen enthaltend. Aus Sphärosideriten, wie 21. und 23. Enthält mehr Kieselerde als zur Bildung eines einfachen Silikates erforderlich wäre.

23. Eben daher. Schwarz, von einem übersetzten Gange des Ofens. — (Die Angaben des Eisenoxydulgehaltes in den Schlacken 21., 22. und 23. stimmen sehr wenig mit den Angaben des Ofenganges bei welchem sie erhalten worden sind und mit der Farbe der Schlacken überein, und es könnte wohl eine Verwechselung statt gefunden haben.)

24. Von Janòn bei St. Etienne im Loire-Depart. Die Schlacke ist von einem gaaren Gange des Ofens bei welchem graues Roheisen erfolgt. Glasig, bläulich und schwärzlichgrau, durchscheinend.

25. Eben daher. Entsteht bei einem Gaargange des Ofens,

bei welchem aber schon neutrales Eisen (Roheisen mit Spiegelflächen) entsteht.

26. Von Hayanges im Mosel-Depart. Glasig, lichtgrau, durchscheinend. So auch 27., eine Schlacke die bei einem erhöheten Kalksteinzuschlage erfolgt ist.

28. Von einem Hohofen bei Charleroy. Dicht, undurchsichtig, bläulichgrau. Die Kieselerde enthält 23,4 und die Basen enthalten 16,7 Sauerstoff; das Verhältniß ist also etwa wie 3 zu 2.

29. Von Yniscedwyn. Vom Betriebe des Hohofens mit so genanntem Anthracit. Krystallinisch, bei gaarem Gange des Ofens entstanden. Die Analyse von Hrn. Daubrée.

30. Von Decazeville im Depart. Aveyron. Analyse von Hrn. Montmarin. Die Schlacke ist bei einem gaaren Gange des Ofens mit rohen Steinkohlen erhalten.

So groß die Anzahl der hier mitgetheilten Analysen, welche sich leicht bedeutend vermehren ließe, auch ist; so wenig können die Resultate derselben zu einem zuverlässigen Urtheil über die Zweckmäßigkeit oder Unzweckmäßigkeit der Zusammensetzung der Beschickung führen, bei welcher sie gebildet worden sind. Im Allgemeinen ergiebt sich nur daraus, daß sich die Hohofenschlacken vom Holzkohlenbetriebe mehr den Bisilikaten, und die vom Koaksbetriebe mehr den einfachen Silikaten nähern, daß aber die Natur der Basen, bei einerlei Gange des Ofens, über das Verhältniß der Kieselerde zu den anderen Erden und Metalloxyden in der Schlacke entscheidet. Die Silikate der Thonerde scheinen die Flüssigkeit der Schlacken sehr zu befördern, wenn sich gleichzeitig Silikate von Kalk- und Bittererde bilden.

§. 682.

Die blaue Färbung der Hohofenschlacken ist schon längst ein Gegenstand der Aufmerksamkeit der Metallurgen gewesen, indem die blaue Farbe oft ausgezeichnet schön zum Vorschein kommt. Man hat geglaubt, daß das Eisenoxydul die Eigenschaft besitze, mit anderen Basen gemeinschaftlich ein blaues Silikat zu bilden; auch hat man vermuthet, daß das Schwefelcalcium mit den Silikaten die blaue Färbung hervorbringe. Hr. Berthier war schon früher der Meinung, daß die Farbe vom Titan herrühre; eine Vermuthung die durch Hrn. Kersten ganz bestätigt zu seyn scheint, welcher die interessante Entdeckung gemacht hat, daß nicht das Titanoxyd, sondern das Titanoxydul die blau tingirende Eigenschaft in einem ausgezeichneten Grade besitzt. — Nach anderen Untersuchungen des Hrn. Kersten soll die blaue Farbe einiger Eisenschlacken aber auch durch Vanadinsäure veranlaßt werden können.

Alle Schlacken, die bei einem überaus gaaren Gange erblasen werden, verlieren das glasartige Ansehen, und werden krystallinisch und steinig. Aber alle gaaren glasartigen Schlakken erhalten durch anhaltendes starkes Glühen in verschlossenen Tiegeln ebenfalls ein steinartiges Ansehen, und die vorher ganz ungefärbten, oder nur schwach tingirten Gläser, werden häufig dunkelblau, grün und gelblich gefärbt. Von dieser Erscheinung ist der Grund noch unbekannt. Merkwürdig ist es, daß sich gerade diejenigen Schlacken, welche bei dem gaarsten Gange gefallen sind und welche am wenigsten Eisenoxydul enthalten, am leichtesten entglasen lassen. Diese Entglasung im Inneren der Masse tritt häufig schon ein, wenn die recht gaare Schlacke in starken Massen sehr langsam erkaltet.

Die gaaren Hohofenschlacken, welche wenig oder fast gar kein Eisenoxydul enthalten, blähen sich ungemein stark auf und bilden eine bimmsteinartige, lockere und poröse Masse, wenn sie im glühenden Zustande mit Wasser begossen werden. Immer entwickelt sich dabei zugleich etwas Schwefelwasserstoffgas.

§. 683.

In den Holzkohlenhohöfen, welche sehr flache Rasten haben und bei welchen daher die Rastfläche selbst sehr wenig erhitzt wird, hat man zuweilen Absonderungen von Kochsalz und von

Digestivsalz, und kürzlich auch Cyan-Kalium gefunden, indem sich die Dämpfe dieser Salze aus der Asche der Kohlen, wahrscheinlich auf der kühlen Rastfläche, verdichten, und nicht, wie bei den Oefen mit steilen Rasten, aus der Gicht fortgeführt werden. — Ferner bilden sich in den Ecken der Gestellräume, oder in den Ritzen des Heerdbodens und der Wände des Schmelzraums, zuweilen krystallinische Verbindungen von eigenthümlicher Art aus. Bei den Koakhohöfen ist die Entstehung von Schlakkenklumpen nicht selten, indem die feine Koakslösche mit der steifen Schlacke zusammen ballt. Bleiben diese Klumpen lange Zeit im Gestell liegen, ohne beim Ausarbeiten des Heerdes mit fortgeschafft zu werden, so dienen sie nicht selten als Ansammlungen für verschiedene Körper, die sich dort durch die Länge der Zeit reduciren und zum Theil krystallinische Verbindungen bilden. An kühleren Stellen, in den Ritzen und Oeffnungen der Schmelzräume, bilden sich andere Verbindungen aus, welche, wenn sie dort keinen Schutz gefunden hätten, aus der Gicht oder aus dem Vorheerd entwichen seyn würden. — Reine Kieselerde in asbestartiger Gestalt, regulinisches Titan, Schwefeleisen und Schwefelmangan in eigenthümlichen Zusammensetzungen, Mennige, Bleioxyd-Silikate, zuweilen überaus schön krystallisirt, regulinisches Blei, krystallisirte Glätte u. s. f. werden auf diese Art an den Gestellwänden und in den Ritzen abgesetzt und gebildet.

Grignon, Mémoire contenant des observations et des expériences sur la fritte des forges à fer; in dessen Mémoires de Phys. sur l'art de fabriquer le fer. pag. 296—305. — Derselbe, Mémoire sur les crystallisations métalliques pyriteuses et vitreuses artificielles, formées par le moyen du feu. Ebendaselbst p. 476—481. — F. Koch, Beiträge zur Kenntniß krystallinischer Hüttenprodukte. Göttingen. 1822. — Regulinisches Titan und Schwefel-Eisen-Mangan in der Hohofenschlacke und in den Gestellritzen. Archiv IX. 518—538. — Cyankalium. Ann. des mines XIII. 638. — Blaue Schlacken. Ann. des mines XIV. 135. Kersten, Archiv f. Miner. Geogn. Bergb. und Hüttenk. XIV. 594. — Kersten; Poggendorff Annalen. LI. 539.

Von den Maaßregeln bei einer vorübergehenden Einstellung oder bei der gänzlichen Beendigung des Betriebes.

§. 684.

Während des Betriebes des Hohofens kommt es wohl vor, daß ein neuer Dammstein eingesetzt werden muß. Die Auswechselung ist nicht schwierig, nur muß der neue Stein, nach den Dimensionen bearbeitet, in Bereitschaft gehalten, nach erfolgter Ausleerung des Schmelzraums von allem flüssigen Eisen, eine vollständige Reinigung des Gestelles, besonders des Bodensteins, von der Schlacke und von den angesinterten Schlackenmassen vorgenommen, der alte Dammstein schnell weggebrochen und der neue in den Schmelzraum hineingeschoben werden.

Der Tümpelstein ist der Theil des Gestelles, welcher am mehrsten leidet, weil er den Wechsel der heißen und der kalten Luft auszustehen hat. Eine Auswechselung der alten Tümpelplatte, oder des alten Tümpeleisens gegen ein neues, gehört zu den nicht selten vorkommenden Arbeiten, die indeß nicht schwierig ist, wenn alles dazu in Bereitschaft gehalten wird. Am schwierigsten ist es, einen neuen Tümpel einzusetzen, wenn der alte stark weggeschmolzen und der Schmelzraum dadurch so erweitert ist, daß der Wind das Gestell nicht mehr durchdringt und der Betrieb dadurch unvortheilhaft wird. Bei den auf diese Weise zu weit gewordenen Gestellen kann die Hitze im Schmelzraum durch Erneuerung des Tümpels völlig wieder im Gestell concentrirt werden. Wenn der Tümpel nicht aus Sandstein sondern aus feuerbeständiger Masse (Thonmasse) besteht, welches der schwierigere Fall ist, so wird bei der Erneuerung dieser Masse folgendes Verfahren angewendet. Die Tümpelplatte wird zunächst oberhalb, nach dem Vorheerd zu, etwas vorgezogen, die Kohlen werden mit der noch rückständigen alten Tümpelmasse stellenweise weggeräumt und in die so entblößten Stellen vorräthige Ballen aus feuerfester Masse eingedrückt und mittelst hölzerner Stangen möglichst fest und tief eingestampft. So wird fortgefahren, und dabei die Tümpelplatte, damit die Kohlen unterhalb nicht vordrücken, nach und nach mehr geneigt, bis sie zuletzt ganz umgelegt und vorgezogen werden kann, nachdem der größere Theil des Tümpels bereits neu und in einer Stärke von mindestens 15 Zollen ergänzt ist. Der untere Theil wird dann in derselben Art eingebracht und zuletzt die neue Tümpelplatte mit dem angegossenen Tümpeleisen, die man zuvor mehre Zoll stark mit feuerfester Thonmasse bekleidet hat, eingesetzt, durch kräftige Schläge gegen dieselbe mit einem starken hölzernen Balken fest gegen den neuen Tümpel angerammt und sodann in gewöhnlicher Art verkeilt und vermauert. Um der Masse eine größere Haltung zu verschaffen, werden an der Tümpelplatte mehre Zoll lange Zacken angegossen. Die Masse besteht aus 2 Theilen gepochten feuerfesten Ziegeln, 1 Theil frischem feuerfestem Thon und 1 Theil gepulverten alten unbrauchbaren Graphittiegeln, oder Graphit. Wenn die Vorbereitungen gehörig getroffen sind, so ist die Arbeit in einigen Stunden vollendet. Der neue Tümpel hält ein halbes Jahr und länger aus, ehe er wieder erneuert werden darf.

§. 685.

Wenn der Schmelzraum des Ofens so sehr erweitert ist, daß man nur mit einem großen Aufwand von Schmelzmaterialien noch graues Roheisen erzeugen kann, oder wenn häufiges Kippen der Gichten oder andere Umstände, die Einstellung des Betriebes nothwendig machen; so schreitet man zum Ausblasen des Ofens. Es werden dann keine Gichten mehr nachgesetzt, sondern man läßt die Schmelzsäule ganz heruntergehen und setzt das Gebläse in Stillstand, sobald die letzten Gichten einrücken, damit der Ofen langsam erkalten kann Je tiefer die Gichten heruntergegangen sind, desto langsamer rücken sie ins Gestell, weil der Druck der Säule vermindert ist, und die Gebläseluft mehr unzerlegt ausströmen kann. Je vollkommener sich der Ofen in guter Hitze befunden hat, desto weniger mattes Eisen bleibt auf dem Boden des Gestelles zurück. Dies matte, mit dem Bodensteine zusammengewachsene, halb gefrischte Eisen, welches beim letzten Abstich nicht mit auslaufen will, nennt man eine Eisensau. Beim Ausbrechen des Gestelles wird dies matte Eisen mit ausgebrochen, und entweder zerschlagen und demnächst nach und nach wieder mit aufgegeben und durchgeschmolzen, oder im Frischfeuer durchgelassen. Nach dem Ausbrechen des Gestelles erfolgt eine neue Zustellung und die Anfertigung einer neuen Rast, oder die Reparatur der alten, welche indeß jederzeit in der Höhe weggenommen werden muß, welche die neuen Gestellsteine beim Zustellen erfordern. Die Gestalt der Rast nach dem Ausblasen ist in der Regel sehr verändert, wenigstens in demselben Verhältniß erweitert, als das Gestelle selbst.

§. 686.

Wenn ein Ofen wegen Mangel an Materialien, wegen Reparaturen am Gebläse u. s. f. einige Zeit stehen muß, und man ihn aus besonderen Gründen nicht niederblasen will; so muß er gedämpft werden. Er wird dann überall dicht geschlossen, indem die Form herausgenommen und die Formöffnung mit Lehm verklebt, der Vorheerd fest zugemacht und die Gicht bedeckt wird. Die durch das Zusammensinken der Schmelzmasse entstehenden leeren Räume auf der Gicht werden von Zeit zu Zeit mit Kohlen ausgefüllt. Auf diese Art läßt sich ein Holzkohlenofen mehre Wochen erhalten. Beim Koakofen ist das Dämpfen des Ofens für längere Zeit mit einigen Schwierigkeiten verknüpft und erfordert große Aufmerksamkeit.

Machen besondere Verhältnisse es nothwendig, einen in gutem Betriebe befindlichen Hohofen auf längere Zeit in Stillstand zu setzen, so kann das Dämpfen des Ofens auf die Art vortheilhaft bewirkt werden, daß man so viele leere Kohlengichten nachgiebt, bis der ganze Ofen mit Kohlen gefüllt ist. Alsdann setzt man das Gebläse in Stillstand, nimmt die Formen heraus, reinigt den Heerd und Vorheerd, besonders den letzteren, von Eisen und Schlacke, und verschließt Gicht-, Form- und Vorheerd-Oeffnungen sehr fest. Die niedergebrannte Gicht wird durch Kohlen ersetzt, und der Vorheerd muß täglich aufgemacht und von Schlacken gereinigt werden. Auf diese Art kann ein Ofen Monate lang gedämpft stehen. Soll er wieder in Betrieb kommen, so setzt man Erz wie zu Anfange der Kampagne, kann aber viel schneller mit dem Erzsatz steigen und ist nach wenigen Tagen im vollen Betriebe. Es werden hierbei die Zustellungskosten, viele Kohlen und Zeit gegen das Aus- und Wieder-Anblasen erspart.

§. 687.

Die Dauer einer Kampagne ist sehr unbestimmt, und richtet sich — wenn es nicht an Materialien fehlt, und nicht andere Umstände das Ausblasen des Ofens veranlassen — nach der Feuerbeständigkeit der Schmelzräume und der Schacht- und Raststeine. Je regelmäßiger der Ofen im Betrieb war, desto weniger leiden Schacht und Schmelzraum, und daher können Kampagnen in wenigen Wochen schon beendigt seyn, andere aber Jahre lang fortgesetzt werden.

Die Resultate vom Betriebe der Hohöfen.

§. 688.

Es ist aus dem Vorgetragenen einleuchtend geworden, daß die Vorkehrungen bei den Hohöfen anders getroffen werden müssen, wenn es die Absicht ist, graues, und anders, wenn es der Zweck ist, weißes Roheisen zu erzeugen. Man wird im ersten Fall Maaßregeln ergreifen, durch welche die Bildung des weißen, und im andern Fall die des grauen Roheisens verhindert wird. Weite Schmelzräume, leicht reducirbare Erze, besonders wenn sie zugleich locker im Ofen liegen, leichtflüssige Beschickungen, die Anwendung von Brennmaterialien, welche nicht viel und nicht strengflüssige Asche nach dem Verbrennen zurück lassen, sind im Allgemeinen die Umstände, welche ein solches Verhältniß der Erze zu dem Brennmaterial gestatten, daß der Betrieb des Ofens auf die unterbrochene Erzeugung von weißem Roheisen gerichtet seyn darf.

Das neutrale weiße Roheisen mit Spiegelflächen steht bekanntlich auf der Gränze zwischen den grauen und den weißen Roheisenarten, welche sämmtlich weniger Kohle enthalten als jenes. Obgleich die vollkommenste Benutzung des Brennmaterials beim Ofenbetriebe dann statt findet, wenn die Verhältnisse der Erz- zu den Kohlensätzen so getroffen sind, daß Spiegeleisen erzeugt wird; so treten doch Umstände ein, durch welche man veranlaßt wird, auf die vortheilhafteste Benutzung des Brennmaterials Verzicht zu leisten und entweder graues Roheisen, oder Roheisen von einem schon mit Erz übersetzten Gange des Ofens zu gewinnen. Soll das Roheisen dem Frischprozeß unterworfen werden, so würde das weiße Roheisen immer den Vorzug vor dem neutralen und mehr noch vor dem grauen Roheisen verdienen, wenn nicht theils die Verfrischungsmethode ein gaareres Roheisen erforderte, theils der Ofenbetrieb selbst einen ununterbrochenen Rohgang nicht immer zuließe. Bei der Anwendung von Koaks, bei strengflüssigen Beschickungen und überhaupt bei großen Hohöfen ist ein fortwährender Rohgang nicht anzuwenden, weil er durch die häufig dabei entstehenden Versetzungen dem ungestörten Fortgang des Betriebes hinderlich wird. Erze, oder auch Koaks, die viel Schwefel enthalten, erfordern immer eine durch Zusatz von Kalk strengflüssig gemachte Beschickung, um durch die Bildung von Schwefelcalcium, welches in die Schlacke geführt wird, den Schwefelgehalt des Roheisens zu vermindern. Strengflüssige Beschickungen machen aber immer einen Gaargang des Ofens nöthig, um den Ofen nicht der Gefahr des Erstickens beim Rohgange auszusetzen. Ist das Roheisen zur Gießerei bestimmt, so muß es nicht allein grau seyn, sondern auch zugleich bei strengflüssigen Beschickungen erblasen werden, um den Kohlengehalt zu vermindern. Ein solcher Gang des Ofens macht hohe Obergestelle, besonders bei dem Gebrauch der Koaks, nothwendig.

Das weiße Roheisen, welches immer nur zur Verarbeitung zu Stabeisen oder zu Stahl bestimmt ist, wird beim Ablassen aus dem Schmelzraum in parallelepipedische, in Sand eingedrückte Formen geleitet, wenn es Spiegeleisen ist, oder demselben wenigstens nahe steht. Wenn aber bei sehr leichtflüssigen Beschickungen, besonders in niedrigen Oefen, weißes Roheisen von übersetztem Gange, ohne Nachtheil, in weiten Schmelzräumen gewonnen werden kann, so würde das Roheisen die Formen nicht ausfüllen und es wird dann auf ein im Arbeitsgewölbe selbst zubereitetes Sandbette geleitet, um sich darauf auszubreiten, ehe er erstarrt. Roheisen, welches in solcher Scheibengestalt erkaltet ist, pflegt man wohl Floß oder Flossen zu nennen und Hartfloß (weißes Roheisen von mittlerem Kohlegehalt, bei mäßig stark übersetztem Gange des Ofens dargestellt) und Weichfloß (Roheisen von dem geringsten Kohlegehalt, bei einem stark übersetzten Gange des Ofens erhalten) zu unterscheiden.

Ist der Betrieb des Ofens auf die Darstellung von grauem Roheisen gerichtet, so unterscheidet man in England, mit großem Recht, das graue Roheisen für Gießereien, und das zum Verfrischen bestimmte graue Roheisen. Ersteres wird bei strengflüssigen Beschickungen, bei hohen und engen Zustellungen und bei einem recht gaaren Gange des Ofens erblasen. Auf manchen Hütten unterscheidet man noch 2 bis 3 Sorten, Nr. 1, 2 und 3, Unterschiede, die sich in der Regel nur auf die Verschiedenheit der angewendeten Erze und Koaks beziehen. — Das graue Roheisen zum Verfrischen wird bei leichtflüssigen Beschikkungen, bei weiteren Zustellungen (häufig ohne Obergestell) und bei einem etwas reichlicheren Verhältniß des Erzes zu den Kohlen dargestellt. Am vortheilhaftesten ist es, den Erzsatz so einzurichten, daß er auf der Gränze der Spiegeleisenbildung und der Bildung des grauen Roheisens steht. Auch bei diesem Roheisen, welches unter allen grauen Roheisenarten am mehrsten Kohle enthält, unterscheidet man 2, 3, oft 4 verschiedene Sorten, die sich jedoch nur auf den größeren oder geringeren Gaargang beziehen.

Bei den Holzkohlenöfen, in welchen graues Roheisen dargestellt wird, macht man zwar ähnliche Unterschiede, ohne dieselben aber so genau durchzuführen. Man unterscheidet nämlich nur graues Roheisen, halbirtes Roheisen (eine durch den Uebergang in graues Roheisen gestörte Spiegeleisenbildung) und weißes oder grelles Roheisen, welches durch zufällige Unregelmäßigkeiten bei dem Gange des Ofens entsteht und zuweilen wohl, dann jedoch immer nur in sehr kurzen Zeitperioden, absichtlich durch verstärkte Erzsätze gewonnen ist, wenn man die Absicht hat, zu einem bestimmten Zweck für einzelne Gußwaaren ein härteres Roheisen darzustellen.

Das graue Roheisen für die Stabeisenbereitung pflegt man bei dem Ablassen aus den Oefen in parallelepipedische Sandformen zu leiten, welche häufig Gänze genannt werden. Ist es zur Gießerei bestimmt und wird es nicht unmittelbar in die Gußformen geleitet, oder auch aus dem Vorheerd ausgeschöpft oder in Gießkellen abgestochen (§. 547.), sondern soll es demnächst umgeschmolzen werden, so wählt man Formen die für die künftige Bestimmung des Roheisens die angemessensten sind.

In einigen Gegenden, besonders in Schweden, trifft man die Einrichtung, die noch glühenden und so eben erst erstarrten Gänze von grauem Roheisen in fließendem kaltem Wasser abzulöschen und dadurch eine theilweise Umänderung des grauen in weißes Roheisen zu bewirken, weil das abgelöschte graue Roheisen den Frischprozeß in Heerden etwas beschleunigt. In anderen Gegenden des südlichen Deutschlands leitet man das graue Roheisen beim Ablassen aus den Oefen in eine Grube, begießt es mit Wasser und hebt es mittelst einer Gabel oder Forke scheibenweise aus der Grube, indem man den Wasseraufguß jedesmal erneuert wenn eine Scheibe abgehoben ist. Man nennt diese Operation das Scheiben-, Blattl- oder Plattlreißen. Das durch das Aufgießen von kaltem Wasser schnell erstarrende Roheisen wird weiß und läßt sich von dem darunter befindlichen flüssigen Roheisen in stärkeren oder schwächeren Scheiben trennen, je nachdem zum Ablöschen einer Scheibe mehr oder weniger Wasser angewendet wird, oder je nachdem das Roheisen bei einem mehr oder weniger starken Gaargange des Ofens erblasen ist.

§. 689.

Die Oefen, bei denen die Schlacke nicht abfließt, sondern abgeworfen wird, und bei denen das Eisen nicht abgestochen, sondern ausgeschöpft wird, geben eine sehr eisenreiche Schlacke, indem viele Eisenkörner mechanisch in der Schlacke zerstreut bleiben. Aber auch bei den Oefen, welche zum Abfließen der Schlacke und zum Abstechen des Eisens eingerichtet sind, fallen noch Schlakken ab, die von mechanisch eingemengten Eisenkörnern nicht ganz frei sind, indem die Schlacke, welche beim Reinigen des Heerdes oder beim Ausarbeiten aus dem Gestell gebracht wird, mehr oder weniger Eisenkörner enthält. Die Eisenkörner (welche bei den Blau- und Stücköfen noch viel häufiger in der Schlacke vorkommen) werden in den sogenannten Schlackenpochwerken gewonnen, indem die Schlacke durch die Pochstempel zerstampft und das leichtere Pochmehl von den schweren Eisenkörnern durch zufließendes Wasser getrennt wird. Das auf diese Art gewonnene Eisen nennt man Wascheisen. Die vonselbst abfließende Schlacke ist von allen mechanisch eingemengten Eisenkörnern vollkommen rein, und darf daher niemals gepocht werden.

§. 690.

Die Menge des Roheisens, welche in einem gewissen Zeitraum — gewöhnlich nimmt man an in 24 Stunden, oder auch in einer Woche — aus dem Hohofen erfolgt, ist von sehr vielen Verhältnissen abhängig. Die Höhe und Weite der Oefen könnte darauf an sich nicht von Einfluß seyn, denn daß aus höheren und weiteren Oefen mehr Roheisen in derselben Zeit gewonnen wird, als in niedrigeren und engeren Oefen, folgt nicht aus den Dimensionen der Oefen, sondern hat bloß darin seinen Grund, daß hohe und weite Oefen bei schwachen Gebläsen ihren Zweck mehr oder weniger unerreicht lassen würden, und daß bei niedrigen und engen Oefen große Windmassen nicht angewendet werden dürfen, wenn die Erze nicht völlig unvorbereitet in den Schmelzraum gelangen sollen.

Zuerst entscheidet die Beschaffenheit der Erze. Arme Erze können bei gleichem Gichtenwechsel nicht so viel Roheisen liefern, als reiche. Es kommen aber Erze zur Verarbeitung, die nur 20 Prozent (auch wohl weniger) und die 50 Prozent (auch wohl etwas mehr) enthalten. Eine reichere Beschickung als solche, die 60 Prozent Roheisen ausgiebt, dürfte sehr selten angetroffen werden, indem es an Schlacke fehlen würde, um das reducirte Eisen gegen die oxydirende Einwirkung der Gebläseluft im Schmelzraum zu schützen. Der gewöhnliche Roheisengehalt der zu verschmelzenden Erze oder Erzgattirungen liegt zwischen 25 und 45 Prozent. Ein Eisengehalt von 33 bis 40 Prozent scheint das beste Verhältniß des Roheisens zu den Schlacken zu gewähren. — Außer dem Eisengehalt ist aber die mehr steinartige oder die mehr erdartige Beschaffenheit der Erze von großem Einfluß auf die Produktionsmenge. Locker liegende Erze veranlassen einen ungleich stärkeren Gichtenwechsel als, unter übrigens gleichen Umständen, die dicht liegenden ockrigen und lettigen Eisenerze, weil die letzteren das Aufsteigen der Gase aus dem Schmelzraum erschweren und eine stärkere auf den Gestellraum drückende Schmelzsäule bilden. — Endlich ist auch der Zustand der Beschickung zu berücksichtigen. Leichtreducirbare und zugleich leichtflüssige Beschickungen veranlassen einen stärkeren Gichtenwechsel als strengflüssige Beschickungen.

Von großer Erheblichkeit ist der Einfluß, den die Beschaffenheit des Brennmaterials auf den Gichtenwechsel ausübt. Kleine Kohlen vermindern, gröbere Kohlen vermehren unter fast gleichen Umständen die Anzahl der Gichten in einer bestimmten Zeit. Schwer entzündliche Kohlen können bei derselben Windführung nicht so schnell verbrannt werden, als leicht entzündliche Kohlen, auch gestatten die letzteren nicht die Anwendung einer großen Windmenge, weil sie ohne vollständige Benutzung ihrer Heizkraft verbrennen würden. Die Bestandtheile der Asche von den Koaks unterscheiden sich sehr wesentlich von den Bestandtheilen der Holzkohlenasche. Diese trägt, wegen ihres vorwaltenden Gehaltes an kohlensaurer Kalkerde, häufig zur Beförderung des Schmelzens der Beschickung bei, wogegen die Asche der Koaks größtentheils aus Kieselerde und Thonerde besteht. Bei der Anwendung von manchen Koaks entsteht daher eine strengflüssige und zähe Schlacke, welche, bei der geringsten Unregelmäßigkeit im Gange des Ofens, zu Versetzungen im Gestell Anlaß geben kann. Um die Wirkungen derselben möglichst unschädlich zu machen, ist man bei dem Anfange einer Schmelz-Campagne, wo noch wenig Erz gesetzt werden kann und daher auch wenig Schlacke erfolgt, welche den Heerd ausfüllen und erwärmen könnte, genöthigt, der Beschickung sehr reine, glasige und vollkommen geflossene Schlacke zuzusetzen, und zu jeder Gicht etwa $\frac{1}{10}$ bis $\frac{1}{8}$ des Volums der Erzgicht zu nehmen, um die Asche, welche sich auf dem Boden festsetzen und den Heerd abkühlen würde, aufzunehmen und den unteren Heerd auszuwärmen.

Weite Gichtöffnungen (im Verhältniß zur Weite des Ofens oder des Kohlensacks) erschweren, bei gleichen Windmengen die dem Ofen zugeführt werden, das Niedersinken der Sätze, während dasselbe durch enge Gichtöffnungen, — wenn gleich zum Nachtheil des Kohlenverbrauchs — befördert wird.

Die Quantität des Windes, welche der Ofen in einer gewissen Zeit erhält, also die Stärke des Gebläses, ist es zuletzt, wodurch die Menge der Gichten, also die Größe der Produktion aus dem Ofen, vorzugsweise bestimmt wird. Diese Windmenge hat aber ihre, durch die Dimensionen der Oefen, so wie durch die Beschaffenheit der Schmelzmaterialien, besonders der Kohlen, gebotenen Gränzen. Holzkohlenöfen von 18 bis 24 Fuß Höhe erhalten selten über 300 Kubikf. Luft in der Minute, von atmosphärischer Dichtigkeit; häufig ungleich weniger. Das wöchentliche Roheisenquantum von einem solchen Ofen beträgt dann selten mehr als 300 Centner, häufig nur 180 bis 200 Centner. Reiche und leichtflüssige Beschickungen gewähren oft ein doppelt so hohes Produktionsquantum. Holzkohlenöfen von 30 bis 40 Fuß Höhe pflegt man 800 bis 1200 Kubikfuß Wind in der Minute zuzuführen und kann dann auf ein wöchentliches Ausbringen von 600 bis 1200 Centner Roheisen rechnen, je nachdem strengflüssigere und ärmere, oder leichtflüssigere und reichere Beschickungen verschmolzen werden. 25 bis 30 Fuß hohe Holzkohlenöfen, mit einer Windmenge von 900 bis 1000 Kubikfuß in der Minute, werden jetzt in Deutschland am häufigsten angetroffen; die wöchentliche Roheisenerzeugung in solchen Oefen ist zwischen 400 und 800 Centner veränderlich, je nach der Beschaffenheit der Erze und der Kohlen.

Koakshohöfen sind vielleicht niemals niedriger als 35 Fuß in der Schachthöhe. Weniger als 1500 Kubikfuß Luft in der Minute können solchen Oefen nicht füglich zugetheilt werden. Das wöchentliche Roheisenquantum schwankt zwischen 400 und 800 Centner, und richtet sich nach der Reichhaltigkeit und nach dem Lockerheitszustande der Beschickung. Durch strengflüssigen Gang bei Erzeugung von Roheisen für die Gießerei, wird die Quantität der Produktion vermindert. Stärkeres Gebläse, nämlich größere Windquantitäten sind nothwendig, um den Gang des Ofens regelmäßiger zu erhalten und die Menge von 1500 Kubikfuß ist nur als das Minimum der Windmenge zu betrachten Man vermehrt diese Quantität mit Erfolg um das Doppelte und noch mehr, und erhöhet zugleich die Oefen bis 45 Fuß, wodurch eine wöchentliche Roheisenerzeugung von 1000 Centner bei dicht liegenden und armen Beschickungen (25 bis 30 Prozent Eisengehalt der gattirten Erze) und von 1500 Cent. und darüber, bei locker liegenden und reicheren Beschikkungen (40 Prozent) erreicht werden kann.

§. 691.

Die Menge des Bremmaterials zu kennen, welches zu einer gewissen Quantität Roheisen erfordert wird, ist ein Gegenstand von der größten Wichtigkeit, weil die Kosten für das Brennmaterial gewöhnlich die bedeutendsten bei dem Betriebe der Oefen sind. Aber der Verbrauch an Brennmaterial ist nicht allein von der Beschaffenheit desselben (§ 557.), sondern auch von der Reichhaltigkeit der Erze, von der Schmelzbarkeit der Beschickung, von der Art des darzustellenden Roheisens, von der Weite des Schmelzraums und von den Dimensionen des Schachtes abhängig. Weite Schmelzräme und enge Gichtöffnungen werden immer zu einem größeren Kohlenverbrauch Anlaß geben, obgleich sie sich nicht immer vermeiden lassen, indem die Dimensionen theils durch die Beschaffenheit der Erze, theils durch die Art des darzustellenden Roheisens bestimmt werden. Graues und sehr heiß erblasenes Roheisen erfordert mehr Kohle als Roheisen von einem zwar gaaren, aber leichtflüssigen Gange des Ofens, bei welchem graues Roheisen mit großem Kohlegehalt dargestellt wird, welches dem Spiegeleisen am nächsten steht. Roheisen von einem nur wenig übersetzten Ofengange ist mit dem geringsten Kohlenverbrauch darzustellen, der aber in demselben Verhältniß zunimmt, in welchem der Rohgang größer und mehr Eisen in die Schlacke geführt wird.

Höhere Oefen vermindern bedeutend den Kohlenverbrauch, aber sie erfordern zugleich ein stärkeres Gebläse. Leichtflüssige Beschickungen und locker liegende Erze gewähren die vortheilhafteste Benutzung der Kohlen, besonders wenn der Betrieb des Ofens aus anderen Gründen so eingerichtet werden kann, daß er auf der Gränze des Gaar- und des Rohganges steht.

Bei Holzkohlen aus Nadelholz oder aus anderen leichten Holzarten, sind nach der Beschaffenheit der Erze, 16 bis 25 Kubikfuß, auch wohl noch mehr Kohlen zu 100 Pfund Roheisen erforderlich, während bei guten Holzkohlen aus festen Holzarten 7 bis 16 Kubikfuß vollkommen hinreichen. Solche Differenzen werden theils durch die Beschaffenheit der Erze (§. 668.) theils durch die Art des darzustellenden Roheisens und durch die Konstruktion der Schmelzräume, der Schächte und der Windführung herbeigeführt. Die Zuführung des Windes durch nur eine Form vermehrt jederzeit den Kohlenverbrauch.

Dem Gewicht nach werden bei leichten Holzkohlen 160 bis 300 Pfund Kohlen zu 100 Pfund Roheisen verbraucht, während dieselbe Roheisenmenge bei Kohlen aus harten Hölzern und bei reichhaltigern, leichtflüssigen und locker liegenden Erzen nur 100 bis 120 Pfund Kohlen erfordert.

Der Verbrauch an Koaks zu einer gewissen Quantität Roheisen ist vorzugsweise von der Beschaffenheit der Erze, nämlich von ihrer Reichhaltigkeit, Schmelzbarkeit und von dem Lockerheitszustande im Ofenschacht abhängig. 100 Pfund Roheisen erfordern 7,5 bis 9,5 Kubikfuß Koaks, je nachdem die Erze reicher oder ärmer u. s. f. sind und je nachdem das Roheisen bei einem kältern oder heißern Gaargange erblasen wird. Dem Gewicht nach kann der Koakverbrauch für 100 Pfund Roheisen, von 200 bis 290 Pfund Koaks differiren.

§. 692.

Man hat an einigen Orten Versuche angestellt, durch genaues Abwiegen der Erze, Kohlen und Zuschläge, und durch

Abwiegen der wieder erhaltenen Schlacken und des Roheisens, den Gewichtsverlust auszumitteln, welcher beim Verschmelzen im Hohofen entsteht. Es ist einleuchtend, daß man auf diese Art keine Aufschlüsse über den Gang des Prozesses erhalten kann, weil der Aschengehalt der Kohlen, das Naßgewicht der Beschickung und der Feuchtigkeitsgehalt der Kohlen, der Gehalt an Kohlensäure, an Sauerstoff und an chemisch gebundenem Wasser bei den Erzen und Zuschlägen, aufs genaueste bekannt seyn müßten. Von allen diesen Erfordernissen ist kein einziges mit einiger Zuverlässigkeit bekannt, weshalb auch die Resultate keinen Zweck haben können. — Dagegen ist es ein belehrendes Unternehmen, den Kohlenaufwand für die verschiedenen bekannten Oefen zusammenzustellen, wobei aber die Dimensionen derselben, die Quantität und Geschwindigkeit des Windes, die Beschaffenheit der Erze und der Kohlen, und die Art des Betriebes der Oefen genau bemerkt, auch das mittlere Durchschnittsgewicht der lufttrockenen Kohlen angegeben werden müßte. Herr v. Marcher hat sich dieser mühsamen Arbeit unterzogen; indeß gewähren die Zusammenstellungen wenig Uebersicht, weil die zur Beurtheilung nothwendigen zuverlässigen Angaben fehlen. Werden die Zusammenstellungen bei einerlei Erzen und Brennmaterialien, aber bei verschiedenen Dimensionen der Oefen und bei verschiedenen Quantitäten und Geschwindigkeiten des Windes angestellt, so sind sie erst eigentlich belehrend; wenige Hüttenwerke befinden sich aber in der Lage, daß solche Beobachtungen mit Zuverlässigkeit angestellt werden könnten.

§. 693.

Bei einem guten Hüttenhaushalt muß der Hohofen in Rücksicht der Materialien, welche er zur Verarbeitung erhält, und des Produkts, welches er ausgiebt, sehr genau kontrollirt werden. Die Kohlen, welche man nach dem Maaß oder nach dem Gewicht einnimmt, werden ihm nach dem Maaß oder Gewicht gegeben, und da jede Gicht ihr bestimmtes, unabänderliches Quantum von Kohlen enthält, so läßt sich der Kohlenverbrauch nach der Menge der Gichten bestimmen, welche in jeder Arbeitsschicht niedergehen. Die Erze werden in der Regel nach dem Maaß eingenommen und täglich oder wöchentlich zum Verschmelzen nach dem Maaß vorgelaufen. Eine zweite Kontrolle des Erzverbrauchs erfolgt durch das Abwiegen zu jeder Gicht, indem das mittlere Durchschnittsgewicht eines gewissen Maaßes durch Probewägungen bekannt ist, so daß das verbrauchte Gewicht leicht auf das verbrauchte Maaß reducirt werden kann. In derselben Art wird auch bei den Zuschlägen verfahren. Aus dem jedesmaligen Erzsatz und aus der Zahl der Gichten bestimmt sich der Erzverbrauch in jeder Schicht. Alle diese Notizen werden an der Hüttentafel bemerkt, auch das Eisen von jedem Abstich abgewogen und in das Waagebuch eingetragen. Aus diesen speciellen, täglich fortzuführenden Notizen läßt sich dann die Schmelztabelle angefertigen, welche in verschiedenen Kolumnen enthalten muß:

1. Die laufende Nummer der Blasewochen mit dem täglichen Materialienverbrauch.
2. Die Anzahl der Gichten an jedem Tage.
3. Das Gewicht und das Maaß der verschiedenen täglich verschmolzenen Erze, um daraus die Beschickung ersehen zu können.
4. Das Gewicht und das Maaß des verbrauchten Zuschlags für jeden Tag.
5. Das tägliche Kohlenbrauchsquantum
6. Die Größe des Ausbringens oder der Roheisenerzeugung.
7. Die Pressung und die Temperatur des Windes.
8. Die Anzahl der Wechselungen des Gebläses.
9. Allgemeine Bemerkungen über die Beschaffenheit der Kohlen, der Erze, des Baro- und Thermometerstandes, und über die Vorfälle beim Hohofenbetrieb.

Ein gut und vollständig geführtes Schmelzbuch kann die besten Aufschlüsse über den Gang des Betriebes und die gründlichsten Belehrungen über die Behandlung der Erze geben. Deshalb müssen auch bei jeder Kampagne die Dimensionen des Schachtes, der Rast und des Gestelles, möglichst genau angegeben und die Angaben nöthigenfalls durch Zeichnungen erläutert werden.

Ueber den Betrieb der Hohöfen sind wenig brauchbare Schriften vorhanden. Außer den schon oben (§. 802.) erwähnten Werken, welche sich zum Theil auch auf den Betrieb der Oefen erstrecken, wären allenfalls folgende einzelne Abhandlungen zu nennen:

Gazeran, über das Roheisen, welches man mit Koaks erhält; in v. Crell's chem. Ann. f. 1793. II. 326 — 334. — Dessen Beobachtungen über die Behandlung der Eisenerze mit Koaks, ebendas. f. 1800. I. 436 — 440. — Grignon, mémoire de sidérotechnie, contenant des expériences, observ. et reflexions sur les moyens de laver et de fondre les mines de fer; in dessen Mémoires de physique 92 u. f. — Halle, von Eisenhütten, in dessen Werkstätte der heutigen Künste, III. 205. — Du Hamel, Bemerkungen über die Behandlungen der Eisenerze im Hohofen; in v. Crell's Ann. f. 1794. II. 67 u. f. — Geyer über die Behandlung eines Hohofens, um denselben bei eintretendem Wassermangel wieder anzublasen, ohne ihn von neuem zuzustellen. Ebendas. f. 1802. I. 482. u. f. — Stünkel. über d. Dämpfen der Hohöfen; Ebendas. f. 1800. I. 223. u. f. — Nachricht von einer ungewöhnlich langen Hohofen-Campagne zu Rothehütte; Ebendas. f. 1802. I. 215. u. f. — Hermann, über d. Gewicht der Kohlen, welche zu 1 Pf. Roheisen nöthig sind; in v. Crell's Beitr. zu d. chem. Annal. V. 310. — v. Veltheim über die Hauptmängel einiger Eisenhütten in Deutschland, und Bemerkungen über den Eisenhüttenhaushalt. Helmst. 1795. Vergl. v. Crell's Ann. f. 1790. I. 387. u. f. und v. Crell's Beitr. zur Erweit. d. Chemie, 53 u. f. 161 u. f., so wie auch Tölle's und Gärtner's Eisenhüttenmagaz. Beil. 1 u. f. 19 u. f. — Ueber den Gewichtsverlust beim Hohofenbetrieb. Eversmann, Uebersicht u. s. f. Vorr. XXVI. u.

154. — Sur les divers effets produits par la compression, la quantité et la vélocité de l'air employé dans les machines soufflantes, et chassé à travers les hauts-fourneaux; in den Ann des Arts, IV. 21—29. 118—128. 234—246. — Sur l'emploi du carbonate calcaire dans la fabrication de la fonte de fer; Ebendas. V. 113—130. — Déscription de hauts fourneaux des Anglais, pour la fabrication de la fonte avec de coaks; notice sur la mise en feu de ces fourneaux; Ebendas. VII. 27—40. Suite du mémoire, manière de reconnaitre les qualités de fontes par l'apparence des gueuses, 113—126. — Sur l'origine et les progés de la fabrication de la fonte avec les charbons de terre; comparaison entre la valeur et les produits de fontes faites avec les coaks, le charbon de bois et la turbe carbonisée; Ebendas. VI, 225—238. XV, 9 u. f. On the Production of cast Jron and the Operation of the Blast Furnace; by D. Mushet. In Tilloch's Philosoph. Mag. V. 124—135. Mushet, über das Verhältniß des Verbrauchs an Koaks und an Holzkohlen bei der Erzeugung des Roheisens. Archiv. XI. 119—124. — Karsten, metallurgische Reise u. s. f. — Fournel, in den Annales des mines 2 Série. III. 69.

Von der Anwendung nicht verkohlter Brennmaterialien bei dem Betriebe der Oefen.

§. 694.

Man hat von Zeit zu Zeit versucht, das rohe nicht verkohlte Holz bei verschiedenen metallurgischen Operationen in Schachtöfen anzuwenden und bedient sich seit langer Zeit mit großem Vortheil der rohen Steinkohlen statt der Koaks beim Verschmelzen der Bleierze, beim Frischen der Glätte u. s. f. Auch das Verschmelzen der Eisenerze in höheren oder niedrigeren Schächten bei unverkohltem Holz ist seit vielen Jahrhunderten ausgeübt worden und wird fortwährend noch jetzt von uncultivirten Völkerschaften betrieben (§. 8.). Welche Veranlassung die Ursache gewesen ist, das Holz vor der Anwendung in den Schachtöfen zu verkohlen und von dem Gebrauch des unverkohlten Holzes ganz abzustehen, läßt sich schwerlich mehr ermitteln. Ob ökonomische Rücksichten, nämlich der leichtere und wohlfeilere Transport der Kohlen statt des Holzes aus den Wäldern, oder ob die Erfahrung, daß der Gang der Oefen bei der Anwendung der Kohlen statt des Holzes sich regelmäßiger gestaltete, die ausschließliche Anwendung der Kohlen in den Hohöfen zum Verschmelzen der Eisenerze seit deren Einführung herbeigeführt haben mögen, wird jetzt wohl nicht mehr zu bestimmen seyn. Der zunehmende Werth des Holzes, der Verlust an Brennstoff der mit dem Verkohlen desselben verbunden ist und die Kosten der Verkohlung, haben es nicht an Anregungen fehlen lassen, das Verschmelzen der Eisenerze bei rohem Holz in Schachtöfen wiederholt zu versuchen. Die Erfolge sind bisher nicht zu Gunsten des unverkohlten Holzes ausgefallen und man glaubte, den Grund davon darin zu finden, daß die bei der erst im Ofenschacht statt findenden Verkohlung sich entwickelnden Verkohlungsprodukte, dem Ofen Wärme entziehen, daß folglich das unverkohlte Holz einen geringeren Effekt hervorbringen müsse, als wenn die Verkohlung durch einen besondern Prozeß und nicht erst im Schacht des Ofens vorgenommen werde. Offenbar kann auch der Prozeß der Verkohlung mit einer Entwickelung von Wärme so wenig verbunden seyn, daß vielmehr eine um so größere Quantität von Wärmestoff zur Verkohlung erforderlich ist, je vollständiger der Zutritt von Sauerstoffgas dabei verhindert wird. Aber das Brennmaterial in den Eisenhohöfen hat nur in dem eigentlichen Schmelzraum den Zweck zu erfüllen, zum Schmelzen und Flüssigmachen der Beschickung zu dienen: der ganze Schacht des Ofens soll die oxydirten Erze durch Reduction und durch Aufnahme von Kohle zur Schmelzung vorbereiten. Es werden folglich in dem Theil des Ofens, oberhalb des Schmelzraums, in welchem die Verkohlung des rohen Brennmaterials schon statt findet, nicht mehr die Verhältnisse anzutreffen seyn, welche bei der Verkohlung durch Anwendung äußerer Hitze eintreten. Der Sauerstoff des Erzes wird nämlich auf das Brennmaterial einwirken, so daß neben der Verkohlung auch eine wirkliche Verbrennung des rohen Brennmaterials bewerkstelligt wird. Beim Verbrennen wirkt aber der Sauerstoff nicht blos auf den Kohlengehalt, sondern auch auf den Wasserstoffgehalt des unverkohlten Brennmaterials und daher würde das rohe Brennmaterial im Ofenschaft nothwendig einen größeren Effekt hervorbringen müssen, als die daraus dargestellten Kohlen. Auch würde die Hitze, welche bei der Verbrennung, nämlich bei der Reduktion des Erzes, entwickelt wird vollständig genügen können, die Menge von Wärmestoff zu ersetzen, welche zur Verflüchtigung der Produkte erforderlich ist, die aus dem eigentlichen Verkohlungsprozeß, nämlich aus der Entmischung durch äußere Wärme, hervorgehen. Beide Umstände würden also allein schon zur Erklärung der größeren Wirkung des unverkohlten Brennmaterials hinreichen, wenn nicht noch ein dritter, der Anwendung des rohen Brennmaterials ebenfalls günstiger Umstand, hinzuträte. Die Verkohlung im Ofenschacht erfolgt nämlich unter dem Druck der Schmelzsäule und in einer langsam zunehmenden Temperatur. Dies sind aber die Verhältnisse, unter welchen bei dem Verkohlungsprozeß, durch freiwillige Entmischung mittelst äußerer Wärme, die größte Menge darstellbarer Kohlen aus dem Brennmaterial erhalten wird. Es wird daher nicht bezweifelt werden können, daß, auch nach theoretischer Ansicht, das unverkohlte Brennmaterial im Ofenschacht eine größere Wirkung hervorbringen muß, als die daraus durch einen besondern Prozeß gewonnene Kohle, vorausgesetzt daß die Verkohlung im Schacht des Ofens unter Umständen erfolgt, bei welchen der Sauerstoffgehalt der zu schmelzenden Beschickung auf das Brennmaterial einwirkt, und daß die Entmischung des unverkohlten Brennmaterials nicht schon in derjenigen Temperatur beendigt ist, in welcher die Reduktion des Oxydes noch nicht einmal begonnen hat. Die erste Bedingung giebt zugleich einen Aufschluß darüber, daß die Anwendung des rohen Brennmaterials statt des verkohlten in Schmelzöfen, keinen günstigen Erfolg haben kann, wenn bloß ein strengflüssiger Körper geschmolzen wird und nicht zugleich eine Reduktion seines Oxydes vorhergehen soll. Die zweite Bedingung wird um so vollständiger erfüllt werden, oder der Vortheil von der Anwendung des nicht verkohlten Brennmaterials wird um so größer seyn, je höher die Temperatur ist, in welcher die freiwillige Entmischung des Brennmaterials eintritt, oder je niedriger die Temperatur, welche das Metalloxyd zu seiner Reduction erfordert. Bei Eisenerzen welche das Eisen im Zustande des Oxyds enthalten, wird folglich die Anwendung des unverkohlten Brennmaterials verhältnißmäßig noch größere Vortheile gewähren müssen, als bei den Eisenerzen, worin sich das Eisen im Zustande des Oxyduls befindet.

Diese theoretischen Betrachtungen, aus welchen sich der größere Effekt des unverkohlten Brennmaterials erklärt, sind es indeß nicht, welche zu der in der neuesten Zeit mit Erfolg wieder aufgenommenen Anwendung desselben Veranlassung gegeben haben. Die Praxis ist hier, wie wohl in den mehrsten ähnlichen Fällen, der Theorie vorauf geeilt und hat sogar die früheren irrigen theoretischen Ansichten berichtigen müssen.

§. 695.

Die Anwendung des unverkohlten Holzes ist schon im vorigen Jahrhundert versucht, im ersten Drittel dieses Jahrhunderts wiederholt, aber nicht mit Erfolg in Ausübung gebracht worden Es scheint, daß die durch Hrn. v. Butenieff auf den Eisenhütten zu Samboul und Petrozawodsk ausgeführten Versuche (Ann. des mines 3. Série IV. 151), die Nachrichten des Hrn. Chevalier über die Anwendung des rohen Holzes auf den Nordamerikanischen Hüttenwerken bei Westpoint und bei Stockbridge (a. a. O. 2. Série IX. 155) und endlich die Mittheilungen der Hrn. Combes und Berthier über die Mitanwendung des unverkohlten Holzes bei dem Hohofen zu Plons im Kanton St. Gallen (a. a. O. 3. Sér. VI. 451. 467) die nächste Veranlassung gegeben haben, das unverkohlte Holz bei den Hohöfen auf mehren Französischen Eisenhütten anzuwenden und dadurch die Aufmerksamkeit der Metallurgen wieder auf diesen wichtigen Gegenstand zu lenken. Außer den Hrn. Berthier und Combes haben die Hrn. Bineau, Guenyveau, Gueymard, Sauvage, Virlet, Ebelmen u. A. sehr schätzbare Mittheilungen über die Verschmelzung der Eisenerze bei unverkohltem und vollständig verkohltem Holz gemacht (a. a. O. XI. 527. XII. 310. XIII. 27. 155. 230. 261. 487. 595. XIV. 41. 261), welche wesentlich dazu beigetragen haben, auch auf verschiedenen Eisenhütten in Deutschland die Anwendung des unverkohlten Holzes bei dem Betriebe der Hohöfen zu versuchen. Obgleich die Urtheile der praktischen und der theoretischen Metallurgen darüber noch abweichend zu seyn scheinen, ob das rohe und nur lufttrockene, oder das gedörrte, oder das halbverkohlte Holz (§. 494.) den größten Effekt beim Hohofenbetriebe hervorbringt, so sollte doch darüber kein Zweifel seyn können, daß das rohe Holz das unwirksamste seyn muß, weil es bis zur Dörrhitze nur Wasserdämpfe entläßt, zu deren Bildung und Verflüchtigung der Ofenschacht die Wärme würde hergeben müssen. Uebrigens beweist diese Verschiedenheit in den Ansichten, daß bestimmte und entscheidende Erfahrungen noch nicht vorliegen, um ein zuverlässiges Urtheil darüber abgeben zu können, bis zu welchem Grade die freiwillige Zersetzung des Holzes durch äußere Wärme fortgeschritten seyn muß, damit das Holz bei der Reduction der Eisenerze in den Schachtöfen den größten Effekt leiste.

Von diesem größten Effekt werden allerdings die ökonomischen Vortheile bei der Anwendung des rohen, oder des mehr und weniger vollständig verkohlten Holzes, keinesweges unmittelbar abhängig seyn, vielmehr werden sich dieselben vorzugsweise nach den örtlichen Verhältnissen richten müssen und besonders durch die Kosten des Transportes und durch die größere oder geringere Leichtigkeit der Beziehung des Holzes aus den Waldungen zu den Hütten bestimmt werden. Diese Kosten können leicht dahin führen, den Holzkohlen den Vorzug vor dem rohen und selbst vor dem halbverkohlten Holz zu geben, und auf die Vortheile zu verzichten, welche aus der vollständigeren Benutzung der Brennkraft des Holzes aus dessen Anwendung im nicht verkohlten oder im halbverkohlten Zustande entspringen würden.

Wären die Vortheile bei der Anwendung des lufttrocknen Holzes wirklich so groß, als sie geschildert werden, so würde man sich nur darüber verwundern müssen, daß dies Verfahren nicht schneller und allgemeiner in Ausübung gebracht wird, noch mehr aber darüber, daß man selbst auf solchen Hüttenwerken, wo die Mitanwendung des lufttrocknen Holzes schon statt fand, wieder auf die Benutzung der Holzkohlen zurück gegangen ist. Zum Theil mag dies wohl den größeren Schwierigkeiten zuzuschreiben seyn, welche der Betrieb mit unverkohltem Holz veranlaßt, zum Theil stehen die ökonomischen Vortheile mit der vollständigern Benutzung des Holzes, aus den bemerkten Gründen nicht im Verhältniß, zum Theil aber sind die Vortheile von der Anwendung des unverkohlten Holzes bei dem Ofenbetriebe bedeutend übertrieben worden. Es scheint nicht, daß die Anwendung des lufttrocknen Holzes, ohne Mitanwendung von Holzkohlen, einen dauernden und regelmäßigen Gang des Ofens zulässig macht. Nach den bisherigen Erfahrungen mögte es am zweckmäßigsten seyn, etwa ⅔ der Holzkohlen durch ein Aequivalent von lufttrocknem Holz zu ersetzen. Dieses wird in regelmäßige Stücken von 8 bis 10 Zoll Länge gespalten und die Stücken werden beim Aufgeben der Kohlensätze von den Holzkohlen eingeschlossen, so daß sie eine Grundlage und eine Decke von Holzkohlen erhalten. Es ist nur die Frage, wie das Aequivalent von Holz für die Holzkohlen für diesen Fall zu bestimmen ist. Die mir bekannt gewordenen und die öffentlich bekannt gemachten Erfahrungen, scheinen sich dahin zu vereinigen, daß 100 Pfund Kohlen, beim Hohofenbetriebe, der Wirkung von 250 Pfunden desjenigen Holzes woraus sie bereitet worden sind, gleich gestellt werden können. Aus diesem Verhältniß ergiebt sich zugleich der ungemeine Verlust an Brennkraft bei der Verkohlung des Holzes. Wenn nämlich, als ein schon recht günstiges Resultat, ein Kohlenausbringen von 20 Gewichtsprozenten aus dem Holz, bei dessen Verkohlung im Großen, vorausgesetzt wird, so erfordern 100 Pfund Kohlen eine Gewichtsmenge von 500 Pfunden Holz, und da der Effekt der Holzkohlen zu dem des Holzes sich bei dem Betriebe des Hohofens wie 250 zu 100 verhält, so geht durch die Verkohlung die Hälfte der Brennkraft des Holzes für den Betrieb der Hohöfen verloren.

Dem Volumen nach läßt sich aus den bisherigen Erfahrungenn entnehmen, daß 20 Kubikfuß Holzkohlen in der Wirkung 22 Kubikfuß desjenigen Holzes gleich zu stellen sind, woraus sie bereitet wurden. Da man nun nicht annehmen kann, daß mehr als die Hälfte des Volumens des zu verkohlenden Holzes als Holzkohle dargestellt wird, so müssen die 20 Kubikfuß Holzkohlen mindestens 40 Kubikfuß Holz zu ihrer Darstellung erfordert haben, und es werden daher bei dem Hohofenbetriebe 40 Kubikfuß Holz, in dem Zustande als Holzkohle, durch 20 Kubikfuß unverkohltes Holz ersetzt werden.

Solche Resultate müssen nothwendig dazu auffordern, die Anwendung des rohen Holzes bei dem Hohofenbetriebe möglichst allgemein werden zu lassen.

§. 696.

Wenn bei dem Holz die Anwendung desselben im unverkohlten Zustande wünschenswerth erschien, um die Brennkraft dieses Brennmaterials besser zu benutzen, und wenn sich der allgemeineren Verbreitung des Gebrauches des unverkohlten Holzes bei dem Betriebe der Hohöfen, technische Schwierigkeiten entgegen stellten, die besonders in dem starken Schwinden des Holzes und in dem dadurch herbeigeführten unregelmäßigen Niedergehen der Gichten ihren Grund haben; so scheinen bei der Anwendung des Torfes gerade die entgegengesetzten Verhältnisse einzutreten. Es hat bisher nicht gelingen wollen, die Torfkohlen mit einigem Erfolge bei dem Betriebe der Oefen anzuwenden, und eben so wenig hat die Anwendung des rohen Torfes beim Hohofenbetriebe einen Fortgang gewonnen. Die Torfkohle zertrümmert zu leicht und hemmt das Aufsteigen der Gase in den Schacht, und der rohe Torf enthält, auch im lufttrocknen Zustande, so viel hygroskopisches Wasser, daß durch dessen Verdampfung der Effekt des Torfes in hohem Grade vermindert wird. Außerdem besitzen nur die schwarzen und schwarzbraunen Torfarten die zum Verschmelzen der Eisenerze in Schachtöfen erforderliche Heizkraft, wenn sie im gedörrten Zustande angewendet werden. Der gedörrte schwarze und schwarzbraune Torf scheint, wenn sein Aschengehalt nicht etwa sehr bedeutend ist, ein sehr gutes Brennmaterial für die Anwendung in den Hohöfen zu seyn; es fehlt mir aber sowohl an eigenen Erfahrungen, als an zuverlässigen Nachrichten zur näheren Angabe und Vergleichung des Effektes dieses Brennmaterials mit dem der Holzkohlen.

§. 697.

Die Anwendung der rohen, nicht verkohlten Steinkohlen bei dem Betriebe der Hohöfen ist auf diejenigen Arten dieses Brennmaterials beschränkt, welche sehr wenig Schwefelkies enthalten, wenig Asche beim Verbrennen hinterlassen, eine hinreichende Festigkeit besitzen um sich nicht leicht zerkleinern zu lassen oder beim Verbrennen zu zerspringen, und welche zu den Sand- oder auch zu den Sinterkohlen gehören. Stark sinternde Kohlen oder Backkohlen sind im unverkohlten Zustande unanwendbar, indem sie das Hängenbleiben der Gichten veranlassen und gefährliche Explosionen herbeiführen. Die reine, an Kohlenstoff reiche Sinterkohle ist daher nur allein anwendbar. Und unter den Sandkohlen ist es nur die so genannte anthracitische Kohle, oder der Anthracit, vorausgesetzt daß er hinreichende Festigkeit besitzt um sich nicht zertrümmern zu lassen. Diese Kohlenart ist dann aber vorzugsweise für den Betrieb der Hohöfen geeignet und nach den in Südwales gemachten Erfahrungen scheint es, daß 100 Pfund Roheisen nur 138 bis 140 Pfund Anthracit erfordern, wobei freilich ein Theil dieses Effektes der erhitzten Gebläseluft zugeschrieben werden muß.

Die Hohöfen in Südwales, welche mit dem so genannten Anthracit betrieben werden, sind 40 Fuß hoch, 10 Fuß im Kohlensack (der bis nahe an die Gicht fast cylindrisch in die Höhe geführt ist) und 6 Fuß auf der Gicht weit. Die Oefen sind mit 3 Formen versehen; die Düsen haben einen Durchmesser von $2\frac{3}{4}$ bis 3 Zoll und der Wind erhält eine Pressung von $2\frac{1}{4}$ Pfunden auf dem Quadratzoll. Der Wind wird in besonderen Wärmöfen erhitzt. Die Temperatur desselben in der Nähe der Formen beträgt mindestens 600 Gr. Fahrenh. (315 Grad C.), indem ein stark erhitzter Wind ein Haupterforderniß für den günstigen Betrieb mit Anthracit zu seyn scheint. Der Ofengang nimmt sogleich den Character des Rohganges an, wobei sich schwarze Schlacke bildet, sobald der Wind minder stark erhitzt ist. Der Betrieb ist übrigens demjenigen mit Koaks ganz gleich und hat sonst keine Schwierigkeit. Man erhält dabei ein gaares, graues, zu Gußwaaren eben sowohl als zum Verfrischen in den Puddlingsöfen brauchbares Roheisen.

Die Vortheile, welche sich aus der Anwendung der rohen Steinkohle im Vergleich zu den Koaks ergeben, sind anfänglich sehr übertrieben worden. Man ist sogar so weit gegangen zu behaupten, daß gleiche Gewichtstheile von rohen Steinkohlen einen größeren Effekt als Koaks hervorbringen. Der Grund der Täuschung lag zum Theil darin, daß man der Wirkung der rohen Kohle zuschrieb, was auf Rechnung der Wirkung des erhitzten Windes zu setzen war. Die zuverlässigsten Resultate dürften wohl diejenigen seyn, welche auf der Eisenhütte zu Decazeville gesammelt und von den Hrn. Dufrénoy, Coste, de Beaumont und Perdonnet (Voyage métallurgique en Engleterre. 2me Edit. I. 376) bekannt gemacht worden sind. Hiernach werden 200 Gewichtstheile Koaks durch 250 Gewichtstheile Steinkohle ersetzt, ein Erfolg, der mit der Brennkraft dieser Brennmaterialien im Verhältniß steht. Die Vortheile von der Anwendung der rohen Steinkohlen statt der Koaks werden daher immer noch recht bedeutend seyn, und mindestens in der Ersparung der Kosten der Verkoakung bestehen, wenn nur, wegen der dazu erforderlichen, vorhin näher bezeichneten Eigenschaft der rohen Steinkohlen eine allgemeinere Anwendung der rohen Kohle überhaupt möglich wäre, indem nur wenig Steinkohlenablagerungen Steinkohlen von solcher Beschaffenheit liefern.

§. 698.

Für manche Gegenden ist es, nach den relativen Preisen des Holzes und der Steinkohlen, von Interesse, die Holzkohlen theilweise durch Koaks zu ersetzen. Die ökonomischen Verhältnisse sind für jeden speciellen Fall festzustellen. Auf verschiedenen Hüttenwerken bedient man sich eines solchen Gemenges von Koaks und Holzkohlen, und wendet dabei einen Wind von mittlerer Pressung an. Der Effekt der Koaks ist bei dem Betriebe der Oefen mit einem solchen gemengten Brennmaterial indeß nicht so groß, als wenn die Koaks für sich allein angewendet werden, indem 100 Gewichtstheile Holzkohle etwa durch 150 Gewichtstheile Koaks und 100 Kubikfuß Holzkohle fast durch wenigstens 60 Kubikfuß Koaks ersetzt werden müssen (§. 557.).

Ueber die Anwendung des rohen und des halb verkohlten Holzes beim Betriebe der Hohöfen zum Eisenschmelzen; im Archiv f. Mineralogie, Geognosie, Bergbau und Hüttenwesen. XII. 408. — Ueber die Anwendung der rohen Steinkohlen beim Betriebe d. H. z. E. Ebendas. 496. — Ueber die Anwendung eines Gemenges von Koaks und Holzkohle beim Betriebe der H. z. E. Ebendas. S. 551.

Von dem Betriebe der Oefen mit erhitzter Luft.

§. 699.

Die größere oder geringere Entzündbarkeit eines Brennmaterials erfordert auch eine größere oder geringere Dichtigkeit des Windes, wenn das Brennmaterial seine größte Heizkraft entwickeln soll (§. 473.). Wenn leichte Holzkohlen schon bei einer Windpressung von ½ bis ¾ Pfund auf den Quadratzoll eine bedeutende Heizkraft entwickeln, so würden Koaks aus Sandkohlen bei einer Geschwindigkeit des Windes, die einer so geringen Pressung zukommt, kaum in Glühhitze zu erhalten seyn. Es ist schon eine alte Erfahrung, daß eine vermehrte Pressung des Windes die Heizkraft der Holzkohlen erhöhet, und daß einer geringeren Windmenge mit starker Pressung, vor einer großen Windmenge mit schwacher Pressung, bei dem Hohofenbetriebe der Vorzug gegeben werden muß, wenn der Betrieb mit der größten Ersparung an Brennmaterial geführt werden soll. Pressung und Quantität des Windes müssen indeß in einem gewissen Verhältniß stehen, weil geringe Windmengen, auch bei der stärksten Pressung, sehr concentrirte Schmelzräume erfordern würden, die sich zwar darstellen, aber nicht lange in den erforderlichen engen Dimensionen, bei einer so concentrirten Hitze, erhalten lassen, — und weil durch geringe Windquantitäten weder der Schmelzraum, noch, vermittelst desselben, der Theil des Schachtes über dem Schmelzraum hinreichend erhitzt werden könnten, selbst wenn der höchste Grad der Temperatur durch den stark gepreßten Wind in dem Schmelzpunkt entwickelt würde.

Obgleich also die Quantität des Windes durch die Größe der Pressung eben so wenig als die letztere durch die erstere ersetzt werden kann, so sollte doch die Pressung niemals geringer seyn als sie der Beschaffenheit des Brennmateriale angemessen ist. Sind die Maschinenkräfte unzureichend, eine solche Pressung, verbunden mit einer angemessenen Menge des Windes, hervorzubringen und herbeizuschaffen, so wird ein unvortheilhafter Betrieb der Hohöfen, nämlich ein vergrößerter Aufwand an Brennmaterial, nicht zu vermeiden seyn. Nur dann wird das Minimum der Pressung beibehalten werden können, wenn größere Windmengen in den Schmelzraum geführt werden können, und dies Verhältniß befolgt man gewöhnlich, wenn man die Quantität der Roheisenerzeugung in einer gewissen Zeit so hoch als möglich zu erlangen bemüht ist. Vortheilhafter würde es indeß seyn, die vorhandenen Maschinenkräfte auch zur Erhöhung der Geschwindigkeit des Windes anzuwenden. Wenn als ein allgemeiner Erfolg bei dem Betriebe der Hohöfen angenommen wird, daß eine vergrößerte Produktion, durch vermehrte Anzahl der in einer gewissen Zeit in den Schmelzraum gelangenden Gichten, zu einem größeren Kohlenverbrauch Veranlassung giebt, so kann ein solcher Erfolg nur in dem Mißverhältniß der Pressung zur Quantität des Windes, oder in dem Mißverhältniß der Windmenge zu den Dimensionen des Schachtes begründet seyn. Wollte man einem niedrigen Ofen große Windmengen zuführen, so würden die Gichten ganz unvorbereitet in den Schmelzraum gelangen. Würden im Gegentheil einem hohen Ofen zu geringe Windmengen zugetheilt, so würde die Schmelzsäule im Schacht nur unvollkommen durch die wenigen aus dem Schmelzraum aufsteigenden glühenden Gase erhitzt werden können, und wenn ein solcher Betrieb auch hinsichtlich des Kohlenverbrauchs ganz vortheilhaft auszuüben wäre, so würde die Wirkung des Gebläses doch die vortheilhafteste Benutzung der vorhandenen Ofenvorrichtungen nicht gestatten.

Wenn auf diese Weise für die Quantität des Windes eine Gränze des Minimi und des Maximi vorhanden seyn dürfte (§. 690.), so scheint dieselbe für die Geschwindigkeit, mit welcher der Wind dem Schmelzraum des Ofens zuzuführen ist, nur erst hinsichtlich des Minimi (§. 473.) gefunden zu seyn. Eine Vergrößerung der Geschwindigkeit, bei gleich bleibender Windmenge (auf Luftquantitäten atmosphärischer Dichtigkeit reducirt) sollte, nach theoretischer Ansicht, unter den Verhältnissen wie der Wind in den Schmelzraum gelangt, niemals von Nachtheil seyn können. In der Anwendung wird man sich gerne mit einer Windpressung begnügen, die von dem Minimo derselben nicht sehr entfernt ist, theils um die Maschinenkräfte nicht bedeutend vermehren zu dürfen, theils weil sich die Feuerbeständigkeit der Schmelzräume nicht im Verhältniß der zunehmenden Pressung des Windes vergrößern läßt.

Es ist bei der Anlage und dem Betrieb der Holzkohlenhohöfen ein sehr allgemein verbreiteter Fehler, daß man die Quantität des Windes auf Unkosten der Geschwindigkeit desselben zu sehr vergrößert hat. Die Folge davon war ein größerer Kohlenverbrauch als statt gefunden haben würde, wenn für eine größere Geschwindigkeit des Windes und dadurch für einen lebhafteren Verbrennungsprozeß im Schmelzraum gesorgt worden wäre. Eine zweckmäßige Windführung durch wenigstens zwei Formen würde die Erweiterung des Schmelzraums zulässig gemacht und die Dauerhaftigkeit desselben bei stärkeren Windpressungen nicht gefährdet haben. Der Erhöhung der Oefen, durch welche man eine Verstärkung der Roheisenproduktion bewirken zu können glaubte, entsprachen nicht die Leistungen der Gebläse, die in demselben Verhältniß hätten verstärkt werden müssen, in welchem die Schächte erhöhet und erweitert wurden, und man glaubte genug gethan zu haben, wenn man dem vergrößerten Ofen größere Windquantitäten zutheilte, welche die Gebläse nur bei geringen Pressungen zu liefern vermogte. Der Verbrennungsprozeß erfolgte mit geringer Lebhaftigkeit im Schmelzraum und ward über demselben, in den Rasthöhen, noch fortgesetzt, welches das Verbrennen der Kohlen ohne vollständige Benutzung ihrer Heizkraft zur Folge hatte. Als unter solchen Verhältnissen zur Anwendung des erhitzten Windes (§. 599.) geschritten ward, so änderten sich die Bedingungen, unter welchen das Verbrennen im Schmelzraum statt fand. Der Wind ward nicht allein mit einer größeren Geschwindigkeit, sondern auch mit einer höheren Temperatur in den Schmelzraum geführt und es erfolgte eine Verminderung in dem Verbrauch an Brennmaterial, welche fast in demselben Verhältniß auf den verschiedenen Hüttenwerken größer oder weniger beträchtlich gefunden ward, in welchem früher der kalte Wind mit einer geringeren oder mit einer größeren Pressung in Anwendung gekommen war.

Es ist indeß keinesweges zu behaupten, daß durch eine verstärkte Pressung des kalten Windes beim Betriebe der Oefen, derselbe Erfolg hinsichtlich des Kohlenverbrauchs hervorzubringen seyn würde, den die Anwendung des erhitzten Windes ergeben hat. Die erhöhte Temperatur hat vielmehr an dem lebhafteren Verbrennen einen wesentlichen Antheil, wie sich aus den Resultaten bei solchen Hohöfen ergiebt, bei welchen die Geschwindigkeit des erhitzten Windes nicht größer ist als diejenige, mit welcher der kalte Wind früher in den Schmelzraum strömte.

§. 700.

Die Ersparungen an Brennmaterial, welche in den Schachtöfen durch die Einführung des erhitzten Windes gemacht worden sind, lassen sich aus den eben angegebenen Gründen erklären. Sie scheinen indeß im Widerspruch mit früheren Erfahrungen zu stehen, daß der Gang der Hohöfen in heißen Sommertagen immer unvollkommner ist als in Tagen von mittlerer Temperatur, und daß Reduction, Schmelzung und Absonderung des Roheisens von der Schlacke, an kalten und heiteren Wintertagen am vollständigsten erfolgen. Seitdem die günstigen Wirkungen der erhitzten Gebläseluft allgemein bekannt geworden sind, hat man angefangen, jene Erfahrungen für einen Irrthum zu erklären. Man hat sich für berechtigt gehalten, auf dem Grund einer neuen Erfahrung, die mit jener ersten nicht vereinbar zu seyn schien, die ältere ganz abzuläugnen. Wenn man aus der früheren Erfahrung den Schluß zog, daß den Schmelzräumen die Gebläseluft in einer möglichst niedrigen Temperatur zugeführt werden müsse, damit sie den größten und vortheilhaftesten Effekt leisten können; so ist die Unrichtigkeit dieser Folgerung jetzt vollständig erwiesen. Daraus folgt indeß nicht die Unrichtigkeit der Erfahrung selbst, welche keinem aufmerksamen praktischen Metallurgen entgangen ist, sondern es folgt nur daraus, daß es nicht, wie man voreilig angenommen hatte, die thermometrische Beschaffenheit der atmosphärischen Luft, sondern irgend ein anderer Zustand der Atmosphäre seyn muß, der auf den Reductions- und Verbrennungs-Prozeß einen wesentlichen Einfluß ausübt. Die auffallende Erschwerung des Verbrennungsprozesses in den Schmelzräumen an schwülen und drückenden Sommertagen ist daher kein Wärme-, sondern vielleicht ein elektrisches Phänomen. Daß dieser elektrische Einfluß durch Erhitzung der Luft, wenn nicht ganz zerstört, doch sehr vermindert wird, ist sehr wahrscheinlich, und dann wird zu den Vortheilen, welche die Erhitzung des Windes gewährt, auch noch der hinzutreten, daß dadurch der die Verbrennung erschwerende Einfluß des elektrischen Zustandes der Luft vermindert oder aufgehoben wird.

Der auffallendste Unterschied im Gange der Oefen, die mit erhitzter oder mit nicht erhitzter Luft betrieben werden, besteht darin, daß die Temperatur im Schmelzraum, unmittelbar vor den Formen, durch die Anwendung des erhitzten Windes beträchtlich gesteigert wird, und daß mit dieser Erhöhung der Temperatur eine Zunahme der Hitze im Ofenschacht nicht verbunden ist, vielmehr eine Abnahme derselben statt findet, während bei kaltem Winde eine zunehmende stärkere Erhitzung des Schmelzraums auf diesen allein nicht beschränkt bleibt, sondern die Zunahme der Wärme im ganzen Ofenschacht auffallend bemerkt wird. Wenn bei der Anwendung der Gebläseluft von gewöhnlicher Temperatur der Atmosphäre, an drückend heißen Gewittertagen, keine vollständige Scheidung des Eisens von der Schlacke vor den Formen im Schmelzraum erfolgen will, und wenn dabei jede Verstärkung des Windes zur Hervorbringung einer höheren Temperatur erfolglos bleibt, so nimmt die Hitze im Ofenschacht nicht allein nicht ab, sondern sie wird vielmehr zu einem solchen Grade gesteigert, daß aus allen Anzeigen auf einen recht gaaren Gang des Ofens geschlossen werden muß. Dieser findet auch wirklich statt, aber das Eisen bleibt weiß und matt (§ 670) und scheidet sich, wegen unzureichender Hitze vor den Formen, nicht vollständig von der Schlacke, so daß, ungeachtet der vollkommenen Reduction des Erzes, ein geringes Ausbringen an Roheisen aus dem Erz und ein großer Aufwand an Brennmaterial, die Folgen eines solches Betriebes sind. Durch die Anwendung des erhitzten Windes ändern sich diese Verhältnisse; die Hitze im Schmelzraum nimmt zu, während sich die Temperatur im Ofenschacht vermindert. Sehr auffallend lassen sich die Erfolge von der Anwendung des heißen und des kalten Windes an den Ansätzen an der Gichtöffnung erkennen, welche bei zinkhaltigen Eisenerzen gebildet werden. Diese Ofenbrüche bilden sich bei heißem Wind ungleich stärker und schneller als bei kaltem, weil die Temperatur im oberen Theil des Schachtes und in der Gichtöffnung, bei heißem viel niedriger ist, als bei kaltem Winde. Es folgt daraus, daß sich die Verbrennung bei der Anwendung des heißen Windes über einen geringern Raum verbreitet und auf den Schmelzraum beschränkt bleibt, während sie sich bei kaltem Winde weiter ausdehnt und ein Verbrennen der Kohlen in der Rasthöhe des Schachtes statt findet, die zwar eine stärkere Erhitzung des Schachtes veranlaßt, aber doch mit so geringer Energie erfolgt, daß die Heizkraft des Brennmaterials dabei nicht vollständig entwickelt wird und von der Brennkraft desselben keine nutzbare Anwendung gemacht werden kann. Denjenigen Schichten des Brennmaterials, welche nur durch glühende und von Sauerstoff ganz befreite Gasarten, aus dem Schmelzraum aufsteigend, erhitzt werden sollten, wie es bei der Anwendung der erhitzten Luft wirklich der Fall ist, werden folglich bei kaltem Winde Gasarten aus dem Schmelzraum zugeführt, die noch freien Sauerstoff enthalten, so daß das Verbrennen der Kohle durch ungebundenen Sauerstoff und nicht durch den gebundenen des zu reducirenden Erzes bewerkstelligt wird. Der Schmelzraum wird also durch den heißen Wind in einem höheren Grade erhitzt, die Scheidung des Eisens von der Schlacke vollkommener bewirkt und die Wirkung des freien Sauerstoffs der Gebläseluft in den höheren Theilen des Ofenschachtes vollständiger verhindert werden, als es bei der Anwendung des kalten Windes geschehen kann.

Es werden also bei der Anwendung des heißen Windes diejenigen Erfolge vorzugsweise eintreten, welche mit einer starken Hitze im Schmelzraum immer verbunden sind. Der heiße Wind wird zwar eine etwas weitere Zustellung gestatten, jedoch mit Vortheil immer nur dann, wenn seine Geschwindigkeit nicht geringer ist, als es dem für jede Art der Kohle erforderlichen Minimum derselben angemessen ist. Dagegen wird der heiße Wind ein Stellvertreter der hohen Obergestelle seyn, die dadurch ganz entbehrlich werden, vorzüglich wenn er durch drei, oder mindestens durch 2 Formen dem Schmelzraum zugeführt wird. Wegen der erhöheten Temperatur im Schmelzraum wird der erhitzte Wind nicht allein die Arbeiten zur Reinigung des Ofens sehr erleichtern, sondern auch Versinterungen und daraus entspringende Versetzungen durch Frischeisen im Gestell verhindern und überhaupt einen regelmäßigeren und weniger gestöhrten Gang des Ofens befördern. Die Bildung des weißen Roheisens mit geringem Kohlengehalt, aber bei gaarer Schlacke, kann bei der Anwendung des erhitzten Windes kaum mehr statt finden. Die größere Gleichförmigkeit des Ofenganges durch den erhitzten Wind wird durch die erhöhete Temperatur im Schmelzraum zwar an sich schon herbeigeführt, allein es läßt sich durch die Anwendung desselben, auch bei zufällig entstehenden Mißverhältnissen der Erzsätze zu den Kohlensätzen, jede Hinneigung zum Rohgang sowohl wie zu einem zu großen Gaargange, durch Steigerung, Verminderung oder gänzliche Beseitigung der Winderhitzung schneller heben, als früher bei der Anwendung des kalten Windes. Dieser Erfolg ist besonders beim Rohgange, und namentlich dann, wenn das Gestell — wie es bei den schon lange Zeit in Betrieb befindlichen Oefen mehrentheils der Fall ist, — nur noch aus versinterter und mit Frischeisen durchzogener Masse besteht, von großer Wichtigkeit, weil ein solches Gestell sich, selbst bei nur schwachem Rohgange, in sehr kurzer Zeit bedeutend erweitern würde. Bei starken Gestellversetzungen zeigt sich indeß die Anwendung eines stark erhitzten Windes nur dann von günstigem und schnellem Erfolg, wenn gleichzeitig Eisenfrischschlacke als auflösendes Flußmittel, und zwar in recht großen Quantitäten (die 2 oder 2½ fache Menge des gewöhnlichen Erzsatzes) statt 2 oder 3 Erzsätze, mit angewendet wird. Ohne ein solches Auflösungsmittel kann die Anwendung des stark erhitzten Windes sogar nachtheilig werden, wenn die Versetzungen im Gestell bedeutend groß geworden sind, weil das Eisen im Schmelzraum noch stärker gefrischt wird und, besonders unter der Form, neue Versetzungen veranlaßt. Bei Mitanwendung der Frischschlacken dient der heiße Wind aber dazu, die zur Auflösung und Losschmelzung der festgesetzten Massen mittelst jenes Flußmittels erforderliche Temperatur im Schmelzraum zu unterhalten, ohne daß dadurch der (durch die Verengung des Gestelles bei den Versetzungen) gleichzeitig stets statt findende Gaargang erhöhet wird. Dieser nimmt im Gegentheil in dem Verhältniß mehr und mehr ab, in welchem die festgesetzten Massen losschmelzen, ohne jedoch in Rohgang überzugehen, welchen eine anhaltend fortgesetzte starke Erhitzung des Windes nicht leicht eintreten läßt.

§. 701.

Die Anwendung des heißen statt des kalten Windes kann ohne wesentliche Veränderungen bei der Einrichtung der Schächte und bei dem Betriebe überhaupt, statt finden. Da der heiße Wind, seinen Wirkungen nach, die engen und hohen Gestelle nicht allein ersetzt, sondern den eigentlichen Schmelzraum im Gestell in einem noch höhern Grade concentrirt, indem der ganze Sauerstoffgehalt der Gebläseluft im Schmelzraum selbst absorbirt wird; so würde die Veränderung in der Construction der Schmelzräume, bei der Anwendung des heißen Windes, im Wesentlichen nur darin bestehen, daß ein etwas weiteres Gestell angewendet und das Obergestell abgeworfen, oder vielmehr mit starker Dossirung mit der Rast in Verbindung gesetzt wird. Der daraus entspringende Vortheil ist sehr wesentlich, weil die Veranlassung zu Versetzungen im Obergestell dadurch vermindert wird, die Erweiterungen des Obergestelles weniger zu befürchten sind, und ein regelmäßigeres Niedergehen der Gichten bewirkt werden kann. Die Erweiterung des Gestelles in der Formhöhe ist aber nur dann zweckmäßig, wenn die Quantität des Windes überhaupt (auf Luftmenge von atmosphärischer Dichtigkeit reducirt) bei der Anwendung des erhitzten Windes nicht vermindert, sondern dieselbe Anzahl von Kolbenwechselungen bei dem Gebläse wie früher bei dem kalten Winde beibehalten wird. Soll in diesem Fall der erhitzte Wind dieselbe Geschwindigkeit behalten, mit welcher früher der kalte Wind in den Schmelzraum strömte, so müssen weitere Düsen angewendet werden, deren Flächeninhalt sich nach der Temperatur richtet, die der Wind bei der Erhitzung erhalten soll (§§. 615 bis 617). Wollte man die Größe der Düsenöffnungen unverändert lassen, so würden die Betriebskräfte für das Gebläse außerordentlich verstärkt werden müssen, um dem Ofen dieselbe Windquantität wie bei kaltem Winde, aber mit einer außerordentlich erhöheten Pressung zuzuführen. Eine so große Geschwindigkeit des Windes würde sich nur selten hervorbringen lassen, aber sie würde auch für das Gestell nachtheilig werden und ein schnelles Erweitern des Schmelzraumes durch Weg=

schmelzen der Gestellmasse veranlassen. Wollte man dagegen die frühere Betriebskraft für das Gebläse nicht erhöhen, folglich die Anzahl der Kolbenwechselungen, bei derselben Größe der Düsenöffnungen, vermindern; so würde der Ofen zu wenig Wind erhalten, und die bei der Anwendung des heißen Windes ohnedies schwächer erhitzten Schächte würden in der Temperatur so sinken, daß die Gichten ganz unvorbereitet in den Schmelzraum rücken. Es ist daher am zweckmäßigsten, die Geschwindigkeit des erhitzten Windes nur unbedeutend zu erhöhen, dem Ofen aber dieselbe Windquantität wie früher bei dem kalten Winde, durch Einlegung von verhältnißmäßig weitern Düsen, zuzutheilen.

Aus demselben Grunde, weshalb die engen und hohen Zustellungen bei der Anwendung des kalten Windes, dem schnellern Wegschmelzen ungleich mehr ausgesetzt sind als die weiten und niedrigen Schmelzräume, haben die letzteren auch bei heißem Winde mehr zu leiden als bei kaltem. Um den schnelleren Erweiterungen des Gestelles vorzubeugen, muß man nicht allein das feuerbeständigste Material wählen, welches nur zu erhalten ist, sondern auch dem Schmelzraum dadurch etwas weitere Dimensionen zutheilen, daß mindestens zwei Formen in Anwendung kommen. Wenn bei heißem Winde die Formsteine schnell wegschmelzen, so ist dies gewöhnlich ein Beweis, daß der heiße Wind mit einer zu geringen Geschwindigkeit in den Ofen geführt wird, und daß die Pressung des Windes nothwendig erhöhet werden muß.

Die Temperatur, bis zu welcher der Wind am zweckmäßigsten zu erhitzen ist, läßt sich mit allgemeiner Gültigkeit nicht bestimmen. Vorausgesetzt daß die Zustellungsmassen einen hinreichenden Grad von Feuerbeständigkeit besitzen, sollte die höhere Temperatur die wirksamere seyn. Dies kann auch nicht bezweifelt werden, aber es scheint, daß man eine gewisse Gränze nicht überschreiten darf, wenn sich nicht ein nachtheiliger Einfluß auf die Beschaffenheit des

Eisens äußern soll. Bei locker liegenden Erzen und Kohlen läßt sich eine höhere Temperatur des Windes anwenden, als im entgegengesetzten Fall. Holzkohlen gestatten eine größere Erhöhung der Temperatur als Koaks oder Steinkohlen, die reich an Asche sind. Bei Holzkohlen pflegt man den Wind bis zu 200 Gr. C. und darüber zu erhitzen. Bei reinen Koaks und Steinkohlen kann man mit der Erhitzung des Windes noch höher steigen. Hinterlassen die Steinkohlen und Koaks aber viel Asche und hat man überhaupt strengflüssige Beschickungen zu verschmelzen, so darf die Temperatur des Windes oft kaum die Höhe von 100 Gr. C. erreichen, um ein für die Eisengießerei hinreichend haltbares, und für den Verfrischungsprozeß nicht zu sehr mit Erdbasen überladenes Roheisen zu erhalten.

§. 702.

Durch die Anwendung des heißen Windes wird man zwar kaum die Erzeugung des gaaren weißen Roheisens mit geringem Kohlengehalt befürchten dürfen; es wird dagegen aber auch sehr schwierig seyn, das neutrale, weiße spiegelflächige Roheisen darzustellen. Wird die Gewinnung dieses Roheisens beabsichtigt, so sind weite Schmelzräume über der Form durchaus erforderlich, wenigstens um dauernd, und mit geringen Unterbrechungen und nicht periodisch und mehr vom Zufall abhängig, das Spiegeleisen zu gewinnen. Die große Hitze, welche im Schmelzraum entwickelt wird, veranlaßt gewöhnlich die Bildung von grauem Roheisen, welches nur bei leichtflüssigen Beschickungen viel Kohle enthält.

Es sind häufig Vergleichungen über die Haltbarkeit (Festigkeit) und über die chemische Zusammensetzung des bei heißem und bei kaltem Winde erblasenen Roheisens angestellt worden. Diese Vergleichungen können aber zu einem bestimmten Resultat, welches man finden zu können glaubte, selbst dann nicht führen, wenn einerlei Erze zu den Schmelzversuchen angewendet werden. Dasselbe Erz giebt, bei kaltem Winde, Roheisen von außerordentlich verschiedenartiger Beschaffenheit und Zusammensetzung und die Erhitzung des Windes kann an sich auf die Beschaffenheit des Roheisens keinen Einfluß haben. Weil aber die Schmelzung des reducirten Erzes, nämlich die Trennung des Roheisens von der Schlacke, im Schmelzraum bei der Anwendung des heißen Windes, unter Verhältnissen erfolgt, die ganz mit denen übereinstimmen, welche bei der Schmelzung in engen und hohen Gestellen bei kaltem Winde stattfinden; so ist es einleuchtend, daß das graue Roheisen, bei heißem Winde erblasen, demjenigen grauen Roheisen am nächsten kommt, welches bei kaltem Winde und bei strengflüssigen Beschickungen dargestellt wird, nämlich demjenigen grauen Roheisen, welches am wenigsten Kohle und am mehrsten andere fremdartige Bestandtheile enthält. Die verschiedenen Urtheile über die Beschaffenheit und Zusammensetzung des bei heißem Winde dargestellten Eisens lassen sich daher auch leicht aus den Umständen erklären, unter welchen die Darstellung erfolgte. Die Haltbarkeit des Roheisens bei heißem Winde wird nur dann erhöhet werden, wenn das Erz Phosphorsäure enthält und kaltbrüchiges Eisen liefert. Ein Siliciumgehalt scheint nämlich diesem kaltbrüchigen Roheisen eine etwas größere Festigkeit zu ertheilen, die sich aber bei einem mehr zunehmenden Gehalt an Silicium wieder vermindert. Gußwaaren aus kaltbrüchigem Roheisen werden also etwas an Festigkeit gewinnen, wenn das Roheisen bei heißem Winde erblasen wird. Roheisen aus Erzen, die kein kaltbrüchiges Eisen liefern, wird jederzeit eine Verminderung seiner Festigkeit erleiden, wenn es bei heißem Winde erblasen wird. Ist das Roheisen zum Verfrischen bestimmt, so kann der vergrößerte Siliciumgehalt, als Folge der Anwendung des heißen Windes, in keinem Fall dem Roheisen einen Vorzug vor dem bei kaltem Winde erblasenen verschaffen. Es ist also nur das aus Phosphorsäure haltenden Erzen erblasene und zur Gußwaarendarstellung bestimmte Roheisen, welches durch die Anwendung des heißen Windes wirklich brauchbarer wird, obgleich eine sehr große Temperaturerhöhung wieder eine Verminderung der Festigkeit, durch Aufnahme einer zu großen Menge von Silicium, zur Folge haben würde. Im Allgemeinen kann folglich kein Zweifel darüber seyn, das bei heißem Winde erblasene Roheisen für unreiner, und daher für weniger haltbar zu halten, als das bei kaltem Winde erzeugte. Die leichte Reducirbarkeit der Kieselerde bei den höchsten Temperaturen in dem Schmelzraum ist esauch, welche bei unreinen Koaks und Steinkohlen und bei strengflüssigen Beschickungen, eine Erhitzung des Windes über eine Temperatur von 80 bis 100 Gr. C. nicht rathsam macht.

§. 703.

Die Ersparung von Brennmaterial durch die Anwendung des erhitzten Windes hat man auf allen Hüttenwerken ohne Ausnahme erfahren, und es scheint daher fast überflüssig, darüber noch nähere Angaben beizubringen. Indeß wird es nicht ohne Interesse sein, diese Ersparungen bei ein paar Hohöfen, von denen zwei mit Holzkohlen und ein dritter mit Koaks betrieben wird, speciell nachzuweisen. Die Größe der Ersparungen ist keinesweges eine bestimmte, sondern abhängig von den früher bei Anwendung des kalten Windes statt gefundenen Einrichtungen (§. 699.). Daher hat man auf einigen Hüttenwerken nur einen geringen Kohlenverbrauch von wenigen Procenten durch die Einführung des heißen Windes bewirkt, während die Ersparungen auf andern Hüttenwerken bis zu mehr als 40 Procent gestiegen sind.

Auf dem Hohofen zu Vietz in der Neumark werden nur Wiesenerze verschmolzen. Bei kaltem Winde erfolgen wöchentlich 200 Ct. Roheisen, und es sind zu 100 Pfund Roheisen 15,5 Kubikfuß Kohlen aus Fichten und Tannenholz, oder etwa 145 Pfund Holzkohlen, so wie 35,5 Pfund Kalkstein als Zuschlag zu den Erzen erforderlich. — Bei der Anwendung des heißen Windes erfolgen wöchentlich 225 Centner Roheisen, und zu

100 Pfund Roheisen werden 9,85 Kubikfuß oder etwa 95 Pfund Holzkohlen so wie 25 Pfund Kalkstein als Zuschlag zu den Erzen erfordert.

Im Hohofen zu Malapane in Oberschlesien werden ockrige und lettige Brauneisensteine, mit etwa 10 Prozent Sphärosiderit, bei Holzkohlen aus Fichten und Kiefernholz verschmolzen. Ein Durchschnitt aus mehren Jahren ergiebt den Holzkohlenverbrauch für 100 Pfund Roheisen von 26,6 Kubikfuß, oder etwa von 280 Pfund. Die Erze werden mit 22 Prozent Kalkstein beschickt. — Seit der Anwendung der erhitzten Luft werden zu 100 Pfund Roheisen durchschnittlich 17,9 Kubikfuß, oder etwa 188 Pfund Holzkohlen verbraucht und die Erze werden mit 17 Procent Kalkstein beschickt.

Für den Hohofen zu Gleiwitz in Oberschlesien, in welchem ebenfalls ockrige Brauneisensteine und Sphärosiderite, etwa in dem Verhältniß von 3 zu 1, bei Koaks aus Sandkohlen die in Sinterkohlen übergehen, verschmolzen werden; sollen die für den kalten Wind am günstigsten ausgefallenen Resultate der 93 wöchentlichen Hüttencampagne in den Jahren 1831 — 1833 mitgetheilt werden. Seit dem Bestehen des Hüttenwerkes waren die Erfolge noch nie so günstig ausgefallen. Zu 100 Pfund Roheisen waren 7,7 Kubikfuß, oder 269 Pfund Koaks und 74 Pfund Kalkstein verwendet worden. Bei der Anwendung des (in der Regel nur bis zu 100 Gr. Reaum.) erhitzten Windes, wurden in der 129 wöchentlichen Kampagne des Ofens in den Jahren 1835 — 1838, zu 100 Pfuud Roheisen 6,14 Kubikfuß, oder 215,2 Pfund Koaks und 75 Pfund Kalkstein verbraucht. Ein größerer Gichtenwechsel fand nicht statt, aber der Erzsatz auf jeder Gicht war bei heißem Winde größer, weshalb bei kaltem Winde durchschnittlich in der Woche nur 424 Centner, bei heißem Winde aber 557 Centner Roheisen erfolgte. Bei kalter Luft wurden 2 Stück 2¼zöllige, bei heißer Luft aber 2 Stück 2½zöllige Düsen angewendet.

Die verstärkte Hitze im Schmelzraum bei der Anwendung des heißen Windes macht in der Regel eine Veränderung in der Beschickung nothwendig, die immer nur eine Ersparung an Flußmitteln zur Folge haben kann. Daß diese Ersparung in Gleiwitz nicht bewirkt ward, rührt vorzüglich daher, weil die bei heißem Winde verschmolzenen Erze zufällig ärmer und lettiger als die früher bei kaltem Winde verschmolzenen gewesen sind. — Die angegebenen Resultate bei der Kohlenverwendung bedürfen keines Commentars, um die großen Vortheile von der Anwendung des heißen Windes beim Betriebe der Hohöfen daraus zu entnehmen.

Außer den im §. 602. schon angezeigten Abhandlungen, sind noch zu vergleichen: Dufrénoy, Elie de Beaumont, Coste et Perdonnet, Voyage métallurgique en Angleterre. I. 381. — Voltz in den Ann. des mines. 3 Série. IV. 77. — Gueymard; Ebendas. IV. 87. 509. — Varin; Ebendas. V. 497. — Le Châtelier; Ebendas. XVI. 3. 255. XVII. 3. — Callon; Ebendas. XVII. 211. 455.

§. 704.

Ueber Anwendung von Wasserdämpfen.

Ueber die Vortheile oder Nachtheile von der Anwendung der Wasserdämpfe beim Hohofenbetriebe glaubt man Erfahrungen gemacht zu haben, die einander geradezu widersprechen. Es scheint wohl, daß man, — bei der Anwendung von kaltem Winde, — einige Procente Wasserdämpfe ohne Nachtheil in den Ofen leiten kann, — wenn die atmosphärische Luft sehr trocken ist und wenig Wasserdampf aufgelöst enthält. Bei der Anwendung von Wasserregulatoren findet die Luft immer Gelegenheit, etwas Wasser aufzulösen und ein absichtliches Einleiten von Wasserdämpfen in die Formen scheint dann nicht erforderlich. Bei feuchter Witterung würden Wasserdämpfe nothwendig zu vermeiden seyn, um den Ofen nicht abzukühlen. Die Wirkung der Wasserdämpfe kann nur darin bestehen, eine Abkühlung bei einem zu heißen gaaren Gange des Ofens zu bewirken, wie dies aus den Erscheinungen bei der Anwendung von Wasserdämpfen bei heißem Winde in Koakshohöfen hervorgeht. Das Eisen wird weniger grau und ist daher für die Frischbarkeit anwendbarer als das ohne Wasserdämpfe dargestellte, weit hitziger grau ausfallende Roheisen. Für die Gießereien ist es eben deshalb weniger anwendbar, obgleich es bedeutend fester ist als das weiße Roheisen vom übersetzten Gange des Ofens. Das bei einem Zusatz von Wasserdämpfen erzeugte graue Roheisen, welches sehr geneigt ist in den Formen sich abzuschrecken, und welches diese Eigenschaft auch bei dem Umschmelzen in Kupolöfen behält, enthält mehr Kohle als das weiße Roheisen vom übersetzten Gange und nähert sich in seinem Verhalten dem grauen Roheisen mit dem größten Kohlengehalt, welches aus leichtflüssigen Beschickungen erfolgt. Es dehnt sich beim Erhitzen stärker aus und schwindet daher auch stärker beim Erkalten als das graue Roheisen mit geringerem Kohlengehalt, durch welche Eigenschaft es zum Emailliren unbrauchbar wird, indem es die Emaille abstößt.

Diejenigen Metallurgen, welche von der Anwendung der Wasserdämpfe bei dem Betriebe der Oefen andere Vortheile erwarten als die Darstellung eines an Kohlenstoff reicheren Roheisens, gehen von der theoretischen Ansicht aus, daß die Wasserdämpfe in der Glühhitze des Schmelzraumes zersetzt werden, daß der Sauerstoff des Wassers das Verbrennen der Kohlen befördere und daß der Wasserstoff die Reduction des oxydirten Eisens im Erz in der Rasthöhe und im Schachtraum bewirke. Diese Erfolge scheinen indeß nicht einzutreten, wenigstens lassen sich damit die Erscheinungen nicht vereinigen, welche der Betrieb der Hohöfen gewährt, denen in der Stunde etwa 1½ Kubikfuß Wasser, in der Gestalt von Wasserdämpfen zugeführt werden. Dieses Quantum scheint für einen Koakhohofen schon ziemlich das Maximum von Wasserdampf zu seyn, welches ihm ohne zu große Abkühlung mitgetheilt werden kann.

Ueber die Benutzung der aus der Hohofengicht entweichenden Gasarten.

§. 705.

Die brennbaren Gase, welche durch den Reductions- und Schmelzprozeß beim Betriebe der Hohöfen entwickelt werden, gelangen in einer so hohen Temperatur bis zur Gichtöffnung, daß sie beim Ausströmen aus der Gicht durch die dort hinzutretende atmosphärische Luft entzündet werden und mit Flammen verbrennen. Man ist schon längst bemüht gewesen, die beim Verbrennen der Gichtengase entstehende Hitze zu benutzen, indem man die Gichtenflamme zum Kalkbrennen, zum Erzrösten, zum Trocknen der Lehm- und Massen-Formen bei den Eisengießereien anwendete Seit der Einführung der erhitzten Luft beim Hohofenbetriebe ist man aber besonders auf die Benutzung der durch die Gichtengase verlorenen gehenden Hitze aufmerksam geworden, und hat dieselbe nicht allein zur Erhitzung des Windes in den Winderhitzungs-Apparaten, welche auf der Gicht aufgestellt wurden, benutzt, sondern man ist auch auf eine genauere Prüfung der Natur dieser Gasarten und auf eine darauf begründete vollständigere Benutzung ihrer Brenn- und Heizkraft eingegangen. Zur Feuerung der Kessel, welche die Dämpfe für die Dampfmaschinen liefern, durch die das Gebläse für den Hohofen betrieben wird, hat man die Gichtenflamme auch schon seit einigen Jahren benutzt, indeß hatte man bisher auf eine regelmäßige Zuführung der zum Verbrennen der Gichtengase erforderlichen Quantitäten von atmosphärischer Luft eben so wenig Rücksicht genommen, als auf den Umstand, daß die aus der Gichtöffnung unmittelbar ausströmenden Gasarten eine geringere Brennkraft besitzen, als diejenigen welche einige Fuße tiefer unter der Gichtöffnung aufgefangen und abgeleitet werden können. Dem Hrn. Fabre du Faur gebührt das Verdienst, die Benutzung der brennbaren Gase aus dem Hohofenschacht zu einem solchen Grade von Vollkommenheit gebracht zu haben, daß sie zum Schmelzen und zum Frischen des Roheisens, so wie zum Ausschweißen des gefrischten Eisens in Flammenöfen benutzt werden können.

§. 706.

Der Sauerstoffgehalt des Windes, welcher durch die Formen in den Schmelzraum geleitet wird, muß in demselben fast gänzlich absorbirt werden. Bei der Anwendung des heißen Windes geschieht dies vollständiger als bei kaltem Winde (§. 700.), aber auch bei kaltem Winde dürfte der ganze Sauerstoffgehalt der atmosphärischen Luft schon in der Rasthöhe völlig verzehrt seyn. Bei der Lebhaftigkeit mit welcher die Verbrennung im Schmelzraum erfolgt, kann sich nur kohlensaures Gas bilden, und dieses, so wie das unzerlegt bleibende Stickgas steigen in der Temperatur der Glühhitze in der Schmelzsäule in die Höhe (§. 648.), wobei das kohlensaure Gas mehr oder weniger vollständig in Kohlenoxydgas umgewandelt wird. Ließe sich diese Umänderung des kohlensauren Gases in Kohlenoxydgas verhindern, so würde der Kohlenverbrauch bei dem Hohofenbetriebe sehr wesentlich vermindert werden können. Dazu giebt es aber kein Mittel, weil die aufsteigenden glühenden Gasarten die Bestimmung haben, die Schichten welche die Schmelzsäule im Ofenschacht bilden, zu erhitzen und die Reduction des oxydirten Eisens im Erz einzuleiten. Bei dieser Reduction wird abermals Kohlenoxydgas, und nicht kohlensaures Gas, gebildet, so daß das aus der Gicht des Ofens strömende Kohlenoxydgas einer doppelten Quelle seine Entstehung verdankt. Die Bildung dieser Gasart, wozu der größte Theil der Kohlen im Ofenschacht verwendet wird, läßt sich also nicht verhindern und ist eine unvermeidliche Folge von der Natur des Reductions- und Schmelzprozesses wie er in den Schachtöfen ausgeübt wird. Es bedarf der Bemerkung nicht, daß der Hohofenprozeß fast mit der Hälfte des Aufwandes an Brennmaterial ausgeführt werden würde, wenn sich nur kohlensaures Gas und kein Kohlenoxydgas bildete. Aber es ergiebt sich auch aus dieser Betrachtung die ungemein große Brennkraft welche die aus der Ofengicht ausströmenden Gase nothwendig besitzen müssen und die zu lange unbeachtet gebliebene Aufforderung, von dieser Brennkraft den Nutzen zu ziehen, welchen die Gasarten bei einer zweckmäßigen Anwendung gewähren.

Hr. Bunsen hat in Deutschland zuerst eine Untersuchung der im Ofenschacht sich bildenden Gasarten vorgenommen (Archiv f. Geogn. u. s. f. XII. 543) und das Resultat dieser Untersuchung bekannt gemacht. Die Ofengase wurden in verschiedener Tiefe unter der Ofengicht bei dem Hohofen zu Weckerhagen (welcher mit heißer Luft gespeist wird) aufgefangen und analysirt. Auf die Wasserdämpfe ist dabei nicht Rücksicht genommen, sondern die Gasarten wurden im getrockneten Zustande untersucht.

	Tiefe unter der Ofengicht	3′	4′5″	6′	7′6″	9′	12′	15′
Zusammensetzung nach dem Volumen	Stickgas . .	60,78	60,07	64,63	60,94	62,30	59,93	62,96
	Kohlenoxydgas	26,29	25,31	27,94	32,59	32,23	28,57	30,61
	Kohlensaures Gas	8,74	11,17	3,32	3,49	4,67	7,56	5,95
	Wasserstoff . .	1,96	1,41	2,80	2,32	0,38	1,40	0,24
	Grubengas .	2,23	2,04	1,80	0,66	0,42	2,53	0,24
		100	100	100	100	100	100	100

Bei Oefen die mit kaltem Winde betrieben werden, wird sich wahrscheinlich nur die Verschiedenheit in der Zusammensetzung der Gasarten zeigen, daß das Verhältniß des kohlensauren Gases zum Kohlenoxydgase in den tieferen Schichten größer gefunden werden wird, ein Verhältniß welches sich aber in den höheren Schichten wieder ausgleicht.

Das große Verhältniß des kohlensauren Gases aus den Schachthöhen zunächst unter der Gichtöffnung, erklärt sich aus dem Kohlensäuregehalt des Kalksteins, welcher als Zuschlag für die Erze angewendet wird. Die Temperatur ist hier entweder nicht mehr hoch genug, oder die Entwickelung erfolgt zu schnell als daß eine Umänderung dieser Kohlensäure in Kohlenoxydgas statt finden könnte. Da dies Gas nicht durch Verbrennung gebildet, sondern durch äußere Hitze aus dem Kalkstein entwickelt wird, so muß mit der Bildung desselben auch eine bedeutende Abkühlung des Ofenschachtes verbunden seyn und die Temperatur im Schacht des Ofens kann erst in derjenigen Tiefe beträchtlich zunehmen, wo die Entbindung der Kohlensäure aufhört.

In Frankreich hat Hr. Ebelmen eine Analyse der Ofengase vorgenommen (Ann. des mines. 3 Série. XVI. 546) und dabei auch den Gehalt an Wasserdampf berücksichtigt. Sonst finden wesentliche Abweichungen in den Resultaten der Analysen in so fern statt, als Hr. Ebelmen das Verhältniß der Kohlensäure zum Kohlenoxydgas sehr bedeutend größer gefunden hat, und als er den Wasserstoff nicht als im freien, sondern als in einem mit Kohle verbundenen Zustande in den Ofengasen vorhanden betrachtet. Die Versuche wurden mit dem Gase aus dem Hohofen zu Clerval, im Departement Doubs angestellt, welcher ebenfalls mit erhitzter Luft betrieben wird.

Das Verhältniß des kohlensauren Gases zum Kohlenoxydgase kann, unter den Umständen unter welchen die Bildung beider Gasarten im Hohofen erfolgt, kein unveränderliches seyn, und es wird ein Gegenstand künftiger Untersuchungen bleiben, die Verhältnisse näher kennen zu lernen, welche die mehr oder weniger vollständige Umänderung der Kohlensäure in Kohlenoxydgas herbeiführen. Je mehr diese Umänderung verhindert werden könnte und je größer dann das Verhältniß der Kohlensäure bleibt, desto vortheilhafter würde sich der Kohlenverbrauch beim Betriebe des Hohofens gestalten, aber desto mehr würde die Brennkraft der Ofengase vermindert werden.

§. 707.

Die Zurückführung der Gichtengase zu den Formen, um sie im Schmelzraum des Ofens verbrennen zu lassen, würde eine wenig zweckmäßige Benutzung derselben seyn und nur zu einer unbedeutenden Kohlenersparung führen, weil der größte Theil des Brennmaterials, welches der Ofen erhält, zur Reduction des oxydirten Eisens in den Erzen und zu der damit unvermeidlich verbundenen Umänderung der im Schmelzraum erzeugten Kohlensäure in Kohlenoxydgas verwendet werden muß. Auch würde das Gas durch die ununterbrochene Zurückführung, wobei das Kohlenoxydgas im Schmelzraum in Kohlensäure und diese im Ofenschacht wieder in Kohlenoxydgas umgeändert wird, zuletzt so sehr mit Stickgas aus der Gebläseluft überladen werden, daß die Verbrennung erschwert und der Effekt durch die sich immer vergrößernde Menge von nicht brennbaren Gasen, stets zunehmend vermindert werden würde. Soll das Ofengas ein Stellvertreter für denjenigen Theil des Brennmaterials werden, welcher bei dem Schmelzprozeß in den Schachtöfen die Bestimmung hat, die im Schacht vorbereiteten Erze im Schmelzraum in den flüssigen Zustand zu versetzen und die Scheidung des Eisens von der Schlacke zu bewirken, so würden unsere Schmelzöfen eine völlig veränderte Einrichtung erhalten müssen, weil die Erzgichten dann nicht mehr durch die Kohlengichten würden getragen werden können.

Mit größerm Vortheil werden sich die Ofengase unter Verhältnissen anwenden lassen, bei welchen sie vollständig verbrannt werden, also unter Verhältnissen, bei welchen die Hitze des brennenden Gases, oder die Flammen, in Räumen benutzt wird, die diesem Zweck entsprechender eingerichtet sind als die Schachtöfen, in welchen die Reduction eines Oxydes bewerkstelligt werden soll. Man wird daher die brennbaren Ofengase schon in derjenigen Höhe im Ofenschacht abfangen, in welcher sie noch nicht mit der Kohlensäure aus den Zuschlägen, und mit der großen Menge von Wasserdämpfen verunreinigt sind, die aus der sehr beträchtlichen Menge von Wasser gebildet werden, welches sich theils als hygroskopisches Wasser bei dem Schmelz- und Brennmaterial befindet, theils als Hydratwasser mit den Erzen verbunden seyn mag. Die zweckmäßigste Benutzung dieser Gase würde freilich unmittelbar auf der Gicht statt finden, wenn die Räume auf der Gichthöhe, oder die örtlichen Verhältnisse überhaupt, eine solche Benutzung zulassen, weil die Gase dann durch die kurzen Ableitungsröhren nur wenig Hitze verlieren können und bei dem Ausströmen in den Brennraum mit der auf der Gicht erhitzten atmosphärischen Luft zur Entzündung kommen. Die Verhältnisse des brennbaren Ofengases zu der erhitzten atmosphärischen Luft werden dann nothwendig für jeden Fall bestimmt werden müssen, weil bei einem zu geringen Verhältniß der letzteren ein Theil des brennbaren Gases unbenutzt bleiben, bei einem zu großen Verhältniß aber die Temperatur beim Verbrennen vermindert werden würde.

Die bisher in Anwendung gekommenen Vorrichtungen zur Benutzung der Gichtengase für die Lufterhitzung, für die Dampferzeugung in Maschinenkesseln u. s. f. sind daher nur als unvollkommene Einrichtungen anzusehen, weil dabei die unmittelbar aus der Gicht ausströmenden Gase mit einem geringern Effekt verbrannt und benutzt werden, als derjenige ist, den sie zu gewähren im Stande sind.

Uebrigens liegt die Betrachtung sehr nahe, daß nicht allein die Ofengase in der Folge zu den Schmelz- und Heizoperationen allgemeiner werden in Anwendung gebracht werden müssen, sondern daß es auch vortheilhaft seyn wird, Kohlenoxydgas aus dem Brennmaterial, wenigstens aus solchem, welches seiner chemischen Constitution, oder seines Aggregatzustandes wegen, zur Flammenfeuerung wenig geeignet ist, absichtlich deshalb darzustellen, um es als Brennmaterial zu benutzen.

Zweite Abtheilung.

Vom Umschmelzen des Roheisens für die Anwendung desselben zur Gießerei.

§. 708.

Unter Gießerei versteht man die Kunst, einem flüssigen Metall diejenige äußere Gestalt mitzutheilen, welche es nach dem verschiedenen davon zu machenden Gebrauch annehmen soll. Von der Eigenschaft des Roheisens, sich ebenfalls in jede verlangte Form zwängen zu lassen, hat es den Namen Gußeisen erhalten. Gußwaaren heißen daher alle bestimmte Formen, die dem flüssigen Metall durch Ausfüllung künstlich gebildeter, und dem jedesmaligen Zweck angemessener hohler Räume ertheilt worden sind.

Die Kunst der Eisengießerei ist noch vor der Einführung der Hohöfen ausgeübt, und ohne Zweifel sogleich in Anwendung gekommen, als man das Eisen im flüssigen Zustande darzustellen gelernt hatte. Die ersten Vorrichtungen zum Verschmelzen der Eisenerze waren Stücköfen und Luppenfeuer; in beiden ward das Eisen aber nicht im flüssigen, sondern im halbgaaren Zustande dargestellt; nur wenn der Prozeß mangelhaft ausfiel, ward das Eisen flüssig. Wahrscheinlich war die erste Anwendung des flüssigen Eisens zum Vergießen bloß zufällig, und erst später, als man sich von der Anwendbarkeit des flüssigen Roheisens zur Ausfüllung künstlicher Formen überzeugt hatte, war man bemüht, das Eisen absichtlich im flüssigen Zustande zu erhalten. In den Gegenden, wo Eisenerze verarbeitet wurden, welche am wenigsten geneigt waren, ein flüssiges, wenigstens ein dünnflüssiges Eisen zu geben, mußte die Kunst des Eisengießens am spätesten in Anwendung kommen und die wenigsten Fortschritte machen. Dies war bei der Verarbeitung der Spatheisensteine und der reinen reichen natürlichen Eisenoxyde in Stücköfen und Luppenfeuern der Fall. Als man in den letzteren und in den erhöheten Stücköfen aber leicht schmelzende, ärmere Eisenerze zu verarbeiten anfing, kam es häufiger vor, daß das Eisen flüssig ward, und so entstand die erste Anwendung des Eisens zu Gußwaaren, noch vor der Einführung der Hohöfen, welche aber demnächst zur weiteren Ausbreitung und Vervollkommnung der Eisengießerei Veranlassung gegeben haben.

Nach historischen Zeugnissen ist anzunehmen, daß das Silber zuerst in bestimmte Formen gegossen worden ist. Vielleicht wurden die goldenen Gefäße gleichzeitig, wenigstens nicht viel später angefertigt. Die Anwendung des Kupfers, oder vielmehr des mit Zinn versetzten Kupfers, der Bronze oder des Erzes, fällt in die spätere Zeit. Zu welcher hohen Vollkommenheit es die Alten in dieser Gießerei gebracht haben, beweisen die Statuen, welche aus jenem Zeitalter zu uns gekommen sind. Zinn und Blei gestatteten wegen ihrer leichten Schmelzbarkeit, und weil sie der Abnutzung so sehr unterworfen waren, wenig Anwendung. Ob die Alten jemals in Eisen gegossen haben, ist zwar nicht mit Bestimmtheit zu verneinen; indeß lassen sich keine Beweise für diese Meinung auffinden.

§. 709.

Kaum hatte man die erste Anwendung des Roheisens zu Gußwaaren versucht, als man sich von den großen Vorzügen dieses Metalles überzeugte. Vorzüglich haben die Engländer die Vortheile eingesehen, welche die Eisengießerei für alle Gewerbe haben müsse, und ihnen verdanken wir die bedeutenden Fortschritte, welche in die neueste Zeit fallen. Das Roheisen hat zur Anwendung zu Gußwaaren vor dem Kupfer oder vor der Bronze folgende Vorzüge:

1. Es ist wohlfeiler, gestattet folglich eine allgemeinere Anwendung zu solchen Sachen, zu denen man sonst Holz oder Stein zu nehmen genöthigt seyn würde.

2. Es ist strengflüssiger, und läßt sich daher zu Sachen gebrauchen, die einem Grade der Hitze ausgesetzt werden müssen, in welchem das reine oder das versetzte Kupfer schon in Fluß kommen würde.

3. Es ist (wenigstens unter gewissen Umständen) härter als Kupfer, und deshalb zu Ambossen, Pocheisen, Walzen, Pflugschaaren und ähnlichen, der Abnutzung sehr unterworfenen Gußwerken, anwendbarer.

4. Es ist dünnflüssiger und schwindet weniger beim Erstarren, kann daher zu Sachen angewendet werden, welche fein und vollkommen ausgedrückt werden müssen, welches bei der dickflüssigeren und beim Erstarren sich mehr zusammenziehenden Bronze, ohne kostbare Nacharbeiten, nicht möglich seyn würde.

Diesen Vortheilen steht indeß die Schwierigkeit gegenüber, daß das Roheisen wegen seiner größeren Strengflüssigkeit einen höheren Grad der Hitze zum Flüssigwerden erfordert; daß es wegen seines höheren Hitzgrades die Formen, in welche es gegossen wird, stärker angreift, und daß es schneller erstarrt als die Bronze. Deshalb ist das Gießen kolossaler Statuen aus Roheisen schwieriger als aus Bronze, und erfordert eine größere Vorsicht, theils in Anfertigung der Formen, theils wegen der Leitung des flüssigen Metalles in die Form, um den Dämpfen mehr Ausgang zu verschaffen, und das Metall so einfließen zu lassen, daß es die Formen möglichst schnell erfüllt, und nicht auf einem Punkt schon erstarrt, wodurch ein Mißrathen des ganzen Gusses veranlaßt werden würde.

§. 710.

Roheisen, welches zur Anfertigung von Gußwaaren gebraucht werden soll, muß im Allgemeinen folgende Eigenschaften besitzen.

1. Es muß im geschmolzenen Zustande dünnflüssig seyn, um die Formen ganz auszufüllen; auch muß es nicht zu schnell erstarren, wodurch die vollkommene Ausfüllung der Form verhindert werden würde.

2. Es muß beim Erstarren inwendig keine Höhlungen und Blasen, und auf der an der freien Luft erstarrenden Oberfläche keine Erhabenheiten und Vertiefungen bilden.

3. Es darf, vorzüglich wenn es auf feine und vollkommen deutliche Abdrücke der Form ankommt, nicht viel Graphit beim Erkalten ausstoßen, weil dadurch die völlig scharfe Ausfüllung der Form unmöglich wird.

4. Es muß nach dem Erkalten die möglichst geringste Sprödigkeit und, — besonders wenn die Gußwaaren noch einer Bearbeitung mit dem Bohrer oder mit der Feile unterworfen werden sollen, — noch einige Weichheit und Geschmeidigkeit besitzen.

5. Es muß nicht so hitzig seyn, daß es die Formen angreift und dadurch die Oberfläche der Gußwaaren unansehnlich macht.

6. Wenn große Härte von den Gußwaaren verlangt wird, so muß es die möglichste Häte und Festigkeit mit der geringsten Sprödigkeit vereinigen.

7. Es muß so wenig als möglich schwinden, weil dadurch, besonders bei zusammengesetzten Gußstücken, leicht eine Spannung der Theile und ein leichtes Zerspringen der Gußwaaren entsteht.

9. Es muß möglichst wenig porös seyn, besonders wenn die Gußwaaren zu Behältern oder zu Leitungen für Flüssigkeiten bestimmt sind.

Im Allgemeinen entspricht das graue Roheisen diesen Erfordernissen am vollkommensten und das bei einem übersetzten Gange des Ofens erblasene weiße Roheisen, wegen seiner Dickflüssigkeit und wegen seiner außerordentlichen Sprödigkeit, am wenigsten. Das bei einem gaaren aber nicht hitzigen Gange des Ofens erblasene körnig weiße Roheisen, wenn es nicht zu matt ist und zu plötzlich in der Form erstarrt, läßt sich zu Gußwaaren, die eine beträchtliche Härte erfordern, also zu Walzen, Ambossen und Pochstempeln, zwar ebenfalls anwenden, weil es nicht die Sprödigkeit des weißen Roheisens vom übersetzten Gange besitzt; allein es liefert keine Gußwaaren mit glatten und sauberen Oberflächen. Auch zu Glocken würde es anwendbar seyn, indeß kommt dies Eisen bei Holzkohlenöfen nur selten vor, weil die Uebergänge von dem gaaren in den rohen Gang, und umgekehrt, plötzlicher eintreten als bei den Koakhohöfen, bei denen man diesen fehlerhaften und für den Fortgang des Betriebes Gefahr bringenden Gang des Ofens nicht lange fortdauern lassen darf.

Sehr gaares graues Roheisen, welches beim Erstarren viel Graphit ausstößt, ist besonders für dünne Gußwaaren nicht zu empfehlen, weil das Eisen porös wird, indem die Graphitschuppen den dichten Zusammenhang der Masse unterbrechen. Eben so wenig anwendbar zu allen Sachen, bei denen eine Dichtigkeit, ein inniger Zusammenhang der Roheisenmasse und ein hoher Grad der Festigkeit erfordert werden, ist das Roheisen aus den Koakhohöfen, welches zwar noch grau, aber schon von einem matten Gaargange erfolgt und mit vielen Erdbasen überladen ist. Dies Roheisen stößt beim Erstarren einen Theil der Erdbasen als Erden aus, und bewirkt dadurch eine Trennung der Roheisenmasse, so daß dieselbe das Ansehen erhält, als wenn sie geborsten wäre. Im Innern der Masse, wo die Luft nicht hinzutreten kann, bilden sich krystallinische Formen, welche den dichten Zusammenhang unterbrechen. Dies geschieht gewöhnlich dann, wenn das Eisen ungleich erkaltet, und wenn das Eisen, welches den inneren Kern bildet, länger flüssig bleibt als die gegen die Form abgeschreckte äußere Roheisenmasse. Bei sehr dicken und bei sehr dünnen Massen findet diese Erscheinung weniger statt, weil in jenem Fall das Roheisen überhaupt länger flüssig bleibt, also die Form hinlänglich erhitzen kann, und dann ziemlich gleichzeitig erstarrt; in diesem Fall aber die Erstarrung schnell erfolgt.

Das graue, mit Erdbasen nicht überladene Roheisen, ist zur Bildung eines krystallinischen Gefüges weniger geneigt, und was zuweilen so erscheint, sind in der Regel Graphitblättchen, welche sich zwischen der Roheisenmasse beim Erstarren anhäufen. Dagegen tritt die Krystallbilduug häufig bei dem gaar erblasenen und mit Erdbasen überladenen Roheisen ein, es mag bei starker Hitze dargestellt, also völlig grau geworden, oder wegen der mangelnden Hitze körnig weiß geblieben seyn. Ein großer Erdbasengehalt des Roheisens kann demselben überhaupt ganz eigenthümliche Eigenschaften geben: es oxydirt sich im flüssigen Zustande leicht an der Luft; es erhält beim Erkalten niemals eine dunkelgraue, sondern eine lichtgraue Farbe; und bekommt, wenn das Verhältniß der Erdbasen sehr groß wird, ein schuppiges Gefüge. Dies Eisen muß daher bei allen Gußwaaren, die große Dichtigkeit und Festigkeit erfordern, vermieden werden. Mann pflegt die Stellen, an welchen die krystallinischen Vegetationen in der ausgebohrten Seele eines eisernen Geschützes zum Vorschein kommen, mit dem Namen der Krystallisationsflecke zu bezeichnen. Solche Flecke können sich aber auch oft bei dem dichtesten und festesten Roheisen einfinden, und zwar gewöhnlich dann, wenn sich das Roheisen dem gefrischten Zustande sehr nähert.

Rothbrüchiges Roheisen von einem übersetzten Gange des Ofens, besitzt immer die Eigenschaft, sich beim Erstarren stark auszudehnen, indem sich im Innern Blasen und Höhlungen bilden. Außerdem erstarrt es schnell und wird niemals dünnflüssig. Solches Roheisen ist daher zur Gußwaaren-Fabrikation am wenigsten tauglich. Dagegen ist der Schwefelgehalt nicht nachtheilig, wenn das Roheisen bei einem guten Gaargange des Ofens erhalten ist und zu Gußwaaren angewendet werden soll, welche die Einwirkung hoher Temperaturen nicht auszuhalten haben, indem der Schwefel die Festigkeit des Roheisens in den gewöhnlichen Temperaturen sogar erhöhet. — Das kaltbrüchige Roheisen besitzt die Eigenschaft der Dünnflüssigkeit in hohem Grade, und bleibt auch lange im flüssigen Zustande. Deshalb ist es, wenn es zwar gaar, aber doch bei einem nicht zu hitzigen Gange des Ofens erblasen worden ist, (§. 702.) zur Gußwaaren-Fabrikation vorzüglich geeignet, weil es die feinsten Eindrücke der Form annimmt, sehr ruhig fließt und die Formen weniger angreift, indem es, wegen des Phosphorgehaltes, immer leichtflüssig ist und eine weniger hohe Temperatur besitzt als das nicht kaltbrüchige Roheisen. Zu allen Gußwaaren, welche heftige Stöße und Schläge aushalten müssen, darf es wegen seiner geringen Festigkeit nicht angewendet werden. Das kaltbrüchige Roheisen von übersetztem Ofengange ist zwar immer flüssiger, und daher auch besser zum Vergießen geeignet, als das weiße nicht kaltbrüchige Roheisen vom rohen Gange des Ofens; allein es ist im erkalteten Zustande höchst spröde und leicht zersprengbar. Kanonen- und Kartätschenkugeln aus solchem Eisen zerspringen schon in dem Augenblick, wenn sie die Mündung des Geschützes verlassen. Zu Platten, zu eisernen Oefen, zu Kochgeschirren, in so fern sie nicht einer sehr plötzlichen Temperaturveränderung unterliegen, vorzüglich aber zu Gegenständen, die mehr zur Zierde dienen als durch den Gebrauch eine Abnutzung erleiden, und welche starke Stöße nicht auszuhalten haben, ist das gaare kaltbrüchige Eisen ganz vorzüglich geeignet, weil es die Formen vollkommen erfüllt und saubere Gußflächen veranlaßt.

§. 711.

Soll also das Roheisen zu Gußwaaren benutzt, und ohne vorhergehendes Umschmelzen, unmittelbar aus dem Gestell des Hohofens, dazu verwendet werden, so wird sich der Gang des

Ofens nach den Eigenschaften richten müssen, die man von den darzustellenden Gußstücken verlangt. Leichtflüssige Beschickungen sind so sehr geneigt, auch bei einem heißen Gange des Ofens, weißes Roheisen, oder auch ein Gemenge von weißem und grauem Roheisen zu geben; daß man genöthigt ist, die Beschikkung strengflüssiger einzurichten, damit die Scheidung des Roheisens von der Schlacke verzögert wird. Dadurch vermindert sich der Kohlegehalt des Roheisens und dieses wird dadurch weniger geneigt, sich beim Erstarren in weißes Roheisen umzuändern, oder sich abzuschrecken. Bei leichtflüssigen Beschikkungen ist es nicht anzurathen, einen so reichlichen Erzsatz zu führen, daß das Roheisen, bei einem übrigens noch gaaren Gange, zum Weißwerden geneigt ist, wenn es in dünnen Massen ausgegossen wird. Bei strengflüssigen Beschickungen würde ein solcher Ofengang noch nachtheiliger seyn, weil dabei ein wirklich übersetzter Gang sehr leicht eintreten kann. Man wird daher den Gang des Ofens nicht allein völlig gaar, sondern auch so hitzig einrichten müssen, daß das Produkt nach dem Erkalten grau bleibt. Davon würde nur dann eine Ausnahme zu machen sein, wenn die Gußstücke entweder sehr dicke Massen bilden, bei denen ein Weißwerden durch plötzliches Erstarren nicht so leicht zu befürchten ist, oder wenn es, für einen besonderen Zweck vorzüglich darauf ankommt, dem Gußstück eine große Härte mitzutheilen.

Aber das graue, von einer strengflüssigen Beschickung und bei hohen und engen Obergestellen erblasene Roheisen, ist wesentlich verschieden von demjenigen grauen Roheisen, welches aus leichtflüssigen Beschickungen und bei niedrigen und weiten Obergestellen erhalten wird. Das erstere ist viel hitziger und dünner im Fluß, zum Weißwerden und zum Abschrecken bei dem Erstarren und selbst bei dem Ablöschen im Wasser, ungleich weniger geneigt, es stößt nur selten Graphit in Substanz aus, hat aber eine größere Neigung, eine krystallinische Bildung im Inneren der Masse, besonders in den Gallen oder Blasen, welche sich zufällig bilden, anzunehmen als das letztere. Dieses fließt ruhig, erstarrt schneller, stößt dabei viel Graphit aus, schreckt sich, besonders an den Rändern, leicht ab und ist zu eigentlichen krystallischen Bildungen im Innern der Masse nur wenig geneigt. In dünnen Massen werden sich diese beiden grauen Roheisenarten daher verschieden verhalten: das bei einer strengflüssigen Beschickung u. s. f. erblasene, wird grau und weich bleiben, jedoch selten schöne glatte Oberflächen bilden, während das bei einer leichtflüssigen Beschickung u. s. f. dargestellte graue Roheisen, sich abschreckt und dabei leicht spröde und hart wird. In dicken Massen wird das erstere leicht ein krystallinisches Gefüge annehmen, und das letztere durch Schaumstellen d. h. durch Ausstoßung von Graphitblättchen, undichte Stellen erhalten. An Festigkeit wird das erste von dem letzteren in dicken Massen übertroffen werden, wenn die Graphitausscheidung nicht zu stark ist und wenn der Zusammenhang der Eisenmasse durch Schaumstellen nicht zu sehr unterbrochen wird.

Es ergiebt sich aus diesem Verhalten der verschiedenen Arten des grauen Roheisens, daß man bei der Roheisenerzeugung für Gießereien andere Maaßregeln ergreifen muß, als wenn Roheisen für den Frischprozeß dargestellt werden soll. Einer großen Leichtflüssigkeit der Beschickung wird durch zweckmäßige Zuschläge vorgebeugt, und bei kaltem Winde eine engere Zustellung mit Obergestellen gewählt werden müssen, um den Kohlegehalt des grauen Roheisens und die daraus entspringende Eigenschaft, beim plötzlichen Erstarren weiß zu werden, zu vermindern. Ein solches hitzig erblasenes graues Roheisen bleibt zwar, wenn es in Formen geleitet wird, grau und weich, und verdient daher den Vorzug vor dem grauen Roheisen aus leichtflüssigen Beschickungen und aus weiten Gestellen, wenn es zu Gußwaaren bestimmt ist; allein es ist nicht zu verkennen, daß sich seine Festigkeit fast in demselben Verhältniß vermindert, bei einem je hitzigeren Gange des Ofens dasselbe erzeugt worden ist. Wenn daher die Festigkeit eine von den Hauptbedingungen ist, die von der Gußwaare verlangt werden, so würde das graue Roheisen von leichtflüssigen Beschickungen dazu mehr geeignet zu seyn scheinen, weil es reiner ist. Aber auch die Festigkeit dieses grauen Roheisens wird durch die zwischen der Roheisenmasse sich einschiebenden Graphitblättchen auf eine nachtheilige Weise vermindert, so daß beide Arten des grauen Roheisens zu solchen Gußwaaren, die den höchsten Grad der Festigkeit erhalten sollen, nicht mit Erfolg angewendet werden können. Zu eisernen Geschützen, welche unmittelbar aus dem Hohenofen gegossen werden sollen, darf daher kein ganz graues Roheisen angewendet werden, und am wenigsten darf dasselbe aus strengflüssigen Beschickungen dargestellt worden seyn. Wollte man aber, bei leichtflüssigen Beschickungen, das Verhältniß des Erzes zu den Kohlen sehr reichlich einrichten; so würde man in Gefahr gerathen, entweder den Ofen mit Erz zu übersetzen, oder, bei einem gaar bleibenden Gange desselben, das Verhältniß des gaaren weißen zu dem gaaren grauen Roheisen so sehr zu erhöhen, daß die Festigkeit des Roheisens durch die zu stark vorwaltende Menge des letzteren vermindert wird. Man wendet in Schweden ein eigenthümliches Mittel an, diesem Uebelstande zu entgehen. Es besteht darin, daß der Gang des Ofens zwar ganz gaar eingerichtet, auch die Beschickung an sich nicht verändert, aber das Erz theils in einem gerösteten, theils im ungerösteten Zustande angewendet wird. Man erhält auf diese Weise, bei einem gaaren Gange des Ofens, wegen der verschiedenen Reducirbarkeit des stark und des schwach, oder auch gar nicht gerösteten Erzes, theils gaares weißes, theils gaares graues Roheisen, welche beiden Roheisenarten sich im Gestell nicht mit einander mischen, sondern ein halbirtes Roheisen bilden, gerade so wie es aus ganz gleichartigen und vor dem Verschmelzen auf gleiche Weise behandelten Erzen, dann erfolgt, wenn die Hitze im Ofen nicht stark genug ist, um das gaare weiße Roheisen vollständig in graues umzuändern. Im Erfolge, nämlich für die Beschaffenheit des Produkts, findet also bei dieser Verfahrungsweise kein Unterschied gegen den Erfolg statt, welcher eintreten würde, wenn der Gang des Ofens bei ganz homogenen Erzen u. s. f. auf die Erzeugung von halbirtem Roheisen eingerichtet würde; allein bei jener Verfahrungsart läßt sich das Verhältniß des grauen Antheils zu dem gaaren weißen leichter reguliren, auch ist dabei so leicht das Eintreten eines zu kalten Ganges nicht zu befürchten. Dieses Verfahren, die Menge des Graphits im Roheisen zu vermindern, oder vielmehr einen solchen Gaargang des Ofens anhaltend eintreten zu lassen, bei welchem halbirtes Roheisen, d. h ein Gemenge von gaarem weißen und gaarem grauen Roheisen in bestimmten Verhältnissen entsteht, ist nur bei leichtflüssigen Erzen oder Beschickungen, und bei niedrigen Obergestellen anwendbar. Bei strengflüssigen Erzen und bei hohen und engen Obergestellen ist eine so geringe Temperaturdifferenz, als zur theilweisen Umwandlung des gaaren weißen Roheisens in graues erforderlich ist, nicht anhaltend zu bewerkstelligen.

Daher wendet man an anderen Orten eine von jenem Verfahren verschiedene, nicht minder zweckmäßige Methode an, um den Graphit des Roheisens zu vermindern. Sie besteht darin, daß man den Gang des Ofens (bei einer leichflüssigen Beschickung) so eingerichtet, daß völlig graues Roheisen entsteht, und daß man, etwa zwei Stunden vor dem Abstechen, eine Quantität von reinem Eisenstein in das Gestell bringt und auf das flüssige Eisen im Heerde wirken läßt. Der Heerd darf dabei jedoch nicht ganz voll Eisen gehalten werden, weil die mit Heftigkeit hervorbrechende Schlacke sonst keinen Ausgang unter dem Tümpel finden würde. Das Erz wird in der Größe eines Taubeneies bis zur Größe eines Hühnereies durch die Form in den Ofen gebracht, und zwar in Intervallen, damit sich der Heerd nicht abkühlt. Nachdem auf diese Weise in einer Zeit von etwa 15 Minuten ein Quantum von 30 bis 35 Pfund Erze in das Gestell geworfen worden ist, pflegt die Schlacke in starken Strömen über den Wallstein hervorzubrechen. Stellt sich der gewöhnliche Schlackenlauf wieder ein, so wird das Eisen im Heerde mit einer Brechstange durchgerührt und alsdann, wenn es nöthig ist, zum zweiten, allenfalls demnächst auch zum dritten Füttern geschritten. Durch diese Operation läßt sich die Quantität des Graphits so weit vermindern, als es nach der jedesmaligen Beschaffenheit des grauen Roheisens nöthig ist. Es gewinnt dadurch an Festigkeit, daß es beim Erstarren weniger Graphit ausstößt, welcher den Zusammenhang der Roheisenmasse auf mechanische Weise unterbrechen und zur Entstehung von sogenannten Schaumstellen Veranlassung geben würde. Durch ein fortgesetztes Füttern würde der Graphit gänzlich zerstört und ein Roheisen erhalten werden, wie es bei einem übersetzten Gange des Ofens erfolgt. Das durch einen nicht zu weit getriebenen Fütterungsprozeß erhaltene graue Roheisen ist daher von einer etwas anderen Beschaffenheit als das graue Roheisen, welches nach der Schwedischen Methode dargestellt wird. Dieses ist nämlich halbirtes Roheisen, d. h. ein Gemenge von gaarem weißen mit gaarem grauen Roheisen; jenes aber ein Gemenge von gaarem grauen Roheisen mit Roheisen, welches durch einen geringeren Kohlengehalt schon weiß geworden ist. Der eigentliche Zweck beider Verfahrungsarten besteht aber darin, die Bildung einer zu großen Menge von Graphit beim Erstarren des Roheisens zu verhindern, welchen man in Schweden durch die theilweise Erzeugung des gaaren weißen Roheisens, und an anderen Orten durch die Abscheidung eines Theils der Kohle, durch die Einwirkung des Eisenoxyds auf das Roheisen, zu erreichen sucht. Weil man durch den Fütterungsprozeß eine bestimmte Gränze nicht leicht überschreiten kann, und weil sich dabei zugleich der Kohlegehalt des Eisens vermindert, so verdient derselbe den Vorzug und dürfte, bei leichtflüssigen Beschickungen, überhaupt sehr zu empfehlen seyn, indem der Gang des Ofens dabei immer gleichartig gaar erhalten werden kann, ohne die nachtheiligen Wirkungen des Graphits zu erfahren, und das Roheisen mit Erdbasen zu überladen.

Bei grauem Roheisen aus sehr strengflüssigen Beschickungen, die in hohen und engen Obergestellen durchgeschmolzen werden, ist das Füttern nicht anwendbar, weil dies Roheisen schon an sich weniger Kohle enthält und durch das Füttern zu leicht matt wird. Auch hat man bei diesem Eisen von den nachtheiligen Wirkungen des Graphit wenig zu besorgen; man würde bei demselben vielmehr nur auf die Abscheidung der Erdbasen Rücksicht zu nehmen haben, welche aber durch das Füttern nicht erfolgen kann. Das durch den Fütterungsprozeß erhaltene Roheisen läßt sich unmittelbar durch den Hohofenprozeß nur bei einem höchst unregelmäßigen Gange des Ofens zufällig darstellen, weil die Temperaturdifferenzen in welchen gaares graues Roheisen und weißes Roheisen vom übersetzten Gange gebildet werden, zu bedeutend sind, als daß sie bei einem regelmäßigen Gange des Ofens gleichzeitig eintreten könnten. Ein solches Roheisen würde nur gebildet werden können, wenn die Schmelzung in sehr erweiterten Schmelzräumen und bei einem nicht mehr durchgreifenden Winde erfolgt und alsdann würde der Ofen schon dem Ersticken nahe seyn.

Dieselben Wirkungen wie das reine Eisenerz, bringt auch der Kalkstein hervor (§. 288.); indeß wird man sich desselben deshalb weniger gern bedienen, weil von der entstehenden strengflüssigeren Schlacke eine nachtheilige Wirkung auf das Gestell, und ein Anhäufen von trockener Schlacke im Gestellraum zu befürchten ist.

§. 712.

Eine Gießerei wird mit den größten ökonomischen Vortheilen dort anzulegen seyn, wo das Roheisen unmittelbar aus dem Hohofen verwendet werden kann. Aber eine Gießerei die bloß auf das Roheisen, welches sie aus dem Hohofen erhält, beschränkt ist, kann nicht alle Gußwaaren in der erforderlichen Beschaffenheit liefern. Werden kaltbrüchige Erze verschmolzen, so muß die Gießerei auf die Anfertigung von Geschütz und von Maschinentheilen, welche starke Stöße auszuhalten haben, Verzicht leisten, auch wird man bei gutartigen Erzen, und wenn der Ofen zugleich Roheisen zum Verfrischen liefert, in den Fall kommen, den Gang bald zum Nachtheil der Gußwaarenfabrikation, bald zum Nachtheil der Stabeisenbereitung einzurichten.

Einer vollständig eingerichteten Gießerei sollte stets jede Art von Roheisen, die zu der verlangten Gußwaare erforderlich ist, zu Gebote stehen. Dies kann nur durch das Umschmelzen des Roheisens geschehen, weil der Hohofen, der Beschaffenheit des Erzes und des Brennmaterials gemäß, in einem ungestörten und stets gleich bleibenden Gange erhalten werden muß. Nun dann, wenn die Hohöfen so wenig Eisen liefern, oder wenn ein so starker Absatz von gewissen Gußwaarenartikeln zu erwarten ist, daß alles Roheisen fabrikenmäßig zu dieser einzelnen Gußwaarensorte verwendet werden kann, bedarf es der Vorrichtungen zum Umschmelzen des Roheisens nicht, wohl aber dann, wo alle mögliche gußeiserne Gegenstände verlangt werden. Es giebt mehre Gründe, aus denen das Umschmelzen des Roheisens erfolgen muß, wenn es zu Gußwaaren benutzt werden soll, nämlich;

1. Um zu jeder Zeit flüssiges Roheisen zu haben, und die Inventarien und die Arbeiter bei einer ausgedehnten Gießerei nicht zu sehr vermehren zu dürfen.

2. Um das zu jeder Gußwaare angemessene Roheisen her-

beischaffen zu können, welches beim Betriebe des Hohofens allein nicht geschehen kann.

3. Um große und schwere Gußwaaren, welche mehr Roheisen erfordern, als der Heerd des Ofens aufnehmen kann, anfertigen zu können.

4. Um Gießereien an solchen Orten (in Städten, an schiffbaren Flüssen u. s. f.) anlegen zu können, wo, wegen Entlegenheit der Erze und der Brennmaterialien oder aus sicherheitspolizeilichen Rücksichten, ein Hohofen nicht betrieben werden kann, wo aber ein hinlänglich großer Absatz von Gußwaaren zu erwarten ist, um die Kosten des Transports und des Umschmelzens des Roheisens zu übertragen, oder wo andere Umstände die Anlage einer Gießerei rathsam machen.

§. 713.

Am besten wird eine Gießerei da gedeihen, wo die Anlagen zum Umschmelzen des Roheisens mit dem Betriebe des Hohofens verbunden werden können. Dann wird es der Gießerei niemals an gutem Eisen fehlen, man wird aber auch die Umschmelzkosten in allen den Fällen ersparen können, wo die Beschaffenheit der Gußwaaren es gestattet, das Roheisen unmittelbar aus dem Hohofen zu entnehmen. Dies ist ein bedeutender Vorzug, den solche Gießereien vor denen voraus haben, bei welchen a l l e anzufertigenden Gußwaaren die Umschmelzkosten des Roheisens tragen müssen, welche oft so groß sind, daß diejenigen Gußwaaren, bei denen die Fabrikationskosten mit den Preisen des Materials nicht im Verhältniß stehen, nicht angefertigt werden können, weil solche Gießereien mit entfernteren, welche den Vorzug genießen, das Roheisen durch den Hohofenbetrieb zu erhalten, nicht Preis halten können.

Das flüssige Roheisen mag aus dem Hohofen unmittelbar genommen, oder erst in anderen Oefen umgeschmolzen werden, so sind doch die Vorrichtungen, um es in die Formen zu leileiten, übereinstimmend. Das Roheisen muß entweder durch eine in Sand geformte Rinne aus dem Ofen in die Formen laufen, welche tiefer liegen als die Abstichöffnung, oder es wird in Gießkellen aufgefangen, und in den Kellen zu den Formen getragen. Die Formen zu großen und schweren Gegenständen werden immer in die Erde eingegraben und mit Sand umstampft (sie werden eingedämmt), um dem Druck des Eisens gegen die Wände der Form einen Widerstand entgegenzusetzen, und das Zersprengen der Form zu verhindern. Diese Formen stehen schon deshalb immer niedriger als die Abstichöffnungen der Oefen, denen man immer eine höhere Lage als der Hüttensohle zutheilt, um für das Gerinne, welches das flüssige Eisen in die Formen leiten soll, ein Gefälle zu erhalten.

Die Anwendung des Roheisens zu Gußwaaren zerfällt in zwei Theile. Der erste lehrt das Verfahren beim Umschmelzen des Roheisens, in so fern es nicht unmittelbar aus dem Hohofen genommen wird; der zweite zeigt die verschiedenen Methoden, um dem Roheisen die verlangte äußere Gestalt zu ertheilen. Um diese hervorzubringen, müssen hohle Räume gebildet werden, welche die äußere Form des Körpers besitzen, den man darzustellen wünscht. Ein solcher hohler Raum heißt die Form, weil er gleichsam die äußere Form ist, die das Roheisen anzunehmen gezwungen wird. Diese Form zu bilden, ist die Beschäftigung des Förmers, und die Kunst, welche sie zu bilden lehrt, wird die Förmerei genannt.

Umschmelzen des Roheisens.

§. 714.

Man wendet drei verschiedene Arten an, um das Roheisen umzuschmelzen und in den Zustand der Flüssigkeit zu versetzen. Entweder schmelzt man es in bedeckten Gefäßen (Tiegeln), welche zwischen glühenden Kohlen auf den Rost eines gut ziehenden Windofens gestellt werden; oder es wird mit Kohlen geschichtet, in niedrigen, mit einem Gebläse versehenen Oefen

(Kupolöfen) niedergeschmolzen, und unter der Form in dem untersten Theil des Ofenschachtes gesammelt, aus welchem es von Zeit zu Zeit entnommen wird; oder es wird bei Flammenfeuer in Oefen (Flammenöfen) geschmolzen, welche mit einem besonderen Raum zum Verbrennen des Brennmaterials versehen sind, dessen Flamme über das in einem zweiten Raum befindliche einzuschmelzende Roheisen geleitet, das flüssig gewordene Roheisen aber in einem Sumpfe aufgesammelt, und aus diesem entweder mit Kellen ausgeschöpft, oder mit Einemmal durch eine Abstichöffnung abgelassen wird.

Jede von diesen Methoden hat ihre Eigenthümlichkeiten, und bei jedem Umschmelzen wird die Natur des Roheisen mehr oder weniger verändert.

§. 715.

Beim Tiegelschmelzen leidet das Roheisen die geringste Veränderung, weil es weder mit Kohle noch mit der Luft unmittelbar in Berührung kommt. Das Tiegelschmelzen würde daher nur ein eigentliches Umschmelzen seyn, wenn es möglich wäre den Zutritt der Luft völlig abzuhalten. Die Oberfläche des fließenden Eisens ist der Wirkung der Luft aber doch zum Theil ausgesetzt, wenn man nicht reine glasartige Flüsse zur Bedeckung anwendet. Gewöhnlich geschieht dies zur Ersparung der Schmelzkosten nicht, und deshalb wird ein Theil Roheisen verschlackt werden.

Durch das Schmelzen in Kupolöfen wird das Roheisen der Einwirkung der Kohle ausgesetzt, indeß geschieht die Schmelzung so rasch, daß eine neue Verbindung der Kohle mit dem Eisen kaum erfolgen kann. Weil zur Umänderung des weißen Roheisens in graues ein hoher Grad der Temperatur erforderlich ist, so tritt fast häufiger der Fall ein, besonders beim ersten Anlassen des Ofens, daß das eingetragene graue Roheisen weiß wird, als daß das einzuschmelzende weiße Roheisen grau würde. Durch die Asche des angewendeten Brennmaterials und durch das Abschmelzen des Schachtfutters, bildet sich eine sehr strengflüssige Schlacke, welche die Verkalkung eines großen Theils Eisen herbeigeführt und zum Niederblasen des Ofens Anlaß geben kann, wenn derselbe mehre Stunden lang im Betriebe gewesen ist, in so fern man nicht ein Mittel dagegen anwendet, welches in dem Zusatz von etwas Kalkstein besteht, um das in dem Kupolofen aus den Schachtwänden sich bildende strengflüssige Thonerden-Silikat leichtflüssiger zu machen. Das aus den Kupolöfen abgestochene Roheisen behält daher ziemlich dieselbe Beschaffenheit, welche das einzuschmelzende Roheisen hatte, nur daß es durch das Umschmelzen dichter und feinkörniger wird, wenn recht graues Roheisen aus dem Hohofen zum Schmelzen genommen ward. Der Graphit, welcher beim Erkalten des Roheisens aus dem Hohofen nicht aufgelößt bleiben konnte, und sich als feine Blättchen abschied, die sich zwischen die Roheisenmasse legten, scheint beim Umschmelzen im Kupolofen zum Theil abgeschieden zu werden. Alles bei leichtflüssigen Beschickungen und bei weiten Zustellungen erblasene graue Roheisen ist sehr geneigt, sich beim Umschmelzen in Kupolöfen abzuschrekken, wenigstens an den Rändern weiß zu werden und dadurch harte Oberflächen zu erhalten, wogegen das bei strengflüssigen Beschickungen und in hohen Obergestellen erblasene Roheisen, durch Umschmelzen im Kupolofen grau- und weich bleibt.

In den Flammenöfen kann das Roheisen der Einwirkung der Luft niemals entzogen werden. Das Verhalten des grauen und des weißen Roheisens beim Umschmelzen in Flammenöfen ist schon im ersten Abschnitt erörtert. Das graue Roheisen aus strengflüssigen Beschickungen und bei hohen Obergestellen erblasen, verliert bei raschem Einschmelzen wenig an Gewicht, und wird durch das Umschmelzen keinesweges schlechter, sondern vielmehr fester und dichter, ohne so hart zu werden, daß es sich mit Werkzeugen nicht mehr bearbeiten ließe. Je öfter dies graue Roheisen in Flammenöfen umgeschmolzen wird, desto lichter wird die Farbe. Das Gefüge bleibt dabei körnig und wird nie strahlig oder blättrig, weil es sich dem gefrischten Zustande nähert. Mit der zunehmenden lichten Farbe nehmen die glatte Beschaffenheit der Oberfläche, so wie die Festigkeit des Eisens zu, wobei die Härte eher vermindert als vermehrt wird. Ein solches im Flammenofen umgeschmolzenes graues Eisen verhält sich in allen seinen Eigenschaften wie dasjenige Roheisen, welches aus grauem Roheisen im Gestell des Hohofens durch den Prozeß des Fütterns (§. 711.) erhalten wird; es ist nämlich ein Gemenge von grauem mit stahlartigem Roheisen.

Anders ist das Verhalten des bei leichtflüssigen Beschickungen und in niedrigen Obergestellen erblasenen grauen Roheisens. Dies Roheisen wird zuweilen schon beim ersten Umschmelzen weiß und vermehrt dann seine Härte in einem größeren Verhältniß als seine Festigkeit, weshalb es zu starken Gußstücken, von denen man eine bedeutende Härte verlangt (Ambösse, Pochstempel, Walzen), so wie zu allen Gußwaaren, bei denen es mehr auf eine dichte und glatte Oberfläche, als auf große Festigkeit ankommt, vorzüglich anwendbar wird. Ein vollkommen gaar erblasenes graues Roheisen mit großem Kohlegehalt aus leichtflüssigen Beschickungen giebt aber bei dem einmaligen Umschmelzen im Flammenofen in der Regel ein vortreffliches, festes und in dickeren Massen noch grau bleibendes Roheisen, so daß es auch zum Geschützguß angewendet wird. Wird es aber zum zweiten mal umgeschmolzen, so wird es leicht matt und weiß, veranlaßt Blasenräume in den stärkeren Gußstücken uud wird dadurch unanwendbar zur Gießerei. Es scheint, daß dies graue Roheisen, weil es sehr rein ist, durch das Umschmelzen im Flammenofen schnell seinen Kohlengehalt vermindert und dadurch weniger Flüssigkeit erhält. Das unreine graue Roheisen mit dem geringsten Kohlengehalt hält denselben, — wahrscheinlich wegen des Siliciumgehaltes, — hartnäckiger zurück, und gestattet daher ein öfteres Umschmelzen.

Nur in Flammenöfen, in welchen schnell eine sehr hohe Temperatur hervorgebracht werden kann, würde das reine, und an Kohle reiche, graue Roheisen mehre male geschmolzen werden können und dann ein vortreffliches festes, weiches, dem Zustande des gefrischten Eisens sich näherndes Roheisen geben.

§. 716.

Die Beschaffenheit des Roheisens, welches nicht unmittelbar aus dem Gestell des Hohofens zur Gußwaarenfabrikation verwendet, sondern zuvor umgeschmolzen wird, muß sich folglich nicht allein nach der Beschaffenheit der darzustellenden Gußwaaren, sondern auch nach dem Verfahren richten, welches bei dem Umschmelzen angewendet wird. Die verschiedenen Arten des grauen Roheisens verhalten sich beim Umschmelzen so sehr verschieden, daß es, wenn man von den Umständen unter welchen sie im Hohenofen erzeugt wurden, nicht genau unterrichtet ist, oft vieler Erfahrungen bedarf, um sich das Verhalten beim Umschmelzen erklären, und die zweckmäßigsten Mittel zur Darstellung des zu einem bestimmten Zweck brauchbaren umgeschmolzenen Roheisens ergreifen zu können.

Von den Gußwaaren, welche aus in Tiegeln umgeschmolzenem Roheisen erfolgen, verlangt man in der Regel die größte Sauberkeit und Reinheit der Oberfläche; Festigkeit und Härte des Gußstückes kommen weniger in Betrachtung. Eine große Härte ist zwar nachtheilig, wenn das Gußstück einer weiteren Bearbeitung durch die Feile, Meißel, Bohrer u. s. f. unterworfen werden soll, aber in solchen Fällen wird man Sprödigkeit und Härte durch das Tempern heben können. — Alles Roheisen von einem wirklich übersetzten Gange des Ofens, ist zum Tiegelguß nicht brauchbar, weil es leicht zerspringt. Das graue Roheisen giebt Gußstücken mit Schaumstellen, oder mit rauhen Oberflächen, je nachdem es bei einer leicht- oder strengflüssigen Beschickung erblasen war. Halbirtes Roheisen eignet sich zum Tiegelguß, und noch besser das bei strengflüssigen Beschickungen und in hohen und engen Obergestellen erblasene graue Roheisen, selbst wenn dasselbe schon ein- oder einigemale im Flammenofen umgeschmolzen worden ist. Nur wenn der Siliciumgehalt des Roheisens zu groß ist, wird es für den Tiegelguß unbrauchbar. Oft leistet eine Gattirung von grauem und vorher im Flammenofen umgeschmolzenem Roheisen, mit dem durch öfteres Umschmelzen sehr weiß gewordenen Roheisen, bei dem Tiegelguß vorzügliche Dienste, indem das in starker Hitze umgeschmolzene Eisen dann sehr flüssig wird, glatte Oberflächen bekommt und die feinsten Theile der Form mit großer Schärfe ausfüllt. Selbst weißes Roheisen von einem scharfen Gange des Ofens, kann, mit grauem Roheisen gattirt, in einer starken Hitze geschmolzen und vor dem Ausgießen sorgfältig durchgerührt, zum Tiegelguß sehr füglich angewendet werden.

§. 717.

Roheisen, welches in Schachtöfen (Kupolöfen) umgeschmolzen wird, muß bei einem gaaren Ofengange erblasen seyn. Bei höheren Kupolöfen und bei schweren Kohlen läßt sich eher graues Roheisen von leichtflüssigen Beschickungen und bei niedrigen Obergestellen erblasen, anwenden. Das beste Material für die Kupolöfen ist das graue Roheisen, welches bei nicht zu leichtflüssigen Beschickungen und bei hohen und engen Obergestellen erzeugt worden ist. Dies Roheisen verliert durch das Umschmelzen, selbst in niedrigen Kupolöfen und bei leichten Kohlen, nichts von seiner weichen Beschaffenheit, obgleich es bei einem großen Siliciumgehalt sehr strengflüssig wird und viel Kohle beim Umschmelzen erfordert. Daher ist auch das bei strengflüssigen Beschickungen und und bei Koaks erblasene Roheisen, dann besonders für den Betrieb des Kupolofens zu empfehlen, wenn es mehr auf die Weichheit als auf die Festigkeit des Gußstücks ankommt. Weil dies Roheisen zum Abschrecken und Hartwerden nicht geneigt ist, so besitzt es immer den Grad von Festigkeit, daß es zu den mehrsten Gußwaaren recht gut angewendet werden kann.

§. 718.

Zum Umschmelzen in Flammenöfen eignet sich besonders das bei einer nicht zu leichtflüssigen Beschickung und in nicht zu weiten Obergestellen erblasene graue Roheisen. Selbst das halbirte Roheisen gelangt kaum mehr in den Zustand der Flüssigkeit, daß es die Formen vollkommen ausfüllt. Das graue Roheisen von leichtflüssigen Beschickungen und über weiten und niedrigen Obergestellen erblasen, enthält eben so viel Kohle als das halbirte Roheisen, weshalb es durch das Umschmelzen im Flammenofen bald weiß wird. Einige Arten des grauen Roheisens lassen sich daher nicht in Flammenöfen, welche nur eine langsam gesteigerte und niemals eine große Höhe erreichende Temperatur gewähren, und in zweckmäßig eingerichteten nur einmal umschmelzen, während andere Arten ein zweimaliges, und noch andere ein 3, 4 und mehrmaliges Umschmelzen gestatten. Alles graue Roheisen von strengflüssigen Beschickungen und über hohen und engen Obergestellen erblasen, ist zum Umschmelzen in Flammenöfen vorzüglich geeignet, und man mögte sagen, daß es zur Gießerei desto besser und anwendbarer wird, je öfter man es umschmelzt; allein die größte Festigkeit kann man von diesem Eisen nicht erwarten, weshalb es zwar zu jedem anderen Behufe, aber nicht zum Geschützguß, zu gebrauchen ist. Das beste Material dazu liefert eine leichtflüssige Beschickung über hohen und engen Obergestellen erblasen und einallenfalls auch zweimal in einer lebhaften und schnellen Schmelzhitze im Flammenofen umgeschmolzen. Alles graue Roheisen verliert durch das Umschmelzen im Flammenofen einen Theil seines Gehaltes an Graphit und an Silicium.

§. 719.

Eine vollkommen eingerichtete Eisengießerei muß also (neben dem Hohofen) Tiegelschmelzöfen, Kupolöfen und Flammenöfen besitzen. In den Tiegelöfen können nur kleine Quantitäten Eisen umgeschmolzen werden. Der Tiegelguß wird besonders zur Anfertigung ganz kleiner Maschinentheile oder kleiner Clincaillериewaaren (gegossener Knöpfe, Schnallen, Verzierungen aller Art, Medaillons u. s. f.) angewendet, wenn die Kupolöfen nicht im Betriebe sind, oder nicht vollständig beschäftigt werden können. — Aus den Kupolöfen lassen sich alle Gußwaaren mit großer Bequemlichkeit darstellen, weil diese Oefen fast ununterbrochen flüssiges Roheisen geben, folglich den Förmern immer Beschäftigung gewähren ohne ein großes Inventarium an Modellen und Formkasten nöthig zu machen. Die Flammenöfen sind zum Abguß sehr großer und schwerer Sachen unentbehrlich; auch lassen sich alle Gußwaaren, bei denen Dichtigkeit, Festigkeit und Härte verlangt wird, nur aus Flammenöfen gießen. Flammenöfen, welche so eingerichtet sind, daß man das eingeschmolzene Eisen mit Gießkellen ausschöpfen kann, können auch statt der Kupolöfen in Anwendung kommen.

Schmelzen des Roheisens in Tiegeln.

§. 720.

Das Umschmelzen des Roheisens in Tiegeln ist eine sehr einfache Operation. Die Oefen zum Tiegelschmelzen unterscheiden sich von den früher (§. 427.) beschriebenen Oefen zum Probiren der Eisenerze durchaus nicht. Man kann daher Tiegelschmelzöfen mit natürlichem Luftzug, oder mit Gebläse anwenden. Die letzteren sind die vorzüglicheren, weil sich darin schneller eine höhere Temperatur hervorbringen läßt. Vorzüglich zu empfehlen sind die im §. 427. erwähnten und Taf. I. Fig. 19 bis 23. dargestellten Oefen. — Eine ganz gewöhnliche Einrichtung zum Umschmelzen des Roheisens in Tiegeln, wie man sie in kleinen Eisengießereien häufig antrifft, ist auf Taf. **XX.** Fig. 12. dargestellt.

Am vortheilhaftesten ist es, den Oefen eine solche Einrichtung zu geben, daß nur ein einziger Tiegel eingesetzt wird, weil dadurch das Brennmaterial am besten zusammengehalten werden kann. Es versteht sich von selbst, daß der Tiegel nicht unmittelbar auf den Rost, sondern auf eine unschmelzbare, 3 bis 4 Zoll hohe Unterlage gestellt werden muß, weil er sonst durch die von unten einströmende Luft kalt geblasen und theils nicht gehörig erhitzt, theils durch die ungleiche Erhitzung dem Springen ausgesetzt werden würde.

§. 721.

Die Tiegel sind entweder aus feuerfestem Thon (Hessische Schmelztiegel), oder es sind Kohlentiegel aus Graphit (Ipser Tiegel). Die letzteren sind zwar kostbarer aber vorzüglicher, weil sie das Eisen mehr gegen die Oxydation schützen und einen geringeren Schmelzverlust verursachen. Ein guter Tiegel muß mehre Schmelzungen aushalten. Größere Tiegel, als solche die 20 bis 30 Preuß. Pfunde Roheisen enthalten können, wendet man selten an, weil in der Regel nur kleine Gegenstände aus Tiegeln gegossen werden und kleinere Tiegel sich bequemer als große und schwere handhaben lassen.

Als Feuerungsmaterial bedient man sich entweder der Holzkohlen oder der Koaks. Bei der Anwendung von Holzkohlen muß der Ofen höher seyn, auch müssen von Zeit zu Zeit Kohlen nachgeschüttet werden, wodurch das Umschmelzen kostbar wird, weshalb es nur in solchen Gegenden geschehen könnte, wo das Holz wohlfeil ist. 100 preuß. Pfund Roheisen würden, auch bei einer ganz vortheilhaften Konstruktion des Ofens, wahrscheinlich 80 bis 100 rheinl. Kubikfuß Holzkohlen erfordern. Vortheilhafter ist die Anwendung der Koaks, von denen aber zum Umschmelzen von 100 preuß. Pfund Roheisen, auch 10 bis 15 rheinl. Kubikfuß verbraucht werden. Genau läßt sich dieser Verbrauch nicht bestimmen, weil zu einem Schmelzen fast gleiche Quantitäten Kohlen oder Koaks erforderlich sind, man mag größere oder kleinere Tiegel anwenden und diese mehr oder weniger füllen. Würden die Tiegelgießereien im Großen betrieben, und die Oefen nach Art der Messingschmelzöfen eingerichtet, so würden ungleich weniger Kohlen unbenutzt verbrennen, und mehre Tiegel zugleich mit Vortheil angewendet werden können.

Runde Schächte sind den eckigen vorzuziehen, weil die Kohlen in den Ecken ohne, oder mit geringem Effekt verbrennen und weil das Niedersinken der Kohlen in runden Schächten regelmäßiger als in den eckigen erfolgt.

Bei dem Tiegelschmelzen ist dahin zu sehen, daß zuletzt eine sehr starke Hitze gegeben wird, damit das Roheisen in einen recht dünnen Fluß kommt und bei der Abnahme der Temperatur, die beim Ausheben des Tiegels unvermeidlich ist, nicht matt wird. Man pflegt die Tiegel gewöhnlich mit den Scherben von verbrauchten Tiegeln zu bedecken, um das Hineinfallen von Koaks zu verhindern, welche das Eisen verunreinigen; allein die Luft wird durch diese Decke nicht abgehalten, weshalb sich auch etwas Eisen verschlackt. Die Verschlackung ist um so bedeutender, je längere Zeit erfordert wird, um das Roheisen, welches immer in einem zerkleinerten Zustande angewendet wird, um die Räume des Tiegels vollständiger auszufüllen, in Fluß zu bringen, indem die glühenden Roheisenstücke eine große Oberfläche darbieten. Die Anwendung einer Decke von Kohlenstaub ist ganz zweckmäßig; einer Glasdecke bedient man sich aber nicht, weil dieselbe nicht allein die Tiegel verunreinigt, sondern auch beim Ausgießen des flüssigen Roheisens in die Formen hinderlich wird.

Weißes Roheisen kommt zwar schneller in Fluß als graues, allein es behält die Flüssigkeit nicht lange, sondern verdickt sich bald und erstarrt sehr schnell, wenn es nicht eine anhaltende und sehr starke Hitze erhält. Fast eben so verhält sich das graue Roheisen, welches bei leichtflüssiger Beschickung und in niedrigen Obergestellen erblasen ist. Diese Eisenarten müssen daher einer sehr starken Hitze ausgesetzt werden, weniger um sie zum Schmelzen zu bringen, als um die geschmolzene Masse in einen dünnflüssigen Zustand zu versetzen. Graues, bei strengflüssiger Beschickung und über hohen und engen Obergestellen erblasenes Roheisen, erfordert einen viel höheren Grad der Hitze, um flüssig zu werden, bekommt alsdann aber auch eine sehr große Dünnflüssigkeit und bleibt viel länger im flüssigen Zustande. Aehnlich ist das Verhalten des durch Umschmelzen im Flammenofen lichter gewordenen grauen Roheisens. Dies weißgraue körnige Roheisen erfordert einen noch höheren Hitzgrad als das graue Roheisen, um flüssig zu werden, erlangt aber eine völlige Dünnflüssigkeit und erstarrt noch langsamer als das graue Roheisen. Zum Tiegelguß ist es wegen dieser Dünnflüssigkeit und wegen der schönen, glatten und reinen Oberflächen, welche die Gußstücken erhalten, ganz vorzüglich anwendbar. Ganz untauglich zum Tiegelguß ist das weiße körnige Roheisen, welches besonders in den Koaköfen bei gaarem, aber mattem Gange erzeugt wird. Dies Eisen ist strengflüssig, ohne dabei dünnflüssig zu seyn. Es füllt daher die Formen nicht scharf aus und giebt Gußwaaren mit sehr unansehnlicher und rauher Oberfläche.

Bei der Anwendung von grauem Roheisen, bei einer schnellen Schmelzung und bei einer Bedeckung des Eisens mit Kohlenstaub, sollte ein großer Abgang an Eisen beim Tiegelschmelzen nicht stattfinden können. Dennoch beträgt derselbe 25, und, bei minder schnellen und hitzigen Schmelzungen, auch wohl 33 und mehr Procent. Die Ursache dieses großen Verlustes besteht aber fast nur allein darin, daß viel Eisen beim Gießen verzettelt wird und selbst durch die Eingüsse verloren geht, welches bei kleinen Gußwaaren, die ein geringes Gewicht besitzen, von großer Bedeutung ist. Ein Theil Eisen wird aber auch wirklich verschlackt, besonders wenn das einzuschmelzende Eisen noch mit Sand und oxydirten Gußhäuten auf der Oberfläche verunreinigt ist. Dieser Verlust beträgt indeß bei einer vorsichtigen Schmelzung nicht leicht 5 Procent. Das weiße Roheisen würde, wenn es nicht in einer sehr starken Hitze recht dünnflüssig gemacht wird, einen noch größeren Abgang veranlassen, weil es beim Ausgießen stark an den Tiegelwänden hängen bleiben würde.

Beim Eintragen der Kohlen ist es nothwendig, sie nicht in zu großen, sondern in Stücken von höchstens 2 Kubikzoll Inhalt anzuwenden, weil größere Stücke sich sperren und leere Räume veranlassen, wodurch kalte Luft an die Wände des Tiegels tritt, und die Schmelzung verhindert, wenn sie auch nicht immer zum Zerspringen des Tiegels Anlaß giebt. Die entstehenden Zwischenräume beim Niedersinken der Kohlen müssen mit Stücken ausgefüllt werden, deren Größe dem räumlichen Inhalt der Zwischenräume angemessen ist; auch müssen die Kohlen von Zeit zu Zeit mit einem eisernen Haken von oben zusammen gestoßen werden, damit sie nicht Höhlungen veranlassen.

Die Tiegelgießerei ist also zwar sehr einfach und erfordert wenig Vorrichtungen; dagegen ist sie aber auch kostbar: theils wegen der Unterhaltung der Tiegel, theils wegen des großen zum Umschmelzen erforderlichen Brennmaterialien-Aufwandes und wegen des bedeutenden Eisenverlustes. Es können daher auch nur kleine Gußwaaren, die als Luxusartikel, oder wegen der Mühsamkeit beim Einformen, theuer bezahlt werden, die Unkosten des Tiegelgusses tragen.

Umschmelzen des Roheisens in Schachtöfen.

§. 722.

Die Tiegelgießerei ward, nach Reaumur's Zeugniß, zu Anfang des vorigen Jahrhunderts in Frankreich zur Darstellung kleiner Gußwaaren angewendet; mehrentheils schmolz man das Eisen aber in einem kleinen Tiegel vor dem Gebläse, wodurch zwar viel Kohlen erspart wurden, aber nur 1 bis höchstens 3 Pfund Eisen gleichzeitig in einem Tiegel umgeschmolzen werden konnten. Zu eben dieser Zeit bediente man sich aber in Frankreich auch kleiner tragbarer Oefen, von 16 bis 24 Zoll Höhe, und 6 bis 9 Zoll im Durchmesser weit. In diesen kleinen Oefen wurde das Roheisen — welches höchstens in Stücken von der Größe eines Thalers verschmolzen werden durfte — mit Holzkohlen geschichtet, niedergeschmolzen und das Feuer durch einen oder durch mehre Handblasebälge, deren Düsen sich in einer Form vereinigten, unterhalten. Der Ofen war aus feuerfestem Thon zusammengesetzt und bestand aus zwei Stücken, von denen der Obertheil, welcher den Schacht vorstellte, genau auf den Untertheil paßte, in welchem der eigentliche Heerd, oder das Behältniß für das niedergeschmolzene flüssige Eisen, nach Art einer Kapelle, befindlich war. Die Formöffnung war halb im Ober=, halb im Untertheil des Ofens eingeschnitten, und der Schacht hatte eine vollkommen konische Gestalt. Jeder Schmelztiegel, sogar jeder alte Topf, wenn er fest und haltbar genug war, konnte die Stelle des Untertheils vertreten, und der Obertheil ließ sich aus unbrauchbaren Tiegeln, denen der Boden fehlte, zusammensetzen, wenn sich die einzelnen ringförmigen Stücken nur weit genug über einander schieben ließen und gehörig verdichtet wurden.

Wenn in den Oefen geschmolzen werden sollte, ward der untere Theil auf ein eisernes Gerippe gestellt, welches mit einem eisernen Bügel, der auf= und niedergeschlagen werden konnte, versehen war. Alsdann ward der Obertheil genau auf den Untertheil gesetzt und die Fuge zwischen beiden Theilen des Ofens verstrichen, worauf zuerst einige glühende Kohlen in den Schacht geworfen und dann der ganze Ofen mit Holzkohlen angefüllt ward. Wenn die Kohlen oben auf der Gicht glühend geworden waren, füllte man frische Kohlen nach, zog die Balgen langsam an, und setzte das Nachfüllen der leeren Kohlengichten so lange fort, bis der ganze Ofen äußerlich roth glühte, worauf man klein zerschlagenes Eisen auffetzte und mit Kohlen geschichtet niederschmolz. Wie viel Eisen jedesmal aufgegeben werden konnte, richtete sich nach der Temperatur im Inneren des Ofens vor der Form. Glühte es recht weiß, und war das Eisen sehr flüssig, so vermehrte man den Satz; war es im Ofen mehr roth als weiß, so mußte man vom Satz abbrechen u. s. f. Zuweilen erstarrte das Eisen schon im Tiegel oder im Untertheil des Ofens, und dann war es mit vieler Mühe verbunden, es wieder flüssig zu machen. War der Untertheil des Ofens fast mit flüssigem Roheisen angefüllt, so ward der Ofen niedergeblasen, der obere Theil von dem unteren abgenommen, die Schlacke von dem flüssigen Eisen abgezogen, und der ganze auf dem Gerippe stehende Untertheil des Ofens durch den Bügel in die Höhe gehoben und das flüssige Eisen unmittelbar aus dem Tiegel in die Formen gegossen.

Man suchte diese Oefen dadurch mehr zu vervollkommnen, daß man den unteren und den oberen Theil derselben aus einem Gerippe von geschmiedetem Eisen bestehen ließ, welches mit feuerfestem Thon ausgeklebt ward. Dadurch ward der Ofen wenigstens haltbarer, und der den Schacht vorstellende Obertheil des Ofens konnte beträchtlich viele Schmelzungen aushalten, indem der Untertheil, oder der Tiegel, nur ausgebessert werden durfte.

Mit dieser Einrichtung des Abhebens des oberen Theils von dem unteren, war Reaumur nicht zufrieden, weil dadurch viel Hitze und Zeit verloren wurden. Er schlug daher eine bessere Einrichtung vor, verband beide Theile des Ofens so mit einander, daß sie nur in den Fällen, wenn der Heerd oder der Schacht ausgebessert werden mußten, aus einander genommen werden konnten; brachte in der Höhe der Form und derselben gerade gegenüber eine Oeffnung an, welche beim Betriebe des Ofens verstopft und nach der Anfüllung des Tiegels mit flüssigem Roheisen geöffnet ward. Der Ofen ward in einem besonderen Gerüst (vermittelst zweier Zapfen, die in einer Pfanne lagen) aufgehängt, so daß er während der Dauer des Schmelzens senkrecht stand, aber umgestürzt werden konnte, wenn sich der Untertheil bis zur Höhe der Form mit Eisen gefüllt hatte, ohne daß seine Zapfen dadurch aus ihren Pfannen wichen. Vor dem Umstürzen ward die der Form gegenüber stehende Oeffnung aufgemacht, so daß alles Eisen aus derselben in die untergestellten Formen rann.

Die von Grignon in Vorschlag gebrachten großen Oefen zum Umschmelzen des Roheisens sind niemals in Ausführung gekommen, wenn man nicht etwa das Umschmelzen des Roheisens in den Hohofenschächten selbst, dahin rechnen will.

Reaumur, l'art d'adoucir le fer fondu. Paris 1722, Prem. et seconde mémoire. — Swedenborg de ferro. 218 sqq. — Grignon, Mémoire d'Artillerie sur une nouvelle fabrique de Canons de fonte epurée, ou de régule de fer; in dessen Mémoires de Physique sur l'Art de fabriquer le fer. Paris 1775. p. 426—443.

§. 723.

Man hat die Reaumurschen kleinen Oefen nach und nach erhöhet und erweitert, und sie da, wo man mit Holzkohlen schmelzt, von der anfänglichen Höhe von 16 Zoll, zur Höhe von 16 Fuß und darüber gebracht. Besonders haben es die Engländer sich angelegen seyn lassen, das Umschmelzen des Roheisens in niedrigen Schachtöfen zu vervollkommnen. Die ältere, von Reaumur herrührende Methode des Umstürzens des Ofens änderte man nach und nach dahin ab, daß man die Stichöffnung nicht in der Höhe der Form, sondern so wie bei allen Schachtöfen, in dem tiefsten Punkte des Schachtes, unter der Form, anbrachte, so daß sich das flüssige Eisen ebenfalls ansammelte, aber bei unveränderter Stellung des Ofens abgestochen werden konnte, ohne daß es nöthig gewesen wäre dem Ofen eine gewisse Neigung gegen den Horizont zu geben und dadurch das Abfließen des Eisens zu bewirken. Das Verfahren, das Eisen aus dem tiefsten Punkte des Ofens abzustechen, hat vor dem Auslaufenlassen des Eisens durch eine künstliche Neigung gegen den Horizont, welche dem Ofen ertheilt wird, einen doppelten Vortheil: Einmal werden zu diesem Stürzen oder Umkippen der Oefen Vorrichtungen und Kräfte erfordert, welche bei den unbeweglichen Schachtöfen nicht nöthig sind: und dann wird der Betrieb, nämlich das Niederschmelzen des Eisens, eben so oft unterbrochen, als der Ofen gestürzt werden muß, wodurch Zeit und Kohlen verloren gehen, während die unbeweglichen Oefen ununterbrochen im Gange bleiben können. Zwar hat man den Oefen in neueren Zeiten so große Dimensionen gegeben, daß der Heerd 10 und mehre Centner Eisen fassen kann, wodurch der Betrieb nur wenig unterbrochen wird; allein wenn diese Unterbrechung auch noch so geringe ist, so werden doch zur neuen Füllung des Ofens wieder Kohlen angewendet, welche bei den Oefen mit gewöhnlichem Abstich erspart werden können. Nach den von Norberg mitgetheilten Nachrichten sollen zum Umschmelzen von 100 preuß. Pfund Roheisen zwar auch nur 5 rheinl. Kubikfuß Holzkohlen erforderlich seyn, indeß leuchtet es ein, daß der Kohlenverbrauch immer etwas größer seyn muß, als bei den Oefen die des Umstürzens nicht bedürfen. Auch wird durch die Abkühlung und durch die wieder erneuerte Schmelzung, mehr Eisen verschlackt werden, als bei dem Umschmelzen in stehenden Oefen.

Man hat die Oefen, welche durch eine künstliche Vorrichtung aufgehängt schweben, und beim Ablassen des Eisens gegen den Horizont geneigt werden müssen, Senköfen oder Sturzöfen genannt, wogegen man die unbeweglichen Schachtöfen zum Umschmelzen des Roheisens Kupolöfen nennt. Beide sind also in Rücksicht ihrer Bestimmung, so wie in der eigentlichen Konstruktion, nicht verschieden und weichen nur in der Behandlung beim Ablassen des Eisens ab. Je größer die Senköfen sind, je bedeutender folglich ihr eigenes Gewicht und das der Schmelzmasse ist, welche sie enthalten, desto zusammengesetzter und kostbarer werden die Vorrichtungen seyn müssen, um den

Ofen schwebend zu erhalten und ihn zu stürzen, weshalb er gewöhnlich, um den Kraftaufwand zu vermindern, in seinem Schwerpunkt aufgehängt ist. Die äußeren Wände der Senköfen bestehen aus zusammengesetzten starken Eisenplatten, welchen, zum bequemeren Aufhängen der ganzen Vorrichtung, mehrentheils eine eiförmige Gestalt gegeben ist. Auch der Boden besteht aus eisernen Platten, und in dieses eiserne Gehäuse wird der Schacht aus feuerbeständigen Steinen, wie beim Kupolofen, eingesetzt. Auf die Oeffnungen zur Form und zum Abstich muß bei der Zusammenfügung der eisernen Platten Rücksicht genommen werden.

Norberg über die Production des Roheisens in Rußland, und über eine neue Schmelzmethode in sogenannten Stücköfen. Aus dem Schwed. v. Blumhof. Freiberg 1805.

§. 724.

Auch in Schweden bedient man sich noch der durch Hrn. Norberg dort eingeführten Stürzöfen, obgleich dieselben jetzt durch die Kupolöfen immer mehr verdrängt werden. Der Ofen zu Oesverrum besteht (oder bestand) im Wesentlichen aus einem aus Eisenblech angefertigten, Tonnen ähnlichen Gefäß, in welchem ein Schacht von feuerfesten Ziegeln eingesetzt wird. Taf. XXII. Fig. 12 a, b, c stellen die Seitenansicht, die Vorderansicht und den Durchschnitt dieses Ofens dar. Der Wind wird von zwei Seiten in den Ofen geführt. Der Ofen ruht mit zwei Zapfen in eisernen Lagern und wird, wenn er mit flüssigem Eisen angefüllt ist, geneigt, um dasselbe durch eine vorne befindliche Oeffnung auszugießen. Der Mantel des Ofens ist aus zwölf $\frac{1}{8}$ Zoll starken Eisenblechen zusammen genietet, die einen geschmiedeten oder gegossenen Boden umfassen. Oben und unten hat der Ofen einen geringeren Durchmesser als in der Mitte, um die Bewegung des Ofens in den Zapfen leichter vornehmen zu können.

Das Biegen der Mantelbleche geschieht über einem eisernen Bock. An der Gicht giebt man dem Mantel einen Kranz, damit die Schmelzmaterialien nicht zur Seite herabfallen. Zu beiden Seiten des Mantels ist eine Schiene angeniethet, die sich in zwei Arme theilt, welche zum Befestigen zweier, unter dem Boden angebrachter Schienen, mittelst Schrauben, benutzt werden. An diesen Schienen sind die beiden Zapfen entweder auf die in der Zeichnung angegebene Art befestigt, oder so angebracht, daß sie, frei stehend, an einem um den Ofen gelegten Ring befestigt sind. Die Höhe der Zapfen über dem Boden richtet sich nach dem Schwerpunkt des mit Eisen gefüllten Ofens; er darf nur einen Zoll über dem Aufhängepunkt liegen. Unter den Schienen ist, an jeder Seite des Ofens, eine Oeffnung für die Form angebracht und nach der Vorderseite sind ebenfalls zwei Oeffnungen in dem Mantel eingeschnitten. Die obere dient zum Ausgießen des Eisens und wird während des Schmelzens durch ein eingepaßtes Stück von feuerfestem Thon und einen vorgeschobenen Riegel verschlossen. Die untere wird nur bei Reparaturen geöffnet, um Schlacken und andere geschmolzene Massen mit der Brechstange lüften zu können. Die Ständer, welche die Zapfen tragen, vermittelst welcher der Ofen geneigt wird, sind von Gußeisen, oder auch von Stabeisen, und so hoch, daß der Ofen 9 Zoll über der Hüttensohle schwebt.

Zum Bewegen des Ofens in seinen Zapfen, dient ein 5 bis 9 Fuß langer Hebel, welcher während des Schmelzens in einen Hacken gelegt werden kann. Auch hatte man früher an dem Boden, auf der hinteren Fläche eine Kette befestigt, um den Ofen mittelst einer Winde über 45 Grad zu neigen, doch ist diese Einrichtung, als überflüssig, abgeschafft Bei dem Ausgießen des flüssigen Roheisens wird die Neigung des Ofens mit der Hand bestimmt.

Gewöhnlich stellt man zwei Sturzöfen unter eine mit einem Blechdach versehene Esse. Sie werden abwechselnd in Betrieb gesetzt und jeder erhält eine besondere Gichtbrücke. Die Windleitung vom Gebläse liegt hinter den Oefen und die von derselben ausgehenden Arme besitzen Oeffnungen für die vier Formen beider Oefen. Sie sind mit metallenen Hähnen, ledernen Schläuchen und mit Düsen von Eisenblech versehen.

Der Schacht des Ofens wird aus feuerfesten Steinen gebildet. Obgleich der Betrieb eines solchen Ofens nur bei Tage statt findet, so hält der Schacht doch selten über eine Woche aus, und muß dann wenigstens über den Formen ausgebessert werden.

Die Höhe des Ofens beträgt gewöhnlich 7 Fuß 9 Zoll. Der Boden wird zuerst mit zwei Lagen von Thonsteinen bedeckt, so daß die Formen 14, 16 höchstens 18 Zoll vom Boden entfernt sind. Dann wird der Schacht aufgeführt, dem man am Boden 18 Zoll, zwischen den Formen 30 bis 34 Zoll, und an der Gicht 24 bis 25 Zoll im Durchmesser giebt. Weil man den Schacht ohne Füllung einsetzt, so soll der Mantel des Ofens, bei einem lange anhaltenden Betrieb, zuweilen glühend werden. In dem Heerd des Ofens können sich 8, höchstens 11 preuß. Centner Roheisen ansammeln.

Die Formen sind gewöhnlich von Eisenblech, rund, 1½ bis 1¾ Zoll weit und liegen 3 Zoll über der Gießöffnung. Man rückt dieselben zuweilen 1½ bis 2 Zoll weiter in den Ofen hinein und umgiebt sie oben mit Thon, um das schnelle Wegschmelzen des Schachtes zu verhindern. Aus demselben Grunde liegen beide Formen auch nicht in einer Höhe, sondern die eine ½ bis 1 Zoll tiefer als die andere. Man giebt den Formen gewöhnlich eine Neigung in den Heerd und zwar um so mehr, je tiefer der Boden unter der Form liegt, wodurch man das Umändern des grauen Roheisens in weißes verhindern will. Durch eine zu starke Neigung der Form wird aber gerade die entgegengesetzte Wirkung hervorgebracht. Die Düsen sind von Eisenblech und 1½ Zoll weit. Sie können bei starker Senkung des Ofens, wobei sie hinderlich seyn würden, herausgenommen werden, weil sie an ledernen Schläuchen befestigt sind.

Das Gebläse dessen man sich bedient, ist das des Hohofens, weil ein Sturzofen nur während des Kaltlagers des Hohofens in Betrieb gesetzt wird. Man nimmt an, daß ein Sturzofen so viel Wind erfordere, als ein Frischfeuer.

Unter der Gießöffnung sind zwei Hacken angebracht, in welche man eine Gußrinne von Blech, die zuvor mit Lehm ausgeschlagen ist, hängen kann, wenn das Eisen in große Pfannen gegossen wird. Will man das geschmolzene Eisen aus kleinen Kellen vergießen, so fließt es über das an der unteren Kante der Oeffnung befindliche Blech.

Der Betrieb eines Sturzofens ist einfach und bedarf, weil man den Ofen nach jedem Schmelzen ganz ausleeren kann, keiner so sorgfältigen Wartung als der Kupolofen. Die bauchartige Erweiterung des Schachtes soll dazu beitragen, daß das umgeschmolzene Roheisen weich und grau bleibt.

Das Materialeisen bei den Sturzöfen besteht aus alten oder mißrathenen Gußwaaren und aus Eingüssen, deren Gewicht bis zu 10 Pfunden steigen kann, gewöhnlich aber nur 3 bis 6 Pfund für die Gicht beträgt. Ferner verschmelzt man in diesen Oefen Wascheisen, welches oft von weißer Farbe und strahligem Gefüge ist, auch Bohrspäne von den Kanonen-Bohrwerken, Blechabschnittel und andere Sorten von altem Schmiedeeisen. Das beste Material ist Roheisen von grauem, körnigem Bruch, doch soll ein Zusatz von Wascheisen das Eisen wenig verschlechtern, wenn man einen geringeren Eisensatz giebt. Das alte Schmiedeeisen dient zwar dazu, dem Gußeisen mehr Festigkeit zu ertheilen; allein es wird dadurch leicht weiß, weshalb man auch nur bei einem guten Gange des Ofens, und nie über $\frac{1}{8}$ der Beschickung, von solchem altem Schmiedeeisen anwendet. Auch findet dessen Benutzung in Sturzöfen nur dann statt, wenn man von dem Gußeisen eine besondere Festigkeit verlangt.

Die Kohlen die man in den Sturzöfen anwendet, sind kieferne und tannene, bei deren Auswahl man, besonders bei schlechtem Materialeisen, vorsichtig ist. Die Kohlengicht besteht aus ½ Tonne Schwedisch, oder aus 1,6 preuß. Kubikfuß.

Soll der Ofen in Betrieb gesetzt werden, so wird die Gußöffnung versetzt, Feuer im Ofen gemacht und derselbe mit Kohlen gefüllt. Ist das Feuer bis auf die Gicht gekommen, so setzt man noch einige leere Gichten, beginnt den Eisensatz zuerst mit 4½ preuß. Pfund und steigt damit bis 27, bei guten Kohlen auch wohl bis 36 preuß. Pfund. Bei weißem Roheisen muß man den Satz 8 — 10 Pfund niedriger halten, wenn man graues Roheisen darstellen will. Der Kohlenverbrauch für 100 Pf. preuß. einzuschmelzendes Roheisen würde folglich im Durchschnitt 5 bis 6½ Kubikfuß preuß., oder 55 bis 75 Pfund betragen.

Während des Schmelzens wird durch die Gußöffnung, mittelst eines kleinen eisernen Löffels, häufig eine Probe von dem eingeschmolzenen Eisen genommen und dessen Beschaffenheit untersucht. Nach dem Ausfall dieser Untersuchung wird die Größe des Eisensatzes und die Sorte des Materialeisens bestimmt. Durch dieselbe Oeffnung wird auch die Schlacke mehre male von dem flüssigen Eisen abgezogen. In einer Stunde werden nur 5 bis höchstens 8 Gichten durchgesetzt, so daß man in 6 Stunden nur 10 bis 14 preuß. Cent. flüssiges Eisen erhält. Der erste Guß findet gewöhnlich nach 8 Stunden, der zweite nach 6 und der dritte nach 5 Stunden statt. Wird, wie es zuweilen der Fall ist, Tag und Nacht geschmolzen, so erhält man den folgenden Guß in kürzerer Zeit.

Ist so viel Eisen im Heerde, daß der Guß beginnen kann, so läßt man die letzte Gicht, wegen des Stürzens des Ofens, etwas niedergehen; dann wird die Gußöffnung geöffnet, die Schlacke abgezogen und ein Arbeiter neigt den Ofen mittelst des Hebels. Das flüssige Eisen fließt dann in die untergehaltenen Kellen. Ist alles Eisen aus dem Heerde gelassen, so reinigt man ihn von Schlacke, schüttet einige Kohlen nach, so daß der Schacht bis zur Gicht damit angefüllt ist und fährt mit dem gewöhnlichen Eisensatz fort.

Der Abgang welchen das Roheisen bei dem Umschmelzen im Sturzofen erleidet, ist nach der Beschaffenheit des Materialeisens verschieden. Bei gutem Eisen soll derselbe 5 bis 9 Procent betragen; bei schlechtem Eisen, als Bohrspan, Roststäben u. s. f. aber bis zu 20 Procent steigen.

§. 725.

Die Konstruktion der Kupolöfen ist einfach. Der Schacht des Ofens wird äußerlich entweder durch einzelne eiserne Platten, oder durch einen (und bei hohen Kupolos auch wohl durch mehre über einander gesetzte) gegossenen hohlen Cylinder zusammengehalten. Die Tafeln XXII. Fig. 13. und XII. Fig. 8. 9 zeigen den Durchschnitt und den Grundriß eines Kupolofens, dessen äußerer Mantel aus gegossenen und zusammengeschraubten eisernen Platten zusammengesetzt ist. Die Zeichnung Fig. 14. stellt einen etwas höheren Kupolofen dar, dessen Mantel aus einem hohlen, gegossenen eisernen Cylinder besteht. Eben so Taf. XIII. Fig. 1 — 3. Statt eines aus dem Ganzen gegossenen Cylinders, würden auch mehre cylindrische Ringe über einander gesetzt werden können. — Der Ofen steht auf einem gemauerten 18 bis 24 Zoll hohen Fundament, welches sehr zweckmäßig mit einem Abzuge für die Feuchtigkeit versehen wird. Auf diesem Fundament liegt gewöhnlich eine eiserne Bodenplatte, welche mit aufstehenden Rändern versehen ist, um die Seitenplatten oder die Cylinder fest zu halten. Die Bodenplatte ist entweder kreisförmig, oder sie hat die Gestalt eines Polygons, je nachdem der Mantel des Ofens ein Cylinder, oder aus einzelnen Platten zusammengesetzt ist. In der Mitte ist sie häufig mit einer, mit der Weite des Schachtes korrespondirenden kreisförmigen Oeffnung versehen. Auch oben auf der Gicht werden die Seitenplatten, oder die Cylinder, mit Deckplatten zusammen gehalten, an welchen sich ebenfalls Ränder oder Falzen und eine kreisförmige Oeffnung, von der Größe der Gichtöffnung, befinden. Diese Deckplatte, welche eigentlich dazu dient, den gemauerten Schacht beim Aufgeben nicht zu beschädigen, wird nicht aus dem Ganzen gegossen, sondern aus zwei, oder noch besser aus 4 Stücken zusammengesetzt, um sie beim Einsetzen des Schachtes und bei vorkommenden Reparaturen bequemer abheben zu können. Bestehen die Oefen nicht aus einem aus dem Ganzen gegossenen Cylinder, sondern sind sie aus mehren Platten zusammengesetzt, so werden diese Seitenplatten durch Falze mit einander verbunden. Wenn hohe Kupolöfen das Uebereinandersetzen mehrer Cylinder erfordern, so können sie durch Kränze auf einander gepaßt werden. Es ist sehr unwesentlich, wie man den eigentlichen Schacht des Kupolofens äußerlich verwahren, und gegen das Zusammenfallen schützen will. Eiserne Umgebungen oder Hüllen werden den steinernen vorgezogen, weil die letzteren, vorzüglich bei höheren Kupolos, sehr stark seyn müßten, große und starke Fundamente erfordern, und viel Raum in der Hütte einnehmen würden. Wo es die Lokalität gestattet, läßt man auch wohl die äußere Wand des unteren Theils der Kupolöfenschächte aus Mauerung und den oberen Theil aus eisernen Platten oder Cylindern bestehen, oder auch umgekehrt. Am zweckmäßigsten ist jedoch die Zusammensetzung des Mantels aus einzelnen Platten (Taf XXII. 13.), weil man bei vorkommenden Reparaturen nur eine von diesen zur Umfassung des Schachtes dienenden Platten abzuschrauben braucht.

In diese äußere Hülle wird der eigentliche Kupolofenschacht aus feuerbeständigen Ziegeln eingesetzt, wie aus den Zeichnungen Taf. XXII. 13 und 14. hervorgeht. Den Raum zwischen den Ziegeln und der äußeren Umgebung füllt man mit Schutt oder Asche aus, um dadurch die Wärmeableitung zu vermindern. Die Heerdsohle über der Bodenplatte wird aus feuerfestem, mit reinem Quarzsand gemengtem Thon, 6 bis 8 Zoll hoch dergestalt eingestampft, daß sie nach dem Punkt, wo der Abstich liegt, die stärkste Neigung erhält, so daß beim Abstechen alles Eisen rein abfließen kann. Auf die Oeffnungen für die Formen sowohl als für den Abstich, muß beim Abguß der Cylinder, oder auch der Umfassungsplatten der Kupolöfen, Rücksicht genommen werden. Die Oeffnung für den Abstich ist 12 Zoll breit und 15 Zoll hoch, weil der Boden des Ofens durch diese Oeffnung gestampft, die Schlacke nach jedem Schmelzen ausgebrochen, und der Oefen gereinigt werden muß. Beim Schmelzen selbst ist sie entweder vermauert, oder auch bloß mit Lehmpatzen versetzt; auf dem tiefsten Punkte bleibt eine kreisförmige Oeffnung für den Abstich, welche demnächst mit einem Lehmpfropfen verstopft wird. — Man hat auch die ganz zweckmäßige Vorrichtung getroffen, die Kupolöfen, nach Art der Hohöfen, mit einem Vorheerd zu versehen, um das Eisen nicht abzustechen, sondern mit Kellen ausschöpfen zu können. Dieser Vorheerd wird, wenn man den Ofen in Betrieb setzt, mit glühenden Kohlen angefüllt und mit einer Platte bedeckt, welche erst abgenommen wird, wenn sich der Heerd mit Eisen angefüllt hat und wenn zum Ausschöpfen desselben geschritten werden soll.

§. 726.

Höhe und Weite der Schächte der Kupolöfen richten sich nach der Stärke der Gebläse, nach der Beschaffenheit des Brennmaterials, auch wohl nach der größeren oder geringeren Schmelzbarkeit des Roheisens, obgleich in der Bestimmung der Dimensionen, wegen der Leichtigkeit mit welcher die Schmelzung von Statten geht, eine große Willkühr statt findet. Es ist nicht zu bezweifeln, daß bei höheren Schächten weniger Brennmaterial erfordert wird, als bei niedrigeren, weil das Eisen zur Schmelzung länger vorbereitet und schon glühend in den Schmelzraum gebracht wird. Eine bauchförmige Konstruktion des Schachtes würde aus demselben Grunde von gutem Erfolg seyn, wenn dicht liegendes Roheisen in seiner mechanischen Zertheilung, z. B. Bohr- und Drehspäne, oder auch Wascheisen (§. 689.) in Kupolöfen umgeschmolzen werden sollen. Wenn man aber locker liegende Stücke, wie gewöhnlich, anwendet, da würde es sehr überflüssig seyn, den Luftzug durch das Zusammenziehen des Schachtes bis zur Gichtöffnung zu verstärken und das Seitwärtsdrücken der Kohlen durch die schweren Eisengichten dadurch zu veranlassen, indem das Eisen ohnedies schon einen starken Druck auf die Kohlengichten ausübt, und diesen beim Niedersinken vorzueilen strebt. Es ist dann am zweckmäßigsten, den Schacht von der Form bis zur Gicht cylindrisch in die Höhe zu führen und demselben keine, wenn auch nur schwache Verjüngung von der Form- bis zur Gichthöhe zuzutheilen. — Dem Raume unter der Form, welcher zur Ansammlung des geschmolzenen Roheisens dient, giebt man gewöhnlich einen etwas größeren Durchmesser, als dem Schacht selbst, um größere Quantitäten von flüssigem Roheisen zur Disposition zu haben. Bei den Kupolöfen, welche mit einem offenen Vorheerd versehen sind, in welchen sich also schon deshalb größere Quantitäten von Roheisen ansammeln können, ist eine Erweiterung des Durchmessers des Schachtes unterhalb der Form weniger rathsam, um diesen unteren Schachtraum und den Vorheerd, durch eine große Weite nicht zu sehr abzukühlen.

Wenn man Koaks bei dem Betriebe der Kupolöfen anwendet, so giebt man den Schächten zuweilen wohl nur eine Höhe von 4 bis 5 Fuß. In solchen niedrigen Oefen erfolgt die Schmelzung, bei dünnem Roheisen in nicht zu großen Stükken, bei guten nicht zu festen und dichten Koaks, bei einem verhältnißmäßig starken Winde, und besonders bei der Anwendung von nicht zu strengflüssigem Roheisen, recht gut. Wird das Roheisen in etwas dickeren Stücken angewendet, und werden leichte Koaks aus Backkohlen verbraucht, so drückt sich das

Eisen leicht durch die Koaks und giebt mattes Eisen, so daß die Erhöhung des Schachtes um einige Fuß ein besseres Schmelzen und auch einen gringeren Aufwand von Koaks gewährt. Bei strengflüssigem Roheisen sollte die Schachthöhe niemals unter 6 Fuß betragen. In Gleiwitz hat man erfahren, daß eine Erhöhung der Schächte bis zu 8 Fuß, auf den Koakverbrauch sehr günstig gewirkt hat. Eine noch größere Erhöhung der Oefen würde unbezweifelt von gutem Erfolg seyn; indeß wird das Aufgeben der Schmelzmaterialien dadurch erschwert, und ein besonderer Gichtboden erforderlich. Wo örtliche Verhältnisse es gestatten, einen Gichtboden bequem anzulegen, wird eine größere Erhöhung der Kupolöfen mit Vortheil geschehen können.

Beim Betrieb mit Holzkohlen scheint die Höhe von 8 Fuß die geringste zu seyn, die man den Schächten zutheilen kann, um ein gutes und flüssiges Roheisen zu erhalten. Wegen der großen Differenz im specifischen Gewicht des Roheisens und der Holzkohlen, werden die letzteren leicht verdrückt und es wird ein Durchfallen des Eisens veranlaßt, wenn die Schmelzsäule, wegen ihrer geringen Höhe, locker bleibt und nicht durch eine höhere und schwerere Schmelzsäule stark zusammengedrückt wird. Das Roheisen kommt kalt vor die Form und wird schon über derselben wenig vorbereitet. Schächte von nur 8 Fuß Höhe gestatten daher auch nur eine sehr unvortheilhafte Benutzung der Holzkohlen bei schwachen Eisengichten. Eine Höhe der Schächte von 15 Fuß scheint daher die geringste zu seyn, die man den Kupolöfen, welche mit Holzkohlen betrieben werden, zutheilen sollte. Die Brenn- und Heizkraft der Holzkohlen scheint überhaupt beim Umschmelzen des Roheisens in Kupolöfen sehr unvortheilhaft benutzt zu werden, und nur die größere Höhe der Schächte eine etwas vortheilhaftere Benutzung möglich zu machen. Eine Schachthöhe von 20 Fuß und darüber, wird daher sehr anzurathen seyn, indeß kann die Anlage und der Betrieb der Oefen dann nicht anders als unter solchen lokalen

Verhältnissen geschehen, wo die Schmelzmaterialien auf einen besondern Gichtboden gebracht werden.

Die Weite der Schächte ist von der Stärke des Gebläses, von der Art des Brennmaterials, von der Anzahl der Formen, von der Feuerbeständigkeit der Schachtsteine, besonders aber von der Schmelzbarkeit des Roheisens abhängig. Man giebt den Schächten in der Formhöhe gewöhnlich eine Weite von 18 bis 22 Zoll, theils um den Schacht bei einer geringeren Weite nicht zu schnell auszubrennen, theils um den Raum unter der Form nicht zu sehr zu verengen und mehr flüssiges Eisen im Heerde halten zu können. Deshalb ist es auch nicht genug zu empfehlen, die Kupolöfen nicht mit einer Form, sondern wenigstens mit 2 einander gegenüberstehenden Formen zu betreiben und dem Schacht dann eine verhältnißmäßig größere Weite zu geben. Bei der Anwendung von noch mehr Formen, wird der Wind noch gleichmäßiger vertheilt, zugleich wird er aber einer geringeren Geschwindigkeit bedürfen und doch durch die Schmelzsäule dringen können, wodurch die Erhitzung derselben in der oberen Schachthöhe wesentlich befördert wird.

Die Höhe der Form vom Boden wird eigentlich nur durch den Umstand bestimmt, daß sie tief genug liegt, um den Boden und den Raum unter der Form hinreichend zu erhitzen, damit das flüssige Roheisen nicht zu sehr abgekühlt wird. Bei starkem Gebläse und guten festen Koaks kann man die Formen 20 bis 22 Zoll hoch legen; bei schwachem Gebläse und leichten Kohlen darf die Höhe nicht über 12 bis 15 Zoll seyn. Wenn sich der Heerd aber schon mit flüssigem und hitzigem Roheisen angefüllt hat, so ist eine Abkühlung nicht leicht zu befürchten. Um daher viel Eisen unter der Form fassen zu können, ohne durch hoch liegende Formen einen Mangel an Hitze in dem Sammelraum für das flüssige Roheisen herbeizuführen, hat man bei den Kupolöfen jetzt fast allgemein die Einrichtung getroffen, zwei (oder wenn der Ofen mit zwei einander gegenüber stehenden Formen betrieben wird, vier) Formen, in einer vertikalen Entfernung von 12 bis 14 Zoll über einander zu legen, wodurch man die Formhöhe von 26 bis 36 Zoll erhält, und eine beträchtliche Menge von flüssigem Eisen zum Abguß schwerer Sachen im Heerde halten kann. Diese Einrichtung ist derjenigen mit einem Vorheerde vorzuziehen, theils weil sich dabei eine noch größere Quantität flüssiges Roheisen im Schacht aufsammeln läßt, theils weil das Mattwerden des Eisens nicht so leicht wie bei dem offenen Vorheerd zu befürchten ist. Die obere Form (oder die oberen Formen, wenn mehre vorhanden sind) wird erst geöffnet, wenn das flüssige Roheisen die Höhe der unteren Form, welche dann verschlossen wird, erreicht hat. Das Verschließen der Formöffnungen geschieht mit Thon. Nach dem Abstich wird die obere Form wieder geschlossen, und durch die tiefer liegende so lange geblasen, bis das flüssige Roheisen bis zur unteren Formhöhe gestiegen ist. Man hat es aber bei einer solchen zweifachen Reihe von Formen nicht bewenden lassen, sondern 3 und mehre Formen oder Reihen von Formen senkrecht über einander gelegt, so daß aus den Kupolöfen die größten und schwersten Gußwaaren gegossen werden können. In der Eisengießerei des Hrn. Maudsley in London befindet sich ein 7 Fuß hoher und 3 Fuß im Schacht weiter Kupolofen, welcher mit vier über einander liegenden Formen versehen ist, so daß man in diesem Ofen, wenn das flüssige Eisen die Höhe der vierten Form erreicht hat, 3½ Tonnen oder 70 Centner Eisen halten und sehr schwere Gußstücke abgießen kann. Die Zeichnung Taf. XXII. Fig. 16. stellt einen Kupolofen mit 6 vertikalen Formreihen dar, welcher zu Rouen im Gebrauch ist (Ann. des mines. 3 Série. XI. 303.). Die Formöffnungen sind mit eisernen Schiebern versehen, welche beim Schließen der Formen angewendet werden, um dem Thonpfropfen eine größere

Widerstandsfähigkeit gegen den starken Druck der hohen Säule von flüssigem Roheisen zu geben.

Man hat auch die Kupolöfen beweglich eingerichtet, d. h. sie auf ein Fundament gestellt, welches auf eisernen Schienenwegen ruhet, so daß die mit geschmolzenem Eisen angefüllten Oefen, auf den Schienenwegen, aus einem Arbeitsraum in den anderen gebracht und bis zu den Dammgruben vorgezogen werden können. Bei großen Entfernungen des Gebläses von den Dammgruben ist diese Einrichtung sehr vortheilhaft.

Eine andere nicht weniger zweckmäßige Einrichtung ist in der großen Eisengießerei der Herren Fairbairn und Hodgkinson zu Manchester anzutreffen. Hier befinden sich vier Kupolöfen mit 3 bis 6 Fuß im Durchmesser weiten Schächten und mehren vertikal über einander liegenden Formreihen. Wenn alle 4 Oefen bis zur obersten Formreihe mit flüssigem Roheisen angefüllt sind, so enthalten sie nicht weniger als 36 Tonnen, etwa 700 Centner Roheisen. Von den Kupolöfen läuft eine Eisenbahn, die auch zu den Dammgruben und Formräumen führt, so daß das abgestochene flüssige Roheisen leicht zu den Formen gebracht und vergossen werden kann. Der Transport geschieht auf Wagen, worauf sich, nach Beschaffenheit der anzufertigenden Gußstücke, größere oder kleinere Pfannen befinden, in welche das Roheisen aus dem Kupolofen geleitet wird. Die Pfannen werden, wenn sie mittelst der Wagen bei den Dammgruben angelangt sind, mit Krahnen vom Wagen gehoben, über den Eingüssen der Formen schwebend erhalten und mit Leichtigkeit ausgeleert.

§. 727.

Man pflegt bei den Kupolöfen keine kupferne, sondern thönerne, gewöhnlich aber gegossene eiserne Formen anzuwenden, deren Oeffnung mit der Oeffnung der Düsen im Verhältniß steht. In den englischen Eisengießereien trifft man nicht selten auch Kupolöfen ohne besondere Formen an, indem die Formöffnung im Kernschacht die Stelle der Form selbst vertritt. — Die Düsenöffnung richtet sich nach dem Effekt des Gebläses und nach der Geschwindigkeit des Windes, welche jedes Brennmaterial erfordert. Je weiter die Düsen seyn können, ohne die nothwendige Geschwindigkeit des Windes zu vermindern, desto schneller und vollkommener wird die Schmelzung erfolgen, und desto mehr Gichten können getrieben werden. Kupolöfen von 6 — 8 Fuß Höhe, welche mit Koaks betrieben werden, erhalten eine Windmasse von 5- bis 600 Kubikfuß in der Minute. Bei ausgedehnten Koaks und Backkohlen und bei leichtflüssigem Roheisen reicht ein Gebläse, welches in der Minute 250 bis 300 Kubikfuß Wind liefert, zum Betriebe des Kupolofens ebenfalls hin. Dies ist auch etwa die Windmenge, welche für einen 15 bis 20 Fuß hohen Kupolofen bei Holzkohlen vollkommen zureicht.

Ein stark gepreßter Wind scheint für den Kupolofen nicht angemessen zu seyn, weil er zu schnell aufsteigt und zum Verbrennen der Kohle im oberen Theil des Schachtes Veranlassung giebt. Deshalb ist es zweckmäßig, — besonders bei niedrigen Oefen, bei Schächten, die sich nach oben verjüngen und nicht senkrecht niedergehen, so wie bei locker liegenden, oder auch bei leicht verbrennlichen Kohlen und bei nicht dicht liegenden Roheisenstücken, — dem Winde eine geringere Geschwindigkeit zu geben, als ihm nach Beschaffenheit des Brennmaterials für den Hohofen zugetheilt werden würde, weshalb auch die Anwendung von mehren Formen von besonderer Wichtigkeit ist. Ein Kupolofen läßt sich, bei locker liegenden reinen Koaks und bei leichtflüssigem Roheisen, sehr gut mittelst des Ventilatorgebläses oder einer anderen unvollkommenen Gebläsevorrichtung, bei welcher der Wind nur eine geringe Pressung erhält, betreiben. Es scheint sogar nothwendig zu seyn, bei leichtflüssigem Roheisen, z. B. bei Spiegeleisen, und mehr noch bei dem sehr leichtflüssigen Roheisen aus Raasenerzen, keine starke Windpressung anzuwenden, um graues, zu Gußwaaren taugliches Roheisen beim Umschmelzen zu erhalten. Das leichtflüssige, Phosphor enthaltende Roheisen aus Wiesenerzen, welches aus dem Hohofen ganz gaar und grau erhalten ward, wird beim Umschmelzen in Kupolöfen mit Koaks wieder weiß, wahrscheinlich weil es schon hoch über der Form flüssig wird und sich zu schnell in tropfbar flüssiger Gestalt in den Heerd begiebt, folglich die zur Umänderung in graues Roheisen erforderliche Temperatur nicht erhält. Nur in hohen Kupolöfen bei Holzkohlen läßt es sich ohne Verlust seiner Eigenschaften umschmelzen. Bei der Anwendung von Koaks würden schwacher Wind, cylindrische Schächte und eine nicht zu lockere Schmelzsäule, folglich kleine Kohlen und dicht liegende Eisenstücken die Bedingungen seyn, um es ohne Verlust seiner Eigenschaften umzuschmelzen.

§. 728.

Auf Hüttenwerken, deren Hohofenprodukte zu Gußwaaren verwendet werden, und welche mit Flammen- oder Kupolöfen nicht versehen sind, und auf welchen auch eine Gelegenheit nicht vorhanden ist, das Roheisen an die Frischfeuer abzusetzen, kann der Fall vorkommen, daß Roheisen, welches in der Gestalt von Eingüssen aus der Gießerei zurück geliefert wird, im Hohofen wieder mit durchgeschmolzen werden muß. Dies Durchschmelzen geschieht auf die Weise, daß geringe Quantitäten von 10 bis 20 Pfund mit auf die Gicht gesetzt werden, ohne deshalb den Erzsatz zu vermindern, vorausgesetzt, daß die Oefen nicht niedrig sind, und daß sie sich im größten Gaargange befinden. Zu Wondollek in Preußen, einem Hüttenwerke, welches Wiesenerze verschmelzt, und das Roheisen größtentheils zum Potterie- und Munitionsguß verwendet, sah man sich genöthigt, das sehr angehäufte Brucheisen wieder durchzuschmelzen, um Roheisen für die Gießerei zu erhalten. Der 33 Fuß hohe Hohofenschacht ward daher bis auf 4 Fuß im Kohlensack und 1 Fuß 9 Zoll auf der Gicht verengt; es ward ein 3½ Fuß hohes cylindrisches Gestell von 12 bis 14 Zoll Durchmesser eingesetzt, und eine Rast von 45 Graden angewendet. Letzteres geschah in der Absicht, ein möglichst langsames Eingehen der Gichten zu bewirken, damit nicht eine zu große, dem Betriebe der Förmerei nicht angemessene Produktion bewirkt würde. Bei dieser Zustellung wurden in 21 Wochen 4733 Preuß. Centner Roheisen mit 17246 rheinl. Kubikfuß Holzkohlen umgeschmolzen. Der Kohlenaufwand betrug also für 100 Preuß. Pfund des umzuschmelzenden Roheisens etwas über $3\frac{1}{3}$ rheinl. Kubikfuß. Der Eisenabgang betrug etwa 8 Procent. Der Kohlenaufwand ist, ungeachtet der Höhe des Ofens, welche eine vortheilhafte Schmelzung allerdings begünstigte, doch sehr mäßig zu nennen, wenn man ihn mit dem Kohlenverbrauch vergleicht, wie er gewöhnlich in den mit Holzkohlen betriebenen Kupolöfen statt findet; er würde sich vielleicht sogar bei der längeren Fortsetzung der Arbeit bis auf 3 Kubikfuß vermindert haben, wenn man in den ersten Wochen, aus Unbekanntschaft mit der Schmelzart, nicht genöthigt gewesen wäre, mit dem Satz sehr langsam zu steigen.

§. 729.

Der Aufwand an Holzkohlen zum Umschmelzen des Roheisens in Kupolöfen (von mindestens 15 Fuß Höhe) wird sehr verschieden ausfallen können, je nachdem das Roheisen mehr oder weniger hitzig eingeschmolzen wird. Der Unterschied ist so bedeutend, daß das heiß eingeschmolzene Roheisen oft $\frac{1}{3}$ Holzkohlen mehr erfordert als das weniger heiß eingeschmolzene, welches die Gußformen immer noch recht gut ausfüllt. Man kann annehmen, daß, nach einem mittlern Durchschnitt für das weder zu heiß noch zu kalt eingeschmolzene leichtflüssige Roheisen, zu 100 Preuß. Pfunden bis $4\frac{1}{2}$ Kubikfuß oder 36 bis 46 Pfund Kohlen aus gutem und gesundem Nadelholz erforderlich sind. Darin sind jedoch die Kohlen nicht einbegriffen, welche zum Anwärmen und zum Füllen des Ofens erfordert werden. —

Roheisen, welches weder durch Phosphor, noch durch einen großen Kohlegehalt leichtflüssig, sondern bei strengflüssiger Beschickung aus gutartigen Eisenerzen gaar erblasen ist, erfordert indeß $5\frac{1}{2}$ auch wohl 6 Kubikfuß (55 bis 60 Pfund) Holzkohlen aus gesundem Nadelholz, wenn es im Kupolofen so umgeschmolzen werden soll, daß es für die Anfertigung der Gußwaaren vollkommen anwendbar bleibt. Bei niedrigeren Schächten und bei Holzkohlen aus Tannenholz, welche nur eine geringe Brennkraft besitzen, kann der Kohlenverbrauch auf 100 Pfd. Preuß. Roheisen sogar bis 7 Kubikfuß Preuß. steigen.

Für die mit Koaks betriebenen Kupolöfen kann man im mittleren Durchschnitt für die härteren und weicheren Koaks annehmen, daß 100 Preuß. Pfund Roheisen mit 1,5 Preuß Kubikfuß umgeschmolzen werden können. Das mittlere Gewicht von einem rheinl. Kubikf. Koaks zu 31,7 Preuß. Pfd. angenommen, würden 100 Pfd. Roheisen zum Durchschmelzen in Kupolöfen also 47,6 Preuß. Pfd. Koaks erfordern. Dies Resultat ändert sich jedoch nach der Beschaffenheit der Koaks wesentlich ab und kann nur als ein durchschnittliches für verschiedene Arten von Koaks betrachtet werden.

§. 730.

Zum Einstampfen des Bodens des Kupolofens dient die vordere Oeffnung, in welcher sich der Abstich befindet. Die Anfertigung des Bodens erfolgt erst dann, wenn das Schachtfutter bereits eingesetzt ist. Alsdann wird die Oeffnung wieder mit Ziegeln vermauert, oder mit Thon versetzt, und nur die Abstichöffnung offen gelassen, worauf das Abwärmen und Füllen des Ofens vorgenommen wird. Ein neuer Schacht und ein neuer Boden müssen langsamer und länger abgewärmt werden, als ein Schacht, in welchem schon einigemal geschmolzen ist. In einem solchen schon gebrauchten Schacht werden sogleich glühende Kohlen oder Koaks, von oben nieder auf den Boden geworfen, welche man mit frischen Kohlen beschüttet, und wenn sie durchgebrannt sind, wieder durch neue Kohlen ergänzt u. s. f., bis der Ofen mit glühenden Kohlen oder Koaks angefüllt ist. Hat man der Förmerei wegen nicht Ursache, länger mit dem Blasen zu warten, so wird das Gebläse angelassen, die Stichöffnung aber noch immer offen erhalten, damit Wind und Flamme durch sie ihren Durchgang nehmen, und den Boden möglichst erhitzen. So wie die Gichten niederrücken, werden neue nachgegeben, und wenn die Hitze im Ofen stark genug ist, welches die Farbe der Gichtenflamme bald anzeigt, wird mit dem Aufgeben des Roheisens der Anfang gemacht. Sobald die ersten Tropfen Roheisen auf den Boden niedergegangen sind, wird die Stichöffnung mit einem Lehmpfropf verschlossen, und nicht eher wieder vermittelst einer Brechstange geöffnet, als bis das Eisen in die Formen oder in die Gießkellen geleitet werden soll.

Der Betrieb des Ofens ist sehr einfach. Ein Arbeiter kann das Aufgeben der Gichten, das Reinigen der Form von der sich ansetzenden Schlacke und die Arbeiten bei dem Abstechen sehr füglich verrichten, wenn für die Herbeischaffung der Schmelzmaterialien gesorgt wird. Die Kohlen oder Koaks werden gewöhnlich dem Maaße nach, das Roheisen aber stets nach dem Gewicht aufgegeben. Wie viel Eisen das Brennmaterial trägt, muß durch Versuche ausgemittelt werden, welches bei diesen niedrigen Oefen sehr leicht geschehen kann. Die Größe der Kohlengichten richtet sich nach der Weite der Oefen. Bei den Oefen, die nur 20 bis 24 Zoll weite Schächte haben, ist die Größe einer Kohlengicht von 1½ bis 2 Preuß. Kubikfuß Holzkohlen, und von ¾ bis 1 Kubikfuß Koaks ganz zureichend. So oft eine solche Gicht niedergerückt ist (etwa alle 8 bis 10 Minuten) wird eine neue aufgegeben. Bei niedrigen Oefen wird gewöhnlich eine kleine Treppe an die Oefen gelehnt, welche der Aufgeber, mit dem Aufgebekästchen auf dem Kopfe, besteigt, und den Inhalt des Gefäßes in den Ofen schüttet, sobald er mit den Armen die Gicht erreichen kann. Bei höheren Oefen müssen besondere Vorrichtungen angebracht seyn. Bei den Aufgebegefäßen muß dem Arbeiter keine Willkühr bleiben, sie mehr oder weniger gehäuft zu nehmen, weil dadurch bei kleinen Gichten eine bedeutende Differenz im Verbrauch entstehen würde; die Gefäße zu den Kohlengichten müssen so eingerichtet seyn, daß sie ganz glatt gestrichen, gerade das rechte Maaß haben, in so fern die Kohlen nicht ebenfalls dem Gewicht nach eingetragen werden.

Das umzuschmelzende Roheisen wird für jede Gicht abgewogen. Die ersten Kohlengichten werden nur mit wenig Eisen besetzt, theils weil die Schachtmauer und deren Mantel immer noch Wärme absorbiren und die Kohlengichten daher den vollen Satz anfänglich noch nicht tragen können, theils weil das zuerst niedergehende Eisen einen hohen Temperaturgrad besitzen muß, um den Boden des Ofens zu erhitzen und nicht zur Entstehung von mattem Roheisen unter der Form Veranlassung zu geben. Hat der Ofen den vollen Satz erreicht, so behält man denselben unverändert bei, wenn es nicht etwa die Absicht ist, durch Verminderung des Satzes ein hitziges Roheisen zu erhalten.

Das Roheisen muß in nicht zu starken Stücken und von allem anhängenden Sande möglichst frei und rein aufgegeben werden. Ueber ½ Zoll sollte das im Kupolofen umzuschmelzende Roheisen nicht stark seyn, und dann höchstens einen Inhalt von 6 bis 8 Kubikzoll haben.

Die Arbeiten bei dem Betriebe des Kupolofens beschränken sich auf das Setzen, oder auf das Abmessen, Abwiegen und Aufgeben der Kohlen- und Eisengichten, auf das Reinhalten der Form und auf das Abstechen. So oft das Eisen bis zur Form ansteigt, wird abgestochen; oder, wenn mehre Formen über einander liegen, die untere Form mit Thon verstopft, und die nächst obere geöffnet, bis das geschmolzene Eisen auch bis zum Niveau der zweiten, dritten, u. s. f. Form in die Höhe gestiegen ist. Wenn abgestochen werden soll, wird der Thonstöpsel, mit welchem die Abstichöffnung verschlossen ist, mit einer Brechstange durchstoßen und das flüssige Eisen in die Gießpfannen oder in die Gerinne gelassen. Wenn der Gang der Förmerei es erfordert, früher Eisen abzulassen, ehe der Heerd mit flüssigem Eisen angefüllt ist, so kann der Abstich erfolgen, sobald sich nur so viel Eisen gesammelt hat, als zur Befriedigung des Bedarfs erforderlich ist. Enthält der Ofen mehr Eisen als der augenblickliche Bedarf der Gießerei erfordert, so schließt man die Abstichöffnung, sobald man so viel flüssiges Eisen als nöthig war, abgelassen hat. Das Schließen der Oeffnung geschieht mit einem Lehmpfropfen, der an einer hölzernen Stange angeklebt ist, und den man in dem Augenblick gegen die Stichöffnung drückt, wenn kein Roheisen mehr abfließen soll. Haben die Kohlengichten weniger Eisen erhalten als sie zu tragen vermögen, so kann das in die Gießpfannen gelassene Eisen einen so hohen Grad der Temperatur und Dünnflüssigkeit erhalten, daß man es nicht gleich in die Formen gießen darf, weil es diese zu stark angreifen und ausbrennen würde. Dann ist es nothwendig den Satz zu erhöhen. Ein solches hitziges Roheisen muß oft mehre Minuten lang in den Gießpfannen stehen bleiben und sich abkühlen, ehe es in die Formen gegossen werden kann, oder man setzt etwas Roheisen hinzu, welches, indem es sich auflöst, die Temperatur des flüssigen Eisens so weit ermäßigt, daß der Abguß erfolgen kann.

Um der Strengflüssigkeit der Schlacke, welche von dem an dem umzuschmelzenden Roheisen hängenden Sande, von der Asche und von den Unreinigkeiten des Koaks, so wie von den abschmelzenden Ziegeln des Schachtfutters gebildet wird, zu begegnen, ist es vortheilhaft, von Zeit zu Zeit einige Stücken Kalkstein auf die Gicht zu setzen, wenn der Ofen schon einige Zeit im Gange gewesen ist und wenn bereits mehre Sätze durchgeschmolzen worden sind. Der Kalkstein zerspringt bald zu kleinen Stücken und giebt eine flüssige Schlacke, welche beim Ablassen des Eisens mit abläuft. Häuft sich dennoch Schlacke an, so stellt man das Gebläse ein, bricht die Vorwand, welche nur von Lehmsteinen gemacht ist, auf, reinigt den Heerd von Schlacke, setzt die Vorwand wieder vor, und schmelzt weiter, wodurch nur ein Zeitverlust von etwa 10 Minuten entsteht. Auf diese Art kann man den Ofen die ganze Woche in Betrieb erhalten, ohne durch Anhäufung von Schlacke gestört zu werden. Zu einer solchen Operation ist man indeß nur selten genöthigt, weil die Schlacke gewöhnlich gut abfließt und sich nicht anhäuft. Die Schächte halten weniger lange, wenn man keinen Kalk zusetzt, weil bei dem Losbrechen der zähen Schlacke, welche sich an den Wänden festsetzt, ein Theil des Schachtfutters leicht mit losgerissen wird, welches bei der durch Kalk flüssig gemachten Schlacke nicht der Fall ist. Der Kalksteinverbrauch steigt nicht über 3—4 Procent vom Gewicht des zu verschmelzenden Roheisens.

Die Kupolöfen sind nur den Tag über im Betriebe und werden gewöhnlich des Abends niedergeblasen. Nach dem Ablassen des letzten flüssigen Eisens bleiben noch viele Kohlen in dem Ofen zurück, welche dann ausgeräumt werden müssen. Die Eisensätze drücken sich nämlich durch die Kohlensätze hindurch, weshalb man, zur besseren Benutzung der Kohlen, zu der letzten Gicht einen doppelten Eisensatz anwenden kann. Eine Ersparung an Kohlen läßt sich auch dadurch bewirken, daß man nach dem Niederblasen des Ofens, nach dem Ablassen des letzten Eisens und Reinigen des Heerdes von Schlacke, so weit es durch die Stichöffnung möglich ist, ohne die Vorwand aufzubrechen und ohne die Kohlen aus dem Heerde zu räumen, zwei leere Gichten Kohlen setzt, dann den Ofen mit vollen Eisengichten füllt, Stich-, Form- und Gicht-Oeffnungen verschließt und bedeckt, und den gefüllten Ofen bis zum folgenden Morgen stehen läßt. Wenn man dann, selbst nach Verlauf von 12 bis 16 Stunden, anbläßt, so erhält man sogleich flüssiges Eisen. — Bei einem Kupolofen, welcher alle Tage in der Woche im Betriebe ist, läßt sich auf diese Weise eine bedeutende Ersparung an Kohlen bewirken, indem das neue Anwärmen und Füllen des Ofens, welches sonst täglich geschehen muß, nicht nöthig ist.

Zum vortheilhaften Betrieb der Kupolöfen ist es erforderlich, daß die Förmerei so eingerichtet sey, daß sie alles Roheisen, welches der Ofen liefert, in der Zeit, in welcher es durchgeschmolzen wird, verbrauchen kann. Gießereien, welche nur auf einige, oder auf wenige Artikel beschränkt sind, werden sich der Kupolöfen daher nur dann bedienen können, wenn sie ein großes Inventarium an Formkasten und Modellen besitzen.

Gute Schachtfutter müssen 25 bis 30 Schmelzungen aushalten, also 4 bis 5 Wochen gebraucht werden können. Das Einsetzen der Futter ist um so beschwerlicher, je enger und höher die Oefen sind. Das ist besonders der Fall, wenn man sich der im Ganzen gegossenen eisernen Cylinder als Mantel für die Kupolöfen bedient. Wenn man diese aber aus Seitenplatten zusammensetzt, welche auswendig durch Lappen und Schrauben mit einander verbunden sind, so braucht man nur eine, oder höchstens zwei Seitenplatten von der Umfassung abzunehmen, wenn der Schacht gründlich ausgebessert, oder wenn ein neuer Schacht eingesetzt werden soll.

§. 731.

Der Abgang beim Umschmelzen des Roheisens im Kupolofen richtet sich sehr nach dem Gange, nach der Beschaffenheit des Roheisens, und nach der Güte des Brennmaterials. Ein guter hitziger Gang, gutes graues Roheisen und gute Kohlen oder reine Koaks, machen es möglich, das Eisen mit 5 bis 5½ Procent Schmelzabgang umzuschmelzen, wobei der Verlust, welcher durch die Verzettelung einzelner Eisenkörner durch die

Gießerei entsteht, so wie das Eisen, welches mechanisch in der Schlacke hängen bleibt, mit inbegriffen sind. Im Durchschnitt kann man aber annehmen, daß von 100 Pfund umzuschmelzendem Roheisen nicht mehr als 91 bis 93 Pfund Gußwaaren und Eingüsse zurück geliefert werden. Weißes Roheisen, ein matter Gang und unreine Kohlen oder Koaks befördern den Eisenverlust, und können einen Abgang von 12 bis 15 Procent veranlassen, der bis zu 25 Procent steigen kann, wenn Wascheisen verschmolzen wird, welches mit Hohofenschlacke noch sehr verunreinigt ist.

§. 732.

Die Kupolöfen stehen in der Hütte immer unter einer Esse, welche die Funken abführen muß (Taf. **XII.** Fig. 8. 9; Taf. **XIII.** Fig. 1—5). Wenn zwei Oefen unter einer Esse stehen, so muß dafür gesorgt werden, daß der Mantel, unter welchem sie stehen, geräumig genug ist, und daß durch zu enge Rauchfänge, welche den Mantel mit der Esse in Verbindung setzen, die schnelle Abführung des Rauches und der Hitze nicht erschwert wird. Vorzüglich würde die Hitze im Sommer in der Hütte nachtheilig seyn, weil sie ein zu schnelles Trocknen der auf dem Heerde im Sande eingeformten Formen veranlaßt.

Ein Kupolofen, der 10 bis 12 Stunden des Tages im Betriebe ist, und in der Stunde nur 6 Gichten zu 1 Centner macht, kann 60 bis 72 Centner Roheisen umschmelzen, und 56 bis 67 Centner flüssiges Roheisen liefern, worüber die Gießerei fast in jedem Augenblick disponiren kann.

§. 733.

Die Resultate des Kupolofenbetriebes haben sich seit der Einführung des erhitzten Windes sehr vortheilhaft geändert. Indem die Kohlen bei heißem Winde beträchtlich mehr Eisen tragen, als früher bei dem Winde von atmosphärischer Temperatur, ist auch die Leistung der Oefen, hinsichtlich der in einer bestimmten Zeit durchzuschmelzenden Roheisenmengen, um den dritten Theil, fast um die Hälfte gestiegen. Die Anwendung der erhitzten Luft macht auch die Anwendung von niedrigeren Schächten, ohne Nachtheil für die Schmelzresultate, ausführbar, obgleich es besser ist, die Schachthöhe nicht zu vermindern.

Gewöhnlich wird der Wind nicht stärker als bis zu 150 Gr., höchstens bis zu 200 Gr. Reaum., erhitzt. Eine höhere Temperatur scheint noch günstigere Resultate zu gewähren, indeß findet die Anwendung eines stärker erhitzten Windes ihre Gränzen an der Feuerbeständigkeit des Materials zu den Schächten.

Bei den Kupolöfen, die mit Holzkohlen betrieben werden, gestaltet sich das Verhältniß des Kohlenverbrauchs bei kaltem und bei heißem Winde mindestens wie 4 zu $2\frac{2}{3}$, so daß dieselbe Quantität Roheisen, welche 4 Kubikfuß (40 — 45 Pfund) Holzkohlen von gesundem gutem Nadelholz, bei kaltem Winde erfordert, mit $2\frac{2}{3}$ Kubikfuß (26 — 28 Pfund) Holzkohlen bei heißem Winde, in den Kupolöfen von mindestens 15 Fuß Höhe, umgeschmolzen werden kann. Bei der Anwendung des heißen Windes würde also beim Verschmelzen des Roheisens im Kupolofen bei Holzkohlen der dritte Theil derjenigen Quantität Holzkohlen erspart werden, welche früher zum Umschmelzen bei kaltem Winde erforderlich war. Bei niedrigeren Kupolöfen kann die Kohlenersparung durch heißen Wind reichlich bis zur Hälfte des früheren Bedarfes steigen.

Bei den Kupolöfen, welche mit Koaks betrieben werden, wird sich das Verhältniß überzeugend aus den Resultaten ergeben, welche im Verlauf mehrer Jahre auf der Eisengießerei bei Gleiwitz in Oberschlesien bei dem Betriebe der dortigen Kupolöfen (bei welchen keine Veränderung bei heißem und kaltem Winde vorgenommen worden ist) erlangt worden sind. Die Oefen sind in den Jahren 1832 und 1833 mit kaltem Winde betrieben und es wurden in diesen beiden Jahren 75662 Centner (zu 110 Pfund) Roheisen mit 14970 Tonnen, oder mit 106454 Kubikfuß Koaks umgeschmolzen. 100 Pfund Roheisen erforderten also 1,28 Kubikfuß Koaks. Das Gewicht der Koaks kann im mittleren Durchschnitt zu 36 Preuß. Pfunden für den Kubikfuß angenommen werden, so daß zu 100 Pfund Roheisen 46 Pfund Koaks erforderlich waren. In dieser Angabe, so wie in den folgenden Zahlenangaben, sind die zum Wärmen und Füllen der Oefen erforderlichen Koaks mit begriffen.

In den Jahren 1834 und 1835 fand der Betrieb noch theils bei kaltem, theils bei heißem Winde statt. Aber in den 3 Jahren 1836, 1837 und 1838 ist nur heißer Wind angewendet worden. In diesen 3 Jahren sind 142082 Centner Roheisen mit 13112 Tonnen, oder mit 93241 Kubikfuß Koaks umgeschmolzen worden, 100 Pfund Roheisen erforderten folglich 0,6563 Kubikfuß Koaks. Das Gewicht dieser Koaks muß aber im mittlern Durchschnitt höher als in den früheren Jahren, nämlich zu 38 Preuß. Pfunden für den Kubikfuß in Rechnung kommen, weil schwerere Koaks aus den Theeröfen verbraucht wurden. 100 Pfund Roheisen haben daher nur $22\frac{2}{3}$ Pfd. Koaks bei heißem Winde zum Umschmelzen erfordert.

Durch die Anwendung des erhitzten Windes ist folglich fast genau die Hälfte des Bedarfs an Koaks bei kaltem Winde erspart worden. Die Geschwindigkeit des erhitzten und kalten Windes ward, durch Anwendung größerer Düsen bei dem erhitzten Winde, dergestalt regulirt, daß den Oefen gleiche Quantitäten Luft, auf atmosphärische Dichtigkeit reducirt, zugeführt wurden, so daß die Anzahl der Hübe des Gebläsekolbens bei heißem und bei kaltem Winde unverändert blieb. In gleichen Zeiträumen lieferten die Oefen aber bei heißem Winde etwa noch einmal so viel umgeschmolzenes Roheisen als bei kaltem Winde, weil die Tragkraft der Koaks um das Doppelte erhöhet war, also von jeder Gicht noch einmal so viel Roheisen als früher bei kaltem Winde erhalten ward.

Eine ähnliche Ersparung an Koaks, wie auf der Gleiwitzer Hütte durch die Anwendung des heißen Windes bei den

Kupolöfen statt fand, ist auch auf der Saynerhütte unter sehr verschiedenen Verhältnissen, hinsichtlich der Beschaffenheit der Koaks und des umzuschmelzenden Roheisens an beiden Orten, bewirkt worden. Auch dort berechnet man sich die Ersparung an Koaks zu der Hälfte des früheren Verbrauchs bei kaltem Winde.

Engels; über den Betrieb der Kupolöfen auf der Saynerhütte mit erhitzter Luft; im Archiv f. Geognosie, Mineral., Bergbau u. Hüttenwesen IX. 217. — Wachler, über den Kupolofenbetrieb mit erhitzter Luft; ebendas. XI. 198. — Reinking, vergleichende Resultate bei dem Betriebe des Kupolofens auf der Herzogl. Braunschw. Carlshütte mit atmosphärischer und erhitzter Gebläseluft; in den Studien des Göttingischen Vereins bergmännischer Freunde IV. 65.

§. 734.

Die Vortheile, welche die Anwendung des erhitzten Windes bei dem Betriebe der Kupolöfen gewährt, beschränken sich nicht bloß auf die äußerst bedeutende Ersparung von Kohlen, sondern es wird dadurch auch der Verlust vermindert, den das Roheisen beim Umschmelzen erleidet. Der Grund des geringeren Schmelzverlustes ist in dem hitzigeren und flüssigeren Gange der Oefen zu suchen; indeß scheint es, daß der Gewinn nicht mehr als 1 Procent von dem Gewicht des einzuschmelzenden Roheisens beträgt, ein Gewinn, der allerdings immer sehr erwünscht ist, wenn er auch mit demjenigen nicht im Verhältniß steht, welcher aus der Ersparung an Brennmaterial entspringt. Für ausgedehnte Gießereien darf auch der Vortheil nicht unberücksichtigt bleiben, der durch die geringeren Unterhaltungskosten der Oefen herbeigeführt wird, indem die Anwendung des heißen Windes es möglich macht, in derselben Zeit nur einen Ofen im Betriebe zu erhalten, wenn früher zwei Oefen betrieben werden mußten, um dieselbe Menge von flüssigem Roheisen für die Gießerei zu erhalten.

Die Erscheinungen, welche sich bei der Anwendung des

erhitzten Windes darbieten, scheinen keine Uebereinstimmung mit denjenigen zu gewähren, welche bei den Hohöfen sich auffallend zu erkennen gaben. Hier war eine ansehnlich verminderte Temperatur des Ofenschachtes die Folge von der Anwendung des erhitzten Windes, die sich bei den Kupolöfen nicht bemerken läßt. Der Grund kann nnr darin gefunden werden, daß die glühenden Gasarten schneller einen Ausgang aus der Gichtöffnung finden, und daß sie überhaupt einen ungleich geringeren Widerstand an der lockeren Schmelzsäule in den Kupolöfen, als an den dicht liegenden Erzsätzen finden, welche in den Hohöfen die Schmelzsäule bilden. Die Erhöhung der Temperatur im Schmelzraum selbst, nämlich vor den Formen, findet, bei der Anwendung des erhitzten Windes, bei den Kupolöfen in derselben Art und aus demselben Grunde statt, wie bei den Hohöfen.

§. 735.

Man hat geglaubt, daß die Anwendung der nicht verkohlten oder der halb verkohlten Brennmaterialien bei dem Betriebe der Kupolöfen dieselben Vortheile gewähren könne, welche sich davon bei den Hohöfen ergeben haben. Die Erfahrung hat diese Vermuthung nicht bestätigt, vielmehr hat sich ergeben, daß das unverkohlte Brennmaterial einen matten Gang in den Kupolöfen veranlaßt, selbst wenn es in Verhältnissen angewendet wird, die dem durch die Verkohlung darstellbaren Kohlegehalt derselben entsprechen. Die Gründe, aus welchen ein solches Verhalten ganz einleuchtend wird, sind schon oben (§. 694.) entwickelt worden. Der Prozeß im Kupolofen ist ein einfacher Schmelzprozeß und nicht zugleich, wie bei den Hohöfen, ein Reduktionsprozeß; es fehlt an Sauerstoff, um die Brennkraft des nicht verkohlten Brennmaterials zu benutzen, und weil die Verkohlung desselben im Schacht des Kupolofens daher, eben sowohl als bei dem gewöhnlichen Verkohlungsprozeß, durch freiwillige Entmischung in der erhöheten Temperatur erfolgen muß, so kann keine Wärme erzeugt werden, sondern es ist vielmehr

Wärme erforderlich, um die Entmischung zu bewerkstelligen und um die Entmischungsprodukte zu verflüchtigen.

§. 736.

Die Benutzung der aus der Gichtöffnung der Kupolöfen entweichenden glühenden Gasarten, wird von anderer Art seyn müssen, als die Benutzung der Gichtengase bei den Hohöfen. Die letzteren enthalten ein so großes Verhältniß von brennbaren Gasen, daß sie selbst als ein brennbares Material zu betrachten und zu behandeln sind. Die glühenden Gasarten aus den Kupolöfen können vorzugsweise nur dadurch wirksam werden, daß sie, wie die Gichtengase aus den Hohöfen, ihre Wärme an andere Körpern absetzen, aber weniger dadurch, daß sie von Neuem durch Luftzutritt zur Verbrennung gelangen. Zwar sind die Gichtengase von den Kupolöfen bis jetzt einer Untersuchung noch nicht unterworfen worden, indeß geht schon aus der Art ihrer Erzeugung hervor, daß sie (außer dem Stickgas) zum größten Theil nur aus schon verbrannten Gasarten, nämlich aus kohlensaurem Gas, bestehen können. Die Gichtengase bei den Hohöfen leiten, wie früher ausführlich dargelegt worden, ihren Gehalt an Kohlenoxydgas von einer doppelten Quelle ab; die aus der Gicht der Kupolöfen sich erhebenden glühenden Gasarten werden nur wenig Kohlenoxydgas enthalten, weil das im Schmelzraum entstehende kohlensaure Gas, bei der schnellen Entweichung aus der Gicht, sich nur sehr unvollständig in Kohlenoxydgas umändern kann.

Aber die hohe Temperatur, mit welcher die glühenden Gase aus der Gicht der Kupolöfen entweichen, gewährt schon eine hinreichende Aufforderung, die Wärme, welche sie mitzutheilen vermögen, nutzbar zu machen. Eine gewöhnliche Anwendung besteht in der Erhitzung der Luft, die dem Ofen zugeführt wird. (Taf. XII. Fig. 8. 9. Taf. XIII. Fig. 1 — 5.) Diese Art der Benutzung ist sehr zweckmäßig, aber es lassen sich außerdem noch größere Leistungen von den glühenden Gasen erwarten. Man hat die Flamme an einigen Orten schon zur Kesselfeuerung für Dampfmaschinen, so wie zur Heitzung der Räume zum Trocknen der Lehm- und Massen-Formen bei den Gießereien benutzt und eine ausgedehntere Benutzung ist unbezweifelt noch zu erwarten.

Umschmelzen des Roheisens in Flammenöfen.

§. 737.

In den Schachtöfen wird dem zu schmelzenden Körper die zur Schmelzhitze erforderliche Temperatur, durch die unmittelbare Berührung mit dem verbrennenden Material und mit der den letztern umgebenden Atmosphäre von glühendheißen Gasarten, welche das Resultat des Verbrennes sind, mitgetheilt. In den Flammenöfen wird die Schmelzung dadurch bewerkstelligt, daß die Flammen (die beim Verbrennen des Brennmaterials sich entwickelnden glühenden Gasarten) einen Theil ihrer Wärme an die Wände derjenigen Räume absetzen, in welchen der Körper geschmolzen werden soll, so daß ihm die Schmelzhitze theils durch Wärmeleitung, theils durch Wärmestrahlung mitgetheilt wird. Die Schachtöfen lassen daher zwar eine vollkommnere Benutzung des Brennmaterials zu, allein sie sind nur dann anwendbar, wenn der zu erhitzende, zu verflüchtigende oder zu schmelzende Körper die unmittelbare Berührung mit dem Brennmaterial gestattet.

§. 738.

Man hat bei jedem Flammenofen zwei wesentliche Haupttheile desselben zu unterscheiden, den Feuerungsraum und den Arbeitsraum. Der Feuerungsraum, in welchem das Brennmaterial verbrannt wird (von den ältern Metallurgen Windofen genannt) steht mit dem Schmelz- oder Arbeitsraum, in welchem sich der in der erhöheten Temperatur zu behandelnde Körper befindet, in einer so unmittelbaren Verbindung, daß sich die Flamme, weil sie keinen anderen Ausweg findet, aus dem

22 *

Feuerungsraum in den Arbeitsraum begeben muß. Durch die Flamme wird die Erhitzung der Räume bewirkt und weil die erhitzte Luft ein geringeres specifisches Gewicht als die atmosphärische Luft besitzt, zugleich ein Aufsteigen der heißen Luft in die kältere Atmosphäre veranlaßt, wodurch ein Luftzug, oder ein Zuströmen der atmosphärischen Luft unter den Rost, auf welchem das Brennmaterial im Feuerungsraum verbrennt, herbeigeführt wird, vorausgesetzt, daß für das Abziehen der erhitzten Luft in die Atmosphäre gesorgt worden ist. Wäre dieser Abfluß gehemmt, so würde der Verbrennungsprozeß nicht vor sich gehen können, vielmehr würde die leichtere, aber ungleich mehr Elasticität als die atmosphärische Luft besitzende erhitzte Luft, gezwungen werden, sich mit der Atmosphäre dadurch wieder in Gleichgewicht zu setzen, daß sie aus den Rostöffnungen im Feuerungsraum entweicht. Diese Erscheinung kommt im gewöhnlichen Leben häufig vor und wird mit dem Rauchen der Oefen oder der Schornsteine bezeichnet.

Je mehr daher der Abfluß der erhitzten Luft befördert wird, desto lebhafter muß der Verbrennungsprozeß erfolgen und desto größere Wärmequantitäten müssen in den Schmelz- und Arbeitsräumen in gleichen Zeiträumen abgesetzt werden. Mit dieser Ansicht scheint die Erfahrung im Widerspruch zu stehen, indem der Schmelzraum durch gleiche Quantitäten Brennmaterial um so weniger erhitzt wird und einen sehr hohen Grad der Temperatur sogar gar nicht einmal anzunehmen vermag, je weniger der Ableitung der erhitzten Luft durch recht große, mit der Atmosphäre unmittelbar communicirende Oeffnungen im Schmelzraum, ein Widerstand entgegengesetzt wird. Den geringsten Widerstand werden die glühendheißen Verbrennungsprodukte offenbar erfahren, wenn das Brennmaterial frei und ohne alle Einengung verbrennen kann, und doch ist es eine ganz bekannte Erfahrung, daß das Verbrennen in geschlossenen und mit Abzügen für die heiße Luft versehenen Räumen, in denen der Abzug derselben also erschwert seyn mußte, schneller erfolgt. Während aber die erhitzte Luft durch ihre größere Elasticität den Druck der atmosphärischen Luft überwindet und sich in die Atmosphäre einen Abfluß verschafft, der unstreitig um so schneller erfolgt, je weniger er durch die Ausflußöffnungen und Ausflußkanäle beengt wird, um so mehr wird dieser Abfluß wieder verhindert werden, je plötzlicher die Temperaturdifferenz zwischen den glühenden Verbrennungsprodukten und der kalten atmosphärischen Luft aufgehoben wird. Die Temperaturen werden sich aber um so schneller ausgleichen, je schneller und ungehinderter die erhitzte Luft in die freie Atmosphäre tritt, und dies ist der Grund, weshalb durch große Ausflußöffnungen eine starke Erhitzung des Schmelzraums nicht würde bewirkt werden können. Es wird daher ein gewisses, von der in einem bestimmten Zeitraum zu verbrennenden Quantität Brennmaterial abhängiges Verhältniß der Größe der Ausströmöffnung für die erhitzte Luft vorhanden seyn, bei welchem die Erhitzung des Schmelzraums am vollständigsten erfolgen kann. Vermöge ihrer größeren Elasticität verlangt die erhitzte Luft größere Ausströmöffnungen, wenn sie schneller entweichen soll, aber die größeren Oeffnungen befördern wieder die Ausgleichung der Temperaturdifferenzen der ein- und ausströmenden Luft und wirken der Erhitzung des Schmelzraums daher aus doppeltem Grunde entgegen, einmal weil sie den aus den Temperaturdifferenzen entspringenden Luftwechsel, — den Zug des Ofens — vermindern, und dann weil sie durch diese beschleunigte Aufhebung der Temperaturdifferenz, die Zunahme der Temperatur in dem Schmelzraum erschweren.

Wenn sich also auch der Abfluß der erhitzten Luft durch die veränderte Größe der Ausströmöffnungen so reguliren läßt, daß dadurch der verlangte Grad der Temperatur in dem Arbeitsraum des Flammenofens hervorgebracht werden kann, so leuchtet es doch ein, daß die höchsten Temperaturgrade, welche das Brennmaterial beim Verbrennen zu entwickeln vermag, auf solche Weise nicht erhalten werden können, weil die Elasticität der Luft in demselben Verhältniß zunimmt, in welchem die Temperatur gesteigert wird, und weil mit der zunehmenden Elasticität auch wieder für eine zunehmende Größe der Ausströmöffnung gesorgt werden muß, damit der Abfluß eben so schnell erfolgen kann, als das Zuströmen neuer glühender Gasarten aus dem Verbrennungsraum erfolgen muß, um die Erzeugung des verlangten Temperaturgrades überhaupt möglich zu machen. Mit der Vergrößerung der Ausflußöffnung steigt aber die Schwierigkeit der Erhitzung des Arbeitsraums, abgesehen davon, daß durch große Ausströmöffnungen die Brennkraft des Brennmaterials stets am unvollkommensten benutzt werden wird. Man hat daher das Hinderniß, welches die mit der Temperaturerhöhung steigende Elasticität der erhitzten Luft, dem schnellen Abfluß derselben, oder dem beschleunigten Zuströmen der erhitzten Gase aus dem Feuerungsraum entgegensetzt, dadurch in einem sehr hohen Grade vermindert, daß man die Differenzen zwischen dem specifischen Gewicht der erhitzten und der kalten atmosphärischen Luft benutzt, um die erstere schnell in der letzteren aufsteigen zu lassen, und auf solche Weise einen schnellen Abfluß der erhitzten Luft herbeizuführen. Dieser Zweck wird dadurch erreicht, daß man die erhitzte Luft nicht unmittelbar aus der Abflußöffnung in die Atmosphäre strömen läßt, sondern eine Säule von erhitzter Luft bildet, in welcher die specifisch leichtere heiße Luft in der schwereren atmosphärischen Luft in die Höhe steigt. Diese, von der umgebenden Atmosphäre getrennte, und für sich abgeschlossene Säule, wird durch eine senkrechte Verlängerung der Ausströmöffnung, oder durch einen Kanal gebildet, welcher unter dem Namen des S c h o r n s t e i n s oder der E s s e bekannt ist. Der Zug des Ofens, oder das in längern oder kürzern Zeiträumen erfolgende Nachströmen der glühenden Gasarten aus dem Feuerungs- in den Arbeitsraum des Ofens, ist also von dem Uebergewicht des Druckes der äußeren kalten atmosphärischen, gegen den der inneren, erhitzten und leichteren Luft abhängig. Die Säule, welche von der erhitzten Luft in der Esse gebildet wird, ist zwar dem Druck der Atmosphäre von allen Seiten ausgesetzt, und da ihre Elasticität sogar größer ist, als die der atmosphärischen Luft, so würde kein Grund zum Aufsteigen der erhitzten Luft aus der Esse in die Atmosphäre vorhanden seyn, wenn es nicht die durch die Temperaturdifferenz hervorgebrachten Unterschiede im specifischen Gewicht wären, durch welche die aufsteigende Bewegung der erhitzten Luft in der Esse veranlaßt würde. Die Geschwindigkeit der aufsteigenden Bewegung, oder der Unterschied des Druckes der äußeren und inneren Luftsäule, wird folglich durch die Temperatur und Höhe der Säule bestimmt werden, welche die erhitzte Luft bildet. Die durch die erhöhete Temperatur gleichzeitig vergrößerte Elasticität der erhitzten Luft wird indeß der aufsteigenden Bewegung immer ein Hinderniß entgegen setzen, welches sich besonders so lange wirksam zeigt, als sich die aufsteigende Bewegung noch nicht im Beharrungszustande befindet, so wie ferner dann, wenn die Bewegung der Luftsäule durch die Beschaffenheit der Wände, welche die Esse bilden, und durch die dadurch veranlaßten veränderten Bewegungsmomente, ein Hinderniß erfährt. Die größere Höhe der Esse trägt zu Verstärkung des Luftzuges nicht allein dadurch bei, daß eine höhere Säule von specifisch leichterer Luft gebildet und der Unterschied des Druckes zwischen der schwereren kalten und der leichteren warmen Luft vermehrt wird, sondern auch dadurch, daß mit der zunehmenden Höhe der Esse der Druck der Atmosphäre selbst geringer wird, so daß die verdünnte Luft, bei dem Heraustreten aus der Esse, einen um so geringeren Widerstand findet, je größer der Unterschied der Höhe zwischen den beiden Oeffnungen ist, in welche die atmosphärische Luft durch den Rost in den Ofen tritt und aus welcher sie bei der Essenöffnung wieder abgeleitet wird. Diese Differenz in den Höhen der Ein- und Ausströmöffnungen ist, besonders bei hohen Essen, ein sehr erhebliches Moment zur Beförderung des Luftzuges.

§. 739.

Man leitet die Flamme nicht unmittelbar aus dem Arbeitsraum des Ofens in die Esse, sondern man verbindet beide durch einen anderen kurzen Kanal, welcher der Fuchs genannt wird. Der Fuchs (Rampant) dient eigentlich dazu, die wirkliche Größe der Ausströmöffnung für die erhitzte Luft zu reguliren, welches durch die Dimensionen der Esse nur unvollständig würde geschehen können. Man ist nämlich genöthigt, der Esse eine größere Weite zu geben, als es der Beschaffenheit und der Quantität des in einem gewissen Zeitraum verbrennenden Brennmaterials angemessen ist, und dann bietet der Fuchs das Mittel dar, den Nachtheil, welchen die große Weite der Essen herbeigeführt, zu beseitigen. Wenn ein solcher Fuchs nicht vorhanden ist, so muß die Flamme vermittelst einer Oeffnung in dem Arbeitsraum (Fuchsöffnung) in die Esse geführt werden. Bei Oefen, in welchen sehr hohe Temperaturgrade hervorgebracht werden sollen, sind kanalartig fortgeführte Füchse nicht zu empfehlen, weil sie sich durch Wegschmelzen der Ränder leicht erweitern und dadurch veranlassen, daß die Flamme mit sehr veränderter Geschwindigkeit ausströmt.

Der Fuchs muß bei den Flammenöfen zum Umschmelzen und zur Verarbeitung des Eisens, an der dem Feuerungsraum gegenüber stehenden Seite im Arbeitsraum angebracht werden, um die Flamme zu Erhitzung des Ofens vollständig zu benutzen. Man wendet aber nicht immer einerlei Verfahren bei der Verbindung des Arbeitsraums mit dem Essenschacht vermittelst des Fuchses an. Zuweilen wird der Fuchs oben im Gewölbe, zuweilen an einer Seite, zuweilen unten, im Niveau des Heerdes angebracht. Liegt der Fuchs im Gewölbe, so streicht die

Flamme längs desselben fort und setzt die Hitze mehr am Gewölbe, als an der Heerdfläche, oder an dem Roheisen ab. Befindet er sich an einer Seite des Ofens, so erfolgt die Erhitzung des Heerdes zwar etwas vollkommner, aber die Seite des Ofens, folglich auch des Heerdes, an welcher sich der Fuchs befindet, wird stärker erhitzt als die andere. Deshalb ist es nothwendig, den Fuchs dem Heerde möglichst nahe zu legen, ihm wo möglich die ganze Breite des Heerdes zunächst der Esse als Länge zuzutheilen und die Höhe nach Umständen zu verändern. Die Vergrößerung oder Verkleinerung der Durchschnittsfläche des Fuchses, also des Querschnitts desselben, folglich die Größe der Ausströmöffnung für die Flamme, läßt sich, mit Bequemlichkeit und Zuverlässigkeit, nur bei Füchsen bestimmen und abändern, welche im Niveau der Heerdfläche angebracht sind. Diese Veränderung in der Größe der Ausströmöffnung ist aber fast das einzige Mittel zur Regulirung des Zuges bei Flammenöfen, deren Dimensionen schon bestimmt sind und sich während des Gebrauches der Oefen nicht mehr abändern lassen, weshalb schon aus diesem Grunde die Füchse niemals im Gewölbe des Ofens, oder an der Seitenfläche ausmünden sollten.

§. 740.

Die Fläche auf welcher das Roheisen im Arbeitsraum ruhet, also der Boden oder die Sohle des Arbeitsraums, wird der Heerd genannt. Der Heerd wird mit dem Gewölbe umschlossen, und dies Gewölbe umfaßt zugleich den Arbeitsraum (Heerdraum) und den Feuerungsraum. Die senkrechte Mauer, welche den Heerd von dem Rost, oder überhaupt den Arbeitsraum von dem Feuerungsraum trennt, heißt die Brücke. Der unter dem Rost befindliche Raum, durch welchen die atmosphärische Luft in den Feuerungsraum gelangt, wird der Aschenfall genannt.

Es sind bei jedem Flammenofen mindestens drei Oeffnungen zu unterscheiden. Die eine welche sich in dem Feuerungsraum, über dem Rost befindet, welche zum Eintragen des Brennmaterials dient und das Schürloch (die Einschüröffnung) genannt wird. Die zweite, welche zum Heerde führt und die Bestimmung hat, das Roheisen auf den Heerd zu bringen, und nach beendigter Operation im flüssigen Zustande mit Gießkellen wieder aus dem Ofen zu nehmen. Das Entleeren des Ofens geschieht indeß sehr häufig durch eine besondere Stichöffnung, welche mit dem tiefsten Punkt des Heerdes communicirt. Die dritte Oeffnung ist der Fuchs, oder die Fuchsöffnung, zur Ableitung der Flamme aus dem Arbeitsraum. Wenn zum Oxydiren des eingeschmolzenen Roheisens, wie später erwähnt werden wird, ein Windstrom aus dem Gebläse erforderlich ist, so muß im Arbeitsraum noch eine besondere Oeffnung für die Form angebracht seyn.

Ein wesentliches Erforderniß bei der Anwendung der Flammenöfen ist ein feuerfestes Material für diejenigen Theile des Ofens, welche einer starken Hitze ausgesetzt sind. Es läßt sich dazu kein anderes Material als ein höchst feuerbeständiger Thon anwenden, welcher mit zerpochten Stücken von schon gebrauchten feuerfesten Ziegeln, oder, in Ermangelung derselben, mit einem Theil gebrannten Thon versetzt werden muß. Die Ziegeln müssen in der stärksten Hitze gebrannt worden seyn, damit sie nicht mehr schwinden und dadurch zu weiten Fugen und Rissen Veranlassung geben. Alle Ziegel, besonders diejenigen für die Gewölbe, müssen in Chablonen geformt werden, um genau in einander zu passen. Als Mörtel bedient man sich eines dünnen Breies von feuerfestem Thon, mit welchem die Flächen der Ziegel, jedoch nur ganz dünne, bestrichen werden. Die Gewölbe nicht aus Ziegeln aufzuführen, sondern aus feuerfestem Thon zu schlagen, ist selten zu empfehlen.

Die Theile des Ofens welche von der Hitze am mehrsten leiden, sind die Brücke, das Gewölbe mit seinen Widerlagen, welche zugleich die Umfassungswände des Ofenraums bilden, der Fuchs und die innere Essenmauer, wenigstens bis zu einer gewissen Höhe. Auch auf das äußere Gemäuer, in welches die feuerfesten Ziegeln eingesetzt werden, die den inneren Raum des Ofens bilden, ist große Sorgfalt zu verwenden. Man verankert dies Gemäuer auf verschiedene Weise mit eisernen Platten, welche durch gegossene oder geschmiedete eiserne Stäbe zusammen gehalten werden. Oder man läßt den ganzen äußeren Theil des Ofens aus einem von eisernen Platten zusammengesetzten Gehäuse, oder aus einem Mantel bestehen, welcher etwa die äußere Gestalt des Ofens besitzt und die Stelle der Rauhmauer oder des eisernen Mantels bei den Schachtöfen vertritt, in welche dann der Ofenraum (aus feuerfesten Ziegeln gebildet) eingesetzt wird.

Der Heerd des Ofens ruht selten auf einer massiven Mauer; gewöhnlich legt man ihn auf einen gemauerten Bogen, oder auf eiserne Platten, die von eisernen Säulen getragen werden, so daß sich die Platten und der ganze Heerd mit Leichtigkeit herausnehmen lassen, wenn man eine Veränderung mit dem Heerde vornehmen will. Das massive Gewölbe, oder die eisernen Platten welche den Schmelzheerd tragen, werden zuerst mit Schlacken, Schutt u. dgl. bedeckt, worauf der eigentliche Schmelzheerd aufgetragen wird.

Das Gewölbe über dem Feuerungsraum und dem Heerde erhält im Allgemeinen die Gestalt welche man diesen Räumen selbst zutheilt, und die Neigung von dem Feuerungsraum nach der Vorwand des Ofens, welche man dem Schmelzheerd zutheilen zu müssen glaubt. Gute Gewölbe sollten wohl 100 Schmelzungen aushalten können. Sie stehen gewöhnlich ganz unbedeckt. Besser ist es, sie mit Sand zu bedecken, um die Wärmeableitung an die Atmospäre zu vermindern und zufällige äußere Beschädigungen abzuhalten. Deshalb ist es auch anzurathen, die im Freien stehenden Theile des Flammenofens mit einer leichten Bretterbedachung zu versehen, damit das Gewölbe nicht stark abgekühlt wird und auch durch atmosphärische Feuchtigkeit nicht leidet.

§. 741.

Der Rost muß eine solche Lage haben, daß die äußere Luft frei und ungehindert unter denselben treten kann. Deshalb legt man die Flammenöfen nicht in die Hütten, sondern stellt sie so gegen die Hüttenwand, daß der Rost der freien Luft zugekehrt ist. Kann es seyn, so muß der Rost nach der Mitternachtsseite liegen, und so wenig als möglich von Gebäuden umgeben seyn. Wenn der Raum unter dem Rost nicht hinreichend hoch über dem natürlichen Terrain liegt, so muß dasselbe nöthigenfalls ausgegraben werden, damit die durch die Roststäbe fallende glühende Asche und die glühenden kleinen Koaks (Cynders) den Raum für den Aschenfall nicht sehr erhitzen, und dem Brennmaterial erwärmte oder verdünnte Luft zuführen, wodurch der Luftzug bedeutend geschwächt werden würde. Gut ist es daher auch, wenn sich unter dem Rost ein Wasserbehälter befindet, worin sich die glühenden Cynders sogleich ablöschen. Außer daß die Luft mehr abgekühlt wird, erlangt man dadurch auch den Vortheil, die Cynders (zum Rösten, oder in Handschmieden) zu gewinnen, statt daß sie sonst größtentheils verbrennen würden.

Die Roststäbe sind gegossen oder geschmiedet. Bei kleinen und dünnen Roststäben, welche sich leicht werfen und krumm ziehen, sind die gegossenen den geschmiedeten vorzuziehen, weil sie sich weniger werfen, und daher nicht immer eine neue Glühspanrinde ansetzen, sondern die einmal erhaltene behalten. Weil sich überhaupt das Roheisen später oxydirt als das geschmiedete, so halten auch die gegossenen Roststäbe, wenn sie dick genug sind, um sich nicht krumm zu ziehen, länger aus als die geschmiedeten. Die letzteren lassen sich dagegen leichter wieder grade richten. Herr Gill hat vorgeschlagen, die Roststäbe oben mit einer Rinne zu versehen, in welcher sich die Steinkohlenasche absetzt, den Roststab bedeckt und gegen die Einwirkung der Luft schützt. Diese Roststäbe sollen von viel längerer Dauer seyn, als die gewöhnlichen, glatten. — Die Entfernung der Roststäbe von einander richtet sich nach der Größe und Beschaffenheit der anzuwendenden Steinkohlen. Bei größeren Stücken lassen sich weiter auseinander liegende Roststäbe anwenden, als bei kleineren Kohlen. Große Entfernungen sind nachtheilig, weil viel Kohlen unverbrannt durch den Rost fallen, wodurch leicht unbedeckte Stellen auf dem Rost entstehen. Zu eng liegende Roststäbe haben den Nachtheil, daß sie, besonders wenn man genöthigt ist, sehr schiefrige oder viel Asche und Schlacke beim Verbrennen zurück lassende Steinkohlen anzuwenden, den Rost leicht verstopfen und den Luftzutritt hemmen. Die beste Entfernung der Roststäbe von einander ist ¾ bis 1 Zoll, und auf diese Entfernung müssen die Köpfe der Roststäbe (welche des bequemeren Aus- und Einlegens wegen angebracht sind) eingerichtet werden.

So lange der Flammenofen im Betriebe ist, werden die Roststäbe durch die von unten hinzutretende kalte Luft abgekühlt. Sobald aber die Schmelzung aufhört, keine starke Verdünnung der Luft über dem Rost mehr stattfindet, und die äußere Luft im Ofen und in der Esse sich mit der Luft unter dem Rost wieder ins Gleichgewicht setzt, fangen die Roststäbe an zu glühen und dann leiden sie am meisten. Sie müssen daher, sobald die Schmelzung erfolgt, und das Eisen abgestochen oder ausgeschöpft worden ist, herausgenommen, und bei der neuen Schmelzung wieder eingelegt werden.

Der Rost muß sich an der denselben begränzenden Mauerung so dicht als möglich anschließen, auch darf zwischen den Köpfen der Roststäbe und zwischen dem Trageisen, auf welchem das Gewölbe ruht, kein größerer Zwischenraum bleiben, als nothwendig ist, um die Roststäbe hineinzuschieben, und wieder herauszunehmen, damit keine atmosphärische Luft über den Rost treten kann.

Das Schürloch, durch welches das Brennmaterial auf den

Rost getragen wird, erhält eine Einfassung von eisernen Platten, oder besteht aus einem gegossenen eisernen Kasten, welcher sich der Bequemlichkeit wegen vorn erweitert, und nach dem Roste zu verengt. Es muß groß genug seyn, um das Brennmaterial über den ganzen Rost verbreiten zu können. Ein großes Schürloch hat den Nachtheil, daß es sich nicht vollständig verschließen läßt und die äußere Luft nicht vollkommen abhält. Da es nämlich wenigstens so hoch über dem Rost liegt, als nöthig ist, um diesen mit dem Brennmaterial vollkommen bedeckt zu halten, so würde die durch das Schürloch eindringende Luft über den Rost treten und den Luftzug vermindern. Beim Schmelzen mit Steinkohlen verstopft man die Schürlöcher mit kleinen Kohlen, weil sie sich dadurch besser als durch Thüren schließen lassen. Großen Flammenöfen kann man zwei Schürlöcher auf den entgegenstehenden beiden Seiten des Rostes zutheilen. Zuweilen bringt man das Schürloch nicht seitwärts, sondern im Gewölbe über dem Rost an. Diese Einrichtung erschwert zwar das Eintragen des Brennmaterials, aber sie gestattet ein vollständigeres Abschließen der Oeffnung mittelst eiserner Schieber, die beim Eintragen des Brennmaterials schnell weggezogen und wieder über die Oeffnung geschoben werden können.

Die Brücke dient theils zur Trennung des Schmelzraums vom Feuerungsraum, theils zur Begränzung des Brennmaterials auf dem Rost, welches sich sonst bis zum Schmelzheerd verbreiten und das Eisen verunreinigen würde; theils hat sie auch den Zweck, die durch den Rost dringende kalte Luft vom Schmelzheerd abzuhalten, und sie zu nöthigen, durch das Brennmaterial ihren Weg zu nehmen. Die Höhe der Brücke über dem Schmelzheerd beträgt 4 bis 9 Zoll. Eine niedrige Brücke bewirkt leicht eine Verschlackung, wenigstens eine Entkohlung des unten und zunächst am Rost liegenden Roheisens; eine hohe Brücke läßt das unmittelbar auf dem Heerd liegende Roheisen zu kalt, und verspätet die Schmelzung, obgleich das umzuschmelzende Roh-eisen bei höheren Brücken im Allgemeinen eine grauere Beschaffenheit behält. Kleinere Oefen, in denen die Temperatur nicht die Höhe erreicht als in den größeren Oefen, müssen niedrigere Brücken erhalten. Leichtflüssiges Roheisen erfordert höhere Brükken als strengflüssiges mit geringerem Kohlegehalt, weil jenes die Kohle leichter verliert als dieses.

Die höhere oder tiefere Lage des Rostes, oder die Entfernung desselben von dem höchsten Punkt der Brücke, ist theils von der Länge des Flammenofens, theils von der Beschaffenheit der Steinkohlen abhängig. Kürzere Flammenöfen müssen, bei gleichem Brennmaterial, tiefer liegende Roste erhalten, als längere Flammenöfen. Fette und zum Backen geneigte Steinkohlen, welche leicht und mit starker Flamme verbrennen, so wie Holz und Torf, erfordern tiefer liegende Roste, als Sinterkohlen. Die geringste Entfernung von der Brücke erhält der Rost, wenn Sandkohlen zum Flammenofenbetriebe angewendet werden.

Die Masse, welche den eigentlichen Schmelzheerd bildet, muß im höchsten Grade feuerbeständig, und nicht geneigt seyn, sich zu verschlacken. Wo man recht reinen Flußsand erhalten kann, wird man sich desselben mit großem Vortheil bedienen; auch jeder andere reine Sand, welcher durch Waschen noch mehr gereinigt werden muß, ist anwendbar. Dieser Heerdsand wird über den ganzen Heerd 2 bis 3 Zoll hoch aufgetragen. Als unmittelbare Unterlage für denselben kann jedes thonig quarzige Mauermaterial angewendet werden. Gut ist es, wenn die Unterlage des Schmelzheerdes nicht aus fester Mauerung oder aus fest gestampftem Lehm, sondern aus mehr locker liegenden Materialien besteht, damit die Feuchtigkeit aus den unter dem Heerd befindlichen Abzügen entweichen kann. Ein 3 Zoll hoher Sandheerd hält 6 — 8 Schmelzungen aus; dann nimmt man die Kruste, welche sich oben gebildet hat, weg, und erneuert die Oberfläche durch frischen Sand.

Die Gestalt des Schmelzheerdes als Horizontalebene betrachtet, hat man verschieden abgeändert und ihr die eines Rechtecks oder einer Ellipse gegeben, oder sie aus mehren graden oder krummen Linien zusammengesetzt; man hat dem Heerd eine größere Breite als dem Rost zugetheilt, oder ihn in der Mitte mit einer aus graden oder aus krummen Linien zusammengesetzten Erweiterung versehen. Am natürlichsten und zugleich für die Construction am einfachsten und dauerhaftesten ist die Gestalt des Heerdes, nach welcher er hinten beim Rost die größte, nämlich eine eben so große Breite erhält, als der Rost, und nach vorn etwas zusammengezogen wird, weil die Hitze mit der größeren Entfernung vom Rost mehr abnimmt, folglich dort am stärksten zusammen gehalten werden muß. Die bauchförmigen Ausbiegungen des Heerdes in der Mitte gewähren keinen Vortheil, gewiß aber den Nachtheil, daß das Gewölbe weniger dauerhaft construirt werden kann. Aber es kann auch nicht zweckmäßig seyn, dem Ofen dort die größte Breite zu geben, wo er wegen des Zuges des Flammenstroms von der Brücke bis zum Fuchs nicht gleichmäßig erhitzt werden kann.

Auch die Neigung des Schmelzheerdes gegen den Horizont ist bei den Flammenöfen zum Umschmelzen des Roheisens sehr abweichend. Einige Heerde sind stark geneigt, andere fast söhlig. Bei den geneigten Heerden hat man den tiefsten Punkt entweder etwa in der Mitte der Länge des Heerdes, oder an der dem Feuerungsraum gegenüberstehenden Seite des Ofens, also zunächst dem Fuchs angebracht.

§. 742.

Das Einsetzen des umzuschmelzenden Eisens, oder das Laden des Ofens, geschieht durch die auf der einen Seite desselben befindliche, mit gußeisernen Platten, oder auch mit einem gußeisernen Rahmen eingefaßte Oeffnung, welche während des Schmelzens durch eine eiserne Thüre, die inwendig mit Thon ausgeklebt seyn muß, um das Schmelzen oder das Verbrennen durch das starke Glühen zu verhindern, geschlossen wird. (Die Zeichnung Taf. XXIII. A. giebt ein Bild von einem solchen hohlen gegossenen eisernen, mit Lehm auszufüllenden Kasten.) Die Thüre bewegt sich zwischen eisernen Falzen, welche in dem eisernen Rahmen der Einsetzöffnung angebracht sind, und wird durch ein an einem Balancier befindliches Gegengewicht, welches nur wenig leichter ist als die Thür, mit Leichtigkeit auf- und niedergelassen. Beim Schmelzen bewirkt man die Falzen, in denen sich die Thür bewegt, mit trockenem Sand, oder man streicht die Fugen auch mit einem Lehmbrei aus, um den Zutritt der Luft möglichst zu verhindern.

Das in den Flammenöfen umzuschmelzende Roheisen darf weder in zu dicken, noch in zu dünnen Stücken angewendet werden; am nachtheiligsten ist es, wenn dicke und dünne Stücke gleichzeitig umgeschmolzen werden. Dicke Stücke schmelzen langsam, und müssen der Flamme lange ausgesetzt bleiben, ehe sie in Fluß kommen; dünne Stücke haben eine große Oberfläche und hemmen auch, wenn sie flach und plattenartig sind und daher dicht über einander liegen, den Durchgang der Flamme. Am vortheilhaftesten für Oefen mit gegen den Horizont geneigten Heerden, bei welchen das Roheisen vor der Brücke aufgeschichtet wird, ist die Gestalt des Roheisens in Stäben von 3 bis 4 Zoll breit, und eben so hoch, deren Länge sich nach der Größe der Oefen richtet. Sind aber dickere und dünnere Stücke gleichzeitig umzuschmelzen, so müssen die letzteren unten auf dem Heerd, und die dickeren über ihnen, in der mittleren Höhe des Ofens und zunächst am Gewölbe liegen, wo die Hitze am größten ist. Müssen strengflüssiges graues, und weißes, oder auch leichtflüssiges graues Roheisen gleichzeitig verschmolzen werden, so wird das strengflüssige Roheisen näher am Gewölbe und das leichtflüssige näher an der Heerdsohle aufgeschichtet.

Bei den Oefen mit horizontalen Heerden ist es weniger nöthig, auf die regelmäßige äußere Gestalt des Roheisens mit großer Sorgfalt Rücksicht zu nehmen.

Das Einsetzen des Roheisens erfordert bei Oefen mit geneigten Heerden eine besondere Uebung, um das Eisen nicht zu dicht über einander zu legen, und der Luft den Durchgang zu erschweren, aber auch nicht zu große Zwischenräume zu lassen, wovon die Folge ein langsameres Einschmelzen und ein vergrößerter Eisenverlust durch Oxydation seyn würde. Bei der Verschmelzung regelmäßig geformter Flammenofengänze ist nichts weiter erforderlich als sie rostförmig über einanderzuschichten und die unterste Lage nicht unmittelbar auf den Heerd, sondern auf feuerbeständige Ziegelstücke zu legen, damit sie nicht kalt bleiben. — Bei den Oefen mit horizontalen Heerden wird das Einsetzen des Eisens sehr erleichtert, weil es über den ganzen Heerd nur gleichförmig vertheilt werden darf.

Ein Ofen, der ein neues Gewölbe und einen neuen Heerd erhalten hat, oder ein ganz neuer Ofen, absorbiren viel Wärme, weshalb die Schmelzung langsamer als in einem schon gebrauchten Ofen erfolgt. Oefen, in denen nicht schon einigemal geschmolzen ist, müssen daher vor dem Einladen des Eisens abgewärmt und in Weißglühhitze gesetzt werden, weil das Roheisen sonst zu lange der Glühhitze ausgesetzt seyn würde, ehe es flüssig wird. Aber auch ein schon gebrauchter Flammenofen sollte erst weißglühend gemacht werden, ehe das Einsetzen des Eisens erfolgt um den Eisenverlust zu vermindern. Das Laden des glühenden Ofens hat indeß bei den Oefen mit geneigten Heerden, bei denen das Eisen vor der Brücke regelmäßig aufgeschichtet werden soll, einige Schwierigkeiten, weshalb die Arbeiter es vorziehen den kalten Ofen zu laden, und dann erst anzufeuern. Der Kohlenaufwand ist bei diesem Verfahren etwas geringer, aber der Eisenverlust größer.

Bei der Schmelzarbeit selbst hat man das Zuströmen der

äußeren kalten Luft durch das Schürloch und durch die Einsetzthüre, durch das sorgfältigste Verschließen beider Oeffnungen zu verhindern. Das Schüren muß daher auch schnell verrichtet, und immer darauf gesehen werden, daß der Rost nie von glühenden Kohlen leer wird, um nicht unzersetzte Luft durch den Rost in den Ofen treten zu lassen. Es ist nicht rathsam, weniger häufig aber jedesmal viel Kohlen auf den Rost zu bringen, sondern lieber oft und wenig zu schüren, obgleich durch das häufigere Oeffnen und Schließen des Schürlochs eine Abkühlung unvermeidlich bleibt. Giebt man aber große Quantitäten Brennmaterial mit einem Male auf den Rost, so erhält man nie eine gleichmäßige starke Flamme, weil der Ofen bei dem jedesmaligen Schüren stark und anhaltend abgekühlt wird. Am zweckmäßigsten ist es, den Rost immer so hoch mit Brennmaterial bedeckt zu halten, daß an keiner Stelle hohle Räume entstehen, aber auch keine zu starken Schichten von noch nicht entzündetem Brennmaterial vorhanden sind. Dies läßt sich nur erreichen, wenn das Schüren in Intervallen von etwa 10 zu 10 Minuten vorgenommen wird.

Die zu einer Schmelzung erforderliche Zeit beträgt 2 — 4 Stunden, je nachdem mehr oder weniger Roheisen eingeschmolzen wird, und je nachdem der Zug der Oefen mehr oder weniger lebhaft und das Roheisen mehr oder weniger strengflüssig ist.

Das geschmolzene Roheisen sammelt sich bei den Flammenöfen mit geneigten Heerden vorn in dem tiefsten Theile des Heerdes in einem Sumpf, in welchem es durch die Hitze im Ofen, und durch die über den Sumpf strömende Flamme flüssig erhalten wird. Mit dem tiefsten Punkte des Sumpfes ist die durch die vordere Wand des Ofens geführte Abstichöffnung in Verbindung gesetzt, welche während des Schmelzens mit schwerem Gestübbe fest verschlossen ist und geöffnet wird, wenn das eingeschmolzene Roheisen abgelassen werden soll. Ist es nicht die Absicht, das Eisen abzustechen, sondern soll es mit Gießkellen ausgeschöpft werden, so dient dazu eine in der vorderen Mauer des Flammenofens über dem Sumpfe befindliche viereckige Schöpföffnung. Diese Oeffnung ist beim Schmelzen ebenfalls fest verschlossen, wird auch immer wieder zugesetzt wenn eine Kelle voll Eisen aus dem Ofen genommen worden ist, damit das übrige im Ofen befindliche Eisen nicht abgekühlt wird. In der Thüre, welche die Schöpföffnung verschließt, pflegt man ein kleines Spähloch, welches durch einen thönernen Pfropf leicht verschlossen werden kann, anzubringen, um den Gang des Schmelzens zu beobachten.

Bei den Oefen mit horizontalen Heerden ist die Einrichtung zum Ablassen des Eisens ganz dieselbe, aber die Vorwand ist durchaus geschlossen. Der Heerd erhält dann eine kleine Neigung gegen die Stichöffnung, damit nach erfolgtem Abstich kein Eisen in dem Ofen zurück bleibt Hat man aber nicht die Absicht, das Eisen abzustechen und in die Formen zu leiten, sondern es mit Gießkellen aus dem Ofen zu nehmen, so giebt man dem Heerde keine Neigung gegen den Fuchsdamm, sondern eine geringe Neigung gegen die Einsetzthüre um einen flachen Sumpf zu bilden, aus welchem die letzten Quantitäten des flüssigen Eisens noch mit Kellen herausgenommen werden können. Weil das Eisen indeß in einem tiefen Sumpf leicht zu kalt bleiben würde und dieser daher vermieden werden muß, und weil bei einem flachen Sumpf das flüssige Eisen nicht ganz rein ausgeschöpft werden kann, so hat die Anwendung der Flammenöfen mit horizontalen Heerden zum Ausschöpfen des Eisens einige Schwierigkeit, welche dadurch noch vergrößert wird, daß durch die Thüröffnung kalte Luft in den Ofen strömt, wodurch das Eisen bei lange fortgesetztem Schöpfen matt und zuletzt auch weiß wird, wenn es dazu eine Neigung hat. Dieser Unannehmlichkeit läßt sich dadurch abhelfen, daß an der langen Seite des Flammenofens, unter der Einsetzthür, eine Abstichöffnung angebracht wird, aus welcher jede, auch nur geringe Quantität Eisen, in derselben Art wie aus den Kupolöfen, abgelassen werden kann. Diese Stichöffnung wird eben so wie bei den Kupolöfen geöffnet und geschlossen. Der Flammenofenheerd erhält dann nur eine geringe Neigung gegen die Einsetzthüre, welche bei dem Ablassen des flüssigen Eisens in die Kellen und Pfannen ganz geschlossen bleibt.

Soll zum Abstechen und zum Ausschöpfen des niedergeschmolzenen Roheisens geschritten werden, so ist es nöthig den Luftzug so viel als möglich abzuschneiden. Zu diesem Zweck sind die Ausflußöffnungen der Essenschächte mit einer eisernen Klappe zu versehen, welche nur während des Betriebes der Oefen geöffnet ist, sonst aber die Essenmündung verschließt. Wenn eine solche zweckmäßige Vorrichtung zum Verschließen der Essenmündungen nicht vorhanden ist, so muß man den Aschenfall abzuschließen und dadurch den Zutritt der atmosphärischen Luft abzuhalten suchen, auch das Schürloch und die Einsetzöffnung wohl verschließen.

Bei dem Abstechen des Roheisens fließt die dasselbe bedeckende Schlacke mit ab, und muß in einem vor dem Stich anzubringenden Sumpf, worin sich das Eisen sammelt, abgezogen werden. Wird das Roheisen mit Gießpfannen aus dem Ofen geschöpft, so wird das flüssige Roheisen vorher im Ofen von der Schlacke befreit. Sollte das Ausschöpfen viele Zeit erfordern, so könnte die Nothwendigkeit eintreten, die Essenklappe, nachdem die Einsetzthüre vorher niedergelassen worden, wieder etwas zu öffnen. Das Erkalten des Eisens ist jedoch so leicht nicht zu befürchten, wenn der Rost mit glühenden Kohlen angefüllt ist und wenn das Zudringen der Luft durch Schließen aller Oeffnungen möglichst verhindert wird.

Nach erfolgter Entleerung des Ofens wird das etwa vorhandene Schaaleneisen durch die nun geöffnete Einsetzthüre mit Brechstangen losgebrochen, der Heerd dabei aber möglichst geschont und geebnet, und nöthigenfalls nach dem Erkalten mit neuer Heerdmasse ergänzt.

Findet sich nicht Gelegenheit alles flüssige Roheisen, welches der Flammenofen bei einer Schmelzung liefert, zu vergießen, und ist derselbe nur in Betrieb gesetzt, um ein bestimmtes Gußstück abzugießen, so muß die dazu erforderliche Quantität Eisen genau berechnet werden, um nach Hinzurechnung des für die Eingüsse und für den Schmelzabgang erforderlichen Eisens, die Menge des umzuschmelzenden Roheisens zu bestimmen, damit nicht unnöthige Schmelzkosten herbeigeführt werden. Wenn dagegen mehre Flammenöfen zu gleicher Zeit angewendet werden müssen, um den nöthigen Eisenbedarf zu einem großen Gußstück zu erhalten, so ist dahin zu sehen, daß das Roheisen zu gleicher Zeit in allen Oefen niedergeschmolzen sei, welches eine Bekanntschaft mit der Zugkraft eines jeden Ofens und mit der Schmelzbarkeit des anzuwendenden Roheisens voraussetzt.

Gestattet es der Betrieb der Gießerei, den Flammenofen sogleich nach dem erfolgten Niederschmelzen und Ablassen des Eisens aufs Neue zu laden, so ist das Schmelzen im Flammenofen erst eigentlich vortheilhaft, weil sich der Ofen schon in starker Hitze befindet, die Schmelzung also schnell und mit geringerem Eisen- und Kohlenverbrauch erfolgen kann.

Eine Gießerei, welche große und schwere Gußstücke anzufertigen hat, muß nothwendig mehre Flammenöfen besitzen, weil sehr große Flammenöfen, wegen der zu erhitzenden größeren Räume, vortheilhafte Schmelzungen nicht gestatten. Kleine Oefen sind aber ebenfalls unvortheilhaft, weil auf die Erwärmung der Mauerung im Vergleich mit dem einzuschmelzenden Eisen viel Brennmaterial verwendet werden muß. Kleine Oefen, worin 25 bis 30 Cent., und größere, worin 50 bis 60 Cent. Eisen eingeschmolzen werden, scheinen am vortheilhaftesten zu seyn.

§. 743.

Bei dem Umschmelzen im Flammenofen kann das Roheisen der Einwirkung der Luft niemals vollständig entzogen werden. Je schneller die Schmelzhitze gegeben werden kann, desto weniger wird der Kohlegehalt des Roheisens vermindert, obgleich durch eine starke und lange anhaltende Hitze der Verbindungszustand der Kohle mit dem Eisen, nach dem Erkalten des Roheisens, verändert werden kann. Weißes Roheisen von übersetztem Gange des Hohofens würde jedoch eine außerordentlich hohe Temperatur zur Umwandlung in graues Roheisen erfordern, die ohne Nachtheil für die Ofenwände nicht hervorzubringen ist, und einen sehr bedeutenden Brennmaterialienverbrauch zur Folge hat. Dies Eisen ist daher zum Umschmelzen in Flammenöfen nicht anwendbar. — Das weiße gaare und das graue Roheisen von leichtflüssigen Beschickungen, beide mit großem Kohlegehalt, eignen sich, bei schneller und starker Hitze sehr gut zum Umschmelzen; das graue Roheisen von strengflüssigen Beschickungen mit geringerem Kohlengehalt ist, aus anderen Gründen, ebenfalls ein gutes Material für die Flammenöfen (§§. 715. 718.). Ueberhaupt würden alle Roheisenarten, ohne Unterschied, durch das Umschmelzen in Flammenöfen an Weichheit und Festigkeit gewinnen, wenn es nur möglich wäre, die Heitzfähigkeit der Flammenöfen in dem Verhältniß des abnehmenden Koblegehaltes des Roheisens zu erhöhen. Aber es ergiebt sich im Allgemeinen aus dem Verhalten des Roheisens, daß ein vortheilhafter Betrieb der Flammenöfen nur dann ausführbar ist, wenn alle Dimensionen des Ofens so bestimmt sind, daß sich in der kürzesten Zeit der höchste Grad der Temperatur hervorbringen läßt. Je länger das Roheisen im heißglühenden Zustande verweilen muß ehe es flüssig wird, desto weniger wird es für die Anwendung zu Gußwaaren geeignet seyn, und desto unvortheilhaftere Resultate wird der Betrieb der Flammenöfen gewähren. Flammenöfen mit gegen den Horizont geneigten Heerden, auf welchen das geschmolzene Roheisen niederfließen muß, um sich in einem Sumpf unter dem Fuchs anzusammeln, sind nur bei grauem Roheisen von sehr strengflüssigen Beschickungen anwendbar, obgleich auch für diese Roheisenart ein anders construirter Schmelzheerd vortheilhafter seyn wird. Die Neigung des Heerdes gegen den Horizont führt mehre Nachtheile mit sich. Der erste besteht darin, daß das Roheisen der Wirkung der Stichflamme unaufhörlich, und selbst noch beim Hinabfließen in den Sumpf, in den feinsten Strömen ausgesetzt ist, weshalb auch nur das strengflüssige graue Roheisen mit geringem Kohlegehalt auf solchen Heerden ohne eine auffallende Veränderung seines Mischungszustandes geschmolzen werden kann. Der zweite ist darin zu suchen, daß dem Gewölbe des Ofens, in der Nähe der Brücke, um Raum zum Aufschichten des umzuschmelzenden Roheisens zu erhalten, eine größere Höhe zugetheilt werden muß, als es bei einer vortheilhaften Benutzung des Brennmaterials der Fall seyn sollte. Um diesen Raum erhitzen zu können, müssen nicht allein mehr Kohlen verbrannt werden, sondern es wird dadurch auch fast unausführbar, in allen Theilen des Ofens einen gleichen Grad der Temperatur hervorzubringen. Sodann leidet auch das Gewölbe durch die Stichflamme, bei der erforderlichen starken Neigung, ungleich mehr, als die Gewölbe bei Flammenöfen mit horizontalen Heerden, bei welchen die Flamme fast in horizontaler Richtung am Gewölbe fortstreicht, bis sie die Fuchsöffnung erreicht.

Die Veränderungen des Mischungszustandes, welche das Roheisen, vorzüglich in den Flammenöfen mit geneigten Heerden erfährt, sind um so bedeutender, je längere Zeit es in der Glühhitze verweilt, ehe es schmelzt. Es oxydirt sich auf der Oberfläche und bildet zuletzt eine so starke Glühspanrinde, daß die heftigste Hitze erfordert wird, um den inneren Roheisenkern zum Schmelzen zu bringen, welcher endlich aussaigert und den Glühspan als eine Hülle, welche die äußre Gestalt des eingesetzten Eisens behält, zurückläßt. Die äußeren Schichten dieser Hülle bestehen aus Glühspan, die inneren aus mehr oder weniger vollkommen geschmeidigem Eisen. War das Roheisen schon beim Einschmelzen mit einer Rosthaut überzogen, so verhält es sich sehr strengflüssig, und hinterläßt um so mehr von jenen unschmelzbaren Massen, von dem sogenannten Schaaleneisen.

Diese Veränderungen des Mischungsverhältnisses erleidet das Roheisen in Flammenöfen mit horizontalen Heerden in einem weit geringeren Grade, weil es der unmittelbaren Einwirkung des Luftzuges ungleich weniger ausgesetzt ist.

Sehr zweckmäßig zum Umschmelzen des Roheisens sind diejenigen Flammenöfen, die ein doppeltes Gewölbe über dem Heerde erhalten (Taf. **XXIV.** Fig. 15, 16.) und bei welchen der Schmelzheerd so eingerichtet ist, daß das Roheisen beim Einschmelzen durch den heftigsten Flammenstrom schnell in den flüssigen Zustand gebracht, nach erfolgter Schmelzung aber der Einwirkung der Flamme ganz entzogen wird. Diese Heerdconstruction, welche in Staffordshire überall eingeführt ist, verdient eine allgemeine Anwendung, indeß ist ein höchst feuerbeständiges Material für die Gewölbe und eine große Sorgfalt bei deren Aufstellung, durchaus erforderlich. Diese Flammenöfen würden diejenigen mit einfachen Gewölben wahrscheinlich auch längst schon verdrängt haben, wenn nicht das Gewölbe ein außerordentlich feuerbeständiges Material erforderte und dennoch stärker und schneller angegriffen würde, als das ungleich wohlfeiler darzustellende einfache Gewölbe.

§. 744.

Den höchsten Grad der Temperatur durch die verhältnißmäßig geringste Menge Brennmaterial hervorzubringen, ist die Aufgabe, welche durch eine zweckmäßige Construction des Flammenofens gelöst werden soll. So wichtig es seyn würde, zuverlässige Verhältnisse zwischen den Dimensionen der einzelnen

Theile des Flammenofens festzustellen, welche für die verschiedenen im Ofen hervorzubringenden Hitzgrade nach Maaßgabe der gemachten Erfahrungen nur verschieden abgeändert werden dürften; so hat man solche Bestimmungen doch noch nicht ermitteln können. Die Größe der Rostfläche, der Heerdfläche, der Querschnittsfläche des Fuchses, der Querschnittsfläche der Esse und deren Höhe, stehen in einem solchen Verhältniß zu einander, daß die Wirkung eines Ofens wesentlich verändert wird, wenn nur eine von diesen vier Flächen einen anderen Werth erhält, oder wenn die Höhe der Esse verändert wird. Aber auch die Beschaffenheit des Brennmaterials, dessen Entzündbarkeit und mehr oder weniger flammende Eigenschaft, die Entfernung der Heerdfläche von der Rostfläche, die Höhe der Brücke über der Heerdfläche, die Entfernung des Gewölbes vom Schmelzheerd, die Art der Verbindung des Arbeitsraums mit der Esse durch den Fuchs (§. 739.) die Gestalt der Heerdfläche, und endlich die Menge des Brennmaterials, welches sich in jedem Augenblick im Feuerungsraum befindet, modificiren den Effekt des Ofens. Hohe Brücken halten jederzeit die Hitze von den Heerden ab (§. 741.), weil die Flamme an der Brücke einen Widerstand findet und durch dieselbe gegen das Gewölbe geleitet wird. Der Heerd und das darauf befindliche Roheisen empfangen die Hitze nicht unmittelbar durch die Flamme, sondern größtentheils nur durch das glühende, nicht brennende Gas und durch Wärmestrahlung von den erhitzten Wänden des Ofens. Hohe Brücken schützen also das Roheisen zwar gegen die Stichflamme, d. h. gegen die unmittelbare Berührung des aus dem Feuerungsraum aufsteigenden Flammenstroms, der oxydirend wirken kann, wenn die durch das Brennmaterial aus dem Rost strömende Luft nicht vollständig zerlegt ist; allein sie verzögern die Schmelzung und haben einen größeren Aufwand an Brennmaterial zur Folge. Die Brücke muß daher nicht hoch und die oxydirende Wirkung der Flamme vorzüglich dadurch verhindert werden, daß die Rostfläche stets mit dem Brennmaterial vollständig bedeckt ist. — Auch die Höhe des Gewölbes ist wesentlich zu berücksichtigen. Hohe Gewölbe gestatten immer nur eine sehr unvollkommne Benutzung des Brennmaterials, weil der Flammenstrom sich mehr vom Heerde entfernt. Deshalb müssen die Gewölbe nicht allein möglichst flach, nämlich ohne auffallende Wölbung construirt seyn, sondern sich auch nicht weit von der Fläche des Schmelzheerdes entfernen.

Je größer, bei gleich bleibender Rostfläche, die Heerdfläche des Flammenofens ist, desto vollständiger kann der Flamme und den glühenden Gasarten die Wärme entzogen werden, ehe sie durch die Oeffnung des Fuchses abziehen. Käme es also nur allein auf die größtmöglichste Benutzung des Brennmaterials an, so würde das Verhältniß des Heerdes zum Rost recht groß gewählt und die Einrichtung so getroffen werden müssen, daß die Flamme lange im Arbeitsraum zurückgehalten wird. Dies längere Verweilen der brennenden Gase im Arbeitsraum, läßt sich durch die Verkleinerung der Ausströmöffnung, nämlich der Querschnittsfläche des Fuchses, bewerkstelligen. Ein solches Verhältniß der drei Flächen zu einander, würde folglich die Wirkung hervorbringen, daß die Wärme der glühenden Gase möglichst vollständig im Arbeitsraum abgesetzt wird. Durch die ununterbrochen fortdauernde Anhäufung der entwickelten Wärme würden die Wände des Ofens und das Roheisen nach und nach bis zu dem Grade der Temperatur, den die Flamme selbst besitzt, erhitzt werden können, wenn die Ofenwände die empfangene Wärme nicht fortwährend an die Atmosphäre absetzten, oder wenn der Ofen von einem absoluten Nichtleiter der Wärme umgeben werden könnte. Es giebt aber kein Mittel, den Wärmeverlust durch Leitung zu verhindern, auch darf die Verbindung des Arbeitsraums mit der Atmosphäre durch den Fuchs und die Esse nicht aufgehoben werden, weshalb die durch Leitung verloren gehende Wärme immer wieder ersetzt werden muß, wenn die erlangte Temperatur hervorgebracht werden soll. Dies läßt sich nur dadurch bewirken, daß der Arbeitsraum in gleichen Zeiträumen mehr Wärme erhält, als ihm durch Wärmeleitung entzogen wird. Der Wärmezuschuß kann aber nur erfolgen, wenn die Flamme und die glühenden Gasarten, welche einen Theil ihrer Wärme abgegeben haben, entfernt werden, um einer anderen, stärker erhitzten Flamme den Zutritt in den Arbeitsraum möglich zu machen. Je langsamer dieser Zutritt erfolgt, desto mehr Wärme geht durch Leitung verloren und desto weniger wird es möglich seyn, den Grad der Temperatur hervorzubringen, bei welchem das Roheisen flüssig wird. Höhere Temperaturen machen also einen schnelleren Zutritt der Flamme nothwendig, als geringere Hitzgrade; oder es müssen im ersten Fall größere Quantitäten von Brennmaterial in gleichen Zeiträumen verbrennen, damit ein schnellerer Wärmezuschuß erfolgen kann. Die durch das Verbrennen sich entwickelnde Wärme wird folglich um so unvollkommner benutzt werden, oder die glühenden Gasarten werden in einem um so stärker erhitzten Zustande, ohne Benutzung ihrer Wärme, entfernt werden müssen, je höher der Grad der Temperatur ist, bei welchem das Roheisen geschmolzen werden soll. Die Heizkraft eines Brennmaterials wird also nur für einen bestimmten Grad der Temperatur ermittelt werden können, und es wird bei dieser Ermittelung darauf ankommen, die Quantitäten der verschiedenen Arten des Brennmaterials zu bestimmen, welche in gleichen Zeiträumen verbrennen müssen, um jenen Grad der Temperatur hervorzubringen (§. 475.). Es scheint wohl, daß die Brennkraft und die Heizkraft der verschiedenen Brennmaterialien in einem nothwendigen Verhältniß zu einander stehen müssen; allein man hat manche Brennmaterialien noch nicht in die Verhältnisse beim Verbrennen versetzen können, um diejenige Heizkraft zu entwickeln, welche man zufolge ihrer Brennkraft von ihnen zu erwarten berechtigt wäre.

Als ein wirklicher Wärmeverlust bei der Benutzung der

Brennmaterialen in den Flammenöfen, würde derjenige anzusehen seyn, welcher durch ein zu langsames, oder durch ein zu schnelles Verbrennen veranlaßt wird, weil dort der Effekt nicht erreicht, und hier überschritten werden würde. Für die zum Umschmelzen des Roheisens erforderlichen Temperaturen ist ein Wärmeverlust durch zu schnelles Verbrennen, also durch eine über den Bedarf gesteigerte Hitze, noch nicht erwiesen, indem die Erfahrung zeigt, daß bei dem höchsten Grade der Heizkraft auch zugleich die Brennkraft des Brennmaterials am vortheilhaftesten benutzt wird, obgleich dabei, aus den eben erwähnten Gründen, der größte Wärmeverlust statt finden muß. Wenn es daher für den Zweck des Umschmelzens des Roheisens, zur vortheilhaftesten Benutzung des Brennmaterials, nothwendig zu seyn scheint, die glühenden Gasarten in dem höchsten Grade der Temperatur aus dem Schmelzraum zu entfernen, so liegt darin eine große Aufforderung, sie noch zu anderen Zwecken, zu welchen ein minder hoher Grad der Temperatur ausreichend ist, zu benutzen, und sie nicht allein zur Erhitzung des Essenschachtes zu verwenden, obgleich diese Verwendung nicht umgangen werden kann, weil davon wieder die Zugkraft des Ofens abhängig ist.

§. 745.

Unter der Voraussetzung einer gleich starken Zuströmung der atmosphärischen Luft zur Rostfläche, wird die Quantität des Brennmaterials, welche in einer gewissen Zeit verbrennt, mit der Größe der Rostfläche im Verhältniß stehen. Daraus ergiebt sich, daß ein nothwendiges Verhältniß zwischen der Größe der Rostfläche und der Heerdfläche vorhanden seyn muß, durch welches die Temperatur bestimmt wird, die sich möglicherweise überhaupt nur in dem Flammenofen hervorbringen läßt. Bei einem unzureichenden Verhältniß der Rost- zur Heerdfläche, würde es unmöglich seyn, den durch dieses Verhältniß bestimmten Grad der Temperatur im Arbeitsraum zu überschreiten, weil der Wärmeverlust durch Absorbtion und Leitung durch den erfolgenden Wärmezufluß von der Rostfläche nicht ersetzt werden kann. Ein zu großes Verhältniß der Rostfläche zur Heerdfläche würde dagegen einen überflüssigen Aufwand an Brennmaterial herbeiführen, obgleich die Verkleinerung der Ausströmöffnung, nämlich die Verkleinerung der Querschnittsfläche des Fuchses, ein Mittel darbietet, das Nachströmen der glühenden Gase aus dem Verbrennungsraum, oder den Zug des Ofens, zu vermindern. Die im Verhältniß zur Heerdfläche zu großen Roste veranlassen daher zwar immer einen größeren Verbrauch an Brennmaterial, als bei dem günstigsten Verhältniß beider Flächen statt finden würde; aber sie gewähren den Vortheil, daß sich dabei auch Brennmaterialien von geringerer Heizkraft anwenden lassen, um den verlangten Grad der Temperatur hervorzubringen, wogegen bei einem zu kleinen Rost der Zweck, selbst bei einem Material von großer Heizkraft, unerreicht bleiben, oder wenigstens ein sehr großer Aufwand von Brennmaterial erforderlich seyn würde, wenn er endlich erreicht werden sollte. Roste die etwas größer sind als es zur Hervorbringung der verlangten Temperatur im Arbeitsraum, bei einem bestimmten Brennmaterial, durchaus nothwendig ist, werden daher jederzeit eine vortheilhaftere Benutzung desselben gestatten, als Roste deren Flächenraum es nothwendig macht, den höchsten Grad der Zugkraft des Ofens in Anspruch zu nehmen und die stärkere Erhitzung des Arbeitsraums durch die möglichst schnelle Bewegung der glühenden Gase zu bewirken.

Will man die Verhältnisse der Rostfläche zur Heerdfläche, welche für die verschiedenen Arten des Brennmaterials erforderlich sind, um einen bestimmten Grad der Temperatur im Arbeitsraum des Flammenofens hervorzubringen, in Zahlen ausdrücken; so würde die Angabe der Größe des Inhaltes beider Flächen noch nicht genügen. Die Gestalt des Schmelzheerdes bei gleich bleibendem Flächeninhalt würde nothwendig zu berücksichtigen seyn, weil der Weg den die Flamme von der Brücke bis zum Fuchs zu machen hat, für Oefen mit breiten Heerden kleiner ist als für Oefen mit schmalen und langen Heerden, wenn beide einen gleichen Flächeninhalt haben. Die Breite des Heerdes wird gewöhnlich nach der Länge des Rostes bestimmt und eine bauchartige Erweiterung des Arbeitsheerdes in der Gegend der Einsetzthüre kann für die zum Einschmelzen des Roheisens bestimmten Flammenöfen nicht zweckmäßig seyn. Bei gleichem Flächeninhalt werden die längeren Heerde den kürzeren ungemein vorzuziehen seyn, weil sie eine vollkommnere Benutzung des Brennmaterials gestatten. Man wird die Länge des Heerdes, dessen Breite, bei der Brücke, der Länge des Rostes entspricht, ohne Nachtheil für den Brennmaterialienverbrauch vergrößern können, besonders wenn der Heerd an der Vorwand, bei der Fuchsöffnung, etwas schmaler zusammengezogen wird; aber eine größere Breite wird ihm niemals, ohne einen stärkeren Verbrauch an Brennmaterial, zugetheilt werden können.

Aber auch abgesehen von einem solchen Verhältniß der Breite zur Länge des Heerdes, wird das Verhältniß der Heerdfläche zur Rostfläche, zur Hervorbringung eines und desselben Grades der Temperatur im Schmelzraum, kein constantes, sondern ein zugleich auch von der Weite und Höhe der Esse abhängiges, und daher bei einem und demselben Brennmaterial veränderliches seyn. Man kann im Allgemeinen wohl annehmen, daß das Verhältniß der Rostfläche zur Heerdfläche vorzugsweise durch die Brennkraft des Brennmaterials bestimmt wird, während die Hetzkraft des Ofens von den Dimensionen der Esse und des Fuchses abhängig ist.

§. 746.

Die Menge des in bestimmten Zeiträumen auf dem Rost verbrennenden Brennmaterials, — der Zug oder die Heizkraft des Ofens, veranlaßt durch ein mehr oder minder lebhaftes Verbrennen, — wird durch solche Mittel herbeigeführt, durch welche die Produkte des Verbrennens, die Flamme oder die glühenden Gasarten, mehr oder weniger schnell entfernt werden können.

Dies geschieht durch die Esse (§. 738.). Je geringer das specifische Gewicht der Gasarten (die Verdünnung des Raumes über der Rostfläche) ist, desto mehr wird sich das Uebergewicht des Druckes der atmosphärischen Luft gegen die erhitzte Luft geltend machen und mit desto größerer Geschwindigkeit wird die letztere im Essenschacht aufsteigen. Weil der Grad der Verdünnung nur von der Menge der Wärme abhängig ist, welche der Esse zugeführt wird, so könnte es gleichgültig scheinen, ob man engere oder weitere Essen anwendet, weil in einer weiteren Esse, in einer stärkeren Säule, aber mit geringerer Geschwindigkeit dieselbe Luftmenge von einerlei Temperatur wie in einer engeren Esse, in bestimmten Zeiträumen aufsteigen wird. Die größere Geschwindigkeit welche die schwächere Säule von gleich stark erhitzter Luft in engeren Essen erhalten muß, damit dieselbe Luftmenge wie in den weiteren Essenschächten in gleichen Zeiträumen aufsteigen kann, würde sogar ein nachtheiliger Umstand für die Essen seyn, der dadurch noch erhöhet wird, daß die erhitzte Luft vermöge ihrer Elasticität der bewegenden Kraft in engen Essen einen größeren Widerstand entgegensetzt als in weiten Essen. Die Erfahrung zeigt aber, daß weite Essen dem Zuge hinderlich sind. Die Ursache ist lediglich in den Temperaturverhältnissen zu suchen. Heiße Luft die in weite Essen tritt dehnt sich stärker aus als in engere Essen eintretende Luft, und jene wird, bei ursprünglich gleichen Temperaturen, bedeutend stärker abgekühlt werden als diese. Weitere Essen absorbiren ferner größere Wärmemengen die an die Essenwände abgesetzt werden. Es ist daher eine allgemeine Regel, die Essen so enge als möglich zu machen. Berechnungen über die erforderliche Weite der Essen haben bis jetzt noch nicht zu brauchbaren praktischen Resultaten geführt, und man muß der Erfahrung folgen, nach welcher eine Essenweite von 24 Zoll im Quadrat für die größten Flammenöfen, in welchen 60 bis 80 Centner Roheisen mit einem male umgeschmolzen werden können, vollkommen zureichend ist, daß weitere Essen sogar den Zug vermindern. Für Flammenöfen von mittlerer Größe, worin 35 bis 50 Centner Roheisen umgeschmolzen werden, ist eine Essenweite von 15 bis 18 Zoll genügend, und für kleinere Flammenöfen eine Essenweite von 12 Zoll im Quadrat ganz zureichend. Man würde der Esse für kleinere Flammenöfen eine noch geringere Weite zutheilen können, wenn bei geringeren Dimensionen nicht das Einsetzen des Kernschachtes, oder des Essenfutters, mit Schwierigkeiten verbunden wäre.

Die größere Weite der Essenschächte scheint also, — durch die plötzliche Ausdehnung der erhitzten Luft und durch die dadurch herbeigeführte beträchtliche Abkühlung derselben, so wie durch die Wärmeabsorbtion, welche die größeren Flächen des Schachtes veranlassen, — den Luftzug in einem ungleich höheren Grade zu schwächen, als sie denselben, durch verminderten Widerstand gegen die aufsteigende Bewegung, nothwendig mehr als eine geringere Weite des Essenschachtes befördert. Der durch die größere Elasticität der erhitzten Luft herbeigeführte Widerstand gegen die aufsteigende Bewegung, scheint auch nur in den ersten Zeitmomenten wirksam zu seyn und sich zu vermindern, wenn sich die Größe der Bewegung im Beharrungszustande befindet.

Die Gestalt des Querschnitts der Esse ist wahrscheinlich nicht gleichgültig. Kreisrunde Essen würden unbezweifelt die zweckmäßigsten seyn, aber sie erfordern eine sehr sorgfältige Construction und sind wegen der Schwierigkeit in der Ausführung sehr kostbar. Prismatische Essenschächte, deren Querschnitt ein Quadrat ist, werden wegen der vollkommneren und leichteren Ausführung fast überall angetroffen.

Da der Essenschacht als ein Kanal anzusehen ist, in welchem sich ein Luftstrom schnell bewegen soll, so ist es durchaus nothwendig, die inneren Wände so glatt als möglich zu halten, um die Friction zu vermindern. Glatte metallene Wände wür=

den, wenn sie nicht sonst nachtheilig und wenig anwendbar wären, den geringsten Widerstand gegen die aufsteigende Bewegung veranlassen. Weil sie aber aus anderen Gründen nicht anzuwenden sind, so muß für die glatte Fläche der inneren Wände möglichst gesorgt werden.

Indem die heiße Luft aus der Fuchsöffnung in den Essenschacht tritt und sich ausdehnt, wird sie schon beträchtlich abgekühlt; aber sie setzt auch einen großen Theil ihrer Wärme schon in den tieferen Räumen des Essenschachtes, an die Wände desselben ab, so daß sie im oberen Theil des Schachtes nicht mehr so stark ausgedehnt ist, wie in dem unteren Theil. Man hat daher geglaubt, den Essenschacht unten weiter machen und ihn mit einer Verjüngung nach oben zuführen zu müssen, um die abgekühlte und daher ein geringeres Volum einnehmende Luft immer mit derselben Geschwindigkeit aufsteigen zu lassen. Aber gerade die im oberen Theil des Essenschachtes erforderliche geringere Geschwindigkeit der abziehenden warmen Luft kommt dem Druck der Atmosphäre zu Hülfe und der letztere würde nothwendig größer seyn müssen, wenn die warme Luft in demselben Verhältniß, wie sich ihre Expansion vermindert, auch aus engeren Röhren oder Kanälen ausgepreßt werden sollte. Eine Verjüngung der Essenschächte nach oben vermehrt also den Widerstand gegen den Druck der Atmosphäre und wirkt dem Zweck entgegen. Noch tadelnswerther ist es aber, der Esse in den unteren Höhen größere Dimensionen zu geben und diese plötzlich zu vermindern. Eine gleich bleibende Weite der Schächte von unten nach oben ist der Absicht, die erhitzte Luft schnell abzuführen, am mehrsten zusagend.

Durch eine größere Höhe der Essen wird der Zug des Ofens unbedingt jederzeit verstärkt werden, weil der Druck der Atmosphäre mit der größeren Höhe abnimmt, folglich eine mit der Höhe der Esse im Verhältniß stehende leichtere Luftsäule auf die Essenmündung drückt und von der Luftsäule im Niveau der Rostfläche zu überwinden bleibt. Ganz überflüssig würde vielleicht nur diejenige Höhe der Essen seyn, bei welcher sich die im Essenschacht befindliche Luftsäule schon bis zur Temperatur der äußeren Luft abgekühlt hätte. So hohe Essen werden aber wohl schwerlich jemals aufgeführt werden. Eine höhere Esse wird daher unter allen Umständen einer niedrigeren vorzuziehen seyn. Weil die hohen Essen aber sehr bedeutende Anlagekosten erfordern, so beschränkt man die Höhe der Essen oft mehr als es für den Effekt des Ofens gut ist. Je schwerer verbrennlich das Brennmaterial ist und je mehr Asche es beim Verbrennen zurückläßt, desto höher sollten die Essen seyn. Essen, von denen man einen guten Zug erwartet, müssen immer die höchsten benachbarten Gegenstände überragen. Großen Oefen sollten Essen von 100 bis 120 Fuß Höhe zugetheilt werden; gewöhnlich trifft man aber nur Essen von 60 bis 80 Fuß Höhe an Eine Essenhöhe von 30 bis 40 Fuß ist nicht geeignet, eine schnelle und vortheilhafte Schmelzung des Roheisens in Flammenöfen zu bewirken.

§. 747.

Wegen der Kostbarkeit der Essen ist man bemüht gewesen, den Zug des Ofens auf eine andere Weise als durch den natürlichen Luftzug mit Hülfe der Esse zu bewerkstelligen. Man bedient sich nämlich des Gebläses und wendet dieses auf zweierlei Art an.

Das erste Verfahren besteht darin, den Aschenfall ganz zu schließen und den Wind aus einem Gebläse (nach Art der Tiegelschmelzöfen §. 720) unter den Rost zu führen. Die Einrichtung des Flammenofens bleibt dabei unverändert dieselbe, nur daß statt der hohen eine ganz niedrige Esse angewendet wird. Die Wirkung des Gebläses soll hier, wie kaum zu bemerken nöthig ist, den Druck der Atmosphäre unterstützen und der gepreßte Wind aus dem Gebläse soll die Stelle des Ueberdrucks vertreten, welcher durch die leichtere Luftsäule in der hohen Esse hervorgebracht wird. Wo die bewegende Kraft für das Gebläse wohlfeiler herbeigeschafft werden kann, als der Betrag der Zinsen des Anlagekapitals für die Essen und als die Kosten zur Unterhaltung derselben, da wird dies Verfahren ganz anwendbar seyn; indeß hat man von dieser Einrichtung bis jetzt, wenigstens bei den Flammenöfen zum Umschmelzen des Roheisens, noch wenig Gebrauch gemacht; auch scheint es, daß die Versuche nicht ganz günstig ausgefallen sind, indem die Schmelzungen längere Zeit, folglich mehr Brennmaterial erfordert und ein weniger hitziges und flüssiges Roheisen gegeben haben.

Bei dem zweiten Verfahren bleiben die Einrichtungen der Räume unter dem Rost unverändert, oder man wendet den gewöhnlichen Luftzug unter dem Aschenfall an und trifft auch bei der Einrichtung des Flammenofens keine veränderte Einrichtung. Aber statt der hohen Esse bedient man sich, wie in dem ersten Fall, einer ganz niedrigen Esse, welche man mit einem Ventilatorgebläse dergestalt in Verbindung setzt, daß das Gebläse die glühendheiße Luft aus dem niedrigen Essenschacht ansaugt und in die Atmosphäre führt. Das Gebläse wirkt hier also als ein die Luft verdünnendes Mittel, oder als ein Exhaustor. Bei Kesselfeuerungen zu den Dampfmaschinen, besonders bei den Lokomotiven, bei welchen die hohen Essen nicht füglich angewendet werden können, hat man sich solcher Luftsauger mit dem besten Erfolge bedient. Auch bei den Flammenöfen zum Roheisenschmelzen würde diese Methode zur Hervorbringung des Luftzuges, der ersteren wahrscheinlich vorzuziehen seyn, weil das Gebläse erfolgreicher und sicherer wirkt, indeß ist das Verfahren für die Flammenöfen zum Roheisenschmelzen kaum erst versuchsweise in Anwendung gekommen.

Die wenig günstigen Resultate, welche die bisher angestellten Versuche mit dem zuerst erwähnten Verfahren gegeben haben, können vielleicht darin begründet seyn, daß die Gebläseluft durch eine zu niedrige Säule von Brennmaterial geführt worden ist, wodurch zu viele kalte und noch nicht zersetzte atmosphärische Luft über den Heerd strömte. Ohne Zweifel werden die Erfolge günstiger seyn, wenn eine recht hohe Säule von Brennmaterial angewendet wird. In diesem Fall wird keine unzerlegte Gebläseluft über die Brücke auf den Flammenofenheerd gelangen, aber es wird dadurch Veranlassung zur Bildung von Kohlenoxydgas gegeben, worin sich die beim Verbrennen auf dem Rost gebildete Kohlensäure umändert, wenn sie sich in der hohen Säule von Brennmaterial erhebt. Darin wird indeß gerade die zweckmäßigste und die vortheilhafteste Benutzung des Brennmaterials bestehen, in so fern dem über die Brücke wegströmenden glühenden Gase ein Strom von erhitzter atmosphärischer Luft zugeführt wird. Die Zuführung würde vermittelst einer eisernen Röhre geschehen können, die sich in der inneren Mauerung der sehr breiten Feuerbrücke befindet, welche auf der dem Flammenofenheerd zugewendeten Seite mit Ausströmöffnungen für die erhitzte atmosphärische Luft längs ihrer ganzen Breite versehen ist. Die Menge der zuzuführenden erhitzten atmosphärischen Luft muß durch Schieber, Hähne u. s. f. regulirt werden können, um die vollständige Verbrennung des glühenden Kohlenoxydgases zu bewerkstelligen, ohne die erhitzte atmosphärische Luft in Uebermaaß eintreten zu lassen. Ohne Zweifel wird die Erfahrung immer mehr bestätigen, daß die vortheilhafteste Benutzung des Brennmaterials bei desoxydirenden Schmelzarbeiten in Flammenöfen und Flammenheerden darin besteht, dasselbe so vollständig als möglich in Kohlenoxydgas umzuändern und dieses in der Temperatur der Glühhitze durch Zuführung von erhitzter atmosphärischer Luft zu verbrennen. Nur unter solchen Umständen — scheint es wenigstens — wird man mit dem geringsten Verbrauch an Brennmaterial die Essen bei den Flammenfeuerungen entbehren und den höchsten Grad der Temperatur hervorbringen können.

§. 748.

Bei einem bestimmten Verhältniß der Rostfläche zur Heerdfläche, bei einem bestimmten Brennmaterial und bei einer bestimmten Weite und Höhe der Esse, wird es ein Maximum der Heitzkraft des Ofens geben, welches sich nicht überschreiten läßt, ohne die Rostfläche zu vergrößern, oder ein Brennmaterial von größerer Heitzkraft anzuwenden, oder die Esse zu erhöhen und sie, im Fall sie zu weit wäre, zu verengen. Dies Maximum der Heitzkraft wird durch ein gewisses Verhältniß der Größe der Rostfläche zu der Größe des Querschnitts des Fuchses bestimmt, welches sich nur durch die Erfahrung ausmitteln läßt. Wird die Fuchsöffnung über dieses Maximum vergrößert, so zieht die Flamme zu schnell ab und die Temperatur wird sich, bei einem solchen Verhältniß der Rostfläche zur Ausströmöffnung, nicht mehr erhöhen lassen, wohl aber wird der Brennmaterialienverbrauch steigen müssen, um den Ofen in der verlangten Temperatur zu erhalten. Wird die Fuchsöffnung vermindert, so wird der Zug des Ofens geschwächt und die Temperatur kann das Maximum nicht mehr erreichen. (§§. 738. 743. 744.) Befinden sich die Rost- und die Heerdfläche in dem Verhältniß zu einander, daß die Temperatur nur bei dem Maximum der Wirkung des Brennmaterials hervorgebracht werden kann, so muß der Ofen den stärksten Zug erhalten, der sich hervorbringen läßt. Es ist daher besser, das Verhältniß der Rost- zur Heerdfläche so einzurichten, daß eine noch größere Temperaturerhöhung möglich ist, um dadurch in den Stand gesetzt zu werden, die Flamme und die erhitzten Gasarten länger im Ofen zurück zu halten, als es bei dem schon erreichten Maximum der Heitzkraft ausführbar seyn würde. Oefen, die einen außerordentlich starken Zug erfordern, um den verlangten Grad der Temperatur zu erzeugen, werden immer einen größeren Aufwand an Brennmaterial veranlassen, als diejenigen Oefen, in welchen sich derselbe Grad der Temperatur durch einen schwächeren Zug, nämlich durch ein vergrößertes Verhältniß des Rostes zur Heerdfläche, hervorbringen läßt.

Die Verhältnisse der Rost- und Heerdfläche zu einander, so wie die Dimensionen der Esse, mögen seyn wie sie immer wollen, so wird doch stets eine Regulirung des Zuges statt finden müssen, um die Temperatur des Ofens nicht höher zu steigern, als es gerade nöthig ist und um die Temperatur, so viel als möglich, gleichmäßig auf den Heerd zu verbreiten. Diese Regulirung kann nur allein durch die Vergrößerung oder Verkleinerung der Durchschnittsfläche des Fuchses bewirkt werden. Man macht die Fuchsöffnung größer als es nothwendig zu seyn scheint, um sie nach Erfordern mehr oder weniger verengen zu können. Die Verkleinerung der Fläche geschieht entweder durch einzuschiebende feuerfeste Ziegel, oder, und zwar zweckmäßiger, durch lockeren Sand, den man, mehr oder weniger hoch, längs der Fuchsöffnung aufschüttet. Man fährt mit der Verengung der Oeffnung so lange fort, bis die Temperatur im Ofen bis zu dem Grade gesunken ist, welchen die Schmelzhitze des Roheisens erfordert. Besitzt das Brennmaterial eine geringere Heitzkraft, oder soll überhaupt der Zug des Ofens verstärkt werden; so vergrößert man die Fläche der Fuchsöffnung, bis die Temperatur im Ofen hervorgebracht worden ist.

Bei langen Heerden, oder bei Oefen in welchen eine sehr hohe Temperatur erzeugt werden soll, gewährt die Anwendung eines Dammes von Sand in der Fuchsöffnung das bequemste Mittel, die Temperatur im Ofen so zu stimmen, daß sie bei der Brücke nicht höher ist als bei dem Fuchs, und umgekehrt Zeigt sich nämlich die Temperatur vor der Brücke geringer als in der Nähe des Fuchses, so ist die Fuchsöffnung noch zu groß, oder der Zug des Ofens noch zu stark und die Oeffnung muß verkleinert werden. Erhitzt sich der Ofen aber vor der Brücke stärker, als an der entgegengesetzten Seite, beim Fuchs, so ist der Zug des Ofens zu schwach und eine Vergrößerung der Fuchsöffnung nothwendig.

§. 749.

Die Esse kann ihren Zweck nur höchst unvollkommen erfüllen, wenn die Mauerung Risse und Sprünge erhält, weil die schwerere atmosphärische Luft dann sogleich in den Essenschacht dringen und den Luftzug in einem hohen Grade vermindern würde. Deshalb müssen die Essen ein Schachtfutter aus feuerfesten Mauerziegeln erhalten, die mit besonderer Vorsicht eingesetzt werden. Für das erste Drittel der Höhe des Schachtes ist besonders die größte Sorgfalt in der Auswahl der Ziegel zu empfehlen. Das Futter muß unabhängig von der äußeren Mauer eingesetzt und der Zwischenraum, eben so wie bei den Füllungen des Hohofens (§. 620.), mit locker liegenden Massen angefüllt werden. Aber nicht allein bei dieser Futtermauerung, sondern überhaupt bei der ganzen Essenmauerung, ist es nicht genug zu empfehlen, starke Fugen mit aller Sorgfalt zu vermeiden und in der Auswahl der Mauerziegel die größte Vorsicht anzuwenden. Runde Essenschächte erfordern Ziegel die nach Chablonen angefertigt sind, indem ihre Seitenflächen nach den Radien des Kreises gebildet seyn müssen, den der Essenschacht in der Querschnittsfläche erhalten soll Werden runde Schächte mit einer (immer unzweckmäßigen) Verjüngung von unten nach oben aufgeführt, so erfordert fast jede horizontale Schicht eine neue Chablone, weil der Kreis in jeder Höhe des Schachtes einen anderen Durchmesser erhält. Würden die Mauerziegel daher nur nach einer einzigen Chablone angefertigt, so könnten starke Fugen nicht vermieden werden. Schächte die eine cylindrische Gestalt erhalten, bedürfen, wenigstens für die Futtermauer, nur nach einer einzigen Chablone ausgeführte Mauerziegel und sind daher für die Essenconstruktion sehr zu empfehlen, wenn der äußeren Mauer nicht eine, bei hohen Essen unvermeidliche Dossirung gegeben werden soll. Diese Verjüngung würde aber Mauerziegel erfordern, die nach einer großen Anzahl von Chablonen angefertigt werden müßten, weshalb auch die runden Essen füglich nur dann angewendet werden können, wenn die äußere Essenmauer ebenfalls ohne Verjüngung aufgeführt wird.

Die obere Mündung der Esse muß mit einer eisernen Klappe versehen seyn (§. 742.), von welcher eine Zugstange hinabgeführt wird, vermittelst welcher die Klappe ganz geschlossen, oder in besondern Fällen mehr oder weniger geöffnet werden kann.

Eine für zwei Flammenöfen gemeinschaftliche Esse ist zwar sehr vortheilhaft, weil dadurch die Anlagekosten vermindert werden und weil die Wärme mehr zusammengehalten wird. Allein es versteht sich von selbst, daß jeder Ofen seinen eigenen Essenschacht erhalten muß und daß nur die äußere Umfassungsmauer beiden Schächten gemeinschaftlich angehören kann. Befinden sich aber beide Oefen nicht gleichzeitig im Betriebe, so fällt der Vortheil des Zusammenhaltens der Wärme weg und die zweite Esse, welche nicht im Gebrauch ist, entzieht der andern viel Wärme. Auch wird bei Reparaturen an den Essenschächten der Stillstand beider Oefen nothwendig, so daß diese Einrichtung immer ein sehr abhängiges Verhältniß zur Folge hat, und es daher vorzuziehen bleibt, jedem Ofen seine besondere Esse zuzutheilen.

Hohe Essen haben, wenn sie, wie gewöhnlich, ganz frei stehen, den Wirkungen der Wärme oft großen Widerstand zu leisten. Man giebt den Essenschächten daher unten stärkere und oben abnehmend schwächere Umfassungsmauerungen, damit die unteren Schichten oder Absätze die oberen tragen können und der Druck auf das Fundament vermindert wird.

Nur bei guten und zuverlässigen Mauermaterialien, nämlich bei stark gebrannten und festen Mauerziegeln und bei der Anwendung von Mörtel, der an der Luft zu einem so hohen

Grade der Festigkeit erhärtet, daß er nicht weniger fest wird als die Ziegel selbst, und endlich nur bei guten Füllungen und starken Rauhmauern, bedarf es der kostbaren Verankerungen der Esse nicht, welche sonst durchaus nothwendig sind.

Früher führte man die Essen vom Fundament an ganz massiv in die Höhe, stellte den Flammenofen neben der Esse und verband den Arbeitsraum mit dem Essenschacht durch den Fuchs. Diese Einrichtung weicht mehr und mehr einer anderen und zweckmäßigeren, nach welcher die Esse durch eiserne, auf eisernen Trageständern ruhenden Platten getragen und dadurch ein offener Raum zwischen den Trageständern unter der Esse gebildet wird, der den vorderen Theil des Flammenofens aufnimmt, so daß es nur eines kurzen Fuchses, oder einer Fuchsöffnung bedarf, um die Verbindung des Ofens mit dem Essenschacht herzustellen. Diese zweckmäßige Einrichtung läßt sich indeß bei den mangelhaft construirten Oefen zum Umschmelzen des Roheisens, bei welchen das Eisen längs dem stark geneigten Heerd hinabfließen und sich in einem Sumpf unter der Fuchsöffnung ansammeln muß, nicht vortheilhaft anwenden, weil der Fuchs dadurch eine noch unzweckmäßigere Lage erhalten würde, als ihm bei den Oefen mit geneigten Heerden ohnedies schon zugetheilt werden muß.

Die Zeichnung Taf. XXIII. Fig. 1. stellt eine nicht verankerte Esse dar. Der Querschnitt des Essenschachtes ist ein Quadrat von 20 Zoll. Zwischen dem Futter von feuerfesten Steinen und der äußeren Mauer der Esse befindet sich die 2 Zoll starke Füllung, die bei der Ausdehnung des Futters das Springen der äußeren Mauer verhindern und die Hitze im Schacht zusammenhalten soll.

Eine sehr gewöhnliche Art der Verankerung mit Querankern, welche durch die Mauerung gelegt sind, und deren an der äußeren Mauerfläche hervorragenden Köpfe durch Längenanker fest gehalten werden, stellt die Zeichnung Fig. 2. dar.

Zu solchen Ankern bedient man sich der geschmiedeten Stäbe, indem die gegossenen zu wenig Festigkeit besitzen.

Eine andere äußere Gestalt, welche man den Essen auch häufig zutheilt, zeigt die Zeichnung Fig. 5. Die Rauhmauer läuft ohne Absätze in gleichmäßig abnehmender Stärke von unten nach oben fort.

Zuweilen giebt man der äußern Mauer einen Hauptabsatz, wie Fig. 4. darstellt. Diese Essen müssen nach Umständen Verankerungen erhalten.

Die Futtermauer ganz nahe an die Rauhmauer zu rücken, ohne zwischen beiden einen Raum für die Füllung zu lassen, ist eben so wenig zu empfehlen, als den Füllungsraum unausgefüllt zu lassen und den Kernschacht durch eine Luftschicht von der Rauhmauer zu isoliren. Letzteres sollte wenigstens bei hohen Essen für Flammenöfen zum Umschmelzen des Roheisens, die nur periodenweise im Betriebe sind, nicht geschehen. Dagegen kann diese Einrichtung bei Flammenöfen mit niedrigeren Essen, wie sie bei den im ununterbrochenen Betriebe sich befindenden Puddlingfrischöfen angewendet werden, mit Erfolg statt finden. Dann müssen aber, um den Kernschacht die erforderliche Stabilität zu geben, von einer Entfernung zur andern einige Ziegel mit der Rauhmauer bündig gemacht, oder beide Schächte an einzelnen Stellen auf eine zweckmäßige Art mit einander in Verbindung gesetzt werden.

Die Zeichnung Fig. 3. a und b zeigt die Construction der Essen, welche bei den Flammenöfen zum Frischen des Roheisens auf der Hütte zu Walker Colliery, einige Meilen unterhalb Newcastle erbaut worden sind. Die Essen sind 41 Fuß engl. hoch und ruhen auf vier hohlen gegossenen eisernen Säulen von 6 Fuß Höhe, 9 Zoll Durchmesser und 1 Zoll Eisenstärke. Die Unterlage dieser Säulen ist eine, auf einem massiven Fundament liegende Bodenplatte. Die Säulen selbst tragen die gegossene eiserne Platte 3 b, auf welcher die massive

Esse aufgeführt ist. Die Esse besteht aus einer äußern Umfassungsmauer von gewöhnlichen Ziegeln und aus einer inneren, nur 4 Zoll dicken Futtermauer von feuerfesten Ziegeln, welche in einer Entfernung von 2 Zoll von der äußern Mauer in die Höhe geführt ist. Die Futtermauer ruht auf vier, 4 Zoll im Quadrat starken geschmiedeten eisernen Stäben, welche auf den 6 Zoll langen und breiten Vorsprüngen der Trageplatte aufgelegt sind. Auf diese Art wird zwischen der äußern und innern Mauer ein 2 Zoll breiter hohler Raum gebildet, durch den die atmosphärische Luft hindurch strömt und die innere Futtermauer abkühlt, um das schnellere Wegschmelzen derselben zu verhindern. Eine Verankerung der Esse ist nicht vorhanden. Diese Einrichtung ist sehr unlobenswerth, weil der hohle Raum die Abkühlung des Essenschachtes herbeiführt und nur in solchen Fällen Entschuldigung verdient, wenn die feuerfesten Ziegel der Futtermauer nur einen geringen Grad von Feuerbeständigkeit besitzen und bessere Futterziegel nicht zu erhalten sind.

Ungleich zweckmäßiger ist die Einrichtung der Essen, wie sie auf Taf. XXIV. Fig. 1—5. dargestellt ist. Diese Essen sind auch nur zu Puddlingfrischöfen bestimmt und der Füllungsraum ist daher leer geblieben. Die Futtermauer steht aber mit der Rauhmauer nicht weiter in Verbindung als dadurch, daß von einer Entfernung zur andern feuerfeste Ziegel aus der Futtermauer vorspringen, welche auf dazu angebrachten ausgesparten Absätzen in der Rauhmauer ruhen. Dadurch und durch den Füllungsraum zwischen dem Kernschacht und der Rauhmauer wird bewirkt, daß sich der erstere nicht allein seitwärts, sondern auch der Länge nach ungehindert ausdehnen kann, ohne einen Druck gegen die Rauhmauer auszuüben. Der Kernschacht leidet gewöhnlich nur im ersten Drittel seiner Höhe durch die aus dem Fuchs strömenden glühenden Gase. Weiter oben im Schacht ist die Luft schon so abgekühlt, daß das Schmelzen der Futtersteine nicht zu besorgen ist. Daher wird die Auswechselung des Kernschachtes auch vorzugsweise nur etwa im ersten Drittel seiner Höhe vorkommen. Die Aussparungen in der Rauhmauer in dieser Höhe haben den Zweck, zu den schadhaft gewordenen Stellen des Kernschachtes leicht gelangen, auch nöthigenfalls die Auswechselung dieses Theils des Schachtes vornehmen zu können. Eine Abkühlung des Kernschachtes mittelst eines Luftstromes durch die Füllung findet nicht statt.

Wenn zwei Oefen eine gemeinschaftliche Esse erhalten, so liegen sie entweder neben einander an einer langen Seite der Esse, oder einander gegenüber, ein jeder an einer schmalen Seite der Esse. Die erste Einrichtung gewährt allenfalls noch den Vortheil, daß auch die beiden Flammenöfen eine gemeinschaftliche Seitenmauer und Widerlage für die Gewölbe erhalten können. Immer bleibt es aber, aus den schon angegebenen Gründen, vorzuziehen, jedem Ofen seine besondere Esse zuzutheilen, und die Doppelessen zu vermeiden.

Bei den Essen in den Zeichnungen Taf. XXIII. Fig. 1., 2., 4. und 5 ist der unterste Absatz, oder der sogenannte Fuß der Esse, in massiver Mauerung bis zum Fundament hinuntergeführt, und der Ofen (oder wenn es Doppelessen sind, die beiden Oefen) befindet sich neben der Esse, mit welcher die Verbindung durch einen Fuchs hergestellt wird. Läßt man die Essen auf Trageplatten und Trageständern ruhen, so gewinnt man an Raum und bedarf nur ganz kurzer Füchse. Die Trageständer sind entweder Säulen oder eckige Ständer, oder mit Verstärkungsrippen versehene Platten u. s. f. Die Säulen sind gewöhnlich hohl, selten massiv. Immer muß die Tragkraft der Ständer der Last angemessen seyn, welche sie tragen sollen.

Die Zeichnung Fig. 3. ist eine einfache Esse, welche in dieser Art getragen wird. — Fig. 6 — 11. stellen eine Doppelesse dar, bei welcher ein jeder von den beiden Oefen an der kurzen Seite der Esse liegt. Der Kernschacht ist von der Rauhmauer nicht durch eine Füllung getrennt, wie es eigentlich seyn müßte, die Esse aber in gewöhnlicher Art durch Quer- und Längenanker verankert. Die Ecken der Rauhmauer bestehen aus Quadersteinen.

Eine andere Art der Essenconstruction und Verankerung stellen die Zeichnungen Fig. 12 — 14., nebst den zugehörenden Details dar. Die beiden Oefen liegen neben einander an der langen Seite der Doppelesse, deren vier Ecken mit aufrecht stehenden gegossenen eisernen Winkel- oder Eckplatten eingefaßt sind, welche theils durch die auf den Absätzen der Rauhmauer angebrachten Platten, theils durch geschmiedete eiserne Bänder, welche in jeder Absatzhöhe umgelegt worden sind, zusammengehalten werden. Die Räume zwischen den Trageständern der Esse sind auf der einen langen und auf den beiden kurzen Seiten zugemauert; auf der zweiten langen Seite dienen sie zur Aufnahme der Flammenöfen. Diese Essen sind ebenfalls nur für Puddlingsfrischöfen bestimmt.

Aus den Zeichnungen Taf. XXV. Fig. 2 — 5. ergiebt sich die Einrichtung einer von eisernen Säulen getragenen Doppelesse, welche für zwei Flammenöfen zum Roheisenschmelzen bestimmt ist.

Statt der Rauhmauer hat man, bei niedrigeren Essen für Puddlingsfrischöfen, den Kernschacht der Esse mit einem gegossenen eisernen Mantel umgeben. Die Zeichnungen Taf XXIV. Fig. 6 — 9. stellen eine solche Esse dar. Die einzelnen Platten sind neben und über einander zusammengepaßt, in den horizontalen Stößen zusammengeschraubt und in den senkrechten Stößen mittelst Bolzen und Splinten mit einander verbunden Die letztere Verbindungsart ist gewählt, theils um die größeren Kosten des Zusammenschraubens zu ersparen, theils um schneller und leichter die Ablösung und das Abnehmen einer der Platten bewirken zu können, wenn Reparaturen des Schachtfutters dies nothwendig machen. Um die Ziegel des Kernschachtes abzukühlen, sind die eisernen Umfassungsplatten mit vielen Oeffnungen versehen. Diese Construktion ist wenig zu empfehlen und nur dann zu entschuldigen, wenn ein gutes Material zu feuerfesten Ziegeln nicht zu erhalten ist.

Essen für die Puddlings Frisch- und Schweißöfen, von nur 35 bis 40 Fuß Höhe, deren Kernschächte eine Umhüllung von geschmiedetem Eisenblech mit gegossenen eisernen Verbindungskränzen, statt des eben erwähnten gegossenen eisernen Mantels, erhalten, sind in den Zeichnungen Taf. XXIV. Fig. 10 — 12. dargestellt. Zu Seraing hat man solche 120 bis 150 Fuß hohe Essen bei Dampfmaschinen-Feuerungen in Anwendung gebracht. Um die bei dem Kernschacht vorkommenden Reparaturen vornehmen zu können, sind in der Blechhülle verschließbare Oeffnungen angeordnet. Der Blechmantel wird von schwachen Kesselblechen, — gewöhnlich von Ausschußblechen, — angefertigt. Solche Umhüllungen sind kostbar und nur da anzuwenden, wo sich bei der Blechfabrikation große Vorräthe von Ausschußblechen ansammeln, die nicht verkauft werden können, oder wo eine Esse schnell aufgeführt werden soll, oder auch, wo man auf einen langen Gebrauch der Esse nicht rechnet. Auch diese Umhüllung des Kernschachtes bewirkt eine starke Abkühlung desselben und kann daher auch in dieser Hinsicht nicht empfohlen werden.

Noch tadelnswerther und verwerflicher sind die Essen, welche mit einem bloß aus Eisenblech bestehenden Obertheil versehen sind. Die Zeichnungen Taf. XXV. Fig. 1 a und b. stellen eine solche Esse dar, die aus einem 20 Fuß hohen gemauerten Untersatz und aus einem aus Blech angefertigten Obertheil von 60 Fuß Höhe besteht. Das blecherne Essenrohr steht auf einer gußeisernen, durch eiserne Verankerungen mit dem gemauerten Untersatz verbundenen Sohlplatte und wird durch 8 Gelenkstangen in senkrechter Richtung erhalten. Die Kosten, welche eine solche Esse verursacht, sind größer als die einer massiven Esse. Die starke Abkühlung, welche die Luft in dem blechernen Obertheil erleidet, wirkt dem Zweck, welchen die Esse erfüllen soll, durchaus entgegen. Die Aufstellung einer solchen Esse kann nur entschuldigt werden, wenn besondere Umstände große Eile erfordern, und wenn die Esse nur kurze Zeit Dienste leisten soll.

Nicht allein wegen der starken Abkühlung, welche die eisernen Umhüllungen der Essenschächte, oder gar die eisernen Essen ohne Kernfutter veranlassen, ist die Anwendung derselben bei den Essen nachtheilig und durchaus zu vermeiden; sondern sie werden auch — besonders bei der Steinkohlenfeuerung, — sehr schnell zerstört, weil sie durch den Schwefel, und durch das schwefeligtsaure Gas leicht angegriffen werden. Bei aller Kostbarkeit sind sie daher von geringer Dauer. Sogar zu Entzündungen können sie Veranlassung geben, wahrscheinlich wegen der pyrophorischen Eigenschaft des Rußes, oder auch wegen der Umwandlung des Schwefelmetalles in ein schwefelsaures Salz. Die Construction der Essen, wie sie auf Taf. XXV. Fig. 2 — 5. für Flammenöfen zum Umschmelzen des Roheisens und Taf. XXIV. Fig. 1 — 5. für Puddling Frisch= und Schweißöfen angegeben ist, bleibt die am mehrsten zu empfehlende.

Kallstenius, Versuch zur Bestimmung der Luftmenge, welche bei vollem Zuge durch den Flammenofen strömt; im Archiv für Bergbau und Hüttenwesen V. 345. — Buff, über den Widerstand der Luft an den Wänden der Leitungsröhren; in den Studien des Göttingischen Vereins bergmännischer Freunde IV. 200. u. f. (die Resultate der Rechnung, nach welchen der Widerstand durch die Wände des Schachtes, eine Erhebung der Esse über die berechnete Gränze hinaus überflüssig, sogar nachtheilig machen könnte, stimmen mit der Erfahrung nicht überein).

§. 750.

Die auf den Kupfertafeln XXV. und XXVI. dargestellten Zeichnungen von Flammenöfen zum Umschmelzen des Roheisens würden kaum einer Erläuterung bedürfen, wenn sich daran nicht einige spezielle Betrachtungen knüpfen ließen.

Auf Taf. **XXIV.** Fig. 13., 14. ist ein Flammenofen zur Steinkohlenfeuerung mit geneigten Heerden dargestellt, in welchem das geschmolzene Roheisen sich in einem, dem Rost gegenüber befindlichen Sumpf ansammelt. In dem hier dargestellten Ofen können etwa 50 Centner Roheisen eingeschmolzen werden. Bei den auf diese Weise construirten Heerden pflegt man die Fuchsöffnung entweder oben aus dem Gewölbe, oder aus einer der Seitenwände des Ofens ausmünden zu lassen. Zweckmäßiger würde es seyn, diejenige Einrichtung für den Fuchs zu treffen, welche auf Taf. **XXV.** Fig. 3. dargestellt ist, weil sich dadurch der Zug des Ofens nicht allein besser reguliren (§. 748.), sondern auch dem Flammenstrom selbst eine angemessene Richtung zutheilen läßt (§. 739.). Die Gestalt des Gewölbes, welches den Feuerungsraum umspannt, scheint zwar der natürlichen Richtung des Flammenstromes mehr zusagend zu seyn, als die Art wie der Feuerungsraum, z. B. bei dem Flammenofen Taf. **XXV.** Fig. 3. begränzt wird; indeß ist jene Einrichtung des Gewölbes schwieriger, gewährt eine geringere Dauerhaftigkeit und ist überhaupt nur dann anzuwenden, wenn ein vorzüglich feuerfestes Material vorhanden ist. Am zweckmäßigsten erscheint die Form des Gewölbes über dem Heizraum, durch welche wenigstens eine angemessene Richtung des Flammenstromes und Stabilität des Gewölbes am mehrsten mit einander vereinigt werden, welche bei den Flammenöfen Taf. **XXV.** Fig. 6. gewählt worden ist. — Der Ofen hat eine niedrige Brücke, oder der Rost liegt in einer nicht bedeutenden Entfernung von dem höchsten Punkt der Brücke, weil Sandkohlen, die nur eine schwache Flamme geben, zur Feuerung angewendet werden. Gute Sinterkohlen würden eine tiefere Lage des Rostes nöthig machen. Aus dem Sumpf des Ofens kann das flüssige Roheisen abgestochen werden, wenn die Vorwand im tiefsten Punkt des Sumpfes durchstoßen wird; oder man kann es mit Gießkellen ausschöpfen. In diesem Fall wird die vor dem Schöpfloch befindliche und dasselbe verschließende, mit Lehm bekleidete Vorsetzthüre (Taf. XXIII. Fig. 63.) weggenommen (§. 742.). In dieser Thür befindet sich eine kleine Oeffnung, die mit einem Thonpfropf während des Schmelzens verschlossen ist, um den Zustand des Roheisens im Ofen beobachten zu können.

In den Zeichnungen Taf. XXV. Fig. 2—5. sind zwei Flammenöfen dargestellt, welche auf der Saynerhütte bei Koblenz zum Umschmelzen des Roheisens für den Gießereibetrieb bei guten Sinterkohlen dienen und welche an einer gemeinschaftlichen Esse liegen. Jedem Ofen ist indeß sein besonderer Essenschacht zugetheilt. Auf der genannten Hütte befinden sich 2 größere und 2 kleinere Flammenöfen; welche je zwei nicht allein eine Esse, sondern auch eine von den Seitenwänden gemeinschaftlich besitzen, wie die Zeichnung ergiebt. Die Oefen stehen dergestalt unter der Esse, daß die Füchse — wie es zweckmäßig immer seyn sollte, — nicht aus einem Kanal, sondern bloß aus einer Oeffnung bestehen, durch welche die Verbindung des Ofens mit dem Essenschacht bewirkt wird. Construction und innere Einrichtung der Oefen gehen aus der Zeichnung hervor, die auch den aus Sand gebildeten Damm für die Fuchsöffnung angiebt. Als eine feste Unterlage für den Sand, kann entweder ein Damm von feuerfesten Ziegelsteinen, oder auch eine eiserne Platte dienen, die unter dem Essenschacht, quer über die Breite des Heerdes, geneigt aufgestellt werden, damit sich der Sand anlehnen kann. Auf eine Oeffnung in dem Damm oder in der Platte für den Abstich muß Rücksicht genommen werden. — Hr. Schäffer, der kundige Direktor des Hüttenwerkes, hat einige Veränderungen in den Dimensionen der Oefen versucht, die zu folgenden interessanten Resultaten führten.

Die beiden kleineren Oefen haben Rostflächen von 810 Quadratzoll, wovon die Roststäbe 282 Quadratzoll bedecken, so daß eine Fläche von 528 Quadratzoll für den eigentlichen Luftzutritt bleiben. Der Flächeninhalt des Schmelzheerdes, als Horizontalebene vorgestellt, beträgt 3606 Quadratzoll und dem Fuchs ist ein Querschnitt von 108 Quadratzoll zugetheilt. Hiernach verhält sich also die Rost- zur Heerdfläche wie 1 : 4,45; und der für den Zutritt der äußern Luft offene Raum des Rostes verhält sich zum Flächeninhalt der Fuchsöffnung wie 4,88 : 1. Die Esse hat eine Höhe von 67 Fuß über dem Rost des Ofens und ist 20 Zoll im Quadrat weit.

Die Dimensionen der beiden größeren Oefen sind folgende: Der Flächeninhalt des Rostes beträgt 1320 Quadratzoll, wovon die Roststäbe 530 Quadratzoll bedecken, so daß für den freien Luftzutritt 790 Quadratzoll übrig bleiben. Der Flächeninhalt des Heerdes ist 5265 Quadratzoll und der Querschnitt der Fuchsöffnung 123½ Quadratzoll. Es verhält sich also die Rost- zur Heerdfläche wie 1 : 3,98, und der für den Zutritt der äußern Luft offene Raum des Rostes zum Flächeninhalt der Fuchsöffnung wie 6,39 : 1. Die Esse hat ebenfalls eine Höhe von 67 Fuß über dem Rost des Ofens, aber nur eine Weite von 19 Zoll im Quadrat.

Die kleinen Oefen besitzen einen schwächeren Zug wie die großen; das Schmelzen in denselben dauert länger und der Steinkohlenverbrauch ist verhältnißmäßig größer als bei den großen Oefen. Eine Vergrößerung oder auch eine Verminderung der Rostfläche, oder auch der Fuchsfläche, gaben noch nachtheiligere Resultate, so daß die Dimensionen richtig getroffen zu seyn scheinen, aber der Grund des schlechtern Zuges in der weitern Esse zu suchen ist. Diese Vermuthung wird fast zur Gewißheit, indem auf dem Hüttenwerk zu Alf an der Mosel, — welches dieselben Steinkohlen zur Disposition hat und wo mehrentheils dieselbe Art Roheisen wie zu Sayn verschmolzen wird, — ein Flammenofen ganz nach den Dimensionen der größern Sayner Oefen, aber mit einer nur 18 Zoll im

Quadrat weiten Esse errichtet worden ist, welcher einen ungleich besseren Zug und stärkere Heitzkraft besitzt wie die Sayner-Oefen.

Bei einem der Sayner großen Flammenöfen ward versuchsweise der Rost, mit Beibehaltung seiner Breite, 5 Zoll länger gemacht, so daß er 44 Zoll breit (gleich der Breite der Heerdfläche) und 35 Zoll lang ward. Der Flächeninhalt betrug also 1540 Quadratzoll, wovon 585 Quadratzoll durch die Roststäbe bedeckt werden und 955 Quadratzoll für den freien Luftzutritt übrig bleiben. Das Verhältniß der ganzen Rostfläche zur Heerdfläche war also 1540:5265, oder 1:3,41; und das Verhältniß des Luftraumes des Rostes zur Fuchsöffnung wie 955:123,5, oder wie 7,73:1. Alle übrigen Dimensionen des Ofens blieben dieselben. Nun wurden diese beiden neben einanderstehenden Oefen, von übrigens gleichen Dimensionen und nur mit verschiedenen Rostflächen, nämlich der eine mit 1320 Quadratzoll, und der andere mit 1540 Quadratzoll Flächeninhalt, mit gleichen Quantitäten Roheisen geladen und in Betrieb gesetzt. Das Eisen schmolz bei beiden zu gleicher Zeit ein und war von gleicher Güte, allein der Ofen mit größerer Rostfläche verbrauchte etwas mehr Brennmaterial. Man verminderte daher die Rostfläche des einen und machte sie der der andern wieder gleich, worauf beide Oefen, bei gleichen Quantitäten Eisen, auch wieder gleiche Mengen Steinkohlen erforderten.

Die Zeichnungen Taf. XXIV. Fig. 15. 16. stellen einen Flammenofen zum Umschmelzen des Roheisens bei Steinkohlen mit doppeltem Gewölbe und mit gebrochener Heerdfläche dar, wie er in Staffordshire überall angewendet wird (§. 743.). Das Roheisen wird in diesem Ofen der Richtung des Flammenstroms entgegen, sehr schnell eingeschmolzen und nach erfolgter Einschmelzung der Einwirkung der Flamme entzogen, indem dieselbe über dem Sumpf wegstreicht, in welchem sich das flüssige Eisen ansammelt. Die Construction des Gewölbes erfordert vorzüglich feuerfeste und vor der Vermauerung aufs stärkste gebrannte Thonziegeln, weshalb die Oefen bei mittelmäßigem Baumaterial nicht anwendbar sind. Die Größe des Zuges wird in der bekannten Art durch Erweiterung oder Verengung der Fuchsöffnung, vermittelst eines Sanddammes regulirt. Die Oefen sollen eine bedeutende Ersparung an Brennmaterial und einen geringeren Verlust an Roheisen durch Verschlackung, als die Flammenöfen mit einfachen Gewölben veranlassen. Der Schmelzheerd besteht aus einer etwa 8 Zoll dicken Sandschicht, welche auf eisernen Platten, auf Mauerwerk oder auf einer bloßen Schutt- und Schlacken-Ausfüllung ruht. Das Gewölbe des Ofens bleibt ohne Bedeckung, damit die Gewölbesteine von außen etwas abgekühlt werden.

Flammenöfen, bei welchen Holz oder Torf als Brennmaterial angewendet wird, müssen größere Rostflächen im Verhältniß zur Heerdfläche, niedrigere Gewölbe und größere Fuchsöffnungen erhalten als diejenigen bei welchen man sich der Steinkohlen bedient.

Die Zeichnungen Taf. XXVI. Fig. 1--5. stellen ein paar an einer gemeinschaftlichen $81\frac{1}{2}$ Fuß hohen Esse liegenden Flammenöfen zum Umschmelzen des Roheisens bei Holz dar. Die Verbindung des Schmelzraums mit der Esse wird auf eine mangelhafte Weise durch den an der Seitenwand ausmündenden Fuchs bewirkt. Die Schürlöcher befinden sich in der Hinterwand des Ofens über dem Rost. Gewölbe, Feuerbrücke und Seitenwände des Ofens bestehen aus feuerfesten Ziegeln. Der Ofen ist sehr unvortheilhaft construirt, indem der Zug nur unvollständig regulirt werden kann, das Gewölbe zu hoch über dem Schmelzheerd liegt und die Feuerbrücke zu niedrig, oder vielmehr der Rost zu hoch liegt. — Sehr zweckmäßig sind dagegen die Oefen eingerichtet, welche früher auf der Würtembergischen Eisenhütte zu Königsbrunn mit Holz, jetzt aber, mit kleinen Abweichungen, mit Torf betrieben werden.

Einen solchen auf Torfverbrauch eingerichteten Flammenofen zu Königsbrunn stellen die Zeichnungen Taf. XXV. Fig. 6. dar. Der Torf, welcher vorher getrocknet worden ist (§. 520.) verbrennt so schnell, daß stets eingeschürt werden muß, welches durch die beiden über dem Rost befindlichen Oeffnungen in der Hinterwand des Ofens geschieht. Die Esse ist 66 Fuß hoch. Es sollen 40 Centner Roheisen in 5 Stunden eingeschmolzen werden. Das Verhältniß des Rostes zur Heerdfläche und die übrigen Dimensionen des Ofens ergeben sich aus der Zeichnung. Die niedrige Lage des flach gewölbten Gewölbes über dem Schmelzheerd ist wohl zu berücksichtigen.

§. 751.

Die Anwendung der erhitzten Luft, welche bei den Schachtöfen einen so wesentlichen und ausgezeichnet günstigen Erfolg gezeigt und den Kohlenverbrauch um $\frac{1}{3}$ bis $\frac{1}{2}$ des Erfordernisses bei kaltem Winde vermindert hat, ist auch bei den Flammenöfen versucht worden. Nach den bisherigen Erfahrungen scheint es indeß nicht, daß durch Zuführung von heißer Luft unter den Rost wirklich eine Ersparung an Brennmaterial bei den Flammenöfen bewirkt worden ist. Aus rein theoretischen Gründen muß die Ersparung nothwendig eben so viel betragen, als Brennmaterial erforderlich ist, um die unter den Rost strömende kalte atmosphärische Luft bis zu dem Grade zu erhitzen, den man ihr bei der Anwendung im erhitzten Zustande schon zugetheilt hat. Diese Voraussetzung ist so richtig, daß nichts richtiger und gewisser seyn kann. Wenn der Erfolg aber dennoch mindestens zweifelhaft geblieben und ein Minderverbrauch an Brennmaterial nicht erwiesen ist, sondern die Erfahrungen nur zu dem Resultat geführt zu haben scheinen, daß der Brennmaterialienverbrauch in beiden Fällen gleich geblieben ist; so muß der Grund dieses unerwarteten Erfolges in besonderen Verhältnissen gesucht werden. Es scheint aber daß die Ursache nicht weit gesucht werden darf. Könnte dem Rost des Flammenofens erhitzte Luft zugeführt werden, die ihre Wärmequelle nicht von der Wärme ableitet, welche der Flammenofen selbst abgeben muß; so würde nothwendig eine Ersparung an Brennmaterial eintreten müssen. Aber man erhitzt die Luft durch die Wärme welche bei dem Ofenbetriebe selbst entbunden wird und dann kann sich in den Verhältnissen nichts abändern. Es mögen die eisernen Röhren, durch welche die erhitzte Luft dem Rost zugeführt werden soll, in den erwärmten Wänden des Ofens oder in dem Verbrennungsraum selbst, ihren Platz finden, so wird immer dem Ofen eben so viel Wärme entzogen, als ihm durch die erhitzte Luft wieder zu gute kommt. Es läßt sich daher hier nicht anwenden, was von der Erhitzung der Luft durch die aus den Gichtöffnungen der Schachtöfen strömenden glühenden Gase gilt. Eben so wenig läßt sich behaupten, daß diejenige Wärme als eine verlorne zu betrachten sey, welche die aus der Fuchsöffnung austretende glühende Luft im Essenschacht absetzt, indem die Temperatur des letzteren um eben so viel vermindert wird, als Wärme zur Erhitzung der Nahrungsluft erforderlich ist, wenn die Luftzuführungsröhren im Essenschacht erhitzt werden. Die Wärme welche die Esse erhält ist keinesweges eine verlorene, sondern eine zum vortheilhaften Betriebe des Flammenofens wesentlich nothwendige. Haben sich daher bei der Anwendung der erhitzten Nahrungsluft wirklich Ersparungen an Brennmaterial ergeben, so würde der Vorwurf nicht zurückgewiesen werden können, daß diese Ersparung bei zweckmäßig gewählten Dimensionen des Ofens, der Fuchsöffnung und der Esse, nicht eingetreten seyn würden. — Die Gichtengase bei den Schachtöfen, obgleich ihre Bildung nicht vermieden werden kann, sind wirklich für den Ofen verloren und ihre Benutzung ist ein wirklicher Gewinn an Brennmaterial; aber für den Flammenofen ist nur diejenige Wärme als eine verlorene zu betrachten, welche durch die Gase aus der Essenmündung fortgeführt wird. Dieser Wärmeverlust ist jedoch ein durch die jedesmaligen Dimensionen des Ofens und durch die Höhe und Weite der Esse bedingter und durchaus nothwendiger, wenn die Heitzkraft des Ofens eine bestimmte Temperatur erreichen soll. Wollte man den Wärmeverlust dadurch vermindern, daß man die Gase schon in dem Essenschacht, durch Mittheilung eines Theils ihrer Wärme an die zu erhitzenden Luftleitungsröhren, benutzt; so würde man genöthigt seyn, eine verhältnißmäßig größere Menge an Brennmaterial auf dem Rost zu verbrennen.

Hieraus ergiebt sich zugleich, daß eine Benutzung der verlornen Wärme bei den Flammenöfen in keiner anderen Art statt finden kann, als dadurch, daß man den aus der Mündung der Esse ausströmenden Gasen ihre Wärme zu entziehen sucht. Die zweckmäßigste Benutzung der Wärme wird aber in möglichst hohen Essen zu finden seyn. Bei den Oefen mit niedrigen Essen kann der Fall eintreten, daß durch unvortheilhafte Benutzung des Brennmaterials, dem Essenschacht ein Theil seiner Wärme entzogen werden kann; aber es ist gleichfalls noch nicht erwiesen, ob diese Entziehung eine wirkliche Ersparung an Brennmaterial zur Folge hat.

§. 752.

Uebersieht man im Zusamenhange die Verhältnisse welche sich auf die Construction der Flammenöfen zum Umschmelzen des Roheisens beziehen, so ergiebt sich, daß vorzüglich Rücksicht zu nehmen ist:

1) Auf die Höhe und Weite der Esse. Je höher dieselbe seyn kann, desto schneller und vortheilhafter wird, unter übrigens gleichen Umständen die Schmelzung erfolgen. Eine größere Weite der Esse wirkt stets nachtheiliger als eine geringere auf den Zug des Ofens (§. 746.).

2) Auf das Verhältniß des Querschnitts der Esse zur Größe der Fuchsöffnung. Dies Verhältniß tritt nur dann wesentlich nachtheilig für die Zugkraft des Ofens hervor, wenn die aus der Fuchsöffnung strömenden erhitzten Gase plötzlich

stark ausgedehnt werden. Es bezieht sich also eigentlich auf die Weite der Essen.

3) Auf das Verhältniß der Größe des Rostes zum Flächeninhalt des Schmelzheerdes (§. 745.).

4) Auf das Verhältniß der Größe des Rostes zur Fuchsöffnung (§. 748.).

5) Auf die Lage des Rostes gegen die Brücke. Bei gleicher Länge der Oefen wird für stark flammende Brennmaterialien eine tiefere Lage des Rostes erforderlich seyn, als für Brennmaterialien, die beim Verbrennen eine schwächere Flamme entwickeln.

6) Auf die Höhe des Gewölbes über dem Schmelzheerd.

7) Auf die Höhe oder auf die Entfernung der oberen Fläche der Brücke vom Schmelzheerd. Alles graue Roheisen, welches bei strengflüssiger Beschickung erblasen und zum Weißwerden nicht sehr geneigt ist, kann mit Vortheil auf niedrigen Heerden, bei denen die Höhe der Brücke nicht mehr als 3 Zoll beträgt, umgeschmolzen werden. Das bei leichtflüssigen Beschikkungen erblasene graue Roheisen erfordert wenigstens 6 bis 8 Zoll hohe Brücken.

§. 753.

Das eigentliche und wahre Brennmaterial für die Flammenöfen ist die Steinkohle, weil diese unter allen Brennmaterialien nicht allein die größte Brennkraft, sondern auch die größte Heitzkraft besitzt. Unter den Steinkohlen zeichnet sich wieder die Sinterkohle als die vorzüglichste aus, weil sie den Luftzug nicht hemmt, wie es bei der Backkohle der Fall ist, — weshalb auch eine stark backende Kohle für den Flammenofenbetrieb fast unbrauchbar wird, — und weil sie nicht eine so kurze Flamme giebt, wie die Sandkohle. Eine reine Sandkohle ist indeß ebenfalls ein sehr gutes Brennmaterial, wenn sie nicht durch einen sehr großen Kohlenstoffgehalt in einen anthracitartigen Zustand übergeht.

Nach den Erfahrungen welche in England, Deutschland und

Frankreich gemacht worden sind, läßt sich annehmen, daß 100 Pfund preuß. Roheisen zum Umschmelzen in Flammenöfen 1 preuß. Kubikfuß oder 50 Pfund Steinkohlen erfordern. Strengflüssiges Roheisen, unreine Steinkohlen die viel Faserkohle enthalten und beim Verbrennen viel Asche hinterlassen, veranlassen einen Verbrauch von 1,25, wohl sogar von 1,5 Kubikfuß und 100 Pfund Roheisen erfordern unter solchen Umständen bis 80 Pfund Steinkohlen. Bei reinen Sinterkohlen und leichtflüssigem Roheisen kann aber der Verbrauch für 100 Pfund Roheisen noch unter 0,8 Kubikfuß oder unter 40 Pfund Steinkohlen sinken.

Den Holzverbrauch für 100 Pfund preuß. umzuschmelzendes Roheisen berechnete man auf den Würtembergischen Eisenhütten im Durchschnitt zu 6,5 preuß. Kubikfuß Nadelholz. Nimmt man an, daß der Kubikfuß von diesem Holz durchschnittlich 20 Pfund, im lufttrocknen Zustande in welchem es angewendet wird, wiegt; so würden 100 Pfund preuß. Roheisen mit 130 Pfund Nadelholz im Flammenofen umgeschmolzen werden können. Dieser Holzverbrauch dürfte auch der niedrigste seyn, der in zweckmäßig construirten Flammenöfen erlangt wird. In weniger zweckmäßig eingerichteten Oefen kann er wohl die Hälfte von dem angegebenen Verbrauch mehr betragen.

Die lufttrockne Braunkohle so wenig als der lufttrockne Torf entwickeln beim Verbrennen in Flammenöfen eine so starke Heitzkraft, daß das Roheisen in einen für die Gießerei anwendbaren Zustand der Flüssigkeit versetzt werden könnte. — Die Anwendung von gedörrten Braunkohlen scheint noch niemals versucht worden zu seyn. Der gedörrte Torf ist dagegen ein sehr gutes Brennmaterial. Man rechnet, so viel mir bekannt geworden ist, auf den Würtembergischen Eisenhütten auf 100 Pfund preuß. Roheisen einen Verbrauch an gedörrtem Torf von 4½ Kubikfuß oder von etwa 185 Pfund preuß. Nur der schwarzbraune und der schwarze Torf besitzt nach dem Dörren die zur Hervorbringung der Roheisenschmelzhitze in den Flammenöfen erforderliche Heizkraft, und auch dieser nur dann wenn er nicht viele Asche beim Verbrennen hinterläßt. Der gelbe Moostorf ist ganz unbrauchbar.

§. 754.

Der Schmelzabgang oder der Verlust, den das graue Roheisen — denn das weiße ist nicht anwendbar, — beim Umschmelzen in Flammenöfen erleidet, ist weniger von der Beschaffenheit des Roheisens als von der Schmelzkraft und von der Construction des Ofens abhängig. Im Sommer und bei einer sehr erwärmten Luft erfolgt die Schmelzung in den Flammenöfen langsamer als im Winter, und deshalb sind der Eisenabgang und der Kohlenverbrauch unter gleichen Umständen im Sommer größer als im Winter. Ein großer Theil des Schmelzabgangs rührt von den Eisenkörnern her, welche beim Abstechen oder bei dem Ausschöpfen verloren gehen; ein anderer Theil dringt mit der Schlacke mechanisch in den Heerd ein, und geht auf diese Art verloren. Bei gutem grauem Roheisen, bei einer richtigen Construction des Ofens und bei rascher Schmelzung muß der ganze Verlust durch das Umschmelzen höchstens 8 bis 9 Procent betragen; unter ungünstigeren Umständen kann er aber bis 12 Procent und darüber steigen. Bei einem nicht unterbrochenen Flammenofenbetriebe (§. 742.) und bei einem gut construirten Ofen steigt der Eisenverlust nicht über 6 bis 7 Procent. In den Oefen mit geneigten Heerden ist er, unter übrigens gleichen Verhältnissen, jederzeit um mehre Procente größer. In den Staffordshirer Oefen mit doppeltem Gewölbe will man den Eisenverlust um 1 bis 2 Procent geringer als in den Oefen mit einfachem Gewölbe gefunden haben.

§. 755.

Stellt man eine Vergleichung der verschiedenen Umschmelzmethoden des Eisens an, so ergiebt sich:

1) Daß die Tiegelgießerei in Rücksicht des Betriebes die kostbarste ist, daß sie aber die wenigsten Kosten in der Anlage

erfordert, indem sie sich bei jeder Feueresse anlegen läßt. Sie ist nur bei der Anfertigung kleiner aus Gußeisen anzufertigenden Gegenstände, welche wegen der Arbeit zu guten Preisen verkauft werden können, anzuwenden. Eine Gießerei, welche mit Kupolöfen versehen ist, kann die Tiegelgießerei entbehren, wenn es nicht darauf ankommt, ganz kleine Gegenstände, bei denen eine vorzügliche Schärfe des Gusses verlangt wird (§. 716.), darzustellen.

2) Daß die Erbauung von Flammenöfen, wegen der nothwendig erforderlichen hohen Essen, ein nicht unbedeutendes Anlagekapital und gute feuerbeständige Mauermaterialien und wohlfeile Brennmaterialien erfordert, und daß feine Sachen nur dann aus Flammenöfen gegossen werden können, wenn man über vorzüglich gutes, graues Roheisen zum Umschmelzen disponiren kann (§. 718.).

3) Daß der Kupolofenbetrieb bewegende Kräfte (Wassergefälle, thierische Kräfte, Dampfmaschinen) zum Betrieb des Gebläses erfordert, wodurch die Anlage einer Gießerei aus Kupolöfen zwar etwas kostbar wird, daß sich aber zu den Kupolöfen fast jede Art von Roheisen anwenden läßt. Nur solche Gußwaaren welche eine ganz besondere Härte und Festigkeit erfordern, lassen sich aus den Kupolöfen nicht darstellen, sondern man wird dazu der Flammenöfen bedürfen. Ein großer Aufwand an bewegender Kraft ist auch — bei leichtflüssigem Roheisen — für den Betrieb des Gebläses zu den Kupolöfen eben nicht erforderlich, indem im Nothfall sogar Menschenkräfte zureichen.

Die Kupolöfen können eine Gießerei regelmäßiger beschäftigen als die Flammenöfen, weil sie fast zu jeder Zeit flüssiges Eisen zum Abguß liefern, wogegen das in Flammenöfen eingeschmolzene Roheisen mit Einemmal vergossen werden muß, folglich ein größeres Inventarium erforderlich macht, wenn die Förmer von einer Schmelzung zur anderen beschäftigt werden sollen.

Eine Vergleichung des Brennmaterialien-Verbrauchs zum Umschmelzen gleicher Quantitäten Roheisen in den Kupolöfen und in den Flammenöfen, fällt sehr zu Gunsten der Kupolöfen aus. Wenn die günstigsten Erfolge für beide Umschmelzungsarten zum Grunde gelegt werden, wenn also von der Voraussetzung ausgegangen wird, daß der Betrieb der Kupolöfen mit erhitzter Luft geschieht, so erfordern 100 Pfund preuß. Roheisen zum Umschmelzen:

dem Volumen nach, 2,75 Kubikfuß preuß. Holzkohlen,
0,66 — — Koaks;
dem Gewicht nach, 28 Pfund preuß. Holzkohlen,
24 — — Koaks

in den Kupolöfen. Da der Holzkohlenverbrauch in Holzkohlen aus gutem und gesundem Nadelholz angegeben ist, dessen Gewicht zu 20 Pfund preuß. der Kubikfuß preuß. anzunehmen ist, so läßt sich voraussetzen, daß bei dem Verkohlen des Holzes 50 Procent Holzkohlen dem Volumen und 25 Procent Holzkohlen dem Gewicht nach erhalten werden. Nimmt man ferner an, daß die Steinkohlen beim Verkoaken keine Vermehrnng ihres Volums erfahren und daß sie bei der Umwandlung in Koaks 33⅓ Procent ihres Gewichtes verlieren, so würden die zum Kupolofenbetriebe erforderlichen Holzkohlen und Koaks entsprechen:

dem Volumen nach, 5,5 Kubikfuß Holz,
0,66 — Steinkohlen;
dem Gewicht nach, 110 Pfund Holz,
36 — Steinkohlen.

Unter den günstigsten Verhältnissen werden aber zum Umschmelzen von 100 Pfund Roheisen in Flammenöfen erfordert.

dem Volumen nach, 6,5 Kubikfuß Holz,
1 — Steinkohlen;
dem Gewicht nach, 130 Pfund Holz,
50 — Steinkohlen.

Das Brennmaterial leistet also beim Umschmelzen im Kupolofen auch dann noch einen größeren Effekt als im Flammenofen, wenn der durch die Verkohlung darstellbare Kohlegehalt auf das rohe Material zurückgeführt wird, aus welchem die Kohle gewonnen ward.

Dritte Abtheilung.

Von der Förmerei und Gießerei.

§. 756.

Die Kunst, die Formen zu bilden, in die das flüssige Roheisen geleitet wird, um die begehrte äußere Gestalt desselben hervorzubringen, gewährt in vielen Fällen die vortheilhafteste Benutzung des Roheisens. Man pflegt wohl Förmerei und Gießerei auf die Weise von einander zu unterscheiden, daß man die Förmerei als die Kunst betrachtet, die Formen darzustellen, die Gießerei aber als die Kenntniß wie die Formen und das Metall, welches die Formen ausfüllen soll, behandelt werden müssen. Die Förmerei lehrt daher die Anfertigung der Formen für jeden gegebenen Fall; die Gießerei prüft die verschiedenen Arten, wie die Anfertigung geschehen könne, wählt die wohlfeilste und zweckmäßigste, beschäftigt sich mit den zur Darstellung der Formen erforderlichen Vorrichtungen, zeigt die Behandlung der Formen vor dem Abguß, untersucht, welche Art des Roheisens für die verschiedenen Gußwaaren die beste ist, und lehrt, wie das Roheisen die verlangte Beschaffenheit durch Umschmelzen in Tiegel-, Flamm- und Kupolöfen erhalten kann und in die Formen geleitet werden muß. Die Förmerei ist daher nur als ein Theil der Gießerei anzusehen.

§. 757.

Es giebt zwei Methoden, das flüssige Roheisen in die Formen zu bringen. Es wird nämlich entweder aus der Abstichöffnung des Schmelzofens unmittelbar durch Rinnen bis zur Form geleitet; oder man läßt es aus dem Ofen in Pfannen laufen (oder schöpft es auch wohl mit Gießkellen aus dem Ofen), und trägt die mit Eisen angefüllten Kellen und Pfannen zu den Formen. Die letzte Methode wird in der Regel nur bei Gegenständen angewendet, die nicht sehr ins Gewicht fallen; bei schweren Sachen wird das abgestochene flüssige Eisen gewöhnlich vermittelst eines Grabens oder einer Rinne in Sand, oder auch wohl von Gußeisen, welches mit stark ausgetrocknetem Lehm überzogen seyn muß, in die Form geleitet. Dann müssen die Formen tiefer stehen als der Abstich, weil das Eisen einiges Gefälle behalten muß, um mit Lebhaftigkeit vom Ofen zu den Formen zu fließen. Weil außerdem die Oeffnung, durch welche das Eisen in die Form strömt (die Eingußöffnung), höher liegen muß als alle Theile der Form, weil sonst keine Ausfüllung derselben mit flüssigem Eisen möglich wäre; so müssen die Formen zu schweren Sachen, die zugleich sehr groß sind, im Verhältniß gegen die Abstichöffnung sehr tief stehen. Daraus folgt, daß entweder der Ofen so hoch über das natürliche Terrain erhaben seyn muß, daß die Abstichöffnung weit genug von der Horizontalfläche der Hüttensohle entfernt bleibt, oder daß die Formen eine Stellung unter der Horizontalfläche der Hüttensohle erhalten.

§. 758.

Manche Gußwaaren haben eine Länge von mehren zwanzig Fuß, und dürfen nicht in horizontaler, sondern sie müssen in senkrechter Stellung abgegossen werden. Wenn die Abstichöffnung der Schmelzöfen so hoch liegen müßte, als nöthig ist, um die Formen mit dem flüssigen Eisen auszufüllen, so würde es außerordentlich hoher Fundamente für die Oefen bedürfen, und der Betrieb würde durch die hohe Lage der Oefen sehr erschwert werden. Man legt daher die Abstichöffnung der Oefen gewöhnlich nur 15 bis 18 Zoll höher als die natürliche Sohle der Hütte, und gräbt die abzugießenden Formen in die Erde ein. Bei der Anlage der Hütte muß hierauf Rücksicht genommen, und das Terrain wenigstens auf Einem Punkte, nämlich da, wo die Formen eingesenkt werden sollen, so aufgelockert werden, daß man die Hüttenheerdsohle ohne Hinderniß aufgraben, und bis zur erforderlichen Tiefe gelangen kann, wenn nicht etwa die natürlichen Verhältnisse des Terrains eine bequemere Einrichtung gestatten. Ist der Abguß geschehen, und sind die mit Eisen angefüllten Formen aus der Grube herausgenommen, so kann man die Sohle nöthigenfalls wieder ebnen und in vorkommenden Fällen wieder ausgraben. Bei einer Gießerei, welche häufig große Gußwaaren anzufertigen hat, würde das Aufgraben und Ebnen der Heerdsohle bedeutende Unkosten verursachen, weshalb man die zum Einsetzen der Formen bestimmte Oeffnung ein= für allemal ausmauert, und sie in den Fällen, wenn sie nicht gebraucht wird, man aber die Sohle des Hüttenheerdes benutzen will, mit eisernen Platten belegt, welche einen oder mehre Fuß hoch mit Sand beschüttet werden können. Diese ausgemauerten Gruben heißen Dammgruben, weil sie zum Einsetzen und Eindämmen der abzugießenden Gußwaaren gebraucht werden. Man hat entweder mehre, größere und kleinere Dammgruben, oder nur Eine, welche dann die Größe erhalten muß, welche zu den wahrscheinlich vorkommenden größten Gußwaaren nöthig ist.

§. 759.

Wird das flüssige Eisen in Kellen oder in Pfannen zu den Formen getragen, so müssen diese groß genug seyn, um so viel Eisen zu fassen, als zur Ausfüllung der Form nothwendig ist. Man trägt das flüssige Eisen entweder mit Kellen in eine große Pfanne zusammen, oder man läßt es unmittelbar aus dem Abstich in eine größere Pfanne laufen, welche von mehren Menschen, oder durch Krahne, zu den Formen gebracht, und dann aus den Pfannen in die Form gegossen wird. In neue ren Zeiten, wo man mehre hundert Centner flüssiges Roheisen zum Gießen schwerer Gegenstände verwendet und dieses aus mehren Kupolöfen in einer einzigen großen Pfanne ansammelt (§. 726.), würde es eben so wenig möglich seyn, den Transport durch Menschenhände zu bewirken, als es die örtlichen Verhältnisse zuweilen gestatten, mit einem einzigen Krahn zum Transportiren der gefüllten Pfanne zu den Formen und Formräumen auszureichen. Wo man sich zum Transport der Eisenbahnen noch nicht bedient, trifft man zuweilen die Einrichrichtung, daß die Pfanne durch einen Krahn einem zweiten, dritten u. s. f. zugereicht wird. Eine Vorrichtung zum Gießen mit großen Pfannen, und um dieselben von einem Krahn zu dem andern zu bringen, zeigt die Zeichnung Taf. XXVII. Fig. 18. Es ist hierbei nur nöthig, den Hacken des zweiten Krahns in die zweite Oese zu bringen und etwas anzuziehen, wodurch die Lösung von dem ersten Krahn von selbst erfolgt und die Pfanne an den zweiten Krahn übergeht. Zum Kippen der Pfanne beim Eingießen des flüssigen Roheisens in die Form, ist der eine Stiel an der Pfanne nicht fest, sondern er wird auf der einen Seite mit einem Hebel auf die vor dem Gehänge hervorstehenden Zapfen der Pfannen aufgeschoben und der Pfanne die erforderliche Richtung und Neigung zugetheilt. — Die Pfannen und Kellen sind aus geschmiedetem Eisen, große Pfannen auch wohl aus gegossenem Eisen angefertigt und inwendig mit einem Ueberzuge von Lehm versehen, der vollkommen getrocknet seyn muß. Dieser Ueberzug hat den Zweck, das Durchfressen des flüssigen Eisens zu verhindern. Um kleinere Pfannen legt man geschmiedete eiserne Ringe, an denen Stiele von geschmiedetem Eisen befestigt sind, welche als Handhaben beim Transportiren der Pfannen dienen. Zum bequemeren Ausgießen des Eisens sind die Pfannen mit einer Schnauze versehen. Die abzugießenden Formen müssen so niedrig gestellt werden, daß das Eisen bequem in die Eingußöffnung laufen kann. Die

Kellen und Pfannen müssen nicht viel mehr flüssiges Eisen enthalten, als die abzugießenden Gegenstände erfordern, weil das übrig bleibende Eisen, welches in den Pfannen nicht erkalten darf, ausgegossen werden muß, und neue Umschmelzkosten verursacht. Es gehört zur Beurtheilung der nöthigen Menge Eisen einige Uebung, welche sich bei Gegenständen, die häufig abgegossen werden, leicht erlangen läßt. Das an den Wänden der Pfannen erstarrte Roheisen, oder der sogenannte Kellensatz, wird ausgeschlagen, von dem anhängenden Lehm gereinigt, und wieder umgeschmolzen.

§. 760.

Für eine große Gießerei sind mechanische Vorrichtungen zum Heben der leeren und der nach dem Abguß mit Eisen angefüllten Formen durchaus nothwendig. Man bedient sich dazu der **Krahne** mit Flaschenzügen, welche sich um ihre Axe bewegen können. Die Krahne sind entweder von Holz oder von Eisen, und ihre Axe ist entweder oben und unten mit dem Zapfen in eisernen Pfannen befestigt, in welchen sie sich bewegen; oder sie stehen frei auf dem Sohlwerk, und drehen sich auf einer Spindel um ihre Axe. Mehrentheils werden sie so gestellt, daß mehre Krahne auf Einem Punkt wirken können, welches zum Hineinlassen der Formen in die Dammgruben, und zum Herausnehmen der gegossenen Sachen nothwendig ist, weil das zu hebende Gewicht oft hundert und mehre Centner betragen kann. Beim Guß von schweren Gegenständen und wenn mehre Krahne, die sich einander zuheben, nicht vorhanden sind, ist es sehr zweckmäßig, an dem Krahn eine Vorrichtung anzubringen, durch welche die mit Eisen gefüllte Pfanne in horizontaler Richtung hin und her geschoben werden kann. Diese Vorrichtung besteht aus einer von unten bis an den obern Arm des Krahns reichenden eisernen Spindel, welche unten mit einer Handkurbel und oben mit einem Getriebe versehen ist. Das Getriebe oder Schneckengewinde steht mit den über dem Arm des Krahns angebrachten beweglichen Stangen in Verbindung, an welchen der Bügel für die Gießpfanne befestigt ist. Ein Arbeiter kann die mit 20 Centner Eisen gefüllte Pfanne bequem in horizontaler Richtung zu dem Punkt bewegen, wo die Pfanne entleert werden soll.

§. 761.

Zur Masse für die Formen beim Eisengießen hat man bis jetzt den Sand, den Lehm und ein Gemenge von beiden für die brauchbarsten gefunden. Wendet man bloß Sand als Formmasse an, so darf die Form nicht getrocknet werden: theils weil sie durch das Trocknen wieder zusammenfallen würde, theils weil die Feuchtigkeit des angefeuchteten Sandes keine anderen nachtheiligen Wirkungen hervorbringt, als daß das Eisen etwas abgeschreckt und an den Rändern weiß wird, weshalb das Gießen in Sand bei solchen Gußwaaren, die noch mit Werkzeugen bearbeitet, nämlich gebohrt, abgedreht oder durchlocht werden sollen, nicht immer anwendbar ist. Die verschiedenen Arten des grauen Roheisens verhalten sich dabei indeß verschieden. Das bei einer strengflüssigen Beschickung und in hohen und engen Obergestellen erblasene graue Roheisen verträgt das Gießen in feuchtem Sande und überhaupt in Formen viel besser, als dasjenige graue Roheisen, welches bei leichtflüssigen Beschikkungen und in niedrigen Obergestellen erzeugt ist. Zu allen Gußwaaren (mit Ausnahme derjenigen, welche wegen des größeren Siliciumgehaltes jenes grauen Roheisens eine zu geringe Festigkeit erhalten würden, z. B. zu Geschützen, — und mit Ausnahme derjenigen, von denen man absichtlich einen bedeutenden Grad von Härte verlangt) ist daher das bei strengflüssiger Beschickung in engen und hohen Obergestellen erblasene graue Roheisen das wahre und eigentliche Material. Es schreckt sich nur wenig ab, weshalb auch die Kanten der Sandform zum schärferen Stehen stärker mit Wasser angefeuchtet werden können, ohne daß das Gußstück hart und von weißem Bruch an den

Rändern und Näthen ausfällt. Daher läßt sich dies Roheisen, wenn es auch in nassem Sande gegossen worden ist, noch feilen, bohren und drehen, was bei dem grauen Roheisen aus leichtflüssigen Beschickungen nicht der Fall ist, indem dieses eine harte, oft weiße Oberfläche bekommt, die dem Meißel und der Feile wiedersteht. Daher ist aber auch jenes Roheisen zu Walzen, Ambössen u. s. f. ganz unbrauchbar. Die Lockerheit des Sandes gewährt den sich entwickelnden Wasserdämpfen eher Gelegenheit zu entweichen, als die zähere und dichtere Formmasse, welche bei der Anwendung von Lehm, oder eines Gemenges von Sand und Lehm, erhalten wird, und welche die Feuchtigkeit stärker zurückhält. Die Formen aus Lehm, oder aus Sand und Lehm, müssen daher getrocknet, zum Theil sehr stark ausgebrannt werden, ehe man sie mit flüssigem Roheisen anfüllen kann. Es ist zwar richtig, daß die im feuchten Sand gegossenen eisernen Gußwaaren nicht selten Blasen und Höhlungen im Eisen enthalten, welche in manchen Fällen die Haltbarkeit sehr vermindern und das Gießen in Sand für manche Gegenstände unrathsam machen; allein die Erfolge beim Gießen des flüssigen Eisens in feuchtem Sand sind von denen beim Gießen in nicht gehörig ausgetrocknete Formen von Lehm, oder in einem Gemenge von Lehm und Sand, so sehr verschieden, daß man wohl glauben kann, daß es nicht die durch zu schwaches Trocknen oder Brennen der Formen zurückgebliebene Feuchtigkeit allein ist, welche das Kochen und Sprudeln des Gusses, und in den meisten Fällen das gänzliche Mißrathen desselben hervorbringt; sondern daß wahrscheinlich aus den nicht gehörig gebrannten fetten Formen noch andere elastische Flüssigkeiten entweichen, wenn die Form mit Eisen angefüllt wird. Fast aller Lehm enthält — sei es durch den Eisen- oder durch den Kalkgehalt — mehr oder weniger Kohlensäure, welche nur durch heftiges Brennen entfernt werden kann, sich also, wenn dies nicht geschehen ist, in dem Augenblick entwickelt, wenn das flüssige

Eisen in die Form tritt. Die Schwierigkeit, welche die Wasserdämpfe finden, durch die feste und zähe Masse zu entweichen, giebt jedoch ebenfalls, mehr als bei dem lockeren Sande, zu Explosionen und zum Aufkochen des Eisens in der Form Veranlassung; auch zeigt die Erfahrung, daß gut ausgebrannte Lehmformen, welche lange vor dem Abguß im feuchten Sand eingedämmt gestanden, und wieder Feuchtigkeit angezogen haben, häufig ein Aufkochen des Eisens zu bewirken pflegen. Wahrscheinlich wirken beide Ursachen zusammen, zur Bildung der Blasen und Höhlungen in den Gußstücken, die in fetten und getrockneten Formmassen gegossen worden sind.

§. 762.

Zur Vermeidung des Aufkochens des in nicht hinreichend stark gebrannten fetten Formen gegossenen Eisens, ist das Trocknen und in einigen Fällen sogar das Brennen der Formen nothwendig. Gewöhnlich werden die Formen mit Holz und Holzkohlen ausgebrannt, welches auf den deutschen Gießereien häufig im Freien geschieht. Weil dies Verfahren aber einen großen Aufwand von Brennmaterialien erfordert, so hat man (zuerst in England) geschlossene massive Räume mit eisernen Thüren angewendet, in welche die zu trocknenden Formen gebracht und erhitzt werden. Man nennt die Räume entweder Trockenkammern oder Darrkammern, je nachdem man einen geringeren oder größeren Hitzgrad anwendet. Die nach alter Art eingerichteten Trockenkammern werden durch Holzkohlen oder durch leicht brennende lockere Koaks erhitzt, welche rund um die zu trocknenden Formen geschüttet und angezündet werden; oder man wendet zur Erwärmung horizontale massive oder eiserne Wärmeleitungsröhren an, welche unter dem Boden der Trockenkammer in verschiedenen Richtungen fortgeführt sind, und mit einem Ofen in Verbindung stehen, durch welchen die Leitungsröhren erwärmt werden. Nach der verbesserten neueren

Einrichtung werden die Darrkammern mit einem Feuerungsrost und Aschenfall versehen, welchem gegenüber, in einer Höhe von 18 bis 20 Zoll vom Boden, eine Oeffnung zum Abziehen des Rauches und der Dämpfe angebracht ist, die mit einer kleinen und niedrigen Esse in Verbindung steht. Der Aschenfall des Rostes, welcher mit der freien Luft communicirt, wird geschlossen, sobald das Brennmaterial (Holzabfälle, Torf, Braunkohle u. s. f.) verbrannt ist. Die zu trocknenden fertigen Formen werden in die Darrkammer gebracht, das Brennmaterial in Brand gesteckt, die eisernen Thüren der Kammer fest verschlossen, und dann wird so stark gefeuert, als das völlige Trocknen der Formen es erfordert. Bei großen Gießereien müssen mehre Darrkammern von verschiedenem räumlichem Inhalt vorhanden seyn, welche nach dem Umfange und nach der Anzahl der zu trocknenden Formen in Anwendung kommen.

Je niedriger die Darr- und Trockenkammern seyn können, desto weniger Wärme geht verloren. Das Trocknen der Formen, besonders bei großen Sachen, ist in der Regel ein kostbares, und oft ein unhaushälterisches Geschäft. Die Trokken- und Brennanstalten für die Formen sind noch am weitesten von ihrer Vollkommenheit entfernt, und Gießereien, die nicht entweder mit Holz oder mit Steinkohlen im Ueberfluß versehen sind, haben noch mehr Ursache, Mittel zur Ersparung der Brennmaterialien beim Brennen der Formen aufzusuchen. Dahin gehört besonders auch das Vermeiden der unnöthigen Größe der Thüren, weshalb man auf mehren Gießereien, um ein dichteres Anschließen zu bewirken, Thüren in Falzen mit senkrechten Aufzügen und Gegengewichten angebracht hat. Der Transport der Formen in die Trocken- und Darrkammern und das Herausbringen derselben nach dem Trocknen oder Brennen, würde die Benutzung der Darrkammern sehr erschweren, weshalb man auf dem Boden derselben eiserne Schienenwege angebracht hat, auf welchen besonders dazu eingerichtete eiserne Wagen laufen, die mit leichter Mühe in die Darrkammer geschoben, und aus derselben wieder herausgezogen werden können. Formen, welche sich wegen ihrer Schwere mit den Händen nicht transportiren lassen, werden mit einem Krahn auf den Wagen gebracht, auf denselben gehörig geordnet niedergelegt, dann mit dem Wagen, auf welchem sie liegen bleiben, in die Darrkammer geschoben, nach beendigter Operation mit dem Wagen wieder herausgezogen, mit dem Krahne abgehoben, und weiter behandelt. Diese Einrichtung ist indeß nur bei solchen Formen zulässig, welche im ungebrannten Zustande transportirt und gehoben werden können.

Das Trocknen von großen und schweren massiven Massen, welche z. B. die innere Höhlung (oder den Kern) großer Cylinder oder Kessel bilden sollen, ist gewöhnlich sehr kostbar. Solche Massen lassen sich, theils weil sie zu groß und zu unförmlich sind, theils weil sie, wegen des geringen Zusammenhangs, den Transport nicht aushalten würden, in die Trocken- oder Darrkammern nicht bringen, und müssen daher auf dem Punkt, wo sie angefertigt worden sind, durch Kohlen- oder Steinkohlenfeuer getrocknet werden, welches ein unhaushälterisches aber unvermeidliches Verfahren ist. Der Verbrauch an Brennmaterial für so große Formen, die in der Dammgrube selbst getrocknet werden müssen, läßt sich dadurch etwas vermindern, daß man in den Wänden der Dammgrube mehre Roststellen anbringt — Taf. XXVI. Fig. 6. — auf welchen Koaksfeuerung unterhalten wird. Zu Chapel Town bei Sheffield, wo Gasröhren in der Dammgrube, unmittelbar vom Hohofen, stehend und ohne eingedämmt zu werden (20 Stück mit einem Mal) gegossen werden, wendet man die Darrkammern ausschließlich zum Trocknen der fetten Sandkerne an. Die zu einem Guß erforderliche Anzahl von Kernen wird immer mit einem Male in den Darrkammern getrocknet. Der Feuerungsrost befindet sich in der Mitte, am Boden der Darrkammer — Taf.

XXVI. Fig. 7. — und die Kerne werden theils an den Wänden, theils auf eisernen Böcken aufgestellt.

Man ist in neuerer Zeit sehr bemüht, die aus den Gichtenöffnungen der Hohöfen und der Kupolöfen entweichenden erhitzten Gase auch zum Trocknen und Brennen der Formen anzuwenden. Später wird man von diesen Gasarten vielleicht noch wichtigere Anwendungen machen, indeß bedient man sich der hohen Temperatur dieser Gasarten jetzt auf mehren Hüttenwerken mit sehr günstigem Erfolge zum Trocknen der Formen, indem man sie in die Räume leitet, welche die gewöhnliche Einrichtung der Trocken= oder Darrkammern erhalten.

Man hat auch versucht, die Formen, statt in Darrkammern, auf Brennheerden mit mehren abgesonderten Feuerstätten zu brennen, und dadurch eine Ersparung an Brennmaterial bewirkt, weil in den großen Räumen der Trocken- und der Darrkammern, wenn dieselben mit der Menge der zu trocknenden Formen, bei einer nicht hinreichend beschäftigten Gießerei, nicht im Verhältniß stehen, viel Wärme unbenutzt verloren geht. In anderen Fällen, besonders dann, wenn eine große Anzahl von Kernen von einerlei Gestalt und Größe getrocknet werden soll, z. B. Kerne von hohlen Geschossen, bedient man sich mit gutem Erfolge eiserner Gestelle, an deren Wänden die Kerne befestigt und durch ein am Boden des Gestelles anzufachendes Kohlenfeuer getrocknet werden. Obgleich eine solche Vorrichtung die Vortheile ganz geschlossener Räume nicht gewähren kann, so läßt sich darin doch die Hitze ziemlich gut concentriren und die Gestelle — Taf. XXVI. Fig. 8. 9. — haben in den angeführten Fällen den Vorzug vor den Trockenkammern, daß sie eine stärkere Erhitzung zulassen und daß dabei die Erwärmung großer Räume, die sich bei den Trockenkammern niemals vermeiden läßt, nicht nöthig ist. — In noch anderen Fällen ist man genöthigt gewesen, das Brennen in den Darrkammern und auf Brennheerden einzustellen, und die Formen im Freien oder mit umlegtem Kohlenfeuer deshalb zu brennen, weil die Darrkammern so wenig als die Brennheerde die zur vollkommenen Austrocknung der Form erforderliche Hitze hervorbrachten. Am vortheilhaftesten scheint es unter diesen Umständen zu seyn (wenn die äußere Gestalt des Gußstücks es zuläßt, wenn nämlich hohle und verhältnißmäßig sehr lange Gußwaaren, wie Geschütze, Röhren, lange Walzen u. s. f. gegossen werden sollen) eiserne Brennheerde mit Oeffnungen vorzurichten, auf welche die auszubrennenden Formen dergestalt gestellt werden, daß die Flamme der unter dem Brennheerd auf dem Rost (oder auf mehren Rosten) verbrennenden Brennmaterialien, aus den Oeffnungen des Brennheerdes durch die darüber gestellten Formen, wie durch eine Esse, ihren Ausweg nimmt, indem dadurch alle Wärme am vollkommensten benutzt, und die Form am schnellsten und in einem so hohen Grade ausgebrannt wird, daß sie eine völlige Rothglühhitze erhält. Diese Art des Trocknens und Brennens ist wenigstens bei allen hohlen Formen ohne Kerne, die in Kasten angefertigt und getrocknet werden müssen, sehr anwendbar. Nur muß dabei große Vorsicht angewendet werden, damit durch eine zu starke Hitze die Form nicht beschädigt wird.

Vorrichtungen zum Brennen der Geschützformen in der Stückgießerei zu St. Petersburg. Archiv f. Bergbau u. Hüttenwesen II. 171.

§. 763.

Einige Formen, nämlich alle diejenigen, welche weder unmittelbar auf dem Heerd angefertigt, noch zwischen den Wänden von hölzernen oder eisernen Kasten eingefaßt werden können, müssen mit Erde umgeben werden um dem flüssigen Eisen, welches gegen die Wände der Form drückt, einen Widerstand entgegenzusetzen. Die Form wird daher nach dem Einsenken in die Dammgrube (oder überhaupt in die für sie eingegrabene Oeffnung) mit Sand umschüttet, und der Sand mit Vorsicht gegen die Form festgestampft, so daß er sie zwar überall genau umgiebt, aber die Form selbst durch zu starkes Gegendrücken nicht beschädigt. Von der Form ist folglich, sobald sie eingedämmt ist, nichts sichtbar, sondern es kommen nur die Oeffnungen zum Vorschein, welche zum Einguß und zur Abführung der Feuchtigkeit aus der Form bestimmt sind. Das Einstampfen der Form in Sand verhindert zwar das Zerplatzen der Form, oder veranlaßt einen Gegendruck an den Seiten; allein das flüssige Eisen kann auch oft einen Theil der Form, welcher die Höhlung des Gußstücks bildet, (den Kern,) oder die äußere Hülle, welche das flüssige Eisen beschränken soll, (den Mantel,) ganz oder theilweise in die Höhe heben, weil kein Gegendruck von oben stattfindet. Deshalb müssen die eingedämmten Formen auch oben belastet werden, welches durch Gewichte oder durch schwere Stücken von Eisen aller Art geschieht, die auf die mit Sand bedeckte Form gestellt werden. Dies Beschweren der eingedämmten Formen darf niemals unterlassen werden.

§. 764.

Weil die Dammgruben, sobald nur Eine vorhanden ist, immer auf das möglichst größte zu gießende Stück eingerichtet sind, so würde beim Abguß kleinerer Stücken, die eingedämmt werden müssen, ein großer Raum übrig bleiben, der mit Sand ausgestampft werden müßte. Um die Kosten dieser Arbeit zu vermindern, theilt man die Dammgrube entweder in mehre Abtheilungen, oder man bildet in der Dammgrube, für die vorkommenden Fälle einen weiteren oder engeren Raum aus eisernen Platten, welche, in derselben Art wie die Platten der Kupolöfen, mit einander verbunden werden, und bringt die einzudämmenden Formen in diesen abgegränzten Raum. Nach gemachtem Gebrauch lassen sich die Platten leicht wieder auseinander nehmen, wenn die Dammgrube zu andern Zwecken benutzt, oder wenn ein anderer Raum darin abgegränzt werden soll.

§. 765.

Beim Gießen oder Einlaufenlassen des flüssigen Eisens in die Form ist darauf zu sehen, daß der Eisenstrom nicht absetzt, sondern ununterbrochen so lange einfließt, bis die Form mit flüssigem Eisen angefüllt ist, weil durch das Absetzen, besonders wenn das Eisen schon etwas matt geworden ist, ein unvollkommener Zusammenhang der Eisenmasse entstehen würde. Wird das Eisen mit Kellen oder Pfannen in die Formen gegossen, so läßt sich die Stärke und das ununterbrochene Fließen des Eisenstroms, durch die Neigung welche den Gießpfannen gegeben wird, leicht reguliren. Die Unreinigkeiten, welche sich oben auf dem flüssigen Eisen in den Kellen absetzen, müssen mittelst eines Holzspans sorgfältig abgekehrt, und beim Gießen zurückgehalten werden, damit sie nicht mit in die Form laufen. Wird das Eisen unmittelbar aus den Oefen in die Formen geleitet, so wird ganz in der Nähe der Form ein künstlicher Sumpf in dem Sande gebildet, in welchem sich das flüssige Eisen aus allen Oefen (wenn mehre Oefen zugleich abgestochen werden) sammelt, und aus welchem es vermittelst einer vor die Ausflußöffnung des Sumpfes gestellten eisernen und mit trockenem Lehm überzogenen Schaufel, ununterbrochen in die Form geleitet werden kann. In diesem Sumpf wird die Oberfläche des Eisens zugleich von allen Unreinigkeiten gesäubert.

Ferner ist es nothwendig, daß das Eisen mit einer gewissen Geschwindigkeit in die Form geleitet wird. Fließt es zu langsam, so kann es zuweilen schon in der Form erstarren, ehe diese ganz ausgefüllt ist; fließt es zu schnell, so wird der Druck augenblicklich zu stark, und man hat zu befürchten, daß die Form verletzt wird. Beim Gießen mit Pfannen muß die Geschwindigkeit des Stroms durch die größere oder geringere Neigung derselben, und bei dem Gießen aus dem Sumpf durch die größere oder geringere Oeffnung, welche durch die Schaufel gebildet wird, hervorgebracht werden.

§. 766.

Für große Gegenstände theilt man der Form mehre Eingüsse oder Oeffnungen zum Einlassen des Eisens zu, weil Ein Einguß nicht zureichen würde, alle Theile der Form schnell genug mit Eisen anzufüllen. Es ist nicht gleichgültig, auf welcher Stelle der Form der Einguß angebracht wird; theils weil dies von der Lage abhängt, in welche die Form beim Abguß gebracht werden muß, theils weil ein auf der unrechten Stelle angebrachter Einguß durch das Anschlagen des flüssigen Eisens gegen die Form, welche (besonders bei Sandformen) oft sehr locker ist, das Abstoßen oder das Wegwaschen eines Theils der Form zur Folge haben kann. Der Einguß muß also mit Berücksichtigung dieses Umstandes angebracht, auch der Strahl des flüssigen Eisens, so wie er in die Form fällt, häufig durch hineingehaltene concave, aus starkem Blech angefertigte, mit Lehm überzogene und an einem langen Stiel befestigte Schaufeln aufgefangen, vertheilt und aufgehalten werden, weil er sonst durch das Hinabstürzen bis auf den Boden der Form, dieselbe leicht beschädigen könnte.

Um der Möglichkeit zu entgehen, die Form durch Auswaschen zu verderben, pflegt man die Eingüsse mit der Form häufig nach Art communicirender Röhren mit einander zu verbinden, so daß das Eisen nicht unmittelbar in die Form geleitet wird, sondern in derselben durch Ausfüllung des Eingusses in die Höhe steigt. Bei hohen Sachen kann man von der Dichtigkeit des Eisens in den oberen Theilen einer oben geschlossenen Form nicht völlig überzeugt seyn, weshalb es in solchen Fällen, wo ein völlig dichtes Metall nothwendig erfordert wird, z. B. bei Gefäßen, welche dem Feuer ausgesetzt werden müssen, viel zweckmäßiger seyn würde, die Form beim Abgießen so zu stellen, daß der Boden des Gußstücks nach unten zu stehen kommt, wenn sich dies immer ausführen ließe. Bei allen Gußstücken, bei welchen man einen hohlen Raum vermittelst eines

Kerns zu bilden genöthigt ist, z. B. bei Kesseln, muß man aber auf die größere Dichtigkeit des Eisens am Boden Verzicht leisten, weil sich der Kern nicht in den Mantel hinein hängen läßt, indem er von dem flüssigen Eisen gehoben oder verdrückt werden würde. Bei solchen Gußstücken ist man genöthtigt, die Form umzukehren und den Boden zuletzt mit dem flüssigen Eisen sich anfüllen zu lassen, obgleich das Eisen dadurch gerade in dem Theile, wo die größte Dichtigkeit des Eisens wünschenswerth ist, nämlich im Boden, am wenigsten dicht ausfällt.

§. 767.

An welcher Stelle der Form die Eingüsse auch angebracht seyn mögen, so müssen sie doch immer höher liegen als der höchste Punkt der Form, damit diese ganz ausgefüllt, dem flüssigen Eisen der erforderliche Druck von oben, und dadurch die gehörige Dichtigkeit gegeben werden kann, und damit die durch das Schwinden des Eisens entstehenden Nachtheile beseitigt werden. Weil sich das flüssige Eisen nämlich beim Erstarren zusammenzieht, so muß noch Eisen vorhanden seyn, um die beim Erstarren entstehenden hohlen Räume auszufüllen. Dieser Zuschuß kann aus dem Einguß nur dann erfolgen, wenn derselbe höher liegt als die Form, wenn der höher liegende Theil des Eingusses wenigstens so viel Eisen enthält, als zur Ausfüllung des beim Erstarren entstehenden Raumes erforderlich ist, und wenn das Eisen nicht zu plötzlich im Einguß erstarrt, wie es bei dem weißen Eisen leicht der Fall zu seyn pflegt. Die Eingüsse müssen deshalb oben einen dem abzugießenden Gegenstande angewessenen räumlichen Inhalt erhalten, damit das Eisen länger flüssig, und zum Nachsinken in die Form geeignet bleibt. Bei allen Sachen, die eine große Dichtigkeit des Eisens erfordern, ist ein großer und schwerer Einguß nothwendig (bei den Geschützen verlorner Kopf genannt), um einen starken mechanischen Druck auf die Eisenmasse zu bewirken. Diese verlornen Köpfe bei Geschützen, Walzen u. s. f. sollen nicht blos einen mechanischen Druck auf die Formen ausüben, sondern sie sind auch erforderlich, um das beim Guß sich bildende oxydirte Eisen und andere Unreinigkeiten, welche zum Theil von der Form abgelößt werden könnten, aufzunehmen, und außerdem sollen sie dazu dienen, beim Erkalten des Eisens nach und nach so viel flüssiges Eisen herzugeben, daß das Gußstück oben, besonders in der Mitte, wo die Erstarrung zuletzt erfolgt, gehörige Dichtigkeit behält. Diese Zwecke würden bei niedrigen verlornen Köpfen nur unvollkommen erreicht werden können.

Die unmittelbare Verbindung der Eingüsse mit der Form muß immer von der Art seyn, daß das Eisen durch die Verbindungsöffnung schnell in die Form strömen kann; allein die Oeffnung darf auch wieder nicht zu groß seyn, damit die Eingüsse bequem abgeschlagen werden können, ohne die Gußwaare selbst zu verletzen. Bei dem Guß mancher Gegenstände, z. B. von Geschützen, Walzen u. s. f. wird der Einguß von dem Gußstück abgedreht oder abgeschnitten, weil er sehr stark seyn muß, um auf die Eisenmasse einen bedeutenden Druck auszuüben und ihr dadurch eine größere Dichtigkeit zu ertheilen.

§. 768.

Die Stellung, welche man den Formen beim Abguß giebt, ist oft sehr zu berücksichtigen, weil das vollkommenere oder unvollkommenere Auslaufen des Gußstücks und die mechanische größere oder geringere Dichtigkeit der Eisenmasse davon abhängen. Haben mehre Formen einen gemeinschaftlichen Haupteinguß, aus welchem, als aus einem Hauptkanal, die Eingüsse zu jeder einzelnen Form abgeleitet sind, so stellt man die Formen gewöhnlich etwas geneigt, so daß die Druckhöhe der Säule des flüssigen Eisens vermehrt wird. Eben dies geschieht bei allen Gegenständen, welche eine größere Ausdehnung in der Länge als in der Breite oder Dicke haben; einige müssen sogar ganz senkrecht gegossen werden, um eine größere Dichtigkeit des Eisens hervorzubringen.

§. 769.

Ein wesentlicher Umstand beim Gießen ist endlich noch die Fortschaffung der aus der Formmasse sich entwickelnden brennbaren Luft, welche häufig zu gefährlichen Explosionen Anlaß gegeben hat. Bei der Anwendung von Sand ist die Luft weniger elastisch, weil sie weniger stark zurückgehalten wird; dagegen können bei fetten Formmassen, durch schlechtes Ausbrennen derselben viele Unfälle entstehen. Es müssen daher bei allen Formen die nicht massiv sondern hohl sind, und welche einen Kern von Formmasse erhalten, durch welche diese Höhlung gebildet wird, Ableitungsröhren für die aus den Kernen sich entwickelnden brennbaren Luftarten angebracht seyn. Diese Ableitungsröhren füllen sich (wenn sie nicht, wie es in manchen Fällen wohl geschieht, bloß mit dem inneren Theil des Kerns in Verbindung stehen) zwar ebenfalls mit flüssigem Eisen an; dies muß aber so spät als möglich geschehen, weshalb sie mit den höchsten Punkten der Form kommuniciren. Beim Einlassen des Eisens in die Form muß vor diesen Luftlöchern oder Ableitungsröhren sogleich brennendes Holz oder Stroh gebracht werden, damit die aus ihnen entweichende Luft sich entzündet, welches Anfangs mit einem kleinen Schlage erfolgt, worauf die Flamme aber ruhig fortbrennt, bis der Abguß geschehen ist. — Gewöhnlich werden die Luft- oder Ableitungsröhren für die aus den Formen entweichende Luft zu klein gemacht, daher die Luft mit einem starken Geräusch, einem Brausen oder Pfeifen, entweicht. Durch ein solches gewaltsames Heraustreten der Luft wird die Form oft sehr beschädigt. Zur Vermeidung dieses Uebels müssen die Luftröhren weiter gemacht werden, und zwar so, daß ihr Querschnitt wenigstens das Doppelte des Querschnitts der Eingüsse beträgt. Dann entweicht die Luft ohne alles Geräusch, beschädigt die Form nicht und man kann das Eisen ohne Gefahr schneller in die Form einströmen lassen.

§. 770.

Nach der Art der Gußwaaren, welche dargestellt werden sollen, müssen die Formen auf verschiedene Weise vorgerichtet und angefertigt werden. Alle Formmethoden haben indeß den Zweck einen hohlen Raum zu bilden, der genau die äußere Gestalt hat, welche die Gußwaaren erhalten sollen, indem das flüssige Eisen den hohlen Raum ausfüllen muß, ohne sich mit der Formmasse, durch welche er gebildet wird, zu verbinden. Die Formmassen, welche die hohlen, vom flüssigen Eisen auszufüllenden Räume umschließen oder begränzen, sind entweder Eisen, oder Sand, oder Lehm, oder ein Gemenge von Sand und Lehm. In diesen Massen muß die Gestalt, welche das Eisen nach dem Erkalten behalten soll, vollkommen eingedrückt seyn, und die Kunst des Förmers besteht darin, die verschiedenen Massen zum Formen gehörig vorzubereiten und die von dem Eisen auszufüllenden hohlen Räume durch diese Formmassen so zu begränzen, daß das erstarrte Eisen die Gestalt des verlangten Körpers erhält.

§. 771.

Die hohlen Räume, oder die Formen, werden der Formmasse entweder durch Modelle, welche die Gestalt des abzugießenden Körpers erhalten haben, eingedrückt, oder der Förmer muß sie selbst durch die Formmasse hervorbringen. Die Modelle sind von Metall, von Stein, von Wachs, gewöhnlich von Holz, und müssen (die Wachsmodelle ausgenommen, welche ausgeschmolzen werden) so gearbeitet seyn, daß sie die gehörige Verjüngung haben, d. h., daß sie sich aus der Formmasse, in welche sie eingedrückt worden sind, ausheben lassen, ohne daß ein Theil der Formmasse hängen bleibt. Die hölzernen Modelle sind nicht dauerhaft, gestatten auch keine große Genauigkeit, indeß sind sie wegen ihrer Wohlfeilheit den metallenen in allen Fällen vorzuziehen, wenn es nicht auf den höchsten Grad der Genauigkeit, auch nicht auf sehr scharfe, oder auf sehr dünne Abgüsse ankommt. Zu allen Waaren, von denen man als von stehenden Fabrikatartikeln viele Abgüsse zu machen hat, müssen metallene Modelle angewendet werden. Einer vollständig eingerichteten Gießerei müssen daher Metallarbeiter zur Anfertigung von allerlei abgedrehten messingenen Modellen, und Bildhauer zur Disposition stehen, um Wachs- und Gipsabgüsse und zinnerne Modelle gießen, und demnächst ausarbeiten und ciseliren lassen zu können.

§. 772.

In der Kenntniß das Modell richtig zu theilen, besteht die eigentliche Kunst des Förmers. Eine unrichtige Theilung des Modelles kann nicht allein die Arbeit ungemein erschweren, sondern wird die Gußwaaren auch durch Gußnäthe unansehnlich machen, wo man diese füglich hätte vermeiden können. Nur die Theile des Modelles, welche sich gleichzeitig aus der Formmasse ausheben lassen, ohne einen Theil derselben loszureißen, können gleichzeitig eingeformt; die anderen müssen durch zweckmäßige Schnitte getrennt werden, so daß die Form aus eben so vielen einzelnen Theilen zusammengesetzt wird, als dem Modell zugetheilt werden müssen.

§. 773.

Bei allen Gußwaaren, welche mit Genauigkeit nach einem vorgeschriebenen Maaß angefertigt werden sollen, muß das Schwindmaaß des Roheisens, oder das Verhältniß bekannt seyn, nach welchem sich das Eisen im geschmolzenen Zustande ausdehnt und beim Erkalten wieder zusammenzieht. Dies Schwindmaaß ist bei den verschiedenen Roheisenarten ziemlich verschieden und muß für jede Roheisensorte durch einen besonderen Versuch ausgemittelt werden. Die Modelle werden dann in allen Dimensionen um so viel länger, breiter und höher gemacht, als das Schwindmaaß beträgt. Bei der Anfertigung der eisernen Munition, wobei ein bestimmtes Caliber vorgeschrieben ist, bei allen Maschinentheilen und überhaupt bei Gußstücken die aus mehren einzelnen und nach der Anfertigung mit einander zu verbindenden Theilen bestehen, ist es durchaus nothwendig, auf das Schwindmaaß des Roheisens Rücksicht zu nehmen und die Modelle darnach einzurichten.

§. 774.

Alle Formen, zu deren Anfertigung ein Modell angewendet werden kann, müssen in besonderen Kasten — Formkasten — enthalten seyn, in denen die Formmasse zusammengehalten wird. Dies ist nur dann nicht nothwendig, wenn die Formen so einfach sind, daß sie sich unmittelbar in den Sand eindrücken lassen, und wenn sie glatte Begränzungsflächen besitzen, welche keine besonderen Gestalten annehmen dürfen. Die Formkasten sind auf verschiedene Art zusammengesetzt; in der Hauptsache richtet sich ihre Zusammensetzung nach der Eintheilung des Modelles nach welchem der abzugießende Gegenstand eingeformt werden muß. Es giebt Modelle welche zwei, drei, vier und mehrer mit einander verbundener Kasten bedürfen. Die Verbindung der Kasten unter einander ist ebenfalls verschieden, und richtet sich nach der Art, wie die einzelnen Theile des Modelles aus der Formmasse ausgehoben werden müssen; sie können daher neben, oder unter und über einander vereinigt seyn.

§. 775.

Die Formkasten sind entweder von Holz oder von Eisen. Nur diejenigen Gußwaaren, welche in einer Formmasse abgegossen werden, die nicht getrocknet oder gebrannt werden darf, können in hölzernen Formkasten angefertigt werden. Die hölzernen Formkasten sind wohlfeiler, aber nicht so haltbar, und lassen auch, wenn sie erst in den Fugen locker zu werden anfangen, keine große Genauigkeit mehr zu.

Die Größe der Formkasten richtet sich nach der Größe des abzugießenden Stückes. Kasten, die im Verhältniß zu dem Modell zu groß sind, veranlassen den Nachtheil, daß sie unnöthige Arbeit bei dem Einstampfen der Formmasse verursachen und das Austrocknen derselben beim Trocknen erschweren Zu schwach darf die Formmasse aber auch nicht seyn, weil sich das Eisen dadurch zu leicht abkühlt. Eine Stärke der Formmasse von 1¼ Zoll ist die zweckmäßigste. — Bei einigen Kasten ist ihre Höhe schon durch die Anwendung bestimmt, nämlich die Höhe der mittleren Kasten bei den mehrtheiligen Kasten, weil einer über den anderen gesetzt wird, und die Theile des Modells genau an einander schließen müssen.

§. 776.

Die Formen zu großen Gegenständen, welche sehr große Formkasten erfordern würden, die wegen ihrer Größe nicht einmal transportirt werden könnten, so wie die Formen zu allen Gegenständen, die vielleicht nur einmal angefertigt werden, bei denen es also der Anschaffungskosten des Modelles und der Formkasten nicht lohnen würde, werden ohne Modell auf die Art angefertigt, daß der leere Raum, oder die Form für das Eisen, aus Lehm gebildet wird, so daß der Lehm die Stelle des Modells vertritt. Diese Art der Förmerei ist die langsamste, und deshalb die theuerste, weshalb sie nur in den eben angegebenen Fällen angewendet wird.

§. 777.

Künstliche Verzierungen, Büsten, Statuen u. s. f., zu denen sich das Modell nicht so theilen läßt, daß es eingeformt werden kann, und deren Anfertigung in Lehm eine geschicktere Künstlerhand voraussetzt, als man von gewöhnlichen Förmern erwarten kann, werden nach vorhandenen Modellen von Holz, Stein oder Metall in Gips, und aus den Gipsformen in Wachs gegossen. Diese Wachsabgüsse werden im Ganzen, oder gewöhnlicher theilweise, an dem Kern der Gußwaaren oder an der Grundlage für die Statue dergestalt befestigt, daß die Wachsabgüsse die völlige Figur des darzustellenden Körpers bilden, worauf man sie mit feiner Thonmasse überzieht, und wenn diese die Form angenommen hat, behutsam ausschmelzt, wodurch ein hohler Raum entsteht, welcher von dem flüssigen Eisen ausgefüllt wird. In anderen Fällen setzt man den Mantel über dem Modell aus vielen Stücken zusammen, welche einzeln an einander gepaßt und auch einzeln wieder abgehoben und mit großer Vorsicht, nach dem Herausheben des Modelles, wieder zusammengesetzt werden. Diese Gießerei erfordert gewandte und geschickte Arbeiter, und kann nicht überall ausgeübt werden; theils weil es an Mitteln (an Modellen und guten Arbeitern) fehlt, theils weil wegen der Kostbarkeit des Produkts ein großer Absatz für die Gießereien nicht zu erwarten ist.

§. 778.

Gußwaaren, die nicht aus massivem Eisen bestehen, sondern die Darstellung sehr verschieden gestalteter hohler Räume verlangen, erfordern oft sehr künstliche Formen. Es leuchtet ein, daß die Form da ausgefüllt seyn muß, wo die fertige Gußwaare einen hohlen Raum bildet. Diese Ausfüllungen der Form, welche die hohlen Räume im Eisen bilden, indem sie das flüssige Eisen begränzen, werden im Allgemeinen K e r n e genannt. Müssen die hohlen Räume in den Gußwaaren sehr bestimmt und von genau vorgeschriebener Größe seyn, welches bei Maschinentheilen häufig der Fall ist, so müssen die Kerne in besonderen Kasten — K e r n k a s t e n — angefertigt werden, damit sie genau die vorgeschriebene Größe erhalten. Die Kerne müssen eben so sorgfältig gebrannt werden, als die Form selbst; bei starken Kernen ist sogar eine noch stärkere Hitze erforderlich, um alle Feuchtigkeit zu verflüchtigen.

Die Befestigung der Kerne in der Form erfordert oft eine große Geschicklichkeit. Kleinere Kerne werden zuweilen durch Nägel befestigt; größeren muß man aber eine sichere Auflage geben, und zugleich dafür sorgen, daß sie beim Abguß nicht gehoben, und von dem flüssigen Eisenstrom aus ihrer Lage gerückt werden.

§. 779.

Kerne zu großen Cylindern oder Kesseln werden gemauert, indem man ihnen eine eiserne ringförmige Platte zur Unterlage giebt, um demnächst den ganzen fertigen Kern vermittelst dieser Unterlage in die Dammgrube zu heben. Kerne zu kleineren Kesseln und anderen runden Sachen, welche in Lehm angefertigt werden, macht man aus Lehm über hölzerne mit Strohseilen umwickelte Körbe oder Spindeln, welche demnächst mit dem Strohseil herausgezogen werden, und den Lehmkern hohl zurücklassen. Kerne zu langen Röhren werden über eiserne mit Strohseilen umwundene Spindeln aus Lehm gedreht, und wenn sie die Gestalt erhalten haben, auch getrocknet worden sind, in die äußere Röhrenform, welche in der Formmasse abgedrückt ist, eingelegt.

§. 780.

Man kann die verschiedenen Arten der Förmerei am besten nach der Verschiedenheit der Formmasse eintheilen, welche zur Darstellung der Formen oder der hohlen Räume angewendet wird. Eine andere Abtheilung würde die in offenen oder unbedeckten Guß, und in bedeckten oder in Kastenguß und Lehmguß seyn. Weil die unbedeckten Formen aber immer in Sand gemacht werden, so ist diese Art der Förmerei als die einfachste beim Sandguß zu betrachten.

Von der Beschaffenheit, welche von dem Eisen in der Gußwaare verlangt wird, hängt es in vielen Fällen ab, ob das Einformen des Modelles in magerem und feuchtem, oder in fettem und getrocknetem Sand geschehen muß. Soll das Eisen weich bleiben, um sich bohren, drehen und feilen zu lassen; soll es ferner dicht und von kleinen Luftblasen möglichst frei, auch möglichst fest und haltbar seyn, so darf es nicht in feuchtem (grünem) Sande gegossen werden, obgleich diese Gießerei aus einleuchtenden Gründen die wohlfeilste ist. Kommen viele, verschiedenartig gestaltete Kerne vor, welche in feuchtem Sand nicht stehen würden, so muß schon deshalb fetter Sand zur Anfertigung der Formen genommen werden. Das Gießen in Lehm sollte auf sehr große und starke Gußwaaren, und wenn Gründe vorhanden sind, die Kosten der Anfertigung eines Modelles zur Anfertigung der Form zu vermeiden, beschränkt bleiben.

Die äußere Gestalt der Gußwaare bestimmt dagegen, ob sie verdeckt oder offen abzugießen ist, ob es nämlich erforderlich ist die Form durch Begränzung der Formmasse zwischen 2 und mehr Kasten statt finden zu lassen, oder ob die Gestalt der anzufertigenden Form eine solche Begränzung überflüssig macht. Die Kastenförmerei ist folglich der offenen Förmerei und der Lehmförmerei entgegengesetzt; sie giebt aber keinen Eintheilungsgrund ab, weil sie eben so gut beim fetten als beim mageren Sande anwendbar ist.

§. 781.

Hiernach würde die Förmerei in folgende Abtheilungen zu bringen seyn:

I. Magere Sandförmerei.
   1. Heerdförmerei.
      a. Offene Heerdförmerei.
      b. Heerdförmerei mit eingesetzten Kernen.
      c. Verdeckte Heerdförmerei.
   2. Kastenförmerei.
      a. Kastenförmerei, wozu zwei,
      b. — — drei u. s. f. Kasten erforderlich sind.

II. Fette Sandförmerei, oder sogenannte Massenförmerei.

III. Lehmförmerei.

IV. Kunstförmerei.

§. 782.

Von diesen Arten der Förmerei ist der Schaalenguß, nämlich das Gießen des flüssigen Roheisens in Roheisenformen, oder in eiserne Schaalen, welche genau an einander schließen, verschieden. Bei jeder anderen Förmerei läßt sich die Form nur zu Einem Guß anwenden; die in den eisernen Schalen befindlichen Formen dienen aber zu unzähligen Güssen, die hinter einander darin gemacht werden können. Ungeachtet dies Verfahren große Bequemlichkeit zu gewähren scheint und unstreitig auch schnelle und wohlfeile Güsse zuläßt, wird doch der Schaalenguß wenig angewendet; theils weil es schwierig ist, die Formen, von denen sich die eine Hälfte in der einen, und die andere Hälfte in der zweiten Schaale befindet, genau an einander zu passen, und weil aus diesem Grunde große Gußnäthe oder sogar verschobene Körper gebildet werden würden; theils weil das Eisen gegen die eisernen Formen sehr abgeschreckt wird, und eine große Härte und Sprödigkeit erhält; theils und vorzüglich, weil die Gußstücke sehr unansehnlich ausfallen, indem sie eine rauhe Oberfläche erhalten und sich oft mehre Linien tief stark abschrecken und dabei eine Rinde von weißem Roheisen erhalten. Diese Art der Gießerei ist sonst mehr als jetzt bei Anfertigung gegossener eiserner Munition gebräuchlich gewesen, läßt sich aber nur bei solchen Gußwaaren anwenden, bei welchen man entweder eine außerordentliche Sauberkeit im Guß nicht verlangt; oder von denen eine große Härte begehrt wird und bei welchen man die Kosten nicht zu scheuen hat, ihnen durch die Bearbeitung nach dem Guß, durch Drehen und Schleifen eine größere Vollendung zu geben. Die Schwierigkeit der Anfertigung genauer eiserner Schaalen, und die Unvollkommenheit der Gußwaaren, welche aus diesen Formen erhalten werden, so wie die Fortschritte, welche in der Sandförmerei gemacht worden sind, haben den Schaalenguß fast ganz verdrängt.

§. 783.

Bei Walzen, Ambössen, Radkränzen die auf eisernen Schienen laufen u. s. f. verlangt man eine große Härte des Eisens, damit die Oberfläche nicht so leicht Eindrücke annimmt, und damit das Eisen der Abnutzung durch Friktion größeren Widerstand leistet. Aus weißem Roheisen lassen sich solche Gegenstände nicht anfertigen, weil die Härte desselben mit einer großen Sprödigkeit, oder mit einer geringeren Festigkeit verbunden ist. Dergleichen Gußwaaren sind aus Roheisen anzufertigen, welches beim Guß in starken Massen zwar inwendig grau bleibt und daher die dem grauen Roheisen eigenthümliche Festigkeit behält, welches dabei aber geneigt ist, sich an den Rändern oder an der Oberfläche abzuschrecken und weiß zu werden. Ein solches Roheisen ist das bei einer sehr leichtflüssigen Beschickung erblasene graue Roheisen, wogegen sich dasjenige graue Roheisen, welches bei strengflüssigen Beschickungen, in hohen und engen Obergestellen erblasen ist, zu dieser Anwendung nicht eignet. Aber auch jenes graue Roheisen schreckt sich an der Oberfläche nur wenig ab, wenn es in starken Massen gegossen wird und deshalb nur langsam erstarrt. Man sucht die Erstarrung des flüssigen Eisens, wenigstens an der Oberfläche, deshalb absichtlich dadurch zu befördern, daß man Formen anwendet, welche bessere Wärmeleiter sind, als Sand und Lehm. Formen aus stark angefeuchtetem Sande würden zwar ebenfalls eine rasche Abkühlung bewirken, indeß darf man sich dieses Materials nicht bedienen, weil die schnell entweichenden Wasserdämpfe Explosionen verursachen, und weil der Guß, durch die starke Dampfentwickelung sehr poröse und blasig ausfallen würde. Deshalb sucht man den Guß in eisernen Kapseln zu bewerkstelligen. Je dicker diese eisernen Formen sind, desto besser und vollkommener sollte der Zweck erreicht werden, weil die dickere Metallmasse dem flüssigen Roheisen in gleichen Zeiträumen mehr Hitze entziehen kann; es scheint indeß, daß gußeiserne Formen, deren Eisenstärke etwa den vierten Theil der Dicke des darzustellenden Gußstücks beträgt, eine größere Abkühlung bewirken, als dickere Formen; wahrscheinlich weil die letztere selbst zu stark erhitzt bleiben und ihre Wärme wieder an das erstarrende Gußstück zurück geben. Weil die eisernen Formen, durch die unmittelbare Berührung mit dem flüssigen Roheisen, leicht angegriffen werden, wodurch das Gußstück eine rauhe und gefurchte Oberfläche erhalten würde, so streicht man die gußeisernen Formen inwendig mit Steinkohlentheer (oder auch mit Holzkohlentheer) aus. Einer Verjüngung der gußeisernen Form bedarf es nicht, denn da sich das flüssige Roheisen beim Erstarren mehr oder weniger zusammen zieht, so läßt sich das Gußstück von der eisernen Form, nach dem völligen Erkalten, leicht ablösen. Die Wirkung des schnellen Abkühlens erstreckt sich, — wenn das Roheisen sonst nur die vorhin erwähnte Eigenschaft gehabt hat, — mehre Linien tief in das Innere hinein. Dies Abschrecken des Roheisens in den eisernen Kapseln, findet — besonders bei langen Gußstücken, also bei langen Kapseln, — niemals in einem gleichen Grade auf allen Punkten der Oberfläche des Gußstückes statt. Die Ursache der Ungleichheit ist nicht in der Ungleichartigkeit der Roheisenmasse die in die Form geleitet wird, sondern in den ungleichen Temperaturen zu suchen, welche theils das einströmende Roheisen, theils und vorzüglich die eisernen Kapseln bis zur Vollendung des Gusses annehmen, weshalb auch das mehr oder weniger schnelle Einfließen des Eisens in die Kapseln, eine Veränderung in der Stärke, oder in dem Grade des Abschreckens hervorbringt. Die Kapseln werden unten länger und stärker erhitzt als oben, weshalb sich das Gußstück in der unteren Hälfte immer etwas weniger abschreckt oder härtet, als in dem nach oben gekehrten Theil. Für Hartwalzen ist die vortheilhafteste und für die Dauer der Walzen zweckmäßigste abgeschreckte Oberfläche, diejenige, bei welcher — für starke Walzen — die Eisenmasse in einer Dicke von ¾ bis 1 Zoll, von der Oberfläche in die Masse hinein gerechnet, weiß und hart wird und dann allmälig in graues und weicheres Roheisen übergeht. Diejenigen abgeschreckten Flächen, bei welchen eine scharfe Abgränzung zwischen der weiß gewordenen und der grau gebliebenen Masse des Roheisens statt findet, zeigen sich bei dem künftigen Gebrauch der Walzen sehr nachtheilig, weil sich die harte weiße Schaale von dem weichen grauen Kern oft mehre Zoll lang rings um den Walzenkörper ablöst und diese Neigung zum Ablösen wenigstens durch feine netzförmige Sprünge schon lange vorher andeutet.

§. 784.

Bei der Anfertigung der Hartwalzen ist es von Wichtigkeit, eine recht glatte Oberfläche beim Guß zu erhalten, um bei der demnächstigen weiteren Bearbeitung so wenig als möglich von der äußeren Fläche wegdrehen zu dürfen. Fällt die Oberfläche rauh und mit vielen (durch Unreinigkeit verursachten) fehlerhaften Stellen aus, so würde das Fortschaffen dieser unreinen Stellen durch das Abdrehen nicht allein kostbar seyn, sondern es würde ein bedeutender Theil von der härtesten, und daher der Absicht bei der Anfertigung solcher Walzen am mehrsten entsprechenden, äußeren Schicht der Walzen, durch das Abdrehen verloren gehen. Die Oberfläche des flüssigen Eisens wird aber immer mehr oder weniger mit Unreinigkeiten bedeckt seyn, welche ein Bestreben zeigen, sich den Wänden der eisernen Kapseln, in denen der Guß erfolgt, zu nähern und sich an dieselben anzulegen, so daß sie von dem höher steigenden Eisen überströmt werden, und Gruben oder fehlerhafte Stellen auf der Oberfläche der erkalteten Walze veranlassen. Die Unreinigkeiten entstehen theils durch graphitische und schlackige Absonderungen aus dem flüssigen Eisen, die niemals vermieden werden können, theils durch zufällige Absonderungen von der Form. Man darf den Hartwalzen nämlich nicht auch harte Zapfen zutheilen, weil diese bei dem Gebrauch der Walzen sogleich abbrechen würden, weshalb nur der Walzenkörper in eisernen Kapseln gegossen werden darf, die beiden Zapfen aber in Masse gegossen werden müssen. Die Kasten in welchen sich die Formen für die beiden Zapfen der Walze befinden, werden an beiden Enden der eisernen Kapseln unmittelbar mit denselben verbunden, so daß der Formkasten mit der Massenform für den einen Zapfen den untersten Theil, und der Formkasten für den zweiten Zapfen der Walze den obersten Theil der ganzen fertig zusammengesetzten Form für die Hartwalze bildet, indem der Guß stehend geschehen muß, und der Form keine geneigte und am wenigsten eine horizontale Lage gegeben werden darf. Bei dem Einströmen des flüssigen Eisens in die Form, kann daher leicht etwas von der Massenform des untersten Zapfens durch den Stoß des Eisenstroms gegen die Form abgelöst werden, und diese, wenn auch nicht bedeutenden Verletzungen der Form, tragen zur Vermehrung der Unreinigkeiten bei, welche sich aus dem Eisen absondern, auf die Oberfläche desselben begeben und gegen die Wände der eisernen Kapseln getrieben werden. Bei dem Walzenguß läßt man das flüssige Eisen zwar durch den Druck von unten in der Form in die Höhe steigen, man bewirkt nämlich den Guß nicht durch einen von oben einfallenden Eisenstrom, sondern man verbindet den tiefsten Theil der Form mit dem Einguß, nach Art der communicirenden Röhren (§. 766.); indeß ist der Druck des in dem Einguß befindlichen flüssigen Eisens gegen die Wände der Massenform für den unteren Zapfen, doch immer sehr groß und vergrößert sich in dem Verhältniß, in welchem das Eisen in der Form aufsteigt, so daß einige Beschädigungen der Form für den unteren Zapfen stets zu besorgen sind. Die Erfahrung scheint dafür zu sprechen, daß der Einguß nicht senkrecht — also nicht parallel mit der Form — sondern in einem gegen die Form stark geneigten Winkel, mit dem tiefsten Theil der Form in Verbindung gesetzt werden muß. Um aber zu verhindern, daß sich die Unreinigkeiten, welche aus dem Eisen abgesondert werden, nicht an die Wände der Form anlegen, muß dem flüssigen Eisen, während des Aufsteigens in der Form eine kreisende Bewegung gegeben werden, durch welche die auf der Oberfläche schwimmenden Unreinigkeiten von den Wänden ab und in die Mitte getrieben werden. Diese kreisende Bewegung wird dem Eisen durch die Art der Einmündung des Eingusses in die untere Zapfenform ertheilt. Die Richtung des Eingusses gegen die Form, durch welche die Richtung bestimmt wird nach welcher das Eisen in die Form strömt, muß nämlich nicht central, sondern tangential seyn. Durch die Richtung des Eingusses, — oder der Eingüsse, wenn deren mehre angebracht sind, — nach der Tangente, erhält der Eisenstrom eine rotirende Bewegung in der Form, indem er an der Form- und Kapselwand der Kreisform derselben folgt, und, indem er am Schluß des ersten, weitesten Kreises dem hinzufließenden Strome begegnet, in gleicher Richtung einen inneren Kreis und so fort mit immer zunehmender Geschwindigkeit eine Schneckenlinie und im Mittelpunkt derselben einen Strudel oder Trichter bildet, welcher die Unreinigkeiten concentrirt und im fortwährenden Aufsteigen emporträgt.

Der Hartwalzenguß in eisernen Kapseln ist aber auch deshalb sehr schwierig, weil die Erstarrungsbedingungen bei dem harten Walzenkörper und bei den weichen Zapfen sehr verschieden sind, so daß häufig eigenthümliche Erscheinungen eintreten, welche ein Mißrathen des Gusses, ungeachtet der sorgfältigsten Anordnungen, zur Folge haben können.

Martins, über die Anfertigung der Hartwalzen von Gußeisen; im Archiv f. Geognosie, Mineralogie, Bergbau und Hüttenkunde. VII. 3.

Magere Sandförmerei.

§. 785.

Alle Formen, welche in magerem Sande angefertigt werden können, sind am leichtesten und wohlfeilsten darzustellen, weshalb diese Art der Förmerei, wenn die Beschaffenheit des Eisens nach dem Guß, und die äußere Gestalt der Gußwaare, es nur irgend gestatten, in Anwendung zu bringen ist. Die magere Sandförmerei wird in Heerdförmerei und in Kastenförmerei abgetheilt, welche Eintheilung zwar nur durch die äußere Form des darzustellenden Körpers bestimmt wird, aber auf die Beschaffenheit der Formmasse oder des Sandes einen Einfluß hat.

Heerdförmerei.

§. 786.

Unter Heerd versteht man bei der Förmerei die Sohle der Hütte, welche mit Formmasse ausgefüllt ist. Diese Formmasse ist ein kohlenstaubhaltiger Sand, welcher fein genug seyn muß, die feinsten Eindrücke anzunehmen und beim Befeuchten mit Wasser sich ballen und formen zu lassen, so daß die eingedrückte Form nicht einfällt, sondern vom flüssigen Roheisen ausgefüllt werden kann, um darin zu erstarren und die Gestalt dieser Form anzunehmen. Der Kohlenstaub ist ein nothwendiger Bestandtheil des Heerdformsandes, weil er demselben die gehörige Lockerheit ertheilen muß, damit die sich entwickelnden Dämpfe und Gasarten entweichen können; übrigens wirkt er der backenden Eigenschaft des Sandes entgegen. Den richtigen Grad der Feuchtigkeit bei der Zubereitung des Formsandes zu treffen, ist schwierig, und erfordert eine Kenntniß von dem Verhalten des Sandes, welches bei den verschiedenen Arten von Sand sehr verschieden ist. Zu feuchter Sand veranlaßt ein Kochen des Eisens und bewirkt Blasen in der Eisenmasse; zu trockner Sand steht nicht, oder nimmt die Eindrücke des Modelles nicht an. Vor dem jedesmaligen Einformen muß der Heerd durch Umstechen aufgelockert werden, damit die Dämpfe von unten und von den Seiten entweichen können. Je fester der Boden der Form ist, desto eher erfolgt ein Aufkochen, und desto blasiger wird die Eisenmasse.

Statt des Holzkohlenstaubes zum Versetzen oder Vermengen des Formsandes kann man sich auch der fein gepulverten Koaks, oder auch der durchgesiebten Lösche, welche beim Verkoaken der Steinkohlen abfällt und die sehr häufig fast nur aus

Faserkohle (sogenanntem fasrigen Anthracit) besteht; oder auch der fein gepulverten Steinkohle selbst, bedienen. Die Steinkohle muß dann aber weder Backkohle noch Sinterkohle, sondern Sandkohle seyn.

Ein guter Formsand ist für die Förmerei ein Gegenstand von außerordentlicher Wichtigkeit. Gewöhnlich sucht und findet man einen Sand in der Nähe der Gießereien, welcher durch Sieben und Vermengen mit Lehmwasser zu einiger Bindekraft gelangt, aber dem Zweck eines guten Formsandes nicht entspricht. Mergelartige, bituminöse und andere Beimengungen vegetabilisch-animalischen Ursprungs werden wenig beachtet und daher rührt dann das Anbrennen des Sandes an der Oberfläche des Gußstücks, die Gruben und Unebenheiten der Oberfläche, welche vom Ablösen des Formsandes von der Form während des Einströmens des Eisens entstehen, die Blasen und die sogenannten Gallen in der inneren Masse des Gußstücks und die Nothwendigkeit die Formen häufig ausbessern zu müssen. Ganz anders verhält es sich mit einem guten Formsande, welcher sich bei einem schwachen Druck schon zu einem Ballen bilden läßt, weshalb die Form nicht fest gestampft werden darf, wodurch die Luft und die Dämpfe einen leichteren Abzug finden, welcher von dem Eisen nicht angegriffen wird, also auch nicht anbrennt und welcher weder zur Entstehung von Gallen und Blasen Veranlassung giebt, noch die Arbeit des Formens durch den Mangel an Zusammenhalten der Masse erschwert, besonders wenn die Formen von der Art sind, daß Kerne darin stehen bleiben müssen. Ein solcher Formsand erleichtert die Arbeit des Einformens in einem hohen Grade, veranlaßt saubere Güsse, erhöhet die Haltbarkeit der Gußstücke und bietet die Möglichkeit dar, Gußwaaren aus magerem Sande anzufertigen, die bei einer schlechten Beschaffenheit des Formsandes nothwendig in Masse geformt werden müßten. — Ein solcher Sand ist weder der reine Flugsand, der gar keine Bindekraft besitzt, noch der mit Thontheilen verunreinigte

Sand, sondern derjenige Sand welcher aus manchen Sandgebirgsbildungen erhalten wird, bei welchen der reine Sandstein einen so lockeren Zusammenhang zeigt, daß er bei geringer Reibung schon zu Sand zerfällt. Die Körnchen müssen äußerst fein, von lettigen Beimengungen befreit und so mager seyn, daß sie sich scheinbar wie der Flugsand verhalten, aber beim Anfeuchten mit Wasser doch hinreichende Bindekraft zeigen. Ein solcher Sand ist ein großer Schatz für eine Eisengießerei, und selbst ein hoher Anschaffungspreis wird durch die Vortheile die er gewährt, weit überwogen. Wo ein solcher Sand nicht zu erhalten ist, muß eine künstliche Zusammensetzung aus reinen Sandkörnchen mit geschlämmtem dünnem Thonwasser versucht werden.

§. 787.

Nachdem der Heerd mittelst einer Schaufel aufgestochen und locker gemacht ist, nimmt man ein Richtscheit und eine Setzwaage und streicht mit dem ersteren so lange locker hin und her, bis die auf das Richtscheit gestellte Setzwaage nach allen Richtungen eine vollkommen horizontale Fläche anzeigt. Die so geebnete Fläche des Heerdes wird dann etwa einen halben Zoll hoch mit frischem Formsand übersiebt. Das Sieb muß um so feiner seyn, je feinere und glattere Flächen man hervorbringen will. Sollen Platten mit Verzierungen, Buchstaben u. s. f. (welche an der unteren Fläche des Modelles mehrentheils einzeln angeheftet werden müssen) abgegossen werden, so muß der Sand vorzüglich durch ein sehr feines Sieb gesiebt werden, damit er die Eindrücke des Modelles scharf annimmt. Sehr zu empfehlen ist es, den Sand zu dem Formheerd, ehe dieser in Gebrauch genommen wird, auszubrennen, durchzusieben und durchzustechen, und die Hüttensohle mit einem solchen zubereiteten Sande auszufüllen.

§. 788.

Auf die geebnete und mit dem feinen Formsande übersiebte Fläche wird das Modell gelegt, und mit einem Hammer locker in den Heerd getrieben, bis man glaubt, daß die ganze untere Fläche abgedrückt worden sey. Mittelst der Setzwaage wird abermals untersucht, ob daß Modell nach allen Richtungen horizontal liegt. Ist dies nicht der Fall, so wird die höher liegende Seite des Modells so lange vorsichtig eingedrückt oder mit dem Hammer eingeklopft bis es eine völlig horizontale Lage erhalten hat. Dann wird gegen die Kanten des Modelles so lange Formsand gedämmt, bis dieser die Höhe der Kanten des Modelles an allen Seiten erreicht hat, so daß die Form, wenn das Modell herausgehoben ist, gerade die Gestalt und Höhe desselben erhalten hat. Vor dem Ausheben des Modells müssen in schräger Richtung unter der Form mit einem eisernen Spieß Löcher gestochen werden, welche zur Entweichung der Feuchtigkeiten und der Luftarten dienen. Mit der Form wird dann der Einguß in Verbindung gesetzt. Größere Formen erhalten auch wohl mehre Eingüsse. Man bildet nämlich eine kleine Rinne in Sand, welche sich an der oberen Kante der künftigen, noch mit dem Modell ausgefüllten Form anschließt, und sich auf der anderen Seite in einer kleinen flachen Grube endigt. Beim Gießen läßt man das Eisen in diese kleine Grube laufen, worauf es aus derselben durch den kurzen Sandkanal in die Form strömt.

Sodann wird zum Ausheben des Modelles geschritten. Um dies bequemer verrichten zu können, ist bei großen Modellen an der oberen Fläche derselben eine Handhabe angebracht; oder man schlägt, wenn das Modell, wie gewöhnlich, von Holz ist, eiserne Stifte in die Oberfläche, um es mittelst derselben angreifen und in die Höhe heben zu können. Das Ausheben muß mit Vorsicht geschehen, um nichts vom Formsande abzureißen, weshalb die Kanten des Modells und des unmittelbar daran gränzenden Formsandes mit einem in Wasser getauchten Pinsel bestrichen werden müssen, wodurch der Sand besser zum Stehen gebracht wird, und sich vom Modell ablöst. Ferner klopft man nach allen Richtungen gegen die Handhabe des Modells, um es nach allen Seiten zu lüften; die Schläge dürfen aber nicht stärker seyn, als nöthig ist, um das Modell abzulösen, worauf dasselbe mit einer zitternden Bewegung ausgehoben wird. Die Form wird sodann mit einem recht glatten Streichbrette (Dämmbrett) ausgeputzt, um die unebenen Stellen in derselben vollkommen gleich und glatt zu machen. Hat die Form Verzierungen, so muß das Modell, wenn die Form nicht gut ausgedrückt ist, oder beim Ausputzen gelitten hat, wieder mit Sorgfalt in die Form hineingelegt und eingeklopft werden.

Wenn das Modell nicht gut ausgedrückt seyn sollte, oder wenn auf einer Stelle der Form noch Sand fehlt, folglich die Eisenstärke des künftigen Gusses hier zu schwach ausfallen würde, so muß noch so viel Sand aufgetragen werden als zum gleichmäßig starken Abdruck nöthig zu seyn scheint, worauf das Modell wieder in die Form gelegt und durch Aufklopfen der Abdruck bestimmter und schärfer zu machen gesucht wird.

§. 789.

Ist die Form ausgeputzt, so wird sie mit einem, mit fein gestoßenem und gesiebtem Kohlenstaub angefüllten Staubbeutel ausgestaubt und angeschwärzt. Dies Bestauben hat den Zweck, das Abschrecken des Roheisens in der Form zu vermindern und das Eisen weicher zu erhalten. Wenn die zu gießende Platte ebene und glatte Flächen erhalten soll, so wird der Kohlenstaub mit dem Dämmbrett in der Form angedrückt und glatt gestrichen; erhält sie aber Verzierungen, so muß das Modell noch einmal in die Form gelegt werden.

Die Form ist jetzt zum Abgießen fertig. Beim Abgießen wird ein Abkehrholz vor den Eisenstrom gehalten, um Kohlen und Unreinigkeiten, die auf der Oberfläche des Eisens schwimmen, im Einguß zurückzuhalten, und zu verhindern, daß sie nicht mit in die Form laufen. Wenn die Form mit Eisen angefüllt ist, wird das fernere Zuströmen des Eisens aus dem

Einguß, entweder durch eiserne mit Lehm beschlagene Vorsetzschaufeln, durch welche die Verbindung desselben mit der Form aufgehoben wird, oder wenn mit Pfannen gegossen wird, durch Aufhören mit Gießen und durch Aufheben des Sandes beim Einguß vermittelst des Kehrholzes (welches in demselben Augenblick unter dem Einguß gesteckt und dieser dadurch in die Höhe gehoben wird) verhindert. Sollten Unreinigkeiten mit in die Form gekommen seyn, so müssen diese, weil sie sich immer auf die Oberfläche begeben, mit einer hölzernen Krücke abgezogen werden. Der Krücke bedient man sich auch bei Sachen, die eine große Oberfläche haben, um das Eisen vermittelst derselben schnell nach allen Theilen der Form zu schieben, welches besonders bei etwas mattem oder bei dickflüssigem grauen Roheisen, welches viel Graphit ausstößt, nöthig ist.

So wie das Eisen auf der Oberfläche zu erstarren anfängt, wird es entweder mit feinem Sande, der nicht anbrennen darf, oder mit Kohlenstaub übersiebt. Dies geschieht, theils um die zu schnelle Abkühlung und das Krummziehen der Platten zu verhindern; theils um der Oberfläche des Eisens ein ebneres Ansehen zu geben, und die Entstehung der kleinen Blasen, welche durch Oxydation gebildet werden, zu verhindern, auch die schon entstandenen niederzudrücken; theils um die Hitze welche das glühende Eisen in der Hütte verbreitet zu vermindern. Dann werden die Eingüsse abgeschlagen, und die abgegossenen Gegenstände, wenn sie eine große Oberfläche haben, und dabei nur dünn sind, mit Gewichten beschwert, damit sie sich nicht krumm ziehen. Hat dies dennoch statt gefunden, so müssen sie nach dem Erkalten gerade geklopft werden, welches aber nur bei weichem und grauem Eisen ausführbar ist. Die abgegossenen Gegenstände werden aus der Form genommen, vom anklebenden Sand gereinigt, abgescheuert und geputzt.

Der Heerd ist durch das Gießen sehr heiß geworden, und der Formsand völlig ausgetrocknet. Er wird daher mit Wasser wieder angefeuchtet, und kann alsdann sogleich wieder zu neuen Formen gebraucht werden.

Ein gewandter Heerdsformer kann manches Modell ersparen. Zum Einformen großer Platten bedarf man z. B. keines Modelles, welches die Größe des abzugießenden Stückes haben darf, sondern man kann mit einem bloßen Stabe ausreichen, der nur die vorgeschriebene Höhe und Breite oder die vorgeschriebene Höhe und Länge hat. Um ein Rad einzuformen, ist nicht das ganze Modell zu einem Rade, sondern nur das zum Kranze und zu einem Arm erforderlich, indem sich dies Modell benutzen läßt, um alle Arme damit anzufertigen.

§. 790.

Sollen Gegenstände gegossen werden, bei denen es auf schöne, glatte und ebene Flächen ankommt — denn die obere unbedeckte Fläche kann nie vollkommen glatt werden — und sind die abzugießenden Stücke entweder zu groß, um in Kasten gegossen zu werden, oder hat man sonst Ursache, den Kastenguß zu vermeiden, so macht man von dem sogenannten verdeckten Heerdguß Gebrauch. Dazu werden eine oder mehre eiserne Platten, welche die Gestalt und Größe der oberen Fläche der abzugießenden Gußwaaren besitzen, und deren untere, der Form zugekehrte Fläche mit Lehm überzogen ist, angewendet. Damit der Lehm besser am Eisen haftet, werden diese sogenannten Verdeckplatten auf der einen Seite rauh gegossen, oder mit Zacken versehen. Der Lehm wird auf die mit Zacken versehene Fläche der Verdeckplatten aufgetragen, geebnet und glatt gestrichen, und wenn er lufttrocken geworden ist, stark ausgetrocknet, welches in den Darr- und Trockenkammern geschieht. Die getrocknete glatte Fläche bestreicht man alsdann mit einer durch Kochen von Mehl mit Kohlenstaub in Wasser erhaltenen Schwärze, welche man wieder eintrocknen läßt. Statt dieser Schwärze bedient man sich indeß mit besserem Erfolge eines weniger kostbaren Gemenges von Kohlenpulver mit Lehmwasser, welches noch fester haftet und nicht so leicht abspringt, als das gekochte klebrige Mehl, welches außerdem durch das flüssige Roheisen zersetzt zu werden scheint und zu einer Entwickelung von Gasblasen Anlaß giebt. Die so zubereiteten Verdeckplatten werden alsdann über die völlig fertige offene Heerdform dergestalt gelegt, daß die mit Lehm bekleideten Flächen beim Abgießen mit dem Eisen in Berührung kommen und das flüssige Eisen scharf begränzen, weshalb der Einguß auch etwas höher liegen muß, als die Oberfläche der Form, um dadurch einen stärkeren Druck des flüssigen Eisens gegen die Verdeckplatten zu bewirken. Werden mehre Verdeckplatten angewendet, so müssen sie genau an einander passen, und, ohne Fugen zu bilden, anschließen. Auf diese Weise erhalten die Heerdgußwaaren überall glatte Flächen. — Die Verdeckplatten geben indeß leicht zum Kochen des Eisens Veranlassung, weshalb man sich statt der massiven eisernen Platten auch zweckmäßig eiserner Gitter statt der Verdeckplatten bedient. Die Zwischenräume in diesen Gittern werden mit einer Mischung von sandigem Lehm und Pferdemist ausgefüllt und das ganze Gitter damit überzogen, so daß es eine ebene Fläche bildet. Nach dem Trocknen und Schwärzen erhält man auf diese Weise leichtere Verdeckplatten, welche die Luft und Dämpfe besser als die massiven Platten durchlassen.

§. 791.

Oft müssen Gegenstände eingeformt werden, welche nicht massiv, sondern durchbrochen sind und Oeffnungen erhalten sollen. Deshalb müssen in der Form mit diesen Oeffnungen korrespondirende Kerne, oder Häufchen von Sand, Lehm oder überhaupt von einer festen Masse, stehen bleiben oder eingesetzt werden, welche das Eisen abhalten, die Form auszufüllen, und die nach dem Erkalten des Gußstücks aus der Eisenmasse ausgestoßen werden können, und dann die verlangten Oeffnungen bilden. Die Kerne werden entweder unmittelbar aus Sand gebildet, zu welchem Zweck dann das Modell mit Oeffnungen versehen ist, welche sich beim Einformen mit Sand ausfüllen, und beim Ausheben des Modells stehen bleiben; oder sie werden besonders und nicht in Verbindung mit der Form angefertigt, getrocknet, und wenn sie die gehörige Gestalt und Größe erhalten haben, in die fertige Form an den dazu bestimmten Punkten hineingestellt, aber mit eisernen Stäben oder mit Gewichten beschwert, damit sie vom fließenden Eisen nicht gehoben oder umgeworfen werden.

Soll z. B. eine Platte mit einer Leiste versehen werden, so legt man einen angeschwärzten eisernen Stab (der sich mit dem flüssigen Roheisen nicht verbinden kann) bis zur erforderlichen Tiefe in die fertige Form, und bildet dadurch eine verkehrte Leiste. Einen gewandten Förmer erkennt man daran, daß er die einfachsten Mittel zur Erreichung seiner Zwecke zu wählen weiß. — Auch gezähnte Räder sind ein Gegenstand der Heerdförmerei. Bei großen Rädern läßt man keine Sandkerne stehen, um die Zwischenräume zwischen den Zähnen zu bilden, weil das Eisen die schwachen Kerne leicht zusammendrücken, sich auch zu sehr abschrecken und zu spröde werden würde, sondern man formt nur allein den Kranz und die Arme nach den vorgeschriebenen Dimensionen vermittelst des Modells, und setzt die Kerne zu den Zähnen, welche in einem besonderen Kernkasten aus fettem Sande angefertigt und gebrannt sind, rings um die ganze Peripherie des Rades stückweise an.

§. 792.

Zuweilen beabsichtigt man, dem abzugießenden Stück auf einer Fläche oder auf einer bestimmten Stelle eine große Härte zu geben. Dies geschieht, wenn man das flüssige Eisen an solchen Stellen schnell erkalten läßt, oder abschreckt. Nasse Formen darf man dazu nicht anwenden, weil eine große Feuchtigkeit das Kochen des Eisens in der Form veranlassen würde. Deshalb wird ein starkes, angeschwärztes Stück Eisen zur Begränzung der Form auf der Seite gebraucht, wo man eine harte Fläche, z. B. bei Ambossen, Pochstempeln u. s. f. zu erhalten wünscht.

§. 793.

Verdecke auf dem Heerde dienen nicht immer bloß dazu, ganz glatte Flächen hervorzubringen, sondern auch die oberen Flächen der Gußwaare mit Verzierungen und Erhabenheiten oder Vertiefungen zu versehen, welche sich durch den bloßen offenen Heerdguß nicht darstellen lassen würden. Diese Erhabenheiten oder Vertiefungen müssen dann in den Verdeckplatten befindlich seyn, oder man drückt die Form auch in einem besondern Kasten ab, und stellt diesen umgekehrt über die offene Heerdform, welche durch den Kasten und durch andere Verdeckplatten ganz zugedeckt seyn muß, damit das aus dem (höher als der höchste Punkt der Verdeckplatte liegenden) Einguß in die Form strömende Eisen alle Theile der Form völlig ausfüllt. — Auch Balanciers lassen sich vermittelst eines Verdecks auf dem Heerde formen. Das Unterstück wird nämlich mit einem Verdeck im Heerde, und der Obertheil des Modells, der vom Unterstück getrennt werden kann, auf dem Unterstück eingeformt.

Kastenförmerei in magerem Sande.

§. 794.

Die Heerdförmerei ist vorzugsweise nur für solche Gegenstände bestimmt, zu denen sich die Modelle ausheben lassen, ohne beim Ausheben die Form zu verletzen, und welche zugleich eine ganz glatte Oberfläche erhalten sollen. Durch Verdecke und aufgesetzte Kasten lassen sich indeß auch solche Gegenstände auf dem Heerde formen, deren Modelle sich auf gewöhnliche Weise nicht ganz ausheben lassen, und deren Oberfläche nicht glatt, sondern mit Erhabenheiten versehen ist. Diese verdeckte Heerdförmerei macht eigentlich den Uebergang zur Kastenförmerei, oder sie ist vielmehr wirklich schon Kastenförmerei, indem der Heerd den einen, und die Verdeckplatte den zweiten Kasten vorstellt. Bequemer ist es aber in den meisten Fällen, statt der verdeckten Heerdsförmerei die Kastenförmerei anzuwenden, weil die Zubereitung der Verdeckplatten mühsam ist, weshalb man sich derselben auch nur dann zu bedienen pflegt, wenn es an Kasten von gehöriger Größe fehlt.

Am einfachsten ist die Kastenförmerei mit zwei Kasten. Das Modell liegt dann entweder ganz in dem einen Kasten, und der zweite dient nur zur Decke; oder es ist auf verschiedene Weise getheilt, so daß die Hälfte oder ein noch kleinerer Theil in dem einen, und der andere Theil des Modells in dem zweiten Kasten eingeformt ist. Es versteht sich von selbst, daß Kasten und Modelle genau auf einander passen müssen, so daß die Form nach dem Ausheben des Modells, und nach dem Zusammensetzen der Kasten, ein völlig zusammenhängendes Ganzes bildet. Die Theilung des Modelles hängt von der Figur des darzustellenden hohlen Raumes ab, und muß nach der Art, wie sich das Modell aus dem Sande ausheben läßt, bestimmt werden.

§. 795.

Weil bei der Kastenförmerei der durch das Modell gebildete hohle Raum, oder die Form, von allen Seiten mit Sand umschlossen ist, so bedarf es hier keiner völlig horizontalen Lage der Form oder des Formkastens, wie bei dem offenen Heerdguß. Im Gegentheil giebt man den Kasten beim Abguß langer Sachen, zu denen also lange Kasten angewendet werden, gern eine schiefe Richtung, oder eine Neigung gegen den Horizont beim Gießen, damit das Eisen im Einguß einen stärkeren Druck ausübt und die Formen vollkommen ausfüllt. Diese schiefe Stellung der Formkasten beim Guß darf man indeß nur dann anwenden, wenn der Kern, welcher bei hohlen Gußwaaren die innere Höhlung bilden soll, so fest und sicher aufliegt, daß er sich nicht verrückt und durch die schiefe Lage nicht aus seiner Richtung gebracht wird.

Die Größe der Kasten (Gießladen) richtet sich nach der Größe der abzugießenden Gegenstände. Bei der mageren Sandformerei lassen sich eiserne und hölzerne Kasten anwenden, weil die Form nicht getrocknet wird. Weil die Kasten mehrentheils voll Sand gestampft werden müssen, und die eigentliche Form nur in der Mitte stehen bleibt, so müssen die Kasten so eingerichtet seyn, daß sie den Sand, der sich zwischen den Wänden der Kasten und den äußeren Flächen des Modelles befindet, und welcher nach dessen Wegnahme die durch das Modell gebildeten hohlen Räume begränzen soll, fest halten können. Bei kleinen Kasten ist es schon hinreichend, wenn sie bloß mit einem aufstehenden Rande versehen sind, indem der Sand dadurch hinlängliche Haltung erhält. Bei größeren Kasten gießt man (wenn sie nämlich von Eisen sind) Zacken an der inneren Fläche; sind sie von Holz, so macht man entweder Rinnen in den inneren Flächen, oder nagelt einige Leisten gegen dieselben. Bei langen und schmalen Kasten hat das Hängenbleiben der Formmasse in den Kasten keine große Schwierigkeit. Bei sehr großen, langen und zugleich breiten Kasten (wobei der Unterkasten aber immer unbeweglich, und eigentlich wie ein Heerd anzusehen ist, z. B. bei Kasten zum Einformen großer Gitter) muß man eiserne Leisten oder Hängeeisen in den Oberkasten einhängen, und die Formasse zwischen diesen Hängeeisen, welche wenigstens $\frac{2}{3}$ von der Höhe des Kastens erhalten müssen, sorgfältig einstampfen, und unmittelbar unter den Leisten sogar mit den Fingern einstopfen und gegen das im Unterkasten liegende Modell drücken. Die Hängeeisen oder Leisten sind in einer Entfernung von höchstens 6 Zoll eingehängt, und halten die Formmasse dann gehörig zusammen.

Die Kasten müssen genau an einander passen, und werden entweder durch Stäbe, welche in die am anderen Kasten angebrachten Falze eingreifen, oder durch Stifte, welche in die mit ihnen korrespondirenden Löcher im anderen Kasten passen, an einander gehalten. Bei dreitheiligen Kasten ist der Mittelkasten oft getheilt, und läßt sich nach den Seiten in zwei Hälften von einander abziehen. Diese beiden Hälften sind gewöhnlich durch Haken und Stifte, oder durch Ueberwürfe mit einander und mit den Ober- und Unterkasten verbunden. Die Stifte des Kastens, welche in die korrespondirenden Löcher des anderen Kastens einpassen, sind bei großen und schweren Kasten immer mit einem Schlitz versehen, um eiserne Splinte durchstecken und die Kasten recht fest an einander keilen zu können. Die Höhe und Eintheilung der Kasten richtet sich ganz nach der Theilung, welche dem Modell gegeben werden muß.

§. 796.

Der Sand, welcher zur Kastenförmerei angewendet wird, muß etwas mehr backen als der Heerdformsand, weshalb er etwas mehr thonige Theile als dieser enthalten kann. Der Zusatz von Kohlenstaub fällt bei dem Formsand zum Kastenformen weg, weil er das Backen verhindert, und weil die beim Gießen sich entwickelnden Dämpfe und Gasarten bei größeren Formen, also bei größeren Kasten, durch Luftlöcher abgeführt werden; bei kleineren Kasten aber durch die Sandschichten selbst entweichen, welches auf einem nicht hinlänglich aufgelockerten Heerde nicht würde geschehen können. Ehe der Sand in Gebrauch genommen wird, muß er ausgeglühet werden. Er darf weder staubartig, pulvrig noch grobkörnig seyn, sondern man muß die Körner beim Reiben zwischen den Fingern noch deutlich unterscheiden können. Der gebrannte Sand wird durchgesiebt, dann ausgebreitet und etwas angefeuchtet, worauf durch ein feines Sieb so viel trockner und vorher gebrannter fetter Sand hinzugethan wird, als nöthig ist, um ihn bei einem geringen Grade von Feuchtigkeit zum Stehen oder zum Ballen zu bringen, welches durch Erfahrung bestimmt werden muß. Der mit fettem Sande übersiebte Formsand wird etwas angefeuchtet und sorgfältig durchgearbeitet, so daß er ein völlig gleichartiges Gemenge bildet. Es gilt übrigens von dem Formsande für die Kastenförmerei dasselbe, was schon oben (§. 786.) angeführt worden ist. Den zubereiteten Formsand bringt man auf die Formbänke, welche längs den Wänden des Formhauses angebracht sind, und durch Fenster in den Wänden gehörig erhellt werden müssen, weil das Einformen von allen Gegenständen, zu denen keine so großen Formkasten angewendet werden, daß man sie nicht mehr mit den Händen heben könnte, auf den Formbänken vorgenommen wird.

§. 797.

Beim Einformen der Modelle in Kasten, wird ein Kasten nach dem andern voll gestampft. Welcher Kasten zuerst vorgenommen wird, richtet sich nach der Beschaffenheit des Modells. Kann dieses aus einem einzigen Stück bestehen, und ist es sehr groß, so daß man einen unbeweglichen Unterkasten anwenden muß, so wird der Sand im Unterkasten gehörig aufgelockert, das Modell (wie beim Heerdguß) sorgfältig eingepaßt, und mit eisernen oder hölzernen Stämpfern eingestampft. Bleiben nach dem Ausheben des Modells kleine Kerne stehen, wie dies bei den Gittern häufig der Fall ist, so müssen dieselben durch Nägel fest gehalten werden, damit der Sand nicht ausreißt. Der Sand wird zwischen den Stäben und Verzierungen des Modells so fest als möglich eingestampft, so daß die Formmasse kaum einen Eindruck mit den Fingern mehr annimmt. Nach dem Einstampfen müssen die oberen Flächen des Modells mit den oberen Kanten des Unterkastens eine Fläche bilden, wenn aller überflüssiger Sand vom Modell abgestrichen ist. Die geebnete Fläche wird mit ganz trockenem Sand bestreut, der aber vom Modell selbst wieder abgeblasen wird, und nur auf der Formmasse liegen bleibt. Alsdann wird der Oberkasten aufgesetzt (gewöhnlich vermittelst eines Krahns), und der Formsand zwischen den Leisten oder Hängeeisen eingestampft, zugleich aber auf den Einguß, und oft auch auf die Luftröhren Rücksicht genommen' Der Einguß muß, wenn der Unterkasten nicht horizontal steht, immer auf dem höchsten Punkt eingestampft werden. Um die Oeffnungen zu den Eingüssen und Luftlöchern zu machen, bedient man sich runder hölzerner Stäbchen, welche mit einem Ende bis zur Fläche des Unterkastens reichen, und mit dem anderen Ende aus dem Oberkasten hervorragen, damit sie nach dem Einstampfen des Oberkastens herausgezogen werden können. Im Oberkasten darf der Sand nicht so fest gestampft werden, als im Unterkasten, um die Dämpfe nicht zu sehr zurückzuhalten; zu locker darf er aber nicht seyn, weil er sonst beim Aufheben des Oberkastens wieder herausfallen würde. Nach beendigtem Einstampfen sticht man mit dem Spieß auf verschiedenen Punkten noch einige Luftlöcher bis zur Sandfläche des Unterkastens, nimmt die Stäbchen zu den Luftlöchern und zu den Eingüssen heraus, nachdem man die oberen Mündungen der letzteren vorher noch etwas erweitert hat, und hebt den Oberkasten in die Höhe. Der auf die Fläche des Unterkastens gestreute trockene Sand verhindert die Verbindung des Formsandes in den beiden Kasten. Ueberhaupt dient der trockene Streusand bei der Kastenförmerei dazu, die Ablösung der Flächen des Formsandes in den verschiedenen über einander gesetzten Formkasten zu bewirken, weshalb man immer, ehe man zum Einstampfen eines Kastens schreitet, den vorhergehenden auf der Begränzungsfläche mit trockenem Sande bestreuen muß, um beide Kasten von einander abheben zu können. Der trockne Streusand, welcher bei der Kastenförmerei noch nicht entbehrt werden kann, wirkt nicht allein nachtheilig auf den Formsand selbst, sondern verursacht auch, daß sich Kanten oder Bärte an den Rändern der Gußwaaren ansetzen, welche später nur mit Mühe weggefeilt werden können. Durch langen Gebrauch wird der Formsand, weil er immer mehr mit Streusand verunreinigt wird, mürbe gemacht und verliert seine Bindekraft. In den Gießereien in England bedient man sich bei der Kastenförmerei, besonders bei dem Einformen der Kaminplatten, statt des Streusandes des feinen Koaksstaubes, wie dies auch bei dem Einformen der feinen Kunstgußwaaren geschieht. — Nachdem der Oberkasten abgehoben ist, werden zuerst die Eingüsse ausgeschnitten, indem von dem Punkte, wo die Eingußöffnungen aus dem Oberkasten den Unterkasten treffen, Rinnen oder Kanäle nach allen Gegenden des Modells ausgeschnitten werden, um überzeugt zu seyn, daß sich alle Theile der Form beim Abgießen fast gleich schnell, nämlich ohne viel Umwege, mit flüssigem Eisen ausfüllen. Der beim Ausschneiden der Eingüsse abfallende Sand wird sorgfältig abgekehrt und dann zum Ausheben des Modells geschritten, wobei besonders darauf Rücksicht zu nehmen ist, daß die kleinen Sandkerne nicht verletzt werden. Die Form wird nun geputzt, geschwärzt (wie bei den Heerdformen), der Oberkasten wird heruntergelassen, und mit großer Genauigkeit auf den Unterkasten gesetzt, auch noch mit Gewichten beschwert, um desto fester auf dem Unterkasten zu schließen, und dann zum Abguß geschritten, wobei man brennendes Stroh über die Luftlöcher hält. Nach dem Guß wird der Oberkasten abgehoben, um in solchen Fällen, wenn Gegenstände gegossen worden sind, bei welchem Theile von sehr verschiedener Stärke vorkommen, die stärkeren Theile, welche unter gleichen Umständen am längsten heiß bleiben würden, zuerst zu entblößen, damit sie mit den dünneren gleichzeitig erkalten. Geschieht dies nicht, so hat man leicht das Zerspringen der Gußwaare, wegen der ungleichen Erhitzung, zu befürchten.

§. 798.

Kleinere Sachen, zu denen ein unbeweglicher Unterkasten nicht erforderlich ist, und deren Modell aus einem einzigen Stück bestehen kann, werden auf der Formbank angefertigt. Man legt das Modell auf das sogenannte Modellbrett, nämlich auf ein gewöhnliches Brett, welches unten mit ein Paar Leisten versehen ist, auf denen es ruhet, um bequemer unterfassen und den vollgestampften Kasten demnächst umdrehen zu können, wozu man sich noch eines zweiten Modellbrettes bedient, welches auf den vollgestampften Kasten gelegt wird, so daß dies zweite Modellbrett beim Umkehren des Formkastens dessen Unterlage bildet. — Ueber das auf dem Modellbrett liegende Modell wird der leere Unterkasten dergestalt gelegt, daß die Fläche des Unterkastens, welche sich nachher an der des Oberkastens anschließen muß, unmittelbar auf dem Modellbrett, und das Modell völlig in der Mitte des Kastens liegt. Alsdann wird der Unterkasten eingestampft, vermittelst der beiden Modellbretter umgedreht, so daß das eingestampfte Modell zum Vorschein kommt, die Fläche des vollgestampften Unterkastens mit trocknem Sand bestreut, der Oberkasten aufgesetzt und voll gestampft, zugleich aber der Einguß berücksichtigt, der Oberkasten wieder abgehoben, die Eingüsse nöthigenfalls eingeschnitten (wenn die Eingußöffnung nicht unmittelbar mit der Form communicirt), das Modell aus dem Unterkasten gehoben, die Form geputzt und geschwärzt, der Oberkasten wieder behutsam aufgesetzt und mit Gewichten beschwert, und dann zum Guß geschritten.

§. 799.

Kann das Modell nicht aus einem einzigen Stück bestehen, sondern ist dasselbe zweitheilig, so wird zwar im Allgemeinen dasselbe Verfahren angewendet, aber nur der Theil des Modells, welcher in dem Unterkasten eingeformt wird, dergestalt auf das Modellbrett gelegt, daß beim Umkehren des Kastens die Fläche des Modells, nach welcher es getheilt worden ist, zum Vorschein kommt. Der im Unterkasten eingeformte Theil des Modells bleibt liegen, und es wird der andere noch nicht eingeformte Theil desselben aufgepaßt, und dann der Oberkasten aufgesetzt, so daß nach dem Einstampfen und wieder erfolgten Abheben des Oberkastens, zwar die ganze Form zum Vorschein kommt, aber der eine Theil derselben sich im Unterkasten, und der zweite Theil im Oberkasten befindet. Aus jedem Kasten wird das Modell besonders ausgehoben, im Oberkasten zugleich für den Einguß und für die Luftlöcher (bei großen Sachen) gesorgt, beide Kasten werden zusammengesetzt, und die Form ist zum Abgießen fertig.

§. 800.

Der wichtigste Gegenstand bei der Kastenförmerei ist eigentlich die richtige Eintheilung des Modells. Nach den Theilungsflächen, welche dasselbe erhalten muß, richtet sich auch die Höhe und die Beschaffenheit der Formkasten. Ein geschickter Modelltischler kann dem Förmer daher sehr zu Hülfe kommen. Bei Gegenständen, welche in mehr als in zwei Kasten geformt werden müssen, wendet man noch Mittelkasten an, welche jederzeit eine genau vorgeschriebene Höhe haben müssen, die sich nach der Größe des Theils der Form richtet, welcher im Mittelkasten eingeformt werden muß. Zuweilen sind die Modelle zu den abzugießenden Gegenständen von der Art, daß der Mittelkasten nicht getheilt seyn darf, weil das eingestampfte Modell nach dem Abheben des Mittelkastens vom Unterkasten, auf dem letztern stehen bleibt, ohne die Sandform im Mittelkasten zu verletzen. Zuweilen würde sich aber der Mittelkasten nicht in die Höhe heben lassen, ohne die Form zu beschädigen, weil das Modell nicht verjüngt, sondern bauchig oder mit Verzierungen an den Seiten versehen ist u. s. f. Alsdann ist der Mittelkasten aus zwei Hälften zusammengesetzt, welche seitwärts abgezogen werden können u. s. f.

§. 801.

Wenn ein Mittelkasten angewendet werden muß, wird immer der Theil des Modells, welcher für den Mittelkasten bestimmt ist, zuerst eingestampft, alsdann der Mittelkasten so umgekehrt, daß die untere Fläche oben zu stehen kommt, worauf der Unterkasten angesetzt und vollgestampft, und demnächst der Unterkasten und der Mittelkasten umgekehrt werden, damit der Oberkasten aufgesetzt und vollgestampft werden kann. Ist das ganze Modell auf diese Art eingestampft, so wird zuerst der

Oberkasten abgehoben, der in demselben befindliche Theil des Modells herausgenommen, die Form geputzt u. s. f.; dann schreitet mun zum Ausheben des Modells aus dem Mittelkasten, und läßt den Unterkasten stehen, weil der in demselben etwa noch befindliche Theil der Form von oben muß abgehoben werden können. Alsdann wird der Mittelkasten wieder auf den Unterkasten, und der Oberkasten auf den Mittelkasten gesetzt, und wenn alle Fugen der Kasten aufs sorgfältigste mit Sand verschmiert sind, auch der Oberkasten nöthigenfalls mit Gewichten beschwert ist, kann zum Abguß geschritten werden.

Soll das flüssige Eisen nicht von oben in die Form laufen, sondern wünscht man, daß es in der Form in die Höhe steigt, so muß schon beim Einstampfen des Mittelkastens zugleich für den Einguß gesorgt, und das Modell oder die Form im Unterkasten mit der Eingußöffnung in Verbindung gesetzt werden. Man läßt das Eisen in den Formen solcher Gegenstände, bei denen man fürchtet, daß das beim Gießen mit einiger Geschwindigkeit einströmende Eisen ein Auswaschen derselben veranlassen könnte, vorzugsweise von unten in die Höhe steigen und die Formen ausfüllen.

§. 802.

Alle hohlen Sachen, welche in Sand geformt werden, müssen beim Einformen so behandelt werden, daß der Sandkern, welcher die Höhlung bildet, eine feste Unterlage auf dem Unterkasten erhält. Es lassen sich also nur solche hohle Sachen in Sand gießen, welche im Vergleich zur Grundfläche des auf dem Unterkasten stehenden Sandkerns nicht zugleich so hoch sind, daß der Sandkern durch sein eigenes Gewicht zusammenfallen würde. Kessel, Ofentöpfe, Tiegel, Vasen und ähnliche Sachen sind daher ein Gegenstand des Sandgusses. Röhren könnten es nur dann seyn, wenn sie kurze Cylinder oder Kegel bilden, so daß der Sandkern noch eine senkrechte Stellung auf dem Unterkasten behalten kann. Weil die Röhren aber im Verhältniß zu ihrem Durchmesser immer sehr lang sind, so muß man sie liegend einformen, und den Kern, aus einer festen und zusammenhängenden Masse bestehend, hineinlegen. Zu den großen Kesseln pflegt man die Formen mehrentheils aus Lehm zu bilden, weil die Anfertigung eines metallenen Modells kostbar ist. Hat eine Fabrik aber einen starken Absatz von einer bestimmten Größe von Kesseln, so werden die Kosten des metallenen Modelles durch die viel geringeren Kosten des Sandgusses als des Lehmgusses leicht übertragen. Zu solchen sehr großen Kesseln pflegt man nur einen einzigen Kasten anzuwenden, indem man das (auf dem Boden des Kessels mit einer geräumigen Oeffnung oder einem Stampfloch versehene) Modell umgekehrt (also mit der oberen Weitung des fertigen Kessels) auf eine zubereitete Lehmsohle setzt, es durch das Stampfloch mit Sand anfüllt oder den Kern bildet, nach beendigtem Einstampfen den Kasten über den das metallene Modell hängt, ihn vollstampft, dann nebst dem eingestampften Sande, der die äußere Gestalt der Form bildet, wieder vom Modell abhebt, das Modell vom Kern abzieht, (wozu das Stampfloch ebenfalls behülflich ist), den voll gestampften Oberkasten über den Kern hängt und herunterläßt, und dann zum Abguß schreitet.

§. 803.

Beim Formen und Gießen von großen, mit Ohren oder mit Handhaben versehenen Kesseln, mittelst eines metallenen Modelles, in Sand, würde man auf folgende Weise zu verfahren haben.

Man stellt einen niedrigen Unterkasten, dessen Größe dem Durchmesser des oberen Randes des Kessels entspricht, auf eine festgestampfte Erdsohle, füllt ihn mit Formsand an, welcher fest eingestampft und mit einem Richtscheit dem oberen Kastenrande gleich gestrichen wird. Alsdann wird das von Metall oder von Gußeisen angefertigte, oben (nämlich in dem nach oben gekehrten Boden des Kessels) mit einem Loch versehene Modell auf den zubereiteten Unterkasten gestellt und der durch das Modell begränzte innere Raum mit Formsand ausgefüllt, nachdem mehre Eisenstäbe zur Befestigung des Kerns in verschiedenen Höhen eingelegt worden sind. Man stampft den Sand fest, stellt in der Mitte des durch denselben gebildeten Kerns ein rundes, zwei bis drei Zoll im Durchmesser starkes Holz, um der Feuchtigkeit aus dem unteren Kasten durch den Kern beim Guß einen Abzug zu verschaffen, und umstampft dieses Holz — welches etwa 2 bis 3 Zoll niedriger ist als der höchste Punkt des nach oben gekehrten Bodens — mit Sand. Ist der innere Theil des Kesselmodelles ebenfalls bis zu dieser Höhe voll gestampft, so wird das runde Holz aus der Mitte des Kerns herausgezogen, die dadurch gebildete Oeffnung mit einer eisernen Platte, oder mit einem dünnen Dachziegel bedeckt und nun der obere, den Boden des Kessels bildende Theil vollends mit Sand angefüllt und festgestampft. Ist auf diese Weise der innere Theil, oder der Kern des Kessels geformt, so wird auf dem Unterkasten, rund um den Rand des Modelles, der Sand mit einem Streichblech gleich und fest gestrichen, und die Oberfläche mit trockenem Sande bestreut, um das demnächstige Ablösen des Formsandes aus dem oberen Kasten dadurch zu bewirken. Hierauf stellt man den zweiten, oder den eigentlichen Formkasten auf den flachen Unterkasten. Wenn er von Gußeisen ist, so müssen die in demselben befindlichen Löcher in den aufstehenden Stiften des Unterkastens genau passen; ist er von Holz, so müssen die an demselben angebrachten hölzernen Leitungen ebenfalls genau mit den aufstehenden Zungen des Unterkastens korrespondiren. Das Aufstellen des Oberkastens geschieht vermittelst einer Winde oder eines Krahns, damit man ihn langsam und vorsichtig herablassen kann, ohne an dem über dem Unterkasten stehenden Modell anzustoßen. Hat der Oberkasten seine richtige Stellung erhalten, so wird der äußere Theil der Form in diesem Kasten, rund um das Modell, durch fest zu stampfenden Sand gebildet, nachdem an den gehörig bezeichneten Stellen die Ohren oder Handgriffe für den zu gießenden Kessel angesetzt und festgedämmt worden sind. Mit dem Einfüllen des Formsandes in den Oberkasten und mit dem Feststampfen desselben fährt man so lange fort, bis er ganz voll ist.

Auf diesen Oberkasten oder zweiten Formkasten pflegt man zuweilen noch einen dritten zu stellen, welcher den obern Theil des Bodens bildet. Bei großen Kesseln wenigstens ist es rathsamer, einen dritten Kasten anzuwenden, damit der zweite etwas weniger Formsand aufnimmt, und dadurch etwas leichter wird. Auch kann man durch Anwendung eines dritten Kastens bei dem Wiederzusammensetzen der Form eher bemerken, ob die Eisenstärke überall ganz gleich und die Form beim Zusammensetzen der Kasten nicht beschädigt worden ist. In die Stifte des zweiten, oder in die hervorstehenden Zungen des ersten Kastens kann dieser dritte Kasten wieder eingepaßt werden, nachdem man zum Ablösen der Flächen, wie gewöhnlich, trocknen Streusand angewendet hat. Nach Anbringung der Eingüsse und des Luftloches wird auch dieser dritte Kasten mit Sand angefüllt und ausgestampft. Nachdem auch die Hölzer, welche die Eingüsse bilden sollen, gehörig angebracht, verdämmt und dann wieder ausgezogen worden sind, wird der dritte, oder der Oberkasten zuerst abgehoben, inwendig ausgeputzt, mit Kohlenstaub angestäubt, dieser mit dem Streichbrett geglättet und der nun fertige Kastentheil vorläufig bei Seite gestellt. Dann pflegt man das obere schon etwas frei gewordene Modell mit einem eisernen Hammer ein wenig zu beklopfen, damit es sich besser von dem Sande ablößt. Ist das geschehen, so hebt man den zweiten Kastentheil mit dem eingeformten Sande von dem Modell ab, nimmt von innen die mit abgehobenen hölzernen Ohrenmodelle aus der äußeren Form heraus, putzt den abgefallenen Sand wieder an, bestäubt das Ganze inwendig mit Kohlenstaub, streicht denselben mit dem Streichbrett wieder glatt und fest, setzt den Kasten behutsam bei Seite und hebt dann, vermittelst eines Krahnes, durch in das Stampfloch eingeschobene geschmiedete Griffe, oder durch ein, durch das Loch des Modelles eingeschobenes Stück Eisen oder Holz, das Modell von dem inneren Theil, oder von dem Sandkern vorsichtig ab. Das Abputzen der Form, so wie das Bestauben mit Kohlenstaub und das Andrücken und Glätten desselben wird eben so, wie bei den bereits fertigen äußeren Theilen der Formen vorgenommen. Nachdem Staub und Sand vorsichtig abgeblasen worden sind, wird der zweite Kastentheil wieder auf den unteren oder ersten Theil, und der dritte, wenn solcher vorhanden, auf den zweiten gebracht, so daß die Form nun zum Gießen fertig ist, und nur noch, um das Heben des Formsandes beim Einströmen des flüssigen Eisens zu verhindern, mit Gewichten beschwert wird.

Der Guß geschieht entweder durch mehre Pfannen, oder man läßt das flüssige Eisen in Rinnen von Sand unmittelbar aus dem Abstich durch die Eingüsse in die Form laufen, nachdem man vorher, rund um die zusammengesetzte Form noch Sand geschüttet hat. Nach dem Guß werden die Formkastentheile wieder abgehoben und der gegossene Kessel wird dann herausgenommen.

§. 804.

Das Eisen schreckt sich zwar im feuchten Sande immer mehr oder weniger ab, je nachdem die Eisenstärke größer oder geringer, und es selbst mehr oder weniger hitzig geblasen ist, und deshalb können nicht alle Gegenstände füglich in Sand gegossen werden. Wo das Abschrecken des Eisens durch das Gießen in Sand aber nicht nothwendig berücksichtigt werden darf, ist der Sandguß, der Wohlfeilheit wegen, dem Massen- und Lehmguß vorzuziehen.

§. 805.

Auch bei der Kastengießerei kommen zuweilen Fälle vor, daß die im Sand gebildeten hohlen Formen eingesetzte Kerne aus gebrannter Masse oder aus Lehm erhalten, weil die Sandkerne nicht aushalten würden. Bei dem Gießen hohler Munition werden ebenfalls zuweilen noch Lehmkerne angewendet. Diese müssen genau über eine Spindel abgedreht, dann gebrannt und in die hohlen Kugelformen von Sand vermittelst der eisernen Spindel, auf welcher sie abgedreht sind, hineingehängt werden. Der Oberkasten ist mit Bügeln versehen, in welche die aus dem Mundloch der hohlen Munition hervorstehenden Spindeln genau hineinpassen, und mit Splinten befestigt werden, so daß die Kerne ganz frei in der Form hängen.

Bei einer Gießerei, welche stark mit Munitionsguß beschäftigt ist, sind die Trockenanstalten für die aus Lehm angefertigten Kerne zur hohlen Munition ein Gegenstand von Wichtigkeit (§ 762). Die Kerne müssen, damit sie nicht aufspringen, erst nach und nach in starke Hitze kommen, weshalb man sie erst einige Zeit in die Trockenkammern bringt und dann in einem möglichst eingeschlossenen und von allen Seiten bestens benutzten Holzkohlenfeuer brennt. Der magere Lehm zu den Kernen wird noch mit vielem gehackten Stroh gemengt. Die Spindeln, über welche die Kerne abgedreht werden, sind von gegossenem Eisen, und haben längs der einen Seite eine Rinne, um den beim Gießen aus dem Kern sich etwa noch entwickelnden Feuchtigkeiten Gelegenheit zu geben, zu entweichen.

Das Trocknen und Brennen der Lehmkerne ist nicht allein kostbar, sondern der Kern läßt sich auch, wegen des ungleichen Schwindens des Lehms beim Brennen, nie mit großer Genauigkeit anfertigen. Deshalb hat man in neueren Zeiten angefangen, die Kerne aus Sand zu bilden, welche in sehr genau ausgedrehten messingenen Kernkasten oder Kernbüchsen angefertigt werden. Man erspart dadurch an Brennmaterial zum Brennen der Kerne, so wie an Arbeitslohn, und kann die Kerne mit größerer Genauigkeit anfertigen. Aber nicht allein die Kerne für hohle Munition, sondern auch die Kerne für

Röhren und für andere hohle Gußwaaren, welche früher immer aus Lehm angefertigt wurden, stellt man jetzt vorzugsweise aus Sand dar, der gut bindet, wodurch man wohlfeilere, genauere und schönere Güsse erhält.

Für die Sandkerne, — besonders für die Kerne zu der hohlen Munition, — ist eine gute Schwärze ein wesentliches Erforderniß, damit sich der Sand vom Eisen leicht ablößt und die innere Höhlung des Geschosses oder des Gußstücks ganz rein und glatt wird. Folgende Schwärze:

½ Loth Kiehnruß,

4 Loth Graphit,

24 Loth Holzkohlenstaub,

12 Loth weißer Thon,

128 Kubikzoll oder 2 preuß. Quart Mistlauge, durch Kochen und Auspressen aus Pferdedünger gewonnen, entspricht den Ansprüchen, welche man an einer guten Schwärze machen kann, sehr vollständig, indem bei deren Anwendung der Sand vom Eisen sich so vollkommen lößt, daß die inneren Flächen des Gußstückes eben so rein werden wie die äußeren.

§. 806.

Da die Anfertigung der hohlen Munition zu den häufig vorkommenden Gegenständen für die Förmerei gehört, so mag hier eine kurze Uebersicht des älteren und neueren Verfahrens folgen.

Das frühere Verfahren bei der Anfertigung der hohlen Munition, welches auch jetzt noch auf mehren Hüttenwerken angewendet wird, besteht in dem Gebrauch der Lehmkerne, welche über gegossene eiserne Spindeln angefertigt werden. Die gußeiserne Spindel Taf. XXVI. Fig. 14. erhält bei a einen Absatz oder einen so genannten Bund, durch welchen die Luftfuge b ungehindert hindurchgeführt ist. Soll die Spindel zu einer schweren Munitionssorte angewendet werden, so muß sie auch noch mit einem Schlitz c am unteren Ende versehen seyn. Der

Zapfen d dient zum Drehen der Spindel auf der Lehmbank. Diese Drehbank Fig. 12. 13. hat durchaus die Einrichtung der Lehmdrehbank, deren sich die Lehmförmer bedienen, auch hat sie denselben Zweck zu erfüllen, indem sie zur Anfertigung der Kerne nach einer Chablone a angewendet wird. In dieser Lehmbank wird die Spindel an dem einen Ende mittelst eines Ueberwurfs b zunächst dem Bunde, und an dem anderen Ende mittelst einer Schraube c eingespannt und festgehalten. Zuerst wird etwas dünn gewundenes Stroh über den Theil der Spindel gehüllt, an welchem demnächst der Lehmkern angesetzt und abgedreht wird. Die Strohumhüllung erhält eine Bekleidung von Lehm und zugleich wird in die Luftfuge ein Draht bis zu der Strohumhüllung gesteckt. Bei der ersten Bearbeitung auf der Drehbank erhält der Kern die Gestalt von Fig. 15. Sodann wird er getrocknet, zum zweiten mal auf die Drehbank gebracht und erhält nun mittelst der Chablone eine vollkommen runde Gestalt nach der vorgeschriebenen Dimension. Zugleich wird aber auch der Kern für die Mündung Fig. 13. bei a mit angedreht. Dann ist der Kern auf der Drehbank fertig, weshalb er abermals abgehoben und die von der Schraubenspitze zurückgebliebene Vertiefung am Boden, mit der Hand mit Lehm verstrichen, auch der Luftdrath herausgezogen wird. Der fertige Kern hat nun die Gestalt von Fig. 16. und wird zum Trocknen in einem Trockenraum aufgestellt. Die beim Trocknen entstehenden Sprünge und Risse in den Kernlehm müssen mit dünnem Schlichtlehm verstrichen und geebnet werden. Wenn eine Anzahl Kerne auf solche Art vorbereitet worden ist, bringt man sie zum Brennen in eine dazu geeignete Vorrichtung (Fig. 8. 9. §. 762.). Die ältere Vorrichtung besteht aus einer mit Löchern versehenen eisernen Platte Fig. 17., in welche die Kerne in der auf der Zeichnung angegebenen Art hineingesteckt werden, worauf man sie mit Holzkohlen überschüttet und das Brennen so lange fortsetzt, bis das im Inneren befindliche Stroh ganz ausgebrannt ist und der Kern jetzt einen hohlen Körper bildet. Bei den größeren Kernen, zu den Bomben, wird die Spindel mit der Oeffnung oder mit dem Schlitz c (Fig. 14.) versehen, durch welchen ein Splint von Eisenblech geschoben wird und welches bis nach erfolgtem Abguß der Bombe darin verbleibt. Dieser Splint soll dem Kern eine größere Haltbarkeit ertheilen. Wenn die Kerne gebrannt sind, werden sie, vor dem Erkalten, in eine Schwärze (aus Waitzenmehl und feinem Kohlenstaub mit Wasser angerührt) schnell eingetaucht und eben so schnell wieder herausgezogen und dann ist der Kern fertig und zum Guß vorbereitet. Die Modelle, nach welchen die Formen zu der hohlen Munition angefertigt werden, sind aus Messing gegossen und genau und sauber nach dem Kaliber abgedreht. Sie bestehen aus zwei Halbkugeln, die genau an einander passen. Die obere Hälfte dieses Modelles, welches die Fig. 18. darstellt, ist mit einer Marke für die Kernspiegel versehen. Hohle Munition, die so schwer ist, daß sie mit Hebevorrichtungen gehandhabt werden muß (von den 10pfündigen Haubitzen an gerechnet), erhält Henkel oder Oesen, in welche die Haken zum Heben des Geschosses eingreifen können. In diesen Henkeln (Schaaken) müssen die Marken ebenfalls an dem Modell angebracht seyn. Kurz vor dem Guß werden die geschmiedeten eisernen Schaaken, mittelst einer feinen Spitze (die sich nach dem Guß leicht wegbrechen läßt) in der Sandform an den beiden, durch die Marken bezeichneten Stellen eingesetzt, wie aus der Zeichnung Fig. 20. hervorgeht, auf welcher a den Lehmkern, b die Form oder die durch das Messingmodell gebildete Metallstärke, die mit dem flüssigen Eisen ausgefüllt werden soll, c die Schaake und d den die Form begränzenden Sand vorstellt. Um die Oeffnung m zwischen d und b, nach dem erfolgten Guß, zu bilden, wendet man einen Kern von gebranntem Lehm an, welcher durch die Schaake festgehalten wird und derselben auch zugleich als Unterlage dient. — Die untere Hälfte des Modelles, Fig. 19., ist eine hohle Halbkugel mit einem eingedrehten Rande, mit welcher der Falz der oberen Hälfte genau correspondirt. Beide Halbkugeln sind inwendig mit Griffen zum Herausheben versehen. Für die leichteren Hohlgeschosse erhalten die Formkasten die Größe, daß mehre Modelle mit einem mal (bei 3pfündigen Granaten gewöhnlich 6 Stück; bei 7 und 10pfünd. Haubitzen in der Regel 2 Stück) eingeformt werden können; von größeren Hohlgeschossen wird nur 1 Stück in einem Formkasten eingeformt. Die Formkasten sind von Gußeisen. Der obere Formkasten Fig. 21. 22. ist mit einem Quereisen mit runder Oeffnung versehen. Die obere Hälfte des Modelles wird zuerst eingeformt, die mit demselben verbundene Spindelmarke steckt während des Einstampfens des Modelles in dem Quereisen, so daß sich das Modell nicht verschieben kann. Sobald die eingestampfte Hälfte mittelst zweier Formbretter (§. 798.) umgekehrt worden ist, wird die zweite Hälfte des Modelles auf die eingestampfte erste Hälfte gesetzt, die zweite Hälfte des Formkastens mit der ersten, mittelst der dazu bestimmten Charniere, verbunden und auf die eingestampfte erste Hälfte geklappt, worauf zum Einstampfen dieser zweiten Hälfte geschritten wird, nachdem die obere Fläche der Form in dem schon vollgestampften Kasten vorher mit Streusand bestreut worden ist. Nachdem auch der zweite Kasten eingestampft worden, werden beide Formkasten mit den darin befindlichen Modellen wieder umgewendet und ein spitzer eiserner Stift zwischen dem Spindelwerke und dem Quereisen mit leisen Hammerschlägen eingetrieben. Dann wird sogleich der Oberkasten in der Art geöffnet, daß beide, der obere und der untere Kasten, die Stellung erhalten wie die Zeichnung Fig. 23. angiebt. Der eiserne Stift, welcher das obere Modell festgehalten hatte, wird herausgenommen und die Modelle werden aus der Form gehoben. Nachdem so viel Formkasten als man zu einem Guß bestimmt, eingeformt worden sind, werden die Kerne in die

Form des oberen Kastens mit ihrer Spindel, bis an den Bund oder Absatz a, Fig. 16., derselben eingeschoben und von außen mit einem spitzen Stift befestigt, der mit leisen Hammerschlägen zwischen der Spindel und dem Quereisen eingetrieben wird. Bei größeren Hohlgeschossen, deren Kerne schwerer sind, wird ein Splint durch den oberhalb dem Bund befindlichen Theil der Luftspalte geschoben, um den Kern zu tragen. Das Zuklappen des oberen Kastens muß mit einiger Vorsicht geschehen und eine Erschütterung dabei vermieden werden, weil der lockere Kern leicht von der Spindel abfallen könnte. Der Einguß wird in dem oberen Kasten angebracht und durch einen Einschnitt in dem Sande des Unterkastens mit der Form in Verbindung gesetzt. Während des Gießens wird die aus dem Kern sich entwickelnde Luft, oberhalb der Spindel, mit einem brennenden Spahn angezündet. Ist der Guß hinreichend erhärtet, so werden die Spindeln herausgezogen und das Geschoß wird zum Putzen und Herauskratzen des Kerns abgeliefert.

Bei dem neueren Verfahren, die hohle Munition über Sandkerne zu gießen, ist die Art des Einformens und Gießens genau so wie bei dem älteren Verfahren, und beide Verfahrungsarten unterscheiden sich nur durch die Art der Anfertigung und Behandlung des Kerns. — Zur Anfertigung der Sandkerne werden hohle geschmiedete Kernspindeln Fig. 24. angewendet; die Luftlöcher befinden sich an dem Ende (unter dem Bunde oder dem Absatz), welcher zur Aufnahme des Kerns dient. Der Bund oder der Absatz bezeichnet hier, wie auch bei den Kernspindeln nach der älteren Methode, die Gränze für den Kern zur Mundöffnung der Hohlgeschosse, wie b aus der Zeichnung Fig. 16. deutlich zeigt. Der Kernkasten (die Kernpresse), in welchem der Sandkern eingestampft wird, besteht aus einem Modell aus Messing, welches genau ausgedreht und aus zwei Hälften zusammengesetzt ist, Fig. 25 a, und aus einem zweiten, ebenfalls aus zwei Hälften bestehenden Messingmodell, Fig. 25 b, zur Bildung der Mundöffnung. Dies Modell b wird in die untere Oeffnung des Kernkastens eingeschoben; die obere Oeffnung des Kernkastens dient nur zum Einstampfen des Kerns. Diese vier zusammengestellten Theile des Kernkastens werden bei dem Anfertigen des Kerns auf einen eisernen Ständer gestellt, Fig. 26 a, nachdem zuvor die an der Kernstelle mit Bindfaden umwickelte Spindel eingeschoben und die beiden oberen Hälften des Kernkastens mit zwei an jeder Seite angebrachten Haken verbunden sind. Die zum Einstampfen des Kerns fertige Vorrichtung erhält dadurch das äußere Ansehen wie in der Zeichnung Fig. 27. Der Formsand muß eine etwas größere bindende Eigenschaft besitzen als der Sand, welcher gewöhnlich zur Kastenförmerei angewendet wird. Man bringt zuerst nur wenig Sand durch die obere Oeffnung des Kernkastens, drückt ihn aber fest um die Mündung der Spindel und füllt den Kernkasten auf solche Weise nach und nach bis zur Füllöffnung an. Damit der Sand an der Spindel besser hafte, wird diese, nebst dem umgewickelten Bindfaden, bis an den Bund durch dünnes Lehmwasser gezogen. Bei dem Auseinandernehmen des Kernkastens werden zuerst die Haken gelüftet und die beiden Hälften des Kastens auseinander genommen, sodann der Kern nebst den Mundöffnungstheilen von dem eisernen Ständer abgehoben und die Mündungstheile sorgfältig abgezogen. Die Stelle des Kerns an der Einstampföffnung wird mit einem glatten Streichblech geebnet und der Kern zum Trocknen an der Luft aufgestellt. Sodann überzieht man den Kern mittelst eines weichen Pinsels mit Schwärze und hängt ihn, eben so wie vorhin beschrieben worden, in die Form. Von den Vorzügen der Sandkerne vor den Lehmkernen ist schon vorhin die Rede gewesen.

§. 807.

Eine Formmasse, die zur Anfertigung von Sandkernen sehr empfohlen zu werden verdient, ist der mit einer Auflösung von Kochsalz in Wasser angefeuchtete Formsand. Der ganz magere Sand bildet mit der wässerigen Kochsalzauflösung, beim Trocknen in einer Temperatur, welche die Wassersiedhitze übersteigt, eine völlig harte Masse, welche die Feuchtigkeit nicht mit der Hartnäckigkeit zurückhält, als der fette Sand oder der Lehm, und welche mit den letzten beiden Massen die Eigenschaft theilt, keine so zerbrechliche Formen, wie die gewöhnlichen Formen aus magerem Sand, zu bilden. Beide Eigenschaften machen diese Masse zur Anwendung beim Formen vorzüglich geschickt, indem die Massenförmerei, wegen der großen Hitze, welche die Formen zum Austrocknen erfordern, kostbar wird. Auch bei dem Guß der hohlen Munition würde man sich dieser Masse ohne Zweifel zu den Kernen bedienen können, welche in den besonderen Kernkasten, schnell angefertigt, keine große Hitze zum Trocknen erfordern.

Massenförmerei.

§. 808.

Die Förmerei in Masse weicht von der im Sande durchaus nicht ab, sondern sie ist von der Kastenförmerei im mageren Sande nur durch die Zubereitung der Formmasse und durch die Behandlung der Formen verschieden. Masse nennt man überhaupt jeden fetten Sand, der mehrentheils künstlich aus fettem und magerem Sande zusammengesetzt wird. Die Massenförmerei ist also eigentlich als eine Kastenförmerei in fettem Sande, oder als eine Lehmförmerei mit Modellen in Kasten anzusehen. Man wird genöthigt, sich der Masse statt des mageren Sandes dann zu bedienen, wenn das Eisen möglichst weich bleiben, und sich gegen die kalte Sandform nicht abschrecken soll, wenn die Formen im mageren Sande nicht stehen würden, und wenn man bei schweren Körpern ein Auswaschen der Form befürchten muß. Je schwerer daher die abzugießenden Sachen sind, oder einen je stärkeren Druck das flüssige

Eisen gegen die Formwände ausüben würde, desto fetter muß die Masse seyn, um beim Trocknen oder Darren recht hart und fest zu werden. Bei weniger schweren Gegenständen und bei niedrigen Formen, in denen das Eisen keinen starken Druck ausübt, kann die Masse weniger fett seyn, und man giebt dann der weniger fetten Masse deshalb den Vorzug, weil sie keine so starke Hitze als die fettere Masse zum Austrocknen erfordert. Wo gut eingerichtete Trockenöfen vorhanden sind, und wo die Formen wegen der Beschaffenheit des anzufertigenden Gußstücks schon bei geringerer Hitze vollkommen ausgebrannt werden, nimmt man statt einer künstlichen Masse auch wohl geradezu Lehm, der mit so viel Sand vermengt wird, daß er beim Trocknen möglichst wenig schwindet und aufreißt. Die Massenförmerei ist also eigentlich als eine durch die Anwendung von Kasten und von Modellen vereinfachte Lehmförmerei zu betrachten.

§. 809.

Aus der Behandlung der Formen, welche aus Masse gebildet werden, geht schon hervor, daß dabei nur eiserne Formkasten angewendet werden können. Man giebt diesen Formkasten eine etwas größere Eisenstärke, als den eisernen Formkasten zum Sandguß, und versieht sie auch mit allerlei Handhaben, um sie bequem anfassen und mit den Händen oder mit Krahnen, theils beim Einformen, theils beim Transportiren nach und aus der Darrkammer leichter handhaben zu können. Gewöhnlich sind die Platten mit Löchern versehen, damit die Masse in den Darrkammern besser austrocknet, und die Feuchtigkeit durch die Platten nicht zurückgehalten wird.

§. 810.

Die Masse muß vor dem Gebrauch gebrannt und gesiebt werden, worauf sie gestampft, abermals gesiebt, und bei der Anwendung so schwach angefeuchtet wird, daß sie nur so eben zusammenballt. Das Einstampfen geschieht mit schweren eisernen

Stößern; indeß muß die Fläche (wie bei der Sandförmerei) beim Eintragen neuer Formmasse immer wieder aufgeritzt werden, damit sich die neue Masse mit der schon eingestampften verbindet.

§. 811.

Weil man vorzüglich alle die Gegenstände, welche viele Kerne erhalten müssen, in Masse einzuformen pflegt, indem die aus magerem Sand angefertigten Formen keine hinreichende Haltbarkeit besitzen, sondern beim Einsetzen der Kerne leicht zusammenfallen würden, so müssen die Modelle auch besonders darauf eingerichtet seyn, die Stellen, an welchen die Kerne eingesetzt werden sollen, genau anzudeuten. Das Modell muß daher an solchen Stellen mit sogenannten Kernmarken versehen seyn, welche die Stellen zum Einsetzen der Kerne bezeichnen.

§ 812.

Eiserne Geschütze gießt man jetzt bloß in Kasten oder in Kapseln nach einem vorhandenen Modell, welches um so viel stärker im Kaliber seyn muß, als das Schwindmaaß des Eisens und als die Eisenstärke beträgt, welche man abdrehen zu müssen glaubt, um den Geschützen ein schöneres Ansehen zu geben. Auch die Länge des Geschützes wird um so viel vergrößert, als das Roheisen beim Erkalten zu schwinden pflegt. Die Anzahl der über einander stehenden Kasten beim Geschützguß richtet sich nach der Gestalt und Größe des Geschützes. Der Kasten, in welchem der Theil des Geschützes eingestampft wird, an welchem sich die Schildzapfen befinden, hat für die Schildzapfen besondere Seitenkasten. Das Modell, welches von Holz oder von Metall seyn kann, ist zwar nur nach der Richtung der Höhe, und nicht, wie es bei Röhren und bei anderen Sachen, welche liegend gegossen werden, der Fall ist, nach der Richtung der Länge getheilt; auch werden die einzelnen Theile des Modells nach der Richtung der Höhe herausgezogen, weshalb es also keiner getheilten Kasten oder Kapseln für die einzelnen Stücken bedürfte; allein man setzt die einzelnen Formkapseln deshalb aus zwei Hälften zusammen, weil sie sich nach beendigtem Guß leichter losschlagen lassen und besser auseinander genommen werden können, als wenn sie von dem Gußstück abgezogen werden müßten, welches bei der fest anhängenden Masse nur mit großer Mühe würde geschehen können. Ein anderer, nicht minder wichtiger Grund, weshalb man jeden Kasten aus zwei Hälften zusammensetzt, besteht darin, daß sich die Form in der Darrkammer leichter und vollkommner trocknen läßt, als wenn die Kasten nicht getheilt wären. Das Einformen der Geschütze selbst ist nicht schwieriger als die Anfertigung der Massenformen von anderen Gegenständen. Wenn aber lange und schwere Geschütze gegossen werden, so veranlaßt das von einer bedeutenden Höhe in die Form hinabfallende flüssige Eisen einen starken Druck (§. 766.). Man läßt nämlich den Eisenstrom beim Geschützguß unmittelbar von oben in die Form laufen und wendet nicht communicirende Röhren an; läßt also nicht das flüssige Eisen, durch ein besonderes Einfallrohr, von unten in die Form treten und in derselben in die Höhe steigen, weil die Eisenmasse in dem oberen Theil des Geschützes nicht hinreichende Dichtigkeit erhalten würde. Wegen dieses starken Druckes beim Hinabfallen des Eisenstroms muß die Masse in den unteren Kapseln, bis über die Höhe der Schildzapfen, sehr fest und fester wie in den oberen Kapseln eingestampft werden. Ungeachtet dieser Vorsicht und aller Mittel die man anwendet, um die Geschwindigkeit des niederfallenden Eisenstroms zu vermindern, dringt das flüssige Eisen doch oft noch einige Zolle tief in die Poren der Masse ein und bildet zuweilen Schwammartige Ansätze an dem Bodenstück des Geschützes. Beim Einformen wird jeder Theil des Modelles in dem für denselben bestimmten Formkasten in gewöhnlicher Art eingestampft, die Modelle werden aus jeden einzelnen Kasten demnächst herausgezogen, die Formen geputzt, sodann wird jeder einzelne Kasten in seine beiden Hälften auseinandergenommen und so getheilt in die Darrkammer gebracht, vollständig getrocknet, nach dem Trocknen geschlichtet, dann wieder getrocknet, die Kasten einzeln nach der Dammgrube gebracht, wo zuerst jeder einzelne Kasten aus seinen beiden Hälften zusammengestellt, dann die Kasten in der Folgeordnung auf einander gepaßt und die nun fertige Form in der Dammgrube zum Abguß senkrecht aufgestellt wird. Das flüssige Eisen wird durch eine mit Lehm überzogene Rinne von Gußeisen bis mitten über die Form geleitet, damit es so wenig als möglich gegen die Wände schlägt. Bei dem Einleiten des flüssigen Eisens in die Form ist es besonders schwierig, die Schildzapfen rein im Guß zu erhalten, weil alle Unreinigkeiten aus der Form und vom Eisen (Oxydhäute, Graphit, Schlacke, Kohle) beim Aufsteigen des flüssigen Eisens, sobald dasselbe das Niveau der Oeffnungen für die Schildzapfen erreicht hat, durch den Eisenstrom in diese Oeffnungen hinein getrieben werden, sich dort an die Formwände anlegen und zum Mißrathen des ganzen Gußes Veranlassung geben können. Das einfache Mittel, welches man anzuwenden hat, um einen Schildzapfen zu erhalten, besteht darin, daß man in jedem der beiden Formräume für die Schildzapfen ein loses und angefeuchtetes Büschel Heu so tief hineinsteckt, daß es vom Eisen nicht früher berührt wird, als bis dasselbe in die Schildzapfenräume hineintritt. Dann entsteht durch das angefeuchtete Heu ein starkes Aufwellen des Eisens, wodurch alle Unreinigkeiten aus den Schildzapfenräumen nach der Mitte der Form getrieben werden, so daß während der Zeit das in jene Räume einströmende Eisen rein darin zurückbleibt. — Die Zeichnungen Taf. XXVI. Fig. 10. 11. stellen einen zum Guß vorbereiteten und zusammengesetzten Satz von eisernen Kasten mit einer Massenform für eine 12pfündige Kanone dar.

§. 813.

Um die eingestampfte Masse in einem Kasten von derjenigen in einem anderen Kasten abzulösen, bedient man sich bei der Massenförmerei, so wie bei der Sandförmerei, des trocknen Streusandes (§. 797.). Die inneren Flächen der eisernen Kasten bestreicht man vor dem Einstampfen der Masse mit Lehmwasser, weil die Masse dadurch besser festgehalten wird.

Das starke Austrocknen der Formen ist zum Gerathen des Gusses wesentlich nothwendig, um das Kochen des Eisens und das Angreifen der Form zu vermeiden. Masse, welche durch das flüssige Eisen zum Schmelzen gebracht würde, oder in welche sich das Eisen tief einbrennt, darf nicht angewendet werden. Durch das Trocknen und Darren springt die Masse um so mehr auf, je fetter sie ist, und je vollkommner die Austrocknung geschieht. Eine gut ausgetrocknete Masse muß beim Anklopfen mit dem Finger einen Klang geben. Die beim Trocknen entstandenen Sprünge und Risse werden theils mit neuer Masse ausgefüllt, theils aber, so wie die ganze innere gebrannte Form, geschlichtet, oder mit einer Schwärze überzogen. Diese Schwärze besteht aus Leimwasser (oder Bierhefen), Weizenmehl und aus feinem Kohlenstaub von hartem Holz, welche zusammen gekocht, und im gekochten Zustande zum Ausstreichen der Form mit einem Pinsel ganz schwach aufgetragen angewendet wird. Die Schwärze soll dazu dienen, das Anbrennen des Eisens an der Formmasse, oder das Schmelzen derselben zu verhindern, weshalb man auch einen Ueberzug aus Kohlenstaub und Knochenasche anwenden kann, welche mit dünnem Leimwasser flüssig erhalten und mit einem Pinsel auf die Form getragen werden. Eine sehr zu empfehlende Schlichte und Schwärze, welche ein leichtes und vollkommnes Ablösen der Masse von der Oberfläche des Eisens bewirkt und dabei schöne glatte Flächen hinterläßt, besteht aus:

9 preuß. Quart (576 Kubikzoll) Mistlauge,

6 Quart (384 Kubikzoll) fein pulverisirten und gesiebten Graphit (Ipser Tiegelmasse),

3 Quart (192 Kubikzoll) feinen Koaksstaub,

40 Kubikzoll weißen Thon.

Der weiße Thon wird mit Mistlauge in einem Eimer zu einem dünnen Brei gerührt; dann giebt man unter beständigem Umrühren und Zuschütten von Mistlauge den Graphit und Koaksstaub hinzu und bewirkt (mit der Hand) durch ununterbrochenes Umrühren eine so vollständige Mengung, daß das flüssige Gemenge bei dem Ablaufen von der flachen Hand einen glänzenden Schein annimmt. Nach dem Schlichten oder Schwärzen kommen die Formen in ihren Kasten noch einmal in die Darrkammer, damit die Feuchtigkeit, welche die Schlichte den Formen mitgetheilt hat, entfernt wird. Dies Trocknen geschieht indeß in einer geringeren Temperatur und in kürzerer Zeit.

§. 814.

Röhren und andere lange hohle Gegenstände erhalten einen Lehmkern, welcher entweder über einer Spindel oder (bei weiten Röhren und bei kleinen Cylindern, die einen dicken Kern erfordern) über durchlöcherte hohle Röhren angefertigt wird, und vor dem Gebrauch sehr stark ausgetrocknet werden muß. Unmittelbar über die Spindel oder über die Röhre, welche dem Lehmkern zur Grundlage dient, werden mehrentheils, vorzüglich bei weiten Röhren oder dicken Kernen, Strohseile gewunden, und auf diese erst der Lehm getragen, damit die Feuchtigkeiten besser entweichen können. Dergleichen cylindrische Kerne werden gewöhnlich abgedreht, und man bestimmt ihre Stärke, nämlich ihren Durchmesser, durch den Tasterzirkel. Alle andere Kerne müssen im Kernkasten angefertigt werden, und die vorgeschriebene Größe nach dem Trocknen und Brennen genau halten, damit sie an den durch die Marken des Modells in der Form bezeichneten Stellen mit Behutsamkeit eingesetzt werden können. Eine Schwierigkeit besteht oft darin, dem Kerne eine sichere feste Unterlage zu geben, und sie gehörig zu befestigen.

§. 815.

Medaillen, Gemmen und andere Verzierungen und kleine Luxusartikel, welche füglich in Sand gegossen werden könnten, pflegt man, in Ermangelung eines guten Formsandes, in Masse zu formen: damit sie sich feiner und schärfer ausdrücken, und damit sich das Eisen in den sehr dünnen Stücken gegen die kalte Sandform nicht zu sehr abschreckt und das unvollkommene Auslaufen und das Springen der kleinen Waaren veranlaßt. Die Modelle zu solchen kleinen Gußwaaren müssen scharf in Metall gearbeitet seyn, und werden mit der feinsten Masse so stark bestäubt, daß von dem Modell nichts mehr sichtbar ist, worauf man den Kasten mit gewöhnlicher, obgleich auch sorgfältig zubereiteter Masse vollstampft. Die erhaltenen Ausdrücke oder Formen werden sogleich angeschwärzt, wozu man sich nur bei den Eingüssen der gewöhnlichen Schwärze bedient, die Formen aber über brennenden Kiehn hält, damit sich der feine Rauch der Flamme an den Formen absetzt, worauf man die Kasten so stark austrocknet oder brennt, daß die Masse beim Anklopfen mit dem Finger rein und hell klingt, worauf man die beiden Kasten zusammensetzt, mit einer Presse zusammenschraubt und zum Abguß schreitet. Die Eingüsse müssen wo möglich noch rothwarm abgeschlagen werden. Es ist gleichgültig, ob die Medaillen u. s. f. auf beiden Seiten mit Zeichnungen versehen, oder ob sie auf der einen Seite glatt sind.

Lehmförmerei.

§ 816.

Bei den vorigen Formmethoden war der Umriß des darzustellenden Körpers durch das Modell, welches in der Formmasse abgedrückt ward, gegeben, und die Geschicklichkeit des Förmers bestand vorzüglich darin, den hohlen Raum mit der möglichsten Vollkommenheit zu bilden und die Kerne, wo es nöthig war, mit Genauigkeit einzusetzen. Die Lehmförmerei bedient sich zur Darstellung ihrer Formen keines Modells, sondern bildet sich die Formen aus freier Hand, oder vermittelst bloßer Chablonen. Bei den vorigen Formmethoden ward zuerst der ganze äußere Umriß der Form gebildet, und der erhaltene hohle Raum, wenn das Gußstück nicht massiv ausfallen sollte, durch eingesetzte Kerne so beschränkt, daß in der Form nur die vom Eisen auszufüllenden Räume übrig blieben. Die Lehmförmerei verfährt ganz entgegengesetzt, indem sie sich zuerst die ganze innere Gestalt des abzugießenden Körpers (wenn es ein hohler Körper ist) bildet, also mit der Anfertigung der Kerne den Anfang macht, und dann zur Darstellung der Form des ganzen zu gießenden Körpers in Lehm schreitet.

§. 817.

Ganz massive Gußwaaren werden jetzt nicht mehr in Lehm angefertigt. Vormals formte man die eisernen Geschütze, wie die metallenen in Lehm. Es ward zuerst das ganze Stück Geschütz mit dem verlornen Kopf, gerade so wie es nach dem Guß in Eisen oder in Metall seyn sollte, in Lehm angefertigt, und dieser Lehmkern mit einem Ueberzuge von Lehm, der sich von dem Kern nach dem Trocknen gut ablösen mußte, umgeben. Der Ueberzug bekam durch den Kern also den ganzen äußeren Umriß des darzustellenden Gußstücks; er ward behutsam in zwei oder mehre Stücken zerschnitten, vom Kern abgelößt, und dann wieder mit aller Sorgfalt ohne den Kern, der nun überflüssig geworden war, zusammengesetzt, und die einzelnen Stücke durch eiserne Stäbe und Reifen fest mit einander verbunden, und auf diese Weise eine ganz hohle Form gebildet, welche mit flüssigem Metall ausgefüllt ward. Dies Verfahren, verglichen mit der Formmethode mit einem Modell im Kasten, ist mühsam und kostbar, weil das abzugießende Geschütz bei jeder einzelnen Form wieder neu gebildet werden mußte. Der gerühmte Vorzug der in Lehm gegossenen, vor den mit einem Modell in Kasten oder Kapseln angefertigten Geschützen, findet nicht statt, wenn nur die in den Kapseln befindliche Formmasse aufs vollkommenste ausgetrocknet oder gebrannt worden ist.

Die Geschütze hohl, oder über eine sogenannte Kernstange zu gießen, wird jetzt (große Mörser ausgenommen) nicht mehr angewendet, weil die Seele der Geschütze durch den Hohlguß leidet. Das Verfahren dabei stimmt aber mit demjenigen, welches bei allen übrigen in Lehmformen anzufertigenden hohlen Gußwaaren angewendet wird, überein.

§. 818.

Die Anfertigung hohler Gußwaaren ist also jetzt nur noch allein ein Gegenstand der Lehmförmerei, und zwar in den Fällen, wenn man die Anschaffungskosten eines Modells vermeiden will, oder wenn die anzufertigenden Gußwaaren eine so beträchtliche Größe haben, daß die Formkasten nicht mehr transportabel und die Kerne so schwer ausfallen würden, daß sie die Form zerdrücken, oder sich wenigstens nicht gut aufstellen lassen würden.

Die Lehmförmerei beginnt mit der Anfertigung des Kerns; man giebt demselben die Gestalt, welche der abzugießende Körper inwendig erhalten soll. Auf diesen Kern wird eine zweite Lehmschicht aufgetragen, welcher dieselbe Dicke oder Stärke ererhält, die das Eisen nach dem Abguß bekommen soll. Die äußere Fläche dieses Aufschlages korrespondirt mit der äußeren Fläche des darzustellenden Gußstücks, weshalb sie genau dieselbe Gestalt bekommen muß, welche von dem abzugießenden Körper verlangt wird. Dieser Lehmauftrag, welcher also nicht allein den ganzen äußeren und inneren Umriß, sondern auch den körperlichen Inhalt des Gußstücks aufs vollkommenste in Lehm darstellt, wird mit einem zweiten Ueberzug von Lehm bekleidet, welcher die ganze Form umschließt, wie es bei der Kastenförmerei durch den Sand, oder durch die Masse geschah. Man nennt diesen zweiten Ueberzug daher auch den Mantel. Er und der Kern begränzen den Raum, der bei dem Guß durch Eisen ausgefüllt werden soll, und welcher bei den Lehmformen durch den Lehmauftrag zwischen dem Kern und dem Mantel bestimmt wird. Nach Vollendung der Form, und nach dem

Abziehen des Mantels, wird dieser Auftrag oder Aufschlag vom Kern abgelößt und bei Seite gelegt, weil er nun seinen Zweck erfüllt hat und nicht weiter gebraucht wird. Der Raum nämlich, welchen der Lehmaufschlag zwischen dem Kern und dem Mantel einnahm, bildet, wenn der Mantel wieder gegen den Kern geschoben wird, einen hohlen Raum, welcher ganz die Gestalt und Stärke des zu gießenden Gegenstandes erhalten hat. Der Lehmaufschlag zwischen dem Kern und dem Mantel heißt an einigen Orten unpassend das Hemde; bezeichnender nennt man ihn die Eisenstärke.

§. 819.

Die Erfordernisse bei der Lehmförmerei bestehen vorzüglich in gut zubereitetem Lehm, in einem Ablösungsmittel für die Eisenstärke vom Kern, so wie für den Mantel von der Eisenstärke; ferner in Chablonen zur Bildung der Kerne und der äußeren Gestalt der Eisenstärke, insofern die Darstellung nicht aus freier Hand geschieht, in einem Mittel zum Schwärzen der Formen, und in guten Anstalten zum Trocknen und Brennen des Kerns und des Mantels.

§. 820.

Das Verfahren, die Kerne darzustellen, ist verschieden, und richtet sich nach der Größe der anzufertigenden Gußwaare. Runde Kerne zu kleineren Sachen dreht man über Spindeln auf der Drehbank ab, indem man sich dabei der Chablonen auf die bekannte Weise bedient. Zu größeren Sachen, oder zu nicht runden Gestalten, werden die Kerne stehend auf eisernen Platten mit Chablonen, oder aus freier Hand angefertigt. Die Grundgestalt zu größeren Kernen wird gemauert, und nur die äußere Fläche des Kerns mit einem Lehmüberzuge bekleidet. Niemals macht man die Kerne zu diesen hohlen Sachen ganz massiv: theils weil sie bei größeren Sachen den Transport erschweren, theils weil die massiven Kerne eine sehr starke Hitze zum Trocknen und Brennen erfordern, und doch in den wenigsten Fällen gehörig durchgebrannt werden würden. Die größeren gemauerten Kerne sind entweder (wie bei großen Cylindern) ganz ringförmig, oder man giebt ihnen (wie bei großen Kesseln u. s. f.) durch Gewölbe oder durch eiserne Trageplatten inwendig eine Höhlung, um sie möglichst leicht und schwach zu machen. Kleineren Kernen, die auf der Spindel abgedreht werden, ertheilt man dadurch eine Höhlung, daß man die Spindeln erst mit Strohseilen umwickelt, und die Strohseile so stark mit Lehm bekleidet, daß die Kerne die erforderliche Stärke erhalten haben, worauf man die Strohseile, sobald die Kerne lufttrocken geworden sind, herauszieht, und dann die hohlen Kerne brennt.

§. 821.

Bei der Anfertigung der Kerne hat man zugleich auf den Fuß für den Mantel Rücksicht zu nehmen. Weil der Mantel nämlich nach der gänzlichen Vollendung der Form gegen den Kern geschoben wird, so daß nur der hohle Raum für die Eisenstärke übrig bleibt, so muß er eine feste und mit dem Kern genau verbundene Unterlage haben, auf welcher er ruhen kann. Diese Unterlage macht man mit dem Kern aus Einem Stück, weil sich sonst das Heben des Kerns durch das flüssige Eisen, (welches sehr leicht zwischen dem Kern und der Unterlage, auf welcher er und der Mantel stehen, dringen würde) schwer vermeiden ließe.

Sollen große Gußwaaren angefertigt werden (z. B. sehr große Cylinder), so würde es außerordentlich schwierig seyn, den Mantel abzulösen, ihn zu brennen, wieder gegen den ebenfalls gebrannten und von der Eisenstärke befreiten Kern zu schieben, und die ganze fertige Form in die Dammgrube zu senken. In solchen Fällen muß der Mantel in der Dammgrube selbst gemauert und aufs vollkommenste getrocknet (§. 762.) und der auf einer eisernen Platte in der Hütte aufgeführte und möglichst stark getrocknete Kern mit der größten Vorsicht in den fertigen Mantel hineingehängt werden. Hierbei ist das

Unterkriechen des Eisens zwischen der unteren Fläche des Kerns und der Sohle, auf die er gestellt worden ist, zwar nicht ganz zu vermeiden; allein das große Gewicht des Kerns, der in der Dammgrube inwendig noch ausgefüllt, und vorher unten verstrichen, dann aber mit Gewichten belastet wird, läßt das Heben des Kerns nicht befürchten.

§. 822.

Der Lehm muß mit vieler Sorgfalt zubereitet werden. Zuerst wird er durch ein Sieb geworfen, um ihn von allen Steinen und Pflanzenfasern zu befreien, dann mit Wasser angefeuchtet und mit dem sogenannten Lehmmesser durchgeschlagen, bis er ganz fein und steif geworden ist. Um ihn aufzulockern, und um das Aufreißen und Bersten der Lehmformen möglichst zu vermindern, wird er sodann mit Spreu, Haaren, kurzgeschnittenem Stroh, oder auch mit trocknem Mist, am besten mit Pferdemist, vermengt, wodurch er auch zugleich eine größere bindende Kraft erhält. Diese Substanzen werden mit Füßen zwischen den Lehm geknetet, damit er überall genau durchgewirkt wird. Der Lehm muß dabei die Konsistenz des Bäckerteiges erhalten, und weder zu feucht noch zu trocken oder zu steif seyn. — Die Zubereitung des Lehms ist für die Lehmförmerei, zur Darstellung sauberer und genau nach den vorgeschriebenen Dimensionen angefertigter Formen, ein äußerst wichtiger und auf den mehrsten Eisengießereien zu wenig beachteter Gegenstand. Die Zubereitung, wie sie eben mitgetheilt worden, ist die allgemein übliche, aber zur Darstellung eines guten Materials ganz unzureichend. Der Lehm muß durch Maschinen zerkleinert und dann mittelst derselben Vorrichtung mit dem Zusatz, den er erhält, um ihn aufzulockern (am besten Kuhmist oder auch Pferdedünger) auf das sorgfältigste durchgearbeitet werden, so daß er eine zart anzufühlende Masse bildet. Die Zeichnungen Taf. XXVII. Fig. 8 — 16 stellen eine solche Vorrichtung dar Sie besteht aus einer um ihre Are sich drehende

Scheibe, auf welcher zwei Läufer ruhen, die durch ihr Gewicht die Bewegung der Scheibe annehmen und die auf die Scheibe gebrachten Materialien zermalmen. Mit einem so gut vorbereiteten und so gleichförmig gemengtem Material ist es nur möglich, gute Lehmformen darzustellen. Da die Gemengtheile in der ganzen Masse gleichförmig verbreitet sind, so wird die daraus gebildete Form nach dem Trocknen nicht so dicht und hart, aber dennoch fest und haltbar. Das Eisen fällt beim Gießen in Formen aus einem so gut zubereiteten Material dicht, fest und ohne Blasen aus.

§. 823.

Die Strohseile zum Umwickeln der Spindeln werden aus verworrenem Stroh angefertigt, welches mit Wasser angefeuchtet, und dann mit einer Kurbel, an welcher sich ein Haken befindet, gedreht, und in die Gestalt von Seilen oder Stricken gezogen wird.

§. 824.

Die Spindeln sind entweder von Holz oder von Eisen. Man giebt ihnen gewöhnlich eine kegelförmige (und wenn sie von Eisen sind, auf der Durchschnittsfläche eine kreuzförmige) Gestalt, um sie von dem Kern demnächst leichter abziehen zu können. Die hölzernen Spindeln bestehen in der Regel aus zwei Scheiben, einer größeren und einer kleineren, über welche hölzerne Leisten genagelt sind, so daß die Spindel das Ansehen eines abgestumpften Kegels erhält, dessen Axe durch eine eiserne Spindel gebildet wird, an welcher sich die Kurbel zum Drehen auf der Drehbank befindet.

§. 825.

Die Chablonen müssen nach der Stärke, Größe und äußeren Gestalt der Kerne genau ausgeschnitten, auch muß dabei auf den Fuß (Schloß, Vortheil) für den Kern und für den Mantel Rücksicht genommen seyn. Zu jeder Form sind zwei

Chablonen, eine für den Kern, und die andere für die Eisenstärke, erforderlich.

§. 826.

Zum Ablösungsmittel des Lehms vom Lehm, nämlich der Eisenstärke vom Kern, und des Mantels von der Eisenstärke, bedient man sich einer Auflösung oder vielmehr einer mechanischen Vermengung von Asche (Holz- oder Torfasche) mit Wasser. Die Flüssigkeit muß nicht so dick seyn, daß sie nicht durch ein feines Sieb geht, welches man anwendet, um die gröbsten Unreinigkeiten zurückzuhalten; sie darf aber auch nicht zu dünn und zu wässerig seyn, weil dann zu wenig Asche auf dem Lehm zurückbleiben, und die Ablösung unvollkommen werden würde. Ein Sandgehalt ist der Asche besonders nachtheilig. Von der Eigenschaft der Asche, die Trennung oder Ablösung der Lehmschichten von einander zu bewirken, hat das Geschäft des Ueberziehens des Lehms mit Asche, den Namen des Aschens des Kerns oder der Eisenstärke. Der zu aschende Lehm muß aber vorher vollkommen trocken geworden seyn.

Zum Schwärzen oder Schlichten der Lehmformen nach dem Brennen dienen dieselben Gemische, deren man sich bei der Massenförmerei bedient. Das oben (§. 813.) angegebene Gemenge ist auch bei der Lehmförmerei sehr zu empfehlen.

§. 827.

Die Eingüsse werden bei den Lehmformen aus in einander passenden Röhren von Lehm zusammengesetzt, von denen die unterste in eine in der Form befindliche Oeffnung gesetzt, und mit dem Mantel genau verbunden wird. Auch die Luftröhren werden aus solchen gebrannten Röhren von Lehm gebildet. An den Stellen, wo die Röhren in einander geschoben sind, müssen sie sorgfältig verschmiert werden.

§. 828.

Alle Lehmformen ohne Unterschied müssen, wenn sie abgegossen werden sollen, in der Erde eingedämmt seyn, damit der Mantel durch das flüssige Eisen nicht gesprengt wird. Beim Eindämmen werden die Röhren zu den Eingüssen und Luftlöchern mit in die Höhe geführt; auch bringt man wohl eine Verbindung der Höhlung des Kerns unter der Form mit einem Luftloch hervor, welches beim Eindämmen der Formen vermittelst eines in den Sand gesteckten, und nach dem Eindämmen wieder herausgezogenen Stabes gebildet wird. Die Dämpfe unter dem Kern entweichen aus diesem Luftloch, und werden oben, wo sie die Luft berühren, angezündet.

§ 829.

Bei der Anfertigung der Lehmformen verfährt man ungefähr folgendergestalt. Der nach der Chablone oder aus freier Hand nach der vorgeschriebenen Größe und Gestalt angefertigte Kern wird zuerst getrocknet, wobei er gewöhnlich einige Risse erhält, die sorgfältig wieder verschmiert werden müssen. Ist dies geschehen, so wird der Kern entweder gegen die Chablone (oder bei geraden Flächen mit einem glatten Dämmbrett) recht glatt abgedreht und abgerieben, und dann wieder getrocknet, damit er völlig trocken sei, wenn er durch die Ausbesserung etwa feucht geworden seyn sollte. Der fertige Kern wird geascht, der Anstrich getrocknet, und auf den getrockneten Anstrich die Eisenstärke nach der Chablone, oder mit freier Hand aufgesetzt, dann die Eisenstärke geascht, getrocknet, und der Mantel aufgetragen. Soll die fertige Gußwaare eine Oeffnung erhalten (z. B. eine Thüröffnung bei eisernen Oefen), so wird der Theil der Oberfläche des Kerns, welcher mit der Oeffnung korrespondirt, nicht geascht, sondern die Eisenstärke ungeascht aufgetragen, wodurch der zur Bildung der Oeffnung bestimmte Kern mit dem Hauptkern verbunden bleibt. Auf die äußere Gestalt des Mantels kommt es nicht an; dagegen muß aber die innere, der Eisenstärke zugekehrte Fläche desselben aus dem feinsten und zartesten Lehm aufgetragen werden, weil diese Fläche die äußere Fläche der Gußwaare begränzt. Eben deshalb muß auch die

Eisenstärke selbst aus der feinsten Lehmmasse bestehen, weil sonst kein feiner Eindruck auf den Mantel statt finden würde.

Ist der Mantel völlig lufttrocken und durch gelinde Erwärmung nach und nach stärker ausgetrocknet worden, so wird zum Aus- oder Abziehen der Formen geschritten. Hat die Form eine hinreichende Verjüngung erhalten, so läßt sich der Mantel ganz von der Eisenstärke, und diese vom Kern abziehen; ist dies aber nicht der Fall (oder gestatten es die auf der Eisenstärke angebrachten Verzierungen oder die stehen gebliebenen Kerne zu Oeffnungen nicht), so muß der Mantel seitwärts von der Eisenstärke abgezogen werden. Der Mantel wird dazu mit einem Messer in zwei gleiche und ähnliche Hälften (zuweilen auch in mehr Stücken, je nachdem die Beschaffenheit der Oberfläche der Gußwaare es nothwendig macht) zerschnitten, und auf diese Weise von der Eisenstärke abgezogen. Alsdann schlägt man die Eisenstärke ab, und läßt nur die Kerne, welche etwa zu Oeffnungen im Eisen nach dem Abguß dienen sollen, stehen. Kern und Mantel werden ausgeputzt, gebrannt, wieder nachgeputzt und geschwärzt, alsdann an einander gesetzt, die Nath mit Lehm verschmiert, die Theile des Mantels mit Drath umwunden, um sie zusammenzuhalten, und die aus dem Kern und Mantel zusammengesetzte Form zu Abguß eingedämmt.

Dem Mantel bei großen Stücken gehörige Haltbarkeit zu geben, ist oft schwierig, und erfordert Befestigungen mit eisernen Stäben, die nach allen Richtungen mit einander verbunden sind, aber doch so in die Mantelmasse eingelegt werden müssen, daß der Mantel aufgeschnitten und von der Eisenstärke getrennt werden kann. Die eisernen Befestigungsstäbe (Armaturen) des Mantels müssen sich nach der äußeren Gestalt des darzustellenden Gußstücks richten, und diese anzulegen, erfordert oft Mühe und Geschicklichkeit.

Die Zeichnung Taf. XXVII. Fig. 17. stellt eine zum Abguß fertige, völlig zusammengesetzte Lehmform eines großen Kessels vor, wobei

a. die eiserne ringförmige Bodenplatte ist, auf welcher der Kern aufgeführt worden ist;
b. der Kern, aus Ziegeln gemauert, aber zur Erleichterung und zum schnelleren Austrocknen mit einer Höhlung
c. versehen, welche statt eines Gewölbes, eine Deckplatte
d. erhalten hat;
e. der Lehmüberzug über dem gemauerten Kern;
f. der Fuß (das Schloß, Bortheil), auf welchem der Mantel steht;
g. die Eisenstärke;
h. der Mantel;
i. eine eingesetzte Form für die Henkel oder Handhaben;
k. Eingüsse und Luftlöcher.

§. 830.

Vor der Einführung der Massenförmerei war die Menge der Gegenstände, welche in Lehm geformt werden mußten, weit größer. Durch die Einführung des Kapselgusses in fettem Sande ist aber die Lehmförmerei sehr beschränkt worden. Man klassificirte die Gußwaaren früher nach der Art der Anfertigung, und theilte sie in Heerdguß, Sandguß, sogenannten halben und ganzen Lehmguß, indem man unter halbem Lehmguß den Kastenguß in magerem Sand mit eingesetzten Kernen verstand. Besser klassificirt man die Gußwaaren nach den Anfertigungskosten, wobei sich die Anzahl der Klassen so vermehren oder vermindern läßt, und die Gußwaaren so oft aus einer Klasse in die andere versetzt werden können, als steigende Löhne und Materialien eine Erhöhung, oder Vervollkommnung der Gießerei und Verminderung der Selbstkosten eine Erniedrigung der Verkaufspreise nothwendig oder zulässig machen. Eine Klassifikation der Gußwaaren ist zwar für die Fabrikation und für den Besteller sehr gleichgültig, für den Fabrikanten aber sehr nothwendig, um den ökonomischen Theil seines Betriebes zu prüfen und die Rechnungsführung zu erleichtern.

§. 831.

Eine Eisengießerei macht eine strenge und genaue Aufsicht nothwendig, wegen der Mannigfaltigkeit der Gegenstände, welche gegossen werden, wegen der Menge der Arbeiter, welche die Gußwaarenfabrikation erfordert, und wegen der durch die Gießerei veranlaßten Arbeiten des Umschmelzens des Roheisens in Tiegel-, Flamm- oder Kupolöfen, welche ebenfalls die Nothwendigkeit herbeiführen, genaue Notizen über den Materialienverbrauch, über die Erzeugung an fertigen Produkten und zurückerhaltenen Eingüssen, so wie über die Löhne für die Arbeiter zu führen. Dadurch und durch die Bearbeitungen, welchen die aus dem Guß gekommenen Gußwaaren später noch durch Putzen, Schleifen, Bohren, Drehen, Beschlagen in den Schlössereien u. s. f. unterliegen, häufen sich die Rechnungsnotizen, welche über Materialien, Produkte und Geld geführt werden müssen, so sehr, daß eine große Gießerei oft die Kräfte mehrer Rechnungsführer in Anspruch nimmt. — Ein Gedinge mit den Arbeitern, bald nach dem Gewicht der anzufertigenden Waare, bald nach der Stückzahl, ist immer vortheilhafter als die Bezahlung in Tage- oder Wochenlöhnen.

Theils um eine Uebersicht von der Menge der Gegenstände zu geben, welche jetzt in Eisen angefertigt und gegossen werden, theils um die Art der Klassifikation der Gußwaaren zu verdeutlichen, stehe hier ein Verzeichniß von denjenigen gegossenen eisernen Artikeln, welche auf der Königl. Preuß. Oberschlesischen Eisengießerei zu Gleiwitz angefertigt werden. Die erste Spalte enthält die Namen der Gegenstände, die zweite die Klasse, zu welcher ein jedes Gußstück gerechnet wird, und die dritte den für das Jahr 1841 festgestellten Verkaufspreis auf der Hütte in Preuß. Courant.

Die Klassen haben keinen Namen erhalten, sondern sie schreiten in alphabetischer Ordnung mit zunehmenden Verkaufspreisen, welche durch die Selbstkosten bestimmt sind, fort.

Benennung der Gußwaaren, welche nach dem Gewicht verkauft werden.	Klasse.	Verkaufs-Preis pro Centn. Thlr.	Sgr.
Adler auf Meilenzeiger à 22 und 40 Pfund	I	5	15
Ambosse für Stab- und Blechhämmer . .	A	2	12
— — Eisenschmiede	D	3	10
— — Kupferschmiede	E	3	20
Aescher oder Laugebehälter	G	4	15
Angewälle für Mühlen ꝛc. nach vorhandenen Modellen	B	2	18
nach neuen dergleichen	F	4	—
Anker zu Mauern und Gesimsen	A	2	12
Ankerscheiben und Platten	C	3	—
Arsenik-Raffinir-Hüte mit Deckeln . . .	G	4	15
Kessel	F	4	—
Trommeln	F	4	—
Aufwerk-Kränze zu Hammergerüsten . . .	A	2	12
Balken, durchbrochene, zu Gebäuden . . .	C	3	—
Balken zu Rostauflagen	A	2	12
Balken-Unterzugplatten über 1 Centr. . . .	C	3	—
unter 1 Centr. . . .	F	4	—
Balken zu Malzdarren	A	2	12
Barrièrenpfeiler, runde und viereckige . .	E	3	20
Blattzapfen nach vorhandenem Modell . .	D	3	10
— — neuem Modell	E	3	20
Bleimulden und Bleinäpfe	G	4	15
Bohrröhren	E	3	20
Bratöfen aus einzelnen Platten	C	3	—
Branntweinblasen, excl. Schrauben zu Boden und Deckel	G	4	15
Braupfannen, excl Schrauben zu Boden und Deckel	G	4	15
Brenntöpfe, cylindrische, 12″ Dtr. 12″ hoch	F	4	—
Brückenbogentheile	F	4	—
Belagplatten unter Verdeck gegossen .	C	3	—
offener Guß	A	2	12
Grundplatten	A	2	12
Geländer und Gesimse excl. Zusammensetzen	F	4	—
Brunnenkränze	F	4	—
Buchdrucker-Fundamente und Tiegel, unbearbeitet	F	4	—

Benennung der Gußwaaren, welche nach dem Gewicht verkauft werden.	Klasse.	Verkaufs-Preis pro Centn. Thlr.	Sgr.
Buchstaben, 6—12″ hoch	K	6	15
Bügel- oder Plätteisen für Hutmacher und Schneider	H	5	—
Bügeleisenklumpen oder Plättbolzen . . .	E	3	20
Capellen für Apotheker	F	4	—
Casseroll-Einfassungen, viereckige	F	4	—
Chabotten für Stab- und Blechhämmer .	HG	2	5
Dergl. zu Pudlings-Anlagen . . .	D	3	10
Chausseewalzen, hohle	F	4	—
Chocoladewalzen, gedrehte	O	11	5
Christus-Figuren, bas relief, 36″ hoch, ad 32 Pfund	L	7	25
Cylinder, gebohrte, über 15 Centr. . . .	L	7	25
unter 15 Centr. . . .	M	8	25
unausgebohrte	H	5	—
Dachrinnen	D	3	10
Dachsparren	D	3	10
Dampfmaschinen-Theile, als:			
Balanciers aus 2 Seitenplatten . . .	D	3	10
— im Ganzen	F	4	—
— Krümmlinge	F	4	—
— Lagerzapfenplatten	F	4	—
— Tragebalken	E	3	20
— Ständer, hohe	F	4	—
— — niedrige	D	3	10
— Strebeisen	F	4	—
Condensoren	H	5	—
— Deckel darauf	—	5	—
Cylinder, gebohrte, über 15 Centr. . . .	L	7	25
unter 15 Centr. . . .	M	8	25
Cylinder-Boden und Deckel	H	5	—
— Kolben, gedreht, über 6 Centr. . .	L	7	25
unter 6 Centr. . .	M	8	25
— Füße	F	4	—
Cysternplatten, ord. Guß	B	2	18
Kastenguß	D	3	10

Benennung der Gußwaaren, welche nach dem Gewicht verkauft werden.	Klasse.	Verkaufs-Preis pro Centn. Thlr.	Sgr.
Dampfkessel	G	4	15
Dampfsperrungskasten	K	6	15
Fahrlochkränze mit Deckel	D	3	10
Gegengewichtsrähme	F	4	—
Heitzthüren, beschlagen	G	4	15
unbeschlagen	F	4	—
Kettenstege	F	4	—
Kolbenstangen, geschmiedet und abgedreht .		30	5
Kunstkreuze	F	4	—
Kurbelarme	G	4	15
Kurbelwellen	F	4	—
Luftpumpen, gebohrte	L	7	25
— Bodenstücke	K	6	15
— Deckel	H	5	—
— Kolben	N	10	—
Nahrungskasten	I	5	15
Pleylstangen	F	4	—
Röhren, als:			
Aufsatzröhren zu Schachtsätzen . . .	F	4	—
Dampfröhren, grade	F	4	—
gebogen	I	5	15
Kolbenröhren	L	7	25
Liederkasten	H	5	—
Thüren dazu	F	4	—
Nahrungsröhren, grade	H	5	—
gebogen	I	5	15
Saugröhren	H	5	—
Schläucher und Degenröhren	—	5	—
Ventilkastenröhren	—	5	—
Deckel dazu	F	4	—
Rostplatten zu Kesselfeuerungen . . .	D	3	10
Schachtkolben und Ventile	I	5	25
Scheiben, excentrische, abgedreht	O	11	5
— zu Seilkörben	F	4	—
Schornsteinschieber mit Rähmen	F	4	—
Schwimmerkette	I	5	15

Benennung der Gußwaaren, welche nach dem Gewicht verkauft werden.	Klasse.	Verkaufs-Preis pro Centn. Thlr.	Sgr.
Schwungräder	E	3	20
Schiebergehäuse und Schieber zu Steuerungen	G	4	15
Seilscheiben mit Spuren	G	4	15
Sicherheitsventil-Gewichte	C	3	—
Sohlplatten unter Dampf- und Blase-Cylindern	C	3	—
Stopfungsbüchsen	L	7	25
Ventile und Ventilsitze, gedrehte	O	11	5
Ventilkasten	I	5	15
Warmwasserpumpen, Kolben	O	11	5
Ausguß-Kasten	H	5	—
Wasserstandssäulen mit Rollen	G	4	15
Deckel auf Wasserpfannen	B	2	18
Destillirkolben	K	6	15
Dreifüße	F	4	—
Drehlinge für Müller	F	4	—
Düsen zu Gebläsen	H	5	—
Drehbankdocken und Vorlagen	F	4	—
Drehbankwaagen, ungehobelt	F	4	—
Einfassungsplatten zu Flammen- und Schweiß-Oefen ord.	A	2	12
Kastenguß	C	3	—
Eingüsse zu Gold, Silber ꝛc.	G	4	15
bis	I	5	15
Etagen-Oefen, aus einzelnen Platten zusammengesetzt	D	3	10
Farbeküpen	G	4	15
Fahrgleise auf Brücken	D	3	10
Falzplatten	C	3	—
Fenstergitter, Heerdguß	B	2	18
Kastenguß	F	4	—
Fensterladen, Heerdguß	B	2	18
Kastenguß	D	3	10
Fensterrähme zu Frühbeeten und Treibhäusern	G	4	15
Fensterstäbe, Heerdguß	A	2	12
Kastenguß	D	3	10

Benennung der Gußwaaren, welche nach dem Gewicht verkauft werden.	Klasse.	Verkaufs-Preis pro Centn. Thlr.	Sgr.
Feuerkasten aus Platten in Kachelöfen	B	2	18
Kastenguß	D	3	10
kurze Röhren dazu	F	4	—
Flaschenzugräder, gedrehte	N	10	—
ungedrehte	I	5	15
Fliesen mit Riefen, 17″ im Quadrat, 4 Stück auf den Centner	D	3	10
Flußpfannen	G	4	15
Förderwagenräder	F	4	—
mit harten Bahnen	G	4	15
Frictionsräder	H	5	—
gedrehte	L	7	25
Frischboden und Frischzacken	HG	2	5
Fußkratzeisen mit Schüssel	I	5	15
Formkasten in einzelnen Theilen	C	3	—
— kleinere im Ganzen	F	4	—
Gebläsetheile, als:			
Balanciers	F	4	—
— Ständer	F	4	—
Cylinder unter 15 Centr.	M	8	25
über 15 Centr.	L	7	25
— Boden und Deckel	H	5	—
Epicicloiden	F	4	—
Grundanker	B	2	18
Kasten über die Form	B	2	18
Kolben mit Liederungskränzen	L	7	25
Kolbenstangen, gezähnte	F	4	—
Krümmlinge, —	F	4	—
Kurbelscheiben	E	3	20
Kurbelwellen	E	3	20
Kurbelwellständer	F	4	—
Pleylstangen	F	4	—
Regulatorplatten	B	2	18
Stulpenpressen, gedrehte, zur Liederung	L	7	25
Ventilklappenrähme	F	4	—
Windcommunicationskasten	F	4	—

Benennung der Gußwaaren, welche nach dem Gewicht verkauft werden.	Klasse.	Verkaufs-Preis pro Centn. Thlr.	Sgr.
Windleitungsröhren, grade	F	4	—
krumme	I	5	15
Windsperrungskasten, kleine	I	5	15
große	F	4	—
Geldkasten, excl. Beschlag	H	5	—
Gesenke zum Richten der Kesselbleche	F	4	—
Gesimse zu Säulen und Portalen	G	4	15
Getriebräder über 8 Centr.	F	4	—
von 1½ bis 8 Centr.	G	4	15
bis 1½ Centr.	I	5	15
Gewichte von 1 — 6 Pfund	G	4	15
6 — 24 "	D	3	10
24 — 110 "	C	3	—
Gießpfannen	F	4	—
Gitter, verzierte	H	5	—
— gewöhnliche zu Balcons, Grab- und Garteneinfassungen, excl. Zusammensetzen	F	4	—
Gitterthore und Thüren	G	4	15
Wenn Gitter und Thore nach besonderer Façon verlangt werden, erhöht sich der Preis nach Verhältniß der Modell-Kosten, die dadurch verursacht werden.			
Glocken, zwischen 6 und 15 Centr.	G	4	15
— — 1 " 6 "	H	5	—
— — 1 Centr.	I	5	15
Grabkreuze, gothisch verzierte	L	7	25
— einfache	I	5	15
Grabplatten über 1 Centr.	I	5	15
— kleinere	K	6	15
Grapen mit Füßen	F	4	—
Griffsäulen zu Wasserwehren	C	3	—
Häckselmaschinentheile	I	5	15
Hahnröhren mit Wirbeln	L	7	25
Hammer und Feustel	F	4	—
— zu Oelmühlen	E	3	20
— zu Pudlingsanlagen	E	3	20

Benennung der Gußwaaren, welche nach dem Gewicht verkauft werden.	Klasse.	Verkaufs-Preis pro Centn. Thlr.	Sgr.
Hammerbahnen dazu	E	3	20
Hammergerüste, bestehend in Reitel-, Trahm- und Büchsensäulen auch Sohlplatten	B	2	18
Hebedäume und Hebeköpfe zu Pochwerken .	F	4	—
Hebekränze, Heerdguß	A	2	12
Kastenguß	C	3	—
Heerdplatten	A	2	12
Hebedäume zu Aufwerfhämmern	C	3	—
Illuminationsschaalen	F	4	—
Kessel für Seifensieder, Hutmacher, Pottaschsieder, Bleicher	G	4	15
Kessel, kleinere von 18 Pfd. bis 1½ Centr. nach Modell	E	3	20
größere dito à 2½ Centr.	—	3	20
große zu Alaun-Werken über 30 Centr.	F	4	—
Ketten zu Barrièren	K	6	15
Kettenräder	H	5	—
Kirchenkreuze mit Postamenten, excl. Zusammensetzung	H	5	—
Kochheerdplatten mit Oeffnungen	B	2	18
Kochröste mit Einfassungen, auf den Heerd zu stellen	C	3	—
Kohlenkasten	E	3	20
Kolben, kleine, zu Druckwerken und Pumpen, gedrehte	O	11	5
unabgedrehte	I	5	15
Krahntheile, als:			
Getriebräder	G	4	15
Sohlplatten	C	3	—
Strebeplatten	C	3	—
Trommeln	G	4	15
Wangenplatten	C	3	—
Krummzapfen	H	5	—
Küchenausgüsse	G	4	15
Kupferhämmer	D	3	10

Benennung der Gußwaaren, welche nach dem Gewicht verkauft werden.	Klasse.	Verkaufs-Preis pro Centn. Thlr.	Sgr.
Kuppelungskolben oder Muffen, große . .	E	3	20
kleine . .	F	4	--
Lagerständer mit Lager und Deckeln . . .	F	4	—
Läufer, cylindrische, zu Pulver- und Oelmühlen	F	4	—
Laternenständer	H	5	—
Lochplatten oder Schraubenschneidebänke für Schmiede	D	3	10
Lohmühlen, bestehend in gereifter Hülle und Mantel	I	5	15
Löschtröge	E	3	20
Luftböller oder Mortiere	I	5	15
Malzdarröfen mit Rauchkanälen	E	3	20
Malzhordenplatten, durchlöcherte 3′ l. 12″ br.	G	4	15
Markpfahlkappen	F	4	—
Meilenzeiger, excl. Zusammensetzen	E	3	20
Monumente, excl. Zusammensetzung . . .	H	5	—
bis . .	I	5	15
Mörser von allen Sorten mit Keulen . .	F	4	—
Mühlenpfannen	F	4	—
Münzstöcke	H	5	—
Mühlhauen und Spindeln	F	4	—
Oelpreßtöpfe	H	5	—
Ofencylinder, 4′ l. 3″ weit	F	4	--
Ofen, als:			
Cabinets-Ofen, roh	—	4	—
Canon-Ofen	—	4	—
Capellen-Ofen	—	4	—
Kelch-Ofen	—	4	—
Luftheizungs-Ofen	—	4	—
Postament-Säulen-Ofen	—	4	—
Säulen-Ofen, glatte	E	3	20
— cannelirte	F	4	—
Schiffs-Ofen, runde, mit Bratrohr . . .	E	3	20
— viereckige aus Platten . .	C	3	--
Schüssel-Ofen	F	4	—
Quadrat-Ofen	F	4	—

Benennung der Gußwaaren, welche nach dem Gewicht verkauft werden.	Klasse.	Verkaufs-Preis pro Centn. Thlr.	Sgr.
' Verzierte Ofen	F	4	—
Ofenroste, runde	E	3	20
Ofentheile	F	4	—
— wozu keine Modelle vorhanden sind	G	4	15
Ofentöpfe, von 1 bis incl. 2 Kannen	E	3	20
— von 2½ bis 7 Kannen	D	3	10
Papierpreßschrauben mit Muttern, gedreht und geschnitten	P	12	5
ungeschnitten mit Gewinden gegossen	I	5	15
Papierhämmer	E	3	20
Pfadeisen	F	4	—
Pfannen zum Sieden	G	4	15
— zu Preßschrauben	F	4	—
Pfeiler und Pfeiler-Kappen	E	3	20
Pferdekrippen	E	3	20
Pflugstreichbleche	F	4	—
Pflughäupter	G	4	15
Pillaren zu Gittern	F	4	—
Platten, ord., auf dem Heerde gegossen	A	2	12
im Kasten gegossen	C	3	—
Platten-Ofen auf dem Heerde gegossen	A	2	12
im Kasten gegossen	C	3	—
— Kastenguß mit Verzierungen	D	3	10
Bei bedeutenden Bestellungen wird die erste Art als Klasse B zu 2 Thlr. 18 Sgr., die letztere als C zu 3 Thlr. überlassen.			
Plätt-Töpfe, 17 bis 25 Pfund	F	4	—
Pochsohlen	A	2	12
Pochtrogseitenplatten	A	2	12
Pochstempel, Heerdguß	B	2	18
Kastenguß	C	3	—
Prägestöcke	H	5	—
Preßfutter zu Oelpressen	F	4	—
Preßkasten	E	3	20
Preßplatten für Tuchscheerer	D	3	10
nebst Beschwerungsgewicht	D	3	10

Benennung der Gußwaaren, welche nach dem Gewicht verkauft werden.	Klasse.	Verkaufs-Preis pro Centn. Thlr.	Sgr.
Pumpenröhren, gebohrte, mit Ventilkasten .	L	7	25
Aufsatzröhren	G	4	15
Saugröhren	—	4	15
gebogen	I	5	15
Pumpenstiefel, gebohrte	L	7	25
Rähme zu Kochheerden und Kochheerdmänteln	C	3	—
Rammbäre	E	3	20
Rammkugeln	F	4	—
Reibekeulen und Kugeln	F	4	—
Reibeschaalen nach vorhandenem Modell . .	F	4	—
nach besonderer Angabe . .	H	5	—
Retorten zu Gasbeleuchtungen	F	4	—
Ringe und Deckel zu Kochheerdplatten . .	F	4	—
Röhren, grade, mit Kränzen	G	4	15
— gebogene und Knieröhren	I	5	15
— kleine schwache	H	5	—
Roststäbe und Unterlagen	A	2	12
mit Nuthen	C	3	—
Roste aus dem ganzen Quadrat, Kastenguß	D	3	10
Heerdguß	B	2	18
Roste, runde, in zwei Theilen	E	3	20
Rinnsteingitter	C	3	—
Sattel für Eisböcke	E	3	20
Säulen zu Gebäuden, glatte	G	4	15
mit Canneluren . .	H	5	—
Schaalen, ovale, circa 30 Centr. schwer zu chem. Fabr.	D	3	10
Scheiben und Klobenräder, abgedrehte . .	N	10	—
unabgedrehte große	H	5	—
Scheiben zu Holzraspelmaschinen	E	3	20
Schleusenthore, bestehend in			
Anschlagleisten	F	4	—
Flügelgerippen	F	4	—
Halsbandanker	D	3	10
Lagerständer, mit Deckeln zu den Aufzugwellen	F	4	—

Benennung der Gußwaaren, welche nach dem Gewicht verkauft werden.	Klasse.	Verkaufs-Preis pro Centn. Thlr.	Sgr.
Schützenplatten	E	3	20
Schwungbalken	F	4	—
Deckel darauf	D	3	10
Wendesäulen	F	4	—
Winkelräder, kleine	K	6	15
Zapfenpfannen	D	3	10
Schornsteindeckplatten	D	3	10
Schmiedeformen	F	4	—
Schornsteinkappen	G	4	15
Schornsteinröhren	E	3	20
Schornsteinschieber mit Rähmen	F	4	—
Schürlochkasten zu Zinköfen	A	2	12
— zu Schweißöfen	D	3	10
Schützenzüge, einzelne Theile	G	4	15
bis	I	5	15
Schwefelretorten	F	4	—
Schwungräder	C	3	—
Schrauben mit Muttern, mit gedrehten und geschnittenen Gewinden	P	12	5
Schrauben mit gegossenen Gewinden	I	5	15
Sengeeisen für Kattunfabrikanten	E	3	20
Sperrräder	F	4	—
Spuknäpfe, runde und ovale (roh)	H	5	—
Straßenschienen, schwache abgerundete	D	3	10
— starke, Heerdguß	A	2	12
Straßenschienenlager	D	3	10
Sümpfe	G	4	15
Ständersohlplatten	D	3	15
Schraubenschneidebänke	C	3	—
Thüren zu Gewölben	B	2	18
Thüreneinfassungen, Heerdguß	A	2	12
Thüren mit Zargen, zu großen Heizungen über 20 Pfund schwer	G	4	15
Thüren, kleinere	K	6	15
Thürfutterrähme in einem Stück mit Thüren	D	3	10
Triebstöcke und Scheiben zu Mühlen	F	4	—

Benennung der Gußwaaren, welche nach dem Gewicht verkauft werden.	Klasse.	Verkaufs-Preis pro Centn. Thlr.	Sgr.
Trommelscheiben zu Spinnereien	F	4	—
Tuchpreßspindeln mit Muttern, siehe Schrauben.			
Trommeln zu Hebezeugen und Winden . .	G	4	15
Treppenstufen, gereifte	C	3	—
— verzierte	F	4	—
Uhrgewichte	G	4	15
Uhrräder zu Thurmuhren	K	6	15
auch nach Nummern			
Unterlagen oder Schienen zu Feuerungen .	A	2	12
Untersätze zu Laugenfässern oder Aeschern .	F	4	—
Vasen, ord. für Thorpfeiler	H	5	—
Ventile und Kolben zu Druckwerken und Pumpen, abgedrehte	O	11	5
unabgedrehte	I	5	15
Ventilkastenröhren, gebohrte zu Pumpen . .	L	7	25
Verkohlungscylinder	F	4	—
Verkohlungskessel, mit Abführungsrohr . .	G	4	15
Vorhängethüren zu Schweiß- und andern Flamm-Oefen	C	3	—
Waagebalken und Scheeren ohne Armatur .	F	4	—
Waageschaalen	B	2	18
Wärmebolzen in Plätteisen	E	3	20
Wagenbüchsen, ungebohrte	I	5	15
gebohrte	N	10	—
Wagenräder zu Grubenfahrzeugen	F	4	—
— mit harter Bahn	G	4	15
Walzen, gedrehte, als:			
Blech-Walzen	L	7	25
Fein-Eisen-Walzen	P	12	5
Glatt-Walzen, kleine	M	8	25
Hart-Walzen			
Kartoffel-Walzen	N	10	—
Kattun-Walzen	N	10	—
Malz-Walzen, 6″ Dtr.	O	11	5
Münz-Walzen		14	
Knopf-Walzen		14	

Benennung der Gußwaaren, welche nach dem Gewicht verkauft werden.	Klasse.	Verkaufs-Preis pro Centn. Thlr.	Sgr.
Rübsamen-Walzen	O	11	5
Stabeisen-Walzen	M	8	25
Walzen, gereifte	H	5	—
rohe, zur Blech- und Stabeisen-Fabrikation	E	3	20
Walzenwerktheile, als:			
Ausrückeständer	C	3	—
Getriebradtheile	E	3	20
Getriebe	F	4	—
Gerüstständer, große, mit Lagern . . .	E	3	20
— kleine — —	F	4	—
Hängeeisen	E	3	20
Kuppelungs-Getriebe	F	4	—
— Muffen	D	3	10
— Scheiben	—	3	10
— Spindeln	F	4	—
— Ständer	D	3	10
Lager	D	3	10
Scheerenständer und Schenkel	C	3	—
Scheiben, excentrische	F	4	—
Schneidewerkspindeln, gedrehte	M	8	25
rohe	E	3	20
Schwungradtheile	C	3	—
Sohlplatten	A	2	12
Vorlageplatten, glatte	D	3	10
mit Register	F	4	—
Wellkränze zu Getrieb- und Schwungrädern	E	3	20
Wasserleitungsröhren, grade, mit und ohne Muffe	D	3	10
— Spund- oder Reinigungsröhren mit Deckel	E	3	20
— Verschlag- oder Halsröhren .	D	3	10
— Vertheilungskasten	E	3	20
Wasserpreßcylinder, gebohrte	K	6	15
auch	L	7	25
Kolben	L	7	25
Kopf- und Fußplatten	F	4	—

Benennung der Gußwaaren, welche nach dem Gewicht verkauft werden.	Klasse.	Verkaufs-Preis pro Centn. Thlr.	Sgr.
Säulen dazwischen	—	4	—
Wasserkasten	G	4	15
Wasserpfannen, gewöhnliche	E	3	20
wozu keine Modelle vorhanden	G	4	15
Wasserpfannen-Deckel	B	2	18
Wasserräder, bestehend in			
Wellkränzen	E	3	20
Schaufelkranztheilen	D	3	10
Armen	D	3	10
Wellen, massiv gegossen	E	3	20
hohle	F	4	—
Wellfüße, Heerdguß	C	3	—
Kastenguß	E	3	20
Wellringe	B	2	18
Wellzapfen, siehe Blattzapfen			
Winkelbrustplatten zu Schweißöfen . . .	B	2	18
Winkelräder, kleine unter 5 Centr.	I	5	15
größere	H	5	—
wozu Modelle geliefert werden	F	4	—
Zapfenlager, große	C	2	18
kleine	F	4	—
Zinnpfannen	H	5	—
Zinkschmelzkessel, gewöhnliche	B	2	18
in Lehm zu gießende . .	E	3	20
Zinkformen	E	3	20
Zinkkessel-Einhängeplatten	HG	2	5
Zuckerkacheln	E	3	20
Emaillirte Ofentöpfe, Kessel, Wasserpfannen von 1 bis 2½ Centr., Krippen		5	20
Emaillirte Spucknäpfe		7	20

Benennung der Gußwaaren, welche nach dem Stück verkauft werden.	Preis pro Stück Thlr.	Sgr.	Pf.
Abendmahle	5	—	—
Ampeln (Verzierte Lampen zum Aufhängen)	8	—	—
Briefdrücker	—	13	—
— mit Hunden, Löwen, Schlangen	1	15	—
— — Windspielen ꝛc.	2	5	—
Büsten, des Königs	1	12	—
dito	14	—	—
der Königin Luise	2	10	—
des Kronprinzen	3	10	—
der Kronprinzessin	3	10	—
des Kaisers Nikolaus und der Kaiserin	3	10	—
des Fürsten Blücher	1	12	—
Luther	4	10	—
Melanchton	4	10	—
Werner	4	10	—
Formai	5	—	—
Reden	9	—	—
Ministers Heinitz	14	—	—
— Schuckmann . . .	3	10	—
Scharnhorst, Göthe u. Schiller à	1	12	—
Camine, als: zu Steinkohlenfeuerung . . .	6	—	—
Register	22	—	—
Crucifixe mit Postament	—	9	—
— —	—	22	—
— —	1	15	—
— —	8	15	—
— —	15	—	—
Christusfiguren, große	11	—	—
Dosen zu Rauchtaback	—	24	—
— — Schnupftaback	—	15	—
Flacongestelle	—	18	—
Geldkasten: Nro. 1 mit einem Riegelschloß, und 1¾ Centr. an Gewicht .	18	—	—
Nro 2 mit einem dergl., 3 Centr. 15 Pfund	26	—	—
Nro. 3 mit zwei dergl. 4½ Centr.	37	—	—

Benennung der Gußwaaren, welche nach dem Stück verkauft werden.	Preis pro Stück. Thlr.	Sgr.	Pf.
Nro. 1: 1′ 8″ lang, 1′ 1″ breit, 1′ 1″ hoch.			
Nro. 2: 2′ — — 1′ 3″ — 1′ 3″ —			
Nro. 3: 2′ 6″ — 1′ 6″ — 1′ 6″ —			
Grablegung Christi	2	—	—
Heckerling Schneidemaschinen Nro. 1 . . .	36	—	—
2 . . .	40	—	—
Ketten als Halsschmuck:			
der Zoll mit ovalen Gliedern	—	2	—
runden Gliedern	—	3	—
Lampen, verzierte	—	18	—
— —	1	5	—
— —	3	20	—
Leuchter, als: Altarleuchter	4	20	—
—	6	15	—
—	7	10	—
Armleuchter	1	16	—
—	1	25	—
—	5	5	—
Amor	1	—	—
—	1	10	—
Candelaber	30	—	—
Comtoir	—	12	—
mit knieenden Figuren . .	1	2	—
— stehenden Figuren . .	—	24	—
stehender Figur	1	—	—
— —	1	2	—
Kapselleuchter	1	5	—
Tafelleuchter	1	15	—
—	1	20	—
verzierte in 5 verschied. Sorten	—	15	—
Medaillen und Verzierungen: Nro. 1 . .	—	—	6
2 . .	—	1	—
3 . .	—	1	6
4 . .	—	2	—
5 . .	—	2	6
6 . .	—	3	—

Benennung der Gußwaaren, welche nach dem Stück verkauft werden.	Preis pro Stück. Thlr.	Sgr.	Pf.
Medaillen und Verzierungen: Nro. 7 . .	—	3	6
8 . .	—	5	—
10 . .	—	6	—
12 . .	—	7	—
16 . .	—	9	—
20 . .	—	11	—
24 . .	—	13	—
28 . .	—	16	—
32 . .	—	18	—
40 . .	—	22	—
Messerträger, das Dutzend	—	25	—
Pferderaufen Nro. 1	1	10	—
2	1	14	—
3	1	18	—
Räucherlampen 2 Sorten à	1	5	—
—	—	20	—
Schalen, als: Fruchtschalen	1	15	—
verzierte Kunstschalen . . .	12	—	—
Opferschalen	3	20	—
Räucherschalen	1	25	—
ovale Schalen	3	—	—
Schreibzeuge, glatte und mit Muscheln . .	1	—	—
verzierte	1	15	—
mit Briefdrücker	2	25	—
— Merkurkopf	1	15	—
— Löwenkopf	1	15	—
— Amor.	1	15	—
— Napoleons Grabmal . .	1	15	—
Schrotmühlen	14	—	—
Schmuckhalter mit Schlange, Muschelschale und Terrasse à	1	—	—
Spirituslampen	1	5	—
Statuen 4½″ hoch; Friedrich II.; Napoleon, dessen Sohn, Poniatowsky, Blücher und Luther à	1	—	—
Fürst Blücher, 10″ hoch	4	—	—

Benennung der Gußwaaren, welche nach dem Stück verkauft werden.	Preis pro Stück. Thlr.	Sgr.	Pf.
Friedrich II. zu Pferde	14	—	—
dito kleiner	2	15	—
Friedrich und Napoleon 7″ hoch . .	1	20	—
Alexander I., Kaiser von Rußland . .	5	—	—
Scharnhorst und Bülow, 21″ hoch .	9	—	—
Tische, antike, Nro. 1	14	—	—
2	21	—	—
Tischglocke (ein gothischer Thurm) . . .	4	—	—
Thürklopfer	—	13	—
Uhrenpostamente mit Lyra	—	24	—
— — Muschel	—	24	—
— — gothischen Bogen . .	—	24	—
Vasen: antike Vasen mit Einsatz	6	11	—
— —	9	—	—
mittlere Vasen	1	15	—
Blumen-Vasen	2	15	—
kleine verzierte Vasen	—	25	—
dito	3	—	—
Waagebalken. tragen auf jeder Seite:			
Nro. 1. 3′ 8″ lang 2½ bis 3 Centr.	6	—	—
— 2. 4′10″ — 8 bis 10 —	9	16	—
— 3. 6′ 6″ — 14 bis 16 —	16	—	—
Wachsstockscheeren	—	15	—
Waffelkuchen-Eisen	—	25	—

Benennung der Stückwaaren.	Emaillirte. Thlr.	Sgr.	Pf.	Rohe. Thlr.	Sgr.	Pf.
Abrauchschaalen	1	5	—	—	22	—
Bratpfannen, Nro. 1 . . .	—	8	—	—	4	—
2 . . .	—	15	—	—	8	—
3 . . .	—	18	—	—	9	—
4 . . .	—	30	—	—	10	—
5 . . .	—	24	—	—	13	—
6 . . .	1	2	—	—	16	—
7 . . .	1	8	—	—	19	—
8 . . .	1	20	—	—	25	—
Casserollen mit einem geschmiedeten Stiele, als: bauchichte Nro. 1	—	14	—	—	10	—
2	—	16	—	—	11	—
3	—	18	—	—	13	—
4	—	26	—	—	17	—
flache Nro. 1	—	14	—	—	10	—
2	—	17	6	—	12	6
3	—	21	—	—	15	—
4	—	26	—	—	17	6
dito flach mit 2 Henkeln Nro. 1	—	6	—	—	2	6
2	—	9	—	—	5	—
3	—	14	—	—	8	9
4	—	20	6	—	13	9
Digestor, Nro. 1	2	20	—	2	6	—
2	3	2	6	2	22	6
Milchnäpfe, Nro. 1	—	12	—	—	7	—
2	—	18	—	—	11	—
3	—	22	6	—	13	—
4	1	5	—	—	18	—
Schinkenkessel, Nro. 1 . . .	1	22	6	1	6	—
2 . . .	2	7	6	1	16	—
Schüsseln, Nro. 1	—	8	—	—	5	—
3	—	16	6	—	8	—
5	1	3	—	—	16	—
Teller, Nro. 1	—	4	6	—	2	6
2	—	6	—	—	3	—

Benennung der Stückwaaren.	Emaillirte.			Rohe.		
	Thlr.	Sgr.	Pf.	Thlr.	Sgr.	Pf.
Tiegel, flache, oder Eierkuchenpfannen mit u. ohne Füße Nr. 1	—	7	6	—	4	—
2	—	9	—	—	5	6
3	—	12	6	—	8	—
4	—	18	—	—	13	—
Leimtiegel Nro. 1	—	3	6	—	1	3
2	—	5	—	—	3	—
3	—	9	—	—	5	6
4	—	12	6	—	8	—
Tiegel, tiefe, mit und ohne Füße: Nro. 1 .	—	5	—	—	3	—
2 .	—	7	6	—	4	—
3 .	—	9	—	—	5	6
4 .	—	12	6	—	8	—
5 .	—	20	—	—	12	6
Theekessel	1	4	—	—	24	—
Sahntöpfe, Nro. 1	—	2	—	—	1	—
2	—	3	—	—	1	3
Töpfe und Schmortöpfe, Nro ½ und 1	—	3	6	—	1	3
2	—	6	—	—	2	6
3	—	7	6	—	3	9
4	—	9	—	—	5	—
5	—	11	—	—	6	3
6	—	12	6	—	7	6
7	—	14	—	—	8	9
8	—	16	—	—	10	—
9	—	17	6	—	11	3
10	—	19	—	—	12	6
11	—	20	6	—	13	9
12	—	22	—	—	15	—
13	—	23	6	—	16	3
14	—	25	—	—	17	6
15	—	27	—	—	18	9
16	—	28	6	—	20	—
17	1	—	—	—	21	3

Benennung der Stückwaaren.	Emaillirte.			Rohe.		
	Thlr.	Sgr.	Pf.	Thlr.	Sgr.	Pf.
Töpfe u. Schmortöpfe, Nro. 18	1	2	—	—	22	6
19	1	3	6	—	23	9
20	1	5	—	—	25	—
21	1	7	—	—	26	3
22	1	9	—	—	27	6
23	1	11	—	—	28	9
24	1	12	6	1	—	—
32	1	28	—	1	10	—
36	2	5	—	1	15	—
42	2	15	—	1	22	6

Kunstgießerei.

§. 832.

Von der Lehmförmerei ist die ältere Art der Kunstförmerei eigentlich nicht verschieden, indem der Kern bei dieser so wie bei jener aus Lehm gebildet und die Eisenstärke mit einem Mantel vom feinsten Lehm bekleidet wird. Der Unterschied liegt nur in der Masse, welche man zur Eisenstärke anwendet, und welche bei der Lehmförmerei aus Lehm, bei der Kunst- oder Statuenförmerei aber aus Wachs besteht. Statuen und eine Menge von Verzierungen würden es nämlich nicht zulassen, den Mantel von der Eisenstärke abzulösen, ohne diese selbst zu verletzen. Kommen solche Verzierungen einzeln an einem in Lehm zu gießenden Stück vor, so kann man die als Wachsabdrücke an der eigentlichen Eisenstärke befestigten Verzierungen, Köpfe u. s. f. beim Abnehmen des Mantels in demselben lassen und das Wachs vor dem Brennen des Mantels langsam ausschmelzen, so daß die ganze Gestalt der Wachsabgüsse im Mantel zurückbleibt, und beim Gießen mit Eisen ausgefüllt wird. Wenn aber die Menge der Verzierungen sehr groß ist, oder wenn die darzustellenden Flächen eine unter so verschiedenen Winkeln gegen einander geneigte Lage haben, oder wenn unter den erhaben hervortretenden Theilen wieder Vertiefungen vorkommen, welche von den erhabenen Theilen theilweise und übergreifend bedeckt werden; so würde es unmöglich seyn, den Mantel von der Eisenstärke abzuziehen, ohne die Wachsformen zu zerstören. Dann muß die ganze Eisenstärke aus Wachs gebildet werden. Der Kern wird in diesem Fall mit den Wachsabdrücken belegt, so daß die einzelnen Wachstafeln ein zusammenhängendes Ganzes bilden, wobei die Fugen, welche die einzelnen Wachsplatten beim Zusammenlegen oder Aneinanderstoßen bilden, so verstrichen werden müssen, daß von ihnen nichts sichtbar bleibt. Ist auf solche Art die ganze abzugießende Gestalt des Gußwerks in Wachs gebildet; so wird die Eisenstärke (das Wachs) mit dem feinsten geschlämmten Thon, dem etwas möglichst fein und zu Pulver zerriebener und durchgestäubter Graphit beigemengt ist, überpinselt. Dies Ueberstreichen wird nach dem jedesmaligen Trocknen zehn- bis funfzehnmal wiederholt, und endlich eine etwas stärkere Lage von Thon, der mit Haaren locker gemacht ist, zum Mantel gegeben, wobei die Befestigung des Mantels nicht vergessen werden darf. Untergearbeitete Stellen werden vorsichtig mit der Thonmasse ausgefüllt und mit der Masse des Mantels in Verbindung gesetzt. Weil der Mantel weder abgezogen noch abgehoben, sondern das die Eisenstärke bildende Wachs ausgeschmolzen wird, so muß dafür gesorgt seyn, daß das schmelzende Wachs am Boden der Form auslaufen kann und dort aufgefangen wird. Diese Ableitungskanäle werden demnächst sorgfältig verstopft, nämlich mit gebrannten Thonstöpseln ausgefüllt und verklebt, die Form mit großer Vorsicht und bei langsam steigender Hitze, durch Umgebung mit glühenden Holzkohlen, sehr stark getrocknet, dann eingedämmt und abgegossen.

Weil mit diesen Formen sehr behutsam umgegangen werden muß, und weil sie auch nicht einmal ein starkes Brennen vertragen, indem durch starkes Schwinden und durch Risse leicht fehlerhafte Güsse entstehen können: so muß der Kern vor dem Auftragen der Eisenstärke oder des Wachses schon gebrannt seyn. Was dann noch an der Eisenstärke fehlt, um bei Statuen das richtige Verhältniß derselben überall hervorzubringen, sucht man durch Wachs, welches unter die Wachstafeln gelegt wird, in denen sich die Abdrücke oder die eigentliche Form befindet, zu ergänzen. Die Ueberzüge, die den Mantel bilden, müssen immer sehr schwach gemacht werden und sehr lange trocknen, damit nicht viel Feuchtigkeit zurückbleibt.

Die Formen, in denen sich die Abdrücke zu den Statuen oder Verzierungen befinden, welche in Eisen gegossen werden sollen, sind in Gips gearbeitet. Die Anfertigung dieser Formen ist ein Gegenstand für den Bildhauer oder für den Modelleur, dem es auch in der Regel überlassen wird, die Wachsabgüsse aus diesen Formen zu nehmen, um die aus den einzelnen Gipsformen erhaltenen Wachsabgüsse, welche zusammen ein Ganzes bilden sollen, auf den Kern auftragen zu können. Das Auftragen der Wachsmodelle auf den Kern erfordert deshalb Genauigkeit, Gewandtheit und Geschicklichkeit, weil die Wachsformen oft aus vielen kleinen Theilen bestehen, welche an einander gefügt werden müssen, ohne daß das Verhältniß des darzustellenden Ganzen zu dem einzelnen Theile leidet, oder gegen das nachzubildende Original verändert wird.

§. 833.

Eine andere Art der Kunstförmerei ist von der eben beschriebenen wesentlich verschieden. Sie wird jetzt zum Gießen kleinerer sowohl als kolossaler Statuen häufig angewendet und ist eigentlich eine Art von Kastenförmerei, indem man sich eines fertigen Modelles (von Metall, Holz, Gips, Thon oder Wachs) ferner einer sehr feinen Masse, welche die Eindrücke von dem Modell annehmen und die eigentliche Form bilden soll, und endlich der gewöhnlichen Masse zur Bildung des Kerns bedient. Von der Kastenförmerei unterscheidet sich diese Art der Kunstförmerei dadurch, daß nach Umständen bald das Modell selbst aus oft sehr vielen, einzelnen Theilen besteht, welche über dem Kern zusammengesetzt und einzeln aus der Formmasse ausgehoben werden; oder daß das Modell ungetheilt ist, die Formmasse aber, welche die äußere Form oder den Mantel bildet, aus vielen einzelnen Stücken zusammengesetzt ist, welche demnächst wieder zusammengesetzt werden; oder, — welches am häufigsten der Fall ist, — daß sowohl das Modell, als auch der Mantel aus vielen einzelnen Stücken zusammengesetzt werden, wie es die Beschaffenheit des Gußstücks mit sich bringt. Es kommt nämlich darauf an, den Mantel aus so vielen einzelnen Stücken bestehen zu lassen, als erforderlich sind, damit diese einzelnen Theile des Mantels von dem Modell abgehoben oder abgezogen werden können, damit sie beim Zusammensetzen, nach der Wegnahme des Modelles, die ganze Gestalt desselben genau und treu darstellen. Das Einformen geschieht in gewöhnlichen Formkasten; indeß erfordert es oft eine große Ueberlegung und eine große Gewandtheit von Seiten des Förmers, die einzelnen Theile des Mantels zu bilden und wieder zusammenzusetzen, und dem Kern eine solche Gestalt zu geben, daß die Metallstärke des Gußstücks nicht zu ungleich ausfällt. Besonders erfordert das Bilden der untergearbeiteten Räume, welche durch eingelegte und oft schwierig zu befestigende Massenstücken hervorgebracht werden, eine große Uebung. Sind die einzelnen Theile des Mantels über dem Modell wieder zusammengesetzt, so werden erst die Kasten über dem Mantel mit Formsand vollgestampft, alsdann von dem Mantel abgehoben, dessen einzelne Theile nun stückweise von dem Modell weggenommen und in der Hauptform in dem Kasten wieder zusammengesetzt werden. Das Modell kann erst weggenommen werden, wenn der ganze Mantel stückweise abgehoben und in der Hauptform in den Kasten wieder eingesetzt ist. — An den

Stellen, wo die Form aus Theilen zusammengesetzt ist, bilden sich, auch bei der größten Geschicklichkeit des Förmers, schwache Gußnäthe, welche durch Schleifen, Feilen und Ciseliren weggeschafft werden müssen.

Große Statuen, Gruppen u. s. f. werden jetzt selten mehr aus einem Stück und aus einem Guß angefertigt. In der Regel werden die Köpfe, Arme, Hände, Gewänder oder andere von der Hauptmasse des Gußstückes entfernte und weit abstehende Theile, einzeln gegossen und mittelst versteckter Schrauben und Niethen befestigt, worauf das Ciseliren oder Nacharbeiten des oft aus vielen Theilen zusammengesetzten Gußstücks erfolgen muß.

Schriften über Förmerei und Gießerei.

Mémoire de physique sur l'art de fabriquer le fer, d'en fondre et forger les canons d'Artillerie; par Grignon. Paris 1775. — de Reaumur, nouvel art d'adoucir le fer fondu, et de faire des ouvrages de fer fondu aussi fines que de fer forgé. Paris 1762. — Ueber die Amsterdamer Eisengießerei, in dem Bergm. Journ. f. 1791. II. 102. u. f. — Sprengel's Handw. u. Künste. Berlin 1790. 5te Sammlung. — Monge l'art de fabriquer les canons. — Abbildung der eisernen Waaren, welche zu Gleiwitz und Malapane in Oberschlesien gegossen werden. Leipzig, Baumgärtnersche Buchhandl. Heft 1—4. — Magazin von Abbildungen der Gußwaaren aus der Königl. Eisengießerei zu Berlin. Heft 1 — 6. Berlin 1816—1820. Abbildungen der Gußeisen-Waaren aus der Königl. Preuß. Eisengießerei zu Saynerhütte. Bonn 1823. — Abbildungen der vorzüglichsten Eisenwaaren, welche auf den Königl. Baierischen Eisenhüttenwerken gegossen werden. München 1822. — Neue Abbildungen von Gußwaaren der Königl. Würtembergischen Eisengießerei zu Wasser-Alfingen. Stuttgard. 4 Hefte. Zeichnungen von Gußwaaren, welche auf den Eisenwerken unter dem Mägdesprunge angefertigt werden. Quedlinburg 1823. — W. A. Tiemann Abhandlung über die Förmerei und Gießerei auf

Eisenhütten. Mit 3 Kupf. Nürnberg 1803. — Sur les fonderies de fer, avec une notice sur le moulage et la confection de toute sorte d'objets en fer coulé, in den Ann. des Arts et manufactures, XVIII. 113 — 135. — Déscription d'une chambre à moulage pour les petites fonderies, combinée avec de fourneaux de carbonisation pour les charbons de terre. Ebend. XIX. 242—244, — Wuttig; die Kunst, aus Bronze kolossale Statuen zu gießen. Berlin 1814. — Essai sur les opérations pratiquées lors de la fusion en bronze des statues colossales d'un seul jet. St. Petersbourg. 1810. — Zur Geschichte der Eisengießerei im Allgemeinen, und insbesondere der Bildgießerei von Eisen. Martins; Archiv f. Bergbau IX. 491. u. f.

Vollendung der Gußwaaren.

§. 834.

Die Gußwaaren sind so, wie sie aus der Hand des Förmers kommen, noch nicht als vollendet anzusehen. Auch bei der sorgfältigsten Behandlung der Formen lassen sich kleine Näthe auf den Stellen, wo die Modelle getheilt sind, beim Sandguß nicht vermeiden. Außerdem brennt die Formmasse mehr oder weniger an, und setzt sich zum Theil in die Oberfläche des Eisens, wodurch die Gußwaaren rauhe Flächen erhalten. Die Darstellung möglichst glatter Flächen sollte zwar durch gute Formmassen immer bewirkt werden können, indeß läßt sich ein untadelhafter Guß bei mittelmäßigem Material nicht erreichen. Endlich müssen auch die Stellen, an denen die Eingüsse bei den Gußwaaren angebracht sind, mit Sorgfalt nachgesehen und alle Unebenheiten weggearbeitet werden. Dies ist das Geschäft der Gußwaarenputzer. Das Putzen der Gußwaaren geschieht theils mit Meißeln und leichten Spitzhämmern, mit denen die Näthe und die stehen gebliebenen Erhabenheiten von den Eingüssen weggeschafft werden, theils mit groben Feilen, um die eingebrannte Formmasse von den Theilen zu entfernen, wo man die Flächen mit Sandstein nicht abreiben kann. Als Feilen bedient man sich zum ersten Abreiben der Formmasse gegossener eiserner Stäbe, welche das Ansehen von gezähnten Stangen haben.

§. 835.

Bei manchen Gußwaaren wird noch eine weitere Bearbeitung als die des Putzens erfordert. Aus einzelnen Gußstücken zusammengesetzte Sachen, z. B. Gitter, Brückenbögen, Röhrenleitungen, Maschinentheile, müssen vor der Ablieferung genau zusammengepaßt und zusammengesetzt werden. Je weniger die Gußwaaren beim Zusammenpassen mit dem Meißel oder mit der Feile nachgearbeitet werden dürfen, desto vollkommner ist die Gießerei zu nennen; wo aber ein wirkliches Beschlagen mit eisernen Bändern, oder eine Zusammenfügung einzelner Theile durch Schlösserarbeit nöthig wird, da muß das Eisen weich genug seyn, sich feilen und bohren zu lassen. Das Bohren der Löcher zum Einbringen von geschmiedeten Schrauben oder Niethen ist eine einfache Arbeit, und geht vermittelst eines meißelartig konstruirten stählernen Bohrers, der durch eine einfache Maschinerie gegen das Gußeisen gedrückt wird, während der Arbeiter ihn mit einer Handhabe schnell umdreht, leicht von statten, wenn das Eisen weich und grau ist.

§. 836.

Nicht allein wegen der Sprödigkeit des weißen Roheisens, wodurch es so wenig Haltbarkeit zu den meisten Gußwaaren besitzt, daß diese oft schon durch die geringste Temperaturveränderung, oder doch durch sehr leichte Stöße und Schläge augenblicklich zerspringen; sondern vorzüglich wegen der Unmöglichkeit, das harte weiße Roheisen mit der Feile und mit dem Bohrer zu bearbeiten, ist Reaumur sehr bemüht gewesen, ein Verfahren auszumitteln, dem weißen Roheisen durch Glühen mehr Haltbarkeit und Weichheit mitzutheilen. Er fand, daß die Gußwaaren durch Glühen zwischen Kohlenstaub und Knochenasche oder zwischen gepulvertem Kalk weicher und haltbarer wurden, und schlug dies Mittel zur Vervollkommnung der Gießereien vor. Die Anwendung von gutem gaaren Eisen und von möglichst trocknen Formen, reichen auch wirklich bei dünnen Gußstücken nicht hin, die durch das Abschrecken beim plötzlichen Erstarren entstehende Sprödigkeit zu verhüten, weshalb das Ausglühen der Gußwaaren in verschlossenen Gefäßen, zwischen einem Gemenge von Kohlenstaub und Knochenasche, oder das Tempern, ein ganz vorzügliches und sehr empfehlenswerthes Mittel ist, den Gußwaaren Festigkeit und selbst Geschmeidigkeit mitzutheilen. Die aus weißem oder abgeschrecktem grauem Roheisen angefertigten Gußwaaren bekommen durch das Glühen mit lockeren Substanzen (Asche, Kuhmist und Lehm, Kohlenstaub Sand u. s. f.) eine weiche und oft geschmeidige Beschaffenheit; allein wenn die Wirkung der Hitze das ganze Stück durchdringen, also für die weitere Bearbeitung der Gußwaaren von Erfolg seyn soll, so dürfen die Stücken nicht zu dick seyn, und das Ausglühen muß mindestens 24 Stunden lang fortgesetzt werden. Bei dünnen Gußwaaren, welche durch das Abschrecken in der Form spröde geworden sind, und denen man mehr Haltbarkeit und die Fähigkeit, sie zu befeilen, mittheilen will, ist das Tempern jederzeit nothwendig. Alle solche kleineren Gußwaaren, die einer ferneren Bearbeitung unterliegen sollen, müssen aus grauem Roheisen, welches beim Gießen in den Formen leicht abschreckt und weiß wird, gegossen und dann getempert werden, indem sich das graue Roheisen zum Tempern nicht eignet (§. 135.). Man hat in der neueren Zeit aus Roheisen gegossene Arbeiten dargestellt, welche man früher nur aus geschmeidigem und biegsamen Stabeisen darstellen zu können glaubte und das Gußeisen hat durch das Tempern seine Natur so verändert, daß man nicht selten darüber in Zweifel gerathen könnte, ob man eine gegossene oder geschmiedete Waare vor sich habe. Bis jetzt ist es jedoch noch nicht gelungen, andere gußeiserne Gegenstände, als solche von der Stärke einiger Linien in den Zustand des geschmeidigen Eisens zu versetzen.

Auf mehren Gießereien in England findet man schon sehr ins Große gehende Einrichtungen zum Tempern der kleinen Gußwaaren. Zu West Brumwich bei Birmingham befindet sich der auf den Zeichnungen Taf. XXVII. Fig. 1 — 7. dargestellte Temperofen. Die Gußwaaren werden mit dem zum Tempern bestimmten Material in gegossene eiserne Kapseln gebracht, welche auf eisernen Wagen in den Ofen geschoben und nach 24 Stunden aus demselben wieder herausgezogen werden. In Brumwich fertigt man fast nur eiserne Kochgeschirre an, welche nach dem Guß getempert, dann abgedreht und verzinnt werden. Die gute Verzinnung ist von der mehr oder weniger vollkommenen Umänderung des spröden Roheisens in den geschmeidigen, stabeisenartigen Zustand abhängig. Sonst werden auch Hufeisen, Nägel, grobe Messer, Gabeln u. s. f. nach dem Guß getempert und sind von den geschmiedeten, wenigstens hinsichtlich ihrer Festigkeit und Geschmeidigkeit, nicht zu unterscheiden.

Extrait du Rapport fait à la Société d'Encouragement, sur le prix donné à M. M. Baradelle et Déodor, pour la fabrication de divers objets de petite dimension en fonte de fer adouci. Par G. de Laumont. Annales des mines IV. 159 — 164.

§. 837.

Das Schleifen der Gußwaaren erfordert nur wenig Vorrichtungen, nämlich einen gewöhnlichen Schleifstein, welcher am besten durch Wasserkraft betrieben wird. Ambossen, Bügeleisen u. s. f. ertheilt man auf dem Schleifstein glatte Flächen, und oft ist es auch thunlich, Eingüsse, Näthe u. s. f. wegzuschleifen, wodurch die Gußwaaren ein gefälligeres Ansehen erhalten. — Ganz ebene Flächen würden selbst auf Schleifsteinen mit horizontaler Bewegung nicht geschliffen werden können; indeß hat man sich, in Ermangelung besserer Vorrichtungen lange damit begnügen, auch allenfalls durch Befeilen nachhelfen müssen. Später wendete man die Eisenhobelmaschine an, durch welche sich ganz ebene horizontale und unter bestimmten Winkeln geneigte Flächen darstellen lassen.

§. 838.

Gegossenen Katätschenkugeln und kleineren Kanonenkugeln ertheilt man dadurch einige Politur, daß man sie in eine hölzerne mit eisernen Bänden befestigte Tonne, oder in eine sogenannte Trommel bringt, und die Trommel um ihre Axe dreht, wodurch sich die Kugeln gegen einander abreiben. Die Bewegung der Trommel muß aus bekannten Gründen nicht zu schnell, auch darf sie nicht zu sehr mit Kugeln angefüllt seyn.

§. 839.

Zum Ausbohren der Gußwaaren dienen stählerne Schneiden, welche in einem Bohrkolben eingesetzt sind. Gute Schneiden erfordern guten Stahl, sachkundige Bearbeitung und richtige Beurtheilung der Temperatur zum Schmieden und Härten des Stahls. Der Bohrkolben erhält mit Einschluß der hervorragenden Bohrschneiden, den Durchmesser, den das auszubohrende Gußstück bekommen soll. In manchen Fällen wendet man mehre Sätze von Bohrern an, bohrt mit einem Satz erst vor, und wenn das ganze Stück durchgebohrt ist, nimmt man den zweiten Satz, oder den sogenannten Schlichtbohrer, zum Schlichten oder völligen Calibriren der Oeffnung. Ein solches Verfahren findet auch beim Ausbohren der Geschütze statt.

Die Vorrichtungen zum Ausbohren der Gußwaaren sind verschieden. Es muß beim Bohren eine doppelte Bewegung, nämlich eine Axenbewegung und eine Längenbewegung, statt finden. Zuweilen giebt man der auszubohrenden Gußwaare die Längenbewegung, und läßt den Bohrer sich um seine Axe drehen. Dies findet z. B. beim Ausbohren von dünnen Röhren statt. Der Bohrkolben ist im Mittelpunkt der bewegenden Kraft, oder des Bohrrades, befestigt, und macht die vorgeschriebene Anzahl von Umdrehungen. Die auszubohrende Röhre ist auf einem Schlitten dergestalt befestigt, daß sie nach keiner Seite ausweichen oder sich verrücken kann, daß aber die Axe derselben mit der Axe des Bohrkolbens, oder mit dem Mittelpunkt der Axenbewegung des Bohrers, genau in einer geraden und horizontalen Linie liegt. Der Schlitten, worauf die Röhre gelegt ist, läuft auf vollkommen horizontalen eisernen Straßschienen, wird mit Gewichten gegen den Bohrer gedrückt, und schiebt auf diese Art die Röhre in dem Verhältniß weiter gegen den Bohrer, oder diesen in die Röhre hinein, als der Bohrer keinen Widerstand mehr findet, welches so lange fortgeht, bis der Bohrer an dem entgegengesetzten Ende der Röhre zum Vorschein kommt.

Bei schweren Sachen, z. B. bei eisernen Geschützen, wird umgekehrt verfahren, indem man das Geschütz mit einem an der Traube befindlichen eisernen Zapfen, (welcher daher auch immer mit angegossen werden muß, und erst nach der gänzlichen Vollendung des Geschützes weggearbeitet wird) an der Bohrscheibe oder am Bohrrade befestigt, und dadurch dem auszubohrenden Geschütz die Axenbewegung giebt. Die zu bohrenden Gegenstände müssen hierbei aber sorgfältig unterstützt werden, damit sie nicht aus der horizontalen Linie weichen und sich auch nicht verrücken. Der Bohrkolben mit den Bohrschneiden, welcher die Längenbewegung macht, ist auf einem besonderen, mit dem Schlitten in Verbindung gesetzten Bohrgerüst befestigt, und seine Axenlinie muß mit der Axe des auszubohrenden Stückes genau in eine gerade und horizontale Linie fallen. Durch den Druck, welchen der Schlitten vermittelst eines angebrachten Gewichts nach der Richtung gegen den auszubohrenden Körper erhält, wird auch der auf dem Schlitten befindliche Bohrkolben gegen das sich um seine Axe drehende Geschütz gedrückt und dadurch das immer tiefere Eindringen des Bohrers bewerkstelligt. Die Bohrstangen, an denen die Bohrkolben und Schneiden befestigt sind, müssen daher wenigstens die Länge der auszubohrenden Gußwaaren erhalten.

Die Bohrschneiden sind vorn, wo sie zuerst ins Eisen greifen, immer etwas abgerundet, damit sie nicht ausbrechen und einen leichteren Angriff auf das Eisen machen. Die Befestigung der Bohrer oder der auszubohrenden Sachen an der Bohrscheibe ist oft schwierig und erfordert viel Genauigkeit; noch mehr aber das sorgfältige Richten der Bohrstangen und der auszubohrenden Gußwaaren gegen einander. Der Schlitten muß genau gearbeitet seyn; die Lager, auf denen die Straßschienen für den Schlitten liegen, müssen eine vollkommen horizontale Lage haben, und überhaupt muß bei der ganzen Maschinerie alles Schwanken möglichst vermieden werden.

Die Geschwindigkeit der Umdrehungen richtet sich oft nach der Beschaffenheit des Stahls zu den Bohrschneiden, und nach der des Roheisens, aus welchem die auszubohrende Gußwaare besteht. Je stärker und härter der Stahl ist, desto weniger wird er durch Erhitzung weich, und je grauer das Roheisen ist, desto geringer ist der Widerstand, den es den Bohrschneiden entgegensetzt. Auch das in Flammenöfen umgeschmolzene graue Roheisen läßt sich gut bohren. Wenn eine starke Erhitzung eintritt, so versagen die Bohrschneiden ihren Dienst.

Auch die Dicke der Bohrschneiden ist sehr zu berücksichtigen. Obgleich die Schneide den auszubohrenden Körper nur in Einer Linie berührt, so muß die Schneide doch dick genug seyn, um den Widerstand des Drucks beim Bohren zu leisten. Zu dicke Schneiden gestatten aber keine vortheilhafte Härtung, weshalb es rathsam ist, die Schneiden so dünn als möglich zu machen, und sie so weit, als es nur des Angriffs wegen geschehen kann, in den Bohrkolben hineinzusetzen. Bei sehr dünnen Sachen werden die Schneiden nicht an einem Bohrkolben, sondern unmittelbar an der Bohrstange eingesetzt, welche zu diesem Ende mit einem Schlitz versehen ist, in welchen die Schneide eingekeilt wird.

Zum Ausbohren sehr großer Sachen, z. B. großer Cylinder, denen man weder eine Längen- noch eine Axenbewegung mit Bequemlichkeit geben kann, ohne befürchten zu müssen, daß durch die geringste Ausweichung von der Axenlinie, wegen des großen Durchmessers, eine zu große Abweichung in der Concentricität entstehen würde, sind andere Vorrichtungen erforderlich. Der auszubohrende Cylinder wird nämlich über eine mit einer Rinne oder einem Falz versehene Bohrstange geschoben, und auf einer unbeweglichen Unterlage mit Ketten und Stricken dergestalt befestigt, daß er nach keiner Seite ausweichen, sondern unerschütterlich liegen bleiben muß. Die Axenlinie der Bohrstange muß mit der des Cylinders vollkommen übereinkommen, oder die Axenlinie des letzteren muß mit der der Bohrstange in einer und derselben Horizontale zusammenfallen. Die Bohrstange ist auf der einen Seite im Mittelpunkt der Scheibe des Bohrrades befestigt, auf der andern Seite ruht sie auf einer festen Unterlage, jedoch so, daß sie sich ungehindert um ihre Axe drehen kann. Der Bohrkolben, welcher die Gestalt eines mit einem Radkranz versehenen Rades hat, an dessen Peripherie 4, 6 und mehre Schneiden eingesetzt werden, wird mit seinem Kranz auf die Bohrstange geschoben und durch einen eisernen Zahn, welcher in den Falz der Bohrstange greift, so genau befestigt, daß der Kolben die Kreisbewegung der Bohrstange nothwendig mitmachen muß. Die Längenbewegung wird dem Kolben dadurch ertheilt, daß dem Kranze desselben ein aufgebogener Rand gegeben wird, in welchem ein Halseisen einpaßt, welches zwar die Axenbewegung des Bohrkolbens ungehindert gestattet, aber dem Kolben auch zugleich eine Längenbewegung giebt, wenn es selbst, vermittelst eines an diesem Halseisen angebrachten Gewichts, fortgezogen wird. Zur Vereinfachung und zur mehreren Festigkeit hat man Muffen, welche ganz genau auf die Bohrstange passen und mit einer sorgfältig abgedrehten Rinne versehen sind, in welche das ausgebohrte Halseisen eingelegt werden muß, so daß sich die Muffe um das Halseisen bewegt und zugleich durch dasselbe eine Längenbewegung erhält. Die Bohrkolben werden dann nicht unmittelbar auf die Bohrwelle, sondern auf die Muffe geschoben, welche für alle Bohrkolben passend ist, vorausgesetzt, daß die Kränze der letzteren den Dimensionen der Muffe angemessen gemacht sind. Die Bohrkolben werden auf der Muffe fest gekeilt, so wie diese mit der Bohrwelle vermittelst der Keile und des vorhin erwähnten Zahns, der in den Falz der Bohrstange und der Muffe eingreift, fest verbunden wird. Die im Bohrkolben eingesetzten Schneiden erhalten daher durch die Verbindung mit der Bohrstange die Axenbewegung, und durch die Verbindung mit der Muffe, in welche das Halseisen eingreift, die Längenbewegung. Bei dieser Vorrichtung zum Ausbohren wird es besonders nothwendig, daß der Cylinder unerschütterlich fest liegt, und daß die Axenlinie desselben und der Bohrspindel oder der Bohrstange, in eine einzige Linie zusammenfallen.

Außer den eben erwähnten horizontalen Vorrichtungen zum Ausbohren der Gußwaaren giebt es noch senkrechte Bohrmaschinen, welche besonders beim Bohren der Geschütze angewendet werden. Die horizontalen Maschinen sind den vertikalen, wegen der Leichtigkeit des Aufbringens der Stücke, und wegen der größeren Vollkommenheit, mit welcher das Richten, folglich das Ausbohren selbst geschehen kann, vorzuziehen. Bei den vertikalen Bohrmaschinen hängt das auszubohrende Geschütz in einem beweglichen Schlitten, und bewegt sich durch seine eigene Schwere gegen den senkrecht aufstehenden Bohrer. Bei dieser Vorrichtung erhält also das Geschütz die Längen-, und der Bohrer die Axenbewegung.

§. 840.

Beim Abdrehen der Gußwaaren wird diesen immer die Axenbewegung, und den Drehschneiden die Längenbewegung gegeben. Die abzudrehenden Sachen werden im Mittelpunkt der Scheibe des Rades befestigt, welches oft sehr mühsam ist und mehre Vorrichtungen nöthig macht, damit sich das zu drehende Stück nicht verrücke. Die Drehschneiden sind in einem Drehständer eingesetzt, dessen Fuß auf einem Schlitten befestigt ist, welcher sich auf eisernen Straßschienen bewegt, und durch Gewichte dergestalt fortgeschoben werden kann, daß der auf ihm befestigte Drehständer mit seiner Drehschneide dadurch eine Längenbewegung gegen das um seine Axe sich drehende und abzudrehende Gußstück erhält. Durch die Größe der am Schlitten angehängten Gewichte, wird die Größe des Drucks der Schneide gegen den abzudrehenden Körper in Rücksicht des langsameren oder schnelleren Fortschreitens der Schneide nach der Länge des abzudrehenden Stücks bestimmt. Um aber die Drehschneiden gegen die abzudrehende Gußwaare zu drücken, und die Schneide gerade so weit eingreifen zu lassen, als es die Absicht ist, muß sie entweder gegen den abzudrehenden Körper gekeilt werden, oder man hat eine Vorrichtung mit einer Schraube, durch welche der Druck der Schneide gegen das Eisen, und die Tiefe, bis zu welcher dieselbe in das Eisen eindringen soll, genauer bestimmt werden kann.

Beim Abdrehen von harten Walzen ist der Grad der Härte sehr zu berücksichtigen. Je härter die Walze in der gußeisernen Kapsel geworden ist, also je stärker sich das Roheisen beim Guß abgeschreckt hat, desto langsamer muß die Umdrehung der Hartwalze beim Abdrehen erfolgen. Wenn eine gut gehärtete Stahlschneide bei einigen Umdrehungen der Walze heiß und gleich darauf stumpf geworden ist, so muß die Zahl der Umdrehungen der Walze vermindert werden. Mit dieser Verminderung der Zahl der Umgänge ist dann überhaupt so lange fortzufahren, bis eine gute harte Schneide den gehörigen Widerstand leistet. Man rechnet bei einer 14 Zoll im Durchmesser starken Hartwalze eine Umgangszeit von 30 Sekunden, wobei die Schneide, bei einem mäßigen Andrücken, nicht erhitzt wird.

Was vorhin von den Bohrschneiden erwähnt ward, ist auch auf die Drehschneiden anzuwenden.

Daß die Axe des abzudrehenden Stücks mit der Linie, welche der Schlitten beschreibt, also mit der Richtung der Straßschienen, auf denen sich der Schlitten bewegt, vollkommen parallel laufen muß, wenn das Eisen völlig cylindrisch abgedreht werden soll, bedarf keiner Erwähnung. Sollen aber konische und nach anderen Linien gekrümmte Sachen abgedreht werden, so muß die Drehschneide gerade die Bewegung gegen das abzudrehende Eisen machen, welche erforderlich ist, um die verlangte Gestalt hervorzubringen.

Beim Abschneiden verlorner Köpfe u. s. f. hat die Schneide natürlich keine Längenbewegung, sondern sie wird immer stärker (entweder mit der Hand oder durch Schrauben mit angehängten Gewichten, welche gegen die Schneiden drücken) gegen das Eisen angedrückt.

G. Mongé, description de l'Art de fabriquer les Canons. Paris 1789. — U. Huguenin, het Gietwezen in's Rijks Jjzer-Geschutgieterij te Luik, met betrekking, zoo tot het vervaardigen van Geschut, Projectiles enz. als tot de gebruikt wordende Jizersoorten en derzelver Bewerking. Gravenhage 1826.

§. 841.

Die fertig geputzten und bearbeiteten Gußwaaren werden häufig mit einem Ueberzuge oder mit einem Lack versehen, um sie gegen das Rosten zu schützen, besonders solche, die oft angefaßt, oder der Einwirkung der Witterung ausgesetzt werden.

Den feineren Gußwaaren, z. B. Medaillen und Verzierungen, giebt man einen Ueberzug von Leinölfirniß, welcher den Gußwaaren durch beigemengten feinen Ruß nach dem Eintrocknen eine gute und recht haltbare schwarze Farbe mittheilt. Ein anderes Mittel, den kleineren und feiner gegossenen Sachen einen schwarzen Ueberzug zu geben, besteht darin, daß man sie beinahe bis zum Anlaufen erhitzt, dann mit Firniß bestreicht, und so lange in der Anlaufhitze trocknet, bis der Firniß vollständig zersetzt ist.

Gröbere Gußwaaren erhalten dadurch einen Ueberzug, daß man sie mit erhitztem Theer (am besten mit Steinkohlentheer) überzieht und dann stark erwärmt, bis der Theer keine Dämpfe mehr entwickelt und auf der Oberfläche des Eisens eine schwarze Decke hinterläßt.

Gebohrte, gedrehte und geschliffene Sachen reibt man mit einer Salbe aus Schweinefett und fein gepulvertem Reißblei ein, um sie gegen das Rosten zu schützen. Ein vortreffliches Mittel, um selbst die feinsten Gußwaaren gegen das Rosten zu schützen und dabei die natürliche Farbe des Eisens zu bewahren, besteht darin, daß die Gußwaaren bis zu der Temperatur erwärmt werden, in welcher das weiße Wachs flüssig wird. Man reibt das erwärmte Gußstück mit weißem Wachs ab und nimmt den schwachen Wachsüberzug mittelst einer Bürste wieder weg. Das flüssige Wachs zieht sich in die Poren des Eisens, schützt dasselbe gegen den Rost und läßt die feinsten Gußeindrücke mit der natürlichen Eisenfarbe unversehrt.

Um Stubenöfen gegen das Rosten zu bewahren, läßt man sie, nachdem sie vorher geschliffen sind, braun ablaufen, oder man überzieht sie mit einer Auflösung von Kupfervitriol, um eine Bronzefarbe hervorzubringen. Dieser Ueberzug ist aber nicht haltbar.

§. 842.

Des Vergoldens, Versilberns, Verkupferns des Eisens ist schon im ersten Abschnitt gedacht. Das Gußeisen ist zu diesen Verfeinerungen weniger geschickt als das geschmiedete Eisen und der Stahl; auch fällt der Metall-Ueberzug auf Gußeisen immer schlecht aus. Unächte Vergoldungen und Versilberungen macht man mit Copalfirniß und Blattgold oder Blattsilber.

§. 843.

Das Anlaufenlassen ist bei dem Gußeisen, wenn das Gußstück nicht die Kosten des Schleifens und Polirens trägt, nicht üblich, weil der Anlauf auf Roheisen schlecht und ungleich ausfällt, und nicht Schutz genug gegen den Rost gewährt.

§. 844.

Die gegossenen eisernen Kochgeschirre besitzen die unangenehme Eigenschaft, manche Speisen, welche darin gekocht werden, schwarz zu färben. Dies Verhalten läßt sich dadurch in einem gewissen Grade heben, daß man die Gefäße vor dem Gebrauch mit Branntweingespühle, oder mit dem Rückstand vom Branntweinbrennen auskocht, dann mit einem reinen Lappen ausreibt, und zuerst einigemal fette Sachen darin auskocht. Die Reinigung der Gefäße nach dem jedesmaligen Gebrauch muß ohne Kratzen und Schaben, bloß durch Auswaschen mit Kleie vermittelst eines reinen Lappens, geschehen, worauf sie mit heißem Wasser ausgespült, ausgetrocknet und umgestürzt weggestellt werden.

§. 845.

Jenes Mittel ist indeß unzureichend, um die Angriffe der Speisen auf das Eisen und das Rosten desselben, besonders wenn die Gefäße selten gebraucht werden, zu verhindern. Man überzieht die Gefäße daher inwendig mit Zinn. Die Verzinnung auf Gußeisen ist schwierig, fällt schlecht aus und ist auch wenig haltbar, wenn das zu verzinnende Gußstück nicht vorher durch Tempern (§. 836.) seine roheisenartige Natur verloren hat und dann an den Stellen, welche einen Zinn-Ueberzug erhalten sollen, abgedreht ist. Weißes Roheisen nimmt das Zinn wenig und das graue noch weniger an, weshalb sich nur das durch Abschrecken weniger grau, fast weiß gewordene graue Roheisen, zum Gießen der zu verzinnenden eisernen Gegenstände eignet. Wenn diese Gefäße durch Tempern vorbereitet sind, so werden sie auf die schon früher (§. 260.) angegebene Weise verzinnt und erhalten dann eine um so dauerhaftere Verzinnung, je vollständiger sie durch das Tempern in den geschmeidigen Zustand versetzt und durch Abdrehen gereinigt worden sind.

§. 846.

In Deutschland und in Frankreich wendet man das Verzinnen der gegossenen eisernen Gefäße weniger an, ist aber desto mehr bemüht gewesen, denselben inwendig einen Ueberzug von Emaille zu geben, wodurch sie nicht allein gegen das Rosten geschützt werden, sondern auch den Einwirkungen schwacher Säuren gut widerstehen können. Das **Emailliren** der Gußwaaren ist ein nicht unbedeutender Gegenstand für Gießereien, weil die Anfertigung von Kochgeschirren häufig einen wichtigen Zweig für sie ausmacht.

Es fehlt nicht an Vorschriften zur Emaille; es kommt indeß auf die Bestandtheile derselben nicht weniger an, als auf die Art, sie aufzutragen und einzubrennen. Die nothwendige Leichtflüssigkeit glaubte man der Glasur zur Emaille früher nur durch einen Zusatz von Mennige oder von Glätte ertheilen zu können, indem man voraussetzte, daß sie in dem verglaseten Zustande, in welchem sie sich mit den übrigen Erden in der Emaille befinden, der Gesundheit nicht nachtheilig seyn würden, wenn die mit bleihaltiger Emaille überzogenen Kochgeräthe zur Bereitung von Nahrungsmitteln angewendet werden. Eine strenge Gesundheits-Polizei verwirft aber mit Recht eine solche Glasur und man ist daher bemüht gewesen, Glasuren ohne einen Gehalt von Mennige oder von Bleiglätte zusammen zu setzen. Alle Emaille auf eisernen Gußwaaren, welche eine Glasur erhält, in welcher sich Bleioxyd befindet, ist nicht allein mit geringeren Schwierigkeiten einzubrennen, sondern auch haltbarer als die Emaille, oder Glasur ohne Bleioxyd. Eine Blei haltende Emaille wird indeß wenig geschätzt, theils weil sie niemals ein schönes, weißes Ansehen erhält, theils weil die Besorgniß nicht ohne Grund ist, daß der Bleigehalt der Glasur, bei dem Gebrauch der Gefäße, der Gesundheit nachtheilig werden dürfte. Deshalb würde die Bleioxyd haltende Glasur nur für Geräthe anwendbar seyn, welche nicht zur Bereitung von Speisen angewendet werden.

§. 847.

Da die Emaille aus oxydirten Substanzen zusammengesetzt ist, so muß sie an einer oxydirten Oberfläche leichter und stärker haften, als an einer ganz metallischen. Es würde daher zweckmäßig seyn, den zu emaillirenden Gefäßen die Gußhaut zu lassen, mit welcher sie aus den Formen nach dem Guß genommen werden, indem diese Gußhaut als eine mehr oder weniger oxydirte Oberfläche zu betrachten ist. Die Erfahrung zeigt auch, daß die Gußhaut bei dem Emailliren der Gefäße nicht allein nicht nachtheilig ist, sondern daß die Emaille vielmehr an denjenigen Gefäßen, welche ihre Gußhaut behalten haben, am dauerhaftesten und vollkommensten haftet. Solche Gefäße werden vor dem Emailliren nur mit rauhem und festem Sandstein trokken ausgescheuert, um den Schmutz und besonders den Kohlenstaub fortzuschaffen, der in den Poren und in den kleinen Vertiefungen der Oberfläche des Gußstücks, aus der angewendeten Formmasse zurück geblieben ist. Die rein gescheuerten Gefäße werden in trocknen und gegen Staub geschützten Räumen so lange aufbewahrt, bis sie emaillirt werden sollen. Eine solche Vorbereitung ist jedoch nur bei den Gefäßen genügend, die aus Roheisen angefertigt sind, welches die Eigenschaft besitzt, sich bei dem Gießen in den Formen leicht abzuschrecken und eine, wenn auch nur ganz düune Oberfläche von weißem Roheisen zu erhalten. Das bei Holzkohlen erblasene Roheisen besitzt diese Eigenschaft in der Regel wenigstens bis zu dem Grade, daß sich die wenigen beim Erstarren an der Oberfläche ausgeschiedenen Graphitblättchen durch Reiben mit Sandstein entfernen lassen. Das bei Koaks im Hohofen erblasene, und auch das bei Koaks im Kupolofen umgeschmolzene Roheisen schreckt sich beim Gießen in Sandformen nicht bis zu dem Grade ab, daß auf der Oberfläche eine Umänderung des grauen in weißes Roheisen statt fände. Bei diesem Roheisen kann daher der Graphit, — welcher das vorzüglichste Hinderniß einer dauerhaften und gleichförmigen Emaillirung ist, — durch das einfache Abreiben und Scheuern der Oberfläche nicht fortgeschafft werden; sondern die daraus angefertigten Gußwaaren müssen vor dem Emailliren nothwendig gebeizt werden. Zur Beize kann man sich zwar der gewöhnlichen Fruchtbeize (Essigsäure) bedienen; allein das wirksamste und reinlichste Beizmittel ist stark verdünnte Schwefelsäure. Die verdünnte Säure wird in große hölzerne Gefäße gegossen, welche in einem mäßig erwärmten Raum stehen. Die zu emaillirenden Gußwaaren bleiben etwa 24 Stunden lang in der Flüssigkeit liegen, werden zuerst in warmem und demnächst in kaltem Wasser abgespühlt, nachdem sie beim Herausnehmen aus der Beizflüssigkeit inwendig ausgewischt worden sind, und bleiben in reinem Wasser so lange aufbewahrt, bis sie emaillirt werden sollen. Nothwendig ist es indeß, sich mit der Arbeit so einzurichten, daß die Gefäße nicht lange im Wasser verweilen, sondern fast unmittelbar nach dem Auswischen und Abspülen zum Emailliren gegeben werden, damit die gebeizte und gereinigte Fläche nicht rostet.

Das Geschäft des Emaillirens erfordert verschiedene Vorrichtungen. Zum Zerkleinern der Materialien ist ein Stampf- oder Pochwerk, oder auch ein Quetschwerk mit gegossenen eisernen Walzen erforderlich. Den höchsten Grad der mechanischen Zertheilung können die Materialien demnächst nur unter Mühlsteinen erhalten, indem sie auf einem Mühlwerk naß gemahlen und in den Zustand des feinsten Schlammes versetzt werden müssen. Zu den Mühlsteinen wendet man Sandstein, Porphyr oder Granit an, von dem letzteren jedoch nur solche Varietäten, welche wenig Glimmer enthalten. Zum Trocknen der Emaillemasse sowohl, als auch der zu emaillirenden Gefäße, vor dem Einbrennen der Emaille, müssen Trockenöfen vorhanden seyn, welche aus einem Heerd von gegossenen eisernen Platten bestehen, die durch eine Feuerung von unten erwärmt werden. Ein Tiegelofen dient zum Schmelzen der Emaillemassen. Die Tiegel werden aus feuerfestem Thon angefertigt. Zum Einbrennen der Emaillemassen sind Muffelöfen von verschiedener Größe erforderlich. Die Muffeln bestehen aus einer gegossenen eisernen Sohlplatte, welche einen muffelartig geformten gußeisernen Aufsatz erhalten. Man setzt nämlich die Muffel lieber aus zwei Theile zusammen, als daß man sie aus einem Stück bestehen läßt, theils weil sie dann dem Springen weniger ausgesetzt sind, theils weil eine schadhaft gewordene Haube leicht ausgewechselt werden kann, ohne den Boden der Muffel verändern zu dürfen. Als Feuerungsmaterial sind Steinkohlen, Holz oder Torf gleich anwendbar. Die Temperatur in den Muffelöfen braucht nicht größer zu seyn, als nöthig ist, um das Innere der Muffel in eine starke Rothglühhitze zu versetzen. Das Schmelzen der Grundmasse zur Emaille in den Tiegeln erfordert eine starke Weißglühhitze. Zum Schmelzen der Glasurmasse in den Tiegeln bedarf es gewöhnlich nur des höchsten Grades der Rothglühhitze.

§. 848.

Zum Emailliren der Gußwaaren ist eine doppelte Operation erforderlich. Die zu emaillirende Oberfläche muß nämlich zuerst eine Bedeckung durch eine Masse, — durch die so genannte Grundmasse, — erhalten, welche beim Einbrennen nur gefrittet, aber nicht in einen glasartigen geschmolzenen Zustand versetzt wird. Da sich das Eisen in höheren Temperaturen ungleich stärker ausdehnt, als die aus oxydirten Substanzen bestehende Decke, welche das Email bildet, so würde das Abspringen der Decke bei jeder Veränderung der Temperatur zu befürchten seyn, wenn sie in einem vollkommen geflossenen Zustande mit der Oberfläche des Eisens verbunden würde. Ist die Decke aber nur durch eine poröse Versinterung mit der Oberfläche des Metalles in Verbindung gesetzt, so können sich die aus der unvollkommenen Schmelzung, oder aus der Versinterung entspringenden Zwischenräume, in der Masse der Decke zusammenziehen und wieder ausdehnen, wenn die Gefäße erkalten oder wenn sie erhitzt werden, ohne ein Abspringen der Decke zu veranlassen. Eine solche poröse Decke würde indeß der Absicht beim Emailliren nicht entsprechen, weshalb die Grundmasse mit einer zweiten Decke, nämlich mit einer leichtflüssigen Glasur versehen wird, welche schon bei der Rothglühhitze in einen völlig geflossenen, ganz verglaseten Zustand geräth und die verlangte glatte Oberfläche der emaillirten Metallwaaren bildet. Weil die Glasur nicht unmittelbar mit der Oberfläche des Metalles, sondern mit der Grundmasse in Verbindung steht, so kann sie einer bedeutenden Temperaturveränderung unterworfen werden, ohne durch schnelle und starke Ausdehnung und Zusammenziehung abzuspringen.

Jeder Emailleüberzug besteht aus der Grundmasse und aus der Glasur, und da die erstere nur das Zwischenmittel zur Bedeckung des Eisens mit der Glasur, oder das verbindende Mittel zwischen beiden seyn soll, so darf sie nicht so leichtflüssig seyn, daß sie in der Rothglühhitze zu einem Glase schmelzt, aber auch nicht so strengflüssig, daß sie schon Weißglühhitze zum Zusammensintern, und dadurch zum Anhaften an der Oberfläche des Eisens erfordert. Die Glasurmasse muß dagegen schon in der Rothglühhitze in Fluß kommen und die Grundmasse mit einer vollkommen verglaseten Decke überziehen.

Die Grundmasse wird aus Kieselerde (Quarz), Feldspath, Borax und reinem Thon, in sehr verschiedenen Verhältnissen zusammengesetzt. Die Zusammensetzung richtet sich zum Theil nach dem Verfahren bei der Bereitung und bei dem Auftragen der Grundmasse, theils aber auch darnach, ob sie für sich allein aufgetragen, eingebrannt und dann erst mit der Glasur versehen wird, oder ob die Glasur auf die nicht eingebrannte Grundmasse gebracht wird und Grundmasse und Glasur gleichzeitig eingebrannt werden. Im ersten Fall müssen die zu emaillirenden Gefäße zweimal unter die Muffeln gebracht und eingebrannt werden, im letzten Fall ist kein doppeltes, sondern nur ein einfaches Einbrennen erforderlich. Die Ersparung an Zeit und Kosten, welche durch Umgehung des doppelten Einbrennens bewirkt wird, steht indeß nicht im Verhältniß mit der Dauerhaftigkeit und der Schönheit des Ueberzuges und daher muß dem Verfahren des doppelten Einbrennens, nämlich des Versinterns der Grundmasse und der darauf folgenden Schmelzung der Glasur, der Vorzug gegeben werden.

Eben so wenig ist das Verfahren zu loben, die Grundmasse im ungeschmolzenen Zustande aufzutragen und dann unter der Muffel einzubrennen. Besser ist es, die größeren Kosten nicht zu scheuen, und die Grundmasse vorher zu schmelzen, ehe sie aufgetragen und eingebrannt wird.

Die Zusammensetzung der Glasur richtet sich zum Theil auch nach dem Verfahren, welches beim Auftragen der Grundmasse befolgt wird. Wenn diese zuerst geschmolzen und dann für sich allein aufgetragen und eingebrannt wird, so kann man eine leichtflüssigere Glasur anwenden, als wenn die Grundmasse im rohen, ungeschmolzenen Zustande aufgetragen und mit der Glasur gleichzeitig, oder auch erst für sich eingebrannt und dann mit der Glasur versehen und zum zweitenmal unter die Muffel gebracht wird.

Am wenigsten anzurathen ist das Verfahren, die Grundmasse aus ihren Gemengtheilen zusammenzusetzen, dann roh und ungeschmolzen auf das zu emaillirende Gefäß zu bringen, sogleich mit der Glasurmasse zu versehen und Grundmasse und Glasur gleichzeitig unter der Muffel einzubrennen.

Nicht viel vorzüglicher ist die Methode, die Grundmasse

roh und ungeschmolzen aufzutragen, einzubrennen, dann mit der Glasurmasse zu versehen und zum zweitenmal einzubrennen.

Die Grundmasse vor dem Auftragen zu schmelzen, nach erfolgtem Auftragen mit der Glasurmasse zu versehen und dann die Grund- und die Glasurmasse gleichzeitig einzubrennen, ist auch kein Mittel, eine dauerhafte und haltbare Glasur zu erhalten. — Am mehrsten vorzuziehen ist das Verfahren, die Grundmasse sowohl, als die Glasurmasse, vor ihrer Anwendung zu schmelzen, durch Pochen und Mahlen in gewöhnlicher Art vorzubereiten, dann die Grundmasse zuerst für sich allein einzubrennen und die eingebrannte Grundmasse mit der Glasur zu versehen, welche in der zweiten Einbrennhitze verglaset wird.

Das Auftragen der Grundmasse und der Glasur erfordert Uebung und Fertigkeit. Die zum feinsten Pulver zermahlenen Massen werden mit Wasser zur Konsistenz eines dünnen Breies gebracht, welcher mit metallenen Löffeln in die zu emaillirenden Gefäße geschüttet, und durch Schwenken möglichst gleichförmig auf der ganzen Oberfläche vertheilt wird. Wenn die Wände der Gefäße überall mit der breiartigen Masse überzogen sind, kehrt man sie um, läßt die überflüssige Masse ablaufen und hilft durch Klopfen mit einem kleinen Hammer an den äußeren Wänden des Gefäßes an denjenigen Stellen nach, wo die Masse zufällig einen zu starken Ueberzug gebildet hat. Eine gleiche Stärke der breiartigen Masse auf der ganzen Oberfläche ist eine wesentliche Bedingung, um eine glatte, pacellenartige Fläche nach dem Einbrennen zu erhalten. Wenn nur mit einem Feuer eingebrannt wird, so wird die noch feuchte Grundmasse mit der Glasur bestäubt. Aber das Aufpudern der Glasur giebt nicht allein eine wenig haltbare, sondern auch eine fleckige, streifige und wolkige Oberfläche. Bei dem doppelten Einbrennen werden die mit der eingebrannten Grundmasse schon versehenen Gefäße mit heißem Wasser ausgeschwenkt und dann die Glasurmasse in derselben Art wie die Grundmasse auf die Oberfläche der letzteren aufgetragen. Der dünne Brei, in welchem die Grundmasse oder die Glasurmasse schwebend erhalten wird, muß stets eine Temperatur von etwa 30 Grad behalten, auch müssen die Gefäße immer in eben dieser Temperatur erhalten werden, damit die Masse bald antrocknet und das Wasser schnell verdampft. Vor dem Einbrennen müssen die Gefäße im Trockenofen vollkommen ausgetrocknet seyn, weil durch das Entweichen der Wasserdämpfe unter der Muffel, Risse, Sprünge oder ein gänzliches Ablösen der aufgetragenen Masse veranlaßt werden würde.

Ein Zusatz von Bleioxyd (Glätte oder auch Mennige) zur Glasurmasse giebt die haltbarste und eine recht glatt geflossene Glasur, allein sie ist bei Kochgeschirren nicht anwendbar und besitzt auch niemals die weiße Farbe, welche von einer schönen Glasur verlangt wird. Eine satte weiße Farbe kann die Glasur nur durch einen Zusatz von einem stark deckenden Metalloxyd erhalten, wozu das Zinnoxyd gute Dienste leistet. Man bereitet dasselbe sehr leicht aus regulinischem Zinn, durch Oxydation desselben unter einer thönernen Muffel, bei Luftzutritt und in einer schwachen Rothglühhitze. Das Oxyd wird mittelst einer eisernen Kratze fortwährend abgezogen. Hat man eine hinreichende Quantität bereitet, so wird es abermals, und in einer etwas stärkeren Hitze, unter der Muffel bei ununterbrochenem Umrühren geröstet, wodurch es eine weiße Farbe erhält. Das fein zertheilte Oxyd muß dann vor der weiteren Anwendung durch ein feines Metallsieb gesiebt werden.

Der Quarz und der Feldspath, welche für die Grundmasse oder für die Glasurmasse angewendet werden, müssen zuerst durch Brennen mürbe gemacht, dann unter das Pochwerk oder unter ein Walzen-Quetschwerk gebracht, gesiebt und demnächst auf der Mühle gemahlen werden.

§. 849.

Eine gute Grundmasse für die Emaille erhält man durch das Zusammenschmelzen von 10 Theilen (calcinirtem und fein gesiebtem, oder auch gemahlenem) Quarz und von 6 Theilen rohem Borax. — Oder auch von 6 Theilen Quarz, 6 Theilen Feldspath und 5 Theilen Borax. — Oder auch von 6 Theilen Quarz, 6 Theilen Feldspath, 3 Theilen calcinirtem kohlensaurem Natron und 3 Theilen Borax. — Diese Gemenge werden in feuerfesten Thontiegeln in sehr starker Weißglühhitze geschmolzen, oder wenigstens in einen zähflüssigen Zustand versetzt. Nach dem Erkalten wird die Masse zerschlagen, von der etwa anhängenden Tiegelmasse befreit, zerstampft, gesiebt und dann mit dem gleich anzuführenden Zusatz unter den Mühlsteinen naß gemahlen. 60 Gewichtstheile von der gesiebten Masse werden nämlich mit 10 Theilen reinem weißem fein geschlämmtem Thon und mit 5 Theilen fein gesiebtem Feldspath gemengt und 75 Pfund von diesem Gemenge mit 4 Kubikfuß Wasser verdünnt zum Zermahlen auf das Mühlwerk gegeben. Die auf diese Art erhaltene zähflüssige Masse wird, unter beständig fortgesetztem Umrühren, einigemal aufgekocht und dann sogleich zum Auftragen der zu emaillirenden Gefäße angewendet. Nach dem erfolgten Trocknen auf dem Trockenheerde, — wozu mehre Stunden erforderlich sind, — erfolgt das Einbrennen unter der Muffel bei starker Rothglühhitze und unter häufigem Wenden und Drehen der Gefäße. Die eingebrannten Gefäße werden nach dem Erkalten in heißes Wasser getaucht, mit der Glasurmasse getränkt, in anhaltender Wärme auf dem Trockenheerde getrocknet und erst, nachdem sie vollkommen getrocknet sind, zum Einbrennen bei nicht sehr starker Rothglühhitze, zu den Muffelöfen abgegeben. Die äußeren Flächen der emaillirten Gefäße versieht man mit einem schwarzen Anstrich, welcher gewöhnlich aus Steinkohlentheer besteht, der auf dem erhitzten Gefäß vollständig verdampfen und eintrocknen muß. Man kann ihn auch abbrennen lassen.

Auch für die Glasurmasse hat man verschiedene Zusammensetzungen in Vorschlag gebracht. Eine gute Glasurmasse besteht aus einem Gemenge von 44 Theilen calcinirtem und gesiebtem Feldspath, von 16 Theilen calcinirtem kohlensaurem Natron, von 30 Theilen rohem Borax, von 8 Theilen Zinnoxyd und von 2 Theilen Salpeter. Dies Gemenge wird in Tiegeln geschmolzen, die in der Mitte des Bodens ein kreisförmiges etwa ⅜ Zoll im Durchmesser weites Loch erhalten, aus welchem die Masse, in dem Verhältniß, wie sie flüssig wird, unter dem Rost in zähen Strömen ausfließt und in einem im Aschenfall aufgestellten Gefäß aufgefangen wird. Die Schmelzung kann ununterbrochen fortgehen, indem der Tiegel immer wieder mit neuem Gemenge angefüllt wird. Das Durchlaßschmelzen ist deshalb anzurathen, damit das specifisch schwere Zinnoxyd in der ganzen Masse gleichförmiger vertheilt bleibt, welches nicht der Fall seyn würde, wenn die Masse, während sie flüssig wird, nicht abfließen könnte, sondern im Tiegel zurückbliebe, bis der ganze Inhalt desselben geschmolzen ist. — Die geschmolzene Masse wird gepocht, gesiebt, trocken zu dem feinsten Pulver gemahlen, und bei dem Gebrauch mit so viel heißem Wasser versetzt, daß sie einen breiartigen Zustand erhält. Nur wenn die Glasur mit der Grundmasse zugleich eingebrannt, also auf die aufgetragene noch feuchte Grundmasse aufgepudert wird, bedarf es natürlich nicht des Versetzens mit Wasser.

Rinman a. a. O. I. 132. u. f. — Versuch, auf Kupfer und Eisen eine haltbare Glasur zu setzen, damit es der Verzinnung nicht bedarf, auch wohlfeiler ist als diese, und, wenn sie abspringt, zu repariren steht; von Bindheim, in v. Crell's chem. Ann. für 1784. II. 5 — 9. — Vergl. Hannöv. Mag. 1801. 39—41. — Procédé pour émailler et orner les vaisseaux culinaires; in den Ann. des arts et manufactures. IV. 322—327. — Kastner's deutsch. Gewerbsfreund. I. H. 3. S. 296. — J. L. Jordan Emaillebildungsversuche in Bezug auf das Emailliren der Metalle, in Erdmann's Journ. f. praktische Chemie XIII. 12. — Clark, in London Journal XVII. (Oct. 1840.) S. 97. — Flach und Keil, Verfahren zur Emaillirung gußeiserner Gefäße. Im Frankfurther Gewerbsfreund. 1840. Daraus in Dingler's polytechnischem Journ. B. 78. S. 40. und im Bayerschen Kunst- und Gewerb-Blatt Aug. u. Sept. 1840. S. 523.

FSC
www.fsc.org
MIX
Papier | Fördert
gute Waldnutzung
FSC® C083411

Kolibri 360 GmbH
Ferdinand-Jühlke-Straße 7
99095 Erfurt, Deutschland
produktsicherheit@kolibri360.de